TRAGWERKSLEHRE
IN BEISPIELEN UND ZEICHNUNGEN

TRAGWERKSLEHRE

IN BEISPIELEN UND ZEICHNUNGEN

bearbeitet von

Prof. Dr.-Ing. Ruth Kasper
Dr.-Ing. Jörg-Thomas Kasper

begründet von

Prof. Dipl.-Ing. Gottfried Leicher

5., überarbeitete und aktualisierte Auflage

Reguvis

Bibliografische Information der Deutschen Nationalbibliothek

Die Deutsche Nationalbibliothek verzeichnet diese Publikation in der Deutschen Nationalbibliografie; detaillierte bibliografische Daten sind im Internet über

http://dnb.d-nb.de abrufbar.

Reguvis Fachmedien GmbH
Amsterdamer Straße 192
50735 Köln

www.reguvis.de

Weitere Informationen finden Sie auch in unserem Themenportal unter www.betrifft-bau.de

Beratung und Bestellung:
Tel.: +49 (0) 221 97668-306
Fax: +49 (0) 221 97668-236
E-Mail: bau-immobilien@reguvis.de

ISBN (Print): 978-3-8462-1192-2

Herstellung: Günter Fabritius
Satz: MainTypo, Reutlingen
Druck und buchbinderische Verarbeitung: Appel & Klinger Druck und Medien GmbH, Schneckenlohe

Printed in Germany

Vorwort zur Neuauflage

Das Tragwerk übernimmt grundlegende Funktionen für ein Bauwerk. Der richtige Entwurf, die Wahl der Materialität, der Konstruktionshöhen und die Detaillierung von Knotendetails sind dabei entscheidend für das Tragwerk als Ganzes, die spätere Berechnung sollte nur noch der zahlenmäßige Beleg dafür sein. Die Tragwerkslehre stellt daher ein Grundlagenfach in der Ausbildung von Bauingenieuren und Architekten dar. Basierend auf eigenen Erfahrungen in der Arbeit mit Studierenden und jüngeren Ingenieuren, sowie der praktischen Tätigkeit in der Planung und baustatischen Prüfung sind aus unserer Sicht folgende Punkte für die Tragwerksplanung wesentlich:

- Berücksichtigung unterschiedlichster Anforderungen (Bauherr, Nutzer, andere Fachplaner etc.).
- Gegenseitiges Verständnis, da Anforderungen und Fachwissen auf mehrere Beteiligte verteilt sind.
- Breites Fachwissen und hohe Erfahrung der Planenden.
- Eine Planung, die auf die Ausführung hin ausgerichtet ist

Aus diesem Grund sind folgende Eigenschaften für den Tragwerksplaner wichtig:

- Verständnis der theoretischen Hintergründe von Anforderungen und technischen Sachverhalten
- Kenntnis von Ingenieurmodellen, die die theoretischen Hintergründe ausreichend genau abbilden
- Kenntnis der baupraktischen Umsetzungsvarianten

An diesen Punkten setzt das vorliegende Buch an und richtet sich an Studierende und Ingenieure, die sich mit Tragwerken auseinandersetzen. Ziel ist die Entwicklung eines intuitiven Gefühls für den Entwurf von Tragwerken im Gesamten, sowie die Ausgestaltung und Dimensionierung von Detail- und Knotenpunkten. Hierbei geht es darum den Lastfluss zu erkennen, Kräfte größenmäßig zu ermitteln, sowie Tragwerksvarianten und ihre Abmessungen zu überschlagen.

Das Fachbuch ist didaktisch in sechs Abschnitte gegliedert, deren Bezug zueinander in der Abbildung auf Seite 1 modellhaft veranschaulicht wird. Im **Teil A** werden in allgemeiner Form die Anforderungen an Tragwerke definiert und kurz vorgestellt. Der **Teil B** vermittelt Grundlagen der technischen Mechanik für das statische Verständnis von Tragwerken. In **Teil C** erfolgt die Erweiterung der Zusammenhänge auf einzelne Tragelemente wie z.B. Träger, Rahmen und ganze Tragsysteme wie z.B. Fachwerke oder Aussteifungssysteme. Die umfangreiche Darstellung der Gebäudeaussteifung erweitert die Vorstellung von einem zunächst nur ebenen in einen räumlichen Entwurf der Konstruktion. Dadurch wird der Leser in die Lage versetzt, in sich stabile Tragwerke zu entwerfen.

Während die vorherigen Teile das Wissen weitestgehend unabhängig von der Normung vorstellen, wird in **Teil D** auf die konkreten Regelwerke Bezug genommen und die Bemessung im Hinblick auf die statische Berechnung erläutert. Im Buch werden die Regelwerke in ihren Grundzügen vorgestellt, auf eine ausführliche Wiedergabe der Regel- und Tabellenwerken wird an dieser Stelle aber bewusst verzichtet. In **Teil E** wird das Vorgehen bei der Bemessung anhand von mehreren Praxisbeispielen vertieft. Die Beispiele orientieren sich stark an Praxisfällen, die uns in Aufstellung und Prüfung realer Bauvorhaben vorgelegen haben. Um die statische Aufgabenstellung freizustellen, wurden diese bewusst vereinfacht und auf das Wesentliche reduziert. Das Lehrbuch schließt mit einer umfangreichen Auflistung der weiterführenden Literatur zu den einzelnen Wissensgebieten ab.

Das Buch wurde gegenüber der ursprünglichen Fassung von Herrn Prof. Leicher komplett neu strukturiert, inhaltlich überarbeitet und aktualisiert. Soweit möglich, wurden dabei zahlreiche der bekannten Textpassagen und Abbildungen aufgegriffen und mit neuen Inhalten ergänzt.

Wir danken Herrn Prof. Leicher und dem Verlag Reguvis, das vorliegende Lehrbuch in der Form fortschreiben zu dürfen.

Ruth Kasper
Jörg-Thomas Kasper

Bonn, August 2021

Übersicht

Inhalt

A Grundaufgaben des Tragwerks

A.1 Konstruktive Grundaufgaben

Um ein Bauwerk des Hochbaus zu errichten, sind aus Sicht der Tragwerksplanung die vier konstruktiven Grundaufgaben **Überspannen**, **Stützen**, **Aussteifen** und **Gründen** sicherzustellen [1] (Bild A-1).

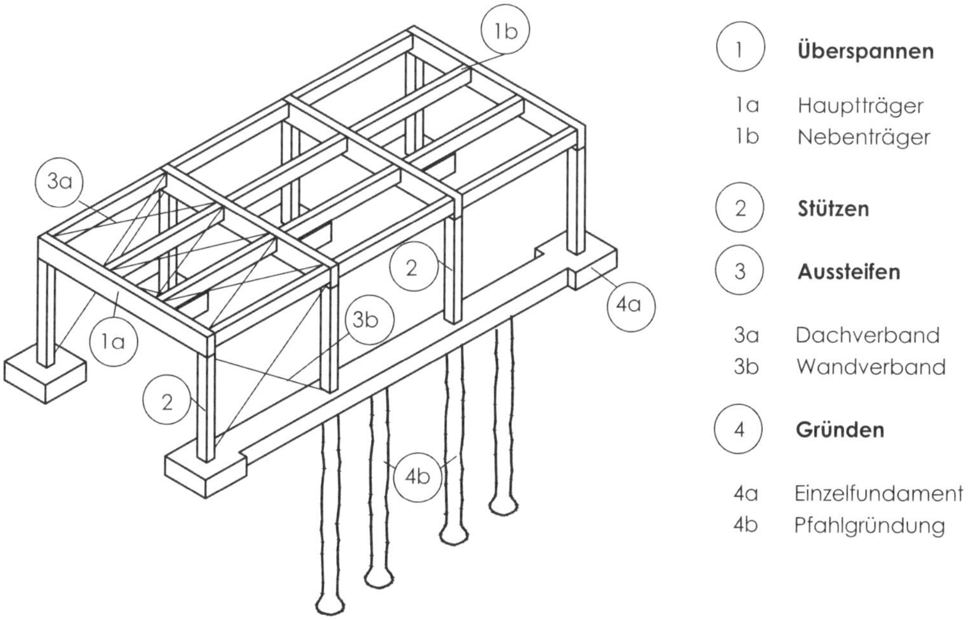

Bild A-1 Grundaufgaben des Tragwerks

Für die Realisierung des Tragwerks stehen unterschiedliche Baumaterialien wie z.B. Mauerwerk, Holz, Stahlbeton und Stahl zur Verfügung. Die einzelnen Tragelemente müssen so angeordnet werden, dass eine in sich stabile Konstruktion entsteht, alle angreifenden Lasten von den Tragelementen aufgenommen und in den Baugrund abgeleitet werden.

Ziel ist es, ein Versagen mit ausreichender Zuverlässigkeit zu vermeiden und das Tragwerk so auszubilden, dass unzulässig große Verformungen vermieden werden. Die Optimierung von Tragelementen erfolgt im Bauwesen unter Anwendung des Sicherheitskonzeptes entsprechend dem Eurocode (Abschnitt D.2).

A.2 Lastfluss im Bauwerk

Ein Gebäude oder auch ein einzelnes Bauteil ist ein dreidimensionales Gebilde (Bild A-2/a). Vereinfachend kann man gedanklich eine 1 m dünne Scheibe herausschneiden und so das räumliche Problem in ein ebenes Problem überführen (Bild A-2/b).

Auf die 1 m dünne Scheibe wirken das Eigengewicht aller Konstruktionsteile sowie Wind, Schnee und Nutzlasten. Bei einem Bauwerk spricht man nicht von Lasten, sondern allgemein von Einwirkungen, da nicht alle Beanspruchungen mechanisch als Kraft beschrieben werden können. Eine ausführliche Erläuterung der wesentlichen Einwirkungen enthält Abschnitt D.1.

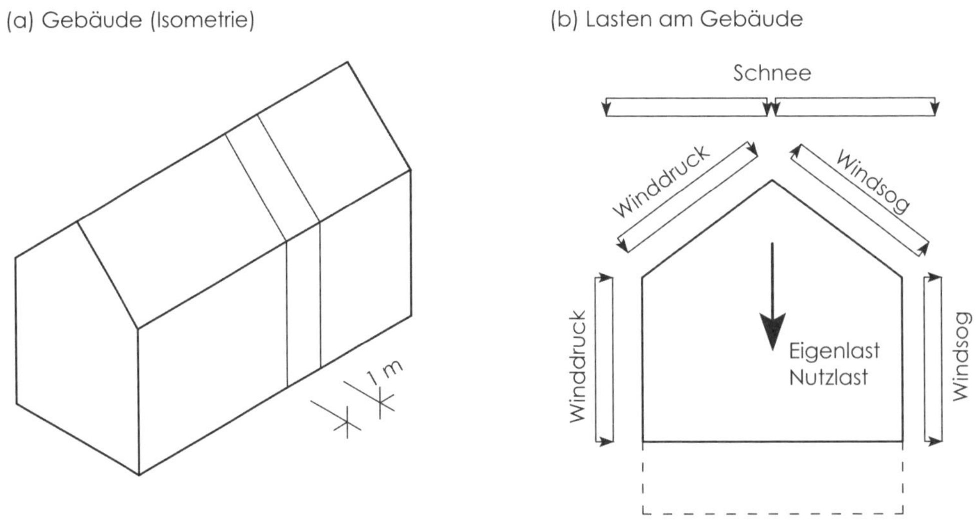

Bild A-2 Ersatzmodell; „1 m"-Scheibe und Lastansätze

Die Regeln der Mechanik (siehe Abschnitt B) besagen, dass ein Baukörper im Gleichgewicht steht, wenn gilt:

Summe der horizontalen Kräfte ist Null $\Sigma H = 0$

Summe der vertikalen Kräfte ist Null $\Sigma V = 0$

Summe der Momente ist Null $\Sigma M = 0$

Die Reaktionskräfte zur Sicherstellung des Gleichgewichts müssen vom Baugrund sicher aufgenommen werden. Anderenfalls würde das Bauwerk als Ganzes im Boden versinken (Bild A-3/a), sich horizontal verschieben (Bild A-3/b) oder als Ganzes verkippen (Bild A-3/c).

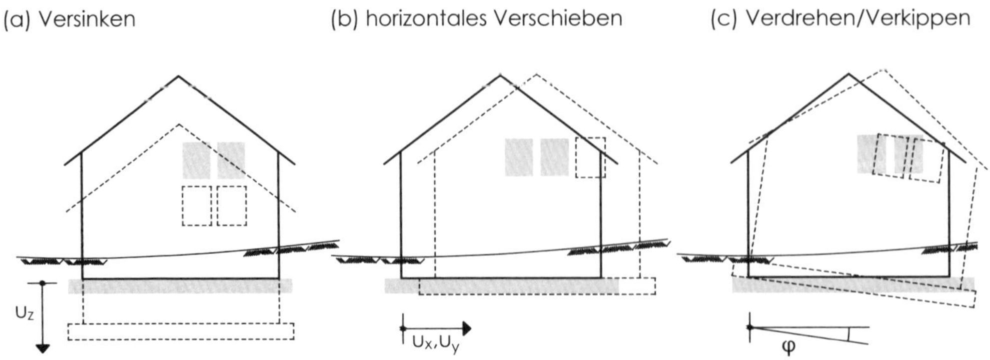

Bild A-3 Versagensformen Baugrund

Die drei Gleichgewichtsbedingungen gelten sowohl für das gesamte Tragwerk, als auch für jeden herausgeschnittenen Teilbereich. Mit ihnen werden die Kräfte ermittelt, die ein Bauteil an angrenzende Bauteile weitergibt, und die Schnittgrößen, die im Inneren eines Bauteils wirken. Hieraus lassen sich dann die erforderlichen Abmessungen des Bauteils bestimmen.

Bild A-4 zeigt ein Tragwerk bestehend aus Fundamenten, Stützen, Unterzügen und Deckenplatte. Die Deckenplatte wird durch eine vertikale Flächenlast beansprucht.

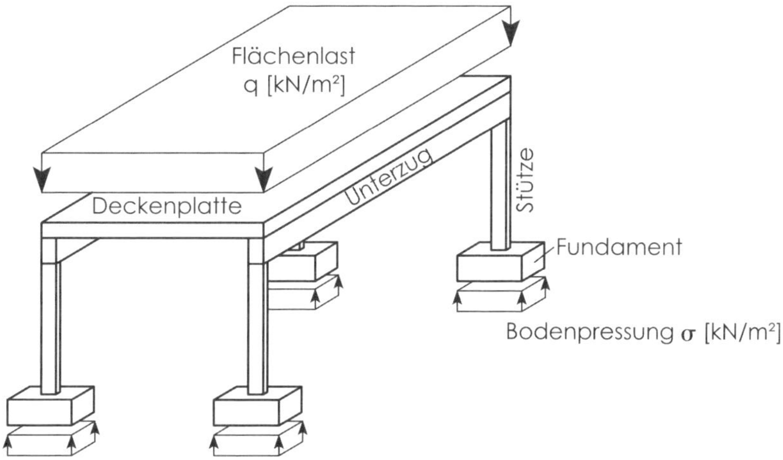

Bild A-4 Tragwerk unter vertikalen Lasten

Bei der Betrachtung des Lastflusses innerhalb der Tragkonstruktion verändern sich die Lastformen, ohne dass sich deren Gesamtsumme verändert (Bild A-5):

Deckenplatte: Die Flächenlast q mit der Einheit [kN/m²] wirkt auf die Deckenplatte (Bild A-5/a). Diese liegt entlang von zwei Seiten auf Unterzügen auf. Die Auflagerreaktion im Übergangsbereich Platte-Unterzug ist eine Linienlast.

$a = q \cdot L_1/2$ [kN/m]

Unterzug: Die Auflagerreaktion a der Decke wirkt als Linienlast auf den Unterzug (Bild A-5/b). Als Balken auf zwei Stützen wirken je Auflager

$A = a \cdot L_2/2$ [kN]

Stütze: Die Auflagerreaktion A des Unterzuges wirkt als Drucklast auf die Stütze, welche die Last an das Fundament weitergibt (Bild A-5/c).

Fundament: Am Fundament verteilt sich die Auflagerreaktion A über die Fläche des Fundaments in den Boden (Bild A-5/d).

$\sigma = A/b^2$ [kN/m²]

Da gilt, dass die Summe der vertikalen Kräfte $\Sigma V = 0$ bezogen auf die Tragstruktur Null ist, muss die Lastresultierende der Fundamentspannungen gleich der Lastresultierenden der Flächenlast q sein:

$\Sigma V = 0 \Leftrightarrow q \cdot L_1 \cdot L_2 = 4 \cdot \sigma \cdot b^2$

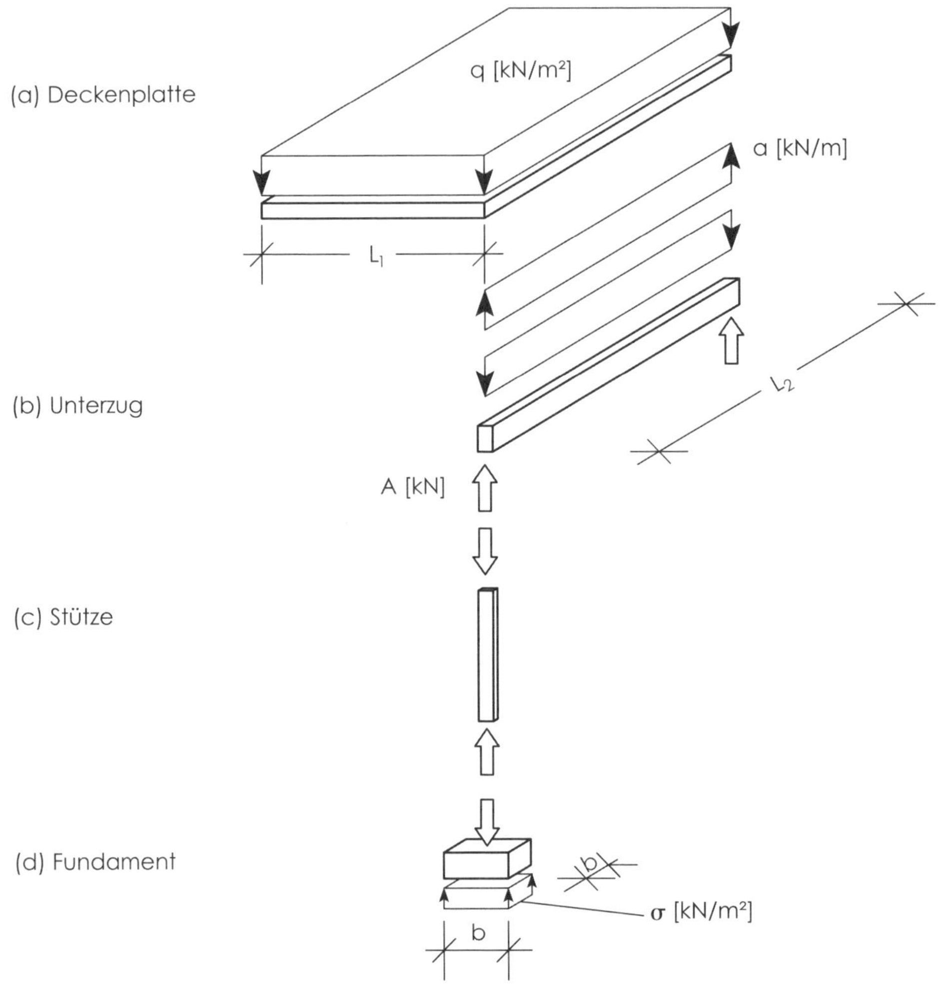

Bild A-5 Vertikaler Lastfluss im Tragwerk

A.3 Balken und Platten

Balken und Platten übernehmen die Tragaufgabe „Überspannen". Balken können z.B. in Holz, Stahl, Stahlbeton und Spannbeton ausgeführt werden. Für die Ausführung von Platten kommt insbesondere Stahlbeton in Frage, teilweise werden auch Ziegeldecken verwendet. Eine neuartige Ausführungsvariante sind Massivholzdecken.

Die Abgrenzung zwischen Balken und Platten erfolgt anhand der Abmessungsverhältnisse. Balken sind stabförmige Bauteile, bei denen die Balkenlänge dominiert (Bild A-6/a). Platten sind demgegenüber flächige Bauteile, bei denen die Querschnittshöhe schlank ist im Vergleich zu Breite oder Länge (Bild A-6/b).

Im Stahlbetonbau werden gemäß Eurocode 2 [57] als Abgrenzung von Balken und Platte folgende Verhältnisse von Breite b zu Höhe h angegeben:

Platte $b \geq 5\ h$

Balken $b < 5\ h$

Eine übliche Anordnung der beiden Tragelemente Balken und Platte im Hochbau zeigt exemplarisch Bild A-7. Das statische Ersatzsystem des Balkens trifft hier für die Deckenbalken sowie die Tür- und Fensterstürze zu. Im Sprachgebrauch werden derartige Holz- und Stahlbetonbauteile als **Balken** bezeichnet, im Stahlbau ist der Begriff des **Trägers** üblich. Für die Stahlbetondecke über dem unteren Geschoss wird die Platte als statisches Ersatzmodell verwendet.

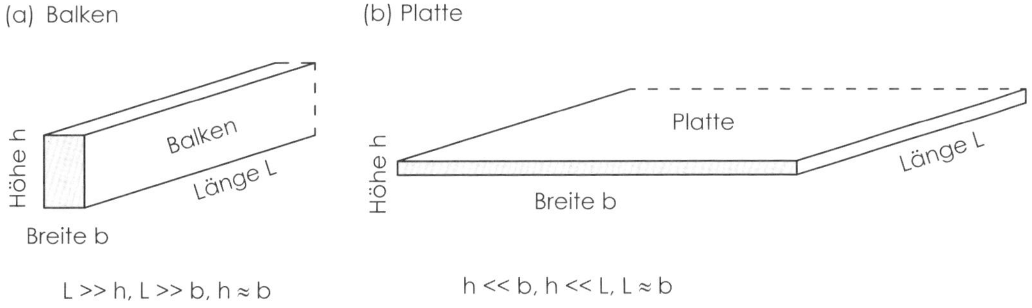

Bild A-6 Balken und Platte; Abgrenzung

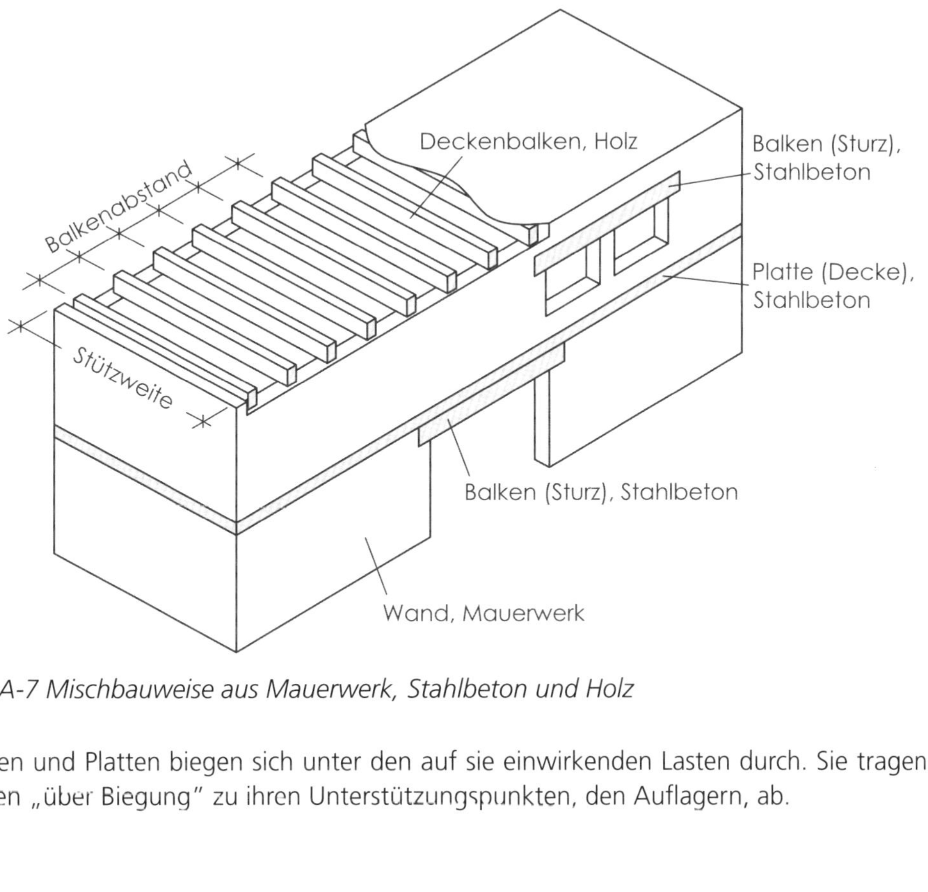

Bild A-7 Mischbauweise aus Mauerwerk, Stahlbeton und Holz

Balken und Platten biegen sich unter den auf sie einwirkenden Lasten durch. Sie tragen die Lasten „über Biegung" zu ihren Unterstützungspunkten, den Auflagern, ab.

Der Lastabtrag von Balken und Platten ist ähnlich und man kann eine einachsig gespannte Platte auch als breiten Balken auffassen (Bild A-8/a). Im Unterschied zu einem Balken ist die Platte (z.B. bei umlaufender Lagerung auf Wänden) in der Lage, die Lasten in zwei Richtungen abzutragen (Bild A-8/b).

Mit der Stabwerksstatik wird das Tragverhalten von Balken und einachsig gespannten Platten beschrieben (siehe Abschnitt B.2 ff.). Durch den zweiachsigen Lastabtrag verliert die Stabstatik ihre Gültigkeit und die Platte wird mechanisch als ebenes Flächentragwerk eingestuft (siehe Abschnitte A.8 und C.6).

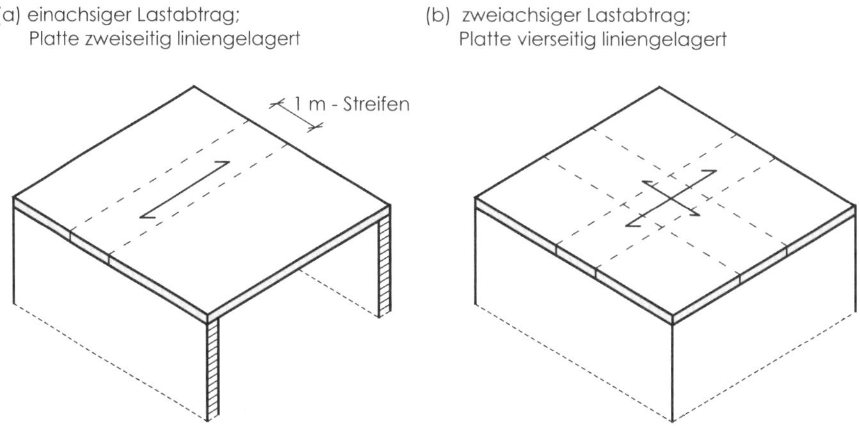

Bild A-8 Lastabtrag von Platten; ein-/zweiachsig

A.4 Stützen und Wände

Die Bauteile Stützen und Wände übernehmen die Tragaufgabe „Stützen" und werden primär auf Druck beansprucht. Als Materialien kommen üblicherweise Beton, Stahlbeton, Stahl und Holz in Frage. Druckelemente finden sich auch in Stabwerken wie beispielsweise Fachwerkkonstruktionen wieder (siehe Abschnitt C.4).

Stützen werden in Richtung ihrer Achse durch eine Einzellast belastet (Bild A-9/a). Die Höhe H der Stütze ist groß gegenüber den Querschnittsabmessungen. Wände werden demgegenüber meist durch eine Linienlast beansprucht. Die Wanddicke ist klein gegenüber der Wandbreite B und der Wandhöhe H (Bild A-9/b).

Mauerwerk gilt zwar nicht als biegesteif, es weist jedoch eine hohe Druckstabilität auf und wird für Wände und Stützen verwendet. Einzelstützen bezeichnet man im Mauerwerksbau als Pfeiler.

Die Besonderheiten von Druckelementen werden in Abschnitt C.5 erläutert.

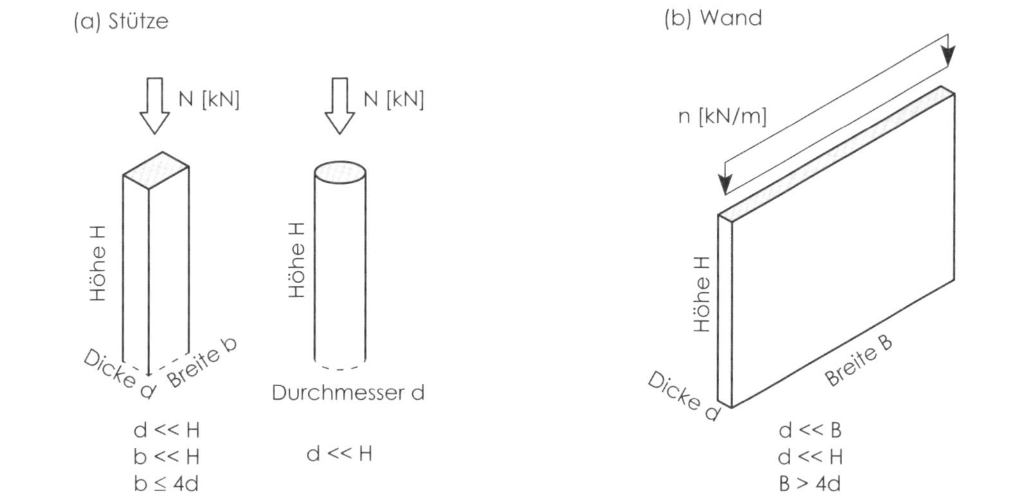

Bild A-9 Stütze und Wand; Abgrenzung

Wenn das überspannende System (z.B. eine Stahlbetonplatte) eine Linienauflagerung erfordert, die Nutzung aber keine Wand zur Auflagerung zulässt, dann kann diese durch einen Unterzug und einzelne Stützen ersetzt werden (Bild A-10/a).

Die Funktion des Überspannens kann auch eine Wandscheibe aus Stahlbeton übernehmen, wenn diese konstruktiv entsprechend ausgebildet wird. Eine derartige Wand wird als „wandartiger Träger" bezeichnet. Ab einem Seitenverhältnis von Stützweite L zu Bauhöhe H kleiner als 3 (L < 3 H) handelt es sich dann nicht mehr um einen Balken (oder Unterzug), sondern um einen wandartigen Träger (Bild A-10/b).

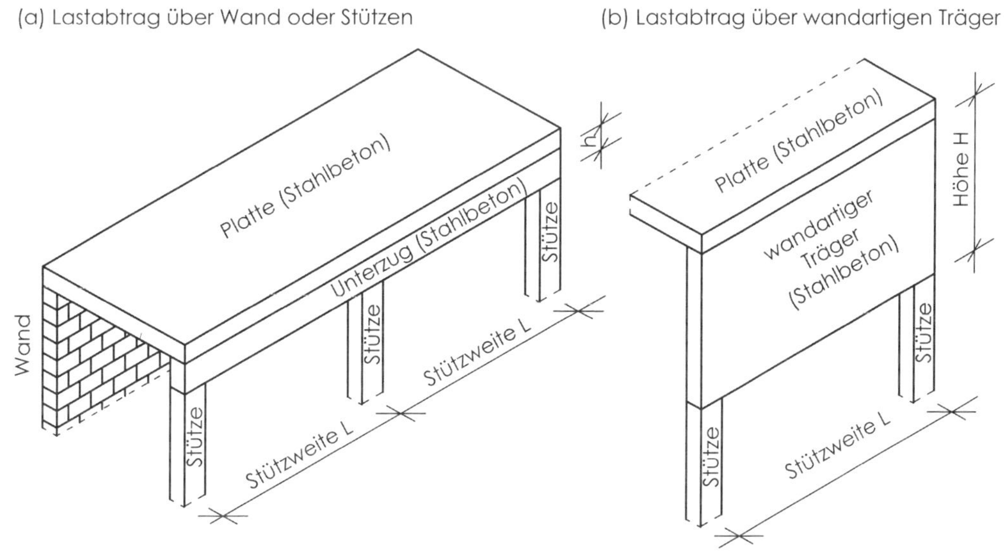

Bild A-10 Wände, Stützen, Unterzug und wandartige Träger; Zusammenwirken

A.5 Rahmen

Wenn ein Balken auf eine Stütze aufgelegt wird, kann sich dieser an seinen Auflagerpunkten frei verformen. Balken und Stütze wirken dann unabhängig voneinander. Einen gelenkigen Übergang von Stütze zu Balken zeigt Bild A-11.

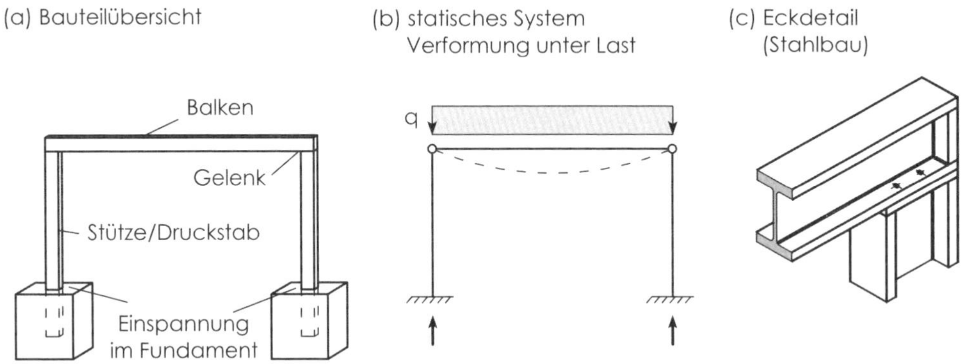

Bild A-11 Balken-Stützen-System; Kragstützen mit aufgelegtem Balken

Das Tragverhalten verändert sich, wenn Balken und Stützen biegesteif zu einer Einheit zusammengefasst werden (Bild A-12/a). Ein derartiges Tragelement wird als Rahmen bezeichnet, die zugehörigen Stützen als (Rahmen-)Stiele und der Balken als (Rahmen-)Riegel. Riegel und Stiele sind so verbunden, dass sie sich gemeinsam verformen (Bild A-12/b). Die Biegebeanspruchung im Riegel wird dadurch im Vergleich zu einem Balken mit vergleichbarer Länge reduziert. Es stellt sich eine Rahmentragwirkung ein.

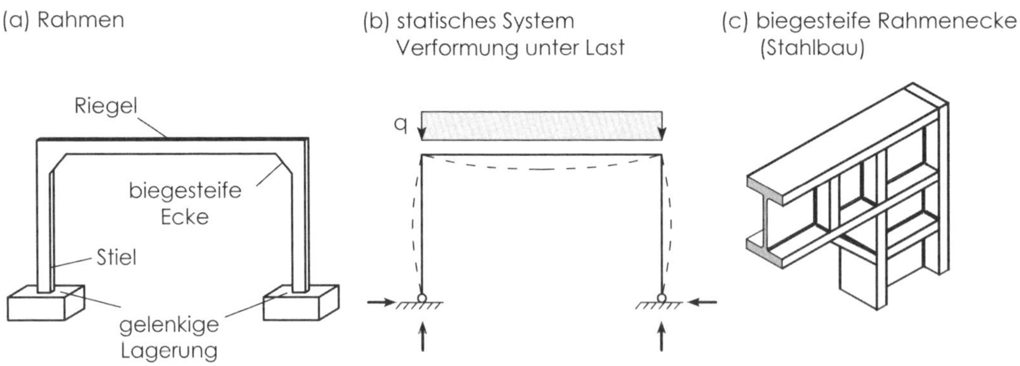

Bild A-12 Zweigelenkrahmen; Rahmentragwirkung

Ein Rahmen übernimmt gleichzeitig die Tragaufgaben „Stützen" und „Überspannen". Rahmen werden bei großen Spannweiten wie zum Beispiel stützenfreien Hallentragwerken verwendet. Das Tragverhalten von Rahmen ist Inhalt von Abschnitt C.2.

A.6 Bogen und Seil

Das Tragelement Bogen ist historisch gesehen die ursprünglichste Bauform zum Überspannen größerer Weiten. Bögen weisen die Besonderheit auf, dass sie für bestimmte Belastungszustände nur auf Druck beansprucht werden. Daher waren schon vor der Erfindung des Stahlbetons Bogenbrücken in Mauerwerksbauweise möglich, obwohl das Mauerwerk nahezu keine Zugkräfte aufnehmen kann.

Das Tragverhalten des Elementes Bogen ist vergleichbar mit dem Tragverhalten eines Rahmens. Der Unterschied ist, dass durch die Form des Bogens bei vielen Lastsituationen wesentlich geringere Beanspruchungen im Querschnitt hervorgerufen werden. Bogen und Rahmen verursachen an den Auflagerpunkten eine seitliche Beanspruchung auf die Fundamente, es wirkt ein Horizontalschub (Bild A-13/a).

Seile hingegen tragen Lasten allein über Zug ab. Im einfachsten Fall tritt an die Stelle des Deckenbalkens ein durchhängendes Seil aus Stahl. Die Zugkräfte des Seiles müssen an den Auflagerpunkten aufgenommen werden, es wirkt ein Seilzug (Bild A-13/b).

Der Bogen besteht aus formstabilen Materialien, die sich unter Eigengewicht nur geringfügig durchbiegen. Das Seil weist keinerlei Formstabilität auf, es passt seine Form an die Belastung an, sodass die Lasten ausschließlich über Zugkräfte abgetragen werden. Die sich dadurch einstellende Form bezeichnet man als Seillinie.

Der formstabile Bogen, als Spiegelung des Seiles um die Horizontale, kann seine Form nicht der Last anpassen. Zu jeder Lastsituation gibt es aber genau eine Bogenform, bei der nur Druckkräfte auftreten. Diese Bogenform bezeichnet man als Stützlinie (Bild A-13/a).

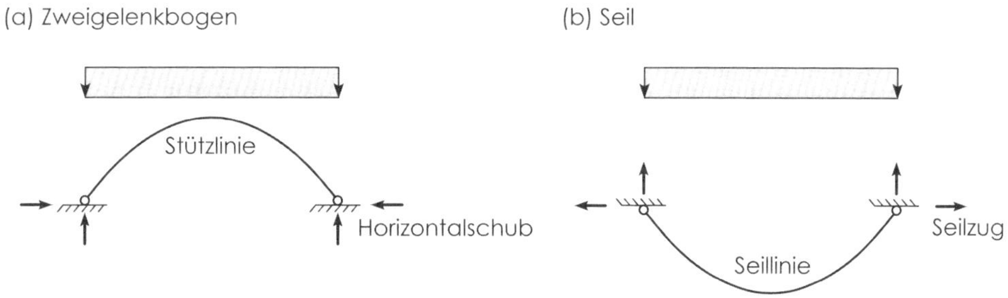

Bild A-13 Bogen und Seil; Stütz- und Seillinie für eine Gleichlast

Abschnitt C.3 behandelt das Bogentragverhalten in Analogie zum Tragverhalten des biegeweichen Seils.

A.7 Stab- und Fachwerke

Einzelne Stützen oder Balken bilden für sich alleine genommen noch kein Tragwerk. Die Einzelbauteile müssen so angeordnet, miteinander verbunden und gelagert werden, dass eine insgesamt stabile Konstruktion entsteht.

Zur Verdeutlichung wird ein System betrachtet, das aus zwei Stützen und einem Balken besteht (Bild A-14).

Beim Balken-Stützen-System sind gemäß Bild A-11/a die Stützen in ein Fundament eingespannt. Ohne Einspannung, bei alleiniger horizontalen und vertikalen Lagesicherung am Fußpunkt würde eine Gelenkkette entstehen (Bild A-14/b). Das System wäre labil. Die Einspannung der Stütze am Fußpunkt beim System in Bild A-11 ist daher für die Sicherstellung der Stabilität eine Notwendigkeit.

Das Gleiche gilt für den Rahmen in Bild A-12. Wenn Stiele und Riegel an der Ecke wieder getrennt werden (Bild A-14/a), liegt eine Gelenkkette vor und das System wird instabil (Bild A-14/b).

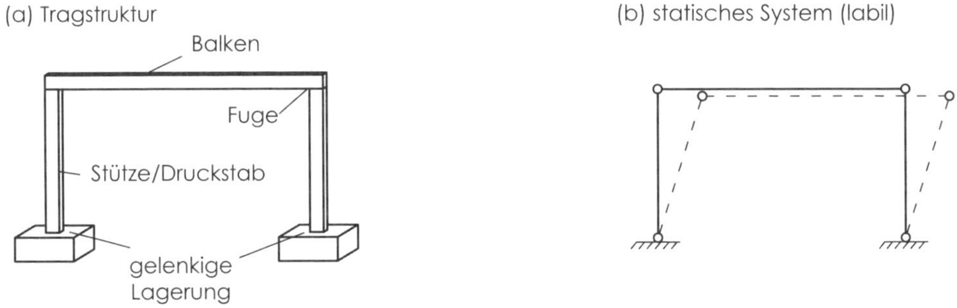

Bild A-14 Instabiles Tragwerk; Beispiel

Innerhalb eines Stabwerks können Biege-, Druck- und Zugelemente beliebig miteinander kombiniert werden. Um im Ergebnis ein stabiles Tragwerk zu erhalten, sind beim Aufbau jedoch Regeln im Hinblick auf die Aussteifung zu beachten.

In Abschnitt B.3 werden Kriterien zum Aufbau stabiler Stabwerke in der Ebene erarbeitet und daraufhin für den Entwurf und die Beurteilung beliebiger Stabwerke erweitert.

Ein Sonderfall des Stabwerks ist das Fachwerk. Es besteht aus Stäben, deren Anschlüsse gelenkig angenommen werden und die vorwiegend auf Druck oder Zug belastet werden.

Bauteile wie Träger, Stützen oder Rahmen aus biegesteifen Vollmaterialien (Bild A-15/a) können gedanklich in Fachwerke aufgelöst werden (Bild A-15/b). Sie zeichnen sich dadurch aus, dass große Spannweiten materialsparend mit geringem Eigengewicht überbrückt werden können.

Die Aufbaukriterien für Fachwerke werden in Abschnitt B.3.5 erläutert, die Berechnung und das Tragverhalten von Fachwerken sind Inhalt von Abschnitt C.4. Die Besonderheiten von Druck- und Zugstäben werden in Abschnitt C.5 vertieft.

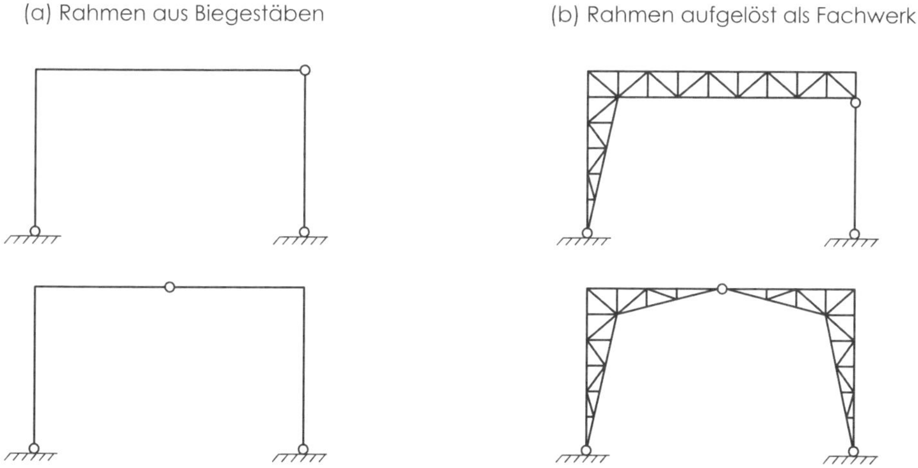

Bild A-15 Rahmen aus Biegestäben und aufgelöst als Fachwerksysteme

A.8 Flächentragwerke

Bei Flächentragwerken ist die flächige Ausdehnung wesentlich größer als die Dicke des Bauteils selbst (Bild A-16). Beispiele für ebene Flächentragwerke sind Platte und Scheibe. Gekrümmte Flächentragwerke unterscheiden sich danach, ob eine einachsige oder zweiachsige Krümmung vorliegt.

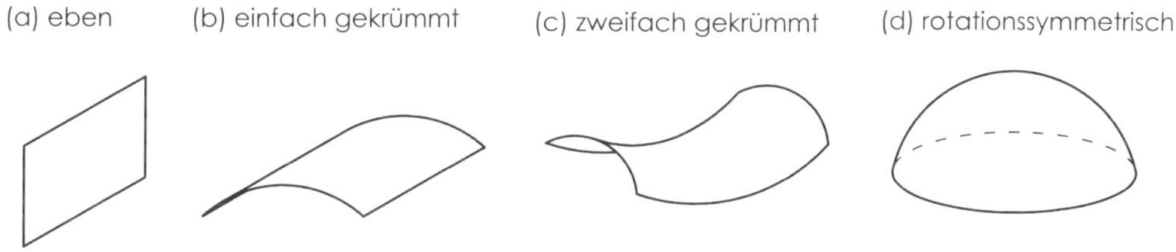

Bild A-16 Ebene und gekrümmte Flächentragwerke

Im Vergleich zu Stabwerken (auch als Linientragwerke bezeichnet) liegt bei Flächentragwerken ein mehrachsiger Lastabtrag vor und die Berechnung der Beanspruchungen ist nicht mehr mit Hilfe der Stabstatik möglich.

Ohne genaue Berechnung werden in Abschnitt A.6 Analogien zu den Grundelementen Träger, Bogen und Seil zur Verdeutlichung des Lastabtrags hergestellt.

A.9 Aussteifung

Wie in Abschnitt A.2 beschrieben, betrachtet man ein Tragwerk häufig zunächst nur in der Ebene. Es darf jedoch nicht außer Acht gelassen werden, dass ein Bauwerk ein räumliches Gebilde ist und nicht nur durch vertikale Lasten beansprucht wird, sondern auch horizontale

Lasten, z.B. infolge Wind aus beliebiger Richtung, einwirken. Diese Beanspruchungen müssen über die Tragstruktur in den Baugrund geleitet werden.

Beispiel (Geschossbau)

Die Windlasten werden zunächst über die Fassadenfläche (Bild A-17/a) in die Decke weitergeleitet. Die Decke wird ihrerseits über die Wandscheibe und die Verbände in der Ebene gehalten (Bild A-17/b). Verbände und Wand stabilisieren die Deckenplatte in der Ebene.

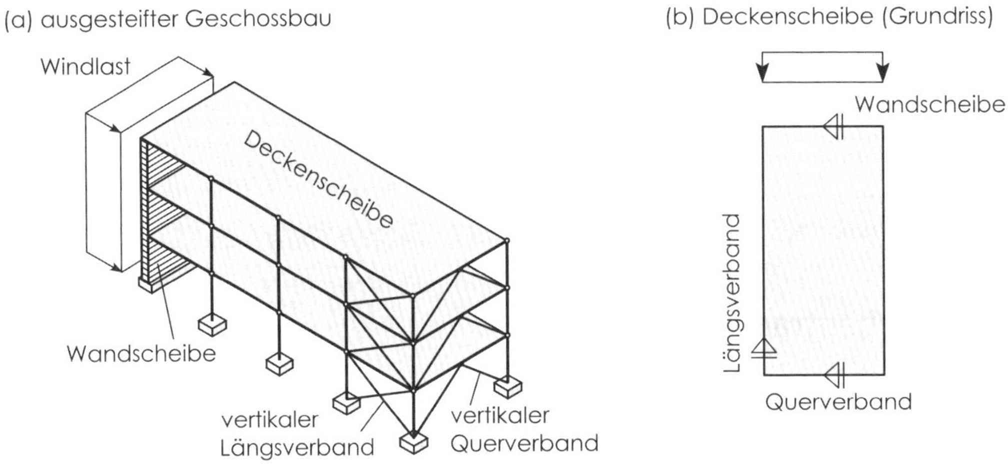

Bild A-17 Geschossbau; Aussteifungselemente

Flächige Tragelemente, wie Wände oder auch Deckenplatten, die in ihrer Ebene belastet werden, bezeichnet man als **Scheibe**. Ebenso wirken Wände aus Mauerwerk, Decken und Wände aus Stahlbeton, Stabwerkverbände oder Rahmen aus Holz oder Stahl, ausgesteifte Holztafeln und ausgesteifte Holzbalkendecken als Scheibe. Die Scheiben müssen zueinander so angeordnet und miteinander verbunden werden, dass das Tragwerk aus stützenden und überspannenden Bauteilen räumlich stabil ist.

Durch die Nachverfolgung der horizontalen Lasten und Sicherstellung der räumlichen Stabilität wird die Tragaufgabe **Aussteifen** erfüllt. Aussteifungsprinzipien und -konzepte behandelt Abschnitt C.7.

A.10 Gründung

In der Kontaktfuge zwischen Fundament und Baugrund werden die Lasten aus dem Bauwerk in den Baugrund übertragen. Die Tragaufgabe „Gründen“ stellt quasi den letzten Schritt der Tragwerksplanung dar.

Im Vergleich zu den Baustoffen der eigentlichen Tragkonstruktion (wie z.B. Beton, Stahl, Holz, Mauerwerk) ist die Tragfähigkeit des Baugrundes meist wesentlich geringer. Die mehr oder weniger konzentriert ankommenden Lasten müssen durch die Gründungselemente daher auf eine größere Fläche verteilt werden, um ein Versagen des Baugrunds zu vermeiden. Die

Auswahl der Gründungsart erfolgt unter Berücksichtigung zahlreicher Aspekte. Die Wesentlichsten sind die Tragfähigkeit des Baugrunds aus den unterschiedlichen Bodenarten (Lehm, Kies, Fels), die Lastart (ruhend, dynamisch), die Lasthöhe, die Beschaffenheit des Bauwerks und die Anforderungen an das Verformungsverhalten der Gründungselemente (setzungstolerant, setzungsempfindlich).

Je nachdem, in welcher Ebene die Lastübertragung von der Tragkonstruktion auf den Baugrund erfolgt, unterscheidet man zwischen einer Flach- und einer Tiefgründung.

Bei einer Flachgründung erfolgt eine horizontale Verbreiterung in der Ebene der Lastaufstandsfläche. Bei Stützen und Pfeilern wird die Last in zwei Richtungen auf die Fundamentfläche eines Einzelfundaments A_F verteilt (Bild A-18/a), bei Wänden erfolgt die Verbreiterung zu beiden Seiten der Wand auf die Breite des Streifenfundaments b_F (Bild A-18/b). Eine weitergehende Variante stellt die Flachgründung mittels einer tragenden, elastisch gebetteten Bodenplatte dar. Hierbei werden mehrere einzelne Gründungbauteile zu einem insgesamten Bauteil kombiniert (Bild A-18/c).

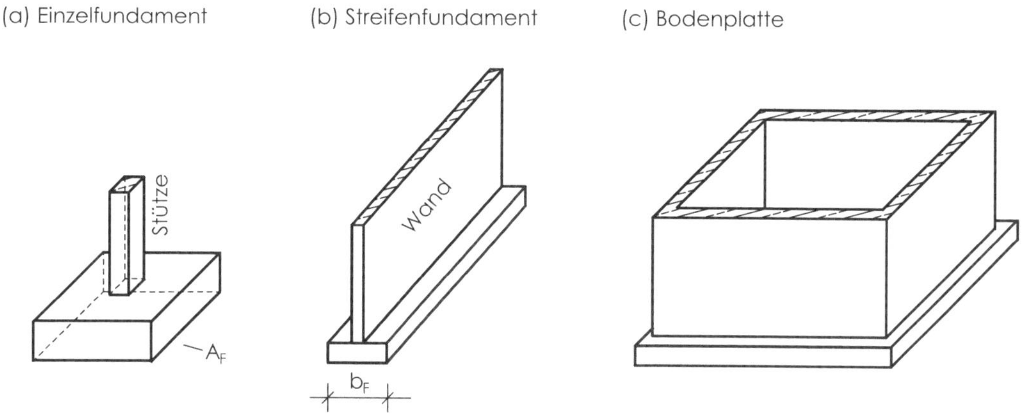

Bild A-18 Flachgründungen; Beispiele

Bei einer Tiefgründung werden die Lasten durch meist stabförmige Gründungselemente, wie z.B. Pfähle, in tieferliegende Bodenschichten eingetragen. Die Tragfähigkeit dieser Schichten ist aufgrund der Auflast durch die überlagernden Schichten üblicherweise um ein Vielfaches größer, als bei höher anstehenden Schichten. Daher lassen sich an der Pfahlspitze hohe Lasten über den Pfahlspitzendruck abtragen. Sofern der Boden, der den Pfahl umgibt, ebenfalls eine gewisse Tragfähigkeit aufweist, kann ergänzend ein Lastabtrag über Mantelreibung erfolgen.

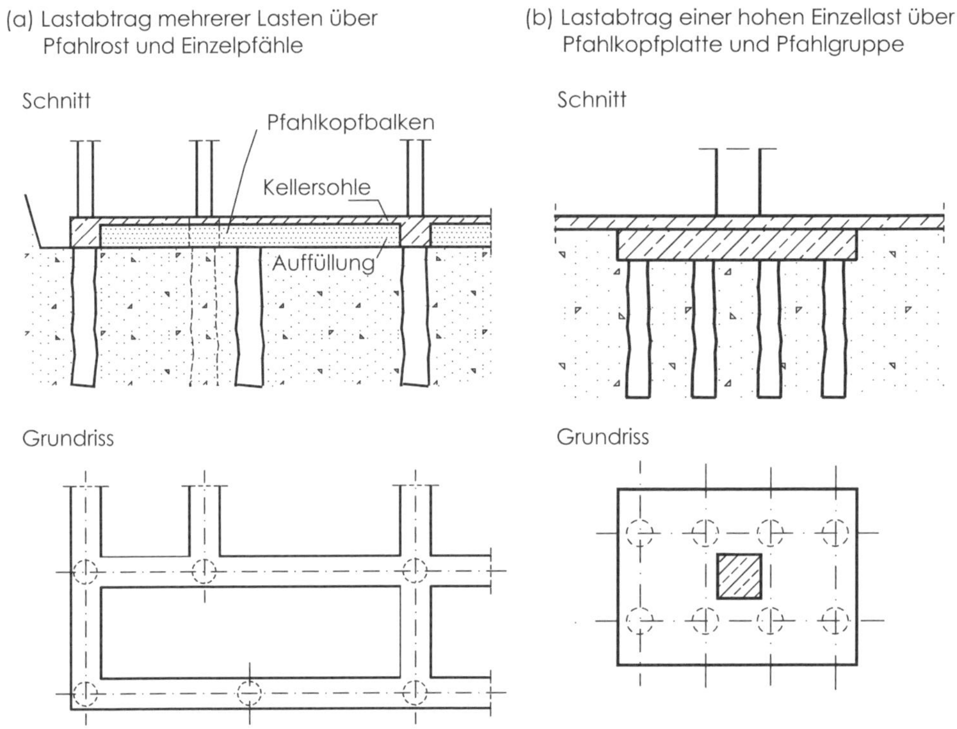

Bild A-19 Tiefgründung mit Pfählen

Abschnitt C.8 behandelt ausführlich das Tragverhalten und mögliche Gründungsvarianten.

B Grundlagen der Statik

B.1 Kräfte, Momente, Gleichgewicht

Für die Berechnung des Lastflusses in einem Gebäude sind grundlegende statische Kenntnisse zu Kräften, Momenten und Gleichgewicht notwendig.

B.1.1 Kräfte

Kräfte F (= „force") wirken beliebig in der Ebene oder im Raum. Sie lassen sich mathematisch als Vektoren anhand ihrer Größe, Richtung und Wirkungslinie beschreiben (Bild B-1/a).

Eine durch die Schwerkraft hervorgerufene Kraft wird als Gewichtskraft G (= „gravity") bezeichnet. Im Bauwesen ermittelt man die Gewichtskraft G vereinfacht mit $g = 10\ m/s^2$ (anstatt physikalisch richtig mit $g = 9{,}81...\ m/s^2$). Die Gewichtskraft G wirkt vertikal in Richtung des Erdmittelpunktes.

$G = m \cdot g$ [$kg \cdot m/s^2 = N$]

m Masse [kg]

g Erdbeschleunigung, vereinfacht angenommen mit $g = 10\ m/s^2$

Kräfte werden in der Einheit Newton [N] angegeben. In der Baustatik rechnet man mit den üblicherweise auftretenden Größenordnungen in [kN] oder [MN]. 1 kN entspricht somit einem Gewicht von 100 kg (Bild B-1/b und /c). Im Bauwesen werden Kräfte, die auf ein Bauwerk wirken, als „Lasten" bezeichnet.

Kräfte dürfen entlang ihrer **Wirkungslinie** verschoben werden, ohne dass sich ihre Auswirkungen ändern (Bild B-1/a). Anschaulich ausgedrückt bleibt die Zugkraft am Lasthaken unabhängig von der Höhenlage des Lastkörpers gleich (Bild B-1/b).

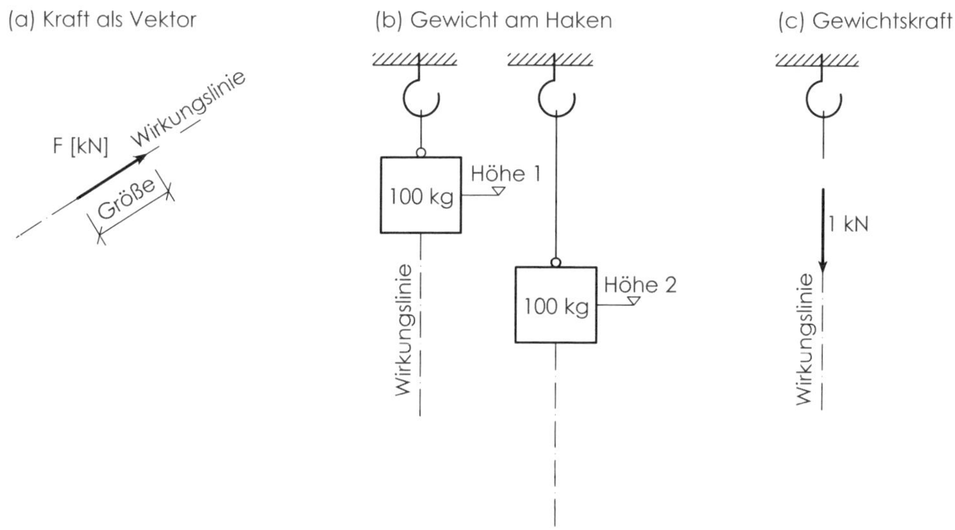

Bild B-1 Kraft; Beschreibung

Der tatsächliche Lastangriffspunkt wird erst bei Betrachtung der lokalen Beanspruchung des Bauteils relevant. Bild B-2 zeigt exemplarisch zwei unterschiedliche Varianten. Bei (a) steht die Stütze auf dem Holzbalken auf und verursacht eine lokale Druckbeanspruchung auf der Oberseite. Demgegenüber wird bei (b) die Last an den Lasthaken angehängt und verursacht eine lokale Zugbeanspruchung auf der Unterseite. Die Durchbiegung, die Biegebeanspruchung und die Auflagerreaktionen des Balkens sind in beiden Fällen identisch.

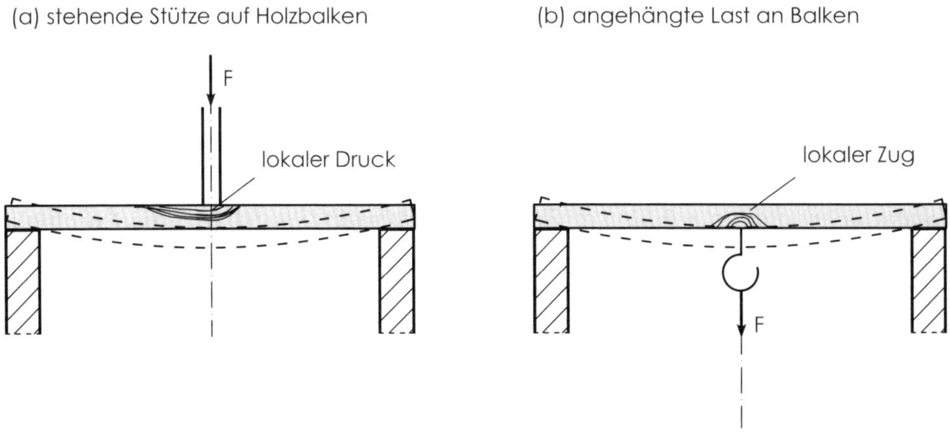

Bild B-2 Holzbalken; lokale Beanspruchung

Richtung und Angriffspunkt der Kraft bestimmen die Bewegungsrichtung eines starren Körpers. Die Kraft F greift in Bild B-3 jeweils zentrisch an der Kante an und verursacht bei (a) eine horizontale und bei (b) eine vertikale Verschiebung.

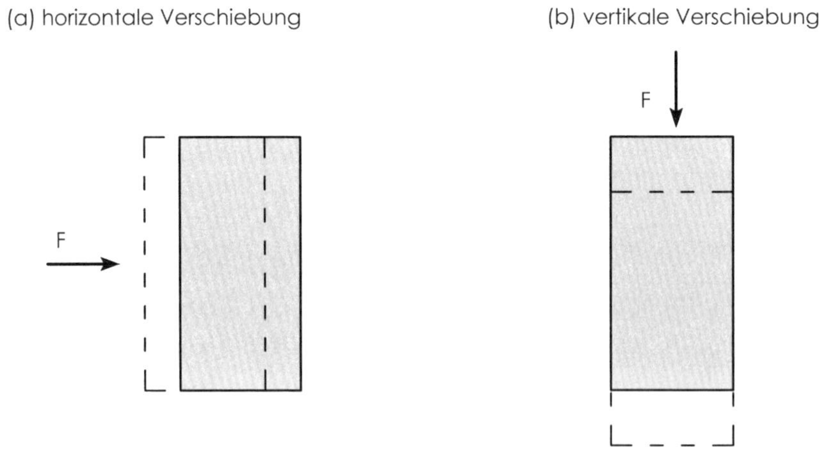

Bild B-3 Starrer Körper in der Ebene; Bewegung unter zentrischem Lastangriff

B.1.2 Wechselwirkungsgesetz

Damit sich ein starrer Körper in der Ebene nicht verschiebt (Bild B-3), muss eine Gegenkraft wirken, um so ein Gleichgewicht herzustellen. Die Gegenkraft wird als Reaktionskraft bezeichnet (Bild B-4).

Es gilt das dritte *Newtonsche* Axiom: actio = reactio.

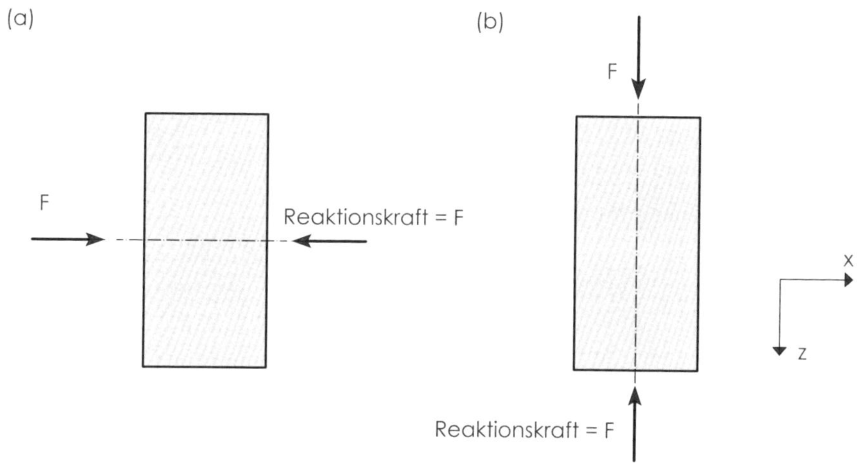

Bild B-4 Starrer Körper in der Ebene; Gleichgewicht

Hieraus leitet sich ab, dass in jede Richtung ein Kräftegleichgewicht vorhanden sein muss. Es gilt:

Summe der horizontalen Kräfte ist Null $\sum F_x = 0$

Summe der vertikalen Kräfte ist Null $\sum F_z = 0$

B.1.3 Kräftezerlegung in der Ebene

Die Kraftgrößen zweier Kräfte mit gleichem Angriffspunkt und gleicher Richtung können zu einer Resultierenden addiert werden (Bild B-5).

Bei gleichem Angriffspunkt und unterschiedlicher Richtung kann man die Resultierende R grafisch über die Vektoraddition von Kräften (Bild B-6) bestimmen. Die gewählte Reihenfolge (Variante 1 oder 2) ist hierbei unerheblich. Alternativ ist die Kraftaddition mittels rechnerischer Verfahren möglich.

So, wie man Kräfte in der Ebene zusammensetzen kann, lassen sich diese auch in Komponenten zerlegen. Nach Definition eines Koordinatensystems ist die Zerlegung einer Kraft dann grafisch oder rechnerisch in horizontale und vertikale (Bild B-7/a) oder beliebig gerichtete Komponenten (Bild B-7/b), z.B. bezogen auf ein geneigtes Bauteil, möglich.

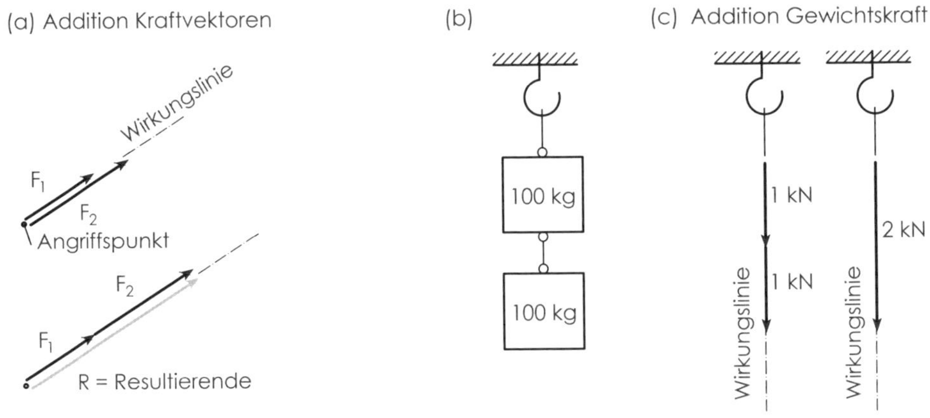

Bild B-5 Gleicher Angriffspunkt; Kräfteaddition

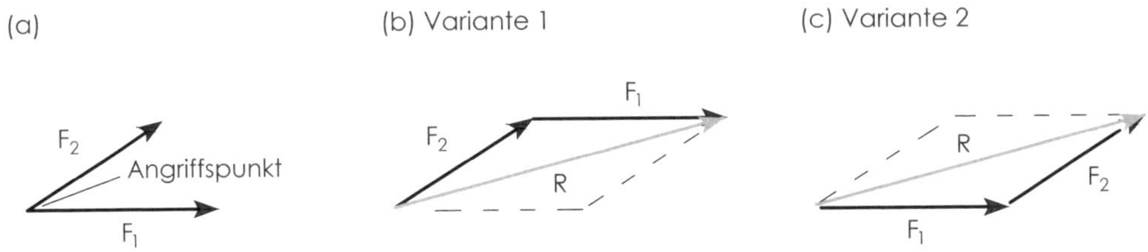

Bild B-6 Gleicher Angriffspunkt und ungleiche Wirkungslinie; Addition zweier Kräfte

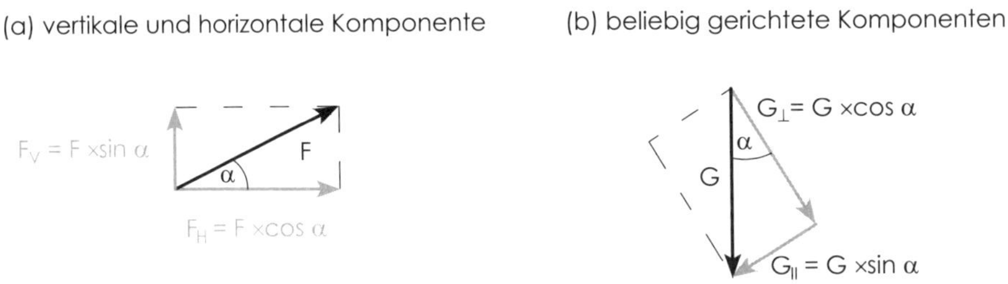

Bild B-7 Kräftezerlegung

B.1.4 Drehmoment

Das Produkt aus Kraft und Hebelarm wird als Drehmoment bzw. in Kurzform als Moment bezeichnet. Der Hebelarm a ist der kürzeste Abstand zwischen der Wirkungslinie einer Kraft und dem Drehpunkt (Bild B-8).

Das Moment hat die Dimension [kNm]:

$M = F \cdot a$ [KNm]

F Kraft [kN]

a Hebelarm [m]

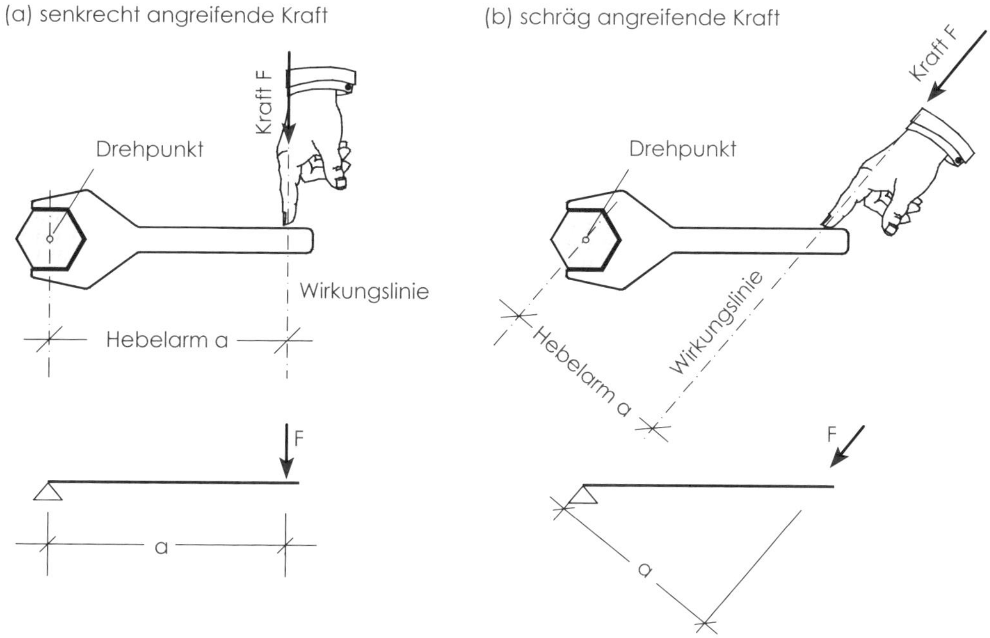

Bild B-8 Hebelwirkung einer Kraft, Wirkungslinie und Hebelarm

Die in der Draufsicht dargestellte Flügelschraube in Bild B-9/a wird durch ein Kräftepaar belastet. Die entgegengesetzt gerichteten Kräfte F sind gleich groß (Kräftepaar) und heben sich bei Aufstellung des Gleichgewichtes in z-Richtung, auf (Bild B-9/b). Es gilt:

$\sum F_z = 0 \quad \Leftrightarrow \quad F - F = 0$

Bildet man jedoch die Summe der Momente (Richtung entgegen dem Uhrzeigersinn) um den Mittelpunkt der Flügelschraube:

$M = F \cdot a/2 + F \cdot a/2 = F \cdot a$

so wird deutlich, dass die Flügelschraube durch das Kräftepaar verdreht wird (Bild B-9/c).

Jedes Kräftepaar kann demnach durch ein Moment ersetzt werden. Die Lage des Moments ist frei in der Ebene verschiebbar.

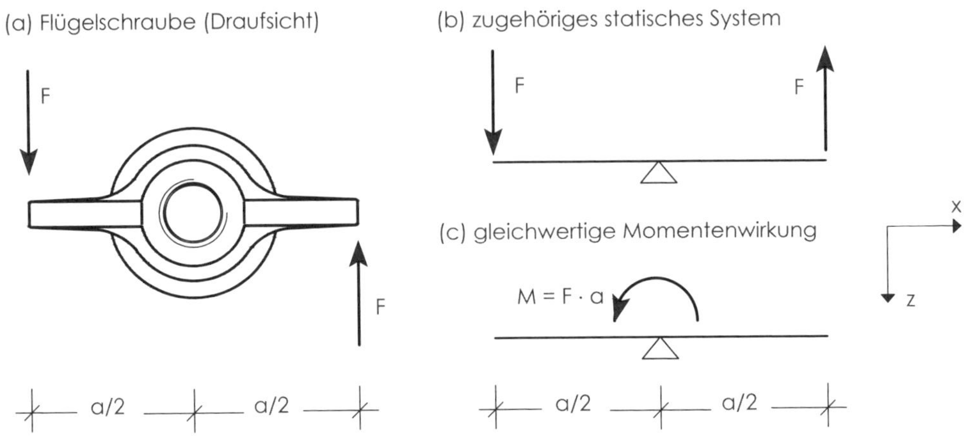

Bild B-9 Drehmoment; Wirkung eines Kräftepaars

B.1.5 Hebelgesetz

Zur Verdeutlichung des Hebelgesetzes wird ein Balken betrachtet, der an einem Punkt aufgehängt ist. Dieser wird durch die Kräfte F_1 und F_2 beansprucht. Der Balken ist im Gleichgewicht, wenn die durch die Kräfte verursachten Momente um den Aufhängepunkt D_1 gleich sind (Bild B-10/a).

$$\Sigma M_{D1} = 0 \quad \Leftrightarrow \quad (\text{Kraft} \cdot \text{Hebelarm})_{\text{links}} = (\text{Kraft} \cdot \text{Hebelarm})_{\text{rechts}}$$

$$\Leftrightarrow \quad F_1 \cdot a_1 = F_2 \cdot a_2$$

Die Kraftgrößen für F_1 und F_2 sind bekannt. Die Wirkungslinien der beiden Kräfte verlaufen parallel, die Lastangriffspunkte unterscheiden sich jedoch. Aufgrund von $\Sigma F_z = 0$ („actio = reactio") berechnet sich die Reaktionskraft S im Seil (Bild B-10/b) zu:

$$S = F_1 + F_2$$

Die Reaktionskraft im Seil entspricht betragsmäßig der Lastresultierenden R aus den Kräften F_1 und F_2.

Rechenweg 1: Zur Ermittlung des Aufhängepunktes, bei dem das System im Gleichgewicht ist, wird zunächst als Drehpunkt der Aufhängepunkt D_1 gewählt (Bild B-10/b) und das Momentengleichgewicht in Abhängigkeit der Unbekannten a_1 und a_2 aufgestellt:

$$\Sigma M_{D1} = 0 \quad \Leftrightarrow \quad F_1 \cdot a_1 = F_2 \cdot a_2$$

$$\text{mit } a_2 = L - a_1 \quad \Leftrightarrow \quad F_1 \cdot a_1 = F_2 \cdot (L - a_1)$$

$$\Leftrightarrow \quad F_1 \cdot a_1 = F_2 \cdot L - F_2 \cdot a_1$$

$$\Leftrightarrow \quad F_1 \cdot a_1 + F_2 \cdot a_1 = F_2 \cdot L$$

$$\Leftrightarrow \quad (F_1 + F_2) \cdot a_1 = F_2 \cdot L$$

$$\text{mit } S = F_1 + F_2 \quad \Leftrightarrow \quad S \cdot a_1 = F_2 \cdot L$$

$$\Leftrightarrow \quad a_1 = F_2 \cdot L/S$$

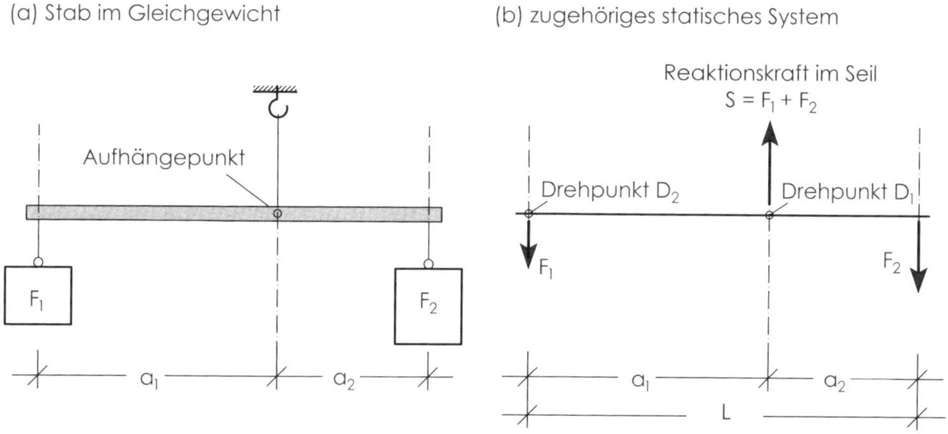

Bild B-10 Stab im Gleichgewicht

Rechenweg 2: Alternativ wird das Gleichgewicht bezogen auf den Drehpunkt D_2 (Bild B-10/b) aufgestellt, S ist hier die Seilkraft:

$\Sigma M_{D2} = 0 \qquad \Leftrightarrow \; F_2 \cdot L = S \cdot a_1$

$\qquad\qquad\qquad \Leftrightarrow \; a_1 = F_2 \cdot L/S$

Fazit: Der Drehpunkt für die rechnerische Ermittlung kann somit beliebig gewählt werden, da das Momentengleichgewicht vom Drehpunkt unabhängig ist. Wird als Drehpunkt jedoch D_2 unter der Kraft F_1 gewählt, liegt der Drehpunkt auf der Wirkungslinie dieser Kraft und diese Kraft hat keinen Hebelarm, der Momentenanteil inf. F_1 ist somit Null.

Ebenso kann jeder andere Drehpunkt – auch außerhalb des Systems – für das Aufstellen des Momentengleichgewichtes gewählt werden.

B.1.6 Gleichgewichtsbedingungen in der Ebene

Für den starren Körper in der Ebene müssen stets die drei Gleichgewichtsbedingungen, die sich aufgrund des Wechselwirkungs- und Hebelgesetztes ergeben, erfüllt sein. Es gilt:

Summe der horizontalen Kräfte ist gleich Null $\Sigma F_x = 0$

Summe der vertikalen Kräfte ist gleich Null $\Sigma F_z = 0$

Summe der Momente ist gleich Null $\Sigma M = 0$

Den mittig angreifenden Kräften F_1 und F_2 stehen Reaktionskräfte entgegen, damit der Körper im Gleichgewicht ist (Bild B-11/a). Diese Reaktionskräfte müssen durch ein Auflager aufgenommen werden (Bild B-11/b).

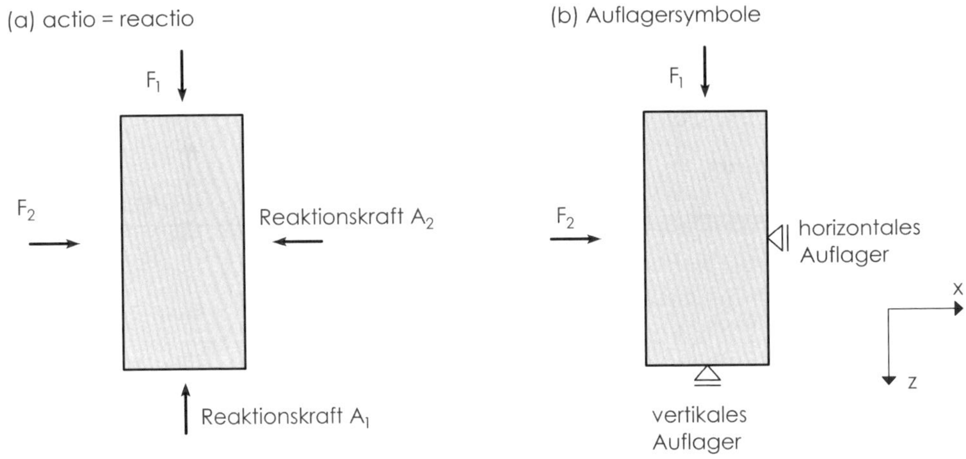

Bild B-11 Scheibe in der Ebene; angreifende Kräfte und Reaktionskräfte

Um die Bedeutung der Gleichgewichtsbedingungen für die Auflagerreaktionen zu veranschaulichen, werden nachfolgend unterschiedlich gelagerte Scheiben betrachtet.

An **Scheibe 1** (Bild B-12/a) greifen die Kräfte F_1 und F_2 mittig an den Kanten an. Die Kräftepaare aus angreifender Kraft und Reaktionskraft stehen im Gleichgewicht:

$\Sigma F_x = 0 \quad \Leftrightarrow \quad A_2 = F_2$

$\Sigma F_z = 0 \quad \Leftrightarrow \quad A_1 = F_1$

Das Drehmoment bezogen auf beliebige Punkte ist Null:

$\Sigma M_{D1} = 0$

$\Sigma M_{D2} = A_1 \cdot b/2 - F_1 \cdot b/2 + F_2 \cdot h/2 - A_2 \cdot h/2 = 0$

Der außermittige Angriff der Kraft F_1 an **Scheibe 2** (Bild B-12/b) bewirkt ein Moment bezogen auf D_1:

$M_{D1} = F_1 \cdot b/2$

Da keine weitere Kraft ein gegenläufiges Moment erzeugt, verdreht sich Scheibe 2.

Durch die Ergänzung eines weiteren Auflagers A_3, **Scheibe 3** (Bild B-12/c), liegt ein Gleichgewicht in der Ebene vor. Es gilt für Scheibe 3:

$\Sigma F_x = 0 \quad \Leftrightarrow \quad A_2 = F_2$

$\Sigma M_{D1} = 0 \quad \Leftrightarrow \quad A_3 \cdot b/2 = F_1 \cdot b/2$

$\Leftrightarrow \quad A_3 = F_1$

$\Sigma F_z = 0 \quad \Leftrightarrow \quad A_3 + F_1 = A_1$

$\Leftrightarrow \quad \text{mit } A_3 = F_1\text{: } A_1 = 2 \cdot F_1$

Ein Körper in der Ebene ist folglich unter beliebiger Lasteinwirkung im Gleichgewicht, wenn drei Auflagerreaktionen vorhanden sind.

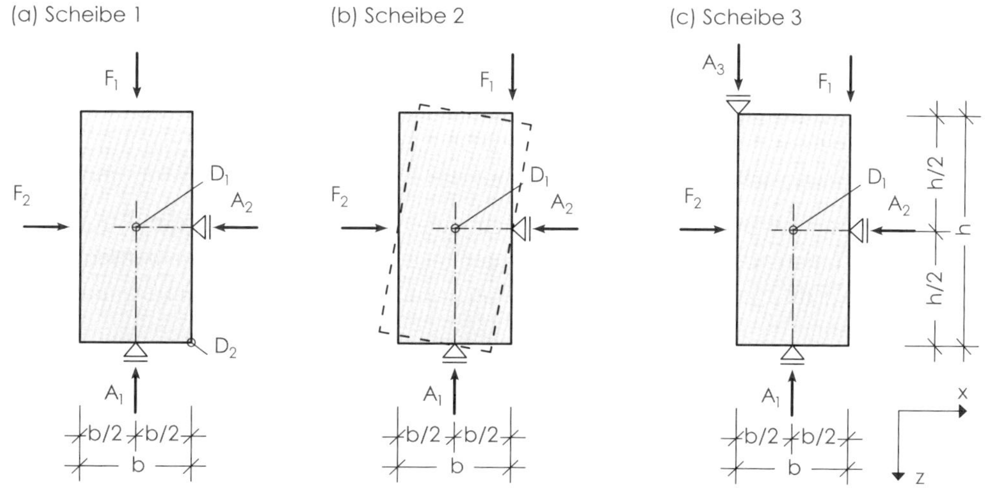

Bild B-12 Scheibe in der Ebene (Beispiele 1 bis 3); Lagerungsvarianten

In Bild B-13 sind bei drei Scheiben jeweils drei Auflager an unterschiedlichen Positionen und mit verschiedenen Wirkungslinien angeordnet. Folgendes kann hier festgestellt werden:

Scheibe 4 (Bild B-13/a) ist vertikal durch die Last F verschieblich, da die Wirkungslinien der Auflager parallel verlaufen.

Scheibe 5 (Bild B-13/b) verdreht sich um den Drehpunkt, der sich aus dem Schnittpunkt der Wirkungslinien der Auflager ergibt.

Scheibe 6 (Bild B-13/c) ist unter beliebiger Lastwirkung unverschieblich, da die Wirkungslinien der Auflagerreaktionen nicht alle parallel verlaufen und sich auch nicht in einem Punkt schneiden. Hieraus leiten sich die erforderlichen Auflagereaktionen und deren Anordnung für ein stabiles System ab.

Die Scheiben 4 und 5 sind kinematisch verschieblich. Allein Scheibe 6 stellt ein stabiles System dar.

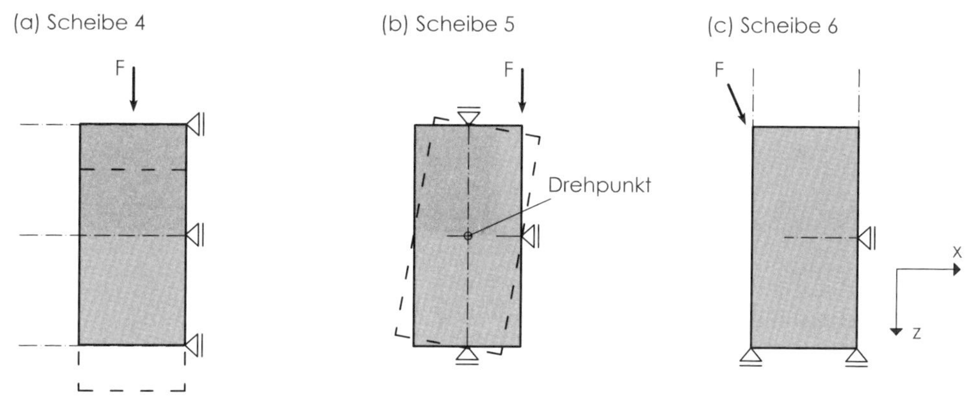

Bild B-13 Scheibe in der Ebene (Beispiele 4 bis 6); Lagerungsvarianten

B.1.7 Lastformen und Resultierende

Lasten treten auch in Form von Flächen- oder Streckenlasten auf. Die häufigsten Grundformen der Balkenbelastung sind konstante Streckenlasten, abschnittsweise konstante Blocklasten und linear veränderliche Dreieckslasten. Die Lastordinate hat die Einheit [kN/m]. Die Lastformen ergeben sich aus den Lasten, die auf das Bauwerk wirken (siehe Abschnitt D.1).

Strecken-, Block- und Dreieckslasten lassen sich jeweils zur Lastresultierenden R zusammenfassen. Die Resultierende R in [kN] entspricht der Lastsumme und ist mathematisch gesehen das Integral über die Last q(x) (Last mit beliebiger Form) mit den Grenzen 0 bis a (Bild B-14):

$$R = \int_0^a q(x)\,dx$$

Die Lage des Schwerpunkts der Last ist gleich der Lage des Schwerpunkt der Lastfläche, allgemein ausgedrückt:

$$s = \frac{\int_0^a q(x)\cdot x\,dx}{\int_0^a q(x)\,dx}$$

Vereinfacht kann man die Berechnung auch als Flächenberechnung der Lastform (R) mit dem zugehörigen Schwerpunkt (S) auffassen.

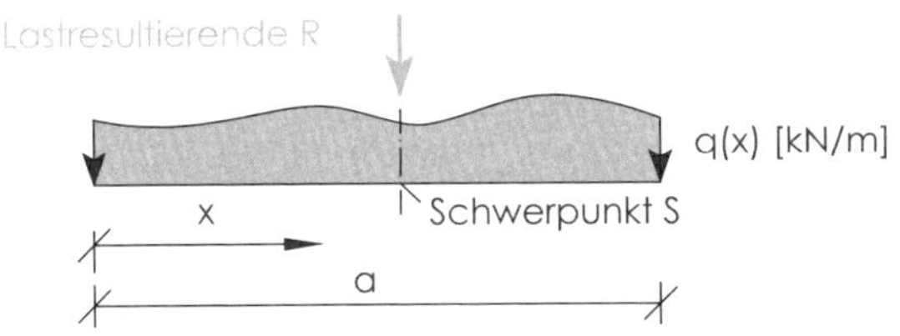

Bild B-14 Streckenlast q(x) und Lastresultierende R

Die Lastresultierende einer **konstanten Streckenlast** ergibt sich so als Produkt aus maximaler Lastordinate und der Wirkungslänge L (Bild B-15/a). Die Lage des Lastschwerpunkts liegt bei L/2:

Resultierende $$R = \int_0^L q\,dx = q\cdot L$$

Lage des Lastschwerpunkts $$s = \frac{\int_0^L q\cdot x\,dx}{\int_0^L q\,dx} = \frac{1/2\cdot q\cdot L^2}{q\cdot L} = 1/2\;L$$

Analog berechnet man auch die Lastresultierende und den Schwerpunkt der Last für eine Blocklast (Bild B-15/b).

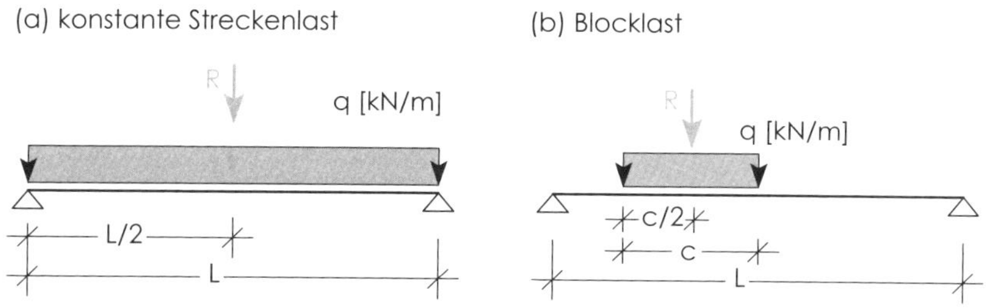

Bild B-15 Konstante Strecken- und Blocklast; Lastresultierende R und deren Lage

Die Lastresultierende einer Dreieckslast (Bild B-16) wird wie die Fläche eines Dreiecks bestimmt:

Resultierende $$R = \int_0^L q/L \cdot x \, dx = 1/2 \cdot q/L \cdot L^2 = 1/2 \, q \, L$$

Lage des Lastschwerpunkts $$s = \frac{\int_0^L (q/L \cdot x \cdot x) \, dx}{\int_0^L (q/L \cdot x) \, dx} = \frac{1/3 \cdot q/L \cdot L^3}{1/2 \cdot q \cdot L} = 2/3 \, q \, L$$

Die Lage der Resultierenden bei einer Dreieckslast liegt folglich immer im Drittelspunkt. Bezugspunkt ist die Seite mit der maximalen Lastordinate.

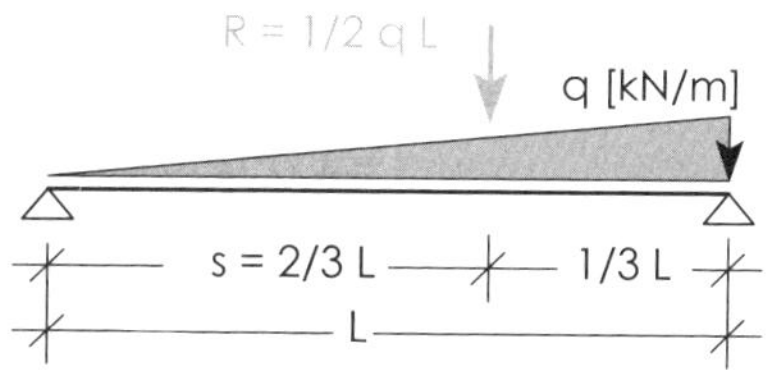

Bild B-16 Dreieckslast; Lastresultierende R und deren Lage

B.2 Auflagerreaktionen und Schnittgrößen

Eine Tragstruktur lässt sich durch einzelne Stäbe und Stabwerke idealisieren. An den Tragelementen Einfeldträger und Kragträger werden nachfolgend die Grundlagen der Stabstatik in Bezug auf die Ermittlung der Auflagerreaktionen und Schnittgrößen erläutert.

B.2.1 Idealisierung von Tragwerken

Für das einfachste System im Bauwesen, den Einfeldträger, wird die zuvor betrachtete starre Scheibe durch einen biegeweichen Stab ersetzt (Bild B-17/a). In der statischen Idealisierung, dem statischen System, stellt man symbolhaft nur die Stabachse dar (Bild B-17/b und /c).

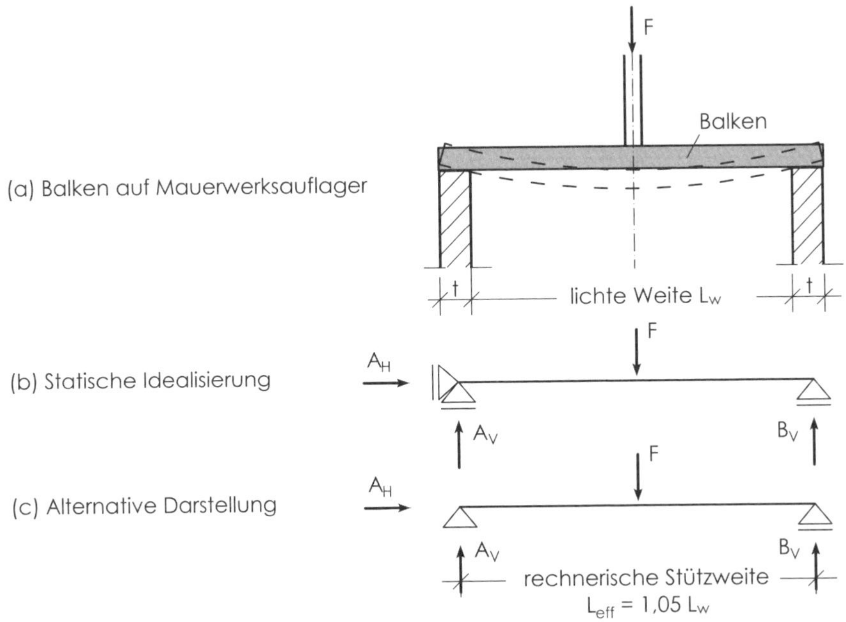

Bild B-17 Einfeldträger; statische Idealisierung

Für das idealisierte System wird die geometrische Breite der Wand t („thickness") vernachlässigt und man nimmt eine punktförmige Lagerung auf den Wänden an. Die Länge des Einfeldträgers im statischen System entspricht nicht der **lichten Weite L_w** zwischen den Mauerwerkswänden, da die Beanspruchungen im Balken und dessen Verformungen sonst unterschätzt würden (Bild B-17/a). Bei Annahme der lichten Weite zuzüglich der Auflagerflächen würden wiederum die Werte überschätzt.

In Abhängigkeit vom Materials, Beton, Holz oder Stahl, gibt es unterschiedliche Empfehlungen zur Berechnung der ideellen Auflagertiefe. Eine einfache Regel zur Festlegung der **effektiven** oder auch **rechnerischen Stützweite** (Bild B-17/b) lautet

$L_{eff} = 1{,}05 \cdot L_w$

Jedes Wandauflager entspricht einer vertikal gerichteten Auflagerreaktion (A_v und B_V). Damit das System statisch unverschieblich ist, wird zusätzlich das horizontale Auflager A_H (Bild B-17/b) eingeführt. Die Auflager A_v und A_H werden durch ein Symbol dargestellt (Bild B-17/c).

Mit dem statischen System des Einfeldträgers können Tragsysteme aus Haupt- und Nebenträgern von einachsig biegebeanspruchten Bauteilen idealisiert werden. Hierzu gehören z.B. die Bauteile Unterzug und Deckenplatte aus dem Betonfertigteilbau (Bild B-18).

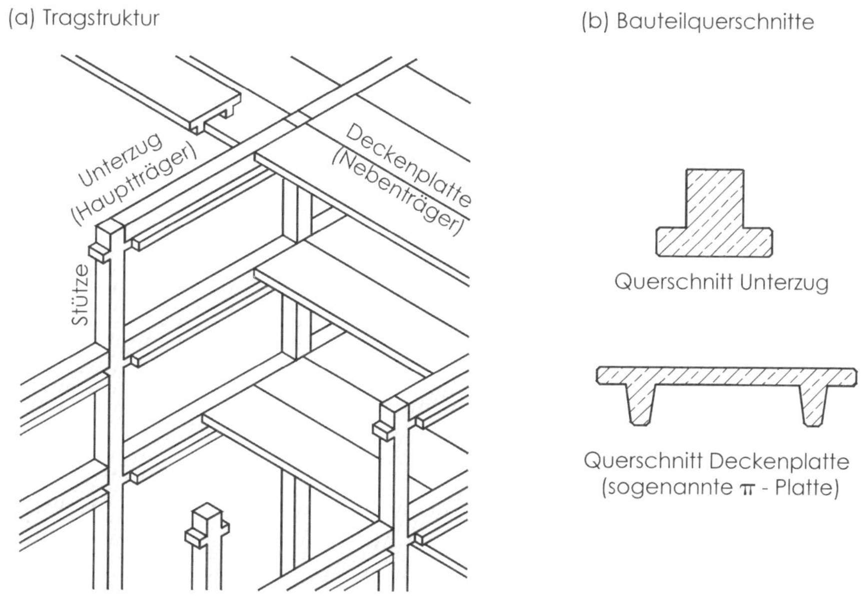

Bild B-18 Einfeldträger im Stahlbeton-Fertigteilbau; Beispiele

Ausgehend vom statischen System des Einfeldträgers in Bild B-17/c erfüllen die Auflagerpunkte folgende Bedingungen:

- Die Verdrehung des Stabs ist an den Auflagerpunkten A und B möglich.
- Am Auflagerpunkt A sind die vertikalen und horizontalen Verformungen behindert.
- Am Auflagerpunkt B ist der Träger vertikal gelagert, jedoch ist eine Verformung in Längsrichtung möglich.

Im Brückenbau oder bei großen Stahltragwerken werden diese Forderungen aufgrund großer Bauteillängen und damit verbundenen großen Längenänderungen infolge Temperatur üblicherweise wie folgt umgesetzt (Bild B-19):

Das Linienkipplager (Auflager A) wird als **unverschiebliches Auflager** bezeichnet. Es kann vertikale und horizontale Auflagerreaktionen, jedoch keine Momente aufnehmen. Der Balken ist somit am Auflager A horizontal und vertikal unverschieblich gelagert, jedoch frei drehbar. Weil es zwei Auflagerreaktionen aufnehmen kann, wird es als **zweiwertiges Lager** bezeichnet. Aufgrund der behinderten Verformung stellt es ein **Festlager** dar.

Das Rollenlager (Auflager B) ist ein **horizontal verschiebliches Auflager**. Tritt beispielsweise eine Temperaturbeanspruchung auf, dehnt der Träger sich aus. Wäre diese Längenänderung behindert, würden Zwängungen im Bauteil selbst und in der unterstützenden Konstruktion entstehen. Verschiebliche Auflager können nur Auflagerreaktionen in einer Richtung aufnehmen, in diesem Fall nur vertikale Kräfte. In horizontaler Richtung ist das Auflager frei verschieblich und die freie Verdrehbarkeit ist gewährleistet. Verschiebliche Auflager werden auch als **einwertige Lager** oder **Gleitlager** bezeichnet.

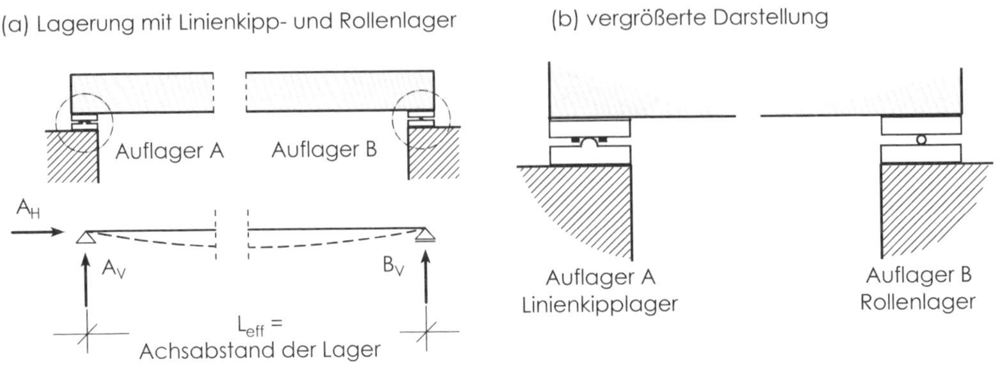

Bild B-19 Einfeldträger mit Linienkipp- und Rollenlager

Für übliche Hochbauverhältnisse ist eine frei drehbare Lagerung meist zu aufwändig herzustellen (Bild B-20). Bei kleineren und mittleren Stützweiten (L ≈ 6 bis 8 m) werden Stahlbetondecken flächig aufgelagert (a). Holzbalken oder Stahlträger werden bei Bedarf zusätzlich verankert (b). Das Flachdach aus Stahlbeton kann mittels einer Gleitfolie vom Mauerwerk entkoppelt werden, sodass sich die Stahlbetonplatte im Auflagerbereich horizontal frei verformen kann und Risse im Mauerwerk vermieden werden (c).

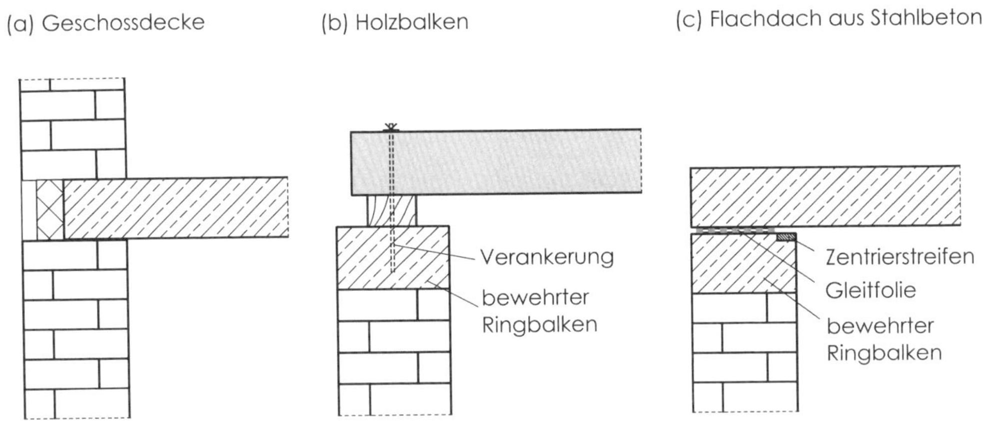

Bild B-20 Auflagerkonstruktionen im Hochbau; Beispiele

Auch im Holzbau erfolgt die Idealisierung von Knotenpunkten als zweiwertige Lagerung. Beispiele sind die Fußpunkte von Dachkonstruktionen beim Pfetten- und Sparrendach (Bild B-21).

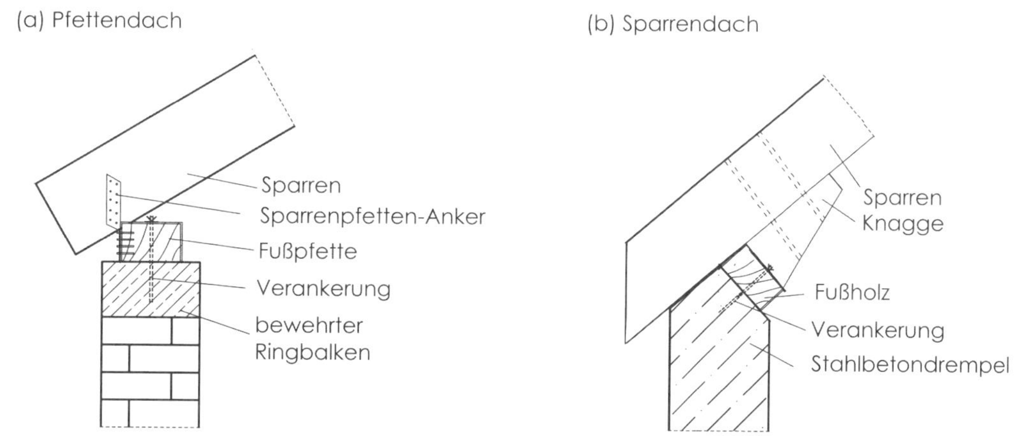

Bild B-21 Zweiwertige Auflagerkonstruktionen bei Dachkonstruktionen; Beispiele

Im Holzbau werden die Deckenbalken gelenkig an den Unterzug z.B. mit T-förmigen Blechteilen, die am Unterzug angenagelt sind, angeschlossen (Bild B-22/a). Die eingeschlitzten Deckenbalken sind mit Stabdübeln angeschlossen. Alternativ ist auch ein Einhängen der Deckenträger mit Stahl-Z-Profilen möglich.

Ein gelenkiger Anschluss von zwei Einfeldträgern auf einem querlaufenden Unterzug im Stahlbau ist in Bild B-22/b dargestellt. Die Träger sind nur an den angeschweißten Kopfplatten gegen Verschieben gesichert.

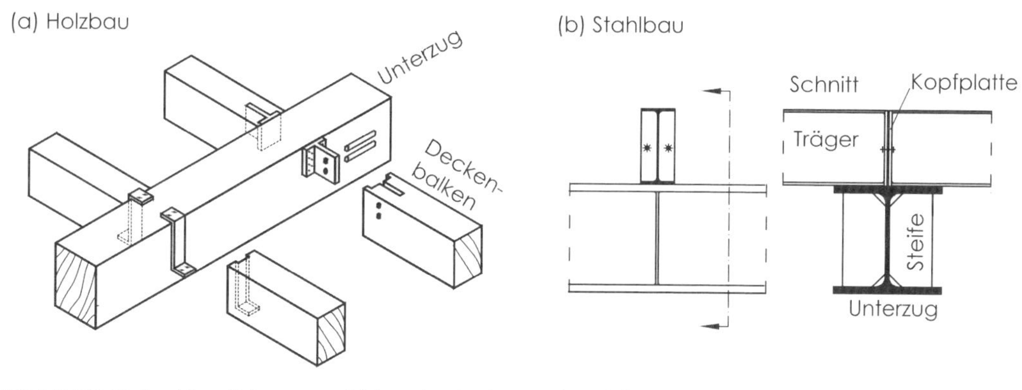

Bild B-22 Gelenkige Trägeranschlüsse im Holz- und Stahlbau; Beispiele

Bei einem Kragträger werden als Auflagerreaktionen nicht nur Kräfte, sondern auch ein Drehmoment aufgenommen. Hierbei handelt es sich um ein **dreiwertiges Auflager**. Neben den Verschiebungen ist auch die Verdrehung am Auflager behindert (Bild B-23). Dreiwertige Auflager bezeichnet man als **Einspannung**.

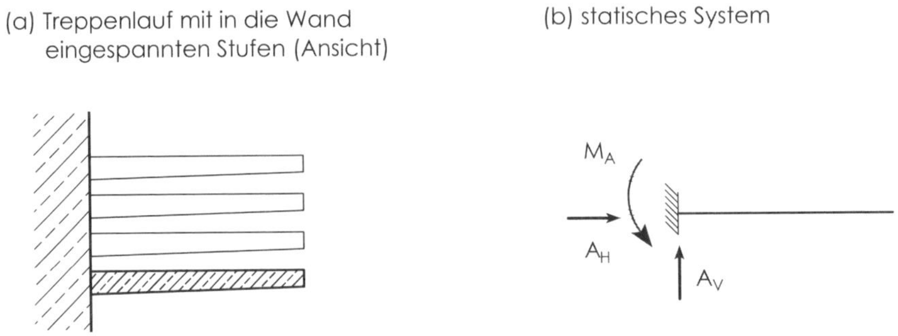

Bild B-23 Statisches System eines Kragträger

Die Art der Lagerung besti mmt die Verformungsmöglichkeit des Stabs am Auflagerpunkt. Die Verformungsmöglichkeiten bezeichnet man auch als Freiheitsgrade. In der Ebene sind jedem Auflagerpunkt zwei Verschiebungs- und ein Drehfreiheitsgrad zugeordnet. In Bild B-24 sind die statischen Auflagersymbole, die zugehörigen Auflagerreaktionen und die Verformungsmöglichkeit des Stabs am Auflager dargestellt.

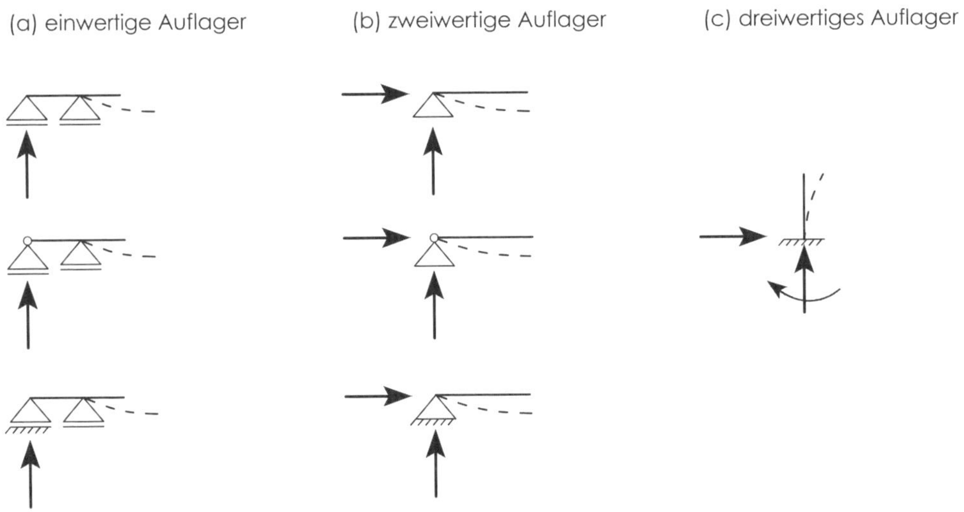

Bild B-24 Auflagervarianten; statische Symbole, Auflagerreaktionen und Verformungsmöglichkeit des Stabs

Zwischen den beiden Extremfällen einer ideal starren und einer ideal verschieblichen Lagerausbildung liegt diejenige der nur teilweise behinderten Auflagerung. In der statischen Idealisierung werden elastische Auflager durch Weg- oder Momentenfedern abgebildet. Bild B-25 stellt exemplarische Lagerausbildungen dar.

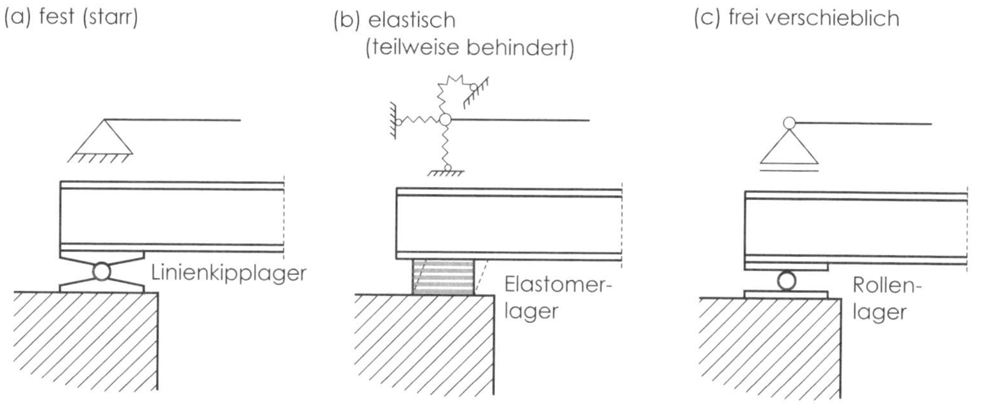

Bild B-25 Auflagerkonstruktionen im Vergleich

B.2.2 Schnittgrößen

Bisher wurden Kräfte untersucht, die als Lasten oder Auflagerreaktion an einem Tragwerksteil angreifen. Hierbei handelt es sich um **äußere Kräfte**.

Für die Berechnung der Beanspruchung und Verformung eines Bauteils werden die **inneren Belastungen**, die sogenannten **Schnittgrößen** (auch als Schnittreaktionen oder Schnittkräfte bezeichnet) benötigt.

Um die Schnittkräfte zu ermitteln, wird der Balken gedanklich aufgeschnitten (Bild B-26). Damit ist der innere Kraftfluss an der Schnittstelle unterbrochen und aus dem Balken werden zwei Teilstücke, die ohne zusätzliche Unterstützungsmaßnahmen von den Auflagern herunterfallen würden. Damit die Teilstücke wieder ins Gleichgewicht kommen, führt man an den Schnittufern gedanklich Kräfte und ein Moment ein, die wie äußere Kräfte an der Schnittstelle angreifen. An der Schnittstelle müssen die inneren Kräfte im Gleichgewicht stehen, sie sind somit an den beiden Schnittufern entgegengesetzt gerichtet und gleich groß. Aufgrund dieses Gedankenmodells des **Aufschneidens des Balkens** spricht man von Schnittgrößen.

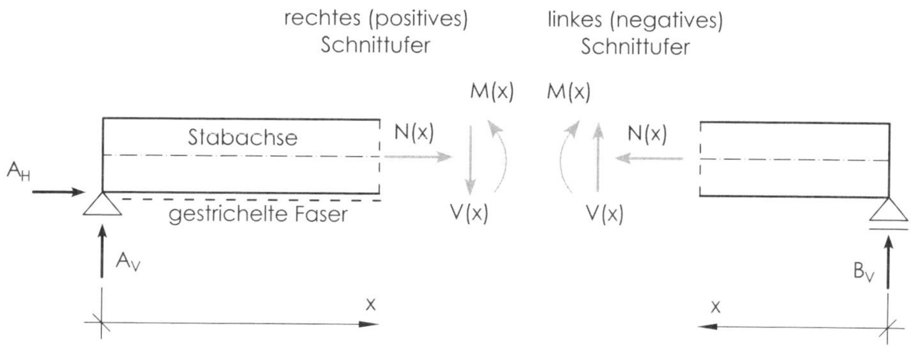

Bild B-26 „geschnittener" Einfeldträger mit den Schnittgrößen N, V und M

Man unterscheidet drei Schnittgrößen:

- Die **Längskraft N** wirkt in Richtung der Stabachse. Sie wird auch als Normalkraft bezeichnet, weil sie normal, d.h. senkrecht zum Querschnitt wirkt.
- Die **Querkraft V** wirkt quer zur Stabachse.
- Das **Biegemoment M**.

Betrachtet man einen Balken im verformten Zustand (Bild B-27/b), erkennt man, dass die obere Balkenzone infolge der Durchbiegung in Balkenlängsrichtung gestaucht und die untere Balkenzone in Balkenlängsrichtung gedehnt wird. Dazwischen gibt es eine Linie, auf der die Dehnung zu Null wird. Diese wird als neutrale Faser oder Nulllinie bezeichnet (Bild B-27/c).

Im oberen Balkenbereich muss daher eine Druckbeanspruchung wirken, im unteren Balkenbereich eine Zugbeanspruchung. Beide wirken jeweils in Balkenlängsrichtung.

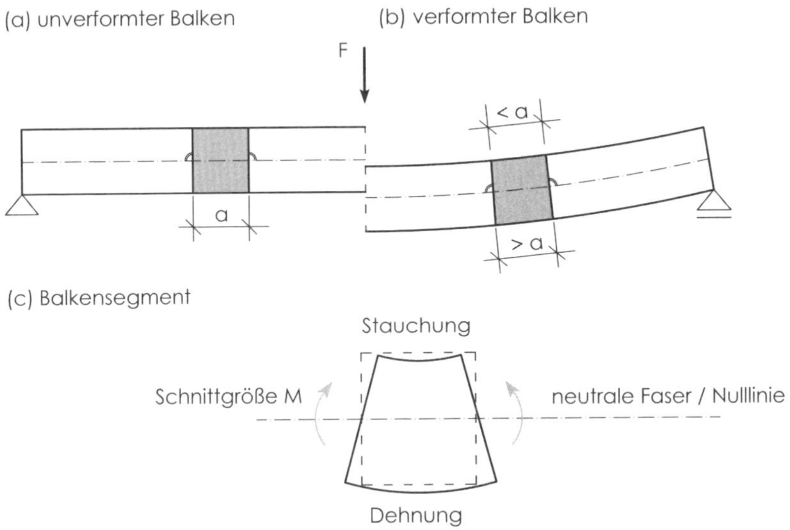

Bild B-27 Auswirkungen des inneren Moments im Balken

Um das **Vorzeichen des Biegemoments** eindeutig festlegen zu können, ist vorab eine Seite des Balkens (oben oder unten) als gezogener Rand zu definieren (siehe Bild B-28). Die Wahl ist beliebig, üblicherweise wird jedoch bei horizontalen Balken der untere Rand als gezogener Rand angenommen. In Bezug auf diesen gezogenen Rand sind dann Biegemomente, Querkräfte und Längskräfte gemäß ihrer Richtung festgelegt. Der gezogene Rand wird mit einer gestrichelten Linie, auch gestrichelte Faser genannt, gekennzeichnet.

Ein Biegemoment ist positiv, wenn die als gezogener Rand angenommene Querschnittsseite gedehnt wird. Ein negatives Biegemoment ergibt sich, wenn diese gedrückt wird.

Gemäß der Vorzeichenkonvention 1 ist die Querkraft für den Fall positiv definiert, dass sie am rechten Schnittufer nach unten (linkes Teilsystem) bzw. am linken Schnittufer nach oben wirkt (rechtes Teilsystem). Alternativ, jedoch bei Balken eher unüblich, kann auch die Vorzeichenkonvention 2 verwendet werden.

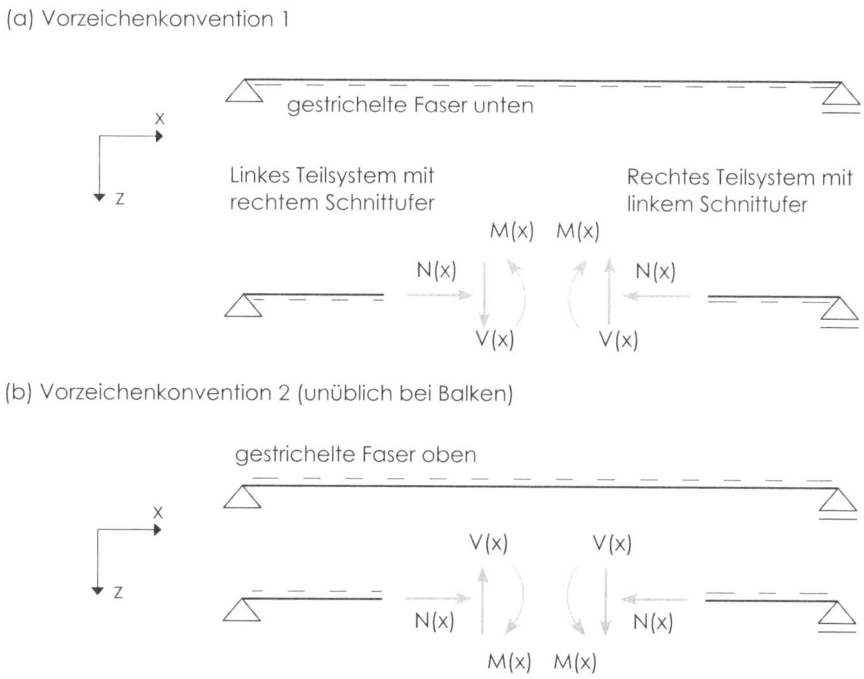

Bild B-28 Schnittgrößen; Vorzeichenkonventionen

Bei Stahlbetonbauteilen werden die Druckkräfte in der Regel über den Beton und die Zugkräfte von der in den Beton eingelegten Bewehrung abgetragen. Rechnerisch wird die Betonfestigkeit (von einigen Ausnahmen abgesehen) nicht angesetzt. Die infolge Biegung erforderliche Bewehrung ist daher stets auf der Seite der gezogenen Faser einzulegen und somit kann am Vorzeichen des Biegemoments unmittelbar die Lage der Bewehrung bestimmt werden.

Beim Einfeldträger erkennt man anhand der Verformungsfigur, dass der gezogene Rand unten liegt (Bild B-29/a), die Biegebewehrung muss also unten angeordnet werden. Bei einer auskragenden Stahlbetonplatte ist die Bewehrung demgegenüber oben einzulegen. Zur Aufnahme des Biegemoments an der Einspannung wird die oberseitige Einspannbewehrung um die Ecke in die Stahlbetonwand geführt und dort verankert (Bild B-29/b).

Die Normalkraft N ist als Zugkraft positiv (Bild B-30/a) und als Druckkraft negativ definiert (Bild B-30/b). Die Unterscheidung einer Druck- und Zugbeanspruchung ist insofern von Bedeutung, als für schlanke Stäbe die Drucktragfähigkeit mitunter geringer ist als die Zugtragfähigkeit. Schlanke Druckstäbe versagen aufgrund der Knickgefahr früher als Zugstäbe (Bild B-30/b).

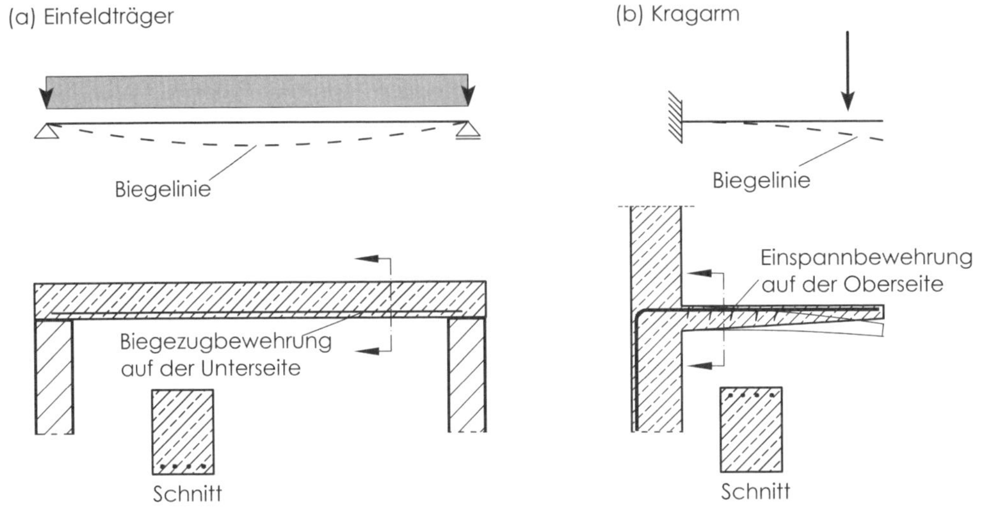

Bild B-29 Stahlbetonbauteile; Lage der Biegezugbewehrung

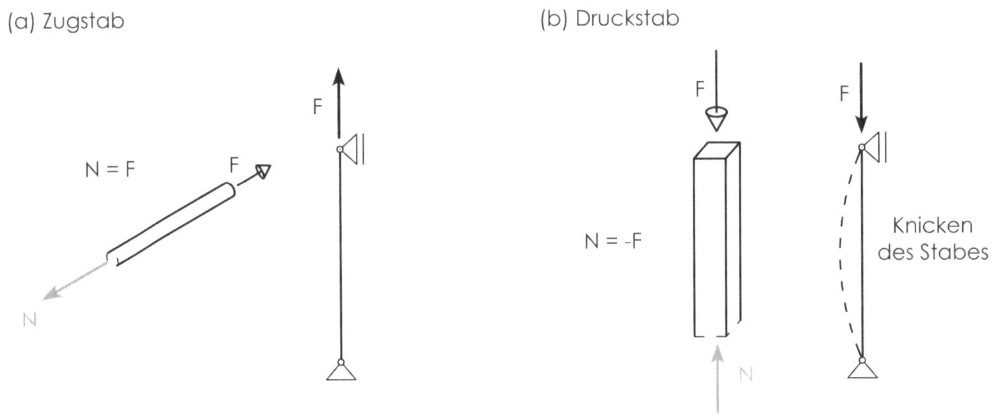

Bild B-30 Normalkräfte; Vorzeichenregelung

Viele Systeme lassen sich zur Ermittlung der Schnittgrößen (N, V_z und M_y) vereinfacht in der Ebene betrachten (Bild B-31/a). Die Querkraft wirkt in z-Richtung und erhält somit entsprechend den Index z. Das Moment dreht um die Achse y und wird daher durch den Index y ergänzt. Tatsächlich ist jeder Stab aber ein räumliches Objekt. Jeder Ausrichtung sind eine Kraft und ein Moment zugeordnet (Bild B-31/b). Die Darstellung eines Moments im Raum erfolgt durch einen Doppelpfeil. Während die Momente M_y und M_z eine Biegung des Stabs hervorrufen, bewirkt das Moment M_x eine Verdrehung um die Stabachse. Diese Beanspruchung bezeichnet man auch als Torsion.

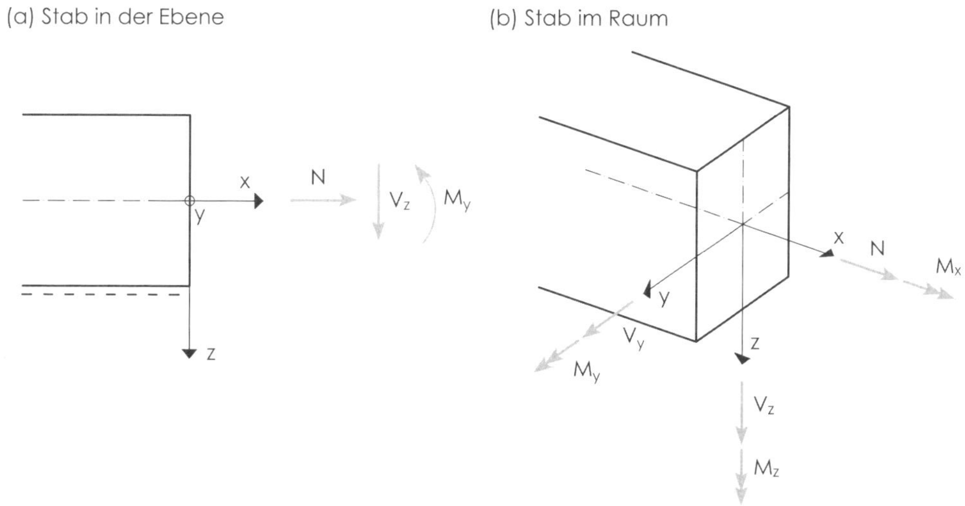

Bild B-31 Stab in der Ebene und im Raum; Schnittgrößen

Allgemeines Vorgehen zur Berechnung der Schnittgrößen

Die Ermittlung der Schnittgrößen erfolgt in drei Schritten:

Schritt 1: Bestimmung der Auflagerreaktionen mit Hilfe der Gleichgewichtsbedingungen in der Ebene (siehe auch Abschnitt B.1.6):

Summe der horizontalen Kräfte ist Null $\sum F_x = 0$

Summe der vertikalen Kräfte ist Null $\sum F_z = 0$

Summe der Momente ist Null $\sum M = 0$

Schritt 2: Festlegung der Lage der gestrichelten Faser. Für jede maßgebende Stelle ist der Balken zu schneiden und das Gleichgewicht zwischen äußeren Lasten und inneren Schnittgrößen herzustellen. Als Drehpunkt für $\sum M = 0$ wird immer die Schnittstelle gewählt.

Schritt 3: Zeichnerische Darstellung der Schnittgrößen.

B.2.3 Einfeldträger

B.2.3.1 Einfeldträger unter Einzellast F

Gegeben ist ein Holzbalken, der auf zwei Wänden aufliegt (Bild B-32/a). Er wird nur durch einen Dachpfosten mit der Einzellast F belastet. Das Eigengewicht wird zunächst vernachlässigt. Im ersten Schritt werden Bauteil, Lagerung und Lasten in ein statisches System überführt (Bild B-32/b).

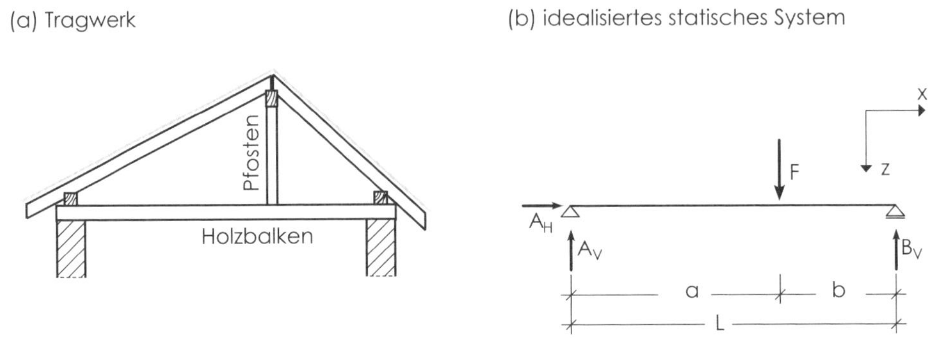

Bild B-32 Einfeldträger unter einer Einzellast F; statisches System und Lastbild

Gesamtsystem (Auflagerreaktionen)

Die positiv definierte Wirkungsrichtung der Auflagerreaktionen A_V und B_V von unten nach oben ist eine Annahme (Bild B-32/b). Trifft die Annahme zu, ergibt die Berechnung ein positives Ergebnis (+) für die gesuchte Auflagerreaktion. Anderenfalls ergibt sich ein negatives Ergebnis (-). Grundsätzlich ist die Wahl der Richtung der Auflagerreaktionen beliebig, sie muss nur innerhalb einer Aufgabe konsequent eingehalten werden.

Da in horizontaler Richtung keine äußeren Lasten angreifen, ergibt sich aus der Bedingung $\Sigma F_x = 0$, dass die horizontale Auflagerreaktion A_H gleich Null ist.

Um möglichst nur Gleichungen mit einer Unbekannten aufzustellen, wird im nächsten Schritt die Momentensumme $\Sigma M = 0$ aufgestellt. Der Drehpunkt ist beliebig, vorteilhaft wird er jedoch so gewählt, dass die Wirkungslinie einer unbekannten Lastkomponente diesen schneidet, der Hebelarm also Null beträgt. Als positive Drehrichtung wird der Uhrzeigersinn angenommen:

$$\Sigma M_A = 0 \quad \Leftrightarrow \quad F \cdot a - B_V \cdot L = 0$$

$$\Leftrightarrow \quad B_V = F \cdot a/L$$

A_V ergibt sich über die Bedingung $\Sigma F_z = 0$:

$$\downarrow \Sigma F_z = 0 \quad \Leftrightarrow \quad F - A_V - B_V = 0$$

Aufgelöst nach A_V und $B_v = F \cdot a/L$ eingesetzt:

$$\Leftrightarrow \quad A_V = F - B_V = F - F \cdot a/L = F \cdot (L-a)/L = F \cdot (1-a/L) = F \cdot b/L$$

Teilsysteme zur Berechnung der Schnittgrößen

Zur Berechnung der inneren Kräfte wird der Träger gedanklich geschnitten (Bild B-33/a). Als Schnittführung wählt man die Bereiche links (Schnitt 1) und rechts (Schnitt 2) von der Last F, da der Lastangriffspunkt der Einzellast eine Unstetigkeitsstelle im Verlauf der Schnittgrößen darstellt.

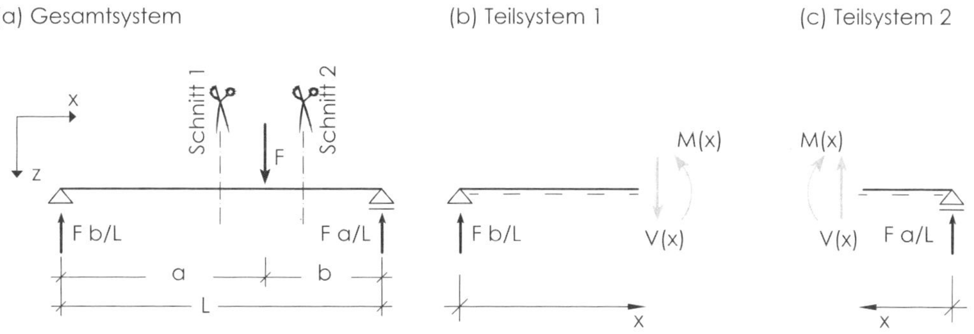

Bild B-33 Einfeldträger unter einer Einzellast F; Auflagerreaktionen, Schnitte und Teilsysteme

Exemplarisch ist hier die Rechnung für beide Teilsysteme dargestellt (Bild B-33 /b und /c). Zur Bestimmung der Schnittgrößen wäre ein Schnitt ausreichend.

Teilsystem 1, Bereich $0 \leq x \leq a$

Am linken Teilstück des Trägers, Teilsystem 1 in Bild B-33/b, werden die äußeren Kräfte (Lasten und Auflagerreaktionen) und die inneren Schnittgrößen angetragen. Da keine horizontalen Kräfte angreifen, gilt N = 0, sodass die Normalkräfte auch bei allen folgenden Trägersystemen nicht dargestellt werden.

$\downarrow\Sigma F_z = 0 \quad \Leftrightarrow \quad V(x) - F \cdot b/L = 0$

$\Leftrightarrow \quad V = F \cdot b/L$ (konstant, unabhängig von x)

Drehpunkt ist immer die Schnittstelle. Um ihn dreht die Auflagerreaktion A positiv mit dem Hebelarm x.

$\Sigma M = 0 \quad \Leftrightarrow \quad F \cdot b/L \cdot x - M(x) = 0$

$\Leftrightarrow \quad M(x) = F \cdot b/L \cdot x$ (linear, abhängig von x)

$M(x = 0) = 0$

$M(x = a) = F \cdot b/L \cdot a = F \cdot a\, b/L$

Teilsystem 2, Bereich $0 \leq x \leq b$

Das gleiche Vorgehen wird auch bei Teilsystem 2 (Bild B-33/c) mit gegenläufiger Laufrichtung von x angewendet:

$\downarrow\Sigma F_z = 0 \quad \Leftrightarrow \quad -V(x) - F \cdot a/L = 0$

$\Leftrightarrow \quad V = - F \cdot a/L$ (konstant, unabhängig von x)

$\Sigma M = 0 \quad \Leftrightarrow \quad M(x) - F \cdot a/L \cdot x = 0$

$\Leftrightarrow \quad M(x) = F \cdot a/L \cdot x$ (linear, abhängig von x)

$M(x = 0) = 0$

$M(x = b) = F \cdot a/L \cdot b = F \cdot a\, b/L$

Die Verläufe von Querkraft und Biegemoment werden in einem Diagramm über die Balkenlänge aufgetragen (Bild B-34/b).

V-Verlauf: Die Querkraft trägt man positiv oberhalb der Stabachse an. Der Verlauf ist im jeweiligen Schnitt konstant. Am Lastangriffspunkt verschiebt sich die Querkraft um den Wert der angreifenden Last F:

$V_{\text{rechts von F}} = F \cdot b/L - F = F\,(b/L - 1) = F\,(b - L)/L$

mit $L = a + b$

$V_{\text{rechts von F}} = F\,(b - a + b)/L = -\,F\,a/L$

M-Verlauf: Die Gleichung des Moments M(x) ist eine Geradengleichung, das Biegemoment nimmt mit größer werdendem Abstand vom Auflager zu. Aufgrund der gelenkigen Lagerung sind die Biegemomente am Auflager Null. Das Biegemoment unter der Einzellast, im Schnitt 2 für x = b berechnet, ist aus Gleichgewichtsgründen gleich zum Biegemoment im Schnitt 1 für x = a. Das Moment wird in Richtung der Verformung unterhalb der Stabachse positiv angetragen.

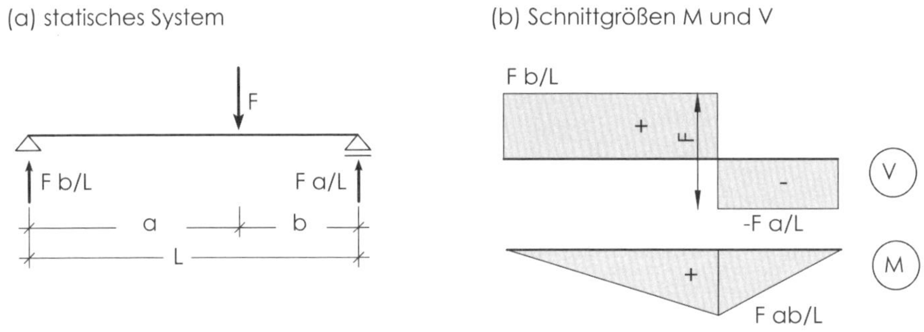

Bild B-34 Einfeldträger unter einer Einzellast F; Auflagerreaktionen und Schnittgrößen

Sonderfall: Einfeldträger unter Einzellast F in Feldmitte

Der Einfeldträger mit einer Einzellast in Feldmitte stellt einen Sonderfall dar (Bild B-35/a). Unter Anwendung der zuvor allgemein abgeleiteten Formeln gilt:

$a = b = L/2$

$A = F \cdot b/L = F \cdot L\,/\,(2\,L) \;\Rightarrow A = B = F/2$

Die Auflagerreaktionen lassen sich noch einfacher über die Symmetrie ableiten, da die Last F sich hälftig auf beide Auflager aufteilt (Bild B-35/a).

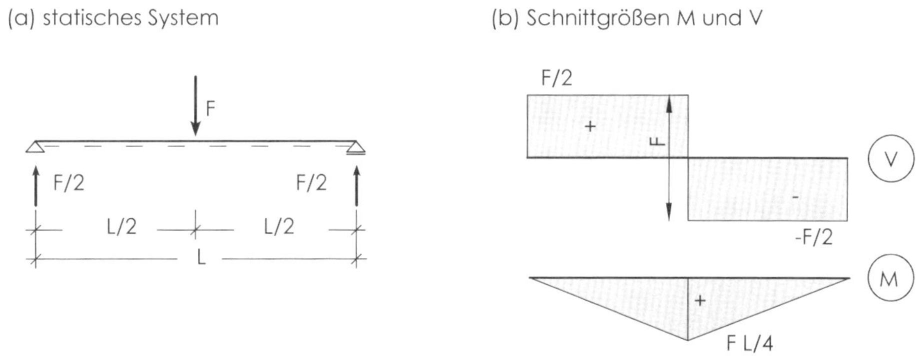

Bild B-35 Einfeldträger unter einer Einzellast F in Feldmitte; Auflagerreaktionen und Schnittgrößen

B.2.3.2 Einfeldträger unter Gleichlast q

Der Träger ist gemäß Bild B-36/a mit einer gleichmäßig verteilten Last q über die gesamte Länge L belastet.

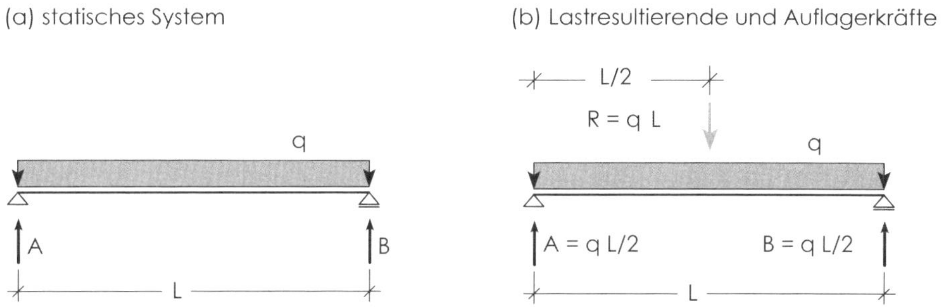

Bild B-36 Einfeldträger unter Gleichlast q; System und Auflagerreaktionen

Gesamtsystem (Auflagerreaktionen)

Zur Ermittlung der Auflagerreaktionen wird die Gleichlast zu einer Resultierenden R zusammengefasst (Bild B-36/b, siehe auch Abschnitt B.1.7):

$R = q \cdot L$

Die Wirkungslinie der Resultierenden R läuft durch den Schwerpunkt der Gleichlast, d.h. bei L/2.

Da keine horizontalen Lasten angreifen, werden wieder nur die vertikalen Auflagerreaktionen A und B betrachtet (Bild B-36/b).

$\Sigma M_A = 0 \quad \Leftrightarrow \quad q \cdot L \cdot L/2 - B \cdot L = 0$

$\quad \Leftrightarrow \quad B = q \cdot L/2$

Alternativ hätte man aufgrund der Symmetrie direkt erkennen können, dass gilt: A = B. Die Resultierende R teilt sich somit hälftig auf die Auflager A und B auf. Das Aufstellen des Momentgleichgewichts wäre dann nicht notwendig gewesen.

Anmerkung: Für die Berechnung von inneren Kräften (Schnittgrößen) ist die Form der Belastung (Einzellast, Gleichlast, Dreieckslast) von Bedeutung. Das Zusammenfassen von Kräften zu einer Resultierenden ist daher zunächst nur sinnvoll für die Berechnung der Auflagerreaktionen. Bei Systemen, die aus mehreren Stäben zusammengesetzt sind, sollte die jeweilige Resultierende auch nur stabweise berechnet werden.

Teilsystem (Schnittgrößen)

Da keine Unstetigkeitsstelle bei der Belastung vorhanden ist, kann die gesamte Trägerlänge in einem Schritt betrachtet werden. In einem Abstand x vom Auflager A wird der Träger gedanklich aufgeschnitten (Bild B-37/a) und das sich ergebende Teilsystem betrachtet.

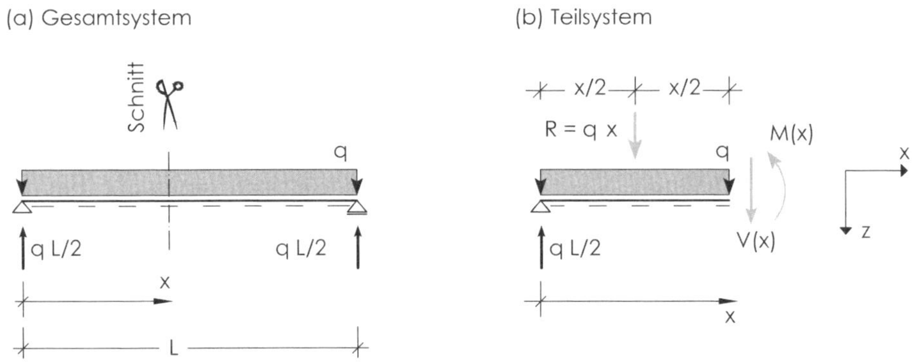

Bild B-37 Einfeldträger unter Gleichlast q; Schnittführung und Teilsystem

Die Resultierende der Gleichlast $q \cdot x$ greift im Schwerpunkt bei x/2 an (Bild B-37/b). Das Kräftegleichgewicht wird für das Teilsystem aufgestellt:

$$\sum F_z = 0 \Leftrightarrow \quad V(x) + q \cdot x - q \cdot L/2 = 0$$

$$\Leftrightarrow \quad V(x) = q \cdot L/2 - q \cdot x \text{ (linear, abhängig von x)}$$

$$\sum M = 0 \Leftrightarrow \quad M(x) - q \cdot L/2 \cdot x + q \cdot x \cdot x/2 = 0$$

$$\Leftrightarrow \quad M(x) = q \cdot L/2 \cdot x - q \cdot x^2/2 \text{ (quadratische Parabel)}$$

Auswertung der Schnittgrößenverläufe (Bild B-38/b)

Ort	Ordinate x	Querkraft V(x)	Moment M(x)
Auflager A	0	q L/2	0
Feldmitte	L/2	0	$q\ L^2/8$
Auflager B	L	-q L/2	0

V-Verlauf: Die Querkraftlinie ist eine Gerade. Der Nullpunkt der Geraden liegt, wie auch der Maximalwert des Moments, in Feldmitte. Diese Regel ist allgemeingültig und wird im nächsten Beispiel zur Bestimmung der Stelle mit dem maximalen Moment verwendet.

M-Verlauf: Das maximale Biegemoment des Einfeldträgers unter Gleichlast q liegt in Feldmitte. Der Verlauf des Biegemoments entspricht einer Parabel.

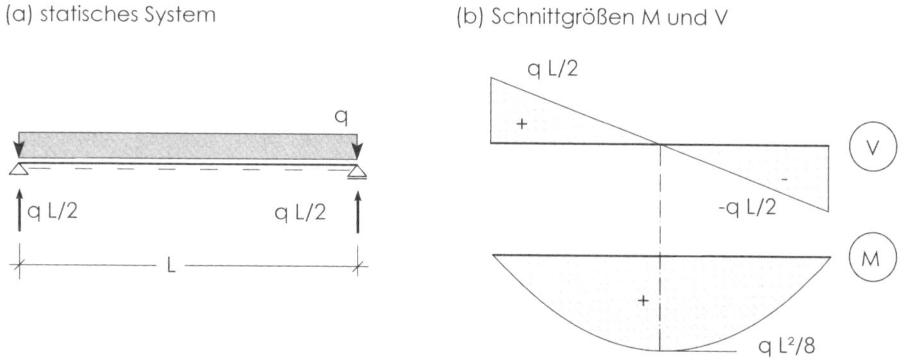

Bild B-38 Einfeldträger unter Gleichlast q; Auflagerreaktionen und Schnittgrößen

B.2.3.3 Einfeldträger unter Blocklast als Zahlenbeispiel

Anhand eines Einfeldträgers mit Blocklast wird hier ein Zahlenbeispiel gemäß Bild B-39/a betrachtet.

Gesamtsystem (Auflagerreaktionen)

Lastresultierende R $\quad R = 3\ \text{kN/m} \cdot 2\ \text{m} = 6\ \text{kN}$ (Bild B-39/b)

$\Sigma M_A = 0 \quad \Leftrightarrow \quad 6\ \text{kN} \cdot (4\ \text{m} + 1\ \text{m}) - B \cdot 6\ \text{m} = 0$

$\Leftrightarrow \quad B = 30\ \text{kNm} / 6\ \text{m} = 5\ \text{kN}$

$\Sigma F_z = 0 \quad \Leftrightarrow \quad R - A - B = 0$

$\Leftrightarrow \quad A = R - B = 6\ \text{kN} - 5\ \text{kN} = 1\ \text{kN}$

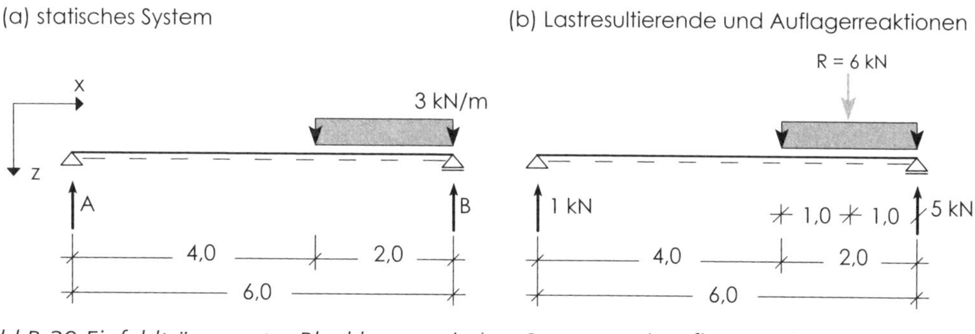

Bild B-39 Einfeldträger unter Blocklast; statisches System und Auflagerreaktionen

Für die Ermittlung der Schnittgrößenverläufe werden zwei Schnitte geführt: Schnitt 1 betrachtet das System links von der Blocklast, Schnitt 2 betrachtet das System im Bereich der Blocklast (Bild B-40).

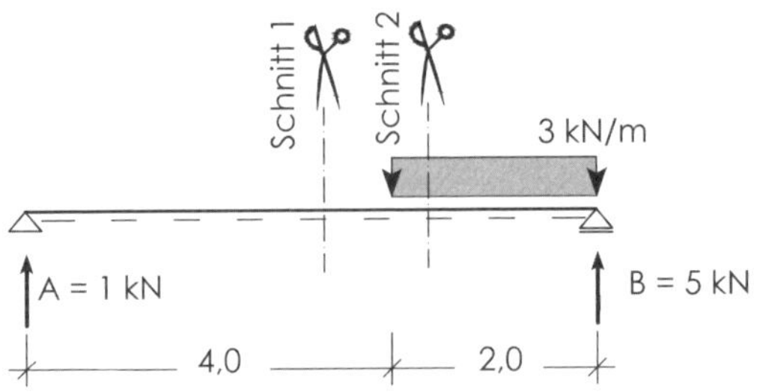

Bild B-40 Einfeldträger unter Blocklast; Schnittführung

Teilsystem 1 (Schnittgrößen) (Bild B-41/a)

$\sum F_z = 0 \quad \Leftrightarrow \quad V = 1\ \text{kN}$

$\sum M = 0 \quad \Leftrightarrow \quad M(x) - 1\ \text{kN} \cdot x = 0$

$\Leftrightarrow \quad M(x) = x\ \text{kN}$

Teilsystem 2 (Schnittgrößen) (Bild B-41/b)

$\sum F_z = 0 \quad \Leftrightarrow \quad V(x) = -5\ \text{kN} + 3\ \text{kN/m} \cdot x$

$\sum M = 0 \quad \Leftrightarrow \quad M(x) + 3\ \text{kN/m} \cdot x \cdot x/2 - 5\ \text{kN} \cdot x = 0$

$\Leftrightarrow \quad M(x) = 5\ \text{kN} \cdot x - 1{,}5\ \text{kN/m} \cdot x^2$

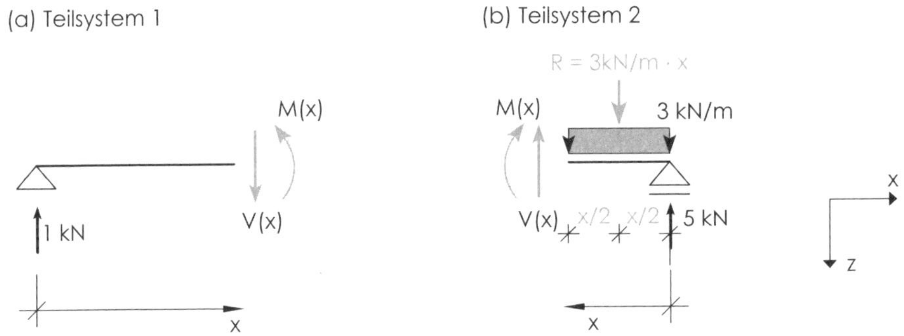

Bild B-41 Einfeldträger unter Blocklast; Teilsysteme

Teilsystem 2, Querkraftnullpunkt zur Bestimmung der Ordinate mit maximalem Moment (Bild B-41/b)

$V(x) = -5\ \text{kN} + 3\ \text{kN/m} \cdot x = 0 \quad \Leftrightarrow \quad x = 5\ \text{kN} / (3\ \text{kN/m}) = 1{,}67\ \text{m}$

Maximales Moment

$M(x = 1{,}67\ \text{m}) = 5\ \text{kN} \cdot 1{,}67\ \text{m} - 1{,}5\ \text{kN/m} \cdot (1{,}67\ \text{m})^2 = 4{,}17\ \text{kNm}$

Auswertung der Schnittgrößenverläufe (Bild B-42/b)

Teilsystem	Ordinate x	Querkraft V(x)	Moment M(x)
1	0 m	1 kN	0
1	4 m	1 kN	1 kN · 4 m = 4 kNm
2	2 m	-5 kN + 3 kN · 2 m = 1 kN	5 kN · 2 m – 1,5 kN/m · (2 m)² = 4 kNm
2	1,67 m	-5 kN + 3 kN · 1,67 m = 0 kN	5 kN · 1,67 m – 1,5 kN/m · (1,67 m)² = 4,17 kNm
2	0 m	-5 kN + 3 kN · 0 m = - 5 kN	0

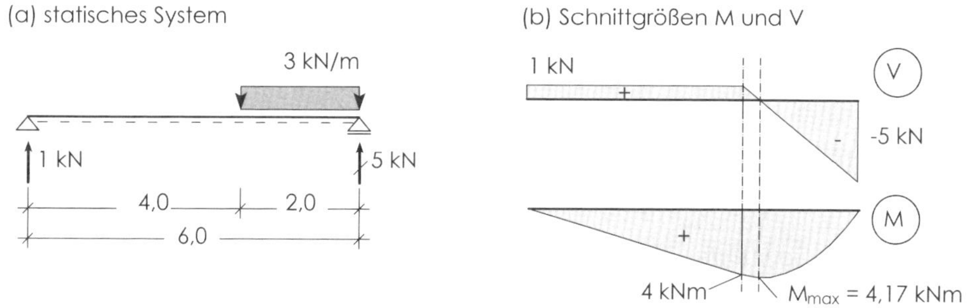

Bild B-42 Einfeldträger unter Blocklast; Auflagerreaktionen und Schnittgrößen

Die Schnittgrößenverläufe zwischen Auflager A und dem Beginn der Blocklast entsprechen denen eines Einfeldträgers mit einer Einzellast: der Querkraftverlauf ist konstant und das Moment steigt linear an.

Im Bereich der Blocklast sind die Verläufe vergleichbar mit denen eines Einfeldträgers unter Gleichlast.

B.2.3.4 Einfeldträger unter 3 Einzellasten

Der Träger mit der Länge L wird durch 3 Einzellasten F in den Viertelspunkten gemäß Bild B-43/a belastet.

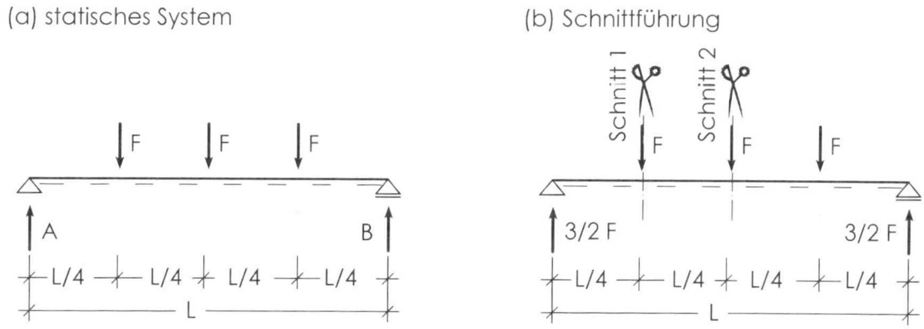

Bild B-43 Einfeldträger unter 3 Einzellasten; System, Auflagerreaktionen und Schnitte

Gesamtsystem (Auflagerreaktionen)

Unter Ausnutzung der Symmetrie ergibt sich (Bild B-43/a):

$A = B = 3 \cdot F/2 = 3/2\ F$

Es wird nicht der Verlauf der Schnittgrößen als Funktion von x berechnet, sondern es werden nur die Werte an den Unstetigkeitsstellen, sprich Lastangriffspunkten, ermittelt. Die Schnittgrößenverläufe können aus den zuvor ermittelten Zusammenhängen abgeleitet werden. Aufgrund der Symmetrie muss nur eine Hälfte des Trägers mit zwei Unstetigkeitsstellen betrachtet werden. Hierfür sind zwei Schnitte erforderlich (Bild B-43/b).

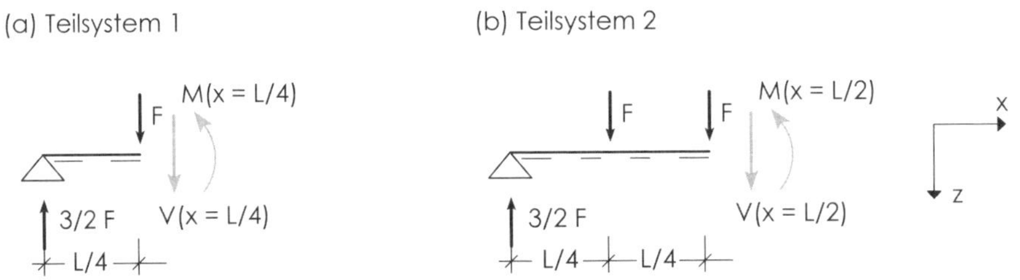

Bild B-44 Einfeldträger unter 3 Einzellasten; Teilsysteme

Teilsystem 1 (Schnittgrößen), x = L/4 (Bild B-44/a)

$\Sigma F_z = 0 \quad \Leftrightarrow \quad V_{\text{links von Last F}}(L/4) = 3/2 \cdot F$

$\Sigma F_z = 0 \quad \Leftrightarrow \quad V_{\text{rechts von Last F}}(L/4) = 3/2 \cdot F - F = 1/2\ F$

$\Sigma M = 0 \quad \Leftrightarrow \quad M(L/4) = 3/2 \cdot F \cdot L/4 = 3/8 \cdot F \cdot L$

Teilsystem 2 (Schnittgrößen), x = L/2 (Bild B-44/b)

$\Sigma F_z = 0 \quad \Leftrightarrow \quad V_{\text{links von Last F}}(L/2) = 3/2 \cdot F - F = 1/2 \cdot F$

$\Sigma F_z = 0 \quad \Leftrightarrow \quad V_{\text{rechts von Last F}}(L/2) = 3/2 \cdot F - 2 \cdot F = -1/2\ F$

$\Sigma M = 0 \quad \Leftrightarrow \quad M(L/2) = 3/2 \cdot F \cdot L/2 - F \cdot L/4 = 1/2\ L$

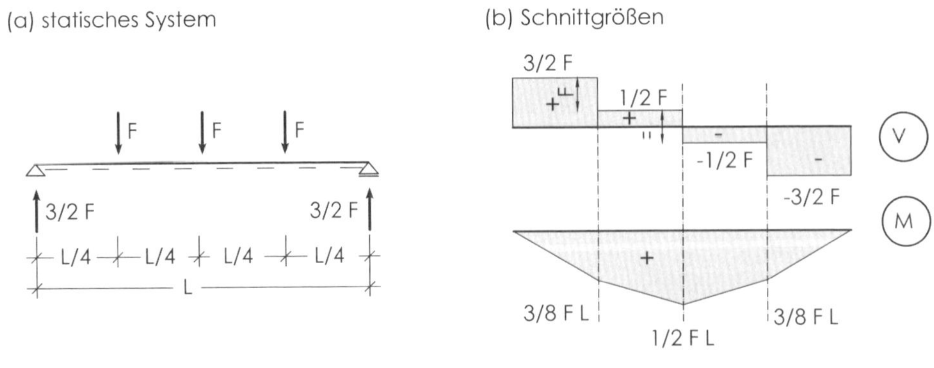

Bild B-45 Einfeldträger unter 3 Einzellasten; Auflagerreaktionen und Schnittgrößen

B.2.4 Belastung und Schnittgrößen

Die bisher berechneten statischen Systeme, mitsamt Belastung und zugehörigen Schnittgrößen, sind in Bild B-46 vergleichend dargestellt. Aus den Beispielen können folgende allgemeingültigen Zusammenhänge für den Verlauf der Querkraft und des Biegemoments abgeleitet werden.

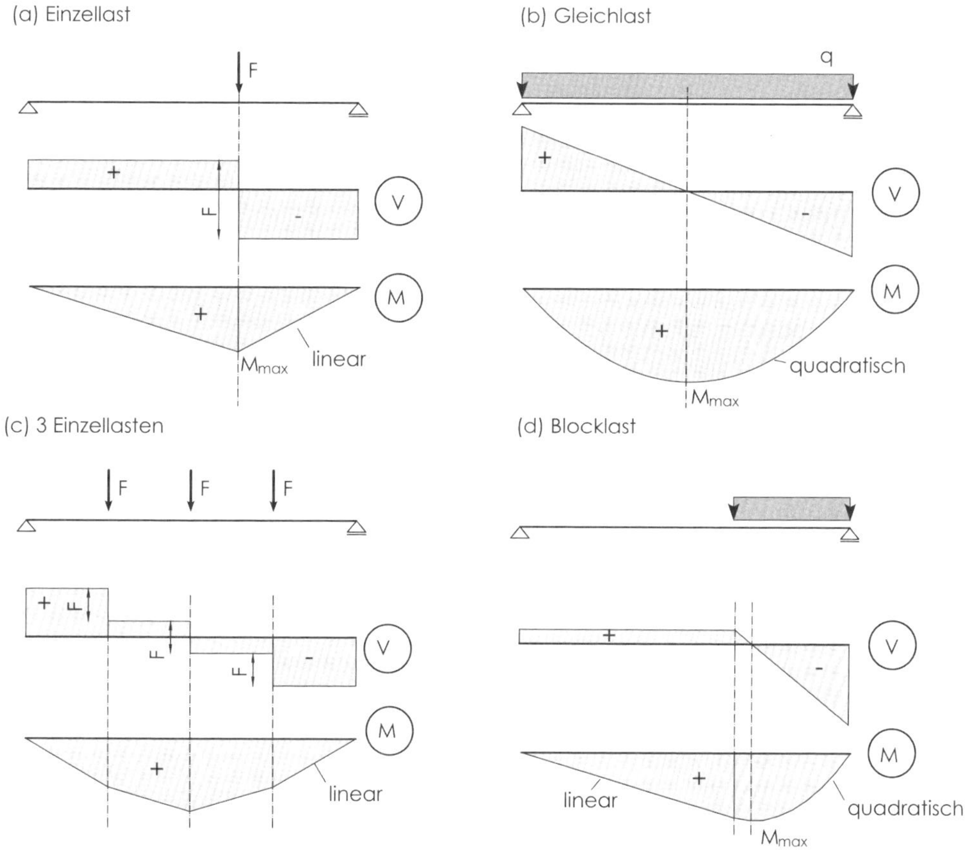

Bild B-46 Einfeldträger; Belastung und Schnittgrößen

Es gilt **allgemein**:

- Ist die Querkraft positiv, nimmt das Biegemoment zu. Ist die Querkraft negativ, nimmt das Biegemoment ab. Das Maximalmoment liegt immer an der Stelle, an der die Querkraft das Vorzeichen wechselt, d.h. an der Nullstelle der Querkraft.
- Die Querkraft entspricht der 1. Ableitung des Biegemoments; $V(x) = dM/dx$.

Es gilt **in Abhängigkeit von der Lagerung**:

- An Endauflagerpunkten ist das Schnittmoment immer Null, wenn es sich um Fest- oder Gleitlager handelt. Es kann nur ein Moment auftreten, wenn die Lagerung als Einspannung ausgebildet ist.

Es gilt **in Abhängigkeit von der Belastung**:

- Bei **konstanter Gleichlast** ist die Querkraftlinie eine Gerade, die Momentenlinie ist parabelförmig.
- An **Lastangriffspunkten von Einzellasten** treten Unstetigkeitsstellen im Querkraft- und Momentenverlauf auf. Vor und hinter der Einzellast ist die Querkraft konstant, der Momentenverlauf ist eine geneigte Gerade. Am Lastangriffspunkt der Einzellast verändert sich die Neigung der Momentengeraden und die Querkraft verändert sich um den Wert der angreifenden Last.
- Wenn **keine Lasten** angreifen, verläuft die Momentenlinie immer linear.

B.2.5 Analogie zur Seillinie

Es besteht die Möglichkeit, die Momentenverläufe an einem Einfeldträger (Bild B-47/b) qualitativ über die Verformungen eines Seiles unter gleichem Lastbild abzuleiten (Bild B-47/a).

Im Unterschied zu einem Stab besitzt das Seil keine Biegesteifigkeit, d.h., es kann keine Querkräfte, Momente oder Druckkräfte aufnehmen. Das Seil trägt Lasten ausschließlich über Zugkräfte ab. Bei Belastung stellt sich dann eine Form ein, die qualitativ dem Momentenverlauf eines Einfeldträgers bei gleicher Belastung entspricht (Bild B-47).

Die Zugkräfte des Seiles werden seitlich durch Festlager aufgenommen (Bild B-47/a). Die Größe der horizontalen Auflagerreaktion hängt vom Durchhang des Seiles ab und kann mit den bisher abgeleiteten Verfahren nicht berechnet werden.

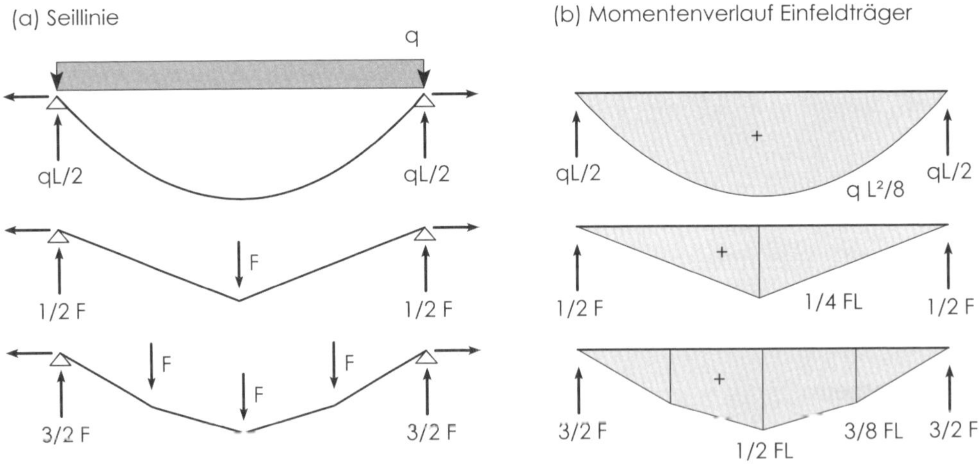

Bild B-47 Seillinie und Momentenverlauf eines Einfeldträgers; Analogie

B.2.6 Superpositionsgesetz

Die Grundlastfälle Einzellast, Gleichlast und Blocklast treten an einem Bauteil gleichzeitig in beliebiger Kombination auf (Bild B-48/a und /b). Unter bestimmten Randbedingungen können Auflagerreaktionen und Schnittgrößen getrennt berechnet (Bild B-48/c) und im Anschluss addiert werden (Bild B-48/d). Dieses Vorgehen bezeichnet man als Superposition. Die in Abschnitt B.2.4 abgeleiteten Regeln behalten ihre Gültigkeit.

Die Superposition von Schnittgrößen ist nur bei vorwiegend auf Zug und Biegung beanspruchten Tragwerken möglich.

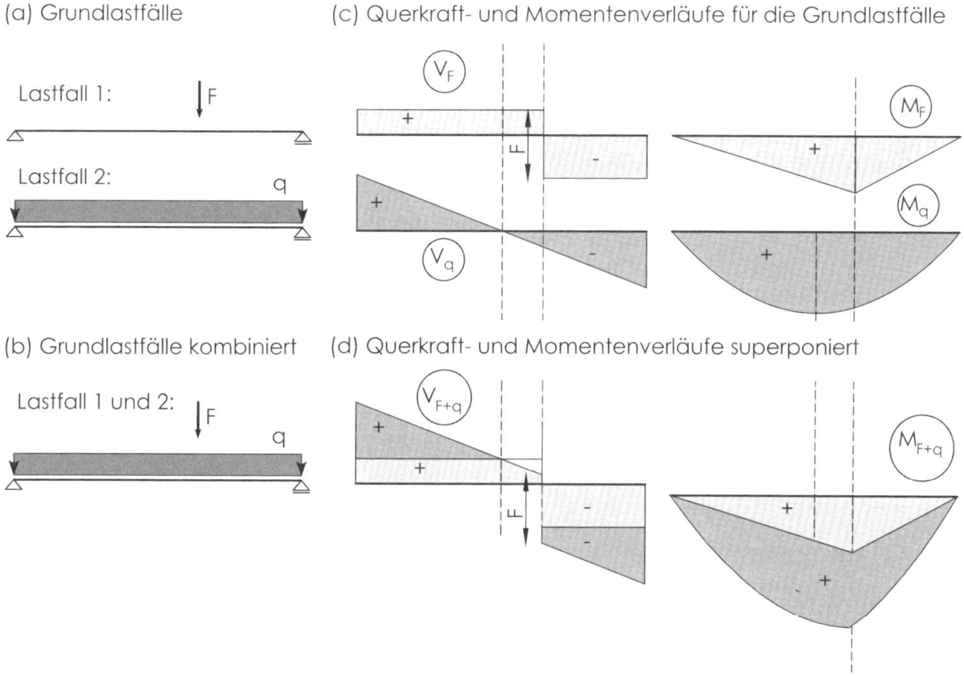

Bild B-48 Superposition von Schnittgrößen für unterschiedliche Lastbilder

B.2.7 Kragträger

B.2.7.1 Kragträger unter Einzellast F

Zunächst wird der Kragträger mit einer Einzellast an der Kragarmspitze betrachtet (Bild B-49).

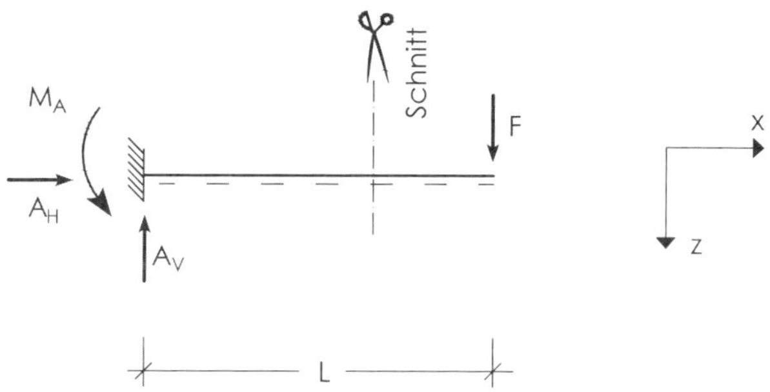

Bild B-49 Kragträger mit Einzellast, System und Schnittführung

Horizontale Lasten greifen nicht an, sodass für die horizontale Auflagerkraft gilt:

$A_H = 0$

Gesamtsystem (Auflagerreaktionen) (Bild B-49)

$\sum F_z = 0 \quad \Leftrightarrow \quad F - A_V = 0$

$\Leftrightarrow \quad A_V = F$

$\sum M_A = 0 \quad \Leftrightarrow \quad F \cdot L - M_A = 0$

$\Leftrightarrow \quad M_A = F \cdot L$

Für die Berechnung der Schnittgrößen ist es bei diesem System am einfachsten, den rechten Teil des geschnittenen Balkens, Teilsystem 2 in Bild B-50/b, zu untersuchen. Vergleichend wird auch das Gleichgewicht für das Teilsystem 1 (Bild B-50/a) aufgestellt.

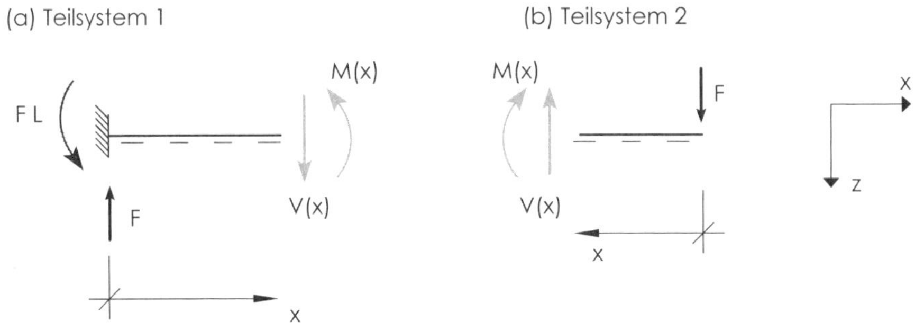

Bild B-50 Kragträger unter Einzellast; Teilsysteme

Teilsystem 1 (Schnittgrößen) (Bild B-50/a)

$\sum F_z = 0 \quad \Leftrightarrow \quad V(x) = F$ (konstant)

$\sum M = 0 \quad \Leftrightarrow \quad M(x) = F \cdot x - F \cdot L$

Moment an der Einspannung $M(x=0) = - F \cdot L$

Moment an der Kragarmspitze $M(x=L) = 0$

Teilsystem 2 (Schnittgrößen) (Bild B-50/b)

$\sum F_z = 0 \quad \Leftrightarrow \quad V(x) = F$ (konstant)

$\sum M = 0 \quad \Leftrightarrow \quad M(x) = - F \cdot x$

Moment an der Kragarmspitze $M(x=0) = 0$

Moment an der Einspannung $M(x=L) = - F \cdot L$

- Aufgrund der Einspannung nimmt das Moment am Auflager einen negativen Wert an. Die Biegezugseite liegt hier oben.

Es gelten die gleichen Grundregeln wie beim Einfeldbalken unter Einzellasten (Bild B-51/b):

- Bei Einzellasten ist der Querkraftverlauf konstant und der Biegemomentenverlauf ist eine Gerade.

- Das Biegemoment wird größer, wenn die Querkraft positiv ist: das Moment reduziert sich vom negativen Wert - F · L an der Einspannung auf den Wert 0 an der Kragarmspitze, es nimmt also zu.

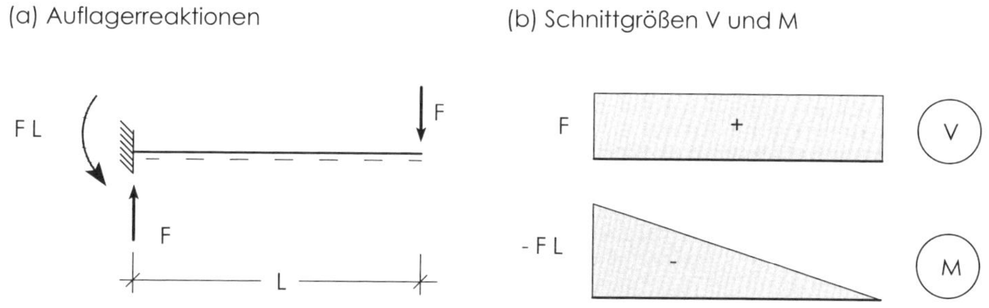

Bild B-51 Kragträger unter Einzellast; Auflagerreaktionen und Schnittgrößen

B.2.7.2 Kragträger unter Gleichlast q

Gesamtsystem (Auflagerreaktionen) (Bild B-52/a)

$\Sigma F_z = 0 \quad \Leftrightarrow \quad A = q \cdot L$

$\Sigma M_A = 0 \quad \Leftrightarrow \quad M_A = q \cdot L \cdot L/2 = q \cdot L^2/2$

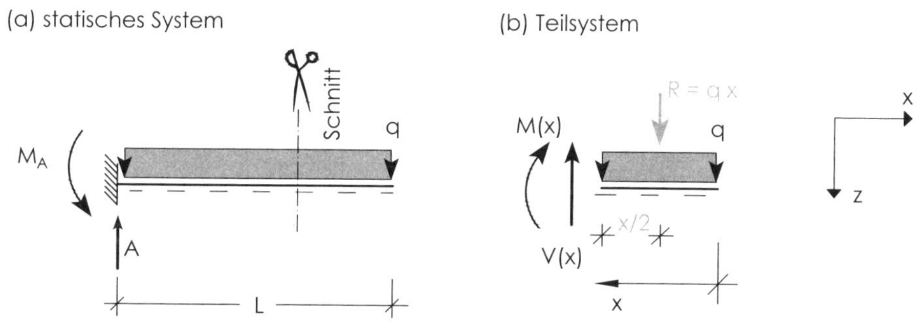

Bild B-52 Kragträger unter Gleichlast; Statisches System, Schnittführung und Teilsystem

Teilsystem (Schnittgrößen) (Bild B-52/b)

$\Sigma F_z = 0 \quad \Leftrightarrow \quad V(x) = q \cdot x$

Querkraft am Kragarmende $V(x = 0) = 0$

Querkraft an der Einspannung $V(x = L) = q \cdot L$

$\Sigma M = 0 \quad \Leftrightarrow \quad M(x) = - q \cdot x \cdot x/2 = - 1/2\, q \cdot x^2$

Moment am Kragarmende $M(x = 0) = 0$

Moment an der Einspannung $M(x = L) = - 1/2\, q\, L^2$

Auch hier gilt bei Gleichlast (Bild B-53/b):

- Der Momentenverlauf ist parabelförmig.
- Der Querkraftverlauf entspricht einer Geraden.

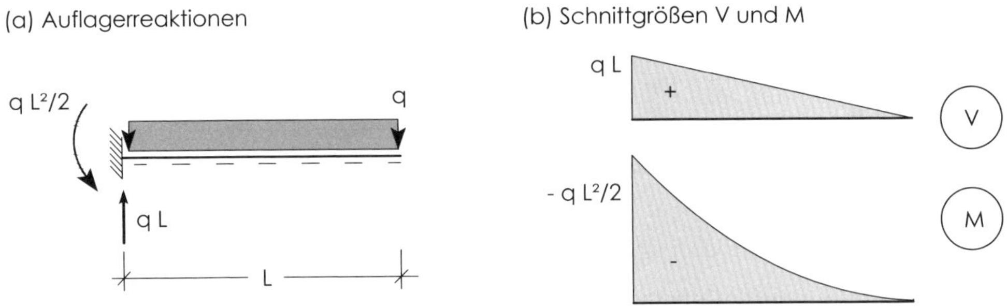

Bild B-53 Kragträger unter Gleichlast; Auflagerreaktionen und Schnittgrößen

Einfeld- und Kragträger im Vergleich

Im direkten Vergleich wird ein Kragbalken der Kraglänge L durch ein höheres Biegemoment M beansprucht (Bild B-54/a), als ein Einfeldbalken mit der gleichen Stützweite (Bild B-54/b). Die resultierenden Verformungen sind beim Kragträger dann ebenfalls größer. Die Berechnung der Biegelinie für Einfeld- und Kragträger wird in Abschnitt B.4.6 erläutert.

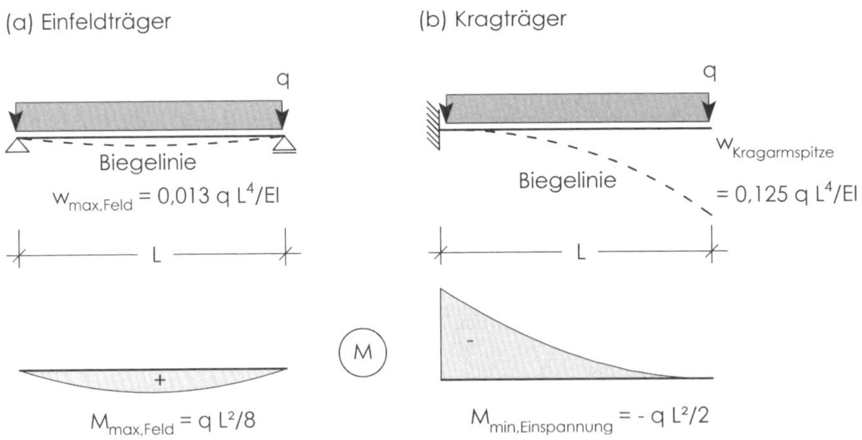

Bild B-54 Einfeldträger und Kragträger unter Gleichlast; Vergleich

Bild B-55 zeigt exemplarische Beispiele, die sich auf das statische System des Kragträgers zurückführen lassen.

Ein Beispiel aus der Natur ist der horizontal durch Wind und in vertikaler Richtung durch sein Eigengewicht belastete Baum (Bild B-55/a). Für die Windbelastung steigen die Biegemomente von der Kragarmspitze zur Einspannung hin an. Dieser Beanspruchung folgend erkennt man über die Länge des Baumstamms eine Zunahmen des Querschnitts von der Spitze zur Wurzel hin.

Der auskragende Tribünenträger wird durch sein Eigengewicht, das Eigengewicht der Dachhaut sowie durch Schnee und Wind belastet (Bild B-55/b) (vgl. auch Abschnitt C.5). Auch hier ist der Querschnittsverlauf in Bezug auf den Momentenverlauf optimiert.

Die Stützwand wird durch Erddruck belastet (Bild B-55/c). Im Unterschied zu den beiden vorherigen Beispielen hat die Belastung hier keinen konstanten Verlauf, sondern ist trapezförmig. Beim Baum und bei der Winkelstützmauer treten neben den Schnittgrößen M und V auch Normalkräfte N infolge Eigengewicht auf.

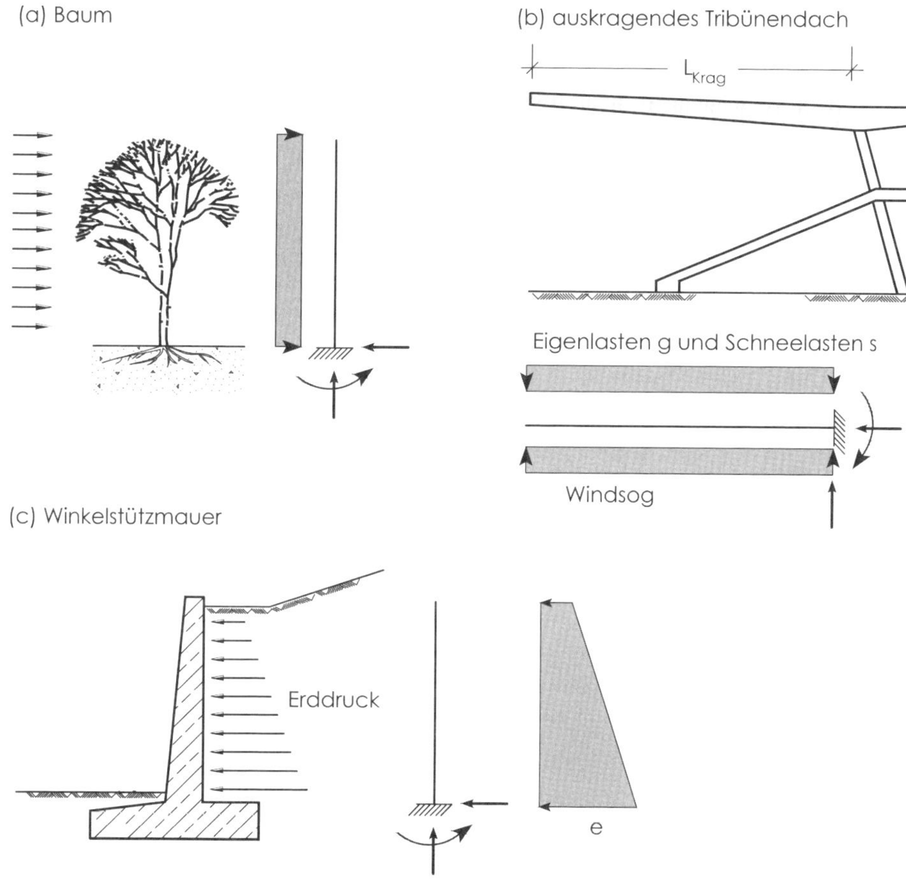

Bild B-55 Kragträgersystem; Anwendungsbeispiele

B.3 Aufbau von Stabwerken

Bei Stabwerken handelt es sich um Tragwerke, die aus einzelnen Stäben zusammengesetzt sind. Auf die beiden wichtigsten Grundsysteme für den Stab, den Einfeldträger und den Kragträger, wurde in Abschnitt B.2 detailliert eingegangen.

Hierbei wurden die drei Auflagerreaktionen beim Einfeldträger (A_H, A_V und B_V) bzw. Kragträger (A_H, A_V und M_A) mit Hilfe der drei Gleichgewichtsbedingungen in der Ebene $\sum F_z = 0$, $\sum F_x = 0$ und $\sum M = 0$ ermittelt. Derartige Systeme bezeichnet man als **statisch bestimmt**. Fügt man weitere Auflagerreaktionen hinzu, spricht man von einem **statisch unbestimmten** System.

Stabwerke lassen sich beliebig durch weitere Stäbe und Auflager ergänzen.

B.3.1 Abzählkriterium für Stabwerke

B.3.1.1 Beispiel: Zweifeldträger

Die vertikalen Lasten in Bild B-56/a werden durch ein Haupt- und Nebenträgersystem bestehend aus Einfeldträgern abgetragen. Die Auflagerkräfte A des Nebenträgers wirken als Einzellasten auf den Hauptträger.

Wird beispielsweise bei einem Einfeldträger aufgrund zu großer Stützweite eine zusätzliche Zwischenunterstützung eingefügt (Bild B-56/b), geht das System des Hauptträgers in ein Zweifeldsystem über. Aufgrund der Biegesteifigkeit des Balkens läuft der Träger im Bereich der Zwischenunterstützung durch.

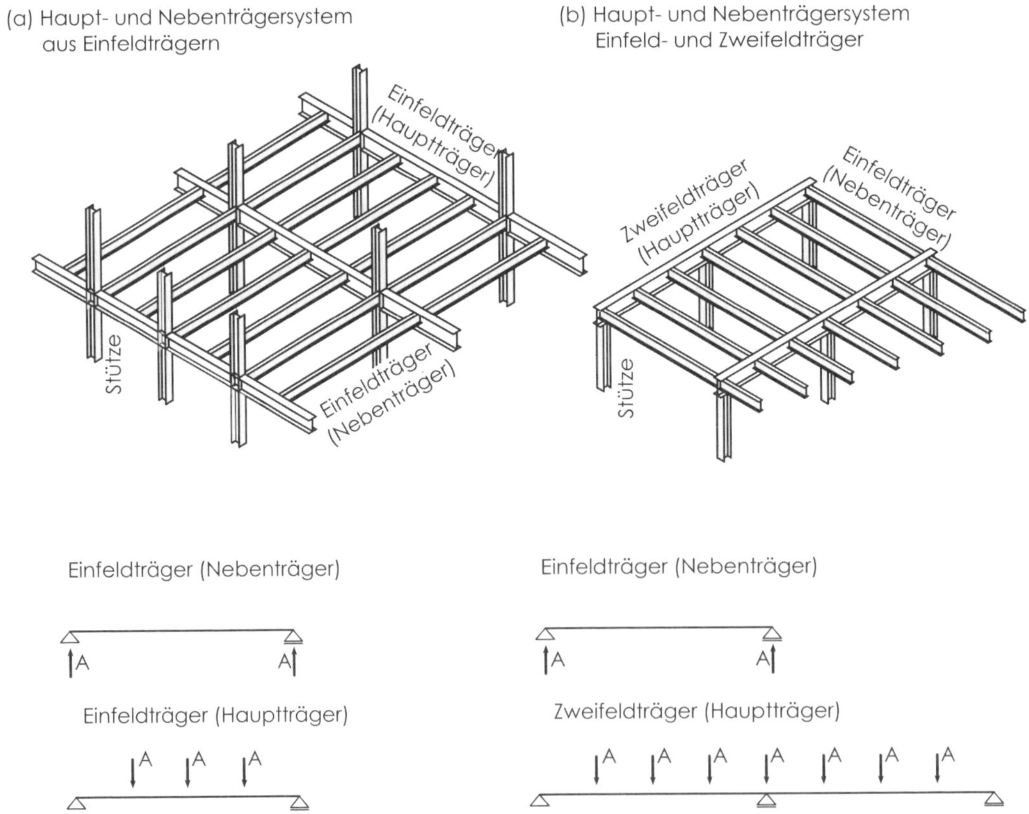

Bild B-56 Systeme aus Haupt- und Nebenträgern zusammengesetzt aus Einfeld- und Zweifeldträgern

Im Vergleich zu einem Einfeldträger (Unbekannte A_H, A_V und B_V, Bild B-57/a) stehen bei einem Zweifeldträger den vier Auflagerreaktionen (Unbekannte A_H, A_V, B_V und C_V, Bild B-57/b) nur drei Gleichgewichtsbedingungen ($\sum F_z = 0$, $\sum F_x = 0$ und $\sum M = 0$) gegenüber. Aus diesem Grund können die Auflagerreaktionen und Schnittgrößen nicht mehr, wie in Abschnitt B.2 erläutert, berechnet werden.

Aufgrund der überzähligen Unbekannten ist ein Zweifeldträger einfach **statisch unbestimmt**. Mit steigender Anzahl der vertikalen Auflagerreaktionen steigt der **Grad der statischen Unbestimmtheit**.

Der **Grad der statischen Unbestimmtheit n** kann zahlenmäßig berechnet werden:

Einfeldträger $n = a - 3 \cdot s = 3 - 3 \cdot 1 = 0$

Zweifeldträger $n = a - 3 \cdot s = 4 - 3 \cdot 1 = 1$

mit

n Grad der statischen Bestimmtheit

a Anzahl der Auflagerreaktionen (unbekannt)

s Anzahl der Stäbe oder Scheiben (ein Stab mit drei Gleichgewichtsbedingungen)

Diese Gleichung gilt nur für Systeme bestehend aus einem Stab.

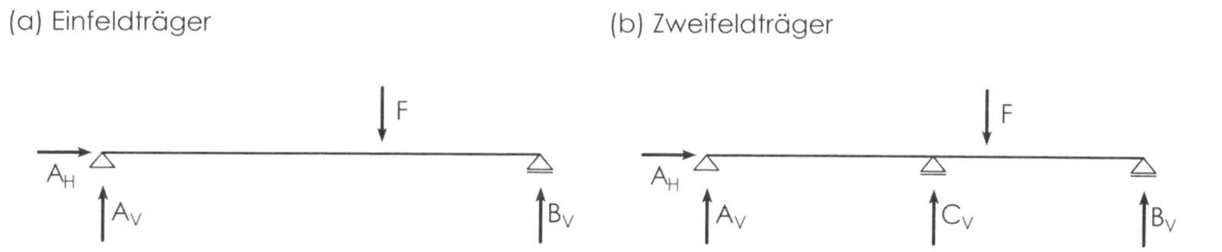

Bild B-57 Einfeld- und Zweifeldträger; unbekannte Auflagerreaktionen

B.3.1.2 Beispiel: Geschlossene Maschen

Bild B-58 zeigt einen Träger, bei dem sämtliche Stäbe an den Kreuzungspunkten biegesteif angeschlossen sind. Ein derartiger Träger eignet sich zum Überbrücken großer Spannweiten und wird nach seinem Erfinder als *Vierendeel*-Träger bezeichnet. Für eine beliebige Beanspruchung können die Auflagerkräfte berechnet werden, da den drei unbekannten Auflagerreaktionen drei Gleichgewichtsbedingungen gegenüberstehen. Das System ist **äußerlich statisch bestimmt**.

Um die Schnittgrößen zu ermitteln, wird der Träger auf eine Masche reduziert (Bild B-59/a). Die Masche wird gedanklich aufgeschnitten und die Schnittgrößen an den jeweiligen Schnittufern angetragen (Bild B-59/b). Im Ergebnis liegen zwei Stäbe (s = 2) mit jeweils drei Schnittgrößen an den beiden Stabenden vor (**= sechs unbekannte Schnittgrößen je Stab**). Je Teilsystem können jedoch nur **drei Gleichgewichtsbedingungen** aufgestellt werden. Das System ist daher **innerlich statisch unbestimmt**.

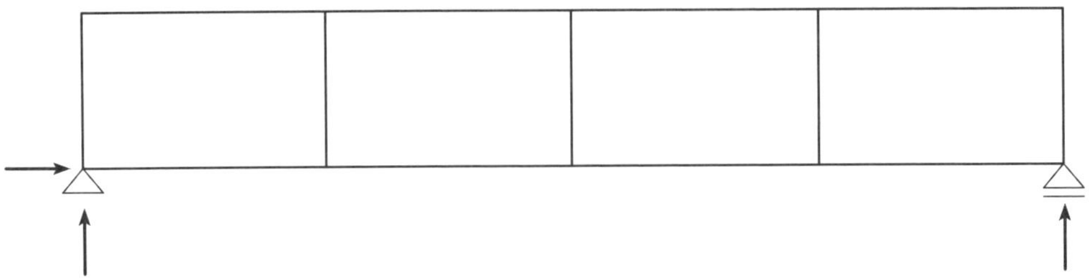

Bild B-58 Vierendeel-Träger

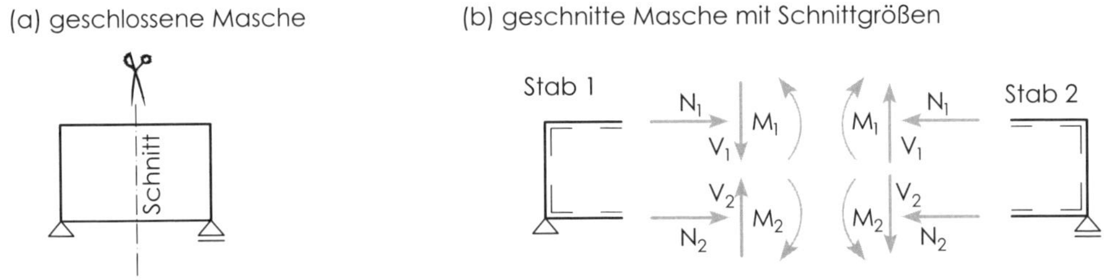

Bild B-59 Geschlossenen Masche; Schnittführung und Schnittgrößen

Innerhalb eines Stabwerks gibt es folglich noch weitere Unbekannte, die sogenannten **Zwischenreaktionen z**. Die Zwischenreaktionen entsprechen den übertragbaren Schnittgrößen am jeweiligen Schnitt. Die geschlossene Masche wird gedanklich aufgeschnitten und die Anzahl der unbekannten Schnittgrößen wird zu den Unbekannten in der Gleichung für die Bestimmung des Grades der statischen Unbestimmtheit hinzuaddiert.

Das **allgemeine Abzählkriterium** lautet:

$n = a + z - 3 \cdot s$

mit

n Grad der statischen Bestimmtheit

a Anzahl der möglichen Auflagerreaktionen (unbekannt)

z Zwischenreaktionen (unbekannt)

s Anzahl der Stäbe oder Scheiben

Wenn man die Masche im Zuge einer geschlossenen Schnittführung an zwei Stellen schneidet, ergibt sich gemäß der oben genannten Gleichung (Bild B-60/b):

$a = 3$

$s = 2$

$z = 6$

$n = 3 + 6 - 3 \cdot 2 = 3$

Für die Bestimmung des Grades der statischen Unbestimmtheit einer geschlossenen Masche ist es ausreichend, diese nur an einer Stelle aufzuschneiden (Bild B-60/c). Der Rechenweg lautet dann:

a = 3

s = 1

z = 3

n = 3 + 3 - 3 · 1 = 3

Sobald also Stäbe ein geschlossenes System mit biegesteifen Verbindungen bilden, muss das Stabsystem aufgeschnitten werden.

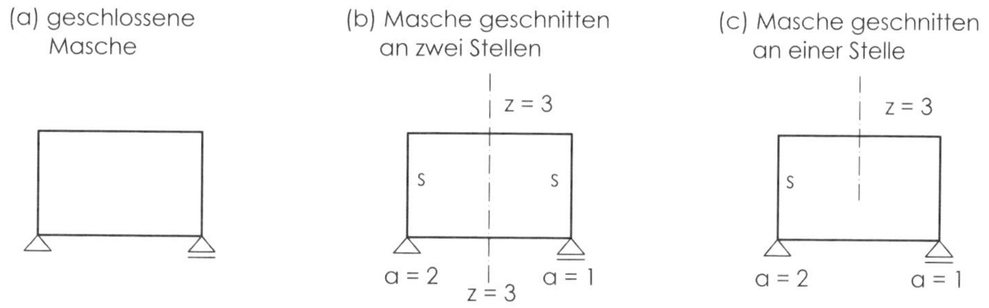

Bild B-60 Geschlossene Masche; Anwendung des Abzählkriteriums

Der Grad der statischen Bestimmtheit kann jetzt für den *Vierendeel*-Träger berechnet werden. Jede Masche wird gedanklich geschnitten. Die Schnittgrößen der zusammenhängenden Stäbe mit Verzweigungen kann man wieder mit den bekannten Methoden berechnen. An vier Stellen treten je drei unbekannte Zwischenreaktionen auf. Daraus leitet sich ab, dass der *Vierendeel*-Träger mit vier Maschen in Bild B-60 12-fach statisch unbestimmt ist.

n = a + z – 3 · s = 3 + 12 - 3 · 3 = 12

a = 3

z = 3 · 4 = 12

s = 1

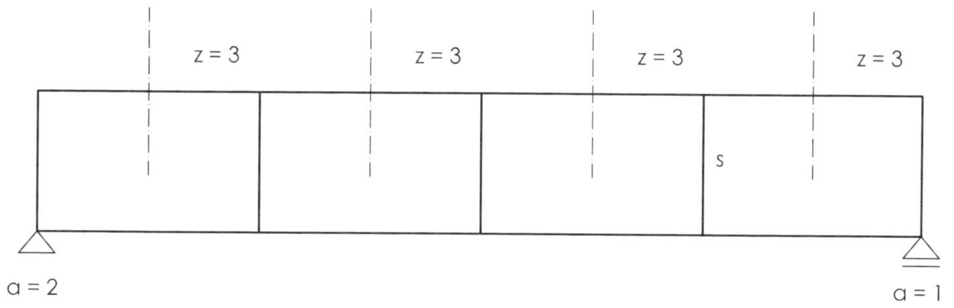

Bild B-61 Vierendeel-Träger; Anwendung des Abzählkriteriums

B.3.1.3 Beispiel: Stabwerksscheiben und Fachwerke

Im Gegensatz zu einem *Vierendeel*-Träger mit biegesteifen Stabverbindungen werden die Anschlüsse der Stäbe eines Fachwerks stets als gelenkig angenommen.

Ein Stabwerk aus drei Stäben wird als Gefach bezeichnet und wie eine starre Scheibe in der Ebene aufgefasst (Bild B-62/a). Das Grundelement eines Fachwerks besteht aus drei Stäben und drei Gelenken. Gelenke sind Knotenpunkte, an denen keine Momente von Stab zu Stab übertragen werden.

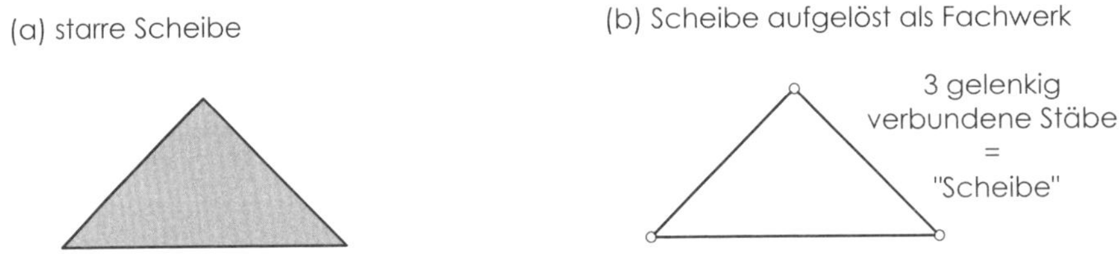

Bild B-62 Scheibe in der Ebene; starr und aufgelöst als Fachwerk

Das Grundelement wird in der Ebene durch das Anfügen von zwei Stäben s und einem gelenkigen Knoten k beliebig um jeweils ein weiteres Gefach erweitert, Bild B-63. Aus diesem Aufbau leitet sich das **erste Bildungsgesetz** für Fachwerke ab:

$2\,k = s + 3$

Ein Fachwerk, gebildet aus Dreiecken, bezeichnet man als **einfaches Fachwerk**.

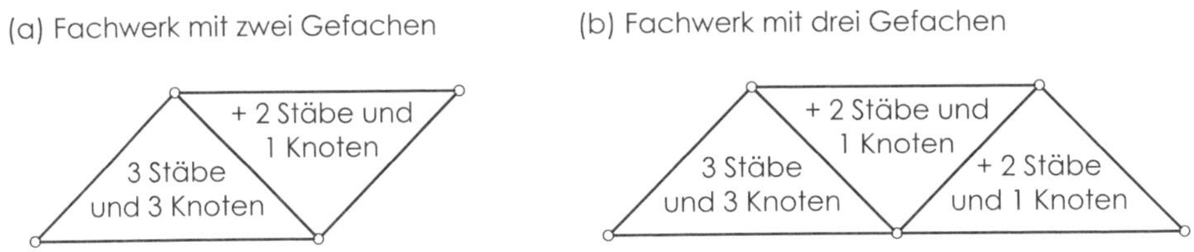

Bild B-63 Bildung eines Fachwerksystems

Ohne Auflagerungen ist das Fachwerk in der Ebene verschieblich. Wie in Abschnitt B.1.6, Bild B-13 gezeigt, werden für eine Scheibe drei Auflagerreaktionen (a = 3) benötigt, damit eine Scheibe beim Angriff von beliebigen Lasten stabil ist. Die Wirkungslinien der Auflagerreaktionen dürfen sich nicht in einem Punkt schneiden oder alle parallel zueinander verlaufen, damit die Scheibe weder verdreh- oder verschiebbar ist (Bild B-64).

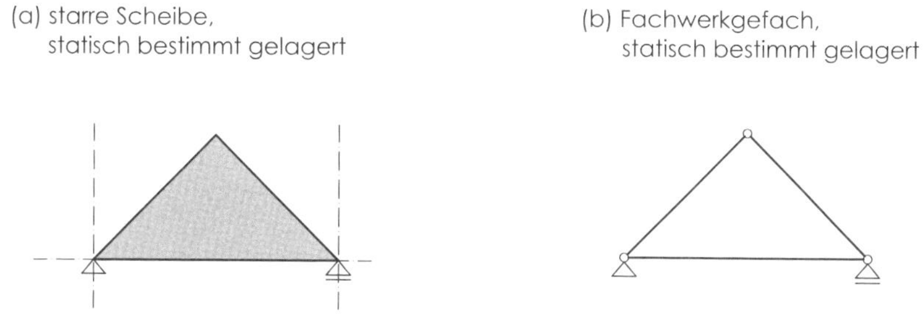

Bild B-64 Scheibe und Fachwerk; statisch bestimmte Lagerung

Anwendung des allgemeinen Abzählkriteriums auf eine Fachwerksmasche

Das Gefach aus Bild B-64/b wird gedanklich in den Gelenken aufgeschnitten. Insgesamt besteht das Stabwerk aus drei Stäben (Bild B-65/a). An jedem Gelenk werden zwei Zwischenreaktionen (V und N, kein M) übertragen. Für den Fall, dass das einfache Fachwerk wie ein Einfeldträger gelagert ist, ist es daher statisch bestimmt. Der Grad der statischen Bestimmtheit wird zu n = 0 ermittelt (Bild B-65/b).

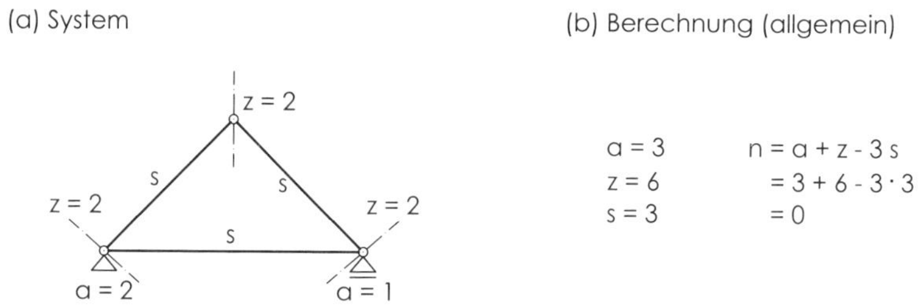

Bild B-65 Fachwerkmasche; Anwendung des Abzählkriteriums

Bild B-66/a zeigt beispielhaft einen Stützen-Balkenanschluss. Hier wird konstruktiv keine biegesteife Verbindung ausgebildet, sodass auch keine Momente übertragen werden. Wenn bei einem Fachwerkknoten n Stäbe an einem Punkt angeschlossen sind (Bild B-66/b), dann sind gedanklich (n-1)-Schnitte erforderlich, um die Anzahl der Zwischenreaktionen zu bestimmen.

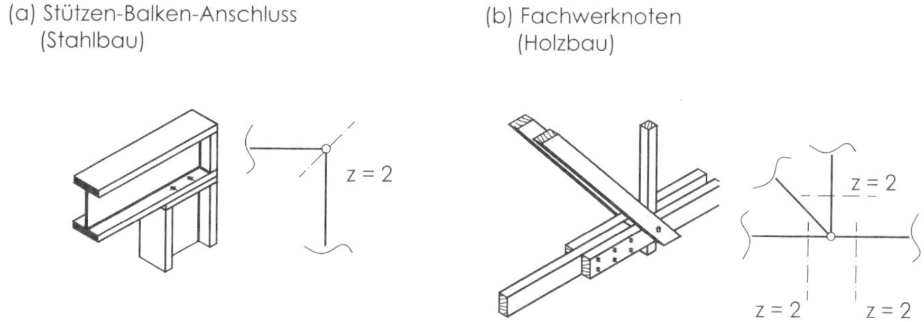

Bild B-66 Gelenkige Knoten und übertragbare Zwischenreaktionen

Vereinfachtes Abzählkriterium für Fachwerke

Für ebene Fachwerke eignet sich noch ein weiteres Abzählkriterium. Dieses ist gültig für Stabwerke mit gelenkigen Knotenpunkten und Lasten, die nur in den Knotenpunkten angreifen. In den Stäben wirken somit nur Normalkräfte.

Die **Unbekannten** sind die **Auflagerreaktionen a** und die **Stabnormalkräfte s** in den Stäben. Für jeden freigeschnittenen Knoten (Bild B-67/b) können zwei Bestimmungsgleichungen ($\sum F_x = 0$ und $\sum F_z = 0$) aufgestellt werden (= 2 k):

$n = a + s - 2 \cdot k$

a Anzahl der Auflagerreaktionen (unbekannt)

s Anzahl der Stäbe (= unbekannte Stabkräfte)

k Anzahl der Knoten (2 Bestimmungsgleichungen je Knoten)

Für die innerliche statische Bestimmtheit muss die Bedingung $2k = s + 3$ erfüllt sein und das Fachwerk mit Dreiecksgefachen aufgebaut werden.

Anwendung des Abzählkriteriums für Fachwerke (Bild B-67/a)

$a = 3$

$s = 9$

$k = 6$

$n = a + s - 2 \cdot k = 3 + 9 - 2 \cdot 6 = 0$

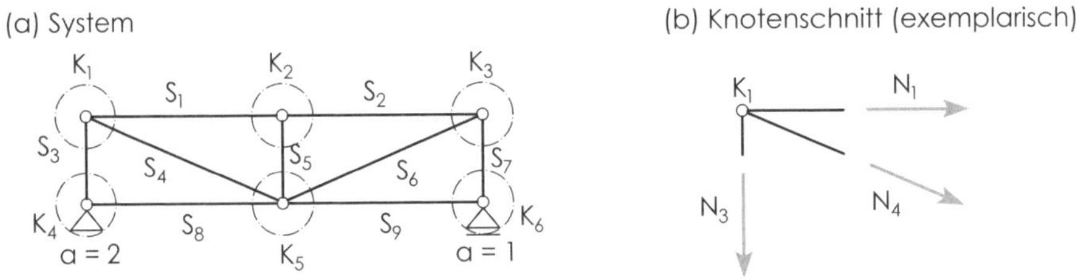

Bild B-67 Fachwerk; Anwendung des Abzählkriteriums für Fachwerke

Anwendung des allgemeinen Abzählkriteriums für Stabwerke (Bild B-68)

Das Ergebnis ist beim vereinfachten und beim allgemeinen Abzählkriterien identisch, der Grad der statischen Bestimmtheit beträgt n = 0.

$a = 3$

$z = 24$

$s = 9$

$n = a + z - 3 \cdot s = 3 + 24 - 3 \cdot 9 = 0$

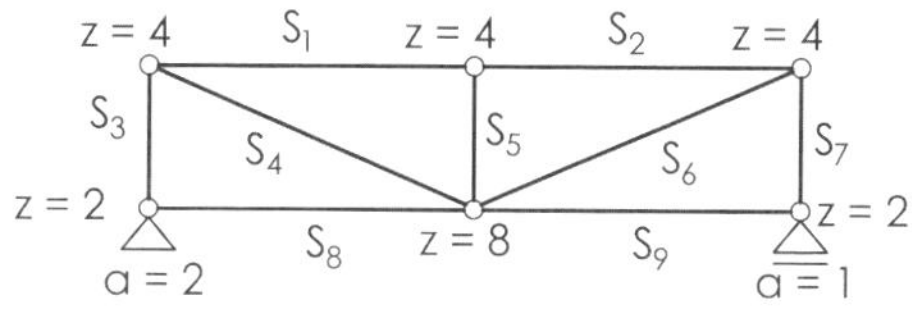

Bild B-68 Fachwerk; Anwendung des allgemeinen Abzählkriteriums

B.3.1.4 Beispiel: Dreigelenkstabzug

Am statisch bestimmten Gefach (Bild B-69/a) wird der horizontale Stab entfernt (Bild B-69/b). Durch Anwendung des allgemeinen Abzählkriteriums erkennt man, dass das Stabwerk labil ist:

$n = a + z - 3 \cdot s = 3 + 2 - 3 \cdot 2 = -1$

$a = 3$

$z = 2$

$s = 2$

Der entfernte Stab wird kompensiert, indem das Gleitlager durch ein Festlager ersetzt wird (Bild B-69/c). Das System ist somit wieder stabil.

$n = a + z - 3 \cdot s = 4 + 2 - 3 \cdot 2 = 0$

$a = 4$

$z = 2$

$s = 2$

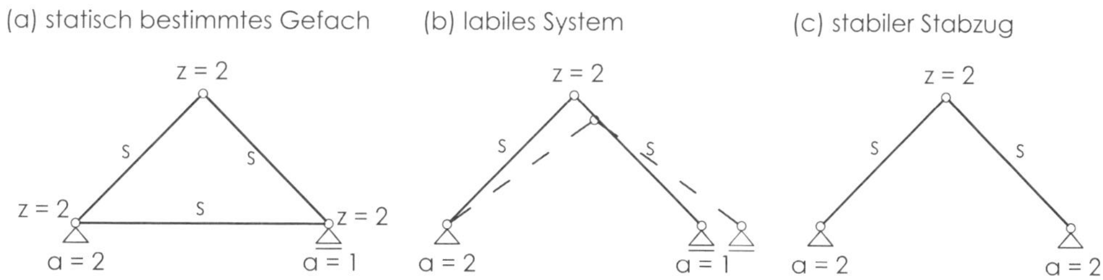

Bild B-69 Fachwerk und Stabzug; Vergleich

B.3.1.5 Zusammenfassung

Es sind folgende **Unbekannten** zu berücksichtigen:

- Anzahl der Auflagerreaktionen a
- Anzahl der Zwischenreaktionen z

Als **Bestimmungsgleichungen** stehen zur Verfügung:

Je Stab können drei Gleichgewichtsbedingungen aufgestellt werden: $\sum F_x = 0$, $\sum F_z = 0$ und $\sum M = 0$. Für jeden Schnitt mit unbekannten Zwischenreaktionen erhöht sich die Anzahl der Stäbe s:

- Bestimmungsgleichungen in Abhängigkeit von der Stabanzahl 3 · s

Der Anzahl der Unbekannten **a + z** stehen folglich **3 · s** Bestimmungsgleichungen gegenüber.

Das Abzählkriterium lautet: $n = a + z - 3 \cdot s$

mit

n Grad der statischen Bestimmtheit

Für **n = 0** gilt, dass der Anzahl der Unbekannten eine ausreichende Anzahl von Bestimmungsgleichungen gegenübersteht. Das Stabwerk ist somit **statisch bestimmt**.

Der Grad der statischen Bestimmtheit ist allerdings nur eine hinreichende Bedingung. Zusätzlich bestimmt die Anordnung von Stäben und Auflagern, ob das Stabwerk **innerlich statisch unterbestimmt** oder **überbestimmt** oder das Gesamtsystem sich verdreht oder verschiebbar ist und damit **äußerlich statisch unbestimmt** ist.

Bei **n > 0** ist das System **statisch unbestimmt**. Hierbei kann man die Auflagerreaktionen und Stabkräfte nicht mit drei Gleichgewichtsbedingungen berechnen.

Bei **n < 0** ist das gelagerte Fachwerk **statisch unterbestimmt** und somit verschieblich bzw. labil.

Anzahl der Auflagerreaktionen

Die Anzahl der Auflagerreaktionen a leitet sich aus der Anzahl der Reaktionskräfte an den Auflagern ab (Bild B-70).

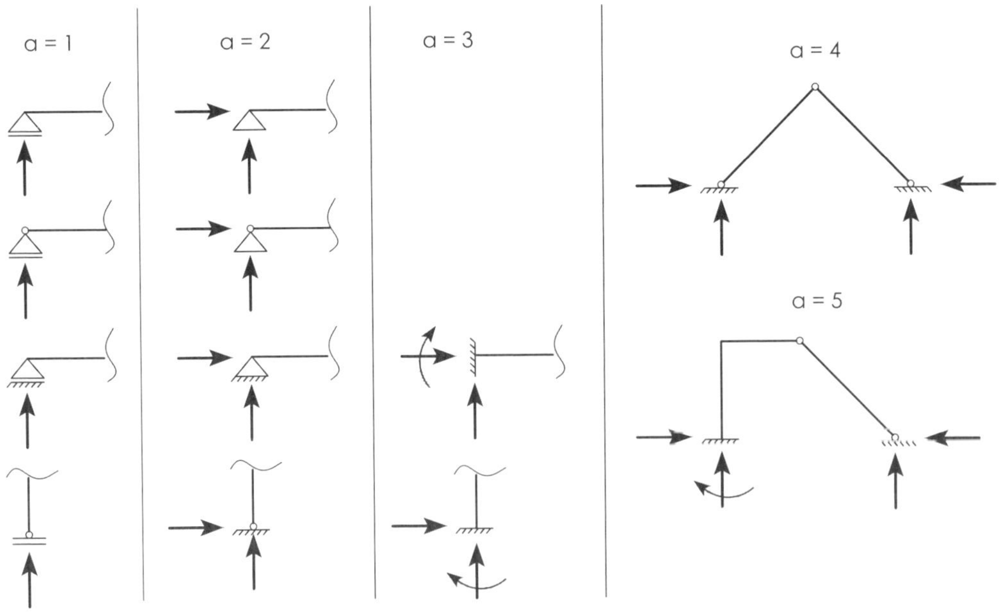

Bild B-70 Auflagersymbole und Anzahl der Auflagerreaktionen

Anzahl der Zwischenreaktionen

Zur Bestimmung des Grades der statischen Bestimmtheit ist es nur notwendig, die Zwischenreaktionen in den Gelenken zu bestimmen. Das gedanklich zusätzliche Aufschneiden von durchlaufenden Stäben oder biegesteifen Ecken ist nur bei geschlossenen Maschen erforderlich. Bild B-71 stellt nochmal die Zählweise für die Zwischenreaktionen den statischen Darstellungen gegenüber.

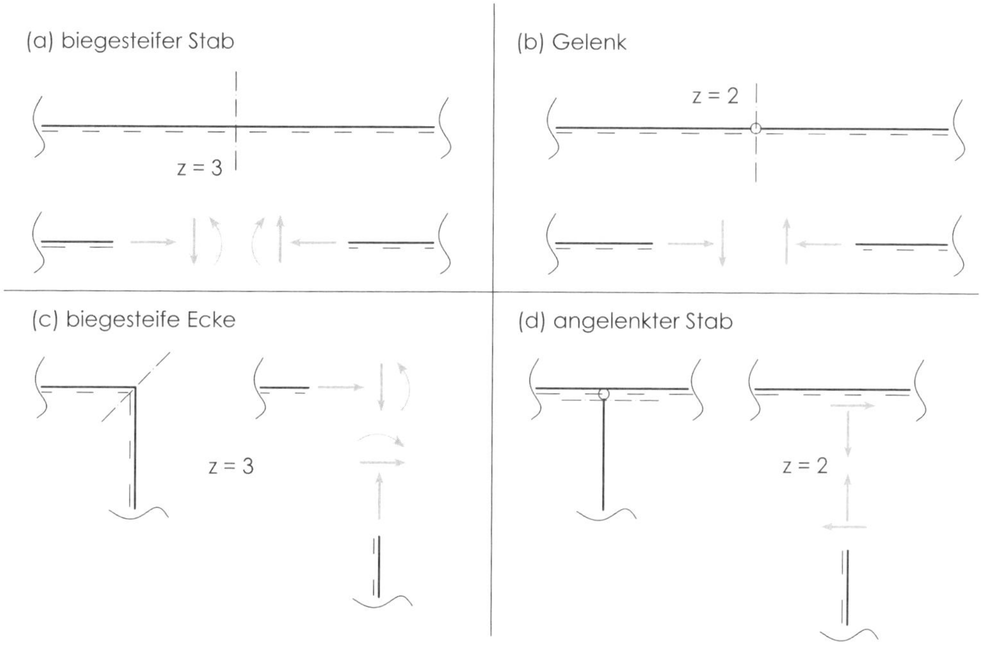

Bild B-71 Anzahl der Zwischenreaktionen

B.3.2 Einfeld- und Mehrfeldträger

Für Trägersysteme, die nur aus einem Stab bestehen (s = 1), ist die Berechnung des Grades der statischen Bestimmtheit in Bild B-72 exemplarisch dargestellt. Da der Stab gedanklich nicht geschnitten wird, beträgt z = 0. Ausgehend vom statisch bestimmten Einfeldträger steigt mit dem Hinzufügen von jeweils einem vertikalen Auflager der Grad der statischen Bestimmtheit jeweils um 1 an. Ein Zweifeldträger ist demnach 1-fach statisch unbestimmt (Bild B-72/b), ein Dreifeldträger 2-fach unbestimmt (Bild B-72/c) und ein Mehrfeldträger mit i-Feldern (i-1)-fach unbestimmt (Bild B-72/d).

Bild B-73 zeigt zwei Abzählvarianten im Vergleich. Bei Variante 1 (Bild B-73/a) wird der Stab als ein Stab (s = 1) ohne Zwischenreaktionen gezählt, bei Variante 2 (Bild B-73/b) wird der Stab am mittleren Auflager geschnitten. Gezählt werden bei (b) zwei Stäbe (s = 2) und drei Zwischenreaktionen (z = 3) entsprechend den übertragbaren Schnittgrößen M, V und N. In beiden Fällen erzielt man das gleiche Ergebnis: n = 1.

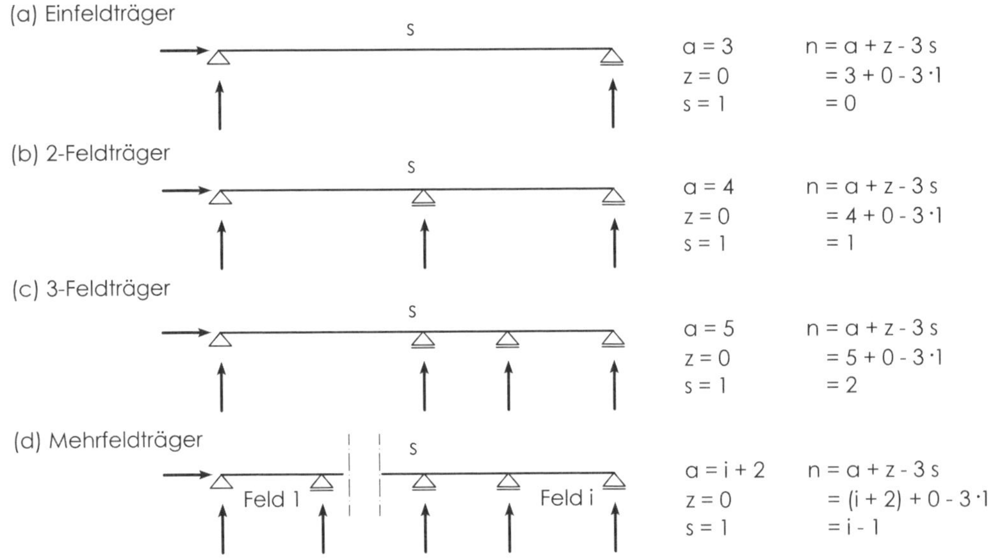

Bild B-72 Ein- und Mehrfeldträger; Grad der statischen Bestimmtheit

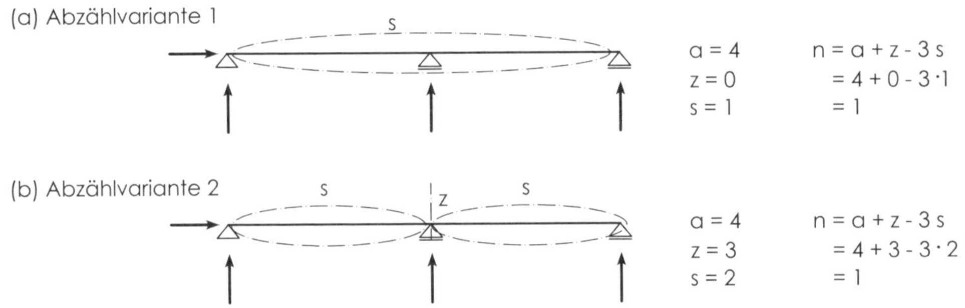

Bild B-73 Zweifeldträger; Abzählvarianten im Vergleich

Die drei Schnittgrößen M, V und N können nur übertragen werden, wenn der Trägerstoß konstruktiv entsprechend ausgebildet wird. Montagestöße sind aufgrund begrenzter Lieferlängen oder Transportlängen nicht zu vermeiden (Bild B-74). Sie können vor Ort mit biegesteifen Stirnplattenverbindungen und vorgespannten Schrauben ausgebildet werden (Bild B-74/a). Bei Stößen, die im Werk gefertigt werden, erfolgt meist eine umlaufende Schweißnaht als Stumpfstoß (Bild B-74/b). Auch im Brettschichtholzbau können biegesteife Stöße ausgeführt werden. Die durch die Biegemomente im Querschnitt verursachten Zug- und Druckkräfte werden durch eingeschlitzte Stahllaschen und Stabdübel aufgenommen (Bild B-74/c). Grundsätzlich sollen biegesteife Stöße an den Stellen angeordnet werden, an denen das Biegemoment klein ist, d.h. im Bereich der Momentennullpunkte. Die übertragbaren Schnittgrößen M, N und V entsprechen drei Zwischenreaktionen (Bild B-74/d).

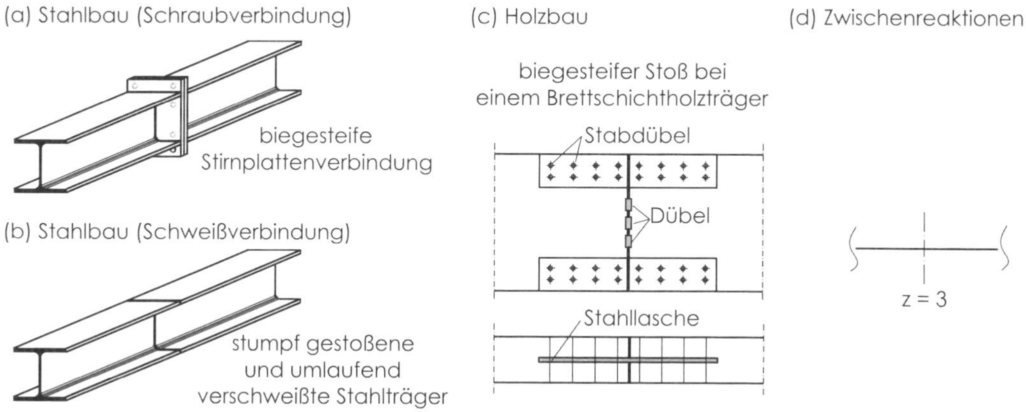

Bild B-74 Biegesteife Trägerstöße; Beispiele aus dem Stahl- und Holzbau

B.3.3 Gelenkträger

Gelenkträger sind statisch bestimmte Mehrfeldträger. Eine systematische Gliederung und Erläuterung zum Tragverhalten von derartigen Trägern erfolgte erstmals durch *Heinrich Gerber*, wodurch sich die Bezeichnung **Gerberträger** etabliert hat.

Die folgenden Bilder verdeutlichen das Bildungsprinzip für einen statisch bestimmten Gelenkträger anhand des Abzählkriteriums. Die Gelenkanordnung zur Bildung eines statisch bestimmten, stabilen Systems wird vom Grundsystem **Einfeldträgerkette** abgeleitet.

System 1: Ergänzt man einen Einfeldträger durch einen Stab mit einem einwertigen Lager, so entsteht eine **Kette von Einfeldträgern** (Bild B-75/a). Es werden beim Abzählkriterium zwei Stäbe gezählt, ein zusätzliches Auflager a und zwei Zwischenreaktionen z, die am Gelenk übertragen werden. Das beliebige Anhängen von weiteren Einfeldträgern ist möglich.

System 2: Das Gelenk wird vom Auflager in das rechte Feld verschoben (Bild B-75/b). Hierdurch entsteht keine Veränderung in Bezug auf das Abzählkriterium. Es gilt: n = 0. Das dadurch entstehende System entspricht einem Einfeldträger mit Kragarm, an dessen Kragarmspitze ein Einfeldträger „eingehängt" wird.

System 3: Die Gelenke einer Einfeldträgerkette mit drei Feldern werden in die benachbarten Randfelder verschoben (Bild B-75/c). Für sich alleine ist der Einfeldträger mit zwei Kragarmen stabil. Auch hier gilt n = 0.

System 4: Alternativ können auch zwei Gelenke im Mittelfeld angeordnet werden. Die Einfeldträger der beiden Randfelder, deren einseitiger Kragarm wechselseitig in das Mittelfeld hineinragt, sind für sich stabil. Im Mittelfeld wird ein Einfeldträger „eingehängt" (Bild B-76/a).

System 5: Ausgehend von einem Einfeldträger mit Kragarm im Randfeld können beliebige Koppelträger mit jeweils einem Gleitlager angehängt werden (Bild B-76/b).

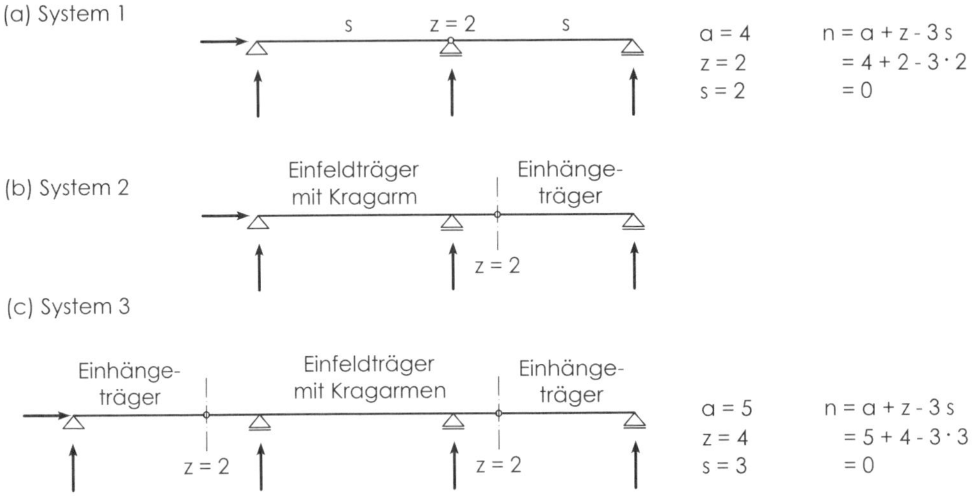

Bild B-75 Statisch bestimmte Gelenkträger; Anwendung des Abzählkriteriums

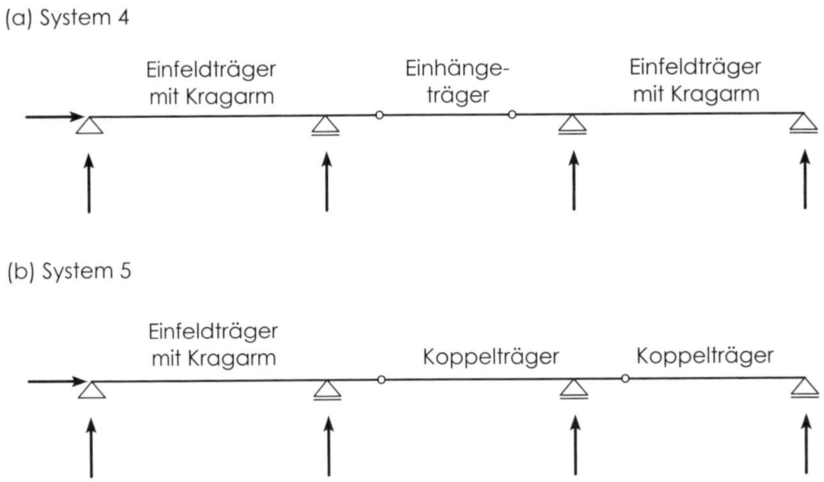

Bild B-76 Gelenkträger; Varianten

System 6: Bei dem System in Bild B-77/a erhält man bei Anwendung des Abzählkriteriums n = 0, obwohl das System **labil** ist. Der rechte Teil des Systems ist ein statisch unbestimmter Zweifeldträger mit Kragarm. Durch das Anordnen von zwei Gelenken im linken Randfeld liegt eine **Gelenkkette** vor. Zusätzlich zum Abzählkriterium muss das System also auf das Vorliegen von Gelenkketten und statisch unbestimmten Teilsysteme hin überprüft werden.

System 7: Bei je einem Gelenk in jedem Feld entsteht ebenfalls eine Gelenkkette (Bild B-77/b). Hier gilt nach Abzählkriterium n = -1. Das System ist labil.

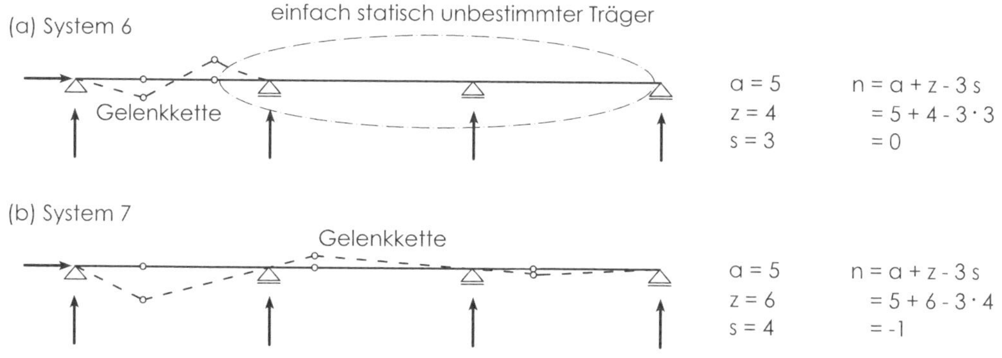

Bild B-77 Unzulässige Gelenkanordnung; labile Gelenkträgerkette

Trägerstöße mit einem (Momenten-)Gelenk übertragen definitionsgemäß nur Normal- und Querkräfte (Bild B-78/c). Diesbezüglich „echte" Gelenke (Bild B-78/a) werden allerdings wegen des meist erhöhten Aufwands nur selten ausgeführt. In der Praxis ist es üblicher, den Lastfluss wie in Bild B-78/b nur über den Steg des Querschnitts zu übertragen und die Momententragfähigkeit im Querschnitt zu reduzieren. Eine freie Verdrehbarkeit ist nicht vorhanden, diese wird jedoch im Modell unterstellt. Rechnerisch wird dies in Abschnitt C.1.2.1 gezeigt.

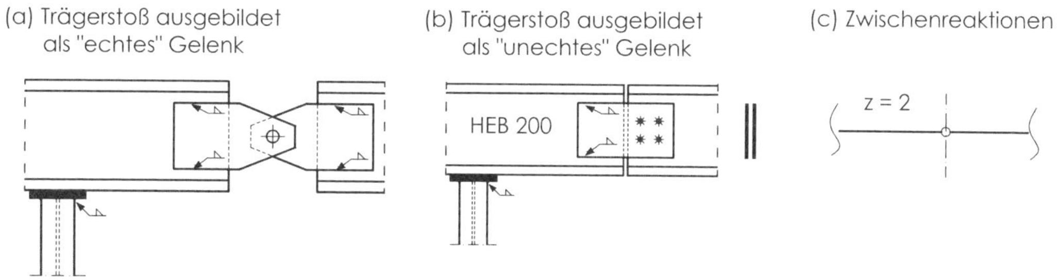

Bild B-78 Gelenkige Trägerstöße und übertragbare Zwischenreaktionen

Jeder biegesteife Stab kann durch ein Fachwerk bestehend aus dreieckigen Gefachen ersetzt werden. Bild B-79 zeigt dies beispielhaft für einen Gelenkträger. Die gelenkige Verbindung der Träger besteht im Fachwerk aus einem Knoten, an dem Quer- und Normalkräfte übertragen werden. Durch den fehlenden Obergurt ist die Momentenübertragung unterbrochen. Durch die äußerlich bestimmte Lagerung sowie die innerliche statische Bestimmtheit der Fachwerke ist auch der Gelenkträger in Fachwerkbauweise statisch bestimmt.

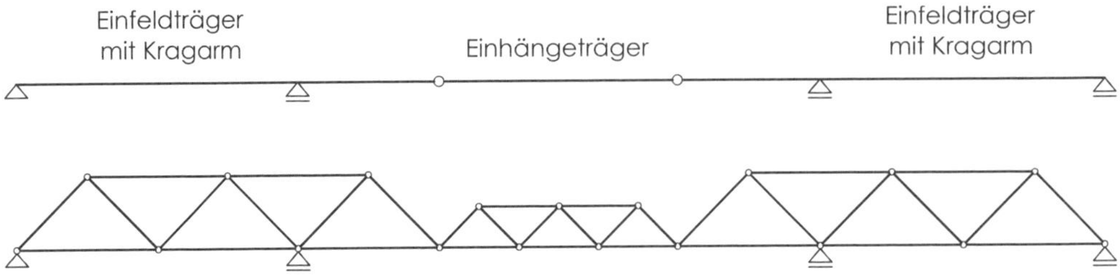

Bild B-79 Fachwerkträger mit Kragarm und Einhängeträger

B.3.4 Rahmen

Ein **Rahmen**, der als **Dreigelenkrahmen** ausgebildet wird, lässt sich mit den drei bekannten Gleichgewichtsbedingungen berechnen (Bild B-80/a). Sobald die Ausführung als **Zweigelenkrahmen** (Bild B-80/b) oder **eingespannter Rahmen** gemäß (Bild B-80/c oder /d) erfolgt, sind weitere Betrachtungen erforderlich.

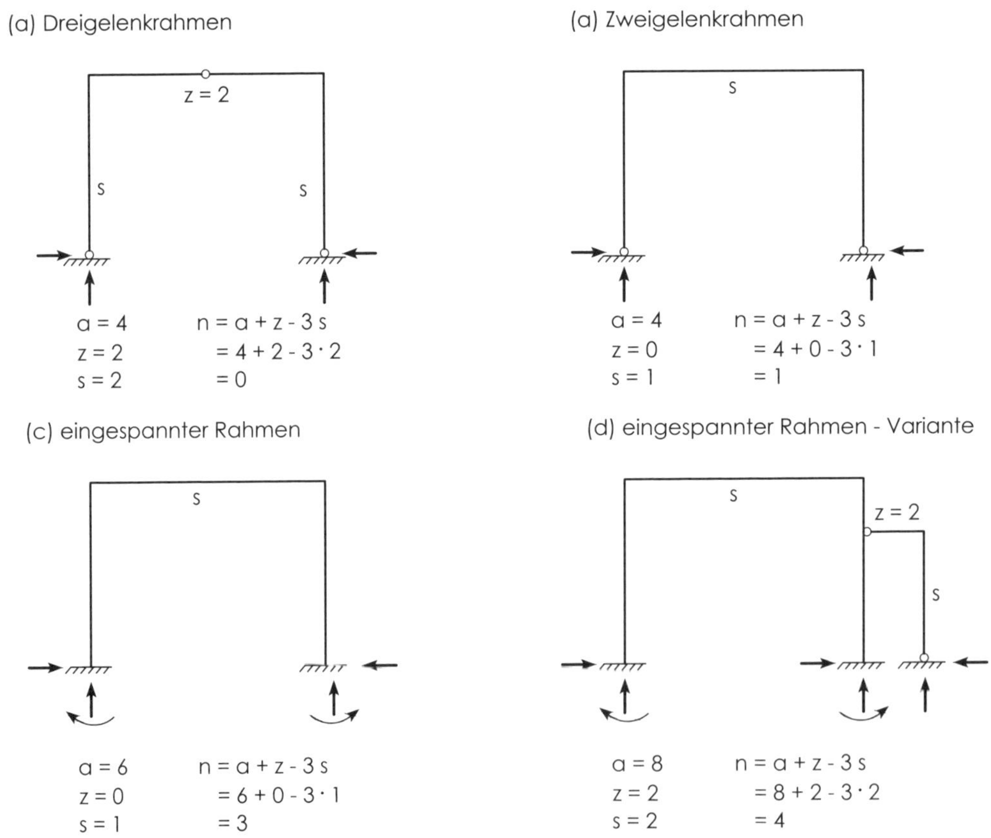

Bild B-80 Rahmenvarianten; Grad der statischen Bestimmtheit

Stiele und Riegel von Rahmen werden im Eckbereich biegesteif angeschlossen, Bild B-81. Aufgabe der Rahmenecke ist es, die Schnittgrößen N, V und M im Knotenbereich zu übertragen.

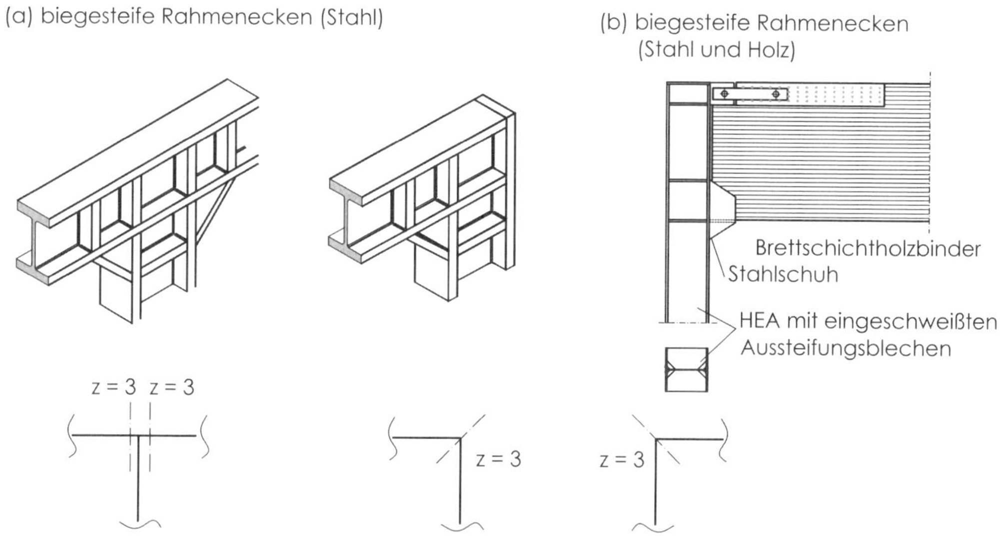

Bild B-81 Biegesteife Rahmenecken; übertragbare Zwischenreaktionen

Beispielhaft werden gelenkige Auflagerpunkte (Bild B-82) und biegesteife Auflagerpunkte (Bild B-83) vergleichend dargestellt.

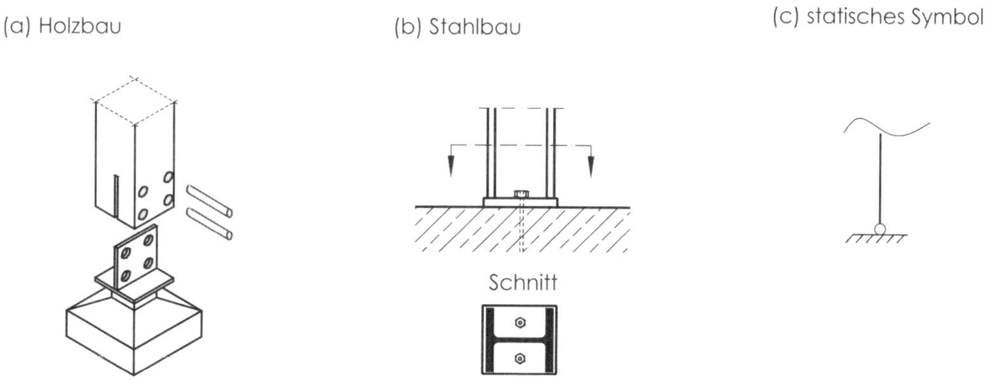

Bild B-82 Gelenkig gelagerte Stützen- oder Rahmenfüße

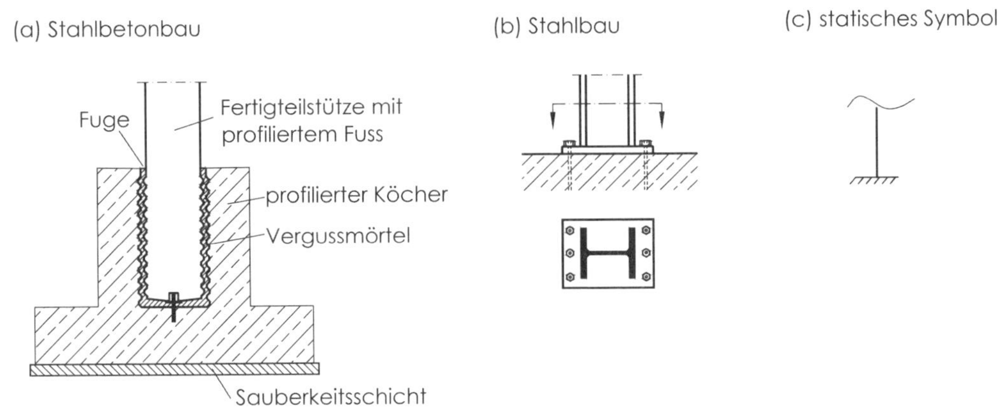

Bild B-83 Biegesteif gelagerte Stützen- oder Rahmenfüße

B.3.5 Fachwerke

B.3.5.1 Abzählkriterium für Fachwerke

Mit den in Abschnitt B.3.1 abgeleiteten Abzählkriterien für allgemeine Stabwerke kann die statische Bestimmtheit eines Stabwerks bestimmt werden. Mit dem Verfahren für ebene Fachwerke gemäß Abschnitt B.3.1 liegt auch eine Vereinfachung für Fachwerksysteme vor:

$n = a + s - 2 \cdot k$

a Anzahl der Auflagerreaktionen

s Anzahl der Stäbe

k Anzahl der Knoten

mit

$2\,k = s + 3$

kann überprüft werden, ob das System innerlich statisch bestimmt ist.

Bei der Einhaltung beider Kriterien werden Gelenkketten jedoch nicht erkannt. Alternativ macht es daher Sinn, Fachwerksysteme alleine mit den Bildungsgesetzen von Fachwerken aufzubauen und sich an statisch bestimmte Grundsysteme aus Biegestäben anzulehnen (siehe auch Beispiel Gelenkträger in Abschnitt B.3.3, Bild B-79).

B.3.5.2 Beispiel: Innerliche statische Bestimmtheit

Ein Fachwerk, das aus dreieckigen Gefachen gebildet und in Analogie zu einem Einfeldträger mit einem Festlager und einem Gleitlager gelagert wird, ist ein statisch bestimmtes System. Hierbei lassen sich die Stabkräfte mit den bekannten Gleichgewichtsbedingungen bestimmen (Bild B-84/a). Ohne Anwendung des Abzählkriteriums erkennt man am Fachwerk in Bild B-84/b, dass durch das Entfernen eines Diagonalstabs das Fachwerk seine Stabilität verliert. Der Fachwerkträger ist **innerlich labil**.

(a) einfaches Pfostenfachwerk, stabil

(b) labiles Pfostenfachwerk

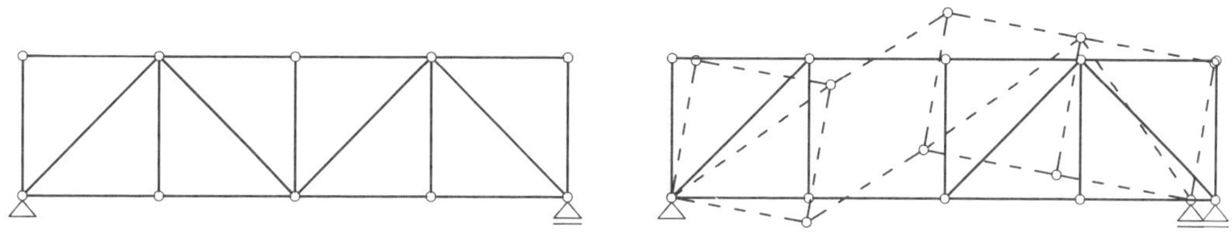

Bild B-84 Pfostenfachwerk; stabil und labil

Das Strebenfachwerk in Bild B-85/a enthält mit Stab 1 einen zusätzlichen Stab. Das Fachwerk ist dadurch **innerlich statisch unbestimmt**. Durch das Entfernen des Stabs 2 wird das System labil (Bild B-85/b). Bei alleiniger Anwendung des Abzählkriteriums würde man rechnerisch zwar n = 0 ermitteln, jedoch nicht erkennen, dass das Stabwerk labil ist:

$n = a + s - 2 \cdot k = 3 + 7 - 2 \cdot 5 = 0$

$a = 3$

$s = 7$ Anzahl der Stäbe

$k = 5$ Anzahl der Knoten

Dies zeigt nochmal, dass das Abzählkriterium nur ein hinreichendes Kriterium dafür ist, dass das System stabil ist.

(a) Strebenfachwerk, innerlich statisch unbestimmt

(b) Stabwerk, labil

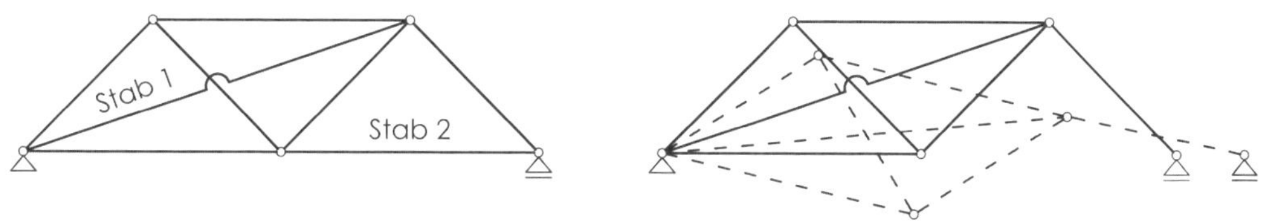

Bild B-85 Strebenfachwerk; stabil und labil

B.3.5.3 Beispiele: Varianten von Fachwerksmaschen

Fachwerke werden häufig bei hohen Beanspruchungen auch als statisch unbestimmte Konstruktionen ausgeführt. Zur Bestimmung des Grades der statischen Bestimmtheit muss nur die erste Masche betrachtet werden.

Pfostenfachwerk mit Diagonalen (Bild B-86/a): Ohne Anwendung des Abzählkriteriums erkennt man, dass das Fachwerk nach dem Bildungsgesetz für einfache Fachwerke (siehe auch Bild B-63) zusammengesetzt ist: 3 gelenkig verbundene Stäbe + 2 Stäbe + 1 Knoten. Das Pfostenfachwerk ist innerlich statisch bestimmt.

Pfostenfachwerk mit ausgekreuzten Diagonalen (Bild B-86/b): Die innerliche statische Bestimmtheit kann mit 2 k = s + 3 überprüft werden.

$2 \cdot k = 2 \cdot 4 = 8$

$s + 3 = 6 + 3 = 9$

$(2 \cdot k = 8) < (s + 3 = 9)$

Das Fachwerk ist innerlich einfach statisch unbestimmt. Mit jeder zusätzlichen Masche steigt der Grad der statischen Unbestimmtheit.

K-Fachwerk (Bild B-86/c): Der Pfosten wird durchlaufend ausgebildet und die Diagonalen sind daran gelenkig angeschlossen. Der Pfosten wird dadurch auf Biegung beansprucht. Es muss daher das allgemeine Abzählkriterium verwendet werden:

$a = 3$ (Annahme für eine statisch bestimmte äußere Lagerung)

$z = 16$

$s = 6$

$n = a + z - 3 \cdot s = 3 + 16 - 3 \cdot 6 = 1$

Auch beim K-Fachwerk ist die einzelne Masche 1-fach statisch unbestimmt.

Bild B-86 Fachwerkvarianten

B.3.5.4 Beispiel: Strebenfachwerke

In der Ausführung eines Strebenfachwerks werden Ober- und Untergurt meist als biegesteife Träger ausgeführt und auch die Anschlüsse der Diagonalen entsprechen selten idealen Gelenken (Bild B-87).

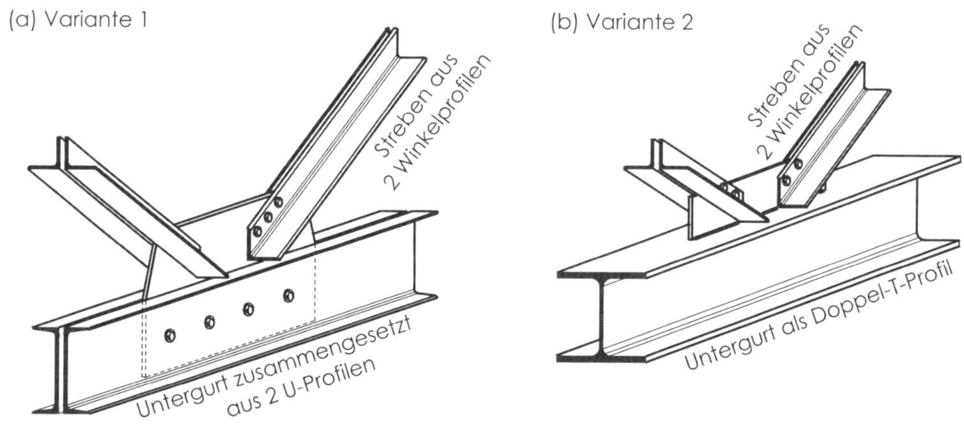

Bild B-87 Strebenfachwerke; Beispiele für Knotenpunkte

Unter der Annahme von vollständig biegesteifen Verbindungen ergibt die Berechnung an einem derart statisch unbestimmten System allerdings, dass die Momente in den Knoten nur sehr gering sind und die Annahme eines idealen Fachwerks mit gelenkigen Anschlusspunkten bei einer vereinfachten Berechnung meist hinreichend genau ist (Bild B-88).

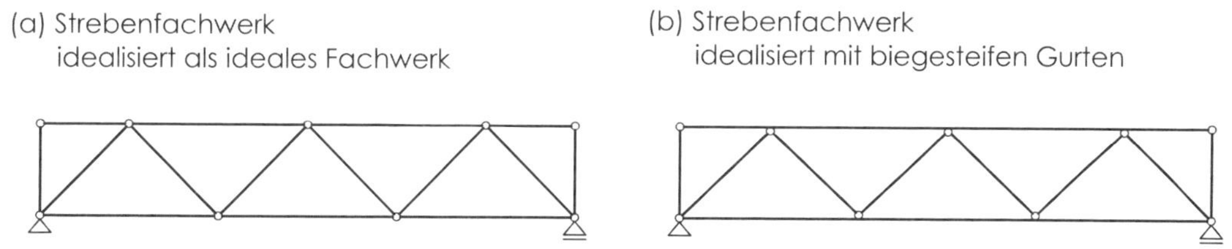

Bild B-88 Strebenfachwerke; Idealisierung

Zwei überlagerte Strebenfachwerke bilden ein **einfaches Rautenfachwerk** (Bild B-89/a). Durch die Addition von vier Strebenfachwerken entsteht ein mehrfach statisch unbestimmtes Rautenfachwerk (Bild B-89/b).

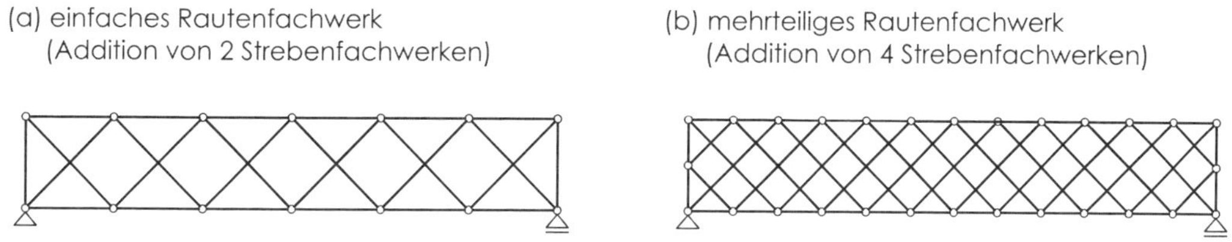

Bild B-89 Rautenfachwerke; Idealisierung

Bild B-90 und Bild B-91 zeigen mögliche Varianten für die Anordnung der Stäbe. In beiden Konstruktionen finden sich rautenförmige Gefache, die dem Grundprinzip des Fachwerksaufbaus mit Dreiecksgefachen augenscheinlich widersprechen.

Die Anwendung des Abzählkriteriums zeigt, dass unabhängig davon, ob man sich kreuzende oder gekoppelte Diagonalstäbe annimmt, der Grad der statischen Bestimmtheit identisch ist.

Rautenfachwerk Variante A: Die statische Idealisierung ist trotz der Vierecksmaschen 1-fach statisch unbestimmt (Bild B-90).

(a) sich kreuzende Diagonalen

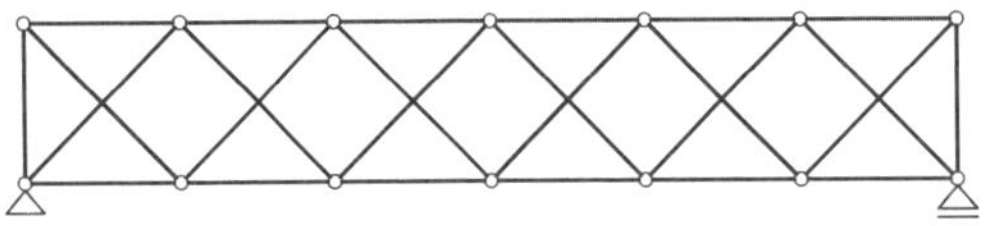

(b) gekoppelte Diagonalen

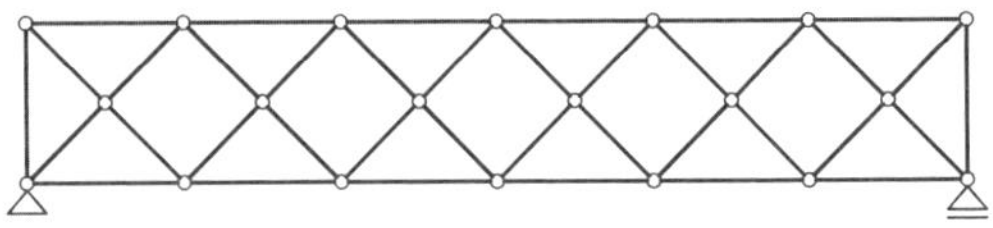

(c) Auswertung mit Abzählkriterium

	sich kreuzende, nicht gekoppelte Diagonalen (Bild B-90/a)	gekoppelte Diagonalen (Bild B-90/b)
Anzahl der Knoten	k = 14	k = 20
Anzahl der Stäbe	s = 12 (Gurte) + 2 (Pfosten) + 12 (Diagonalen) = 26	s = 12 (Gurte) + 2 (Pfosten) + 24 (Diagonalen) = 38
Grad der statischen Bestimmtheit	$n = 3 + 26 - 2 \cdot 14 = 1$	$n = 3 + 38 - 2 \cdot 20 = 1$

Bild B-90 Rautenfachwerke; Variante A

Rautenfachwerk Variante B: Die Fachwerke sind beide einfach statisch unterbestimmt (Bild B-91). Naheliegend wäre es, durch die Ergänzung von Stäben in jeder Vierecksmasche ein statisch bestimmtes System zu erzeugen. Diese Annahme ist jedoch falsch, da durch 6 zusätzliche Stäbe auch 6 neue Unbekannte dazukommen und das System dann 5-fach statisch unbestimmt ist.

(a) sich kreuzende Diagonalen

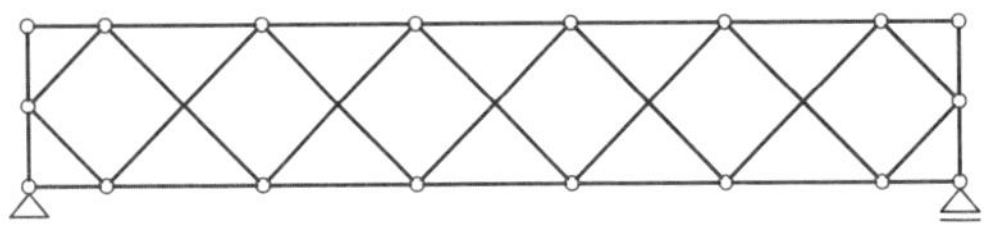

(b) gekoppelte Diagonalen

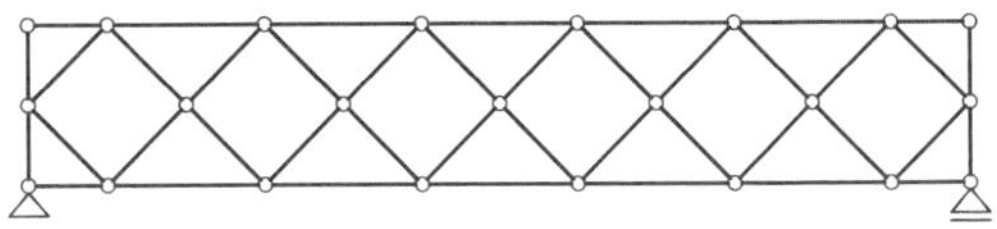

(c) Auswertung mit Abzählkriterium

	sich kreuzende, nicht gekoppelte Diagonalen (Bild B-91/a)	gekoppelte Diagonalen (Bild B-91/b)
Anzahl der Knoten	k = 18	k = 23
Anzahl der Stäbe	s = 14 (Gurte) + 4 (Pfosten) + 14 (Diagonalen) = 32	s = 14 (Gurte) + 4 (Pfosten) + 24 (Diagonalen) = 42
Grad der statischen Bestimmtheit	$n = 3 + 32 - 2 \cdot 18 = -1$	$n = 3 + 42 - 2 \cdot 23 = -1$

Bild B-91 Rautenfachwerke; Variante B

Durch einen sukzessiven Aufbau des Fachwerks werden beide Rautenfachwerke analysiert.

Rautenfachwerk Variante A (Bild B-92/a): Die Gefache 1 bis 3 setzen die Regel gemäß Bild B-63 um, sodass ein dreieckiges Gefach um zwei Stäbe und einen Knoten erweitert werden kann. Gefach 4 ist zwar keine Ergänzung um ein dreiecksförmiges Gefach, aber die Erweiterung aus zwei Stäben und einem Knoten schließt an einem „stabilen" System an.

Das System wird fortgeführt, bis am letzten Gefach Stab 6 und nicht zwei Stäbe und 1 Knoten ergänzt werden. Für Stab 6 fehlt folglich eine Bestimmungsgleichung und das System ist 1-fach statisch unbestimmt.

Rautenfachwerk Variante B (Bild B-92/b): Ausgehend vom stabilen Gefach 1 wird Gefach 2 bestehend aus 2 Knoten und drei Stäben angehängt. Das Gefach 2 ist eine Gelenkkette und auch durch die Ergänzung von Gefach 3 bleibt das Fachwerk labil. Durch die Ergänzung eines Stabs in Gefach 2 wird das Fachwerk ausgesteift. Alle anderen Maschen können wieder, auch mit vierecksförmigen Maschen, angehängt werden. Der zusätzliche vertikale Stab kann in einer beliebigen Vierecksmasche angeordnet werden.

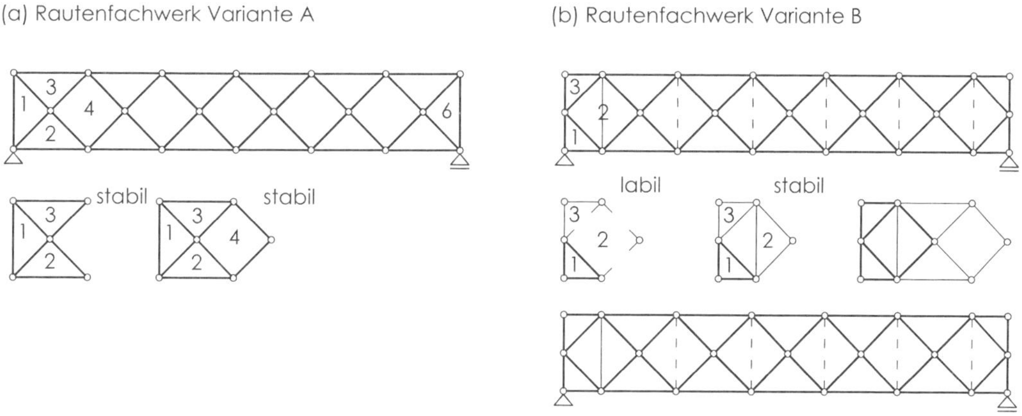

Bild B-92 Fachwerkvarianten A und B; Aufbau im Vergleich

B.3.5.5 Weitere Bildungsgesetze von Fachwerken

In Abschnitt B.3.1.3 wurde das **erste Bildungsgesetz** von einfachen Fachwerken erläutert.

Beim Stabzug in Bild B-93/a werden die Stäbe durch zwei einfache Fachwerke, aufgebaut gemäß dem ersten Bildungsgesetz, ersetzt (Bild B-93/b). Aus den Überlegungen zuvor ist bekannt, dass es sich um ein statisch bestimmtes System handelt.

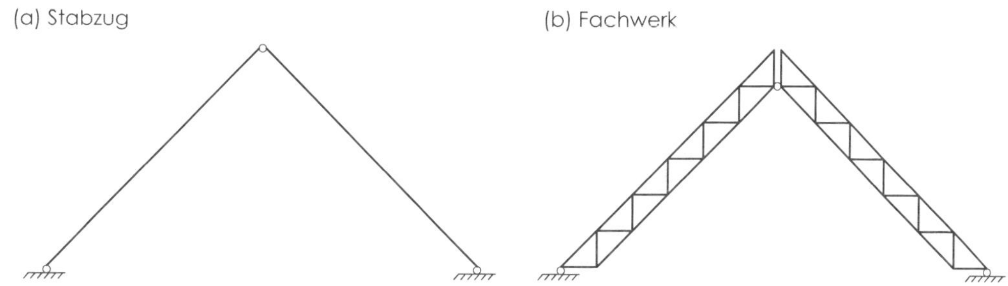

Bild B-93 Stabzug; Stäbe ersetzt durch Fachwerkscheiben

Für die Anwendung des zweiten Bildungsgesetzes werden die Auflager gedanklich entfernt. Für die Verbindung von zwei einfachen Fachwerken sind gemäß dem **zweiten Bildungsgesetz** drei Stäbe notwendig, die nicht parallel sind und deren Stabachsen sich nicht ein einem Punkt schneiden (Bild B-94/b). Zwei Stäbe können auch durch einen gemeinsamen Knoten ersetzt werden. Es entsteht wieder ein innerlich statisch bestimmtes System.

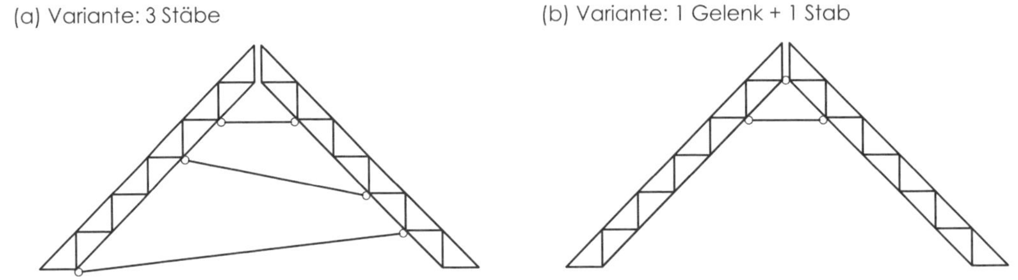

Bild B-94 Anwendung des zweiten Bildungsgesetzes von Fachwerken

Das **dritte Bildungsgesetz** erlaubt den Austausch eines Stabs. Stab 1 bei Variante A in Bild B-95/a wird entfernt und bei Variante B durch Stab 2 (Bild B-95/b) ersetzt. Das Fachwerksystem bleibt innerlich statisch bestimmt. Durch die Lagerung mit einem Fest- und einem Gleitlager ist das System auch äußerlich statisch bestimmt gelagert.

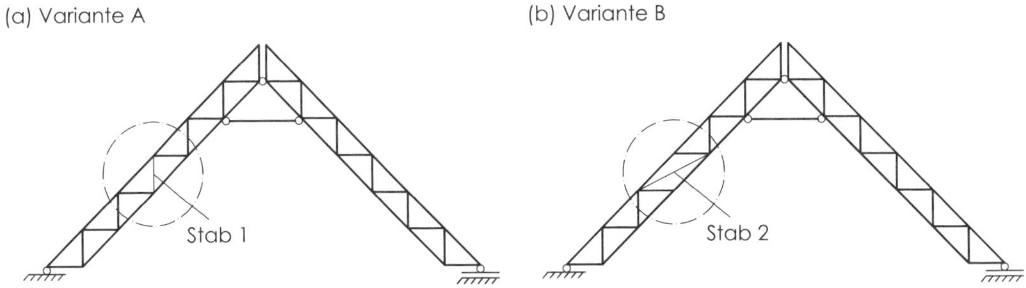

Bild B-95 Anwendung des dritten Bildungsgesetzes von Fachwerken

B.4 Spannungen und Verformungen

Für die Dimensionierung eines Bauteils werden die Beanspruchungen auf Querschnittsebene und die Bauteilverformungen berechnet.

B.4.1 Das Hookesche Gesetz

Unter einer Belastung verformt sich ein Bauteil. Ein Balken biegt sich durch, ein Seil dehnt sich, eine druckbeanspruchte Stütze oder Wand wird gestaucht. Die einwirkenden Kräfte bewirken über den Querschnitt verteilte Spannungen: Zugkräfte erzeugen Zugspannungen, Druckkräfte entsprechend Druckspannungen.

Spannungen sind ein Maß für die Beanspruchung eines Bauteils und haben die Einheit [N/mm²]. Die Spannungen werden als Normalspannungen bezeichnet, weil sie normal (senkrecht) zum Querschnitt wirken. Die Summe der über die Querschnittsfläche A verteilten Normalspannungen entspricht der Schnittgröße der Normalkraft N (Bild B-96):

$N = \sum \cdot A$ [kN]

Umgekehrt berechnet sich die Normalspannung $\sum$ im Querschnitt zu

$\sum = N / A$ [N/mm²]

Gemäß Vorzeichenkonvention werden Zugkräfte und -spannungen immer positiv angegeben (Bild B-96/a), Druckkräfte und -spannungen hingegen negativ (Bild B-96/b).

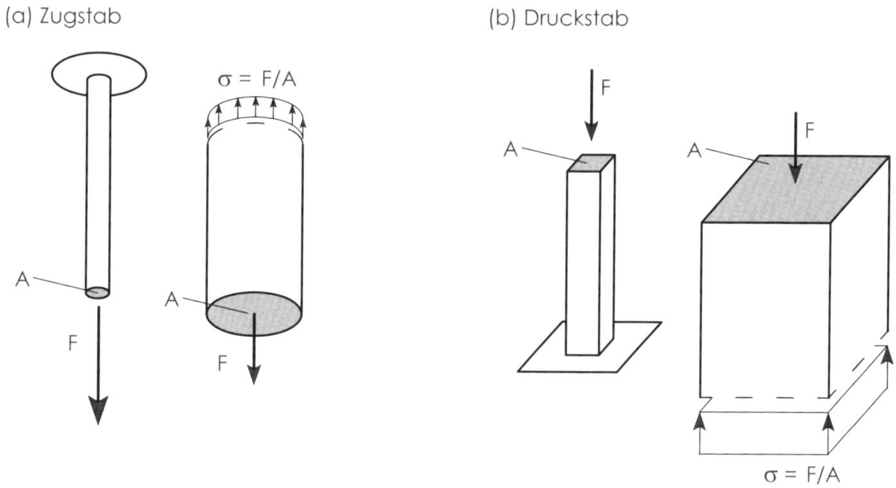

Bild B-96 Zugstab und Druckstab

Ein elastischer Stab von der ursprünglichen Länge L dehnt sich unter einer Zugkraft F um den Betrag ΔL. Wird der Stab durch die zweifache Kraft 2 · F beansprucht, beträgt die Längenänderung 2 · ΔL (Bild B-97/a). Ein Druckstab mit gleichem Material und Querschnittsfläche wird um den gleichen Betrag gestaucht (Bild B-97/b).

Das analoge Verhalten ist auch bei biegebeanspruchten Bauteilen zu beobachten. Bei einer Verdopplung der Belastung ergibt sich auch eine Verdopplung der Durchbiegung (Berechnung der Durchbiegung siehe Abschnitt B.4.6).

Das zuvor beschriebene Tragverhalten wird durch das ***Hookesche* Gesetz** beschrieben, welches das **linear-elastische Verhalten** von elastischen Festkörpern beschreibt: die Verformung ist proportional zur einwirkenden Belastung.

Das Verhältnis der Längenänderung zur Ausgangslänge ΔL/L wird als Dehnungskoeffizient ε (Epsilon) bezeichnet.

$\varepsilon = \Delta L / L$ [-]

Sind die Spannungen und Dehnungen zueinander proportional, so ist das Verhältnis Σ/ε konstant. Der Verhältniswert aus Spannung zu Dehnung ist als Elastizitätsmodul definiert.

E = Σ / ε [N/mm²]

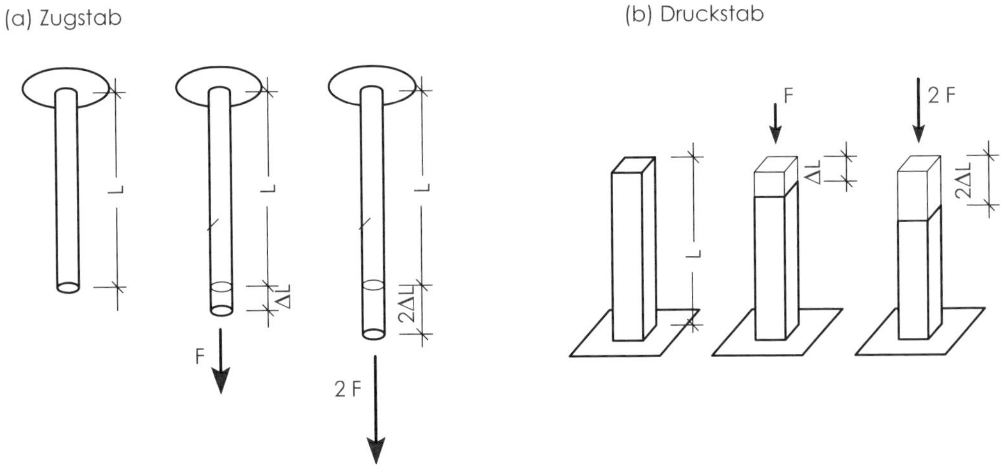

Bild B-97 Stäben unter Zug und Druck; Längenänderung

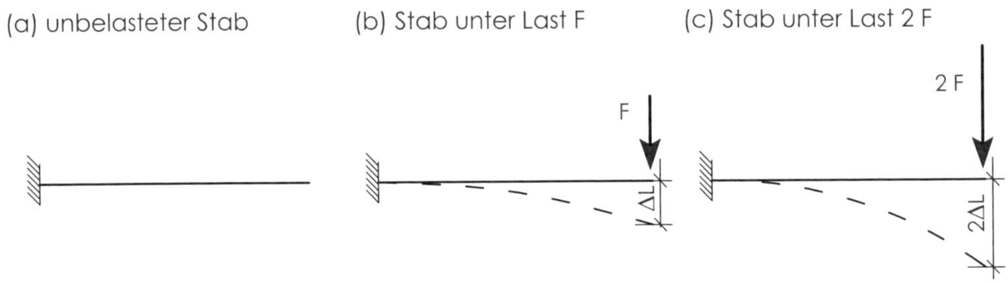

Bild B-98 Elastischer Stab; Durchbiegung

Der Elastizitätsmodul entspricht der Neigung der Geraden der Spannungs-Dehnungslinie (Bild B-99/a). In Abhängigkeit von dem Material und der Belastungshöhe gehen die Dehnungen vollständig zurück. Der Baustoff wird in diesem Fall im **elastischen** Bereich beansprucht. Wird die Belastung zu groß, stellen sich bleibende Verformungen ein. Der Baustoff befindet sich dann im **plastischen** Bereich.

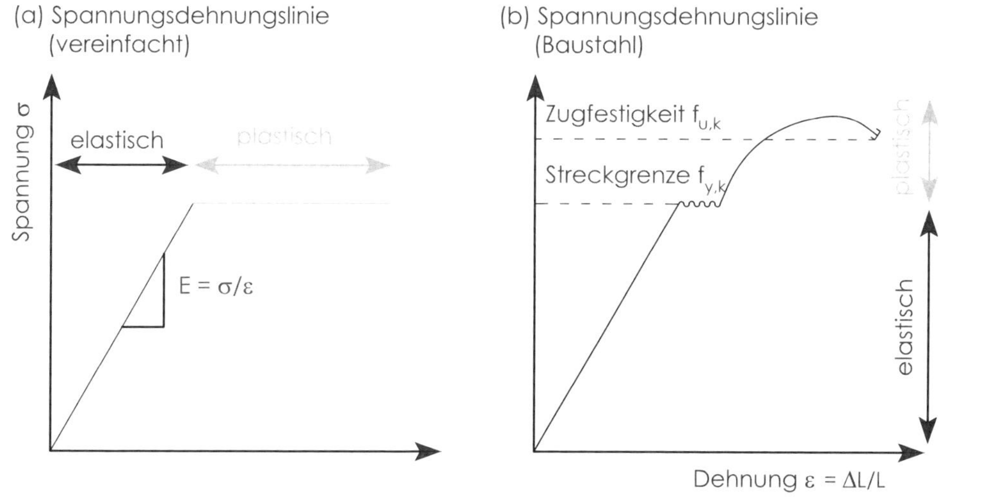

Bild B-99 Spannungsdehnungslinien

Der Elastizitätsmodul E ist eine Materialkonstante, die in Versuchen ermittelt wird. Er gibt Auskunft über die Verformbarkeit eines Baustoffs. Ein kleiner Elastizitätsmodul bedeutet große Verformungen, ein großer Elastizitätsmodul demgegenüber kleine Verformungen. In Tabelle B1 sind E-Module für unterschiedliche Materialien im Vergleich zusammengestellt.

Tabelle B-1 Elastizitätsmodule für unterschiedliche Materialien

Material	E-Modul
Holz	10.000 bis 14.000 N/mm² (abhängig von der Materialfestigkeit)
Baustahl	210.000 N/mm²
Aluminium	70.000 N/mm²
Glas	70.000 N/mm²
Beton	27.000 bis 45.000 N/mm²
Betonstahl	200.000 N/mm²

Das Werkstoffverhalten der gängigen Baustoffe wird nachfolgend kurz erläutert.

Glas ist ein rein elastischer Werkstoff, d.h., unabhängig von der Höhe der Beanspruchung sind die Verformungen reversibel (Bild B-100/a). Der Bruch in einem Glasbauteil findet daher auch ohne Vorankündigung statt.

Stahl reagiert am Anfang elastisch und geht bei höheren Beanspruchungen in einen plastischen Zustand über. Im Kristallgitter kommt es zu Versetzungen, welche nach der Entlastung nicht reversibel sind. Es kommt zu plastischen Verformungen (Bild B-100/c).

Holzbauteile werden auch mit dem elastischen Materialmodell beschrieben. Bei höheren Beanspruchungen kommt es zu einem Reißen der Fasern, sodass das linear-elastische Werkstoffmodell nur noch eingeschränkt gültig ist (Bild B-100/b).

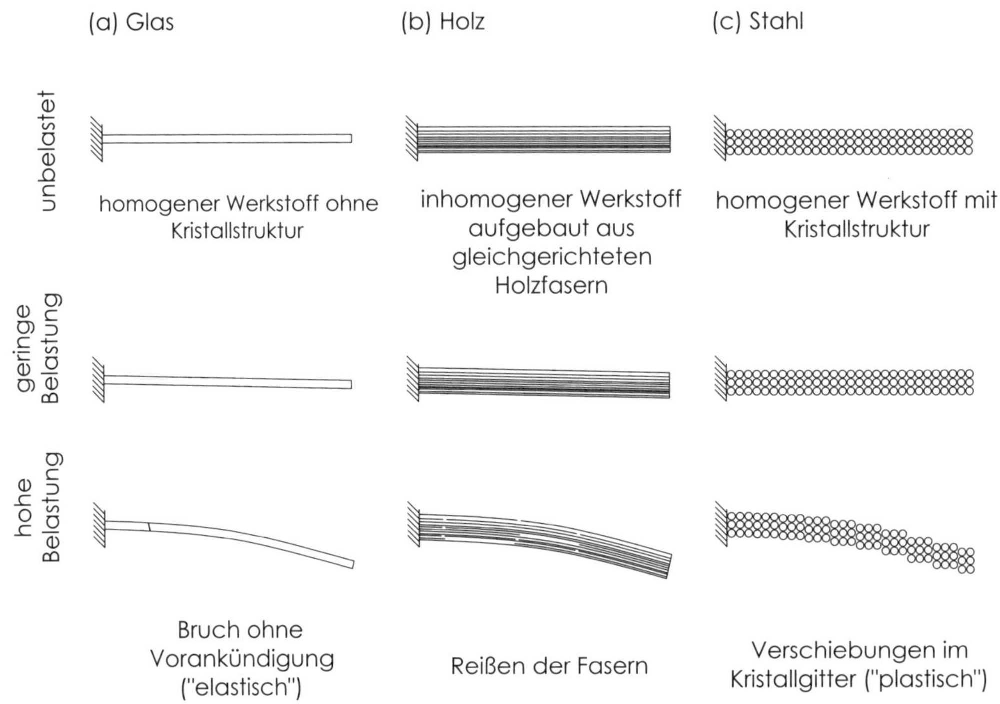

Bild B-100 Glas, Holz und Stahl; Bruchverhalten im Vergleich

Stahlbeton ist ein Verbundwerkstoff, für den das *Hookesche* Gesetz nur bis zum Entstehen von Rissen im Beton gilt. In Abschnitt B.4.4 wird dies erläutert.

Für jeden Werkstoff werden bei der Bemessung idealisierte Materialmodelle zugrunde gelegt, die das Last-Verformungsverhalten beschreiben. In Abschnitt B.4.2 wird auf das Modell der linearen Biegetheorie eingegangen.

B.4.2 Normalspannungsverteilung infolge M und N

Infolge des inneren Moments M wird der Querschnitt gestaucht und gedehnt.

Die Annahme von ***Bernoulli*** (lineare Biegetheorie) geht davon aus, dass ein Querschnitt unter Belastung eben bleibt. Die höchsten Dehnungen bzw. Stauchungen entstehen somit am oberen bzw. unteren Querschnittsrand (Bild B-101/a). Durch die Annahme des Ebenbleibens des Querschnitts verläuft die Dehnung linear und somit auch die Normalspannung infolge Biegung (Bild B-101/b).

Bei einem Rechteckquerschnitt sind die Zug- und Druckspannungen also jeweils dreieckförmig über die Höhe verteilt. Sie nehmen am Querschnittsrand oben und unten den größten Wert an, im Querschnittsschwerpunkt, der Nulllinie, beträgt die Biegespannung $\Sigma_{xx} = 0$. Über die Indizes x ist die Richtung der Spannung der Längsrichtung des Balkens zugeordnet.

Die Spannungskeile der Zug- und Druckspannungen lassen sich wieder zu je einer Resultierenden zusammenfassen. Aus Abschnitt B.1.7 ist die Lage der Resultierenden bei einer dreieckförmigen Lastverteilung bekannt: D und Z liegen ausgehend von der Nulllinie bei:

$2/3 \cdot h/2 = h/3$

Die Resultierende des Spannungsblockes wird wie die Resultierende der Dreieckslast berechnet, jedoch mit dem Unterschied, dass die Spannung mit der Querschnittsbreite b multipliziert werden muss (Bild B-101/c).

Druckresultierende $D = -1/2\ \sigma_{xx} \cdot h/2 \cdot b = -\ \sigma_{xx}\ b\ h\ /4$

Da die Summe der Horizontalkräfte wieder gleich Null sein muss, gilt:

$\sum F_x = 0 \quad \Leftrightarrow \quad D = -Z$

Zugresultierende $Z = \sigma_{xx}\ b\ h\ /4$

Der Abstand des Kräftepaares D und Z, der innere Hebelarm beträgt:

$z_i = 2 \cdot h/3 = 2/3\ h$

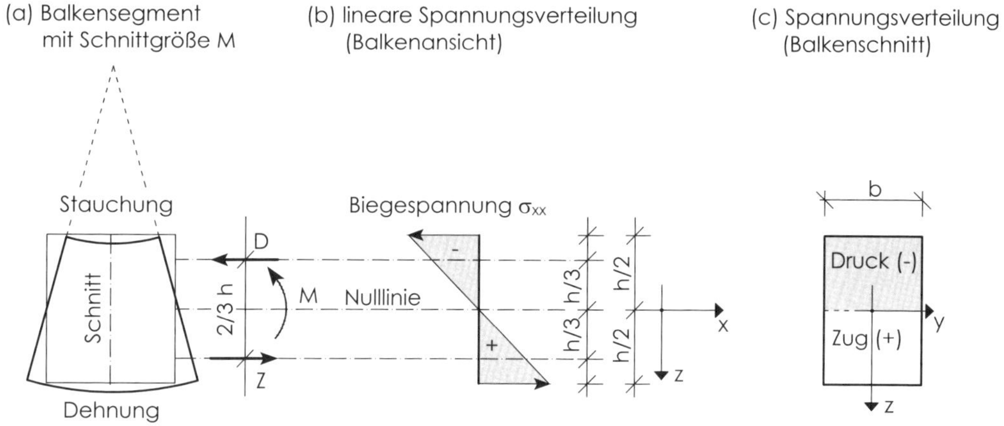

Bild B-101 Elastische Biegespannungsverteilung infolge der Schnittgröße M

Das Kräftepaar bildet ein inneres Moment und steht mit der Schnittgröße M im Gleichgewicht. Das Momentengleichgewicht bezogen auf den Lastangriffspunkt von Z lautet:

$\sum M_Z = 0 \quad \Leftrightarrow \quad M = -\ D \cdot 2/3\ h$

$D = -\sigma_{xx} \cdot b\ h/4$ eingesetzt:

$\Leftrightarrow \quad M = (\sigma_{xx}\ b\ h/4) \cdot (2/3\ h)$

$\Leftrightarrow \quad \sigma_{xx} \cdot b\ h^2/6 = M$

$\Leftrightarrow \quad \sigma_{xx} = M\ /\ \mathbf{(b\ h^2/6)}$

Der Ausdruck **b h²/6** wird als **Widerstandsmoment W** bezeichnet und gilt für rechteckige Querschnitte. Nach Berechnung der Schnittgröße M kann mit W die maximale Randfaserspannung berechnet werden. Für beliebige Querschnittsgeometrien schreibt man daher:

$\sigma_{xx} = M\ /\ W$

Für die Spannungsverteilung über den Querschnitt lautet die Geradengleichung abhängig von der Querschnittsordinate z:

$\sigma_{xx}(z) = M / (b\ h^2/6) / (h/2) \cdot z = M / (\mathbf{b\ h^3/12}) \cdot z = M / \mathbf{I} \cdot z$

bh³/12 ist definiert als das **Trägheitsmoment 2. Ordnung** oder **Flächenträgheitsmoment I.** Über die Ordinate z nimmt die Spannung bei einem positiven Moment oberhalb der neutralen Faser negative Werte an (Druckspannungen) und unterhalb der neutralen Faser positive Werte (Zugspannungen).

Die Formeln für das Widerstandsmoment

$W = b\ h^2/6$

und das Trägheitsmoment

$I = b\ h^3/12$

gelten nur für rechteckige Querschnitte.

Da es sich um Querschnittswerte bezogen auf die Biegung um die Querschnittsachse y handelt, siehe auch Bild B-31, muss bei mehrachsiger Biegung der Index y ergänzt werden: $\mathbf{W}_y$ und $\mathbf{I}_y$.

Für die Ermittlung der maximalen Spannungen ist die Berechnung des Widerstandsmoments W ausreichend. Das Flächenträgheitsmoment wird später für die Berechnung der Verformungen des Querschnitts benötigt. Das Produkt aus dem E-Modul und dem Flächenträgheitsmoment **EI** wird auch als **Biegesteifigkeit** bezeichnet.

Bei kombinierter Beanspruchung aus Normalkraft und Moment dürfen die Spannungen genauso wie die Schnittgrößen superponiert werden (Bild B-102/c):

$\sigma_{xx}(z) = N / A + M_y / I_y \cdot z$

Diese Überlagerung gilt nur für die Ermittlung der Beanspruchung von auf Zug beanspruchten Bauteilen. Bei Druckelementen ist dem Vorgehen nach Abschnitt C.5.3 zu folgen.

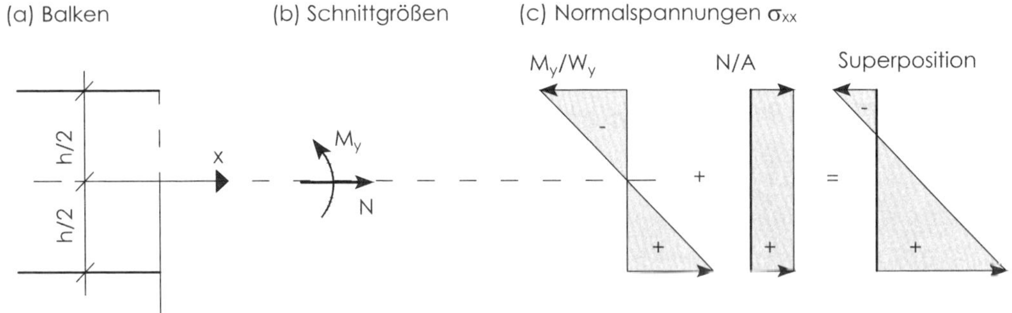

Bild B-102 Spannungen σ_{xx} infolge N und M_y; Superposition der Spannungsanteile

Biegebauteile werden häufig auch zusätzlich um die z-Achse auf Biegung beansprucht. Dies bezeichnet man als zweiachsige Biegung:

$\sigma_{xx}(z,y) = N / A + M_y / I_y \cdot z - M_z / I_z \cdot y$

Bild B-103/e zeigt die Spannungsverteilung nach Überlagerung der Spannungsanteile infolge Normalkraft N, M_y und M_z.

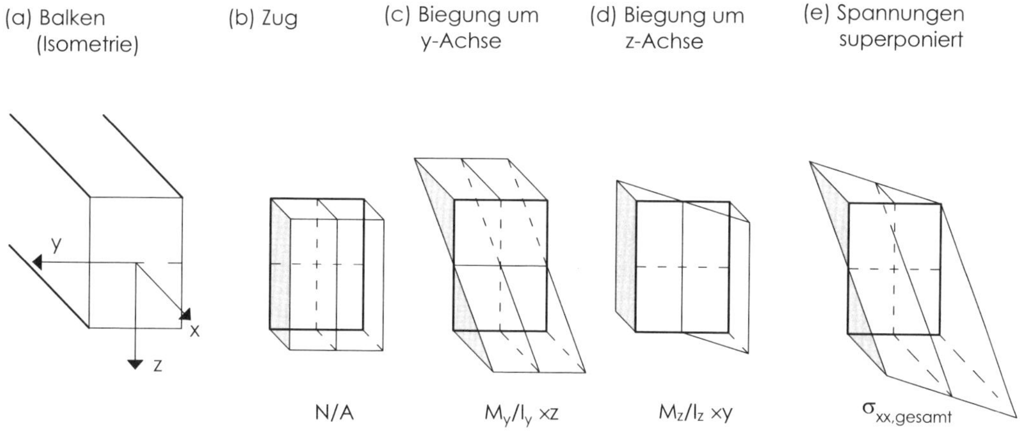

Bild B-103 Rechteckquerschnitt; Spannungsverteilung infolge zweiachsiger Biegung und Normalkraft

Im Rahmen der Bemessung erfolgen die Auslegung der Querschnittsgeometrien und die Wahl der Materialfestigkeit in der Form, dass die auftretenden Randspannungen kleiner sein müssen als die aufnehmbaren Spannungen des Baustoffes (siehe Abschnitt D).

Zahlenbeispiel – Vollquerschnitte (Bild B-104)

Gegeben ist ein Holzbalken mit den Abmessungen b/h = 12/20 cm, der durch eine Gleichlast (Eigengewicht und Nutzlast) der Größe r = 1,5 kN/m belastet wird (Bild B-104/a). Zusätzliche Sicherheitsbeiwerte, siehe Abschnitt D.2, werden hier zunächst vernachlässigt. Die Stützweite des Balkens beträgt L = 6,0 m.

Gesucht sind die Spannungen im Querschnitt unter der Berücksichtigung, dass für den Holzbalken zwei unterschiedliche Lagen gemäß Bild B-104/b – hochkant und quer – zur Auswahl stehen:

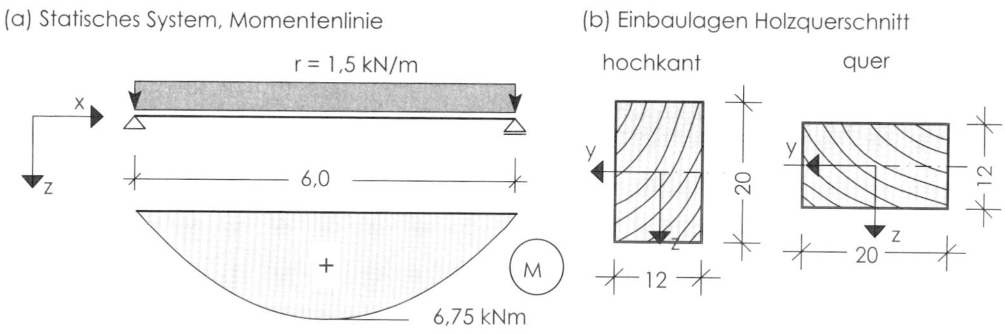

Bild B-104 Vollquerschnitte; Zahlenbeispiel

Maximales Biegemoment (siehe Abschnitt B.2.3.2, Bild B-38):

$M_{max} = r \cdot L^2 / 8 = 1{,}5\ \text{kNm} \cdot (6\ \text{m})^2 / 8 = 6{,}75\ \text{kNm}$

Widerstandsmoment des Rechteckquerschnitts, Einbau hochkant, Abschnitt B.4.2:

$W_y = b\ h^2 / 6 = 12\ \text{cm} \cdot (20\ \text{cm})^2 / 6 = 800\ \text{cm}^3$

Biegespannung, Querschnitt hochkant eingebaut:

$\sigma_{xx} = M_{max} / W_y$

$= 6{,}75\ \text{kNm} / 800\ \text{cm}^3 = 6{,}75 \cdot 10^6\ \text{Nmm} / (800 \cdot 10^3\ \text{mm}^3) = 8{,}44\ \text{N} / \text{mm}^2$

Widerstandsmoment des Rechteckquerschnitts, Einbau querliegend:

$W_y = b\ h^2 / 6 = 20\ \text{cm} \cdot (12\ \text{cm})^2 / 6 = 480\ \text{cm}^3$

Biegespannung, Querschnitt quer eingebaut:

$\sigma_{xx} = M_{max} / W_y$

$= 6{,}75\ \text{kNm} / 480\ \text{cm}^3 = 6{,}75 \cdot 10^6\ \text{Nmm} / (480 \cdot 10^3\ \text{mm}^3) = 14{,}1\ \text{N} / \text{mm}^2$

Für die Biegespannungen sind also nicht die in beiden Fällen gleichen Querschnittsflächen maßgebend, sondern die je nach Lage des Balkens unterschiedlichen Widerstandsmomente. Ein hochkant gestellter Querschnitt führt bei gleichem Biegemoment zu kleineren Biegespannungen als ein querliegender Querschnitt, obwohl sich die Querschnittsfläche und damit der Materialverbrauch nicht ändert.

In Abhängigkeit der Einbaulage bezeichnet man die Querschnittsbeanspruchung auch als Beanspruchung um die **starke Achse** bzw. **schwache Achse** (Bild B-105).

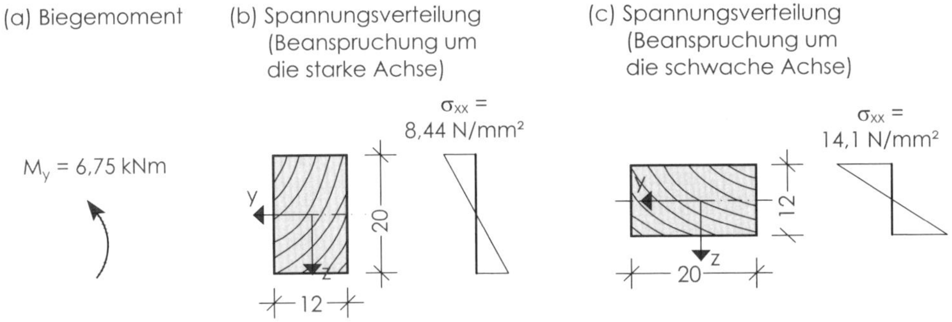

Bild B-105 Spannungsverteilung im Querschnitt; starke und schwache Querschnittsachse im Vergleich

Im Gegensatz dazu geht bei der Ermittlung der Spannungen infolge der Normalkraft N (Σ_{xx} = N / A) nur die Querschnittsfläche A ein, Form oder Lage des Querschnitts spielen keine Rolle.

Zahlenbeispiel – geteilte Querschnitte (Bild B-106)

Ein Querschnitt kann in der Breite geteilt und als Zange ausgeführt werden. Dies Ausführung wird häufig bei Kehlbalken verwendet. Die Spannungen für die Biegung um die y-Achse bleiben unverändert, wenn der Balken vertikal geteilt wird (Bild B-107/a). Dagegen verdoppeln sich die Biegespannungen, wenn der Balken in der Höhe geteilt wird (Bild B-107/b). Beides kann rechnerisch gezeigt werden:

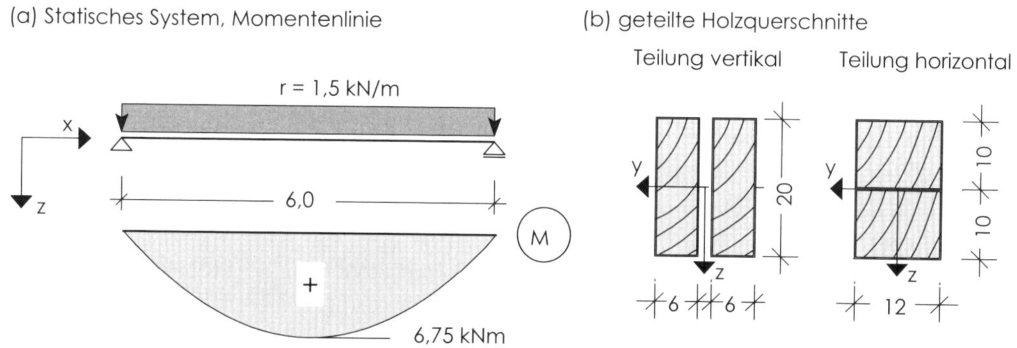

Bild B-106 Geteilte Querschnitte; Zahlenbeispiel

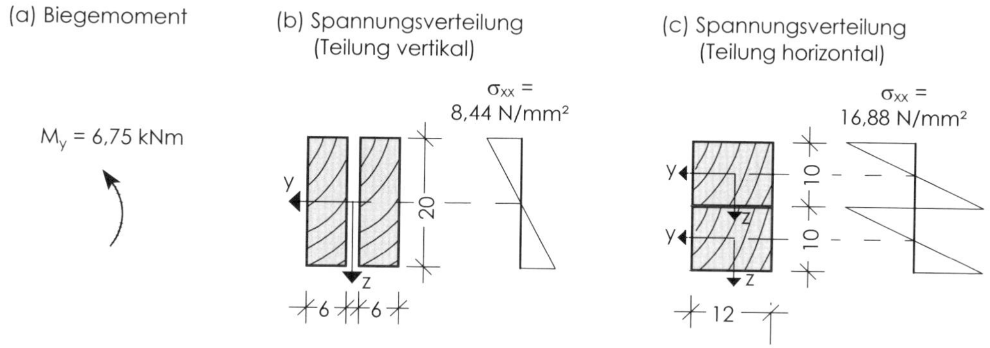

Bild B-107 Geteilte Querschnitte; Spannungsverteilungen

Widerstandsmoment des Rechteckquerschnitts, vertikal geteilt:

$W_y = 2 \cdot b\, h^2 / 6 = 2 \cdot 6\ \text{cm} \cdot (20\ \text{cm})^2 / 6 = 800\ \text{cm}^3$

Widerstandsmoment des Rechteckquerschnitts, horizontal geteilt:

$W_y = 2 \cdot b\, h^2 / 6 = 2 \cdot 12\ \text{cm} \cdot (10\ \text{cm})^2 / 6 = 400\ \text{cm}^3$

Biegespannung, vertikal geteilt:

$\sigma_{xx} = M_y / W_y = 6{,}75\ \text{kNm} / 800\ \text{cm}^3 = 6{,}75 \cdot 10^6\ \text{Nmm} / (800 \cdot 10^3\ \text{mm}^3) = 8{,}44\ \text{N} / \text{mm}^2$

Biegespannung horizontal geteilt:

$\sigma_{xx} = M_y / W_y$

$= 6{,}75\ \text{kNm} / 400\ \text{cm}^3 = 6{,}75 \cdot 10^6\ \text{Nmm} / (400 \cdot 10^3\ \text{mm}^3) = 16{,}88\ \text{N} / \text{mm}^2$

Die äußeren Lasten teilen sich bei einem horizontal geteilten Querschnitt hälftig auf beide gleichgroßen Querschnittsteile auf. Alternativ hätte man direkt nur einen halben Balken betrachten können:

$M_y = (r / 2) \cdot L^2 / 8 = 0{,}75\ \text{kNm} \cdot (6\ \text{m})^2 / 8 = 3{,}375\ \text{kNm}$

Widerstandsmoment für einen halben Balken:

$W_y = b\,h^2 / 6 = 12\text{ cm} \cdot (10\text{ cm})^2 / 6 = 200\text{ cm}^3$

Biegespannung horizontal geteilt:

$\sigma_{xx} = M_y / W_y = 3{,}375\text{ kNm} / 200\text{ cm}^3 = 16{,}88\text{ N/mm}^2$

Werden zwei Balkenhälften ohne Verbindung übereinandergelegt, verschieben sich die Balken gegenseitig an den Berührungsflächen (Bild B-108/a und /b). Es wurde durch das Zahlenbeispiel gezeigt, dass sich die Lasten hälftig auf die Querschnittsteile aufteilen, wenn diese die gleiche Höhe aufweisen (c).

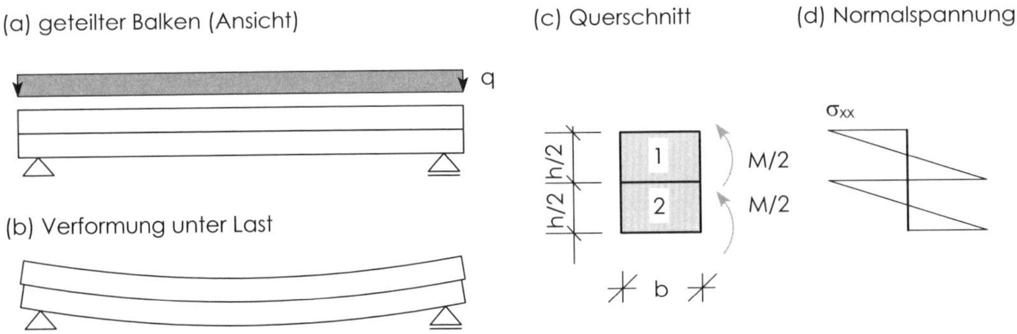

Bild B-108 Geteilter Balken; Verformung und Normalspannungsverteilung

Bei abweichenden Querschnittshöhen verteilt sich die Last in Abhängigkeit von der Biegesteifigkeit EI. Es gelten folgende Randbedingungen:

- Beide Balken weisen die gleiche Durchbiegung auf.
- Die Gesamtlast q wird auf die Balken 1 und 2 so aufgeteilt, dass gilt $q = q_1 + q_2$.

Mit der Formel zur Berechnung der Durchbiegung für einen Einfeldträger unter Gleichlast (siehe Abschnitt B.4.7) kann die Lastaufteilung berechnet werden:

$w_1(L/2) = w_2(L/2) \quad \Leftrightarrow \quad 5/384 q_1\, L^4 / EI_1 = 5 / 384 q_2\, L^4/EI_2$

$\Leftrightarrow \quad q_1 / I_1 = q_2 / I_2$

mit $I_1 = b\,h_1^3/12$ und $I_2 = b\,h_2^3 / 12$

$\Leftrightarrow \quad q_1 / h_1^3 = q_2 / h_2^3$

mit $q = q_1 + q_2 \quad \Leftrightarrow \quad q_2 = q - q_1$

$\Leftrightarrow \quad q_1 / h_1^3 = (q - q_1) / h_2^3$

Aufgelöst nach q_1:

$\Leftrightarrow \quad q_1 = q\,h_1^3 / (h_1^3 + h_2^3)$

Analog gilt für Balken 2:

$q_2 = q \cdot h_2^3 / (h_1^3 + h_2^3)$

Die Gleichung kann für beliebige Bauteilschichten erweitert werden, sodass die Lastaufteilung für n-Querschnitte lautet:

$$q_i = q \cdot h_i^3 / (h_1^3 + \ldots. + h_n^3)$$

Die maximalen Spannungen können dann für jede Schicht i einzeln berechnet werden:

$\sigma_{xx,i} = M_i / W_i$

mit $M_i = q_i \, L^2/8$

Bild B-109 zeigt qualitativ die sich hieraus ergebende Momenten- und Spannungsverteilung für einen dreischichtigen Aufbau.

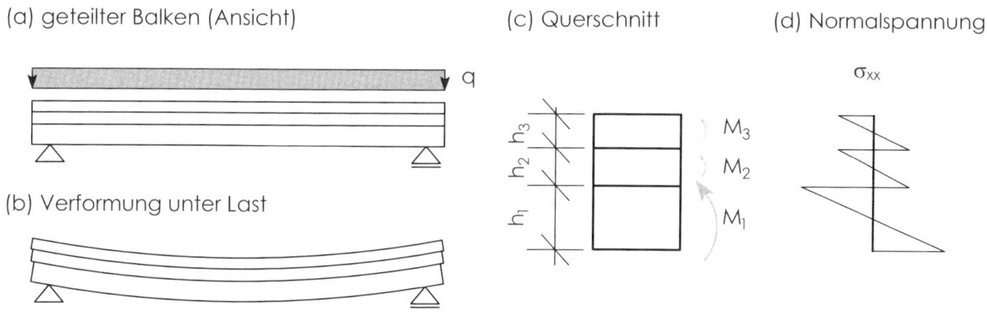

Bild B-109 Dreischichtiger Querschnittsaufbau ohne Querschnittsverbund; Normalspannungsverteilung

Wird zwischen den Balkenhälften ein Verbund hergestellt, ist die gegenseitige Verschiebung vermindert oder völlig behindert.

Dieser Verbund kann im Holzbau z.B. durch eingelassene Hartholzdübel (Bild B-110) oder durch Verleimung erfolgen.

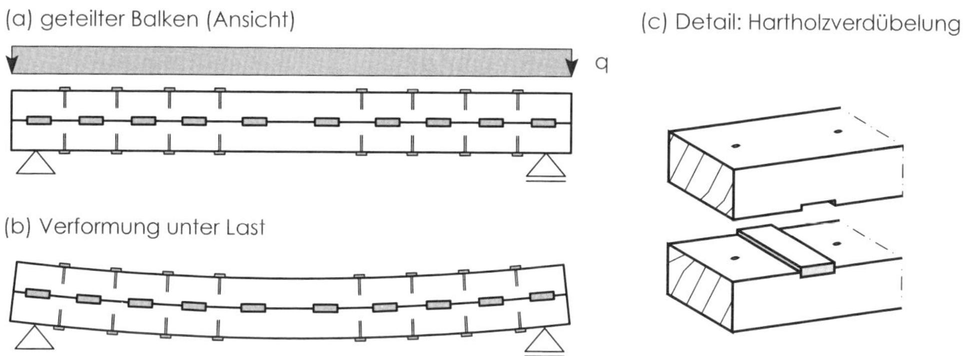

Bild B-110 Verdübelung eines Holzbalkens zur Schubsicherung

Eine Verleimung ist eine starre Verbindung, die beiden Balkenhälften wirken wie ein Querschnitt mit der vollen Konstruktionshöhe h (Bild B-111/c).

Werden die Balkenhälften mit mechanischen Verbindungsmitteln verbunden, bleibt je nach Steifigkeit der Verbindungsmittel eine gewisse Verschieblichkeit erhalten (b). Das Widerstandsmoment dieses „verdübelten Balkens" liegt zwischen dem der nicht verbundenen Balkenhälften (a) und dem der starr verleimten Balkenhälften (c). Ähnlich verhalten sich auch aufeinander laminierte Glasscheiben. Zwischenschichten, wie z.B. PVB (Polyvinylbutyral)-Folien stellen nur einen Teilverbund her, der nur in Ausnahmefällen bei der Berechnung angesetzt werden kann. In Abhängigkeit von der Bauweise liegen Handrechenverfahren zur Berechnung der Spannungsverteilung bei einem Teilverbund vor.

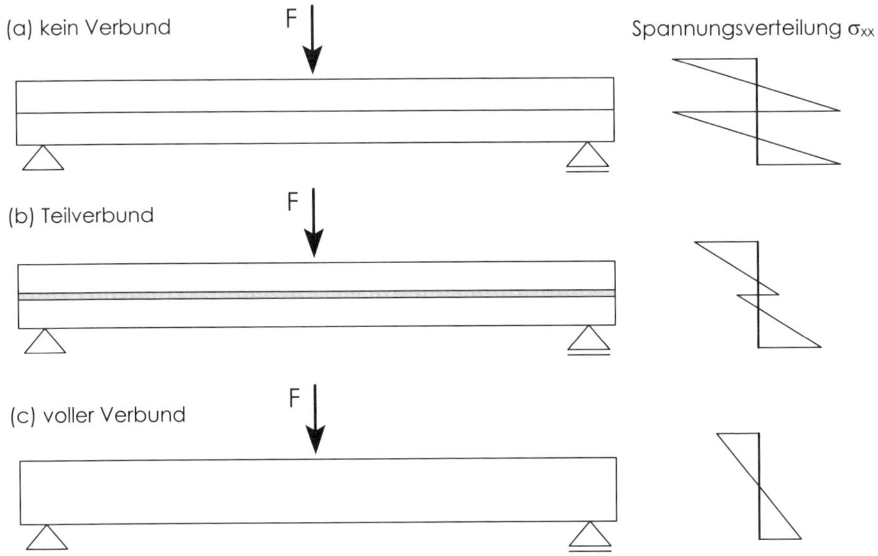

Bild B-111 Grenzfälle „kein Verbund" und „voller Verbund" sowie Teilverbund; qualitative Biegespannungsverteilung

B.4.3 Schubspannungen infolge Biegung

Die Normalspannungsverteilung infolge der Schnittgröße M wird indirekt durch eine zweite Größe beeinflusst. In einer gedachten horizontalen Fuge im Träger mit vollem Verbund (Bild B-111) muss eine Kraft wirken, damit sich die Teilquerschnitte nicht relativ zueinander verschieben und aus der eine Normalspannungsverteilung in Form einer Gerade ohne Sprung resultiert: es handelt sich hierbei um die sogenannte **Schubspannung**. Die Schubspannung verhindert, dass sich die Querschnittsteile relativ zueinander verschieben.

In der x-z-Ebene wirkt die Schubspannung horizontal zwischen den gedachten Querschnittsfasern (Bild B-112/c). Diese ist am oberen und unteren Querschnittsrand Null, das Maximum liegt in der neutralen Biegefaser (Bild B-112/b). Für rechteckige Querschnitte beträgt der maximale Wert:

$\tau_{max}(x) = 3/2\ V/A$

mit

V Querkraft

A Querschnittfläche

Die Schubspannungen in der x-z-Ebene stehen mit Schubspannungen in der y-z-Ebene im Gleichgewicht (Bild B-112).

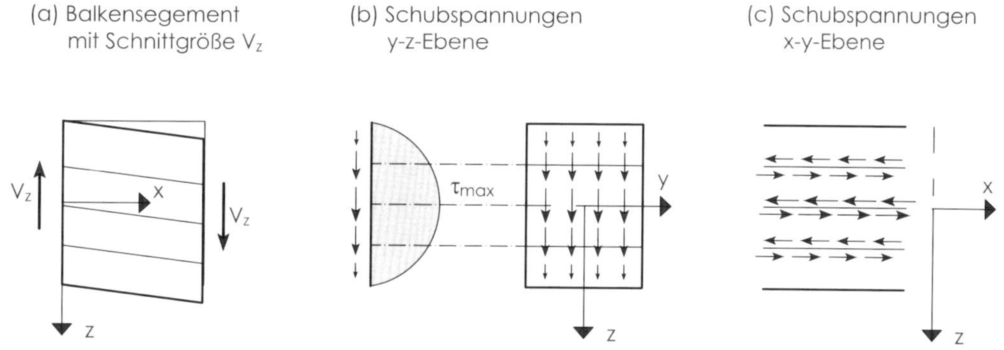

Bild B-112 Auswirkungen der Querkraft im Balken; Schubspannungsverteilung

Bild B-113 zeigt Biege- und Schubspannungsverteilung für Teilquerschnitte ohne Verbund (a) und mit einem monolithischen Querschnitt (b) im Vergleich. Die maximale Biegespannung liegt jeweils in Feldmitte, korrespondierend zum örtlichen Auftreten des maximalen Moments (c). Die maximale Schubspannung tritt am Auflager korrespondierend zur maximalen Querkraft auf.

Mit Hilfe der Festigkeitslehre können für beliebige Querschnittsgeometrien die Schubspannungsverteilungen berechnet werden.

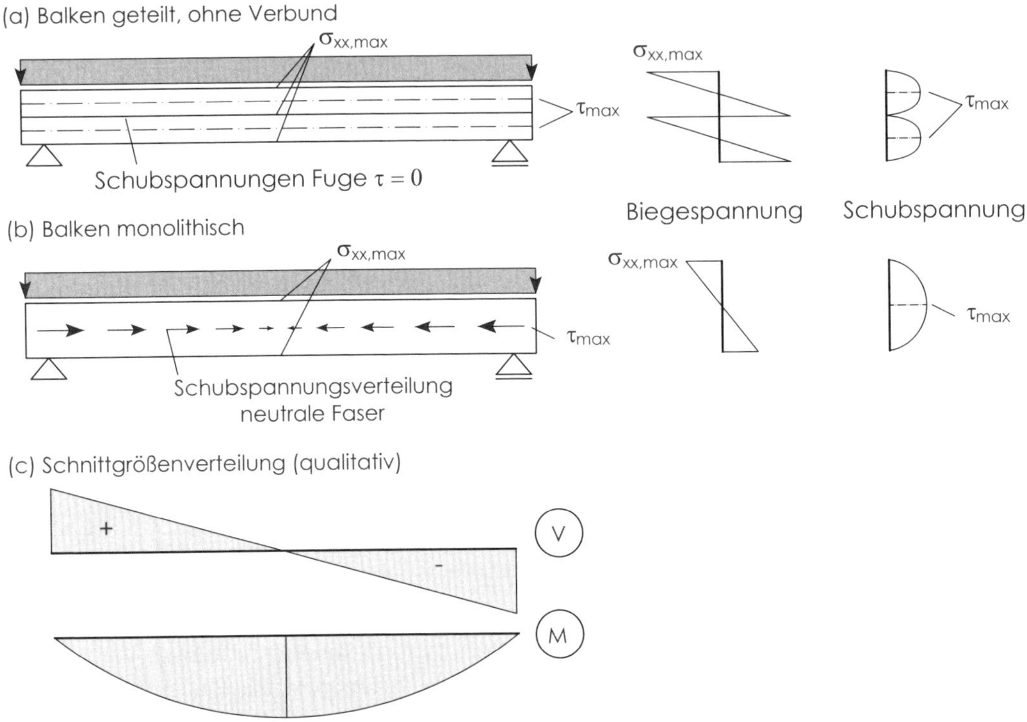

Bild B-113 Einfeldträger; Schub- und Biegespannungsverteilung

B.4.4 Spannungen bei Stahlbetonquerschnitten

Ein Stahlbetonbalken weist nur dann eine lineare Spannungsverteilung gemäß dem *Hooke*-schen Gesetz für den Fall auf, dass kein Riss im Beton auftritt (Bild B-114/a). Nach Rissbildung wird die Spannung über den Beton in den Bewehrungsstahl umgelagert (Bild B-114/b). Zur Aufnahme des Biegemoments M stehen zwei innere Kräfte im Gleichgewicht:

- Die Druckkraft im Beton F_{Druck}.
- Die Zugkraft im Bewehrungsstahl F_{Zug}.

In Längsrichtung bildet sich im Betonquerschnitt ein Druckbogen aus, der sich auf einem Zugband aus Bewehrungsstahl abstützt. Der Verlauf und die Bemessung für die Querkraftbeanspruchung können durch die Analogie zu einem Strebenfachwerk hergeleitet werden, siehe Abschnitt C.4.4.2. Hieraus ergibt sich, dass die Längsbewehrung durch eine Bügelbewehrung zur Aufnahme der Querkraft ergänzt wird.

Einfache Querschnittsnachweise für Stahlbetonbauteile sind in Abschnitt E enthalten.

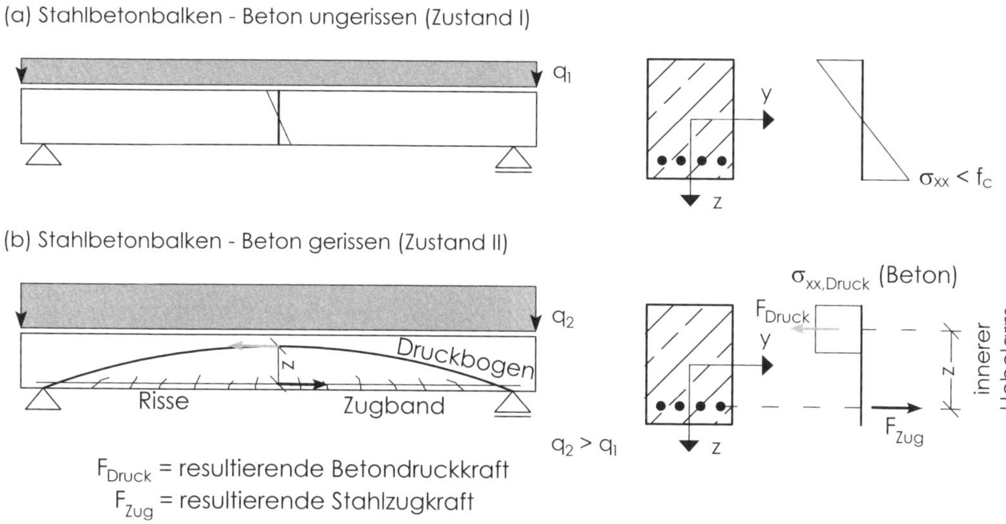

Bild B-114 Stahlbetonbalken; Spannungsverteilung

B.4.5 Weitere Bauteilquerschnitte

Widerstandsmoment W, **Trägheitsmoment I** und **Fläche A** sind Querschnittseigenschaften, die in Abhängigkeit von der Geometrie ermittelt werden. Für Rechteckquerschnitte werden die Werte mit den oben abgeleiteten Formeln berechnet. Für beliebige Querschnittsformen werden die Querschnittskennwerte mit Hilfe der Festigkeitslehre bestimmt.

Bei reiner Zugbelastung können Rundstäbe (a) oder Bleche (b) mit einem geringen Widerstandsmoment verwendet werden (Bild B-115). Hier ist alleinig die Querschnittsfläche A relevant. Eine Zugkraft kann z.B. auch nur über ein dünnes Stahlseil (c) aufgenommen werden, bei Druckkräften wird dieses schlaff und beteiligt sich nicht am Lastabtrag. Daher bezeichnet man Seile als biegeweich. Seile bestehen aus vielen Einzeldrähten, d.h. Einzelquerschnitten. Dadurch wird die Fehlerhäufigkeit pro Querschnitt gegenüber monofilen Einzelquerschnitten auf ein Minimum reduziert. Die Durchmesser der Einzeldrähte liegen je nach Ausführung zwischen 0,4 mm und 4,0 mm.

Bild B-115 Geeignete Querschnitte für Zugbeanspruchung

Holzbauteile werden als Vollholz- oder Brettschichtholzquerschnitte hergestellt (Bild B-116). Die Querschnittsform ist für Biegebeanspruchung in der Regel wie bei Vollholz (a) rechteckig. Die Festigkeit von Holz ist abhängig von der Sortierklasse (Astlöcher, Wichte, o.Ä.), der Holzart (Nadel- oder Laubholz) oder der weiteren Verarbeitung z.B. zu DUO- oder Trio-Balken, (b) und (c), oder Brettschichtholz (d). Bei Letzteren werden Hölzer einer höheren Sortierklasse miteinander verleimt, welche rechnerisch wie ein Vollquerschnitt betrachtet werden. Die Verleimung stellt einen vollen Verbund zwischen Einzelquerschnitten her.

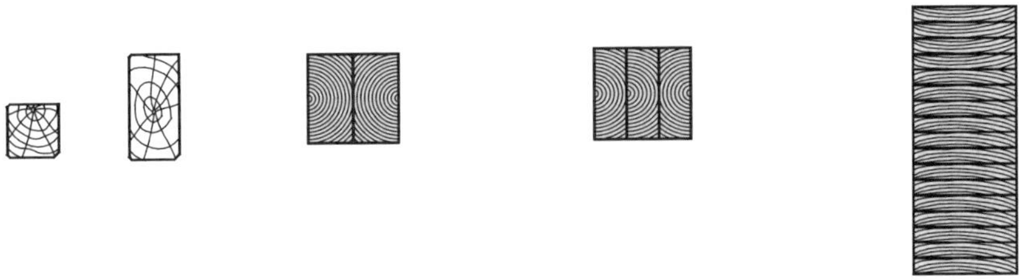

Bild B-116 Rechteck-Holzprofile geeignet für Biegebeanspruchung

Im Stahlbau sind Rechteckquerschnitte mit Hinblick auf den Materialaufwand eher selten. Üblicher ist es, durch entsprechend optimierte Querschnittsformen das Material an den wirkungsvollsten Stellen, also am Rand (Ober- und Unterflansch) mit den größten Biegespannungen zu konzentrieren. Dies führt zu sogenannten Doppel-T-Trägern. Der dünne Steg verbindet Ober- und Unterflansch und nimmt die Schubspannungen infolge Querkraft auf (siehe auch Bild C-120).

In Abhängigkeit von weiteren Stabbeanspruchungen, wie z.B. Biegung um die z-Achse oder einer Verdrehung des Stabs um die x-Achse (Torsion), kann man zwischen unterschiedlichen genormten Stahlprofilen wählen. Bild B-117 zeigt vergleichend die 300er-Profile von unterschiedlichen Profilreihen.

Bild B-117 Bauteilquerschnitte Stahlbau; 300er-Profile im Vergleich

Die Querschnittswerte für normierte Stahlquerschnitte sind in Bautabellen aufgeführt. Querschnittswerte für von der Rechteckform abweichenden Geometrien werden mit vertieften Kenntnissen der Festigkeitslehre bestimmt.

Nahezu beliebige Querschnittsgeometrien aus Stahl werden als Schweißprofile hergestellt. Hierbei werden Stahlbleche mittels durchgehender Längsnähte miteinander verschweißt (Bild B-118/a).

Querschnitte können auch aus unterschiedlichen Materialien zusammengesetzt werden (Bild B-118/b und /c). Die Biegesteifigkeit EI wird beeinflusst von den unterschiedlichen E-Moduln der Materialien. Bei der Berechnung muss dies berücksichtigt werden und es wird eine **effektive Biegesteifigkeit (EI)**$_{eff}$ für den Querschnitt ermittelt.

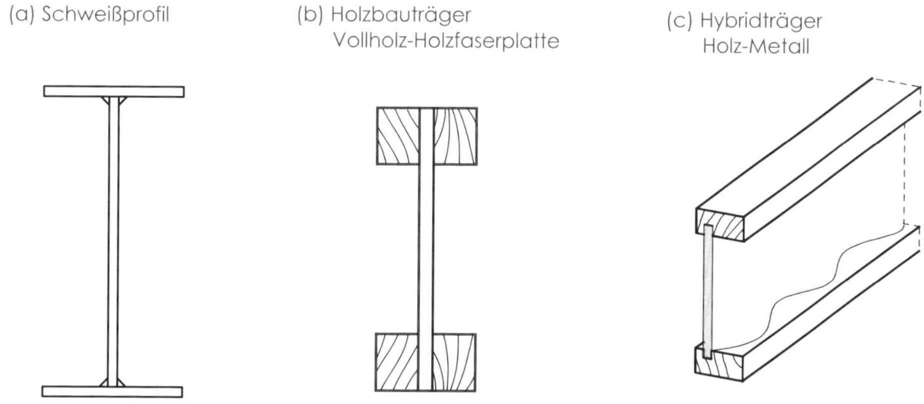

Bild B-118 Zusammengesetzte Querschnitte

Oben wurde gezeigt, dass bei Beanspruchung des Querschnitts um die starke Achse die Tragfähigkeit höher ist. Dies geht aus der Formel für das Widerstandsmoment $W = b \cdot h^2/6$ hervor. Die Querschnittshöhe h geht quadratisch in die Beziehung ein, die Querschnittsbreite b nur linear, d.h.

- doppelte Querschnittshöhe: 4-faches Widerstandsmoment
- doppelte Querschnittsbreite: 2-faches Widerstandsmoment

Hohe, schlanke Querschnitte haben zwar eine höhere Biegetragfähigkeit, jedoch besteht auch die Gefahr des Kippens oder Biegedrillknickens. Der vorwiegend durch Druckspannung beanspruchte Obergurt des Trägers in Bild B-119 hat wie ein Druckstab das Bestreben, seitlich auszuweichen. In Hallenkonstruktionen werden die hierbei entstehenden Kräfte durch die Dachverbände aufgenommen (siehe Abschnitt C.7.5). Der Biegedrilknickwiderstand wird beeinflusst durch die **Biegesteifigkeit EI**$_z$, d.h. die Steifigkeit des Querschnitts um die schwache Querschnittsachse.

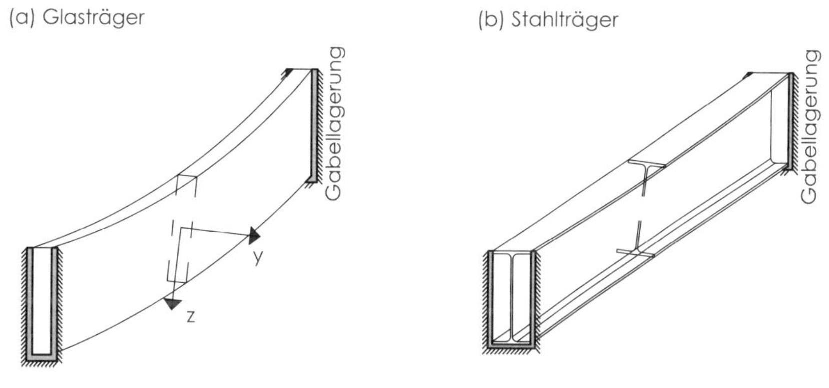

Bild B-119 Biegedrillknicken eines Trägers; Verformungsfigur qualitativ

B.4.6 Berechnung der Biegelinie

Verbindet man die infolge einer Beanspruchung auftretende Verformung eines Stabs entlang der Profilmittelachse durch eine Linie, so bezeichnet man diese als Biegelinie. Den Richtungen x, y und z sind die Verformungen u, v und w jeweils einem Punkt der Stabachse zugeordnet. Bei der Reduzierung des Systems auf eine Betrachtung in der x-z-Ebene wird ausschließlich w(x) bestimmt (Bild B-120).

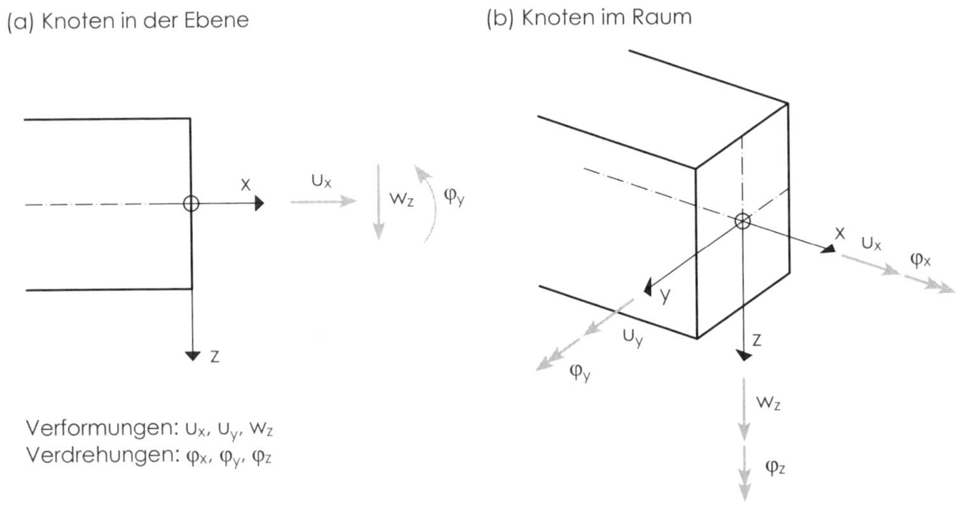

Bild B-120 Stabknoten in der Ebene und in Raum; Verformungsgrößen

In der elastischen Stabstatik gelten folgende Zusammenhänge zwischen den Verformungen, den Schnittgrößen und der Belastung:

Die **erste Ableitung der Biegelinie** entspricht der Neigung der Stabachse:

$w'(x) = \varphi(x)$

Die **zweite Ableitung der Biegelinie** entspricht der Krümmung**:**

$w''(x) = - M(x) / EI(x)$

Die **dritte Ableitung der Biegelinie** steht in Zusammenhang mit dem Querkraftverlauf**:**

$w'''(x) = - V(x) / EI(x)$

In der **vierten Ableitung der Biegelinie** spiegelt sich der Belastungsverlauf wider:

$w''''(x) = -q(x) / EI(x)$

Unter q(x) versteht man jede beliebige Belastungsfunktion.

Wenn der Bauteilquerschnitt sich entlang der Stabachse nicht verändert, wird das von x veränderliche Trägheitsmoment I(x) durch I = konstant ersetzt.

Bild B-121 zeigt diese Zusammenhänge am Beispiel eines Zweifeldträgers unter konstanter Gleichlast.

Die Regeln der Differentialgleichung können angewendet werden, um qualitativ die Verformungsfigur oder Querkraft- und Momentenlinie zu ermitteln:

- Der Querkraftnullpunkt V = 0 entspricht dem Maximum bzw. Minimum der Momentenlinie M_{max} (Bild B-121/b und /c).
- Der Nullpunkt der Momentlinie M = 0 entspricht dem Maximum bzw. Minimum der Neigung φ_{min} / φ_{max} (Bild B-121/c).
- Die Maximal- bzw. Minimalwerte der Neigung φ_{min} / φ_{max} entsprechen den Wendepunkten der Biegelinie w(x), an denen sich die Krümmung des Balkens ändert (Bild B-121/d).

Der qualitative Verlauf der Biegelinie für das statisch unbestimmte Zweifeldsystem kann ohne Berechnung unter Kenntnis der V- und M-Verläufe skizziert werden.

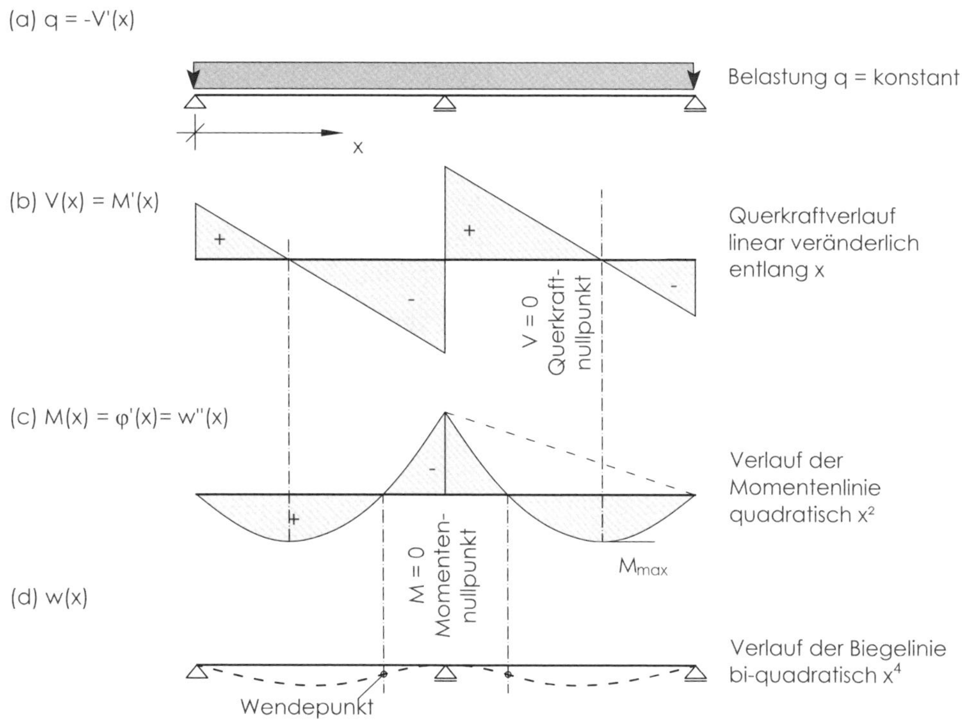

Bild B-121 Zweifeldträger; Zusammenhänge zwischen Belastung, Querkraftverlauf, Momentenverlauf und Biegelinie bei Belastung q = konstant

Eine genaue Berechnung der Biegelinie ist zum Beispiel durch zweifache Integration der Funktion für den Momentenverlauf möglich. Die unbekannten Integrationskonstanten c_1 und c_2 werden über Verträglichkeitsbedingungen bestimmt. Für den Zweifeldträger lauten diese:

- Die Verformung w an den Auflagern beträgt Null.
- Beim symmetrischen Zweifeldträger unter Gleichlast gilt, dass die Krümmung am mittleren Auflager Null ist (φ = 0).

An den Beispielen Einfeldträger und Kragarm wird die Biegelinie in den Abschnitten B.4.7 und B.4.8 berechnet.

B.4.7 Biegelinie des Einfeldträgers

Einfeldträger unter Gleichlast q (Bild B-122/a)

Der Momentenverlauf M(x) eines Einfeldträgers unter Gleichlast lautet gemäß der Berechnung in Abschnitt B.2.3.1:

$M(x) = -\ 1/2\ q \cdot x^2 + 1/2\ q\ L \cdot x$

Ausgehend von der Gleichung

$E\ I(x)\ w''(x) = -\ M(x)$

vereinfacht sich die Berechnung für einen konstanten Querschnitt mit I(x) = konstant entlang der Trägerachse:

$EI\ w''(x) = -\ M(x) = 1/2\ q \cdot x^2 - 1/2\ q\ L \cdot x$

Erste Integration:

$EI\ w'(x) = 1/6\ q \cdot x^3 - 1/4\ q\ L \cdot x^2 + c_1$

Zweite Integration:

$EI\ w(x) = 1/24\ q \cdot x^4 - 1/12\ q\ L \cdot x^3 + c_1 \cdot x + c_2$

Die Verträglichkeitsbedingungen besagen, dass die Verformungen bei an den Auflagern bei x = 0 und x = L den Wert Null annehmen:

$EI\ w(x = 0) = c_2 \quad \Leftrightarrow \quad c_2 = 0$

$EI\ w(x = L) = 1/24\ q\ L^4 - 1/12\ q\ L^4 + c_1 \cdot L = 0 \quad \Leftrightarrow \quad c_1 = 1/24\ q\ L^3$

Die Biegelinie für einen Einfeldträger unter Gleichlast lautet:

$EI\ w(x) = 1/24\ q \cdot x^4 - 1/12\ q\ L \cdot x^3 + 1/24\ q\ L^3 \cdot x$

Die maximale Verformung in Feldmitte berechnet sich zu:

$$\begin{aligned} EI\ w(L/2) &= (1/24 \cdot q) \cdot (L/2)^4 - (1/12\ q\ L) \cdot (L/2)^3 + (1/24\ q \cdot L^3) \cdot (L/2) \\ &= q \cdot L^4\ (1/384 - 1/96 + 1/48) = 5/384\ q\ L^4 \sim 0{,}013\ q\ L^4 \end{aligned}$$

Einfeldträger unter Einzellast F in Feldmitte (Bild B-122/b)

Aufgrund der Symmetrie ist es ausreichend, wenn man den Bereich zwischen Auflager und Lastangriffspunkt betrachtet.

Der Momentenverlauf M(x) wird in Abschnitt B.2.3.2 berechnet. Es ergibt sich:

$M(x) = 1/2\ F \cdot x$

$EI\ w''(x) = -\ M(x) = -\ 1/2\ F \cdot x$

Erste Integration:

$EI\ w'(x) = -\ 1/4\ F \cdot x^2 + c_1$

Zweite Integration:

$EI\ w(x) = -\ 1/12\ F \cdot x^3 + c_1 \cdot x + c_2$

Die Verträglichkeitsbedingungen lauten:

- Am Auflager gilt $w(x = 0) = 0$.
- In Feldmitte gilt, aufgrund der Symmetrie, dass die Neigung des Stabs Null ist: $w'(x = L/2) = 0$

$EI\ w(x = 0) = 0 \quad \Leftrightarrow \quad c_2 = 0$

$EI\ w'(x = L/2) = -\ 1/4\ F \cdot (L/2)^2 + c_1 = 0 \quad \Leftrightarrow \quad c_1 = 1/16\ FL^2$

Die Biegelinie für einen Einfeldträger unter Einzellast in Feldmitte lautet:

$EI\ w(x) = -\ 1/12\ F \cdot x^3 + 1/16\ F\ L^2 \cdot x$

Maximale Durchbiegung in Feldmitte:

$EI\ w(L/2) = (-1/12\ F) \cdot (L/2)^3 + (1/16\ F\ L^2) \cdot L/2 = F\ L^3\ (-1/96 + 1/32) = 1/48\ FL^3$

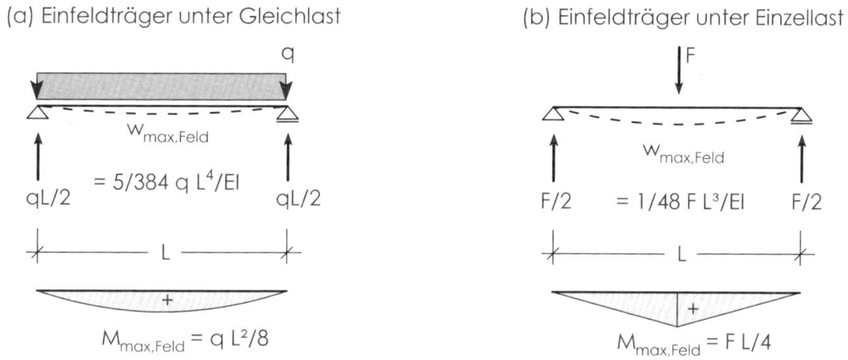

Bild B-122 Biegelinien, Auflagerreaktionen und Momentenlinien für den Einfeldträger unter Gleichlast und Einzellast in Feldmitte im Vergleich

B.4.8 Biegelinie des Kragträgers

Kragträger unter Gleichlast q (Bild B-123/a)

Der Momentenverlauf M(x) wird in Abschnitt B.2.7 berechnet und ergibt sich zu:

$M(x) = -\ 1/2\ q \cdot x^2$

Die Ordinate x verläuft von der Kragarmspitze zum Auflager.

$EI\ w''(x) = -\ M(x) = 1/2\ q \cdot x^2$

Erste Integration:

$EI\ w'(x) = 1/6\ q \cdot x^3 + c_1$

Zweite Integration:

$EI\ w(x) = 1/24\ q \cdot x^4 + c_1 \cdot x + c_2$

Die Verträglichkeitsbedingungen lauten:

- Am Auflager gilt $w(x = L) = 0$.
- Am Auflager gilt $w'(x = L) = 0$ (Neigung).

$EI\,w'(x = L) = 1/6\,q\,L^3 + c_1 = 0 \quad \Leftrightarrow \quad c_1 = -1/6\,q\,L^3$

$EI\,w(x = L) = 1/24\,q\,L^4 - 1/6\,q\,L^4 + c_2 = 0 \quad \Leftrightarrow \quad c_2 = 1/8\,q\,L^4$

c_1 und c_2 werden in die Ansatzfunktion der Biegelinie eingesetzt:

$EI\,w(x) = 1/24\,q \cdot x^4 - 1/6\,q\,L^3 \cdot x + 1/8\,q\,L^4$

Maximale Verformung am Kragarmende:

$w(0) = 1/8 \cdot q \cdot L^4 / EI$

Kragträger unter Einzellast F (Bild B-123/b)

Der Momentenverlauf M(x) wird in Abschnitt B.2.7 berechnet:

$M(x) = -F \cdot x$

$EI\,w''(x) = -M(x) = F \cdot x$

Erste Integration:

$EI\,w'(x) = 1/2\,F \cdot x^2 + c_1$

Zweite Integration:

$EI\,w(x) = 1/6\,F \cdot x^3 + c_1 \cdot x + c_2$

Die Verträglichkeitsbedingungen lauten:

- Am Auflager gilt $w(x = L) = 0$.
- Am Auflager gilt $w'(x = L) = 0$ (Neigung).

$EI\,w'(x = L) = 1/2\,F\,L^2 + c_1 = 0 \quad \Leftrightarrow \quad c_1 = -1/2\,F\,L^2$

$EI\,w(x = L) = 1/6\,F\,L^3 - 1/2\,F\,L^3 + c_2 = 0 \quad \Leftrightarrow \quad c_2 = 1/3\,F\,L^3$

c_1 und c_2 werden in die Ansatzfunktion der Biegelinie eingesetzt:

$EI\,w(x) = 1/6\,F \cdot x^3 - 1/2\,F\,L^2 \cdot x + 1/3\,F\,L^3$

Maximale Verformung am Kragarmende:

$w(x = 0) = 1/3\,F\,L^3/EI$

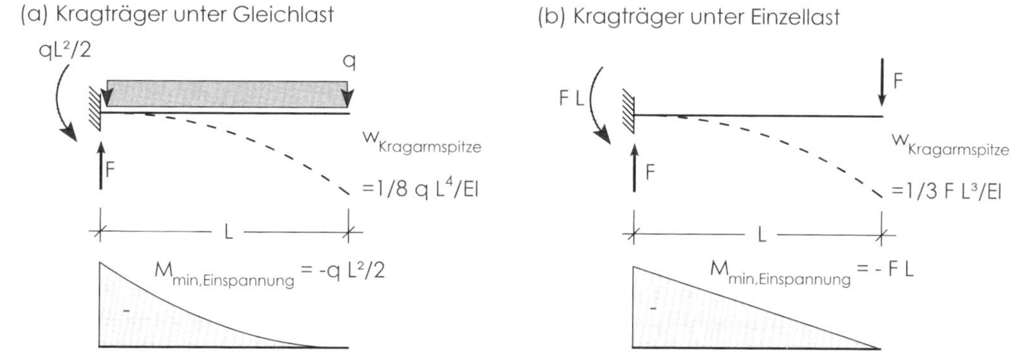

Bild B-123 Kragträger unter Gleichlast und Einzellast im Vergleich; Biegelinien, Auflagerreaktionen und Momentenlinien

B.4.9 Statisch unbestimmte Systeme

B.4.9.1 Berechnung der Auflagerreaktionen und Schnittgrößen

Ausgehend von den Grundsystemen Einfeldträger und Kragträger wird die Berechnung der Auflagerkräfte und der zugehörigen Schnittgrößen für einfach statisch unbestimmte Systeme erläutert.

Ordnet man beim Einfeldträger in Feldmitte (Länge 2 L) bzw. beim Kragträger (Länge L) am Kragarmende ein weiteres Auflager an, sind beide Systeme 1-fach statisch unbestimmt (Bild B-124). Der Einfeldträger wird zu einem Zweifeldträger (a), der Kragträger verändert sich zu einem Einfeldträger mit einseitiger Einspannung (b).

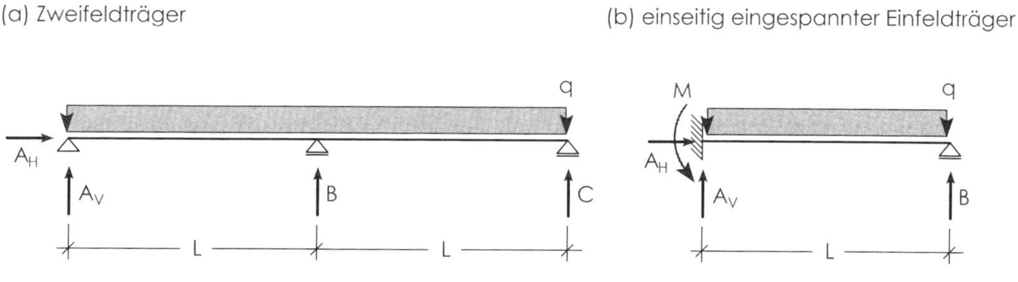

Bild B-124 Statisch unbestimmte Trägersysteme

Unbekannte Auflagerreaktionen:

Zweifeldträger	einseitig eingespannter Einfeldträger
A_V, A_H, B, C	A_V, A_H, M, B

Das für die Standsicherheit prinzipiell nicht erforderliche Auflager B wird bei beiden Systemen gedanklich entfernt. Diese „Grundsysteme" sind dann wieder statisch bestimmt. Durch die Belastung q verformt sich der Träger des statisch bestimmten Grundsystems bei B um w_0 in Feldmitte bzw. an der Kragarmspitze (Bild B-125).

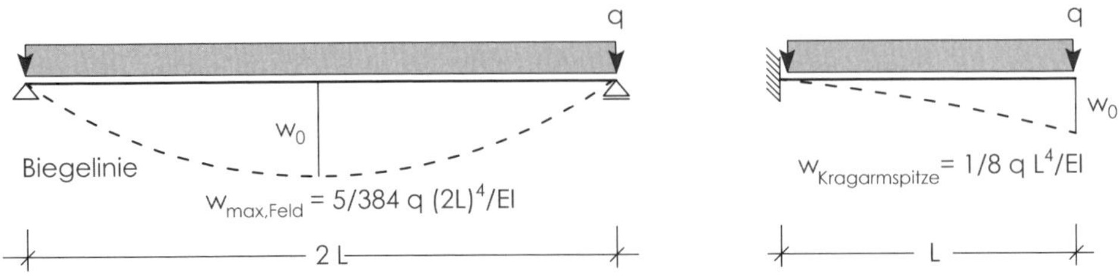

Bild B-125 Statisch bestimmte Grundsysteme mit zugehöriger Biegelinie

Zur Wiederherstellung des Systems, d.h. der Bedingung, dass am Auflager B die Verformung wieder den Wert Null annimmt, wird die Kraft B gesucht, die die Durchbiegung w_0 rückgängig macht (Bild B-126). Der Zusammenhang zwischen Verformung und Last B wird für den Einfeldträger Abschnitt B.4.7.2 und beim Kragarm Abschnitt B.4.8.2 entnommen:

$w_B = 1/48\ B\ (2L)^3\ /\ EI$ $\qquad$ $w_B = 1/3\ B\ L^3\ /\ EI$

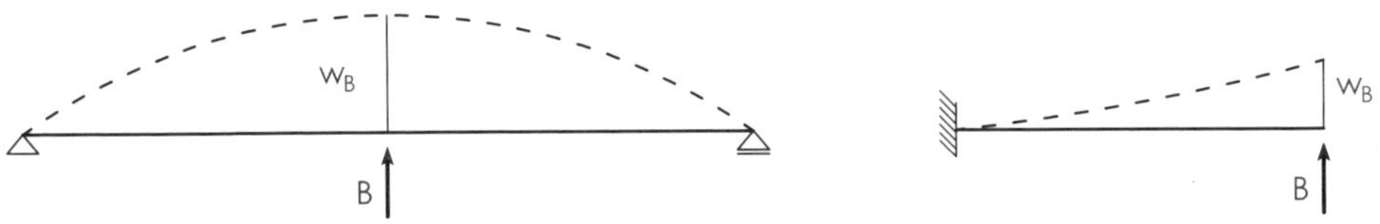

Bild B-126 Ersatzlasten zur „Rückverformung" des Systems

Durch die Forderung, dass gilt $\downarrow w_0 = \uparrow w_B$, wird die Auflagerkraft B bestimmt:

$5/384\ q\ (2L)^4\ /\ EI = 1/48\ B\ (2L)^3\ /\ EI$ $\qquad$ $1/8\ q\ L^4\ /\ EI = 1/3\ B\ L^3\ /\ EI$

$\Leftrightarrow B = 5/4\ qL$ $\qquad$ $\Leftrightarrow B = 3/8\ qL$

Die Kraft B stellt die tatsächlichen Verhältnisse am gegebenen System wieder her (keine Verschiebung am Auflager B).

Die Kraft B wirkt wie eine zusätzliche Last am „Grundsystem", das nun vollständig mit Hilfe der drei Gleichgewichtsbedingungen in der Ebene $\Sigma F_x = 0$, $\Sigma F_z = 0$ und $\Sigma M = 0$ berechnet werden kann (Bild B-127).

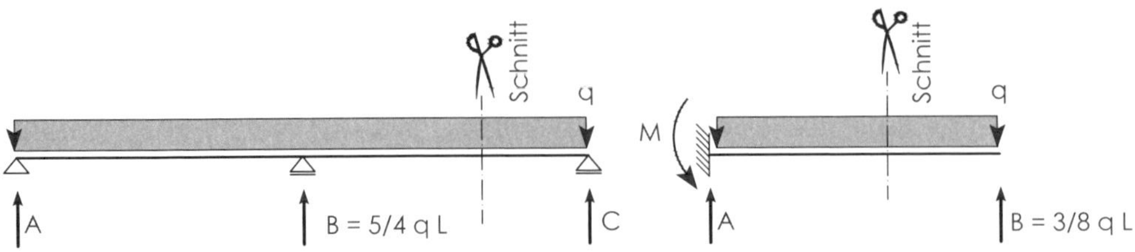

Bild B-127 Systeme, Lasten, Schnittführung und Auflagerkräfte B

Da wiederum keine horizontalen Kräfte angreifen, gilt jeweils $A_H = 0$.

Gesamtsystem mit bekannter Auflagerkraft B (Auflagerreaktionen):

Mit $\Sigma F_z = 0$ werden die vertikalen Auflagerreaktionen bestimmt:

$A = C = (q \cdot 2\,L - 5/4\,q\,L)/2 = 3/8\,qL$ $\qquad$ $A = q\,L - 3/8\,q\,L = 5/8\,qL$

Beim Vergleich der Auflagerreaktionen erkennt man, dass der eingespannte Einfeldträger die Verhältnisse des rechten Feldes des Zweifeldträgers abbildet. Für die Konstruktion der Schnittgrößenverläufe wird daher nur der eingespannte Einfeldträger betrachtet. Das Einspannmoment ergibt sich über die Bestimmung der Schnittgrößen (Bild B-128).

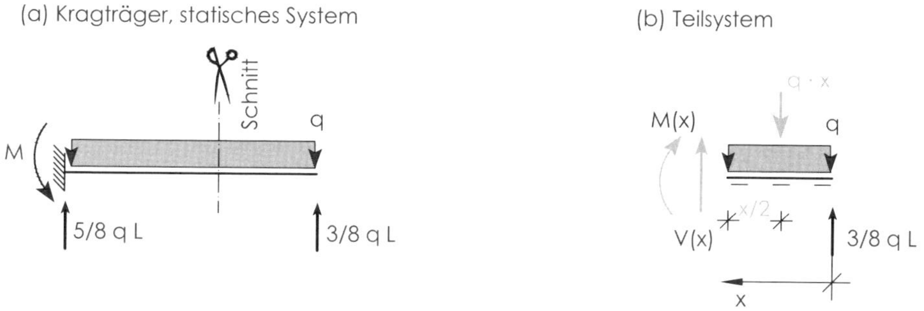

Bild B-128 Kragträger und Teilsystem zur Berechnung der Schnittgrößen

Querkraftverlauf (Teilsystem, Bild B-128/b):

$\Sigma F_z = 0 \quad \Leftrightarrow \quad V(x) = 3/8\,q\,L - q \cdot x$

Zur Zeichnung der Querkraft- und Momentenlinie wird der Nullpunkt der Querkraft benötigt.

Querkraftnullpunkt:

$V(x) = q \cdot x - 3/8\,q\,L = 0 \quad \Leftrightarrow \quad x = 3/8\,L$

Auswertung der Querkraftlinie:

$V(x = 0) = -\,3/8\,q\,L$

$V(x = L) = 5/8\,q\,L$

Momentenverlauf (Teilsystem, Bild B-128/b):

$\Sigma M = 0 \quad \Leftrightarrow \quad M(x) = 3/8\,q\,L \cdot x - q \cdot x \cdot x/2 = 3/8\,q\,L \cdot x - 1/2\,q \cdot x^2$

Am Festlager kann kein Moment aufgenommen werden, daher gilt:

$M\,(x = 0) = 0$

Das maximale Moment tritt am Querkraftnullpunkt auf:

$M(x = 3/8\,L) = 3/8\,q\,L \cdot (3/8\,L) - 1/2\,q \cdot (3/8\,L)^2 = (9/64 - 9/128)\,q\,L^2 = 9/128\,q\,L^2$

Maximales Moment in Feldmitte:

$M(x = L/2) = 3/8\,q\,L \cdot L/2 - 1/2\,q \cdot (L/2)^2 = (3/16 - 1/8)\,q\,L^2 = 1/16\,q\,L^2$

Maximales Moment an der Einspannung (entspricht dem mittleren Auflager beim Zweifeldträger):

$M(x = L) = 3/8\ q\ L^2 - 1/2\ q \cdot L^2 = (3/8 - 1/2)\ q\ L^2 = -1/8\ q\ L^2$

Das Mittelauflager zieht also wegen der gegenseitigen Einspannung von Feld 1 in Feld 2 Biegemomente an. Es tritt ein Stützmoment auf, das auch die vertikale Auflagerreaktion erhöht und die Randauflager entlastet.

B.4.9.2 Konstruktion der Schnittgrößenlinien

Mit Hilfe der nun bekannten Schnittgrößen an den Auflagerpunkten werden die Schnittgrößenlinien konstruiert (Bild B-129).

Querkraftverläufe:

- Die berechneten Querkräfte werden am eingespannten Einfeldträger, Bild B-129 (b); angetragen:

  $V(x = 0) = - 3/8\ q\ L$

  $V(x = L) = 5/8\ q\ L$

  Die Laufordinate ergibt sich aus Bild B-128/b.
- Da bei einer Gleichlast der Verlauf der Querkraft linear ist, werden die Punkte durch eine Gerade miteinander verbunden.
- Übertragung auf das Zweifeldsystem (Bild B-129/a): Am mittleren Auflager „springt" die Querkraft gemäß der Höhe der Auflagerkraft B = 5/4 qL. Danach steigt die Querkraft wieder linear bis zum Auflager A an.

Momentenverläufe:

- Die berechneten Momentengrößen werden am eingespannten Einfeldträger, Bild B-129 (b); angetragen:

  $M\ (x = 0) = 0$

  $M(x = 3/8\ L) = 9/128\ q\ L^2$

  $M(x = L/2) = 1/16\ q\ L^2$

  $M(x = L) = -1/8\ q\ L^2$
- Die Punkte bei $M(x = 0) = 0$ und $M(x = L) = -qL^2/8$ werden durch eine Hilfsgerade miteinander verbunden. Dazwischen wird die Momentenparabel des Einfeldträgers „eingehangen".
- Das maximale Biegemoment tritt am Querkraftnullpunkt auf.

Auf die Besonderheit bei der Bemessung von Mehrfeldträgern wird in Abschnitt C.1.3 eingegangen.

Beliebige statische Systeme mit n-Unbekannten berechnet man z.B. mit dem Kraftgrößenverfahren [9], Bautabellen oder Stabwerksprogrammen.

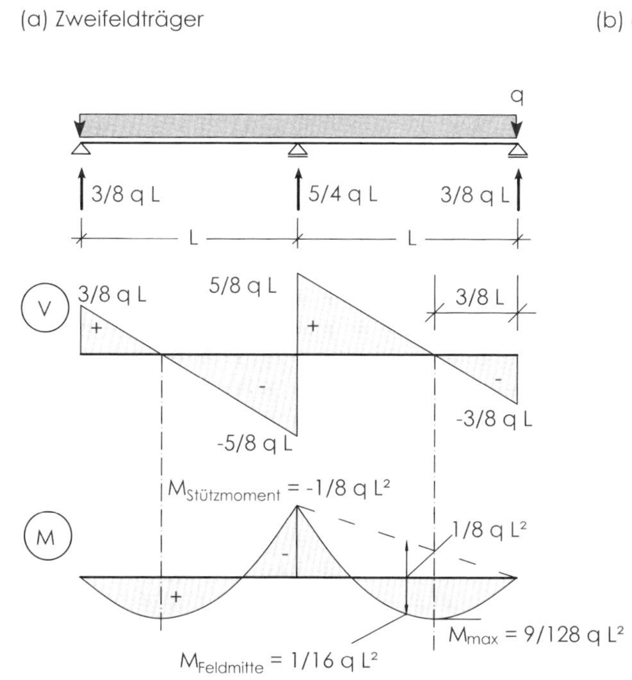

Bild B-129 Zweifeldträger und einseitig eingespannter Einfeldträger unter Gleichlast; Auflagerreaktionen, V- und M-Verläufe im Vergleich

B.4.9.3 Vergleichende Betrachtung von statisch bestimmten und unbestimmten Systemen

In Bild B-130 werden die Momenten- und Biegelinien infolge einer Gleichlast q für vier Systeme vergleichend dargestellt. Die Verformungen und Schnittgrößen des beidseitig eingespannten Trägers können Bautabellen (z.B. [19]) entnommen werden.

Durch die Veränderung der Auflagerbedingungen, wie z.B. die Einführung einer Einspannung beim Einfeldträger, verlagert sich die Momentenverteilung. An der Einspannung entsteht ein negatives Moment, das Feldmoment wird kleiner. Das Gleiche gilt für die vertikale Auflagerkraft: am Auflager A vergrößert sich diese durch die Einspannung.

Allgemein kann man sich merken, dass sich die Auflagerreaktionen und Schnittgrößenverteilungen bei statisch unbestimmten Systemen durch zusätzlich eingebrachte Auflagerreaktionen verändern: Bereiche mit zusätzlichen Lagern „ziehen" Kräfte und Momente an, andere Bereiche werden entlastet.

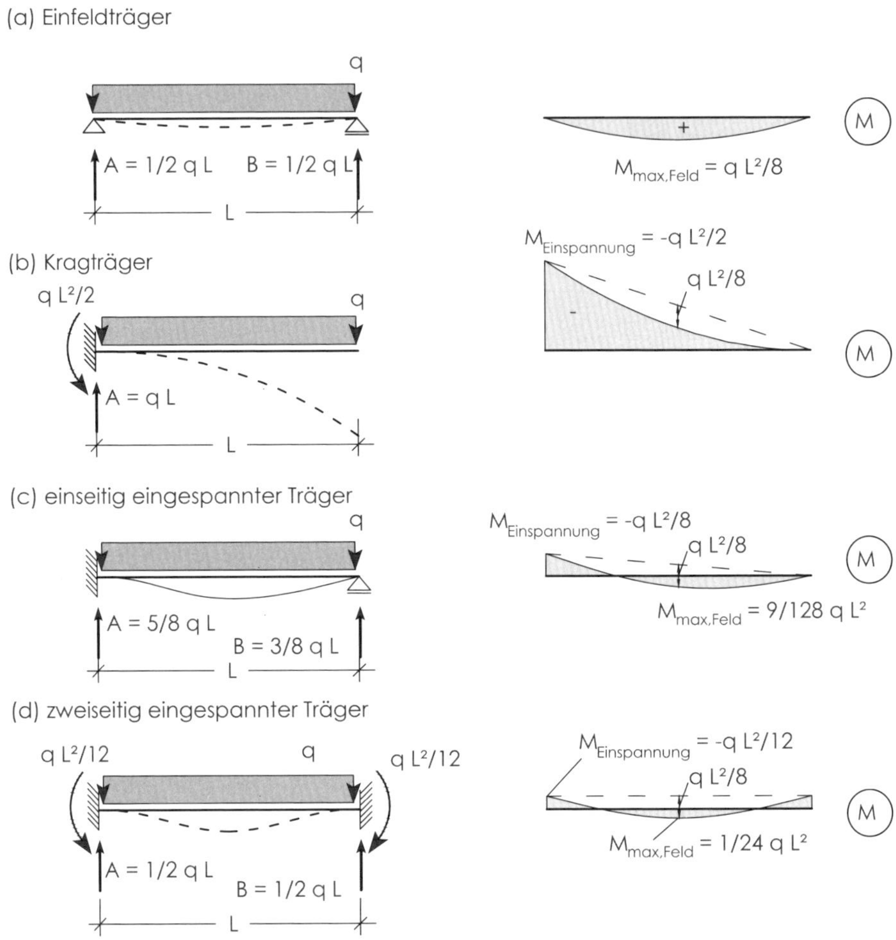

Bild B-130 Einfeldsysteme unter Gleichlast; Auflagerreaktionen, Momenten- und Biegelinien im Vergleich

C Tragelemente und -systeme

C.1 Trägersysteme

Im vorliegenden Abschnitt werden die Prinzipien aus Abschnitt B beispielhaft auf typische Trägersysteme angewendet.

C.1.1 Einfeldträger mit Kragarm

C.1.1.1 Laststellungen

Beim Einfeldträger ergibt sich, unabhängig davon, ob dieser frei aufliegt, ein- bzw. beidseitig eingespannt ist, die maximale Beanspruchung (Bild C-1/b) immer dann, wenn die größtmögliche Gesamtlast aus **Eigenlast g** und **Nutzlast q** gleichzeitig den Träger belastet (Bild C-1/a). Das Eigengewicht ist dadurch charakterisiert, dass es ständig wirkt (siehe Abschnitt D.1.2), die Nutzlasten aus Personen und Einrichtungsgegenständen (siehe Abschnitt D.1.3) sind hingegen veränderlich auftretend.

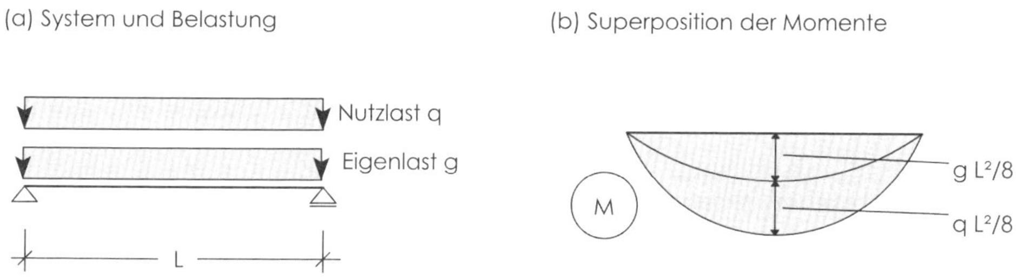

Bild C-1 Einfeldträger; Superposition von M infolge Eigengewicht g und Nutzlasten q

Einfeldträger und Kragarm können miteinander kombiniert werden, wie beispielsweise bei der auskragenden Deckenplatte in Bild C-2.

Beim Einfeldträger mit Kragarm sind die Verhältnisse anders. Unter Volllast (g und q) ergeben sich nicht wie beim Einfeldträger für alle Schnittgrößen, Auflagerreaktionen und Verformungen Maximalwerte. Wenn der Kragarm belastet wird, wird das Feld entlastet. Ebenso wird der Kragarm entlastet, wenn das Feld belastet wird.

Zur Ermittlung der Maximalwerte müssen daher unterschiedliche Laststellungen betrachtet werden (Bild C-2):

Laststellung 1: Eigenlasten **g** wirken **ständig** über die gesamte Trägerlänge (a).

Laststellungen 2 bis 4: Nutzlasten **q** infolge Personen oder Einrichtungsgegenstände gelten als **veränderlich**. In Abhängigkeit von der zu bemessenden Stelle – Wand A, Decke im Feldbereich, Wand B oder Decke an der Einspannung – sind unterschiedliche Laststellungen für die Nutzlast maßgebend, (b) bis (d). Die Nutzlasten im Innenraum und auf dem Balkon unterscheiden sich. Daher sind diese mit q_1 und q_2 gekennzeichnet.

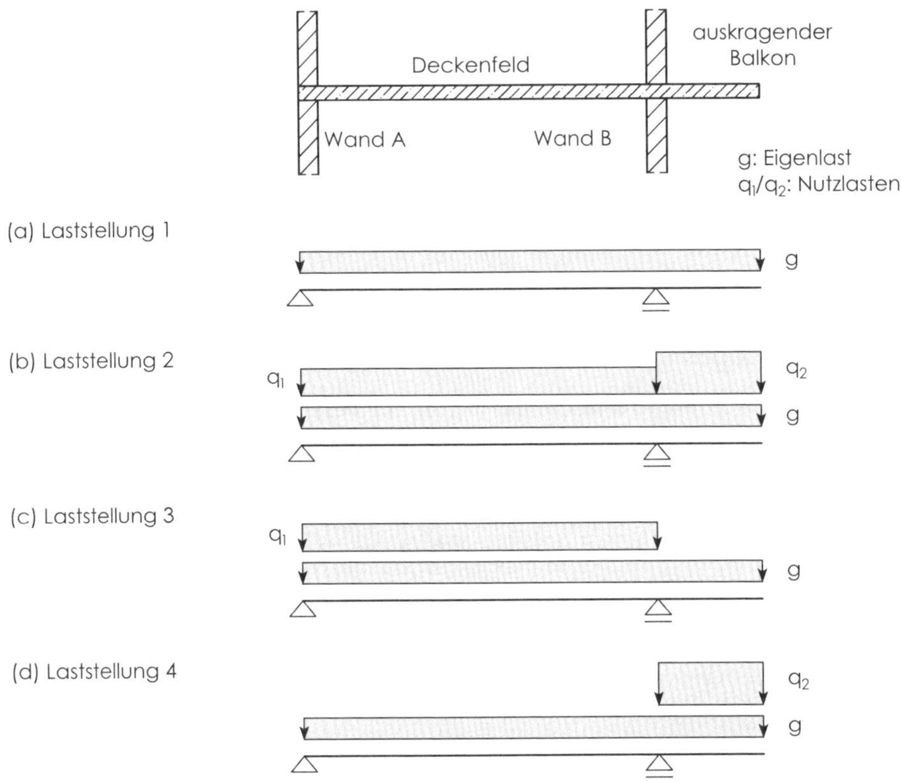

Bild C-2 Einfeldträger mit Kragarm; Laststellungen für Eigen- und Nutzlast

C.1.1.2 Auflagerkräfte und Momentenlinien

Laststellung: Nutzlast q im Feldbereich (Bild C-3)

Die Auflagerreaktionen und Schnittgrößen werden in Analogie zum Einfeldträger mit Gleichlast bestimmt (siehe Abschnitt B.2.3.2, Bild B-38).

Da der Kragarm unbelastet ist, treten keine Schnittgrößen auf (Bild C-3/b). Durch die Verträglichkeitsbedingung, dass beim Übergang vom Einfeldträger in den Kragarm keine Unstetigkeit in der Krümmung auftritt, verformt sich die Kragarmspitze bei dem gewählten Längenverhältnis von Feldlänge zur Kragarmlänge 4L/L = 4 nach oben (Bild C-3/a).

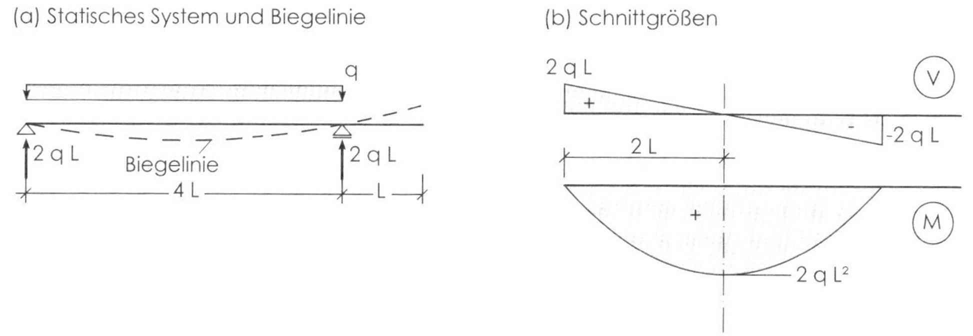

Bild C-3 Einfeldträger mit Kragarm (Gleichlast im Feld); Schnittgrößenverläufe für V und M und qualitativer Verlauf der Biegelinie

Laststellung: Nutzlast q auf dem Kragarm (Bild C-4)

Das Moment am Auflager B wird mit der in Abschnitt B.2.7 abgeleiteten Formel berechnet (siehe auch Abschnitt B.2.7.2, Bild B-53):

$M_B = -1/2\ q\ L^2$

Da zwischen den Auflagern keine Kräfte angreifen, ist der Momentenverlauf zwischen den Auflagern linear. Über die Kenntnis, dass am Endauflager als Festlager das Moment Null ist, wird der Verlauf der Momentenlinie ohne weitere Rechnung als eine Gerade zwischen dem Auflagerpunkt A und dem Stützmoment am Auflager B gezeichnet (Bild C-4/b).

Die Querkraft rechts vom Auflager B ergibt sich wieder aus den bekannten Beziehungen:

$V_{B,rechts} = q\ L$

Für die Berechnung des Querkraftverlaufs im Feld werden zunächst die Auflagerreaktionen bestimmt. Hierfür wird das Momentengleichgewicht bezogen auf das Auflager A aufgestellt:

$\Sigma M_A = 0 \quad \Leftrightarrow \quad q \cdot L \cdot (4L + L/2) - B \cdot 4L = 0$

$\Leftrightarrow \quad B = 9/8\ q\ L$

9/8 q L beträgt damit der Querkraftsprung am Auflager B. Die Querkraft rechts vom Auflager B berechnet sich zu (Bild C-4/b):

$V_{B,links} = q\ L - 9/8\ q\ L = -1/8\ q\ L$

Überprüfung des Ergebnisses über das vertikale Gleichgewicht (Bild C-4/a):

$\Sigma F_z = 0 \quad \Leftrightarrow \quad A + 9/8\ q\ L = q\ L$

$\Leftrightarrow \quad A = -1/8\ q\ L$

Alle Punkte zur Konstruktion der Querkraftlinie sind somit bekannt.

Am Auflager A tritt eine negative Auflagerkraft auf. Wenn das Eigengewicht der Konstruktion nicht ausreichend groß ist, dann kommt es am Auflager A zu einem Abheben (Bild C-5/a). Bei leichten Holzkonstruktionen müssen die Balken daher mit der Wand verankert werden (Bild C-5/b). Gegebenenfalls sind Stahlbetonelemente erforderlich, um die derartigen Zugkräfte rückzuverankern.

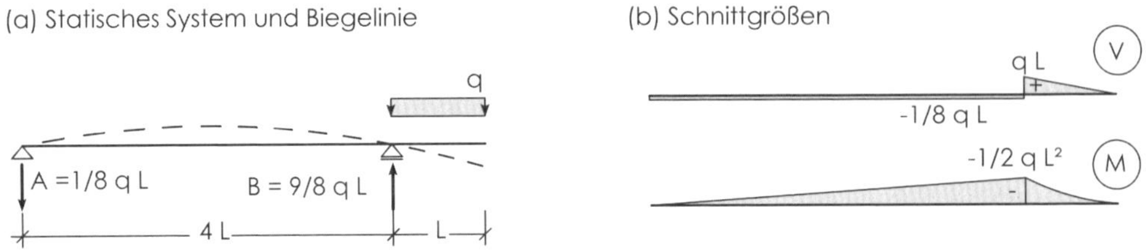

Bild C-4 Einfeldträger mit Kragarm (Nutzlast auf dem Kragarm); Schnittgrößenverläufe für V und M und qualitativer Verlauf der Biegelinie

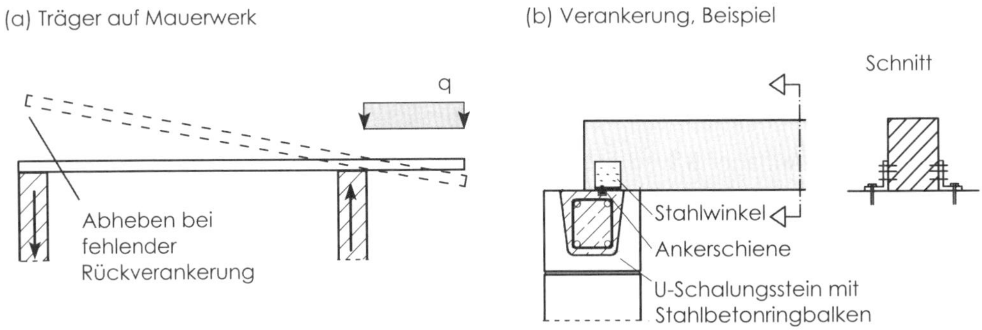

Bild C-5 Einfeldträger mit Kragarm; Abheben am Auflager und Beispiel für die Lagersicherung eines Holzbalkens an einem Stahlbetonringbalken

Laststellung: Nutzlast q (oder Eigengewicht g) im Feldbereich und auf dem Kragarm (Bild C-6)

Die Schnittgrößen im Kragarm sind identisch mit einer alleinigen Belastung des Kragarms (siehe auch Bild C-4/b).

Der Momentenverlauf ergibt sich durch das „Einhängen" der Momentenparabel zwischen dem Auflager A (hier M = 0) und dem Auflager B ($M = -\,q\,L^2/2$), hier:

$q\,(4L)^2/8 = 2\,q\,L^2$

Das maximale Feldmoment wird im nächsten Schritt wieder über die Bestimmung des Querkraftnullpunktes berechnet.

Auflagerreaktionen:

$$\Sigma M_A = 0 \;\Leftrightarrow\; q \cdot 5L \cdot (5L/2) - B \cdot 4L = 0$$
$$\Leftrightarrow\; B = 3{,}125\;q\,L$$
$$\Sigma F_z = 0 \;\Leftrightarrow\; A + 3{,}125\;q\,L = 5\;q\,L$$
$$\Leftrightarrow\; A = 1{,}875\;q\,L$$

Querkraftnullpunkt (Gleichgewicht ausgehend von Auflager A):

$$V(x) = 0 \;\Leftrightarrow\; V(x) = 1{,}875\;q\,L - q\,x = 0$$
$$\Leftrightarrow\; x = 1{,}875\;L$$

Maximales Feldmoment (ausgehend von Auflager A):

$M(x = 1{,}875\ L) = 1{,}875\ q\ L\ (1{,}875\ L) - q \cdot 1{,}875\ L\ (1{,}875\ L)/2 = 1{,}758\ q\ L$

Die Lage des Momentennullpunktes entspricht dem Wendepunkt der Biegelinie, die Biegelinie verändert hier ihre Krümmung. Beim gegebenen Längenverhältnis von Feld/Kragarm gleich 4L/L = 4 verformt sich der Kragarm nach oben.

Alternativ hätte man die Verläufe aus der Superposition der Schnittgrößenlinien der Laststellungen „q im Feld“ (Bild C-3) und „q auf dem Kragarm“ (Bild C-4) bestimmen können.

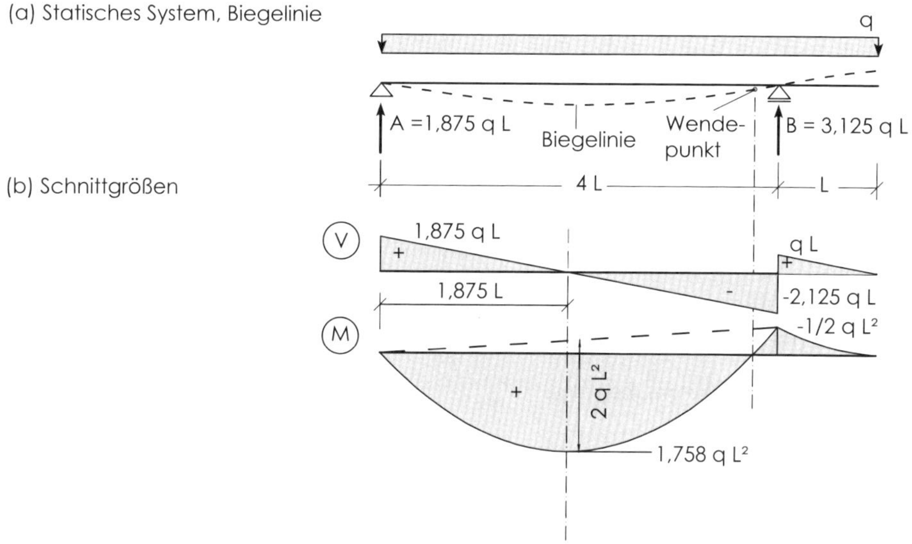

Bild C-6 Einfeldträger mit Kragarm (konstante Gleichlast); Schnittgrößenverläufe für V und M und qualitativer Verlauf der Biegelinie

Vergleichend sind in Bild C-7 und Bild C-8 die Ergebnisse für variierende Kragarmlängen zusammengestellt. Beim Einfeldträger mit „mittellangem“ Kragarm (Bild C-7), Längenverhältnis 4L/2L = 2, verschieben sich Momentennullpunkt und Wendepunkt der Biegelinie weiter nach links zum Auflager A: der Kragarm biegt sich nach unten durch.

Beim „langen Kragarm“ mit einer Feldlänge gleich der Kragarmlänge wird die Belastung alleine vom Auflager B getragen (4L/4L = 1). Obwohl das Feld belastet ist, wölbt sich der Träger im Feld nach oben (Bild C-8/a). Im Träger treten nur negative Momente auf (Bild C-8/b). Durch den fehlenden Momentennullpunkt liegt kein Krümmungswechsel der Biegelinie vor.

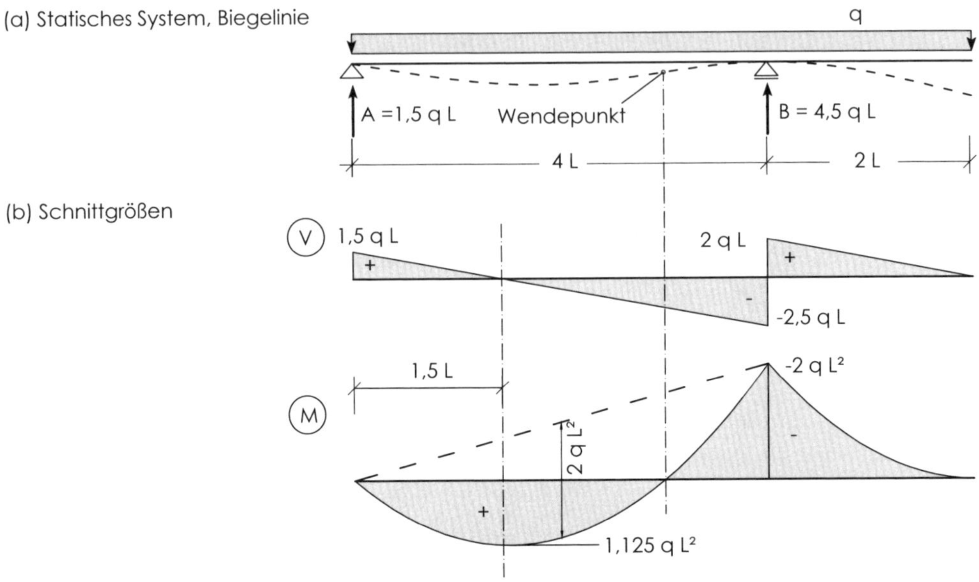

Bild C-7 Einfeldträger mit Kragarm unter Eigenlast, mittellang (konstante Gleichlast); Schnittgrößenverläufe für V und M und qualitativer Verlauf der Biegelinie

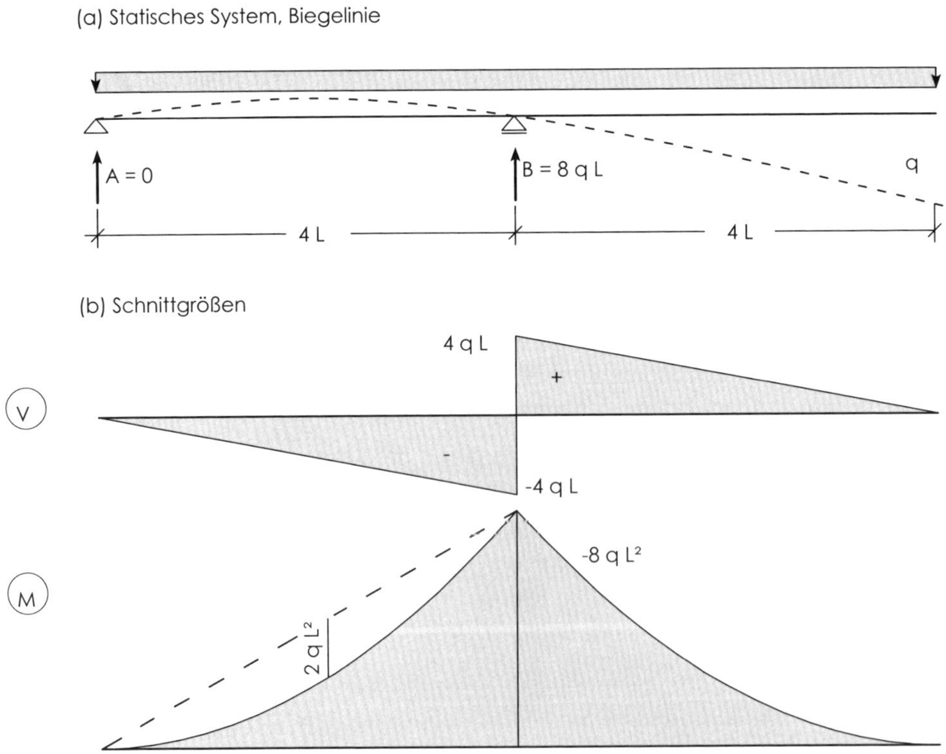

Bild C-8 Einfeldträger mit Kragarm unter Eigenlast, lang (konstante Gleichlast); Schnittgrößenverläufe für V und M und qualitativer Verlauf der Biegelinie

Für den Einfeldträger mit Kragarm sind in Bild C-9 nochmals für die unterschiedlichen Längenverhältnisse die Biegelinien vergleichend zusammengestellt.

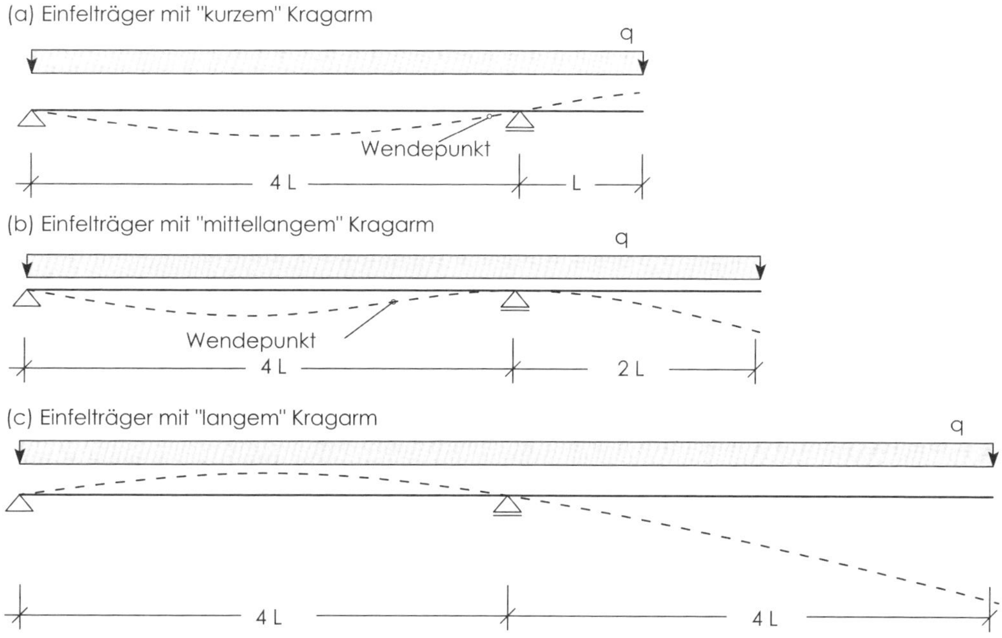

Bild C-9 Einfeldträger; Biegelinien für unterschiedliche Kragarmlängen im Vergleich

Wie beim Einfeldträger und Kragarm aus Stahlbeton (vgl. Bild B-29) muss das negative Stützmoment durch eine obenliegende Stützbewehrung und das positive Feldmoment durch eine untenliegende Feldbewehrung aufgenommen werden (Bild C-10).

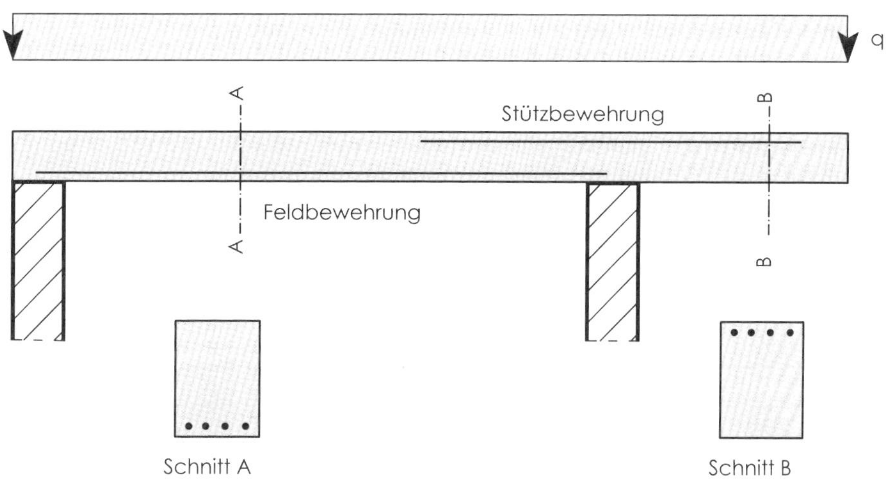

Bild C-10 Einfeldträger mit Kragarm; Anordnung der Biegelängsbewehrung

Einfeldträger mit beidseitigem Kragarm und q in Feldmitte (Bild C-11)

Der Momentenverlauf eines Einfeldträger mit beidseitigen, gleichlangen Kragarmen kann ohne weitere Rechnung aus den bekannten Grundlastfällen Einfeldträger und Kragarm abgeleitet werden.

Für eine Gleichlast in Feldmitte beträgt das maximale Feldmoment

$M_{Feld} = q\ L^2/8$

Die Kragarme sind unbelastet, sodass wieder gilt M = 0.

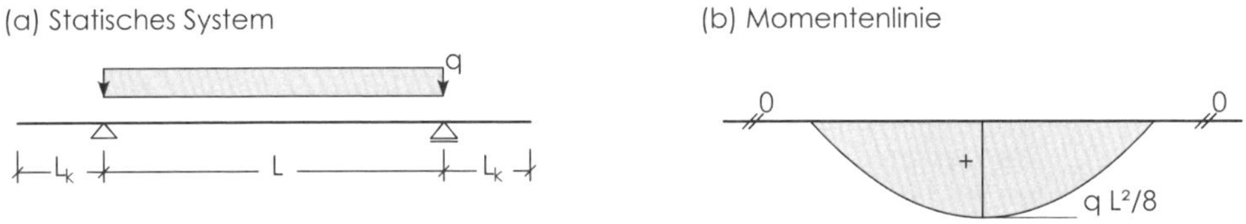

Bild C-11 Einfeldträger mit beidseitigem Kragarm; Gleichlast im Feld

Einfeldträger mit beidseitigem Kragarm und q auf den Kragarmen (Bild C-12)

Gleichlasten auf den Kragarmen der Länge L_k bewirken Stützmomente von $M_{Stütz} = -\ q\ L_k^2/2$. Ohne Querlasten im Feld ergibt sich die M-Linie durch Verbinden der Stützmomente.

Bild C-12 Einfeldträger mit beidseitigem Kragarm; Gleichlast auf den Kragarmen

Einfeldträger mit beidseitigem Kragarm und konstanter Belastung q (Bild C-13)

Der Momentenverlauf für einen beidseitigen Kragarm mit Gleichlast auf den Kragarmen und dem Feld findet man wieder durch superponieren der Momentenverläufe aus Bild C-11/b und Bild C-12/b bzw. durch das „Einhängen" der Parabel $q\ L^2/8$ zwischen den Stützmomenten $-q\ L_k^2/2$. Das maximale Feldmoment beträgt:

$M_{Feld} = -\ q\ L_k^2/2 + q\ L^2/8$

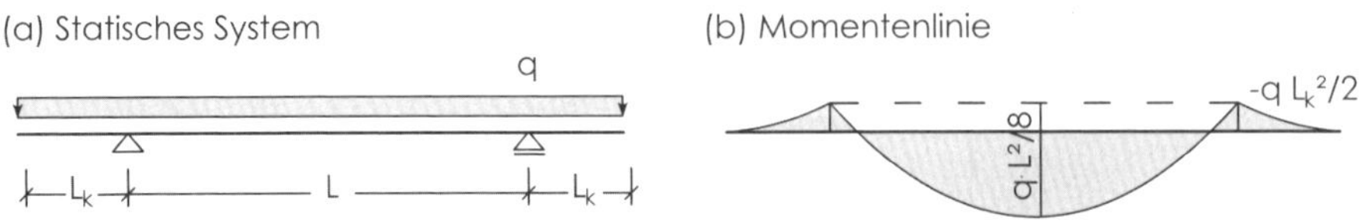

Bild C-13 Einfeldträger mit beidseitigen Kragarmen; konstante Gleichlast

C.1.1.3 Optimierung der Stützenstellung

Durch die Wahl des statischen Systems lässt sich die Größe der Biegemomente und damit die erforderliche Konstruktionshöhe beeinflussen und eine entsprechend sinnvolle Stützenstellung wählen (siehe Beispiel Abschnitt E.2).

Beim Einfeldträger mit Kragarm wird durch ein günstiges Verhältnis von Kragarmlänge L_k zur Feldlänge L erreicht, dass das Stützmoment und das Feldmoment betragsmäßig gleich groß werden.

Für den Einfeldträger mit beidseitigem Kragarm sind Stütz- und Feldmoment idealerweise gleich groß (Bild C-14):

$|M_{Stütz}| = |M_{Feld}|$

$q\ L_k^2/2 = -\ q\ L_k^2/2 + q\ L^2/8$

$\Leftrightarrow \quad L_k^2 = L^2/8$

$\Leftrightarrow \quad L_k = 0{,}354\ L$

Die $q\ L^2/8$- Parabel wird so weit nach oben gehoben, dass sie sich je zur Hälfte auf das Feld- und das Stützmoment aufteilt. Der Träger muss dann nur noch für ein Biegemoment

$|M| = q\ L^2/16$

bemessen werden. Dies ist ein wirtschaftliches Tragwerk, weil der Träger an drei Stellen optimal ausgenutzt ist.

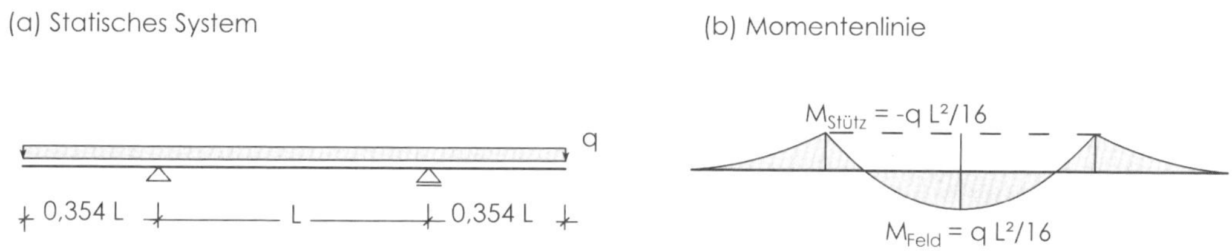

Bild C-14 Einfeldträger mit beidseitigen Kragarmen; Anpassung des Längenverhältnisses Feldlänge/Kragarmlänge zum Ausgleich der Biegemomente

Für den Balken mit einseitigem Kragarm (Bild C-15) führen ähnliche Überlegungen dazu, dass bei einer Kragarmlänge

$L_k = 0{,}41\ L$

das Stützmoment und das maximale Feldmoment dem Betrag nach den gleichen Wert annehmen:

$|M_{Stütz}| = |M_{Feld}| \approx q\ L^2/12$

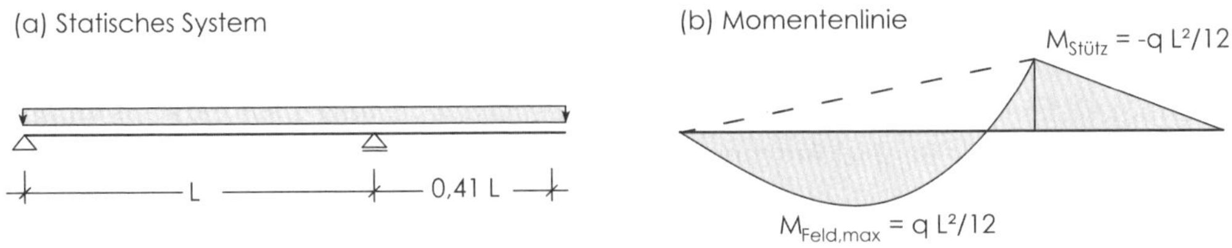

Bild C-15 Einfeldträger mit einseitigem Kragarm; Anpassung des Längenverhältnisses Feldlänge/Kragarmlänge zum Ausgleich der Biegemomente

C.1.2 Gelenkträger

C.1.2.1 Anwendung und Beispiele

Zur Reduzierung der Momente werden die Gelenke nicht wie bei einer Einfeldträgerkette über dem Auflager (Bild C-16/a), sondern im Feld angeordnet (Bild C-16/b). Die Momentenlinie der Einfeldträgerkette wird dagegen angehoben. Über den mittleren Auflagern entsteht ein Stützmoment und die Feldmomente verkleinern sich. Im Gelenk ist das Biegemoment Null. Durch den Wegfall der Gelenke entsteht ein Dreifeldträger, eine zweifach statisch unbestimmte Konstruktion (Bild C-16/c). Die Momentenlinie hebt sich im Bereich der mittleren Auflager weiter an, sodass sich die maximalen Feldmomente weiter reduzieren und die Stützmomente größer werden.

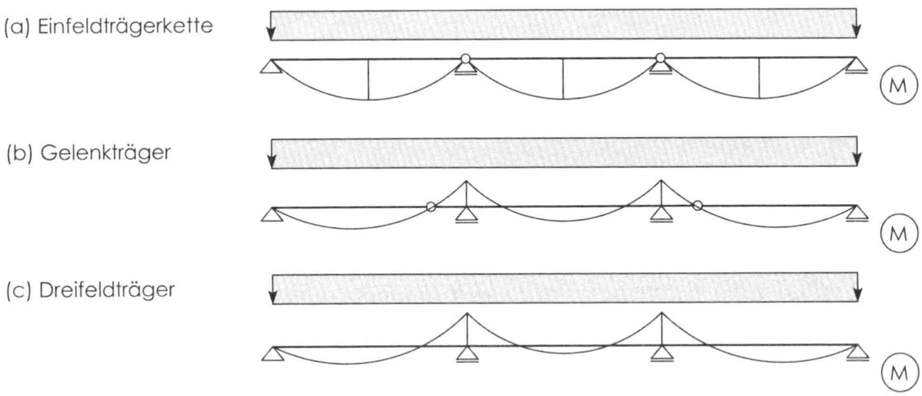

Bild C-16 Momentenlinien; Einfeldträgerkette, Gelenk- und Dreifeldträger im Vergleich

Im Gegensatz zu einem Mehrfeldträger ist der Gelenkträger eine statisch bestimmte Konstruktion. Auflagerreaktionen und Schnittgrößen können einfach berechnet werden (siehe Abschnitt B.3.2 und B.3.3).

Ein weiterer Vorteil von statisch bestimmten Gelenkträgern im Vergleich zu statisch bestimmten Mehrfeldträgern besteht darin, dass bei Lagersetzungen oder Temperaturbeanspruchungen keine Schnittgrößen auftreten (siehe Abschnitt D.1.6.5, Bild D-26).

In der Praxis kommen Gelenkträger bei begrenzten Liefer- oder Transportlängen zum Einsatz. Gelenkige Montagestöße sind mit geringerem Aufwand zu realisieren als biegesteife Verbindungen, da nur die Schnittgrößen N und V übertragen werden müssen.

Gelenke bei Vollholzträgern (Bild C-17): Erfolgt die Ausbildung als Vollholzträger, ergibt sich im Gegensatz zum Brettschichtholz allein aus den begrenzten Lieferlängen die Notwendigkeit von Stößen. Es ist dann statisch sinnvoller, anstatt einer Einfeldträgerkette einen Gelenkträger auszubilden. Gebräuchlich sind bauaufsichtlich zugelassene Holzverbinder verschiedener Hersteller aus 2 bis 3 mm dicken feuerverzinkten Stahlblechen, die beidseits mit Sondernägeln befestigt werden. Sie sind in verschiedenen Größen auf dem Markt, Detail A (Bild C-17/b).

Eine andere Art des Gelenks ist die Ausklinkung, Detail B (Bild C-17/c). Nach Montage des Kragträgers wird der Einhängeträger eingebaut. Die Ausführung gemäß Detail B ist schwieriger zu montieren, da der Einhängeträger unten angehängt wird. Der Bolzen ist durch die Auflagerkraft des Einhängeträgers auf Zug beansprucht. Zur Lastverteilung sind Unterlegscheiben erforderlich.

Der Einhängeträger bei der Ausführung gemäß Detail B, Variante 2 (Bild C-17/c), ist im Vergleich einfacher zu montieren, da der Einhängeträger auf die Kragarmspitze aufgelegt werden kann. Der Bolzen ist nur konstruktiv zur Lagesicherung und zur Übertragung eventueller Längskräfte in der Pfette erforderlich. Da hier jedoch die Gefahr besteht, dass der Querschnitt quer zur Faser aufreißt, ist die Ausführung gemäß Detail B die konstruktiv bessere Lösung.

Bei höheren Lasten kann das Gelenk auch mit einem schrägen Blatt und zwei Bolzen entsprechend Detail A, Variante 2 realisiert werden (Bild C-17/b).

Gelenke im Brettschichtholzbau (Bild C-18): Für die Ausbildung der Gelenke im Brettschichtholzbau gibt es viele Lösungen. Meist sind es schräg verlaufende, in die zu verbindenden Holzteile eingeschlitzte Stahlbleche, die mit Stabdübeln angeschlossen werden.

Die Stahleinbauteile werden bereits im Werk an den Trägerenden montiert. Auf der Baustelle müssen dann nur noch die Stabdübel in die vorgebohrten Löcher eingeschlagen werden.

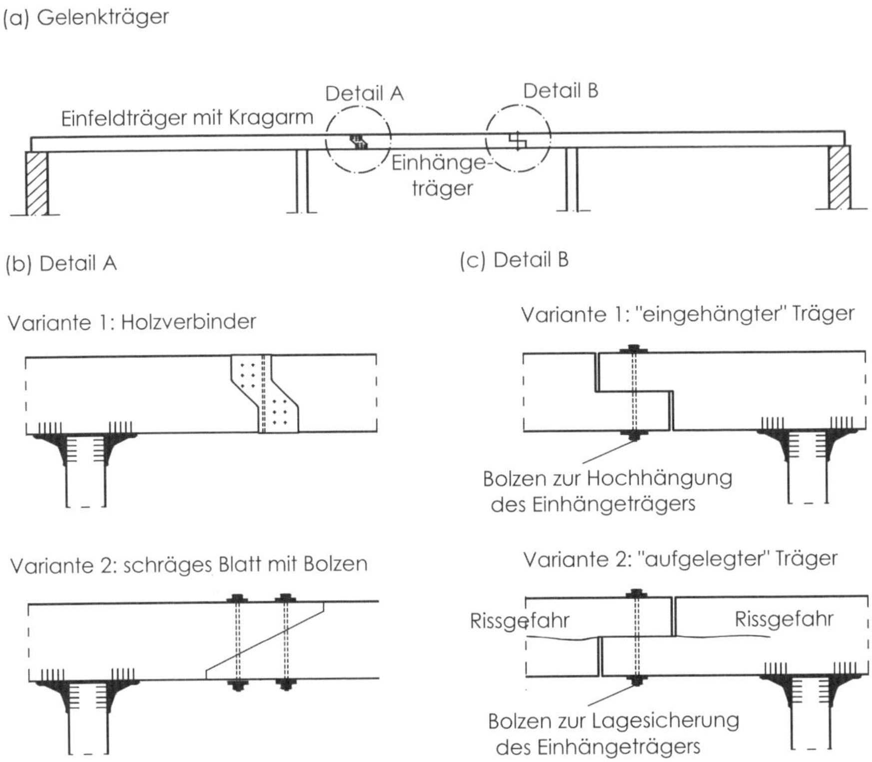

Bild C-17 Holz-Mehrfeldträger; Detailvarianten der Gelenkausbildung

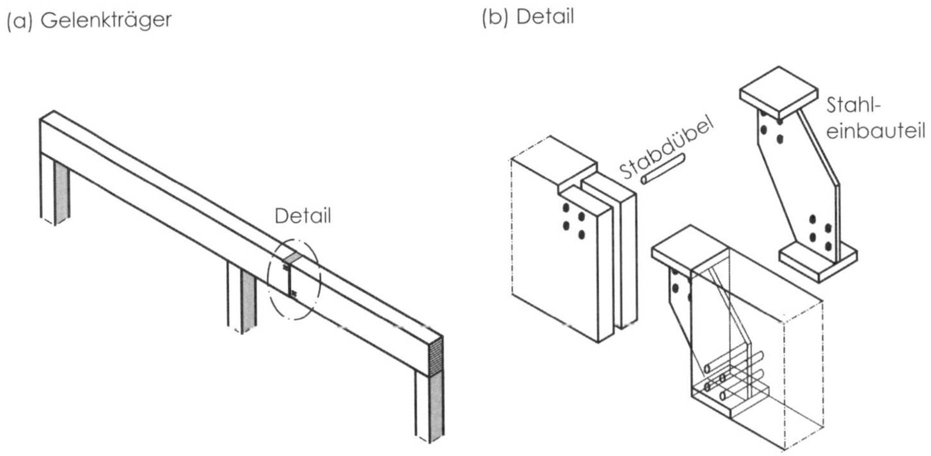

Bild C-18 Zweifeldriger Brettschichtholzträger; Detail der Gelenkausbildung

Gelenke im Stahlbetonbau (Bild C-19): Inbesondere bei der Ausführung mit Stahlbetonfertigteilen sind aufgrund begrenzter Lieferlängen und -gewichte häufig Gelenke auszubilden. Um die Konstruktionshöhe des Trägers beizubehalten, werden diese an den Enden meist ausgeklinkt. Die horizontale und vertikale Fuge muss die Verdrehung der Träger ohne Berührung ermöglichen. Der horizontale und vertikale Fugenspalt wird so dimensioniert, dass eine Verdrehung möglicht ist, ohne dass die Betonteile aneinanderstoßen.

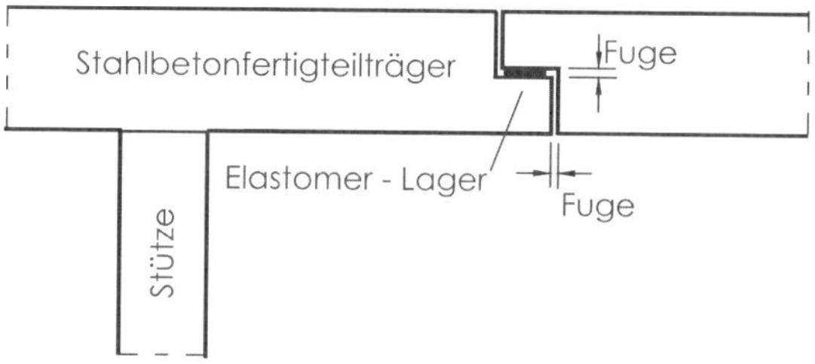

Bild C-19 Stahlbetonfertigteilträger; Detail der Gelenkausbildung

Erfolgt die Ausführung in Ortbeton, werden Mehrfeldträger demgegenüber meist ohne Gelenke ausgebildet, da das Bewehren und Betonieren der Gelenke zu aufwändig ist.

Gelenke im Stahlbau (Bild B-78): Im Stahlbau können Gelenke einerseits als „echte" Vollgelenke ausgebildet werden oder es kann andererseits die Steifigkeit nur lokal im Gelenkbereich reduziert und dadurch eine reduzierte Momentenübertragung zugelassen werden.

Beispiel: „unechter" Trägerstoß aus Bild B-78

Querschnittswiderstand des Stahlprofils HEB 200 aus Bautabellen [19]

$W_{HEB} = 570\ cm^3$

Widerstandsmoment von 2 Fahnenblechen (siehe Abschnitt B.4.4)

$W_{II} = 2 \cdot b \cdot h^2/6 = 2 \cdot 0{,}6\ cm \cdot (12\ cm)^2/6 = 28{,}8\ cm^3$

$W_{II}/W_{HEB} = 28{,}8\ cm^3 / 570\ cm^3 = 0{,}05$

Das Widerstandsmoment der Laschen beträgt nur 5 % des Widerstandsmoments des HEB-Trägers. Der Stoß wirkt daher quasi wie ein Vollgelenk. Querkraft und Normalkraft hingegen können über die Fahnenbleche übertragen werden.

C.1.2.2 Varianten der Gelenkanordnung bei einem Dreifeldträger

Ein mehrfeldriger Gelenkträger setzt sich stets aus den bekannten Systemen **Einfeldträger** und **Einfeldträger mit einseitigem oder beidseitigem Kragarm** zusammen. Die Berechnung ist daher mit den bereits bekannten Zusammenhängen durch Zerlegung in Einzelsysteme möglich.

Im ersten Berechnungsschritt wird der Träger berechnet, der den nächsten Träger belastet. Die Berechnung erfolgt umgekehrt zur Montagereihenfolge.

Variante 1: Gelenke in den Randfeldern (Bild C-20)

Schritt 1: Die Einhängeträger der Randfelder werden als Einfeldträger berechnet. Die Auflagerkräfte A wirken als Einzellasten auf die Kragarmspitzen des Kragträgers.

Schritt 2: Der Kragträger wird durch die Gleichlast q und die Einzellasten A belastet.

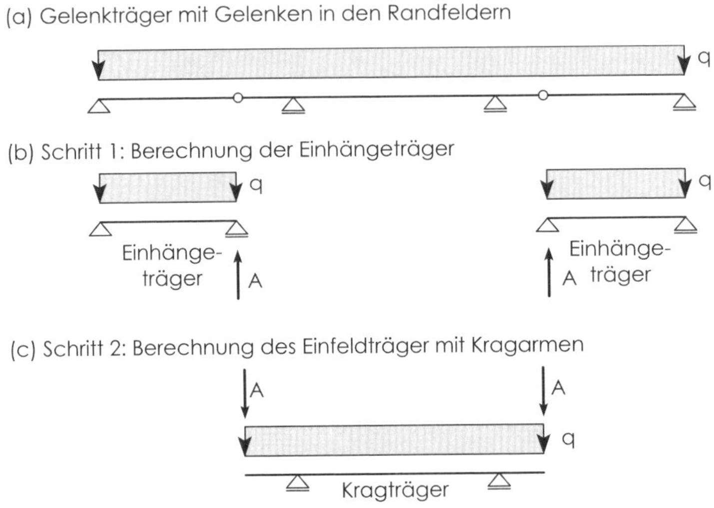

Bild C-20 Variante 1; Zerlegung in Teilsysteme und Berechnungsreihenfolge

Variante 2: zwei Gelenke im Innenfeld (Bild C-21)

Schritt 1: Der Einhängeträger im Mittelfeld wird als Einfeldträger berechnet.

Schritt 2: Die Auflagerkräfte A des Einhängeträgers wirken als Einzellasten auf die Kragarmspitzen der Randkragträger.

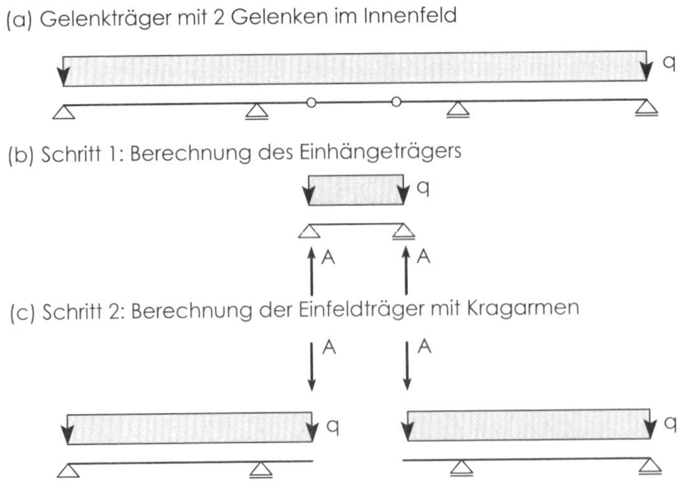

Bild C-21 Variante 2; Zerlegung in Teilsysteme und Berechnungsreihenfolge

Variante 3: Gelenk 1 im Innenfeld, Gelenk 2 im Randfeld (Bild C-22)

Schritt 1: Zunächst wird der rechte Einhängeträger als Einfeldträger berechnet. Die Auflagerkraft A wirkt als Einzellast auf den Koppelträger.

Schritt 2: Der Koppelträger wird berechnet als Kragträger belastet durch die Gleichlast q und der Einzellast A.

Schritt 3: Zuletzt berechnet man den Kragträger belastet durch q und die Auflagerkraft B des Koppelträgers.

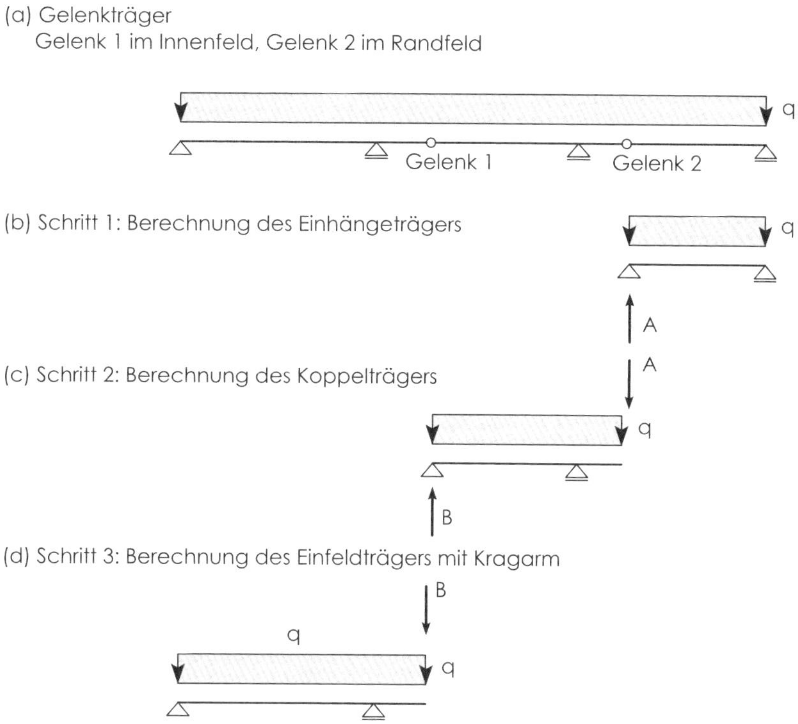

Bild C-22 Variante 3; Zerlegung in Teilsysteme und Berechnungsreihenfolge

Die Zerlegung in die Teilsysteme, die Schnittgrößenverläufe und die Biegelinie sind qualitativ für das System mit Gelenken in den Randfeldern in Bild C-23 dargestellt.

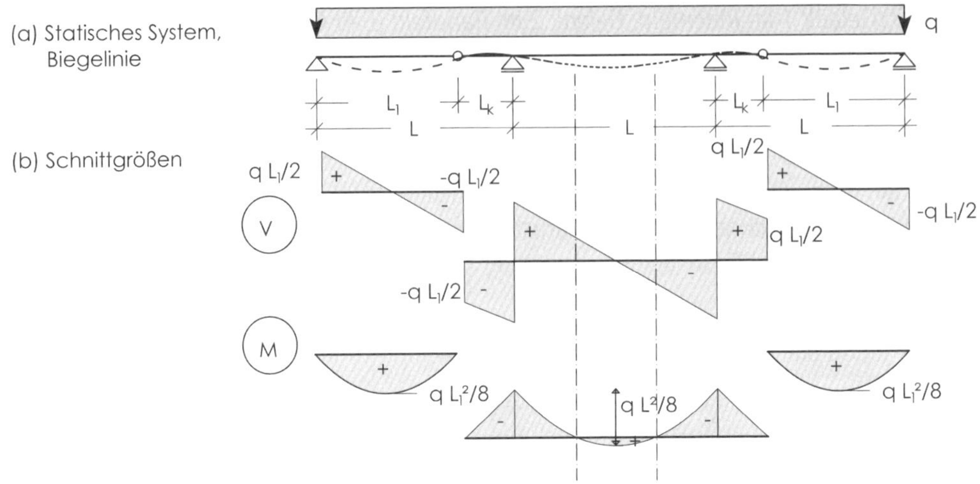

Bild C-23 Gelenkträger; Schnittgrößen und Biegelinie

Bei einer Anordnung der Gelenke in den jeweiligen Momentennullpunkten der Varianten 1 und 2 ergeben sich jeweils die identischen Schnittgrößenverläufe (Bild C-24).

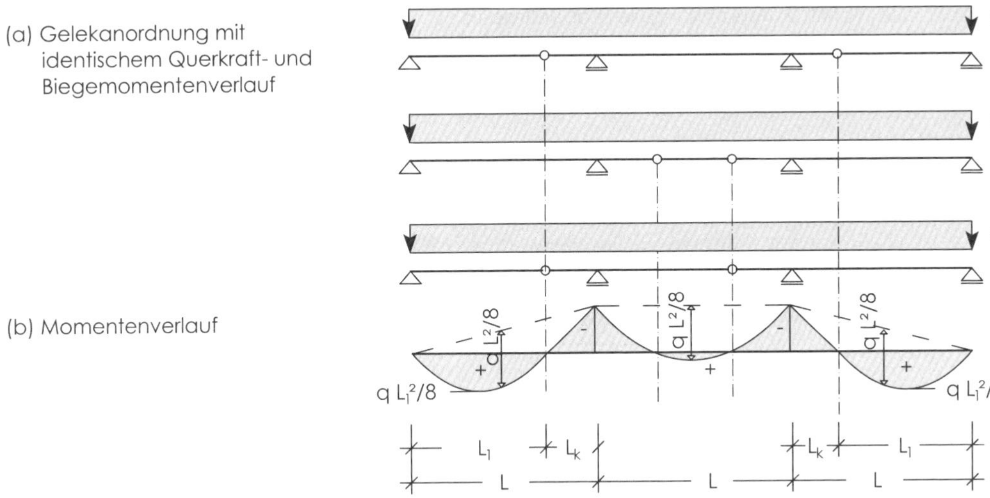

Bild C-24 Momentenlinie; Gelenkträgervarianten im Vergleich

C.1.2.3 Ausgleich der Biegemomente durch Veränderung der Gelenklage

Die Verteilung der Biegemomente ist von der Lage der Gelenke abhängig. Wie bei der Optimierung der Stützenstellung bei einem Kragträger (siehe auch Bild C-14 und Bild C-15) kann durch die Anpassung der Gelenklage erreicht werden, dass die Stützmomente M_B dem Betrag nach gleich sind zu den Feldmomenten. Dies ist beispielsweise bei einem zweifeldrigen Gelenkträger möglich (Bild C-25).

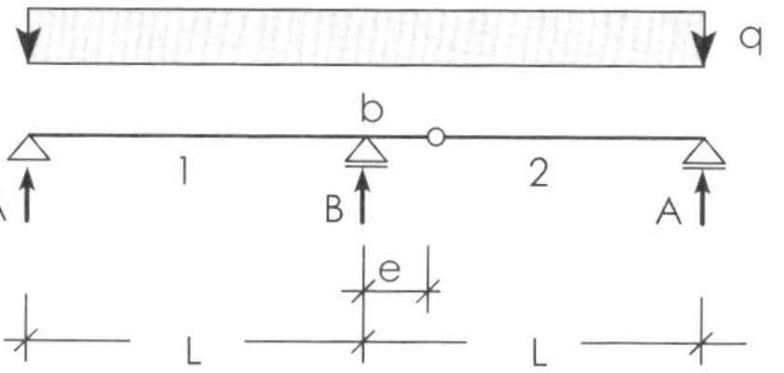

$e = 0{,}172\ L$
$A = 0{,}414\ q\ L$
$B = 1{,}172\ q\ L$
$M_1 = 0{,}086\ q\ L^2$
$M_2 = 0{,}086\ q\ L^2$
$M_B = -0{,}086\ q\ L^2$

Bild C-25 Optimierte Gelenklage bei einem zweifeldrigen Gelenkträger; Auflagerreaktionen und maximale Biegemomente

Bei einem dreifeldrigen Gelenkträger mit gleichen Stützweiten kann man das Stützmoment entweder dem Feldmoment M_1 des Randträgers oder dem Feldmoment M_2 des Innenfeldes anpassen (Bild C-26).

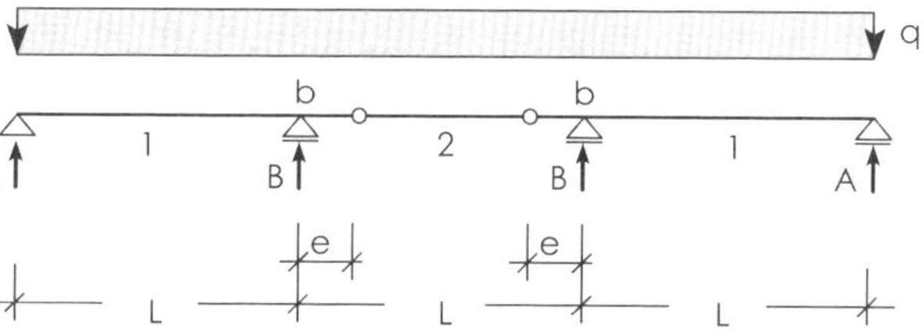

$e = 0{,}22\ L$
$A = 0{,}414\ q\ L$
$B = 1{,}086\ q\ L$
$M_1 = 0{,}086\ q\ L^2$
$M_2 = 0{,}039\ q\ L^2$
$M_B = -0{,}086\ q\ L^2$

Bild C-26 Optimierte Gelenklage bei einem dreifeldrigen Gelenkträger; Auflagerreaktionen und maximale Biegemomente

Angaben über günstige Gelenklagen und die zugehörigen Größen der Biegemomente und Auflagerreaktionen für Zwei-, Drei- und Mehrfeldträger sind in Bautabellen (z.B. [19]) aufgeführt.

C.1.3 Mehrfeldträger

C.1.3.1 Zweifeldträger

Mehrfeldträger überspannen mehrere Felder ohne Gelenke. Statisch sind Mehrfeldträger statisch unbestimmte Bauteile, der Grad der statischen Bestimmtheit beträgt

$n = i - 1$

mit i: Anzahl der Felder (Abschnitt B.3.2, Bild B-72)

Auflagerkräfte und Schnittgrößen sind nicht mehr alleine unter Anwendung der Gleichgewichtungsbedingungen zu bestimmen, sondern nur unter Einbeziehung der Verformungen. In Abschnitt 2.5 wurde dies beispielhaft für einen Zweifeldträger unter Gleichlast q (siehe Bild B-121 und Bild B-129) gezeigt, wie die Auflagerkräfte bestimmt werden können.

Im Vergleich zu einem Gelenkträger sind die Feldmomente kleiner und das Stützmoment ist größer, die Verformungen des Trägers sind hingegen kleiner.

Unter Nutzlasten bei Geschossbauten müssen bei Mehrfeldträgern wie beim Einfeldträger mit Kragarm (siehe Abschnitt C.1.1.1) unterschiedliche Laststellungen betrachtet werden. Bei

Laststellung 1 (Bild C-27/a) wirkt die Nutzlast auf beide Felder, bei Laststellung 2 nur auf ein Feld (Bild C-27/b). Die resultierenden Schnittgrößen werden mit den Schnittgrößen aus Eigenlast superponiert.

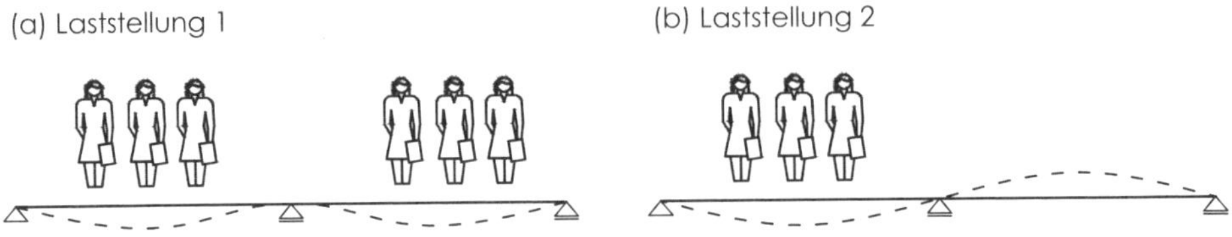

Bild C-27 Zweifeldträger; Laststellungen und zugehörige Biegelinien für die Nutzlast

Laststellung 1: Bei Volllast aus Nutzlast q und Eigenlast g ist das Stützmoment M_B minimal und die Auflagerreaktion am Auflager B maximal (Bild C-28/a)

Laststellung 2: Das Feldmoment M_1 und die Auflagerkraft A werden maximal, das Feldmoment M_2 und die Auflagerkraft C hingegen minimal (Bild C-28/b).

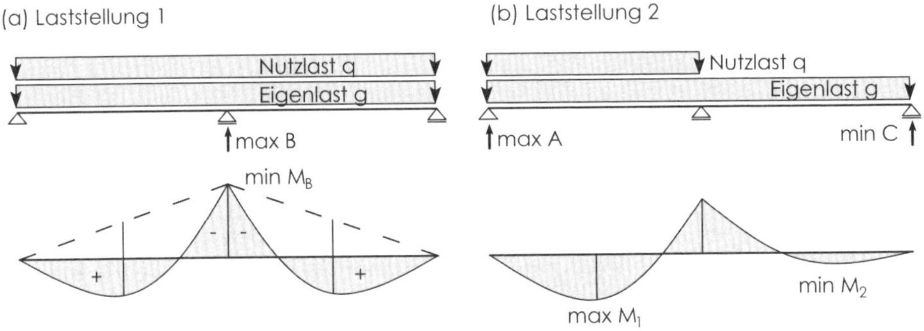

Bild C-28 Zweifeldträger; maßgebende Laststellungen und qualitativer Momentenverlauf für Eigenlast g und Nutzlast (g/q ~ 1)

Die Ausführung von Deckenplatten erfolgt im Stahlbetonbau meist in Ortbeton. Aufgrund der monolithischen Bauweise werden derartige Platten als Mehrfeldträger ausgebildet, bei denen positive und negative Momente auftreten. Die Bewehrung ist in dem Bereich anzuordnen, in dem das Biegemoment im Querschnitt Zugkräfte verursacht. Die positiven, unten Zug erzeugenden Feldmomente müssen durch eine untenliegende Feldbewehrung, die negativen, oben Zug erzeugenden Stützmomente durch eine obenliegende Stützbewehrung aufgenommen werden. Die Bewehrung kann entsprechend der Höhe der Beanspruchung abgestuft werden (Bild C-29).

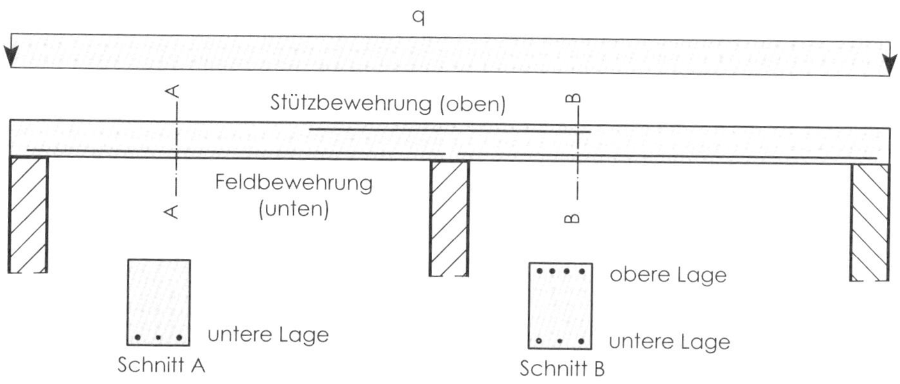

Bild C-29 Zweifeldriger Stahlbetonbalken; Anordnung der Biegelängsbewehrung

In Bautabellen sind für die unterschiedlichen Lastarten wie Gleichlast, Einzellasten in Feldmitte, Einzellasten in den Drittelspunkten usw. punktuell Schnittgrößen oder Auflagerreaktionen angeben. Aus diesen Werten können der V- und der M-Verlauf abgeleitet werden.

Bild C-30 zeigt beispielhaft die Anwendung von Bautabellen für einen Zweifeldträger unter Gleichlast. Die Tabellen geben die Berechnungsformeln für ausgewählte Stützstellen (fett markiert) zur Berechnung von Schnittgrößen, Auflagerkräften oder Querkräften an, die fehlenden Werte und Verläufe können mit zuvor erarbeiteten Grundlagen zu Schnittgrößen abgeleitet werden.

Beispiel: q wirkt auf Feld 1 und Feld 2

Auflagerreaktionen: Die Formeln für die Auflagerreaktionen A und B sind angegeben. C wird über $\Sigma F_z = 0$ berechnet.

Querkraftlinie: Die Formel für $V_{B,links}$ ist angegeben, der Querkraftverlauf wird mit Hilfe der Auflagerreaktionen bestimmt.

Momentenlinie: Stützmoment und maximales Feldmoment werden mit den Bautabellen berechnet. Zwischen den Auflagern „hängt" sich wieder die Momentenparabel ein.

Beispiel: q wirkt nur auf Feld 1

Das Vorgehen bei alleiniger Belastung von Feld 1 ist ähnlich.

Auflagerreaktionen: Den Bautabellen werden die Faktoren zur Berechnung der Auflagerkräfte A und C entnommen. B ergibt sich über $\Sigma F_z = 0$.

Momentenlinie: M_1 und M_B werden mit Hilfe der Bautabellen bestimmt, die Verläufe werden zwischen den Stützstellen konstruiert. Im Bereich von q = cte. ist der Verlauf parabelförmig, aufgrund der fehlenden Belastung entspricht der Verlauf im Feld 2 einer Geraden.

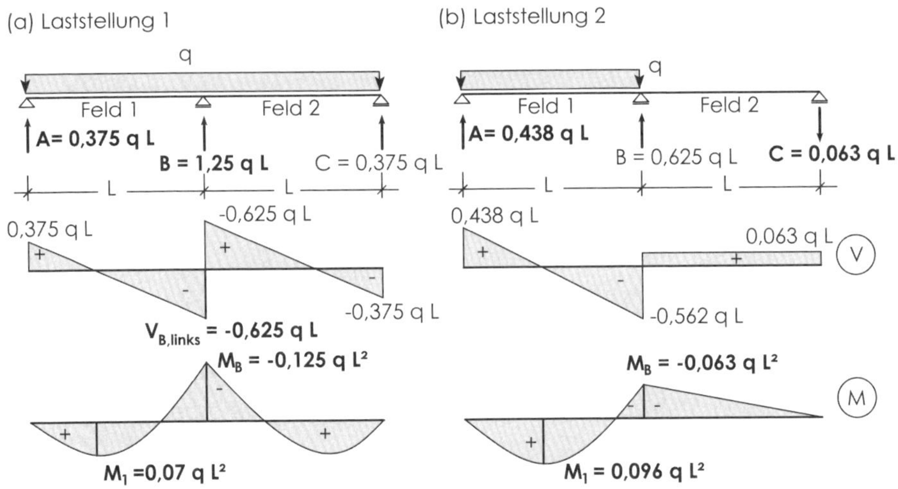

Belastete Felder	1 und 2	1
M_1	0,070	0,096
M_B	-0,125	-0,063
A	0,375	0,438
B	1,250	
C		-0,063
$V_{B,links}$	-0,625	
⇒ Momente = Tafelwert · q · L^2 ⇒ Kräfte = Tafelwert · q · L		
Nährungsweise dürfen die Werte bei ungleichen Stützweiten verwendet werden, wenn gilt $L > 0,8\ L_{max}$		

Bild C-30 Ermittlung der V- und der M-Linie mit Hilfe von Bautabellen

Aus der Überlagerung beider Momentenlinien wird die sogenannte **Momentengrenzlinie** berechnet. Diese zeigt jeweils die betragsmäßig größten Werte, die vom Bauteil bei beliebiger Laststellung aufgenommen werden musssen (siehe Beispiel Abschnitt E.3). Die Momentengrenzlinie wird beispielsweise für die Bemessung und Bewehrung von Stahlbetonbauteilen benötigt.

C.1.3.2 Drei- und Mehrfeldträger

Bei Mehrfeldträgern mit mehr als zwei Feldern genügt zur Ermittlung der maximalen Schnittgrößen und Auflagerreaktionen ebenfalls nicht die größtmögliche Belastung auf allen Feldern gleichzeitig anzuordnen, sondern es wird überlegt, welche Laststellung zu den Extremwerten führt, die dann für die Bemessung maßgebend sind. Zwischen folgenden **Laststellungen** wird gemäß Bild C-31 unterschieden:

Grundlastfall ist immer die ständige Last **g auf allen Feldern**.

Laststellung 1: Die **größten Feldmomente** infolge q ergeben sich, wenn das betrachtete Feld voll belastet, das Nachbarfeld frei von Nutzlast und das übernächste Feld wieder belastet ist. Ist ein Endfeld belastet, ergibt sich aus dieser Laststellung auch die **maximale Auflagerkraft der Außenstütze**.

Laststellung 2/3: Das **größte Stützmoment** ergibt sich, wenn zwei benachbarte Felder voll belastet sind. Aus dieser Laststellung resultiert auch die **größte Auflagerkraft** der untersuchten Stützung.

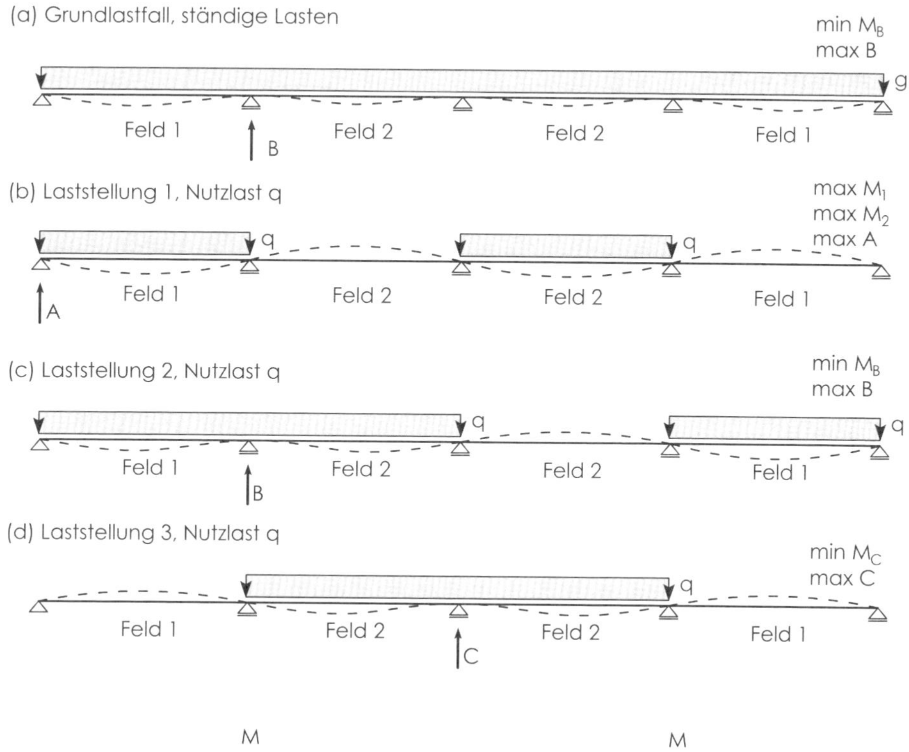

Bild C-31 Vierfeldträger unter g und q; maßgebende Laststellungen

Aus der Überlagerung der zuvor betrachteten Laststellungen ermittelt man wieder die Momentengrenzlinie, Bild C-32, für die Bestimmung der Bewehrungsführung von Stahlbetonbauteilen.

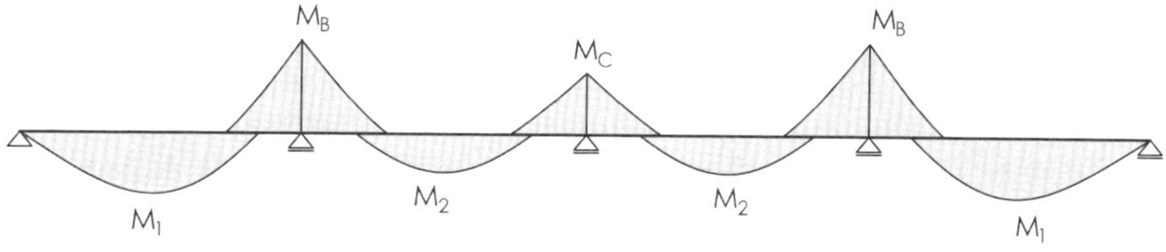

Bild C-32 Vierfeldträger; Momentengrenzlinie

C.1.3.3 Der Einfluss von Vouten

Als Vouten bezeichnet man die Vergrößerung der Balkenhöhe eines Mehrfeldträgers über den Innenstützen, d.h. an den Stellen der größten Biegemomente. Diese Anvoutung kann geradlinig oder gekrümmt verlaufen, sich auf den Auflagerbereich beschränken oder bis zur Feldmitte reichen.

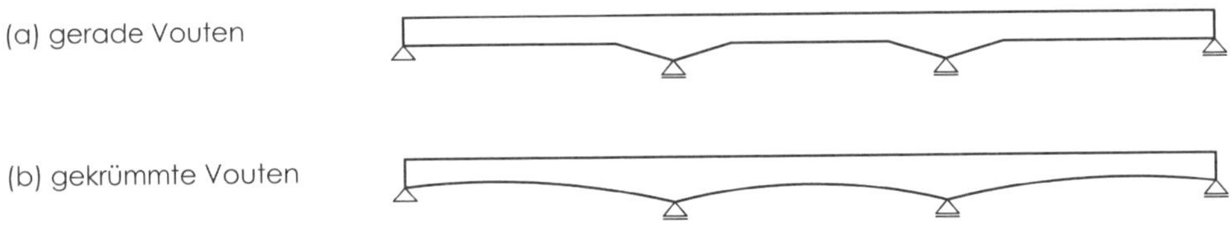

Bild C-33 Träger mit Vouten

Der Einfluss von Vouten lässt sich qualitativ anhand der Veränderung der Biegelinie darstellen. Der Träger wird durch die Voute am mittleren Auflager steifer und kann sich weniger verformen (Bild C-34/b). Hierdurch verschiebt sich die Lage der Wendepunkte und somit auch der Momentennullpunkte vom Innenauflager in das Feld hinein. Auch die Momenten-Parabel verschiebt sich nach oben, d.h., im Vergleich zu einem Zweifeldträger mit konstantem Querschnitt (Bild C-34/a und b) werden die Feldmomente kleiner und das Stützmoment wird größer.

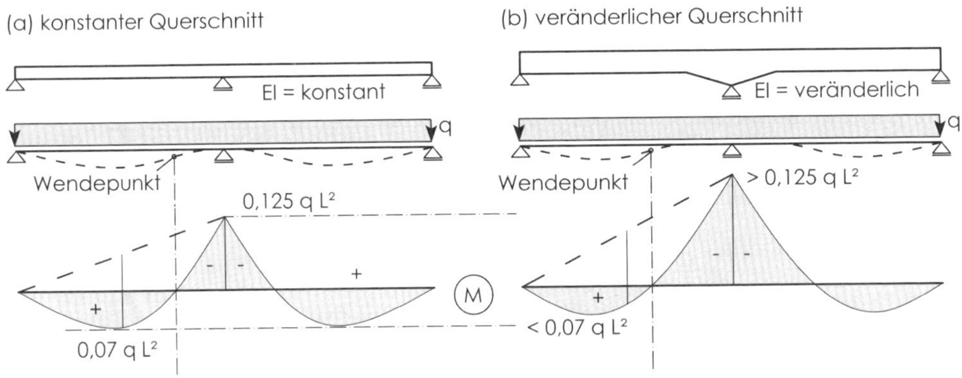

Bild C-34 Zweifeldträger mit Vouten am Mittelauflager unter konstanter Gleichlast; Biegelinie und Momentenverlauf

Vouten beeinflussen also den Momentenverlauf. Sie „ziehen" Momente aus den Feldern zu den Stützen hin. Je größer die Voutensteifigkeit, umso größer ist dieser Effekt.

Vouten berücksichtigt man rechnerisch durch den Querschnittswert I(x), der sich entlang der Stabachse verändert. Da die Querschnittsform nur einen Einfluss auf die Auflagerreaktionen und Schnittgrößen von statisch unbestimmten Systemen hat, haben Querschnittsveränderungen bei statisch bestimmten Systemen keinen Einfluss auf Auflagerreaktionen oder Schnittgrößen.

Durch Vouten kann die Bauteilgeometrie entsprechend der Beanspruchung optimiert werden, wobei der erhöhte Herstellungsaufwand zu berücksichtigen ist. Vouten sind jedoch auch nur dort sinnvoll, wo Momente auftreten, d.h. nicht an frei drehbaren Endauflagern.

C.1.3.4 Der Koppelträger

Koppelträger werden häufig im Holzbau für Pfetten bei Hallenkonstruktionen verwendet. Daher werden diese auch als „Koppelpfetten“ bezeichnet. Die günstige Tragwirkung eines Durchlaufträgers wird dadurch erreicht, indem man Einfeldträger über den Binderauflagern wechselseitig um eine Balkenbreite versetzt und diese im Auflagerbereich mit Nagel- oder Dübelverbindungen koppelt (Bild C-35).

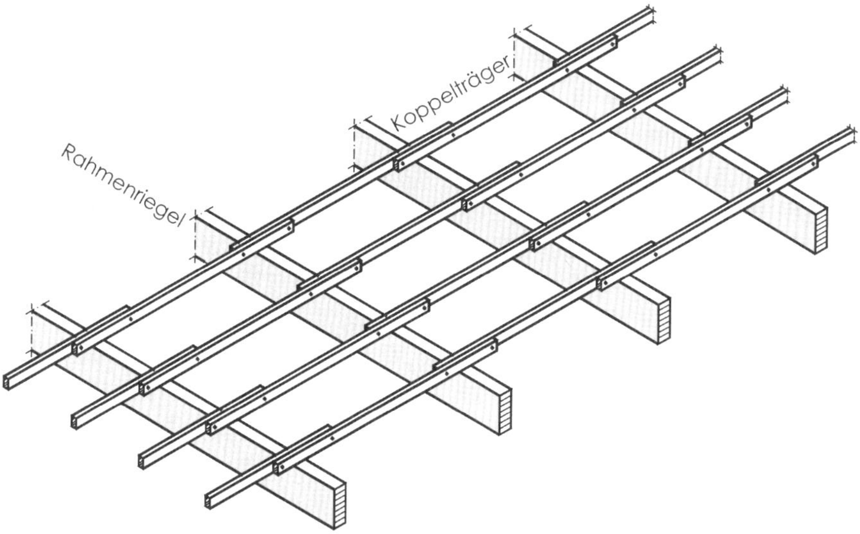

Bild C-35 Koppelträger als Koppelpfetten auf Rahmenriegeln

Die Stützmomente brauchen nicht nachgewiesen zu werden, da die nebeneinanderliegenden Querschnitte eine ausreichende Tragfähigkeit besitzen.

In der Praxis ist es üblich, für die Innenfelder einen Querschnitt zu bestimmen und für die Endfelder mit dem größeren Biegemoment einen Querschnitt mit gleicher Höhe, aber größerer Breite zu wählen.

C.1.4 Unterspannte Träger

Die Tragfähigkeit eines biegebeanspruchten Trägers kann durch eine Unterspannung erheblich gesteigert werden. Die Unterspannung setzt sich zusammen aus einer oder mehreren Spreizen und der Unterspannung. Die Spreize wirkt als Druckstab, die Unterspannung als Zugstab. Der Balken wird zusätzlich zur Biegung auch auf Druck beansprucht (Bild C-36).

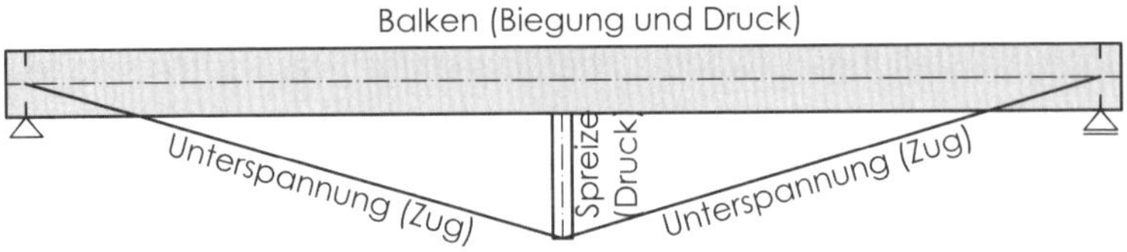

Bild C-36 Unterspannter Träger; Tragelemente

Ausgehend von der Lagerung des unterspannten Trägers, handelt es sich um einen äußerlich statisch bestimmten Einfeldträger. Die Ermittlung der Auflagerreaktionen ist also mit den bekannten Gleichgewichtsbetrachtungen möglich.

Durch das Hinzufügen der Spreize und der Zugstäbe können jedoch die Beanspruchungen nicht wie bei einem Einfeldträger berechnet werden, da das System innerlich statisch unbestimmt ist.

Grad der statischen Bestimmtheit (siehe auch Abschnitt B.3.1.5):

Das System enthält idealisiert 4 Stäbe s, 3 Auflagerreaktionen a und 10 Zwischenreaktionen z. Ein angelenkter Stab überträgt zwei Zwischenreaktionen. Wenn drei Stäbe aufeinandertreffen, dann beträgt die Anzahl der Zwischenreaktionen z = 4 (vgl. auch Bild B-66). Hieraus berechnet sich der Grad der statischen Bestimmtheit zu n = 1 (Bild C-37).

Der unterspannte Träger ist also äußerlich statisch bestimmt und innerlich 1-fach statisch unbestimmt. Durch Erhöhung der Anzahl der Spreizen erhöht sich mit jeder Spreize der Grad der statischen Bestimmtheit um 1.

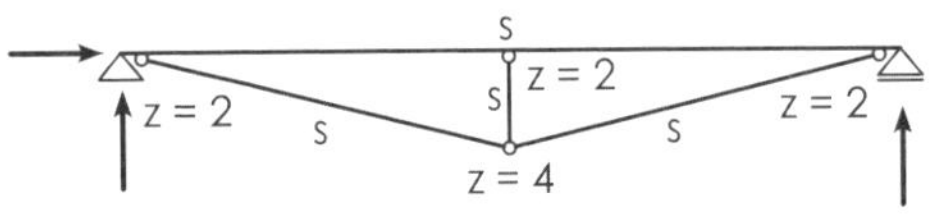

$a = 3$ $\quad n = a + z - 3s$

$z = 10$ $\quad = 3 + 10 - 3 \cdot 4$

$s = 4$ $\quad = 1$

Bild C-37 Unterspannter Träger; Grad der statischen Bestimmtheit

Die Momentenverteilung im Balken kann qualitativ über eine Grenzfallbetrachtung skizziert werden (Bild C-38).

Grenzfall 1: Die Unterspannung mit Spreize wirkt für den Balken wie ein Gleitlager (Bild C-38/a).

Zwischenbereiche: Die Unterspannung wirkt wie ein nachgiebiges Auflager, d.h. wie eine Feder mit der Federsteifigkeit c_F. In Abhängigkeit von der Federsteifigkeit kann sich ein Stützmoment am mittleren Auflager aufbauen (Bild C-38/b).

Grenzfall 2: Es ist keine Unterspannung vorhanden. Der Träger wirkt wir ein Einfeldträger (Bild C-38/c).

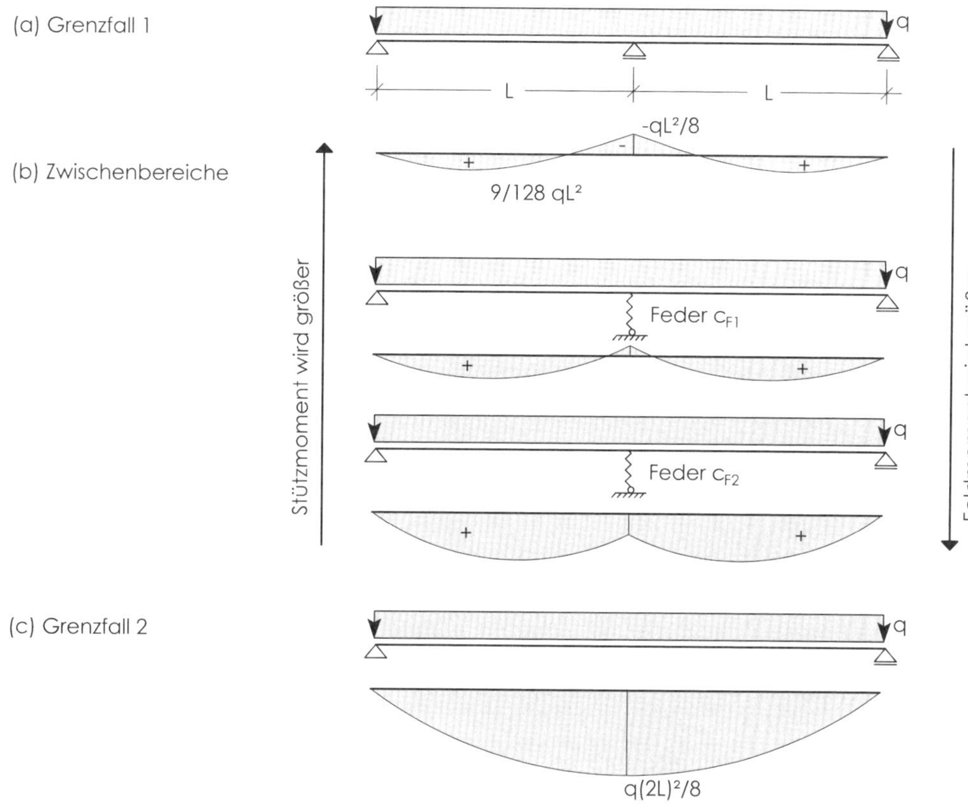

Bild C-38 Unterspannter Träger; statisches Ersatzsystem zur Ermittlung der Momentenlinie

Die Federsteifigkeit c_F hängt von der **Dehnsteifigkeit EA** des Zugbandes und der Spreize ab.

Die Schnittgrößen M, V und N können für bekannte Querschnittskennwerte I und A sowie die Materialsteifigkeiten E mit Hilfe des Kraftgrößenverfahrens händisch berechnet werden [9]. Standardmäßig berechnet man solche Systeme mit Stabwerksprogrammen.

Unterspannungen finden Anwendung z.B. bei weitgespannten Dachkonstruktionen, aber auch bei Umbauten, wenn bestehende Träger durch eine Unterspannung nachträglich verstärkt werden sollen.

Bild C-39 zeigt unterschiedliche Varianten für unterspannte Träger.

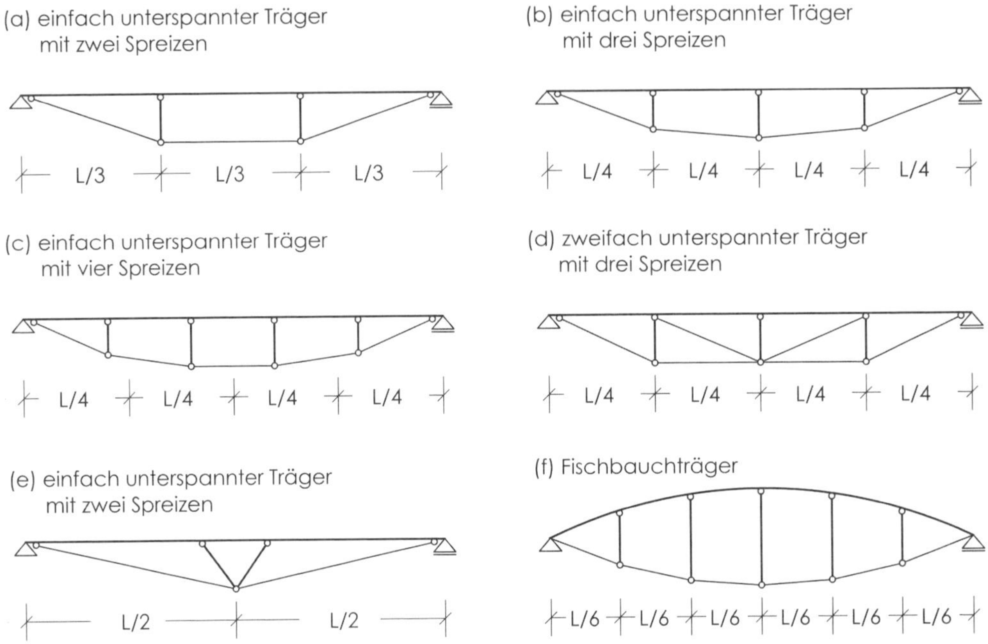

Bild C-39 Unterspannte Träger; Konstruktionsvarianten

Geneigte Träger können mit einer orthogonal zum Träger (Bild C-40/a) oder einer lotrechten Spreize (Bild C-40/b) ausgeführt werden.

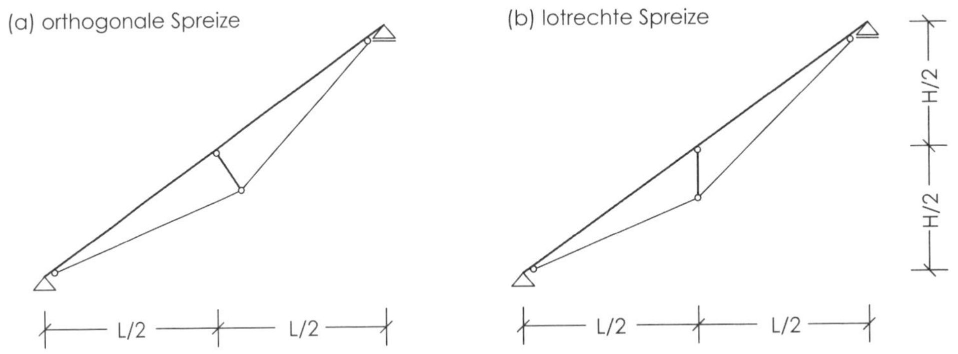

Bild C-40 Unterspannter Träger in geneigter Anordnung; Varianten

Zwei geneigte einfach unterspannte Träger lassen sich durch Hinzufügen eines Zugbandes zu einem sogenannten „*Polonceau*-Binder" zusammenfügen (Bild C-41). Am First sind die Träger gelenkig angeschlossen, die Auflagerpunkte sind als Festlager ausgeführt.

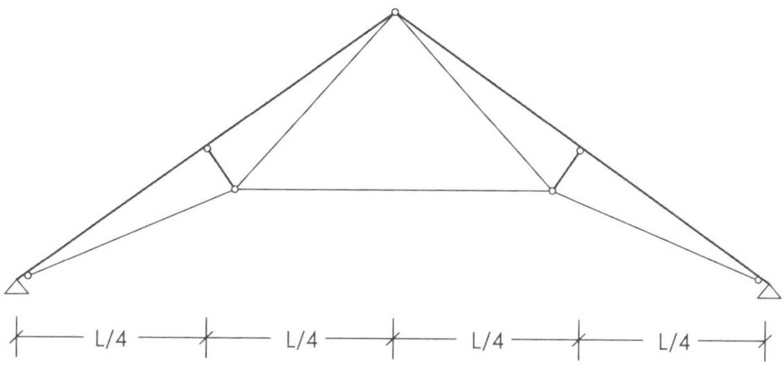

Bild C-41 Kombination unterspannter Träger (Polonceau-Binder)

Konstruktive Regeln für unterspannte Träger

- Insbesondere bei unterspannten Holzträgern sind die Stahl-Zugbänder mit Spannschlössern zum Nachspannen zu versehen. Einflüsse aus Schwinden und Schlupf können durch das Nachspannen weitgehend kompensiert werden. Außerdem lässt sich eine Überhöhung durch das Anspannen einstellen.
- Der Obergurt und die unterstützenden Streben sind gegen seitliches Ausweichen zu sichern.
- Unterspannte Träger sind grundsätzlich mit einer Überhöhung von L/200 bis L/300 herzustellen.

Im Folgenden sind zwei Ausführungsvarianten für unterspannte Träger dargestellt. In der Praxis sind nicht nur der Obergurt und die Unterspannung nachzuweisen, sondern insbesondere auch die Knotenpunkte und Details zu überprüfen (z.B. Schweißnähte, Gelenkbolzen).

Unterspannte Träger in Stahlbauweise (Bild C-42)

Detail A: Am Obergurt (HEA-Profil) ist das Knotenblech in der Stegebene angeschweißt. Das Zugband besteht aus einem Rundstab.

Detail B: Die Spreizen aus Rundrohr sind über ein angeschweißtes Knotenblech mit dem HEA-Träger gekoppelt. Zugstäbe und Spreize sind wiederum mit einem Knotenblech und einem Gelenkbolzen verbunden.

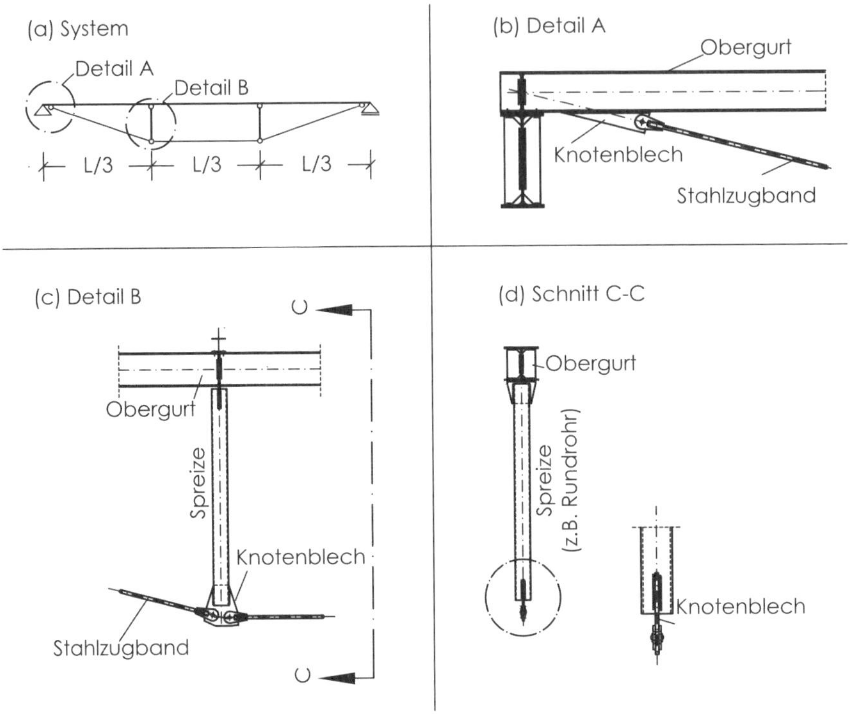

Bild C-42 Unterspannter Träger in Stahlbauweise; Konstruktionsbeispiel

Unterspannte Träger in Holzbauweise (Bild C-43)

Detail A: Am Anschluss Obergurt-Zugband wird die Zugkraft über eine an ein eingeschlitztes Blech angeschweißte Stirnplatte in den Obergurt geleitet. In eine Aussparung des Anschlussblechs ist das einteilige Zugband eingeschweißt.

Detail B: Am Anschluss Obergurt-Spreize wird die Auflagerkraft aus dem Obergurt über Kontaktpressung in die Spreize eingeleitet. Die seitlichen Winkel dienen nur zur konstruktiven Lagesicherung. Am Anschluss Spreize-Zugband ist das Zugband durch ein Anschlussblech bzw. zwei Anschlussbleche und einen Gelenkbolzen über ein geschweißtes Anschlussteil mit der Spreize verbunden.

Die Spreize ist durch Kopfbänder aus Stahl gegen seitliches Ausweichen gesichert.

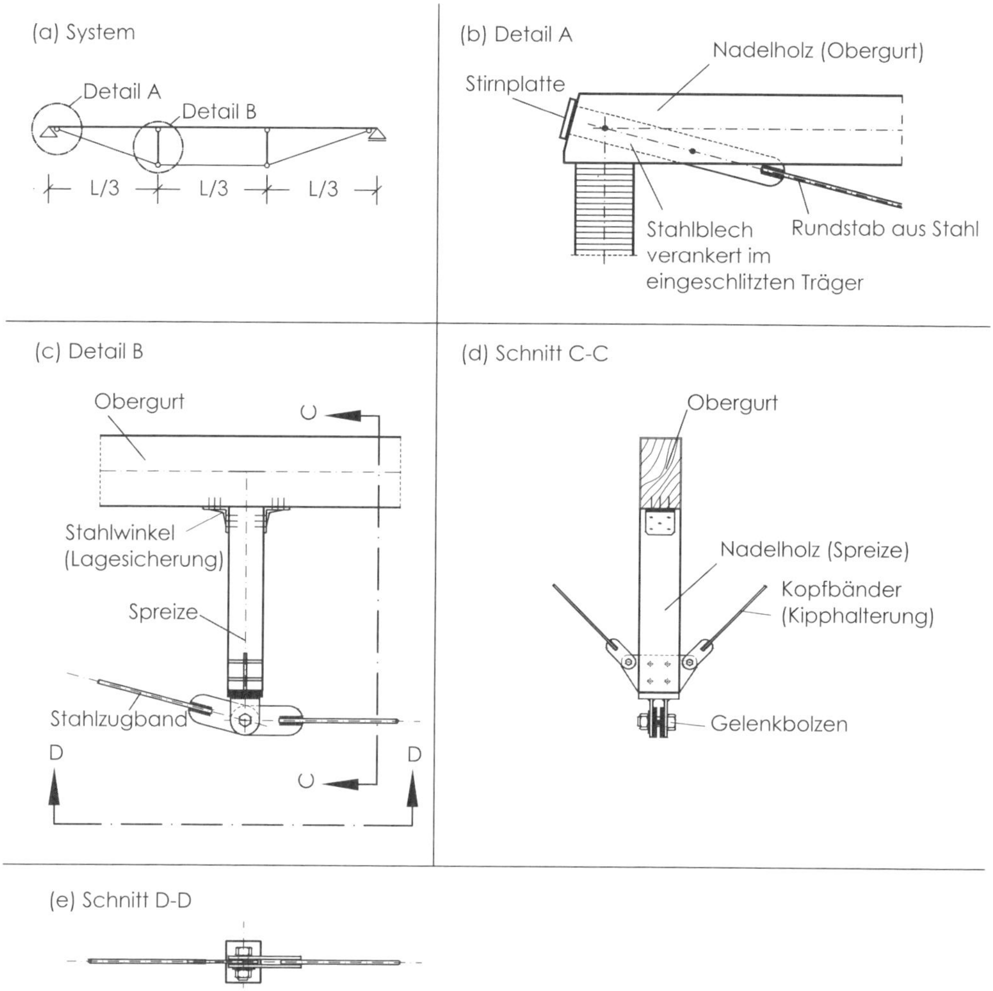

Bild C-43 Unterspannter Träger in Holzbauweise; Konstruktionsbeispiel

C.1.5 Träger mit Hochhängung

Quasi analog zum Tragwerk des unterspannten Trägers kann eine oberseitige Hochhängung ausgebildet werden (Bild C-44/a). Hierbei erfolgt die Hochhängung durch einzelne Zugpfosten in das Strebetragwerk auf der Oberseite. Der Träger wird dabei im Gegensatz zum unterspannten Träger zusätzlich auf Zug statt Druck beansprucht. In einem Hängewerk bezeichnet man den Träger auch als „Streckbalken".

Die Streben sind mit dem Streckbalken und der Hängesäule auf Druck anzuschließen, die Hängesäule wird zugfest am Streckbalken angeschlossen. Durch die Ausbildung eines Spalts zwischen Hängesäule und Streckbalken wird eine unplanmäßige Druckübertragung verhindert (Bild C 44/b).

Im traditionellen Zimmermannsbau wird diese Bauweise auch als „Hängewerk“ bezeichnet, jedoch ist dieses Hängewerk nicht zu vergleichen mit einem Hängewerk als Seiltragwerk.

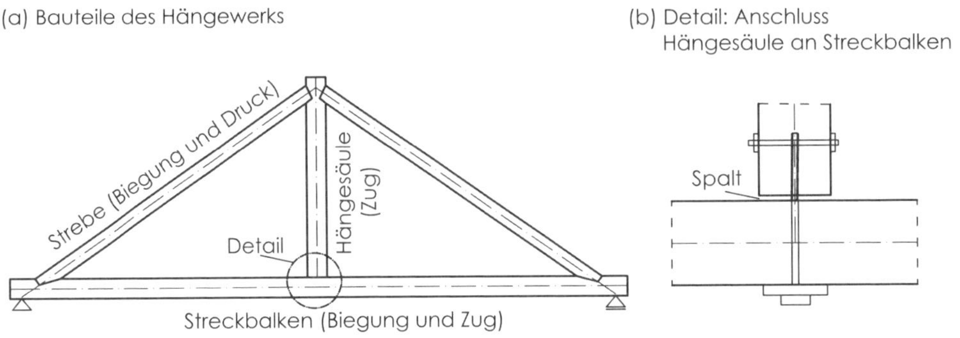

Bild C-44 Hängewerk; Lastverteilung

Wie für unterspannte Träger gibt es zahlreiche Varianten zur Ausbildung von Hängewerken (Bild C-45).

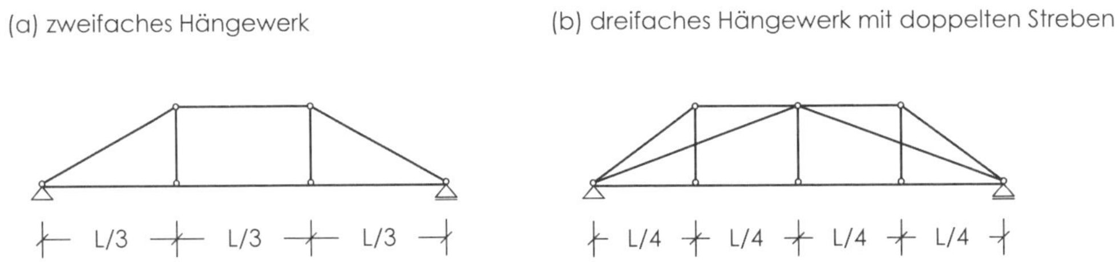

Bild C-45 Hängewerke; Varianten

C.1.6 Räumliche Anordnung von Trägern

Wenn Träger nach dem Prinzip Haupt- und Nebenträger angeordnet sind, dann kann ein Tragwerk in diese zerlegt werden und die Biegebemessung ist in der Ebene möglich Bild C-46/a. Es handelt sich um einen **gerichteten Lastabtrag**.

Die Auflagerkräfte der Nebenträger werden als Lasten auf die Hauptträger angesetzt (Bild C-46/b).

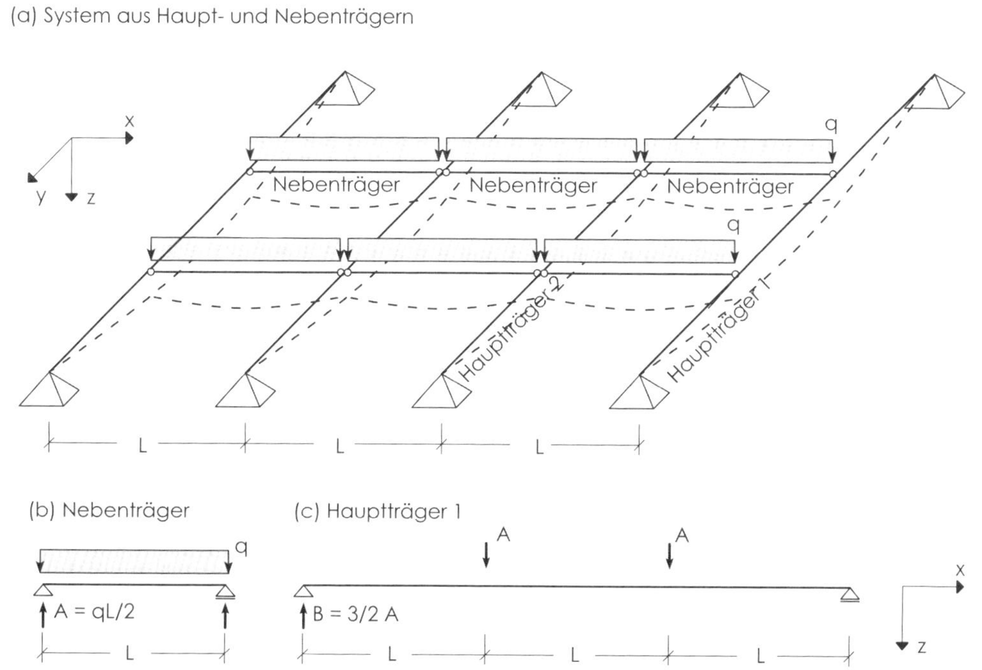

Bild C-46 System aus Haupt- und Nebenträgern unter Gleichlast; Lastfluss und Biegelinie

Bei Trägerrosten hingegen sind die sich kreuzenden Träger biegesteif angeschlossen. Im Unterschied zu Haupt- und Nebenträgersystemen werden die Lasten zweiachsig abgetragen und der Lastabtrag in x- und y- Richtung wird gesteuert über die Biegesteifigkeit der einzelnen Träger (Bild C-47).

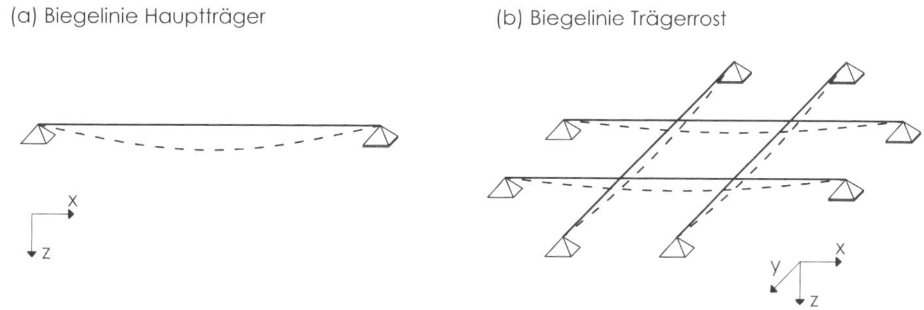

Bild C-47 Träger in der Ebene und Trägerrost; Verformungen im Vergleich

Am Beispiel von einem Trägerrost aus zwei Balken wird rechnerisch der Lastabtrag verdeutlicht. Die Vorgehensweise ist ähnlich zu der Überlegung eines geschichteten Einfeldbalkens, bei dem ohne Verbund unterschiedlich hohe Querschnittsschichten aufeinander liegen (siehe Abschnitt B.4.2, Bild B-109). Die Querschnitte mit gleicher Abmessung sind im Kreuzungspunkt miteinander verbunden, die Einzellast F greift ebenfalls dort an. Die Verträglichkeitsbedingung lautet, dass die Verformungen beider Balken im Kreuzungspunkt gleich sind.

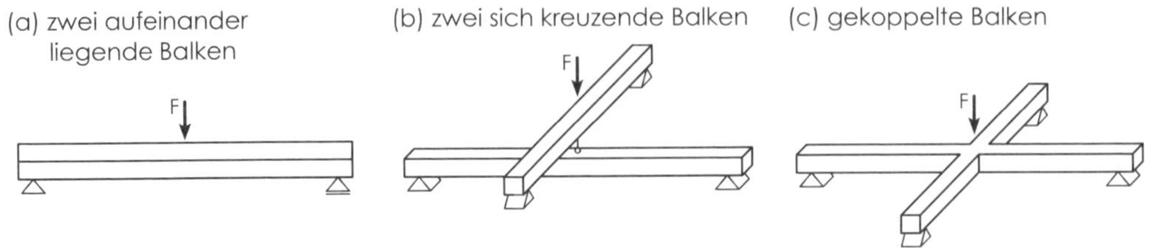

Bild C-48 Tragverhalten von Trägerrosten; Darstellung in Anlehnung an [12]

Gesucht ist der Lastanteil je Balken. Beide weisen die gleiche Biegesteifigkeit EI auf, die Längen L (L_1 und L_2) sind variabel (Bild C-49).

Die Durchbiegung in Feldmitte (hier: Kreuzungspunkt) unter der Last F eines einzelnen Trägers beträgt (siehe Abschnitt B.4.7.2):

$w_1(L_1/2) = F_1\, L_1^3/(48\, E\, I)$

$w_2(L_2/2) = F_2\, L_2^3\, /(48\, E\, I)$

Anwendung der Verträglichkeitsbedingung:

$$w_1(L_1/2) = w_2(L_2/2) \quad \Leftrightarrow \quad 1/48\, F_1\, (L_1)^3\, /EI = 1/48\, F_2\, (L_2)^3\, /EI$$

$$\Leftrightarrow \quad F_1\, (L_1)^3 = F_2\, (L_2)^3$$

$$\text{mit } F = F_1 + F_2 \quad \Leftrightarrow \quad F_2 = F - F_1$$

$$\Leftrightarrow \quad F_1\, (L_1)^3 = (F - F_1)\, (L_2)^3$$

$$\Leftrightarrow \quad F_1 = \frac{1}{1 + L_1^3 / L_2^3} F$$

Auswertung:

Die Trägerlängen sind gleich.

$L_1 = L_2 \quad \Rightarrow \quad F_1 = 1/2 \cdot F$

$\Rightarrow$ Die Last teilt sich jeweils hälftig auf die Balken auf.

Die Spannrichtung in x-Richtung ist doppelt so groß wie in y-Richtung:

$L_1 = 2\, L_2 \quad \Rightarrow \quad F_1 = 1/9 \cdot F$

$\Rightarrow$ Über die längere Spannweite (L_1) werden nur noch 10 % der Last abgetragen.

Mit steigender Ungleichheit des Seitenverhältnisses nimmt der zweiachsige Lastabtrag ab und erfolgt hauptsächlich über die kürzere Spannweite. Die Ausbildung eines Trägerrostes bringt daher bei quadratischen Grundrissen den größten Tragfähigkeitsgewinn.

Der Grenzwert des Seitenverhältnisses $L_1/L_2 = 2$ kann auch auf Platten übertragen werden, bei denen man bei größeren Seitenverhältnissen als 2 von einem einachsigen Lastabtrag ausgeht (siehe Abschnitt C.6.2.4).

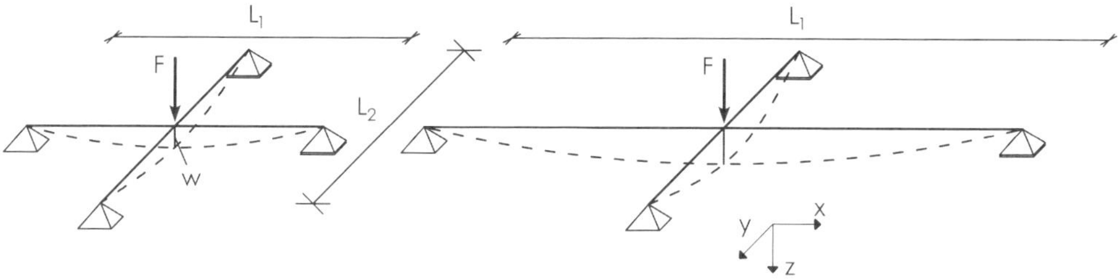

Bild C-49 Untersuchung des Lastabtrags von Trägerrosten; Ersatzmodell

Trägerroste können aus beliebigen Trägertypen gebildet werden. Bild C-50 zeigt als Beispiel einen Trägerrost aus sich kreuzenden unterspannten Trägern. Eine Zerlegung in Einzelsysteme ist nicht möglich, da ein **ungerichteter Lastabtrag** vorliegt.

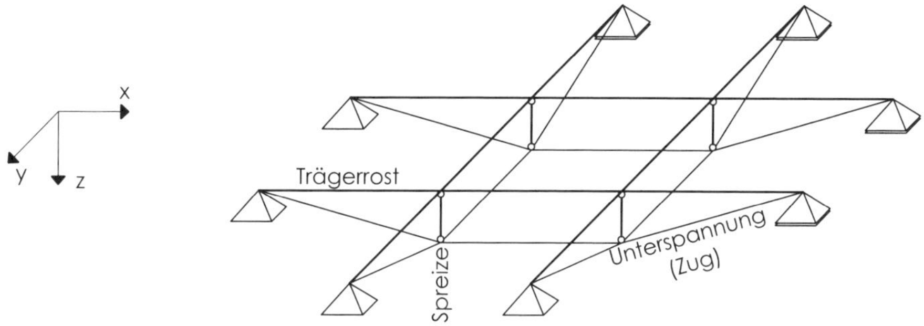

Bild C-50 Trägerrost; Variante mit unterspannten Trägern

Wie bei Haupt- und Nebenträgern folgt auch der Lastabtrag bei *gereihten Polonceau*-Trägern. Die Längspfetten leiten als Nebenträger die Lasten auf die *Polonceau*-Trägern. Neben dem vertikalen Lastabtrag übernehmen die *Polonceau*-Träger wie ein Rahmen (siehe Abschnitt C.7.5) auch den horizontalen Lastabtrag. Gegen „Umkippen" der *Polonceau*-Träger wirken die liegen Dachverbände aus ausgekreuzten Stahlstäben. Da der Lastfluss in Längs- und Querrichtung getrennt betrachtet werden kann, handelt es sich um einen **gerichteten Lastabtrag**.

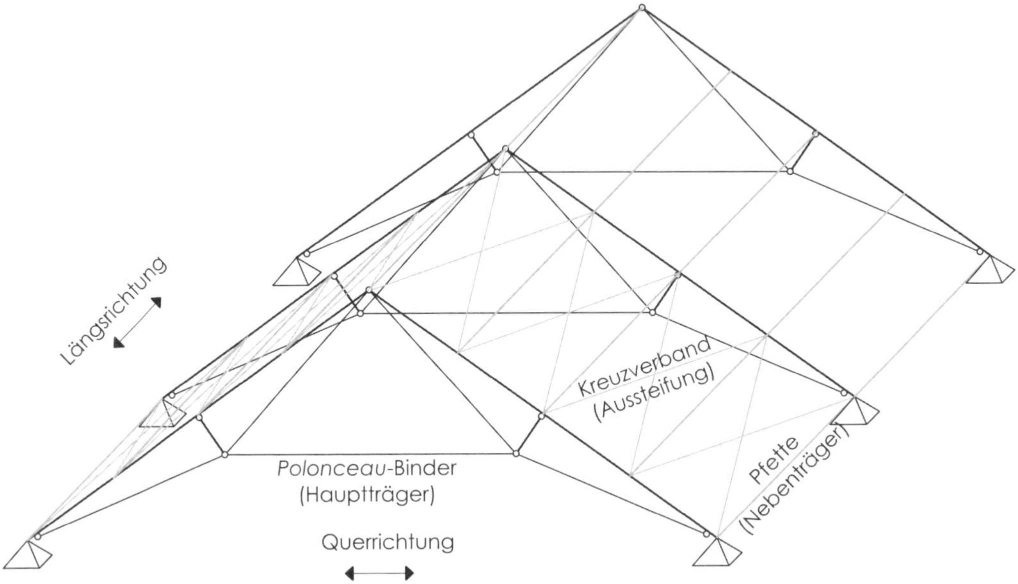

Bild C-51 Dachtragwerk; Variante mit Polonceau-Trägern

C.2 Rahmen

Im Gegensatz zu Trägern kombiniert der Rahmen vertikale und horizontale Tragelemente. Rahmen sind für die Überspannung von stützenfreien Räumen geeignet. Für den statisch bestimmten Dreigelenkrahmen wird ausführlich die Berechnung der Auflagerreaktionen und der Schnittgrößen dargestellt. Die qualitativen Momentenverläufe von statisch unbestimmten Rahmensystemen werden mit Hilfe von Ersatzsystemen abgeleitet. Verfahren zur Ermittlung der Schnittgrößen mit Tabellenwerken ergänzen den Abschnitt.

C.2.1 Grundlagen

Rahmen werden für den vertikalen und horizontalen Lastabtrag verwendet. Ein häufiger Anwendungsfall sind Hallentragwerke (siehe auch Abschnitt C.7.5). Im Unterschied zu einem Balken-Stützen-System aus zwei eingespannten Stützen und einem Einfeldbalken wird die **Rahmentragwirkung** durch die biegesteife Verbindung von Stütze und Balken erzeugt (**Rahmenecke**).

Die Auflagerpunkte von Rahmen können entweder gelenkig oder eingespannt sein. Bei Rahmensystemen wird nicht von Balken und Stütze gesprochen, sondern von **Rahmenriegel** und **Rahmenstiel** (Bild C-52).

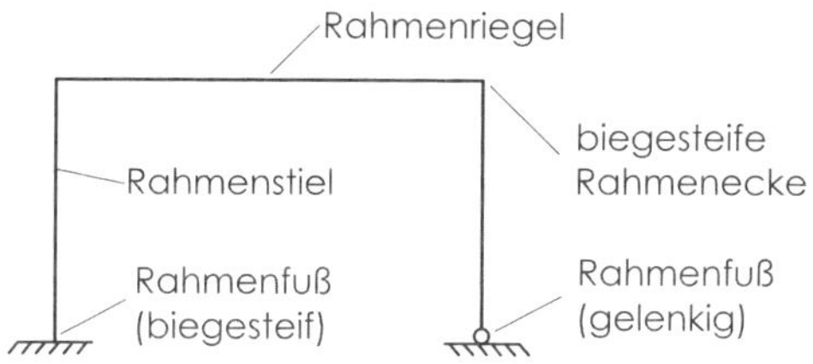

Bild C-52 Rahmen; Begriffsdefinitionen

Übliche Rahmensysteme sind eingespannte Rahmen, Dreigelenk- und Zweigelenkrahmen (Bild C-53). Für die Berechnung der Auflagerreaktionen und Schnittgrößen muss zunächst der Grad der statischen Bestimmtheit ermittelt werden. Der Zweigelenkrahmen ist wie das Balken-Stützen-System 1-fach und der eingespannte Rahmen 3-fach statisch unbestimmt. Lediglich für den Dreigelenkrahmen ist die Berechnung von Auflagerreaktionen und Schnittgrößen mit Gleichgewichtsbedingungen möglich (Abschnitt C.2.3.2 ff.).

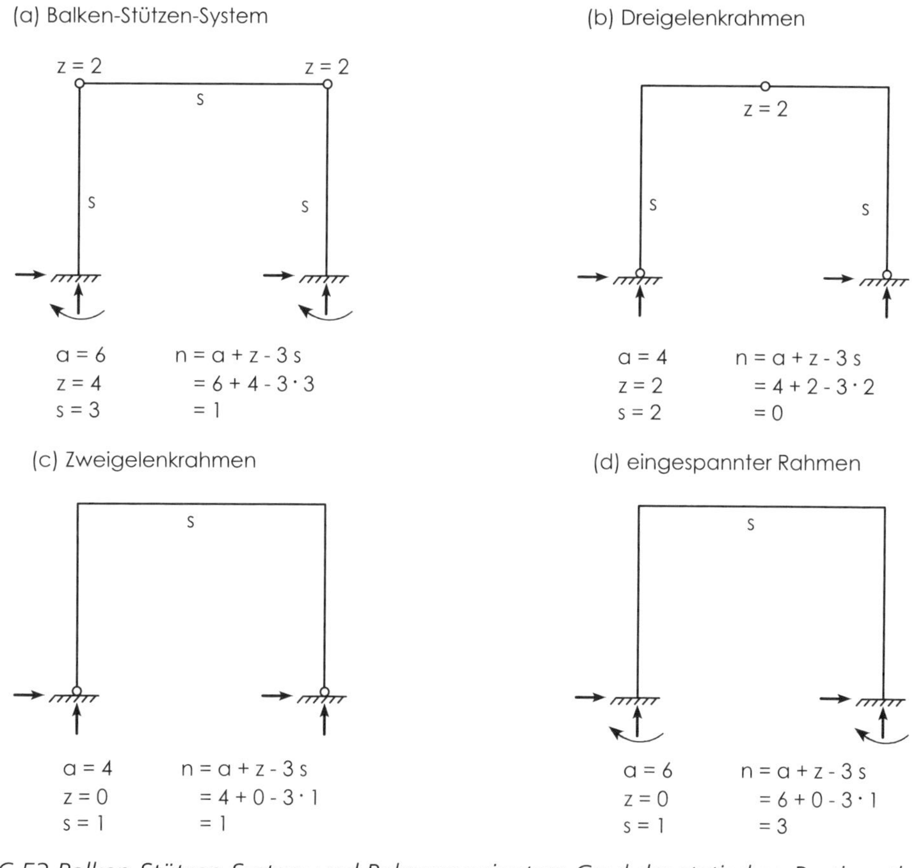

Bild C-53 Balken-Stützen-System und Rahmenvarianten; Grad der statischen Bestimmtheit

C.2.2 Rahmentragwirkung

Anhand der statischen Systeme Balken-Stützen-System (Bild C-54) und Zweigelenkrahmen (Bild C-55) wird die Rahmentragwirkung verdeutlicht.

Balken-Stützen-System

Vertikale Lasten aus Eigengewicht der Dachkonstruktion und des Balkens, Schnee und Wind verformen den Balken, der die Lasten zu den Auflagerpunkten weiterleitet. Die Stützen übernehmen die Auflagerlasten und werden dabei auf Druck beansprucht (Bild C-54/b).

Bei **horizontalen Lasten**, z.B. aus Wind, wirken die Stützen wie eingespannte Träger, die aber zusätzlich auf Druck beansprucht werden. Der Balken überträgt die horizontale Last über Druck an die zweite eingespannte Stütze (Bild C-54/c).

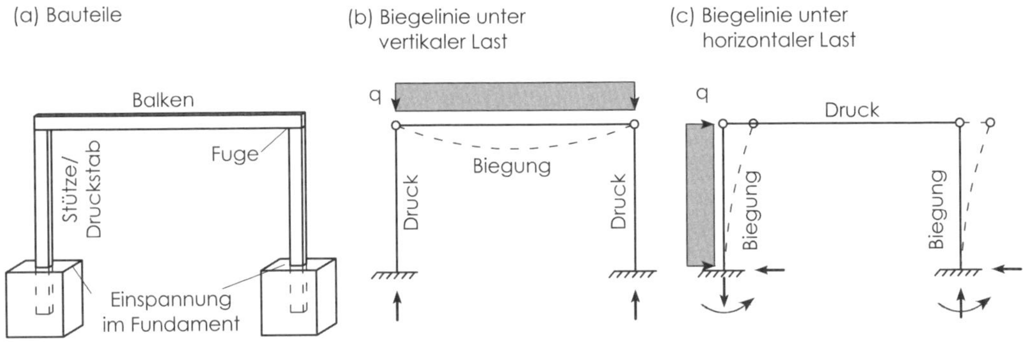

Bild C-54 Balken-Stützen-System; Biegelinien unter vertikaler und horizontaler Last

Zweigelenk-Rahmen

Verschiebt man die Gelenke gedanklich von den oberen Ecken zu den Stützenfüßen hin, dann verbleibt eine biegesteife Verbindung zwischen Stütze und Balken. Hierdurch verändert sich die Biegelinie. Der Balken wird in die Stütze „eingespannt" und umgekehrt wird die Stütze in den Balken „eingespannt". Die Vertikalbelastung verformt damit auch die Stützen (Bild C-55/b), die Horizontalbelastung verformt auch den Balken (Bild C-55/c).

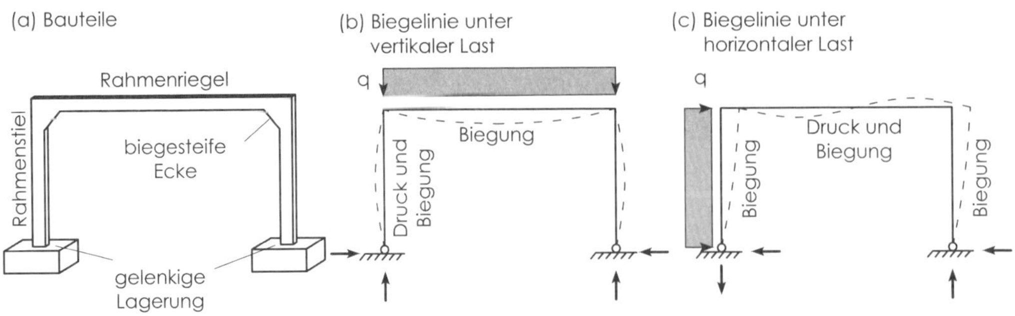

Bild C-55 Zweigelenkrahmen; Biegelinien unter vertikaler und horizontaler Last

Momentenverlauf infolge vertikaler Lasten (Bild C-56)

Durch die Ausbildung der biegesteifen Ecken verändert sich nicht nur die Biegelinie, sondern auch der Momentenverlauf. Ausgehend von der Einspannung der Stützen in den Balken (Bild C-56/a) kann die Momentenlinie für die vertikale Belastung des Riegels qualitativ mit den bisherigen Kenntnissen skizziert werden (Bild C-56/b).

Der Momentenverlauf im gelenkig auf den Stützen gelagerten Balken entspricht dem eines Einfeldträgers (Bild C-56/a). Während beim Balken-Stützen-System der Riegel wie ein gelenkig gelagerter Einfeldträger wirkt, liegt für den Riegel eines Zweigelenkrahmens eine Einspannung vor. Durch die Teileinspannung des Balkens in die Stützen – im Ersatzsystem durch Momentenfedern gekennzeichnet - baut sich ein Eckmoment auf (Bild C-56/b) und die Momentenparabel verschiebt sich wie bei einem beidseitig eingespannten Träger nach oben (vgl. Bild B-130). An den gelenkigen Auflagern am Fußpunkt muss das Moment wieder den Wert Null annehmen. Die Stützen sind demnach nicht mehr alleinig auf Druck, sondern auch auf Biegung beansprucht.

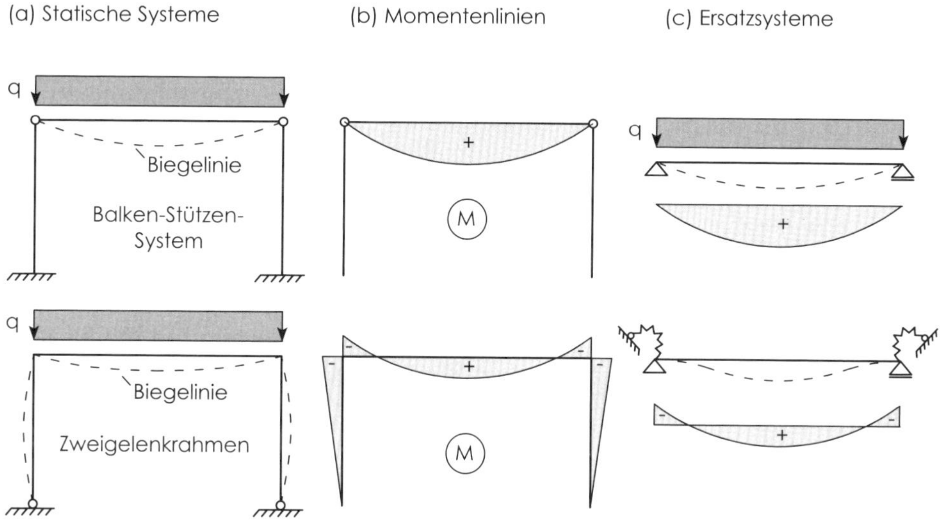

Bild C-56 Balken-Stützen-System und Zweigelenkrahmen unter vertikaler Belastung; Biegelinie, Momentenverläufe und Ersatzsysteme im Vergleich

Momentenverlauf infolge horizontaler Lasten (Bild C-57)

Eine ähnliche Überlegung kann man auch für die horizontale Belastung durchführen. Beim Balken-Stützen-System wird ein Teil der horizontalen Last über den Balken in die rechte eingespannte Stütze eingeleitet. Die Stützen wirken in beiden Fällen wie eine horizontale Feder (Bild C-57/c).

Beim Zweigelenk-Rahmen liegt im Übergang von Stütze zu Balken zusätzlich eine Teileinspannung vor (Momentenfeder), welche die Feldmomente im Stiel reduziert und ein Moment in der Rahmenecke aufbaut (Bild C-57/c).

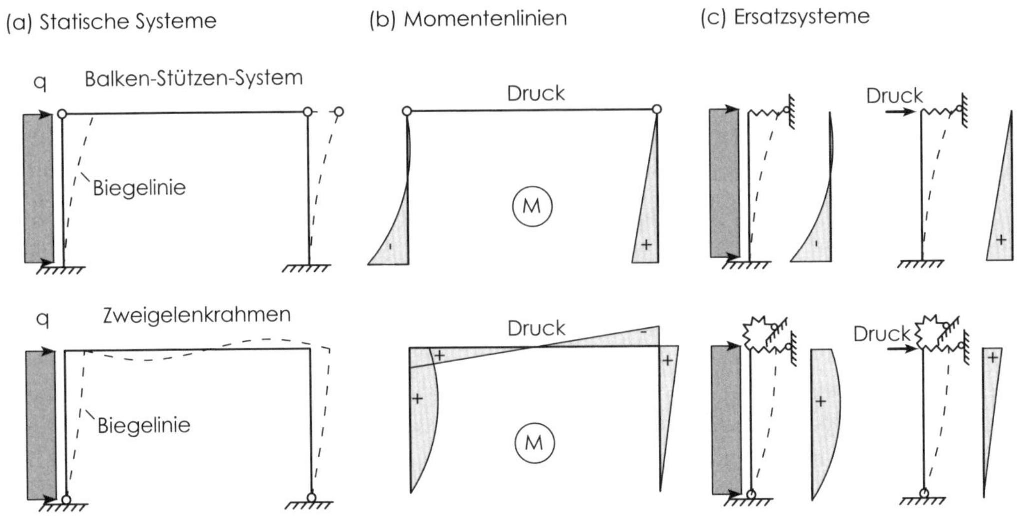

Bild C-57 Balken-Stützen-System und Zweigelenkrahmen unter horizontaler Belastung; Biegelinie, Momentenlinie und Ersatzsysteme im Vergleich

C.2.3 Dreigelenkrahmen

C.2.3.1 Allgemeines

Dreigelenkrahmen haben den Vorteil, dass diese statisch bestimmt sind und die Auflagerreaktionen und Schnittgrößen mit den drei Gleichgewichtsbedingungen berechnet werden können.

Ein Dreigelenkrahmen zeichnet sich durch zwei gelenkige Festlager an den Fußpunkten und einRiegelgelenk aus. Das Riegelgelenk kann in der Ecke (einhüftiger Rahmen), in der Riegelmitte (symmetrischer Rahmen) oder ausmittig angeordnet werden. Gelenke eignen sich für Montagestöße.

Für die Varianten in Bild C-58 werden im Folgenden die Auflagerreaktionen und Schnittgrößen ermittelt. Unterschieden wird hier zwischen **vertikalen** und **horizontalen Lasten**. Da der Dreigelenkrahmen statisch bestimmt ist, sind die Querschnittsgeometrien von Riegel und Stiel für die Berechnung der Auflagerreaktionen und Schnittgrößen irrelevant. Der Einfluss der Gelenkposition auf die Auflagerreaktionen und Schnittgrößen wird hierdurch verdeutlicht.

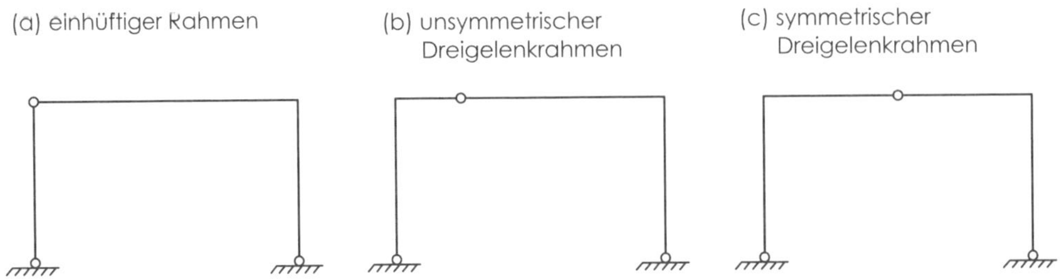

Bild C-58 Gelenkrahmen; Variation der Gelenkposition

C.2.3.2 Auflagerreaktionen und Schnittgrößen für vertikale Lasten

Gelenk in Riegelmitte (Bild C-59)

Auflagerreaktionen:

Aus der Symmetrie werden die vertikalen Auflagerreaktionen bestimmt (Bild C-59/a):

$A_v = B_v = q\ L/\ 2$

Für die Berechnung der horizontalen Auflagerreaktionen macht man sich zu Nutze, dass im Gelenk das Schnittmoment M Null ist. Es kann somit für ein Teilsystem das Momentengleichgewicht mit dem Drehpunkt im Gelenk aufgestellt werden (Bild C-59/b). Die Schnittgrößen V und N greifen im Drehpunkt an und haben keinen Hebelarm bezogen auf das Gelenk.

$\Sigma M_{G,Teilsystem} = 0$

$\Leftrightarrow \quad A_H\, H + q\ (L/2)\ (L/4) - A_V\ (L/2) = 0$

$\Leftrightarrow \quad A_H\, H + q\ L^2/8 - q\ L^2/4 = 0$

$\Leftrightarrow \quad A_H = q\ L^2/\ (8H)$

Aufgrund der Symmetrie gilt für die horizontalen Auflagerreaktionen:

$B_H = A_H$

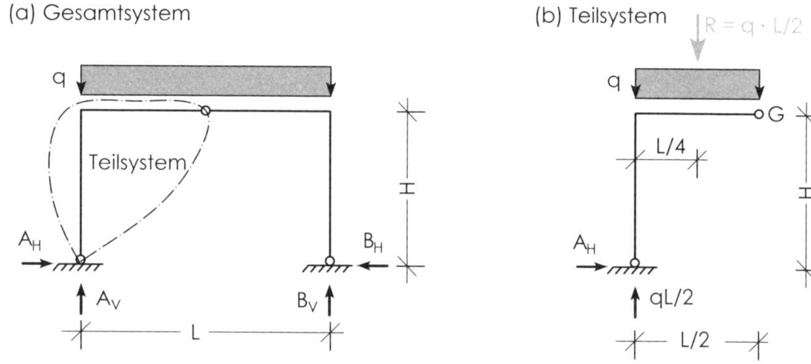

Bild C-59 Dreigelenkrahmen mit mittigem Riegelgelenk; Teilsystem

Für die Ermittlung der Schnittgrößen wird zunächst die Lage der gestrichelten Faser festgelegt. Die Vorzeichenregeln gelten wie beim Balken (Bild B-28), wobei man beim Rahmen in der Regel die gestrichelte Faser auf der Innenseite anordnet (siehe Bild C-60 und Bild C-61). Die Schnittgrößen werden direkt für Randpunkte berechnet und der Verlauf auf Basis der am Träger erarbeiteten Regeln für die Schnittgrößen bestimmt (siehe Bild B-46). Im Unterschied zu den in den Abschnitten 2 und 3 betrachteten Trägersystemen, die nur auf Biegung beansprucht werden, werden jetzt auch die Normalkräfte berechnet.

Schnittgrößen im Rahmenstiel:

In der Rahmenecke werden die Schnittgrößen M, V und N angetragen (Bild C-60/a).

$\Sigma M_{Ecke} = 0 \quad \Leftrightarrow \quad M = -\ q\ L^2\ /(8H) \cdot H = -\ q\ L^2/8$

Gelenkiger Anschluss am Auflager A $\Rightarrow$ $M_A = 0$

Keine Querlasten am Stiel $\Rightarrow$ linearer Momentenverlauf

$\Sigma F_x = 0 \Leftrightarrow V = -\,q\,L^2/(8H)$

Da der Momentenverlauf linear ist, ist die Querkraft im Stiel konstant.

$\Sigma F_z = 0 \Leftrightarrow N = -\,q\,L/2$

Da die Normalkraft negativ ist, wirkt gemäß Vorzeichenkonvention im Stiel eine Druckkraft (siehe auch Bild B-30).

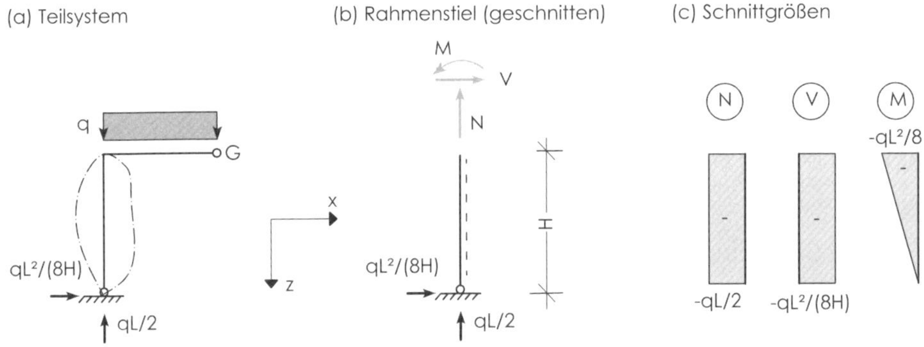

Bild C-60 Dreigelenkrahmen mit mittigem Riegelgelenk; Schnittgrößen im Stiel

Schnittgrößen im Rahmenriegel:

An der Rahmenecke sind die Schnittgrößen um 90° gedreht angetragen (Bild C-61/a). An der Ecke nimmt die Riegel-Normalkraft den Wert der Stiel-Querkraft und die Riegelquerkraft den negativen Wert der Stiel-Normalkraft an. Das Eckmoment verändert sich nicht.

Das Schnittmoment beträgt am Gelenk des Riegels Null. Zur Kontrolle wird das Momentengleichgewicht bezogen auf das Gelenk aufgestellt:

Kontrolle:

$\Sigma M_G = 0 \Leftrightarrow -\,q\,L^2/(8H) \cdot H - q\,(L/2)\,(L/4) + q\,(L/2)(L/2) = 0$

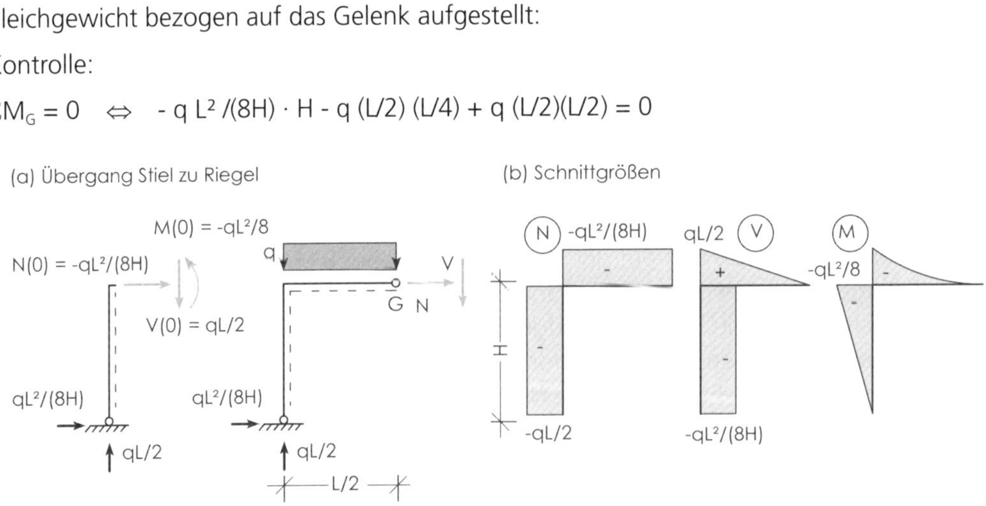

Bild C-61 Dreigelenkrahmen mit mittigem Riegelgelenk; Schnittgrößen Stiel/Riegel

Aufgrund der Symmetrie sind die Schnittgrößen achsensymmetrisch. Zwischen den Eckmomenten wird wieder die Momentenparabel $qL^2/8$ eingehangen. Hieraus ergibt sich auch wieder der Verlauf der Querkraft, welcher dem eines Einfeldträgers unter Gleichlast entspricht. Die Normalkraft verläuft konstant, da am Riegel keine Horizontalkräfte angreifen.

Wenn man das Eigengewicht des Stiels berücksichtigen würde, würde der Betrag der Normalkraft im Stiel zum Auflagerpunkt größer werden. Dies wird hier aber vernachlässigt.

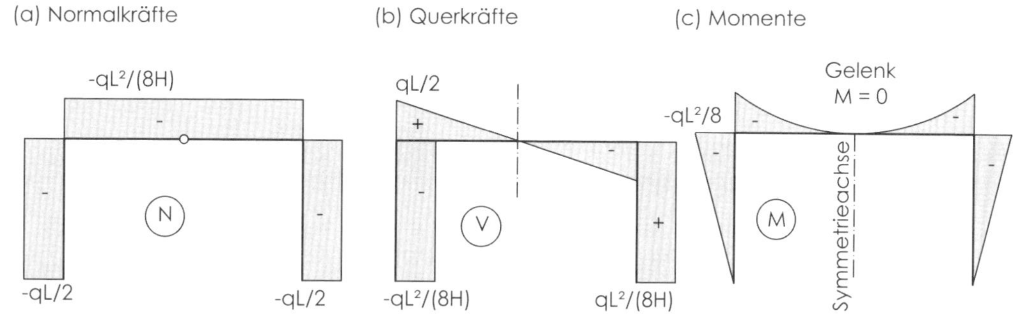

Bild C-62 Dreigelenkrahmen mit mittigem Riegelgelenk unter Gleichlast; Schnittgrößen

Gelenk in der Rahmenecke (Bild C-63)

Auflagerreaktionen:

Auch bei diesem System gilt aufgrund der Symmetrie (Bild C-63/a):

$A_v = B_v = q\,L/2$

Der Rahmen wird in zwei Teilsysteme zerlegt.

$\Sigma M_{G,\text{Teilsysteme 1}} = 0 \quad \Leftrightarrow \quad A_H\,H = 0$

$\Leftrightarrow \quad A_H = 0$

$\Sigma F_{x,\text{Gesamtsystem}} = 0 \quad \Leftrightarrow \quad A_H = B_H = 0$

Beim Teilsystem 1 handelt es sich um einen **Pendelstab** (Bild C-64/a). Dieser zeichnet sich dadurch aus, dass er an beiden Enden gelenkig angeschlossen ist und keine Querlasten auftreten. Ein Pendelstab kann durch Druck- oder Zugkräfte beansprucht und im Gesamtsystem durch ein Gleitlager ersetzt werden (siehe auch Bild C-65/a).

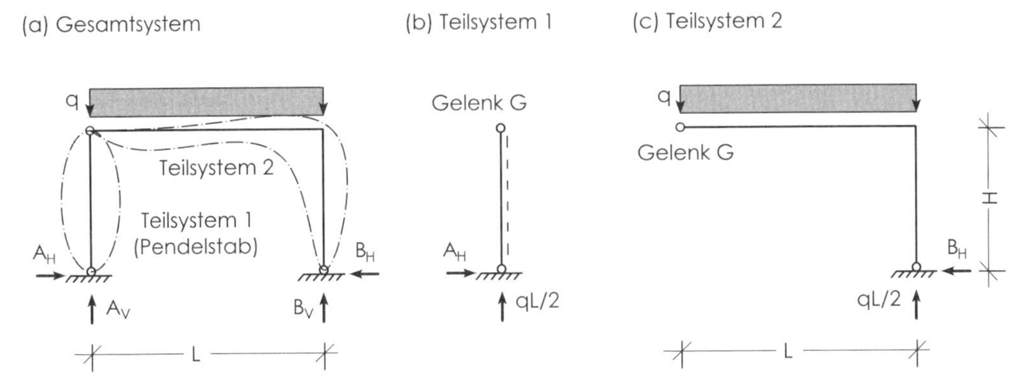

Bild C-63 Dreigelenkrahmen mit Gelenk in der Rahmenecke; Berechnung der Auflagerreaktionen an den Teilsystemen

Schnittgrößen, Teilsystem 1, linker Rahmenstiel (Bild C-63/a):

Wie oben festgestellt, tritt am Pendelstab nur die Schnittkraft N auf: es gilt $M = 0$ und $V = 0$ (Bild C-64/b).

Bild C-64 Dreigelenkrahmen mit Gelenk in der Rahmenecke; Schnittgrößen und Auflagerkräfte am Teilsystem 1 (Pendelstab)

Schnittgrößen, Teilsystem 2, rechter Rahmenstiel (Bild C-65/a):

Da $B_H = 0$, ist das Moment an der Ecke rechts ebenfalls Null. Im Rahmenstiel wirkt eine Druckkraft:

$N = - qL/2$

Der Riegel verhält sich wieder wie ein Einfeldträger auf zwei Stützen unter Gleichlast.

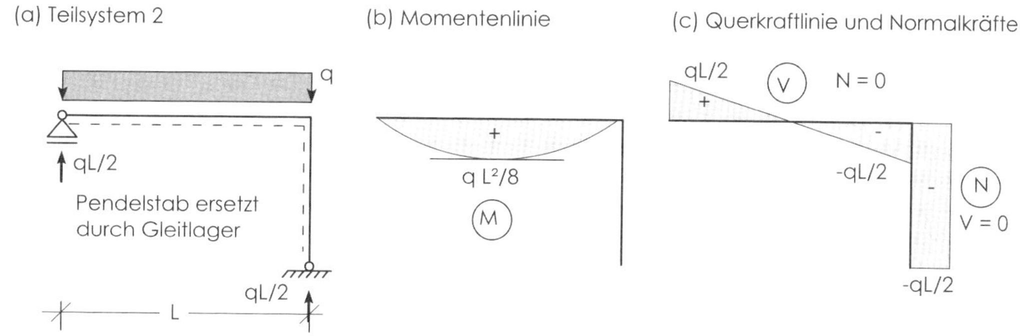

Bild C-65 Dreigelenkrahmen mit Gelenk in der Rahmenecke; Schnittgrößenermittlung am Teilsystem 2

Am Ersatzmodell des Pendelstabs kann man verdeutlichen, was die Einführung eines vierten Gelenks an der oberen rechten Ecke bedeuten würde (Bild C-66/a). Ohne Anwendung des Abzählkriteriums erkennt man durch den Austausch der Pendelstäbe durch Gleitlager (Bild C-66/b), dass das Ersatzsystem seitlich verschiebbar ist. Es gelten die Regeln, die in Abschnitt B.1.6 hergeleitet wurden. Durch die Einführung eines Gleitlagers mit einer horizontalen Reaktionskraft wird das Pendelstützensystem wieder stabilisiert (Bild C-66/c).

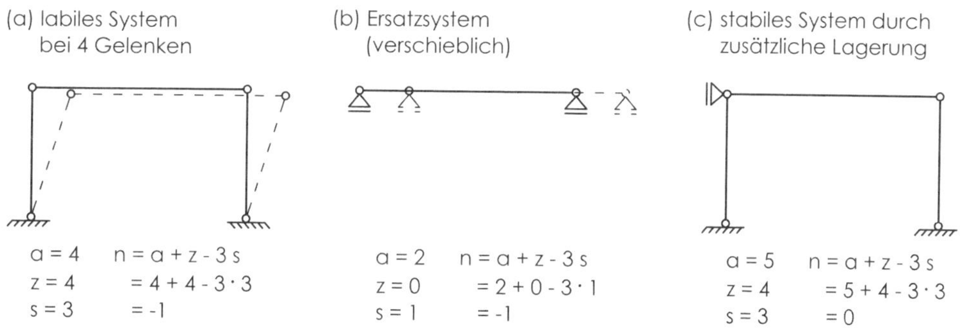

Bild C-66 Anwendung des Abzählkriteriums bei einem Pendelstützensystem

Optimierte Gelenklage

Bei der Anordnung des Gelenks in der Rahmenecke und in der Riegelmitte sind die maximalen Momente vom Betrag her gleich (siehe Bild C-62 und Bild C-65):

$M_{max} = | q\ L^2/8 |$

Im Vergleich zum Balken-Stützen-System oder zum einhüftigen Rahmen nach Bild C-68/a treten beim symmetrischen Dreigelenkrahmen (Bild C-68/c) keine geringeren Biegebeanspruchungen auf. Durch das Verschieben des Gelenks in den Bereich zwischen Rahmenecke und Riegelmitte können die Momente so ausgeglichen werden, dass Eckmoment und Riegelmoment den gleichen Wert annehmen (Bild C-68/b). Ausgeglichene Momente in der Rahmenecke und der Riegelmitte liegen vor, wenn die Momentenparabel so nach oben verschoben wird, dass an der Rahmenecke und in der Riegelmitte das Moment betragsmäßig gleich ist:

$M_{Ecke} = M_{Riegel} = | q\ L^2/16 |$

Für dieses Eckmoment kann die horizontale Auflagerreaktion A_H berechnet werden (Bild C-67/a):

$M_{Ecke} = -A_H\ H$

$\Leftrightarrow \quad A_H = -\ M_{Ecke} / H = q\ L^2/(16\ H)$

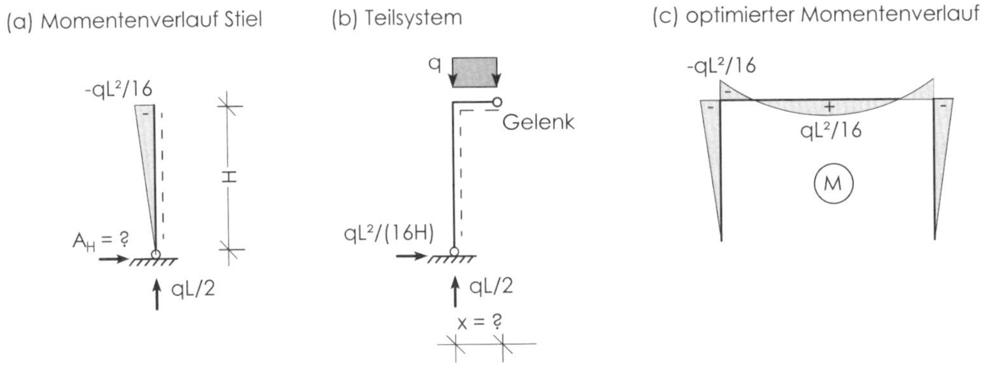

Bild C-67 Dreigelenkrahmen; Optimierung der Gelenklage im Riegel

Das Moment im Gelenk an der noch unbekannten Position x nimmt wieder den Wert Null an, wenn gilt (Bild C-67/b):

$$\Sigma M_{G,Teilsystem} = 0 \quad \Leftrightarrow \quad -\ q\ L^2/(16H) \cdot H - q\ x\ (x/2) + q\ L/2 \cdot x = 0$$

$$\Leftrightarrow \quad -\ q/2 \cdot x^2 + q\ L/2 \cdot x - q\ L^2/16 = 0$$

$$\Leftrightarrow \quad x^2 - L \cdot x - L^2/8 = 0$$

Es handelt sich um eine quadratische Gleichung mit den Lösungen:

$x = 0{,}146\ L \approx 0{,}15 \cdot L$ und

$x = 0{,}854\ L \approx 0{,}85 \cdot L$

Mit dieser Lage des Riegelgelenks ist es also möglich, wie beim Gelenkträger die Verteilung der Biegemomente zu steuern und damit die notwendigen Querschnittsabmessungen zu optimieren (Bild C 67/c).

Bild C-68 stellt die Ergebnisse für die drei Varianten gegenüber. Zusätzlich ist qualitativ auch die Biegelinie des Rahmens in Abhängigkeit von der Gelenklage eingezeichnet. Durch die optimierte Gelenklage treten auch erheblich kleinere Verformungen im Rahmen auf.

Die Biegelinie für den Rahmen kann wie beim Träger mit Hilfe der Beziehung

$w''(x) = -M(x)/EI(x),$

welche man abschnittsweise für Stiele und Riegel aufstellt, berechnet werden.

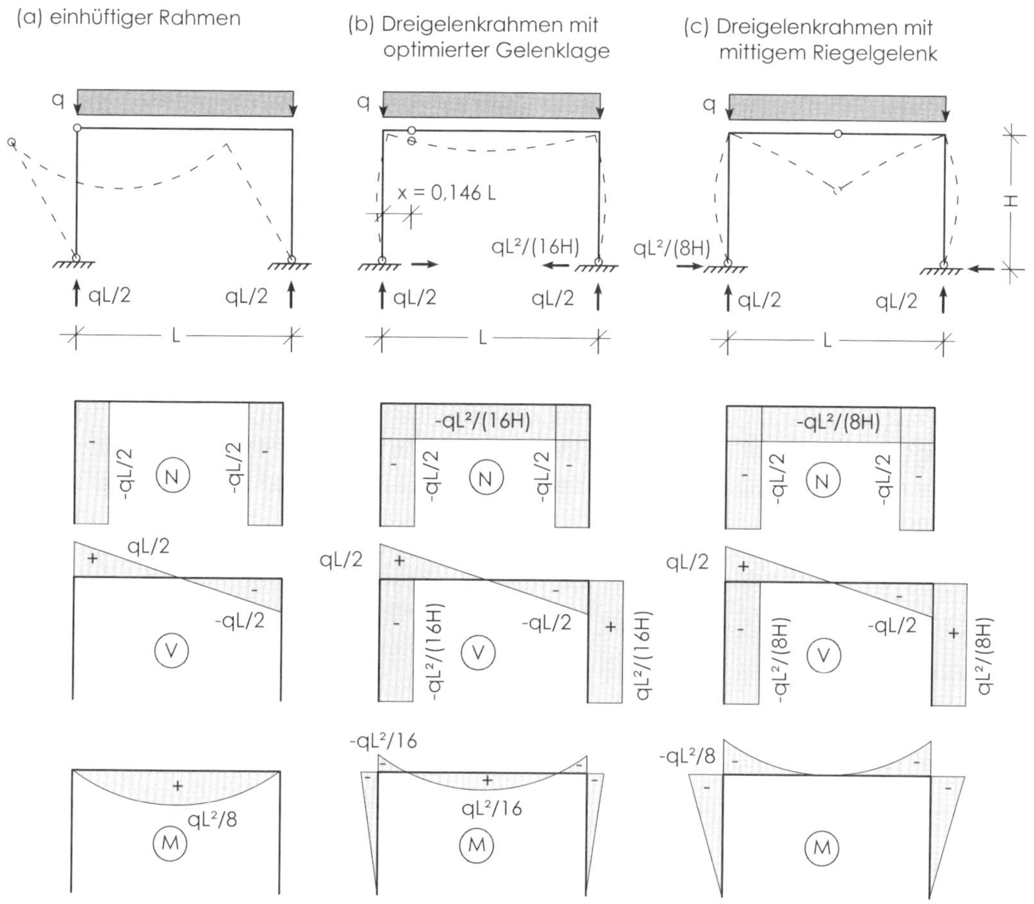

Bild C-68 Varianten von Dreigelenkrahmen unter vertikaler Belastung; Auflagerreaktionen, Verformung und Schnittgrößen im Vergleich

C.2.3.3 Auflagerreaktionen und Schnittgrößen für horizontale Lasten

Für die drei zuvor betrachteten Rahmenvarianten mit den Belastungen durch eine horizontale Kraft an der Rahmenecke und eine horizontale Gleichlast auf den Stiel sind die Auflagerreaktionen und Schnittgrößen in Bild C-69 und Bild C-70 zusammengestellt.

Vorgehen zur Ermittlung der Werte:

$\Sigma M_A = 0 \quad \Rightarrow \quad B_V$

$\Sigma M_{G,\text{rechtes Teilsystem}} = 0 \quad \Rightarrow \quad B_H$

$\Sigma F_z = 0 \quad \Rightarrow \quad A_V$

$\Sigma F_x = 0 \quad \Rightarrow \quad B_V$

Belastung durch F

Beim einhüftigen Rahmen handelt es sich beim linken Stiel wieder um einen Pendelstab, da an diesen keine Querlasten angreifen und er oben und unten gelenkig angeschlossen ist. Die Last F wird durch die Auflagerreaktion B_H aufgenommen.

Die horizontale Last F verteilt sich erst bei Anordnung des Gelenks in Riegelmitte jeweils zu 50 % auf beide Auflager.

Bei allen drei Varianten sind die vertikalen Auflagerreaktionen gleich und es treten auch abhebende (negative) vertikale Auflagerreaktionen auf. Dies ist insbesondere bei leichten Konstruktionen (z.B. Stahlbau) zu beachten, bei denen die Einwirkungen aus Wind oft dominanter als Eigenlasten sind, sodass eine ausreichende Verankerung am Fußpunkt vorzusehen ist.

Die maximale Beanspruchung tritt nicht mehr in der Riegelmitte, sondern unabhängig von der Gelenklage in der Rahmenecke auf. Am kleinsten sind die Eckmomente beim symmetrischen Dreigelenkrahmen. Seine seitliche Stabilität erhält der einhüftige Rahmen alleinig durch die rechte biegesteife Ecke.

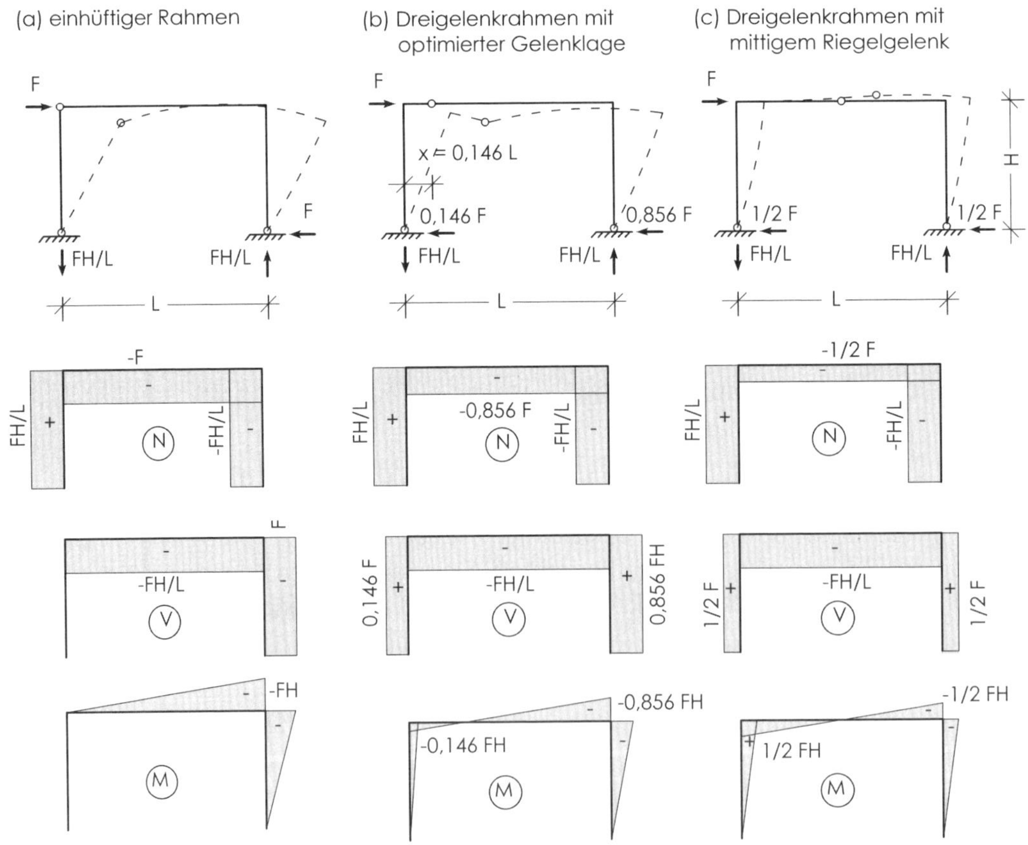

Bild C-69 Varianten von Dreigelenkrahmen unter horizontaler Belastung (Einzellast an der Rahmenecke); Auflagerreaktionen, Verformung und Schnittgrößen im Vergleich

Belastung durch q

Im Vergleich zu der Belastung durch eine horizontale Last an der Rahmenecke wird der linke Stiel jetzt durch die Gleichlast q zusätzlich auf Biegung beansprucht. Der linke Stiel beim einhüftigen Rahmen gilt daher nicht mehr als Pendelstab. Alle anderen Schnittlinienverläufe sind vergleichbar zu den Darstellungen in Bild C-69.

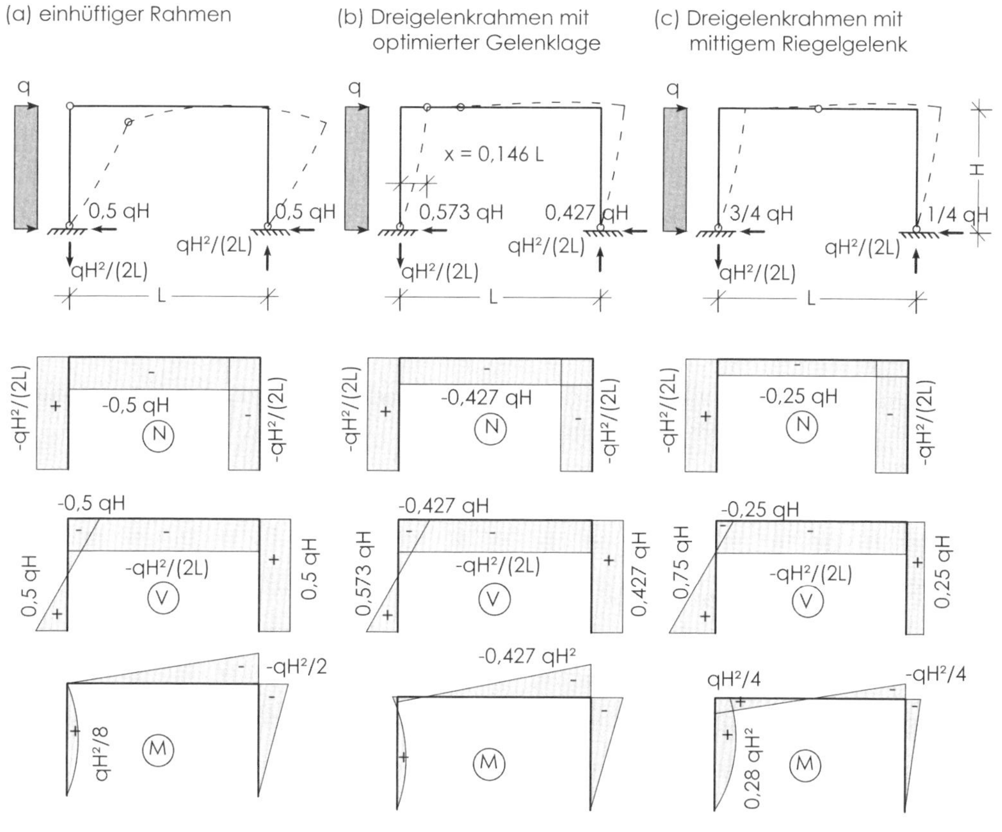

Bild C-70 Varianten von Dreigelenkrahmen unter horizontaler Belastung (Gleichlast am Rahmenstiel); Auflagerreaktionen und Schnittgrößen im Vergleich

C.2.3.4 Bemessungs- und Entwurfsaspekte

Horizontalschub

Im Vergleich zu biegebeanspruchten Trägern zeichnen sich Rahmen dadurch aus, dass auch bei vertikaler Belastung horizontale Auflagerreaktionen entstehen. Der Horizontalschub am Auflager kann z.B. im Baugrund über Reibung oder ein Zugband in der Bodenplatte abgetragen werden (Bild C-71).

Die Größe des Horizontalschubs wird unmittelbar durch die Rahmenhöhe beeinflusst. Bei einer Halbierung der Rahmenhöhe verdoppelt sich die horizontale Auflagerkraft, umgekehrt entstehen bei einer doppelten Rahmenhöhe nur halb so große Horizontalkräfte am Auflager.

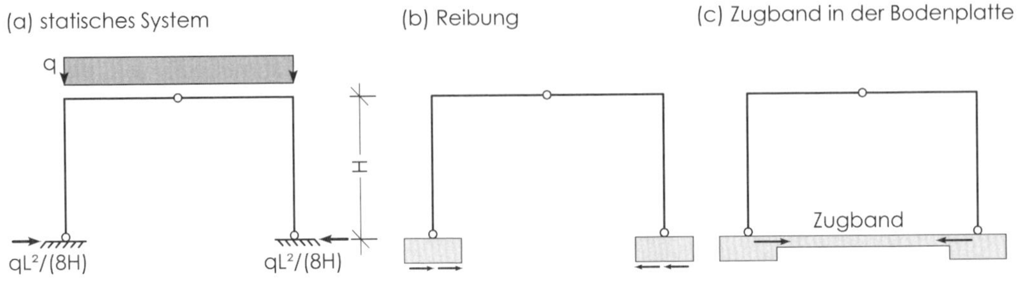

Bild C-71 Horizontalschub beim Rahmen; Lastabtragsvarianten am Auflager

Querschnittsoptimierung

Indem man die Querschnittsgeometrie dem Verlauf des Biegemoments anpasst (Bild C-72/b) und /c), lassen sich Materialeinsparungen erzielen. Bei statisch bestimmten Systemen (Einfeldbalken oder Dreigelenkrahmen) ist die Momentenverteilung unabhängig von der Querschnittsgeometrie oder der Materialsteifigkeit, sodass die Querschnittsoptimierung direkt aus dem Momentenverlauf abgeleitet werden kann.

Die Querschnittsoptimierung kann für die vertikalen sowie für die horizontalen Lasten erfolgen (siehe auch Bild C-68, Bild C-69 und Bild C-70).

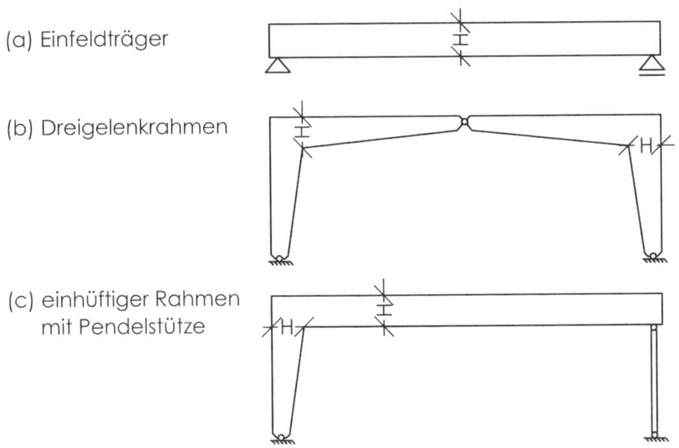

Bild C-72 Optimierung von Bauteilquerschnitten

Reduzierung der Eckmomente

Eine betragsmäßige Reduzierung der Biegemomente erreicht man durch Neigung der Riegel oder durch den zusätzlichen Einbau eines Zugbandes zwischen den Rahmenecken.

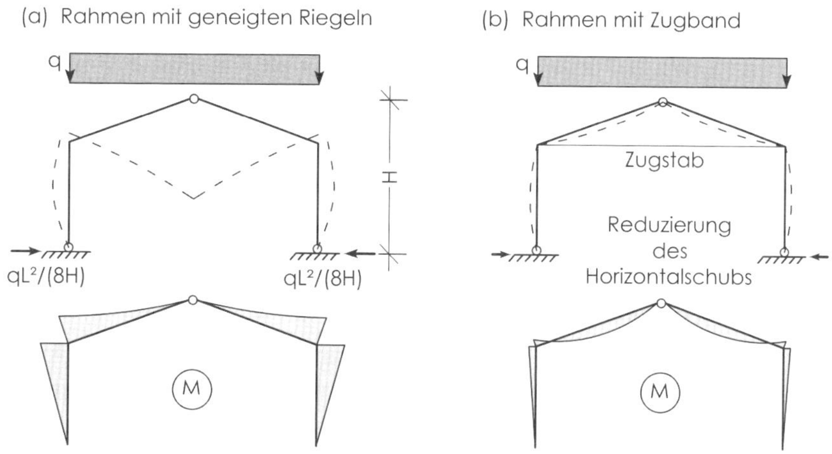

Bild C-73 Varianten zur Reduzierung der Eckmomente; Riegelneigung oder Ergänzung eines Zugstabs

Temperatur oder Lagersetzung

Ein Vorteil des statisch bestimmten Dreigelenkrahmens besteht darin, dass ihm aufgrund der statischen Bestimmtheit keine Schnittgrößen infolge Einwirkungen von Temperatur und Auflagerverschiebung bzw. Auflagersenkung (siehe Abschnitte D.1.6.3 und D.1.6.5) aufgezwungen werden.

Der Dreigelenkrahmen kann allen Verformungen folgen, ohne dass es zu einer Biegebeanspruchung der Stiele oder der Riegel kommt.

Aus diesem Grund ist die Wahl eines statisch bestimmten Dreigelenkrahmens bei schlechtem Baugrund mit zu erwartenden Setzungsdifferenzen empfehlenswert.

C.2.4 Zweigelenkrahmen und eingespannter Rahmen

Beim **Zweigelenkrahmen** wird auf das Gelenk im Rahmenriegel verzichtet. Bei der konstruktiven Ausbildung wird der Montagestoß nicht wie beim Dreigelenkrahmen im Riegel, sondern im Bereich der Rahmenecken oder des Momentennullpunktes im Riegel angeordnet. Stiele und Riegel werden dort biegesteif gekoppelt, z.B. im Stahlbau unter Verwendung einer vorgespannten Schraubverbindung.

Gegenüber dem Zweigelenkrahmen entfallen beim **eingespannten Rahmen** die Fußgelenke.

Wie in Abschnitt C.2.1 gezeigt, sind Zweigelenkrahmen 1-fach und eingespannte Rahmen 3-fach statisch unbestimmte Systeme. Das Verformungsverhalten und die Biegesteifigkeit EI haben damit wie beim statisch unbestimmten Träger einen Einfluss auf die Auflagerreaktionen und die Schnittgrößenverteilung (siehe Abschnitt B.4.9).

In Analogie zu Bild C-56 bzw. Bild C-57 kann auch für den eingespannten Rahmen die Momentenverteilung abgeleitet werden.

Momentenverlauf infolge vertikaler Lasten (Bild C-74)

Der Riegel ist im Bereich der Rahmenecken in den Stiel eingespannt. Die hier vorliegende Einspannung ist jedoch nicht starr, sondern nachgiebig. Diese kann durch eine Drehfeder mit der Drehfedersteifigkeit c_M idealisiert werden (Bild C-74/c). Durch die Einspannung des Stiels in den Fußpunkt weist der Stiel des eingespannten Rahmens im Vergleich zum Zweigelenkrahmen eine höhere Drehfedersteifigkeit an der Rahmenecke auf: $c_{M2} > c_{M1}$. Hieraus resultiert ein größeres Eckmoment beim eingespannten Rahmen im Vergleich zum Zweigelenkrahmen (Bild C-74/b). Zwischen den negativen Eckmomenten kann (bildlich gesprochen) wieder die q · L²/8-Parabel eingehängt werden.

Der Momentenverlauf in den Stielen erschließt sich über das Verformungsverhalten (Biegelinie). Die Stiele können sich beim eingespannten Rahmen infolge ihrer Einspannung am Fußpunkt nicht verdrehen (Bild C-74/a). In einem bestimmten Abstand von der Einspannstelle ändern die Stiele ihre Krümmung, die Biegelinie weist einen Wendepunkt auf. Ein Wendepunkt der Biegelinie bedeutet, dass das Biegemoment das Vorzeichen wechselt (Bild C-74/b). Auch am Riegel sind zwei Wendepunkte der Biegelinie vorhanden.

Durch die Lage der Wendepunkte (Momentennullstelle) lässt sich der Verlauf der Biegemomente im Stiel qualitativ darstellen. Die Biegemomente an den Stielen verlaufen von den positiven Einspannmomenten an den Auflagern geradlinig zu den negativen Eckmomenten. Beim Zweigelenkrahmen ist der Verlauf ebenfalls linear, jedoch nimmt das Moment am Auflagerpunkt den Wert Null an.

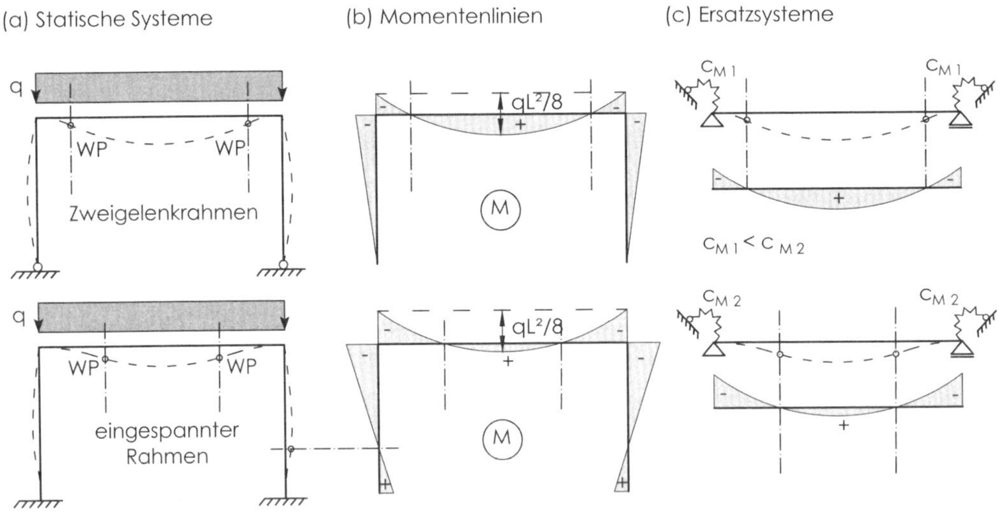

Bild C-74 Zweigelenkrahmen und eingespannter Rahmen unter vertikaler Belastung; Biegelinie, Momentenlinie und Ersatzsysteme im Vergleich

Momentenverlauf infolge horizontaler Lasten (Bild C-75)

Der belastete Rahmenstiel wird gedanklich wieder durch einen Einfeldträger ersetzt, der im Bereich der Rahmenecke elastisch gelagert ist. Im Vergleich zum Zweigelenkrahmen „wandert" beim eingespannten Rahmen das maximale Moment vom Feld an die Einspannung.

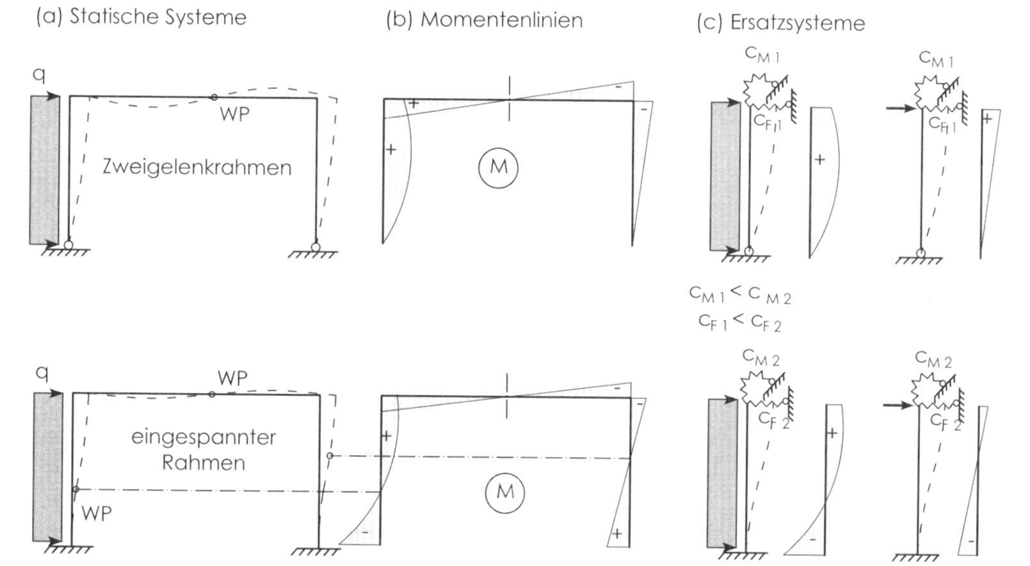

Bild C-75 Zweigelenkrahmen und eingespannter Rahmen unter horizontaler Belastung; Biegelinie, Momentenlinie und Ersatzsysteme im Vergleich

Anwendung von Rahmentafeln

Die Schnittgrößen von statisch unbestimmten Rahmen können für übliche Lastfälle mit den in den Bautabellen enthaltenen Rahmentafeln berechnet werden [19]. Bild C-76 zeigt Auszüge für zwei typische Lastfälle.

Rahmentafeln geben ausgewählte Auflagerreaktionen sowie Schnittmomente an einzelnen Punkten an. Aufgrund der statischen Bestimmtheit sind diese nicht nur alleine von Lasthöhe und Rahmengeometrie abhängig, sondern es geht auch die Biegesteifigkeit EI von Riegel und Stiel ein. Berücksichtigt wird dies über den Faktor k:

$k = (I_R / I_S) \cdot (H/L)$

I_R: Trägheitsmoment des Riegels

I_S: Trägheitsmoment der Stiele

Man geht von der Annahme aus, dass Riegel und Stiel den gleichen E-Modul aufweisen. Anderenfalls gilt:

$k = (E_R \cdot I_R / E_S \cdot I_S) \cdot (H/L)$

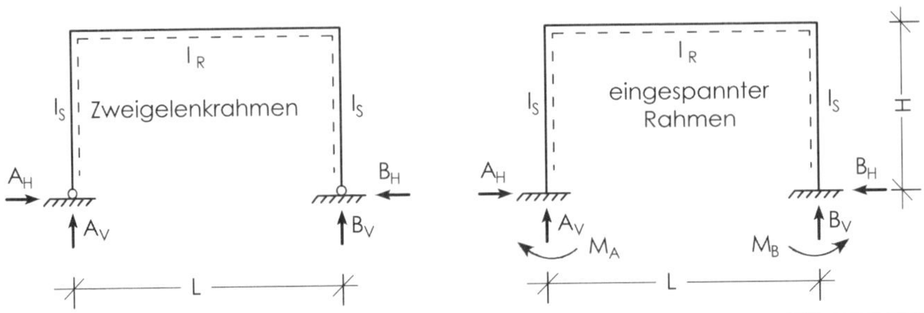

$k = (I_R / I_S) \cdot (H/L)$ Auflagerreaktionen	Zweigelenkrahmen	Eingespannter Rahmen
	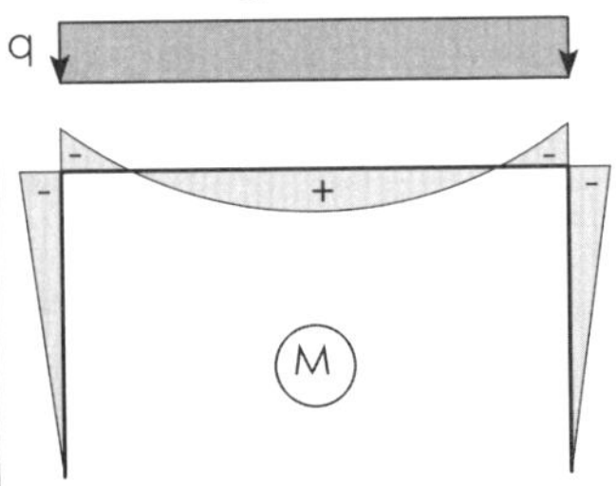	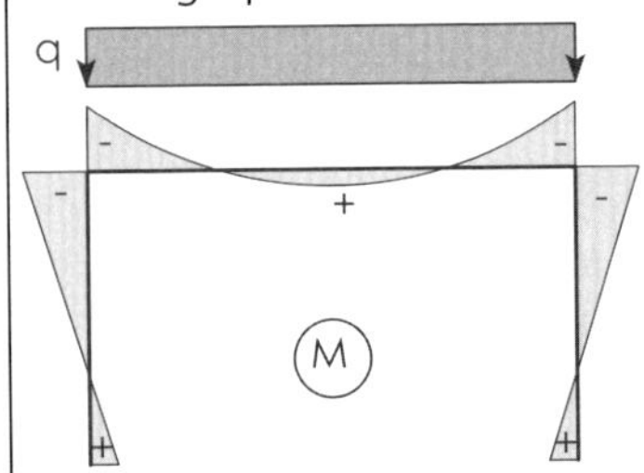
$A_V = B_V$	q L/2	q L/2
$A_H = B_H$	$q\ L^2 / (4H\ (2k+3))$	$q\ L^2 / (4H\ (k+2))$
$M_A = M_B$	-	A_H H/3

$k = (I_R / I_S) \cdot (H/L)$ Auflagerreaktionen	Zweigelenkrahmen	Eingespannter Rahmen
	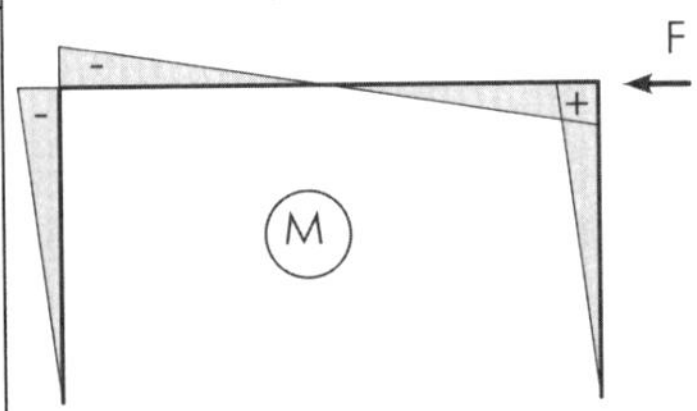	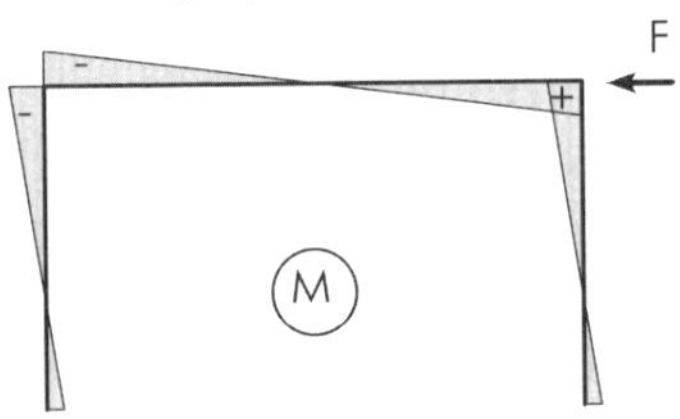
A_V	FH/L	FH/L 3k/(6k+1)
B_V	$-A_V$	$-A_V$
A_H	F/2	F/2
B_H	$-A_H$	$-A_H$
M_A	-	FH/2 · (3k+1)/(6k+1)
M_B	-	$-M_A$

Bild C-76 Berechnung der Schnittgrößen mit Rahmentafeln; Beispiele

Einfluss der Querschnittsgeometrie bei Zweigelenkrahmen

Durch die Wahl des Verhältnisses von Riegel- zur Stielsteifigkeit wird die Verteilung der Biegemomente maßgeblich beeinflusst.

Je größer die Riegelsteifigkeit EI_{Riegel} im Verhältnis zur Stielsteifigkeit EI_{Stiel} gewählt wird, desto weicher sind damit die Stiele und desto geringer ist im Ergebnis die Einspannwirkung des

Riegels in den Stiel. Damit verkleinern sich die Eckmomente und das Feldmoment vergrößert sich (Bild C-77/a).

Ein analoges Verhalten wurde zuvor bereits anhand der Unterschiede zwischen dem eingespannte Rahmen und dem Zweigelenkrahmen aufgezeigt.

Wenn die Stiele steifer werden, vergrößern sich auch die horizontalen Auflagerreaktionen und die Eckmomente wachsen an. Anschaulich wird dies an der $q \cdot L^2/8$-Parabel sichtbar, welche sich nach oben verschiebt. Der Riegel wird dadurch entlastet.

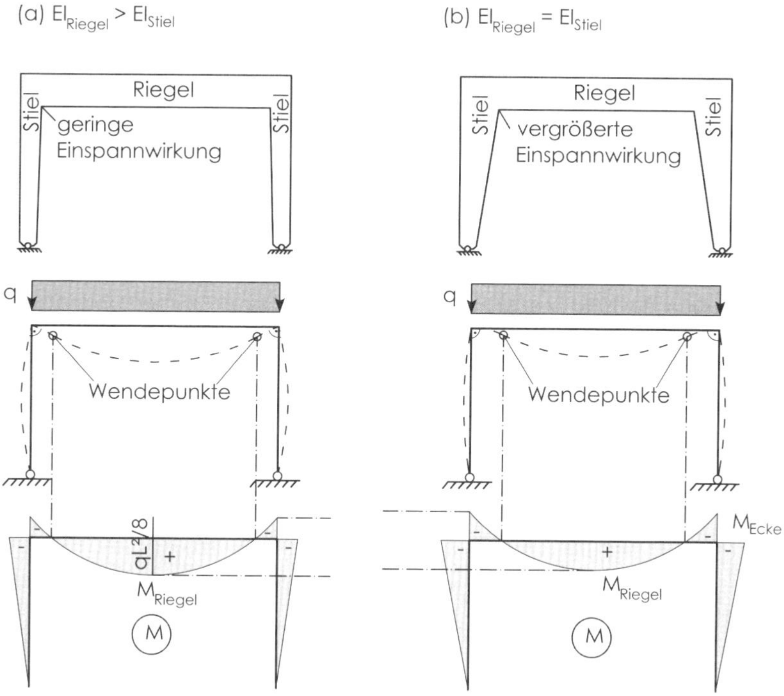

Bild C-77 Zweigelenkrahmen; Einfluss der Stielsteifigkeit

Grenzfallbetrachtung beim eingespannten Rahmen

Unendlich steifer Riegel (Bild C-78/a): Zur Verdeutlichung wird ein Beispiel betrachtet, bei dem die Riegelsteifigkeit gegenüber derjenigen der Stiele dominiert. Ein in der Praxis üblicher Fall ist z.B. ein hoher Stahlbetonunterzug, der biegesteif mit schlanken Stahlstützen verbunden wird. Der Riegel ist z.B. Teil des Unterzugs einer Stahlbetondeckenkonstruktion.

Im Vergleich zu den in den Unterzug eingespannten Stützen ist die Steifigkeit der Stützen gering ($I_R >> I_S$, $k \rightarrow \infty$). Das Moment an den Auflagern der Stiele beträgt dann für den Fall $k \rightarrow \infty$:

$M_A = M_B = -F\ H/4$

Mit $A_H = F/2$ berechnet sich das Eckmoment des Rahmens zu

$M_{Ecke} = -F\ H/4 + F/2\ H = F\ H/4$

Das Verformungsverhalten eines halben Stiels entspricht dem eines Kragträgers belastet mit F/2, sodass die seitliche Verformung der Rahmenecke für $k \rightarrow \infty$ mit dem Ergebnis aus Abschnitt B.4.8.2 berechnet werden kann:

$v_1 = 1/3\ (F/2)\ (H/2)^3/EI_S = 1/48\ F\ H^3/EI_S$

Unendlich weicher Riegel (Bild C-78/c): Für den Grenzfall $I_R << I_S$, d.h., der Riegel weist im Vergleich zum Stiel nur eine sehr geringe Steifigkeit auf, gilt $k \rightarrow 0$. Die Momente an den Auflagern des Rahmens betragen:

$M_A = M_B = -F\ H/2$

Das Eckmoment ist Null:

$M_{Ecke} = -F\ H/2 + F/2\ H = 0$

Das Verformungsverhalten des Stiels entspricht einem Kragträger belastet mit einer Einzellast F/2.

Seitliche Verformung der Rahmenecke (Ergebnis aus Abschnitt B.4.8.2):

$v_3 = 1/3\ (F/2)\ H^3/EI_S = 1/6\ F\ H^3/EI_S$

In der Regel liegt die Steifigkeit des Riegels zwischen den beiden Grenzfällen (Bild C-78/b). Deutlich wird aber, dass die alleinige Aussteifung durch eingespannte Stützen ohne Rahmenwirkung erheblich größere Verformungen hervorruft als ein Rahmensystem mit Rahmenwirkung.

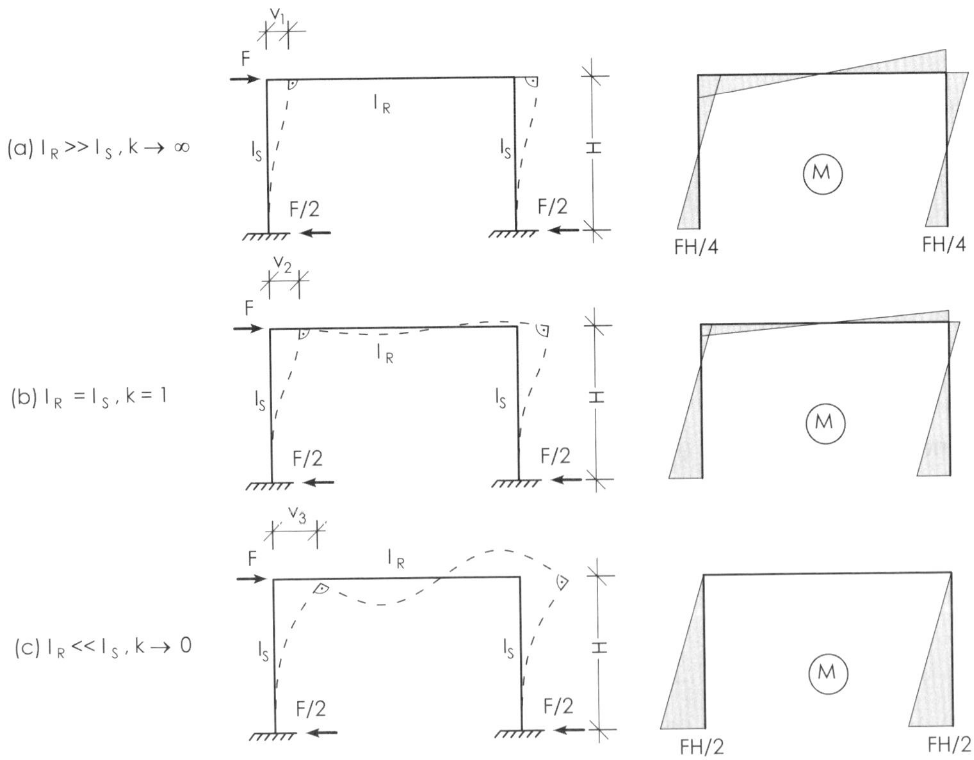

Bild C-78 Eingespannter Rahmen; Variation der Steifigkeiten

Ausführungsbeispiele für Zweigelenkrahmen

Bild C-79 zeigt Konstruktionsbeispiele für biegesteife Rahmenecken und gelenkige Stützenfüße in den zwei Ausführungsvarianten Brettschichtholz und Stahl. An den Ecken muss die Konstruktion so ausgebildet werden, dass die Eckmomente aufgenommen und quasi um die Ecke geführt werden. Am Fußpunkt entstehen neben vertikalen Kräften auch horizontale Auflagerreaktionen, welche von den Fundamenten aufgenommen werden müssen.

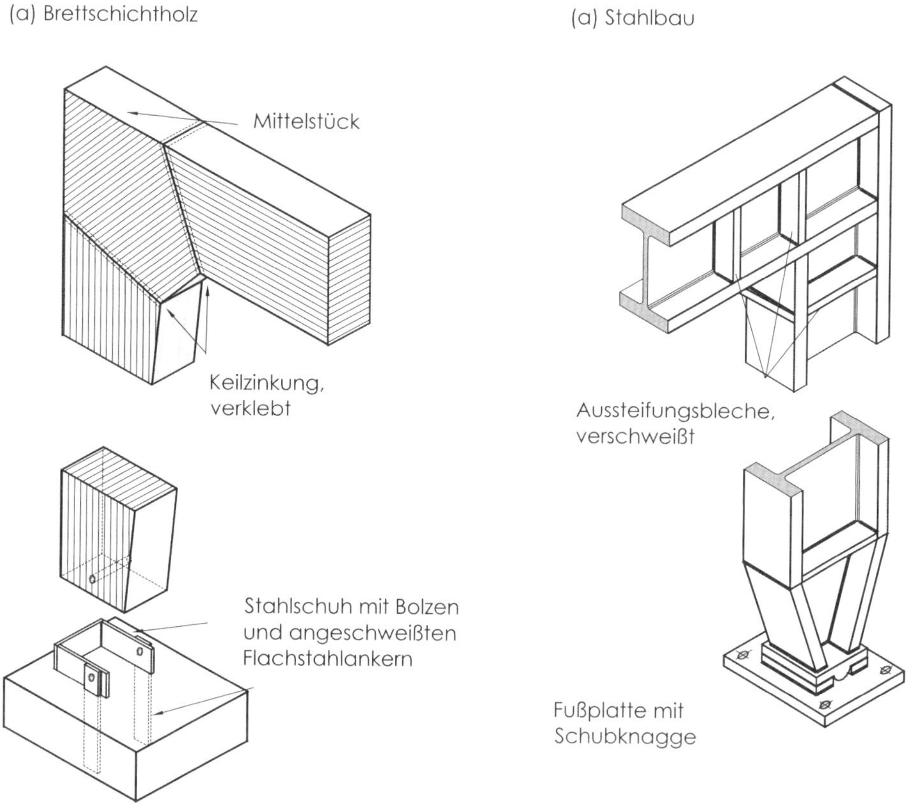

Bild C-79 Zweigelenkrahmen (Details für biegesteife Ecke und gelenkigen Fußpunkt); Ausführungsvarianten Brettschichtholz (a) und Stahlbau (b)

Ausführungsbeispiele für eingespannte Rahmen

Eingespannte Rahmen werden vorwiegend in Stahl und Stahlbeton ausgeführt. Eher unüblich ist es, derartige Systeme in Holzbauweise zu realisieren, da sich die hölzernen Stiele nur mit großem Aufwand über teure und arbeitsaufwändige Stahl-Einbauteile in das Fundament einspannen lassen.

Am einfachsten kann die Fußeinspannung durch Einsetzen der Stiele in ein Köcherfundament aus Stahlbeton erreicht werden. Nach dem genauen Ausrichten des Rahmenstiels mittels Setzplatte und Setzwinkel wird der Köcher ausbetoniert (Bild C-80/a).

Einen geringen konstruktiven Aufwand erfordert auch die Einspannung eines Rahmenstiels aus Stahlbeton in ein Stahlbetonfundament. Die Anschlussbewehrung des Rahmenstiels wird mit der eigentlichen Fundamentbewehrung verlegt und später mit der Bewehrung der Rahmenstiele gestoßen (Bild C-80/b).

Eingespannte Rahmen sind nur möglich, wenn die Einspannmomente durch entsprechend ausgebildete Fundamente oder eine andere tragfähige Unterkonstruktion aufgenommen werden können.

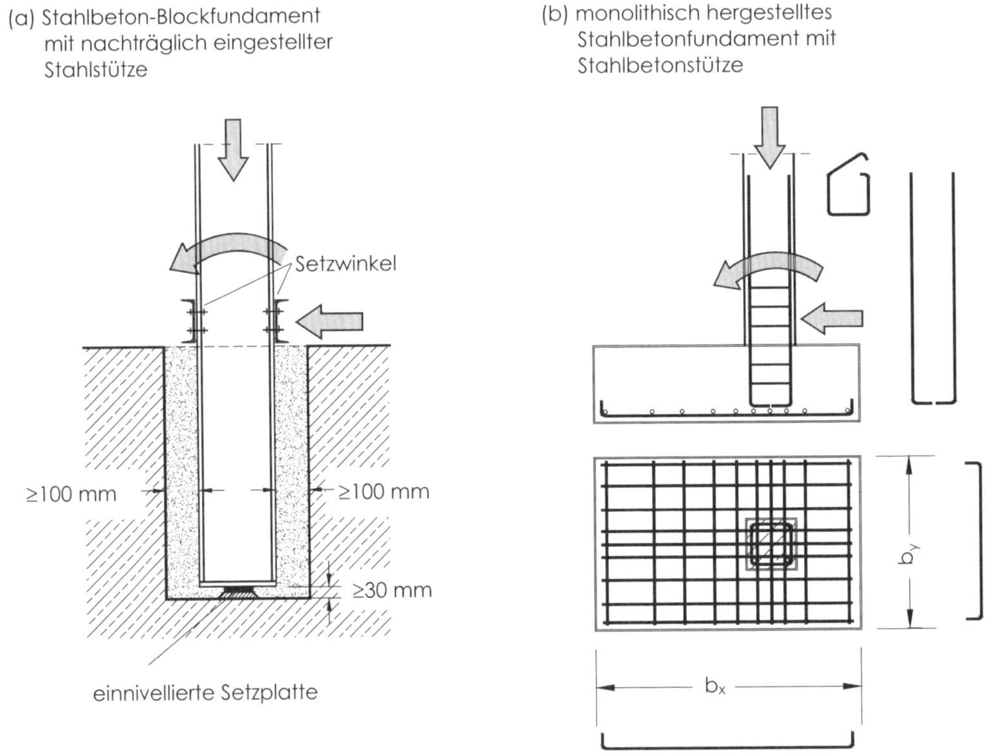

Bild C-80 Eingespannte Rahmen in Stahl- und Stahlbetonbauweise; Details

C.2.5 Räumliche Anordnung von Rahmen

In Analogie zum Tragprinzip von Haupt- und Nebenträger werden Rahmen in Reihe angeordnet (Bild C-81/a). Über senkrecht verlaufende Pfetten (Nebenträger) werden die Dachlasten auf den Rahmen übertragen. In der Ebene des Rahmens (x-z-Ebene) ist das Tragwerk durch die Rahmen stabilisiert. In der y-z-Ebene übernehmen häufig Verbände aus Zugstäben die Längsaussteifung (siehe auch Abschnitt C.5). Durch die Herstellung von biegesteifen Anschlüssen in der x-z und der y-z-Ebene wirkt das Rahmentragwerk analog zu einem Trägerrost (Bild C-81/b).

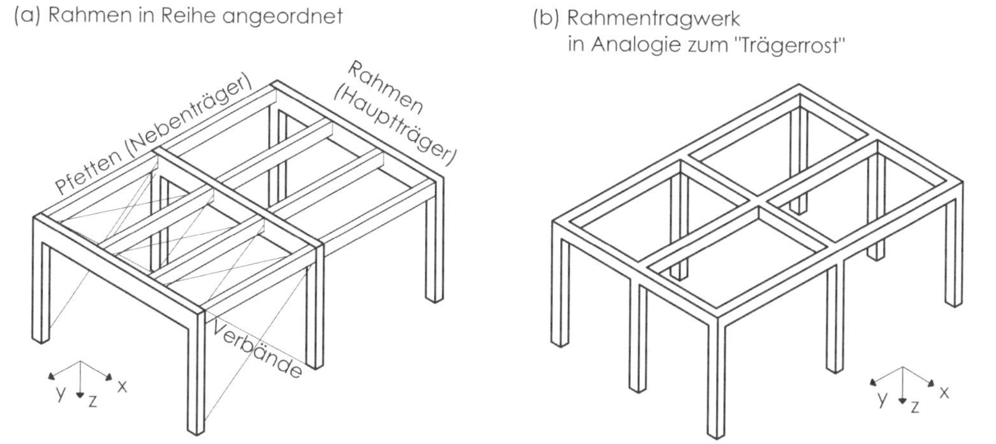

Bild C-81 Rahmenkonstruktionen im Raum; Varianten

C.3 Bogen und Seil

Der Bogen stellt eine Sonderform des Rahmens dar. Historisch gesehen ist er eines der ältesten Tragelemente zur Überspannung größerer Spannweiten. Das Tragverhalten des Bogens wird vergleichend zum Rahmen und zum biegeweichen Seil dargestellt.

C.3.1 Bogen und Rahmen im Vergleich

Das Tragverhalten von Bögen unterscheidet sich von dem von Rahmen durch den Wegfall der biegesteifen Ecke. Der Grad der statischen Bestimmtheit von Dreigelenk- und Zweigelenkbogen sowie eingespannter Bogen entspricht dem des korrespondierenden Rahmensystems (Bild C-82).

Mit Gleichgewichtsbetrachtungen können folglich die Schnittgrößen oder Verformungen nur beim Dreigelenkbogen berechnet werden.

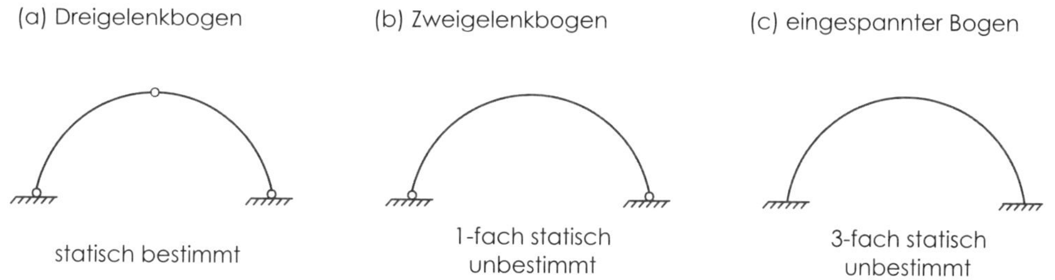

Bild C-82 Bogentypen; Grad der statischen Bestimmtheit

Die horizontalen und vertikalen Auflagerkräfte eines Zweigelenkbogens unter Gleichlast entsprechen den Werten von einem gleich hohen Rahmen. Analog zum Rahmen verdoppeln sich die horizontalen Auflagerkräfte, bei Halbierung der Rahmenhöhe verkleinern sich dieselbigen (Bild C-83).

Bogen mit Höhe H $\Rightarrow$ $A_H = B_H = q\ L^2/(8H)$

Bogen mit Höhe 2H $\Rightarrow$ $A_H = B_H = q\ L^2/(16H)$

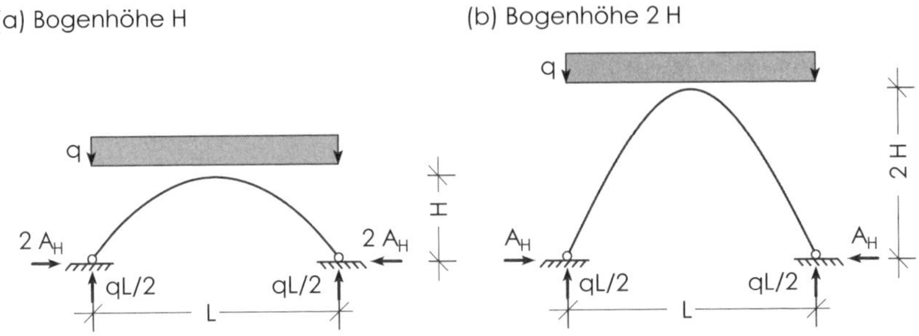

Bild C-83 Zweigelenkbogen; Einfluss der Bogenhöhe auf die Auflagerkräfte

Ein Hauptaugenmerk bei der Tragwerksplanung, sowohl von Bogen als auch von Rahmen, ist auf den sicheren Lastabtrag der resultierenden Horizontalkräfte zu richten. Dabei sind grundsätzlich zwei Varianten zu unterscheiden.

Einerseits kann der Horizontalschub als „äußere" Auflagerkraft von Fundamenten aufgenommen werden. Ein konkretes Beispiel ist das in Bild C-84/a dargestellte Schwergewichtsfundament, das in der Fundamentsohle eine ausreichend hohe Reibung aufweisen muss, um die horizontalen Auflagerkräfte in den Baugrund weiterzuleiten.

Andererseits kann der Horizontalschub aber auch innerhalb der Tragkonstruktion „kurzgeschlossen" werden. Dieses Vorgehen erweist sich oftmals als die zielführende und konstruktiv elegantere Variante. Bild C-84/b zeigt exemplarisch den Kraftverlauf bei der Verwendung von Zugbändern.

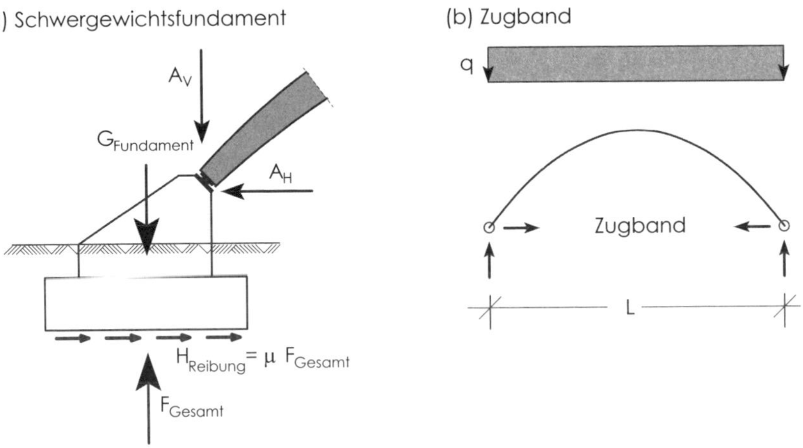

Bild C-84 Zweigelenkbogen; Varianten zur Aufnahme des Horizontalschubs

Bei aufgeständerten Bögen (z.B. auf Stützen) ist eine Zugbandlösung erforderlich, weil die Horizontalkraft am Stützenkopf ein großes Biegemoment in der Stütze verursachen würde. Um ein Durchhängen des Zugbands bei geringer Belastung zu vermeiden, ist eine Abhängung empfehlenswert (Bild C-85/a).

Die Horizontalkräfte von gereihten Bögen werden von Zugbändern aus Stahl aufgenommen. Bei einer gleichmäßigen Belastung auf allen Bögen heben sich die horizontalen Auflagerkräfte über den Innenstützen auf. Die horizontale Auflagerkraft des äußeren Bogens wird dann durch ein durchgehendes Zugband ins Gleichgewicht gebracht (Bild C-85/b).

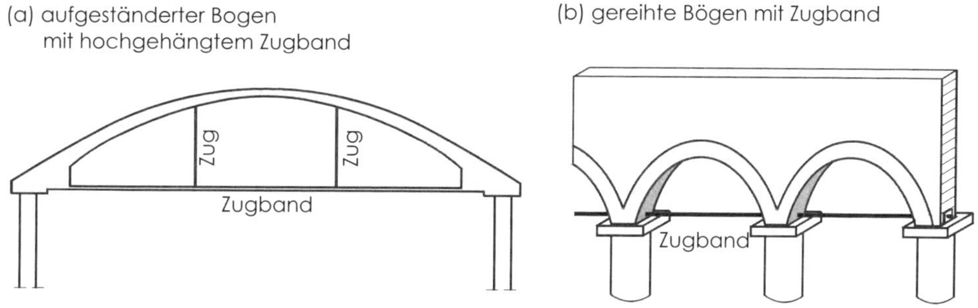

Bild C-85 Aufgeständerte und gereihte Bögen

Der Dreigelenkbogen hat im Vergleich zum Zweigelenkbogen und eingespannten Bogen den Vorteil, dass Einwirkungen wie Temperatur oder Lagersetzungen keine Schnittgrößen im System hervorrufen (Bild C-86).

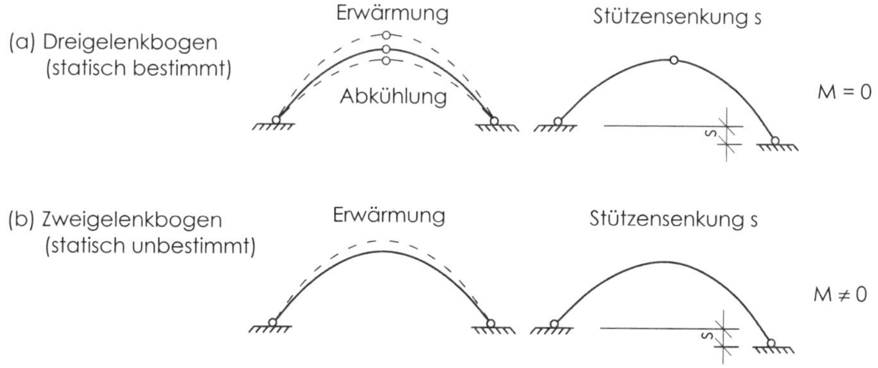

Bild C-86 Bogentragwerke; Einfluss von Temperatur und Setzungen

Bogentragwerke können wie Träger (vgl. Abschnitt C.1.4) mittels einer Verspannung aus zugbeanspruchten Seilen stabilisiert werden. Durch eine Verspannung werden die Biegemomente des Bogens infolge wechselnder Belastung reduziert und dadurch entstehende Formänderungen vermindert. Hierdurch lässt sich der Bogenquerschnitt minimieren.

Bei einer Verspannung durch Zugstäbe ist grundsätzlich zu unterscheiden, ob diese bereits planmäßig vorgespannt werden oder nicht.

Nicht vorgespannte, in wechselnde Richtungen orientierte Zugstäbe fixieren in einem weit- oder engmaschigen Netz einzelne Bogenpunkte mit den Auflagern (Bild C-87). Bei einseitiger Belastung stellen sich Zugkräfte zwischen den Bogenpunkten und dem jeweils gegenüberliegenden Auflager ein. Die Diagonalen zur andern Richtung fallen für das Tragsystem aus, da sie schlaff werden.

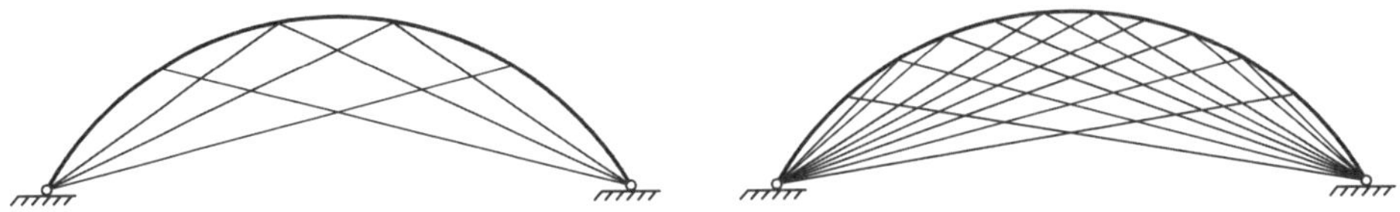

Bild C-87 Druckbögen mit schlaffen Seilen

Varianten für Tragsysteme mit vorgespannten Seilen und Zugstäben zeigt Bild C-88.

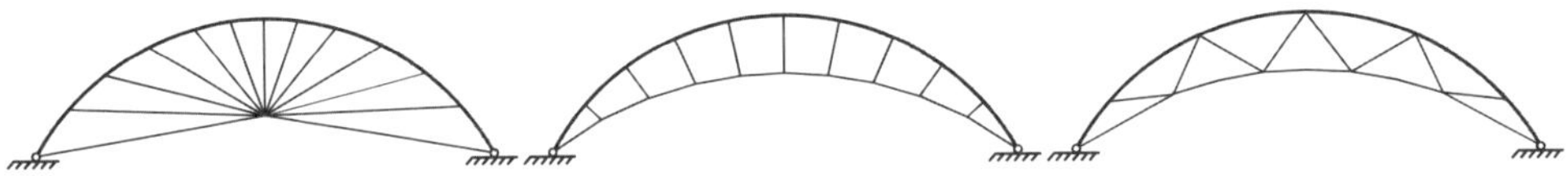

Bild C-88 Druckbögen mit vorgespannten Seilen

C.3.2 Stütz- und Seillinie

Für jeden Belastungszustand gibt es eine Bogengeometrie, bei der ausschließlich Drucknormalkräfte auftreten. Diese Geometrie nennt man **Stützlinie**.

Die an der Horizontalen gespiegelte Stützlinie (Bild C-89/a) entspricht der Seillinie (Bild C-89/b), welche sich bei einer gleicher Belastung eines Seiles einstellt und beim Seil nur Zugkräfte hervorruft.

Der Bogen ist also eine Umkehrung des Seils, d.h., die Zugkraft im Seil wird zur Druckkraft im Bogen. Deshalb sind Bögen ursprünglich typische Konstruktionsformen für Tragwerke aus natürlichen oder künstlichen Steinen, also Baumaterialien, die nur Druckkräfte aufnehmen können.

Folgende Analogien bestehen beim Vergleich von Druckbogen und Seil:

- Stützlinie ⇔ Seillinie.
- Bogendruck ⇔ Seilzug.
- Bogenschub ⇔ Auflagerzug.
- Bogenstich ⇔ Seildurchhang.

Das Baumaterial für einen Bogen muss eine Formstabilität aufweisen. Ein Seil ist dagegen nicht formstabil; neben einer geringen elastischen Dehnung – wie die Balkendurchbiegung – hängt die Verformungsfigur des Seils von der Lastfigur und der Seillänge ab. Da ein Seil absolut biegeweich ist, verändert es seine Form so lange, bis es die aufgebrachte Last allein mit inneren Zugkräften aufnehmen kann. Der Grund dafür ist, dass ein Seil keine Biegemomente aufnehmen kann. Gleiches gilt auch für eine Kette aus einzelnen Gliedern: jeder Übergangspunkt zwischen den Kettengliedern wirkt wie ein Gelenk.

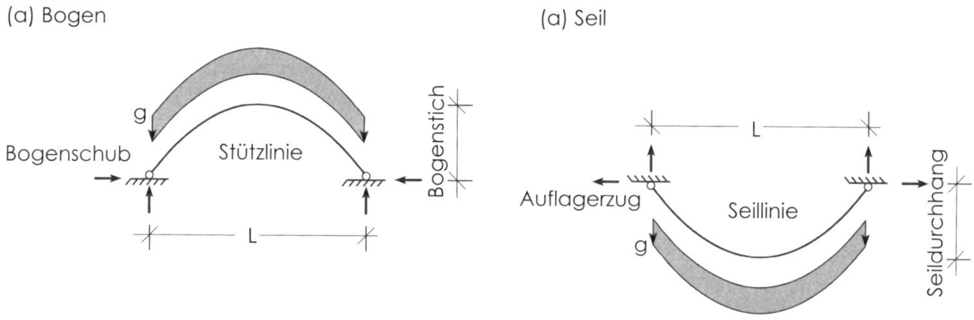

Bild C-89 Bogen und Seil; Stütz- und Seillinie im Vergleich

Die Form der Stützlinie entspricht wie die Seillinie immer dem Biegemomentenverlauf am Ersatzbalken (Bild C-90/c). Der Bogen trägt die Lasten über Druck (Schnittgröße N negativ, Bild C-90/a), das Seil über Zug (Schnittgröße N positiv, Bild C-90/b) und der Balken über Biegung ab (Schnittgrößen M und V, Bild C-90/c). Über diesen Zusammenhang kann man sich für jeden Belastungszustand auch qualitativ den Biegemomentenverlauf am Balken herleiten (siehe Bild B-47). Im Unterschied zum Bogen und zum Seil sind bei vertikaler Beanspruchung die horizontalen Auflagerkräfte beim Balken jedoch immer Null.

Umgekehrt kann man vom Momentenverlauf des Ersatzbalkens unter einer Gleichlast auf die Stützlinie des Bogens und die Seillinie des Seiles schließen: diese müssen für eine Gleichlast q parabelförmig sein.

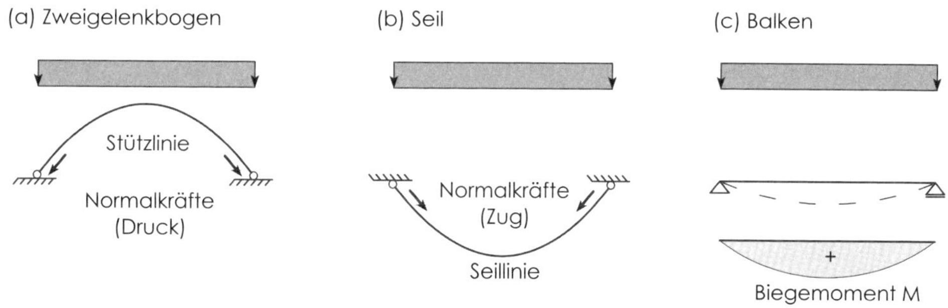

Bild C-90 Bogen, Seil und Balken; Lastabtrag unter Gleichlast im Vergleich

Die Stützlinie für die Belastung durch eine Einzellast entspricht der Form eines Stabzugs aus zwei Stäben (Bild C-91), dessen Fußpunkte jeweils fest gelagert sind. Die Form findet sich beim Seil und beim Momentenverlauf des Balkens belastet durch eine Einzellast in Feldmitte wieder.

Unter unsymmetrischer Streckenlast ändern sich auch Seil- und Stützlinie. Die Verläufe können auf der Grundlage der im Abschnitt B.2.3, Bild B-42/b hergeleiteten Momentenlinie abgeleitet werden.

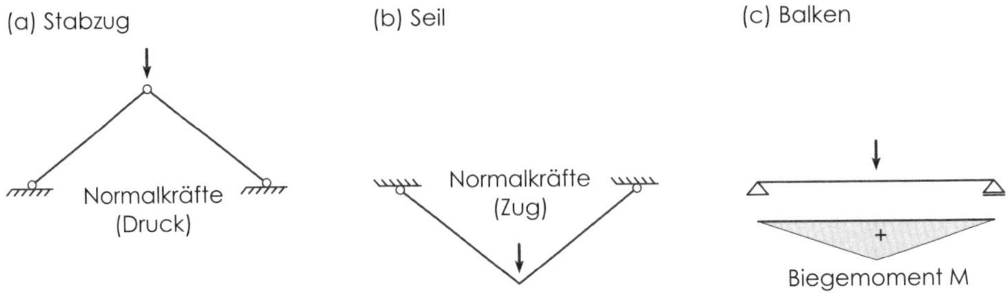

Bild C-91 Stabzug, Seil und Balken unter einer Einzellast; Lastabtrag im Vergleich

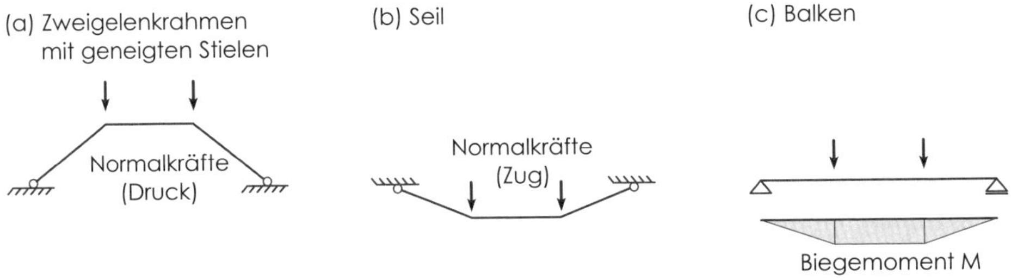

Bild C-92 Rahmen, Seil und Balken unter zwei Einzellasten; Lastabtrag im Vergleich

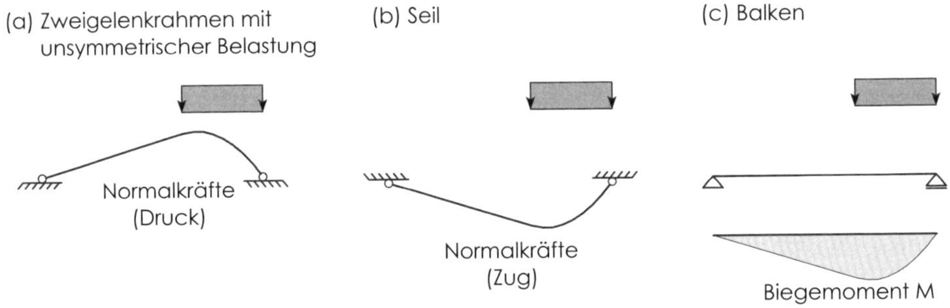

Bild C-93 Bogen, Seil und Balken unter einer Blocklast; Lastabtrag im Vergleich

C.3.3 Auflagerkräfte und Schnittgrößen von Bögen

Am Beispiel eines halbkreisförmigen Dreigelenkbogens (Bild C-94/a) unter Gleichlast wird der Biegemomentenverlauf qualitativ ermittelt. Zum Vergleich wird diesem das Tragverhalten eines parabelförmigen Bogens (Bild C-94/b) gegenübergestellt. Da der parabelförmige Bogen dem Verlauf der Stützlinie unter der gegebenen Belastung entspricht, tritt kein Biegemoment im Bogen auf.

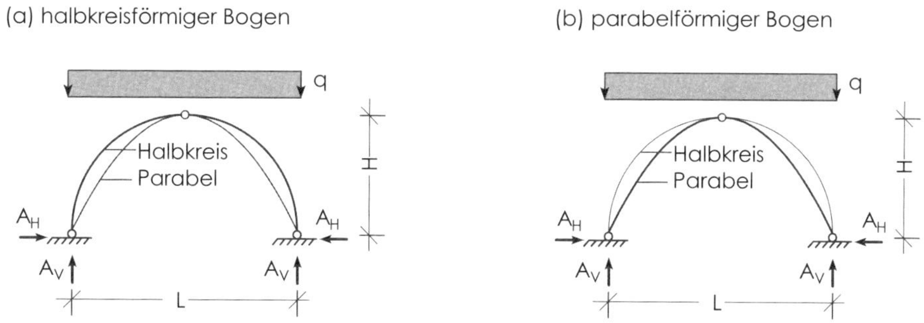

Bild C-94 Halbkreisförmiger und parabelförmiger Dreigelenkbogen unter Gleichlast

Die Auflagerkräfte bei beiden Bogenformen entsprechen denen des Dreigelenkrahmens (Bild C-95/a, vgl. auch Abschnitt C.2.3.2):

$A_v = B_v = q\, L/2$

$\Sigma M_{G,\text{Teilsystem}} = 0$

$A_H = B_H = q\, L^2/(8H)$

Unabhängig von der Bogenform kann über folgende Gleichung der Biegemomentenverlauf in Abhängigkeit von den Ordinaten x und y berechnet werden (Bild C-95/b):

$M(\mathbf{x}) = A_V \cdot \mathbf{x} - A_H \cdot \mathbf{y} - q\, \mathbf{x}^2/2$

$\Leftrightarrow$

$M(\mathbf{x}) = qL/2 \cdot \mathbf{x} - qL^2/(8\,H) \cdot \mathbf{y} - q\, \mathbf{x}^2/2$

Für die Berechnung der Normalkraft muss die Neigung des Bogens in Abhängigkeit von der Ordinate x für jede Bogenform bestimmt werden. Das Gleiche gilt für den mathematischen Zusammenhang zwischen x und y. Vereinfachend wird hier darauf verzichtet.

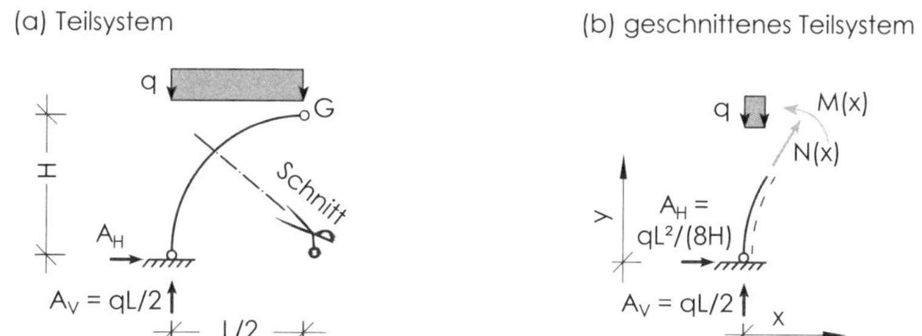

Bild C-95 Dreigelenkbogen; Teilsystem, Schnittführung und Auflagerreaktion

Ohne genauere Berechnungen können der Verlauf und das Vorzeichen des Biegemoments im Bogen durch einen Geometrievergleich der Stützlinie des parabelförmigen Bogens und des halbkreisförmigen Bogens bestimmt werden (Bild C-96/a).

Der parabelförmige Bogen wird geometrisch vom halbkreisförmigen Bogen umschrieben. Ausgehend davon, dass auf der Höhe der Stützlinie das Biegemoment Null ist, wird das Gleichgewicht bezogen auf die Stützlinie aufgestellt (Bild C-96/c):

$M_{Stützlinie}(x) = M(x) - N(x)\, e(x)$

mit $M_{Stützlinie}(x) = 0$

$\Leftrightarrow\ M(x) = N(x) \cdot e(x)$

Da die Normalkraft als Druckkraft negativ ist, wirkt im halbkreisförmigen Bogen ein negatives Moment (Bild C-96/b).

Das Moment ist gleich dem Produkt der Normalkraft N(x) multipliziert mit dem Abstand e(x) zwischen der Bauteilachse des halbkreisförmigen Bogens und der Stützlinie. Diesen Abstand bezeichnet man auch als Exzentrizität (Ausmitte) der Systemachse zur Stützlinie (Bild C-96/c).

In Abhängigkeit von der Lage vom System zur Stützlinie ergeben sich positive oder negative Momente im Bogen.

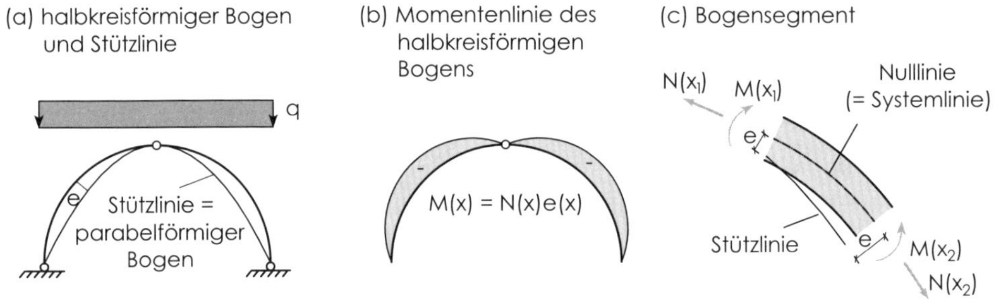

Bild C-96 Qualitativer Momentenverlauf am halbkreisförmigen Bogen unter Gleichlast

Das Prinzip kann auf andere Systeme, wie z.B. den Stabzug in Bild C-97, übertragen werden. Die Stützlinie (= parabelförmiger Bogen) verläuft oberhalb der Systemlinie (= Nulllinie, Abschnitt B.4.2, Bild B-101) des Stabzugs (Bild C-97/a). Das Gleichgewicht im Querschnitt lautet (Bild C-97/c):

$M(x) + N(x)\, e(x) = 0$

$\Leftrightarrow$

$M(x) = - N(x) \cdot e(x)$

Da die Druckkraft negativ definiert ist, hebt sich das negative Vorzeichen auf und es ergibt sich ein positives Moment (Bild C-97/b).

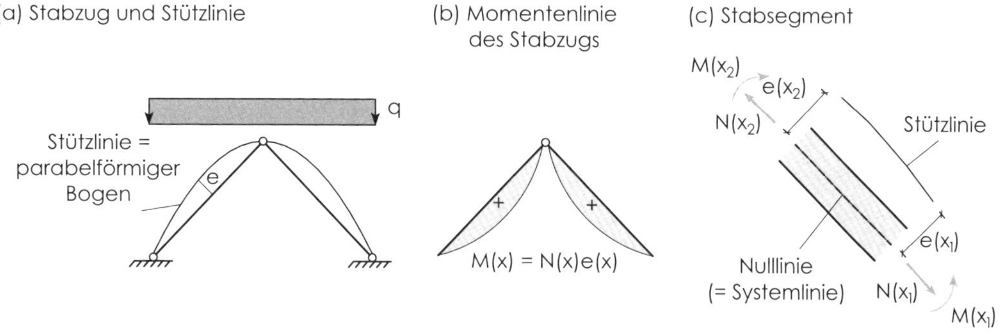

Bild C-97 Qualitativer Momentenverlauf am Stabzug unter Gleichlast

C.3.4 Mauerwerksbögen

Bei Bogenquerschnitten aus Stahlbeton, Stahl oder Brettschichtholz kann das Moment im Querschnitt über die Biegezug- und Biegedruckspannungen aufgenommen werden.

Mauerwerk ist ein Baumaterial, welches nur sehr geringe Biegezugspannungen aufnehmen kann (Bild C-98/a). Wenn die Systemlinie der Stützlinie entspricht, wirkt die Normalkraft stets zentrisch auf den Querschnitt und es gilt $M = 0$. Bei Lasten abweichend von der Stützlinie des Systems kann der Bogen nicht wie das Seil seine Form verändern, sondern Stütz- und Seillinie weichen voneinander ab (Bild C-98/b). Hierdurch entsteht durch den außermittigen Normalkraftangriff dann ein Moment $M = N \cdot e$ im Querschnitt (Bild C-98/c).

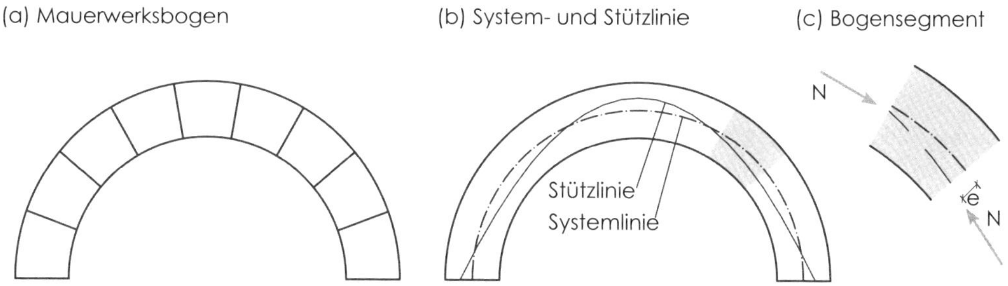

Bild C-98 Mauerwerksbogen; System- und Stützlinie

Bei einem Bogenquerschnitt aus Mauerwerk ohne Zugfestigkeit bleibt der Querschnitt im Gleichgewicht, solange die Ausmitte e der Drucknormalkraft kleiner ist als 1/6 der Querschnittshöhe. Der Lastangriffspunkt liegt somit im Querschnittskern des Bogens (Bild C-99/a). Der Querschnitt des Bogens muss so hoch sein, dass die Stützlinie für alle Lastzustände innerhalb des Querschnittskerns liegt. Im gesamten Querschnitt wirken dann nur Druckspannungen (Bild C-99/b).

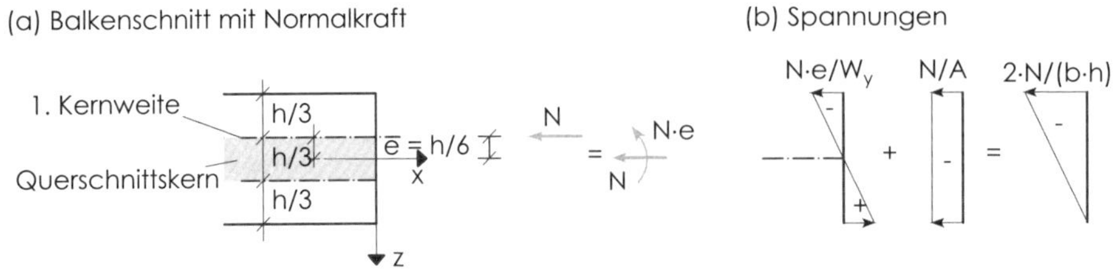

Bild C-99 Lastangriff im Querschnittskern; überdrückter Querschnitt

Ein Material ohne Zugfestigkeit bleibt im Gleichgewicht, wenn die Ausmitte nicht größer als h/3 ist (Bild C-100/a). Bei der Lage der Resultierenden R außerhalb der sogenannten zweiten Kernweite entsteht eine klaffende Fuge und der Querschnitt versagt (Bild C-100/b).

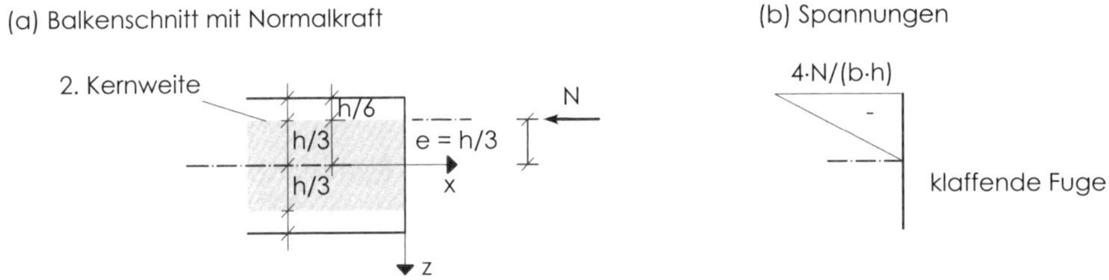

Bild C-100 Lastangriff der Lastresultierenden außerhalb der 2. Kernweite; klaffende Fuge

C.3.5 Seiltragwerk, Hängewerke

Im Gegensatz zum Bogen ist das Seil nicht formstabil. Der Bogen biegt sich zwar unter Last geringfügig durch, jedoch behält er seine Ausgangsform.

Seile besitzen dagegen praktisch keine Formstabilität, sondern sie geben den angreifenden Lasten so lange nach, bis sie mangels Biegewiderstand die Lasten allein durch Zugbeanspruchung abtragen. Die Seilfigur, die sich einstellt, ist von der Form der Belastung abhängig (siehe Abschnitte A.6, B.2.5 und C.3.2).

Weil man z. B. bei einer Dachkonstruktion derart starke Veränderungen der Dachform bei wechselnder Belastung wegen der Dichtigkeit der Dacheindeckung nicht hinnehmen kann, müssen Maßnahmen zur Stabilisierung getroffen werden (z. B. Querabspannungen, hohes Eigengewicht der Dacheindeckung). Darüber hinaus können z.B. durch Windeinwirkungen Schwingungen entstehen, die infolge des geringen Eigengewichts von Seilkonstruktionen zu sehr großen Formänderungen führen.

Die Berechnung von Seilkonstruktionen ist sehr kompliziert und erfolgt unter Berücksichtigung der Formänderung und der Längenänderung der Seile. Im Folgenden werden daher nur einige Grundprinzipien für den Entwurf von Seilkonstruktionen erläutert.

Ein Dachtragwerk, bei dem der Lastabtrag über Tragseile erfolgt, kann über die Dachhaut (z.B. Betonbauteile) so schwer ausgebildet werden, dass durch Windsogkräfte oder durch Wind von unten keine Umkehrung der Kraftrichtung entsteht. D.h., die ständige Last muss gegenüber der veränderlichen Last groß sein. Dies vergrößert allerdings die Seilkräfte und widerspricht der Grundidee von leichten Seiltragwerken (Bild C-101/a). Bei Hängebrücken wirkt die Fahrbahn als biegesteifer Versteifungsträger, der über Zugseile an den Tragseilen aufgehangen wird. Dieser Versteifungsträger hält die Verformungen gering. Allerdings greifen in den Aufhängepunkten Einzellasten am Seil an, die bei zu großem Abstand das Seil zu einem Polygonzug verformen (Bild C-101/b).

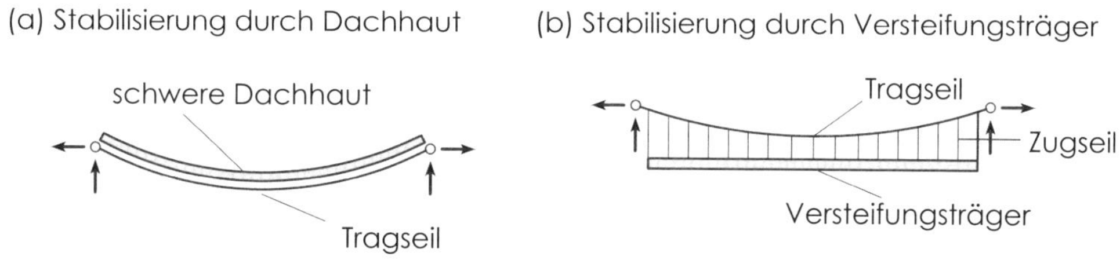

Bild C-101 Seiltragwerke; Stabilisierung

Das Tragseil kann auch durch ein sogenanntes Spannseil stabilisiert werden. Tragseil und Spannseil sind durch dreiecksförmig oder parallel angeordnete Zugstäbe miteinander verbunden (Bild C-102). Das gesamte System muss so vorgespannt sein, dass auch unter der größten Last und der damit verbundenen Dehnung des Tragseils nur Zugkräfte wirken. Bei Windsog oder Wind von unten wechseln Trag- und Spannseil ihre Funktion.

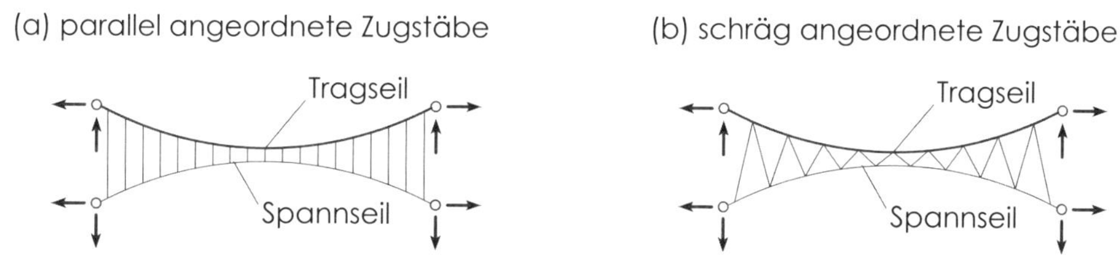

Bild C-102 Seiltragwerke; Stabilisierung mit unterseitigem Spannseil

Wird das Spannseil über dem Tragseil angeordnet und durch Druckstäbe auf Abstand gehalten, entsteht ein fischbauchförmiger Träger. Die Druckstäbe sind stabilitätsgefährdet und müssen seitlich gehalten werden, weil sie sich um die Trägerachse drehen können. Dieses Tragsystem wird auch als Spreizbinder bezeichnet (Bild C-103/a). Trag- und Spannseil können sich auch kreuzen (Bild C-103/b), im Mittelbereich erfolgt die Spreizung durch druckbeanspruchte Stäbe und in den Randbereichen durch Zugstäbe.

Zur Überbrückung von großen Spannweiten werden Versteifungsträger mit Trag- und Spannseilen kombiniert (Bild C-104).

Die Biegesteifigkeit des Versteifungsträgers kann reduziert werden, indem er als Spannband ausgeführt wird (Bild C-105). Zur Reduzierung der Verformungen und Schwingungen kann dieser auch wieder durch Seilkonstruktionen verstärkt werden.

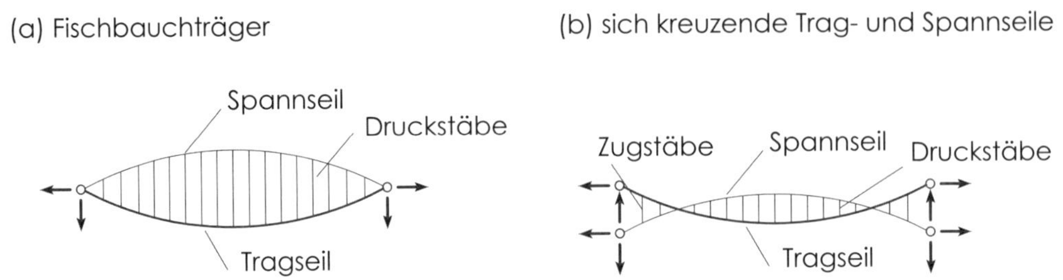

Bild C-103 Seiltragwerke; Stabilisierung mit oberseitigem Spannseil

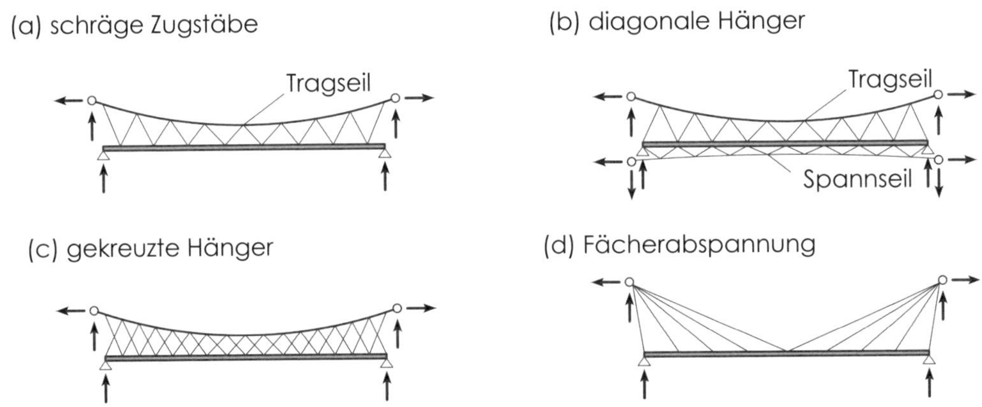

Bild C-104 Seiltragwerke; Varianten mit biegesteifem Balken und Seilen

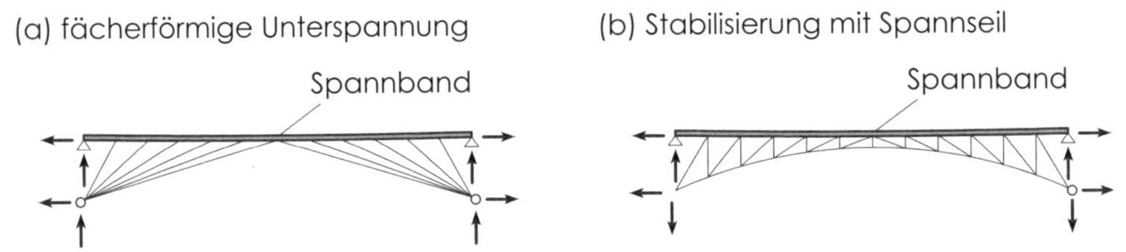

Bild C-105 Seiltragwerke; Stabilisierung von Spannbändern

Die Kräfte aus den Tragseilen und gegebenenfalls aus den Spannseilen müssen im Baugrund verankert werden. Die sich aus dem Konstruktionsprinzip ergebenden hochliegenden Auflagerpunkte der Tragseile werden durch Stützen, auch Pylone genannt, gebildet. Die Horizontalkräfte aus dem Tragseil werden wiederum durch Abspannseile in den Baugrund abgeleitet (Bild B-106).

Die Kräfte aus dem Tragseil S, der Stützenkraft D und aus dem Abspannseil A bilden ein in sich geschlossenes Krafteck. Bei gleicher Zugkraft S im Tragseil ergeben sich die Zugkraft A im Abspannseil und die Druckkraft D in der Stütze in Abhängigkeit von den Neigungen der Tragelemente.

Bei steiler geneigtem Abspannseil und vertikaler Stütze ist aus dem Krafteck ersichtlich, dass Druckkraft D und Zugkraft A wesentlich zunehmen (Bild B-106/b). Diese Lösung erfordert einen größeren Querschnitt von Abspannseil und Stütze und führt zu größeren Fundamenten. Das Abspannseil muss jedoch immer geneigt angeordnet werden, da das Krafteck sonst nicht geschlossen werden kann.

Günstig ist es, die Stütze so zu neigen, dass die Winkel zwischen Abspannseil und Stütze bzw. zwischen Tragseil und Stütze gleich groß sind. Dies ergibt die geringsten Kräfte A im Abspannseil und D in der Stütze. Die Kräfte D_3 und A_3 sind dann etwa gleich groß (Bild B-106/c).

Wird die Stütze steiler geneigt, ist es auch möglich, das Abspannseil senkrecht zu führen. Die sich ergebenden Kräfte A_4 und D_4 sind jedoch größer als im vorhergehenden Fall (Bild B-106/d), jedoch ist der Platzbedarf des Bauwerks geringer.

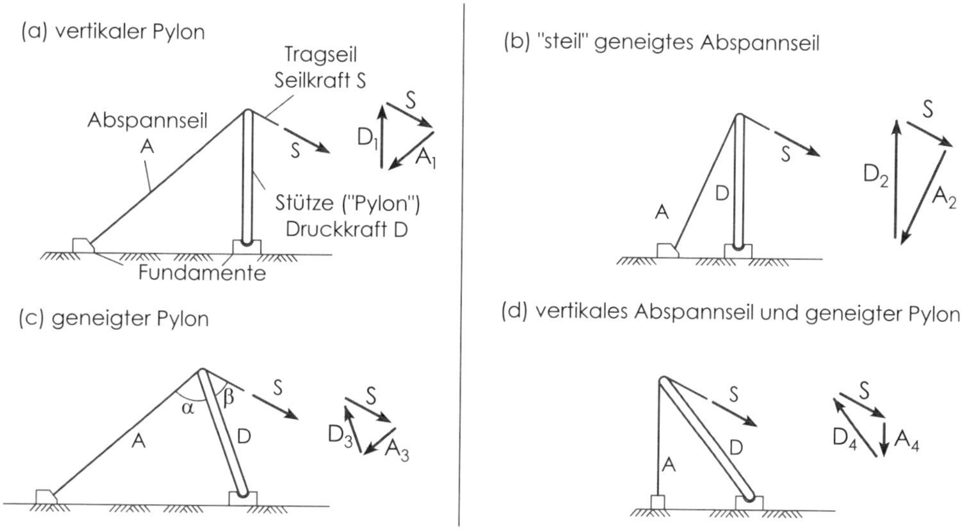

Bild C-106 Stützen- und Spannseilneigung; Parameter

Auch die Zugkräfte aus den Spannseilen müssen über eigene Abspannseile bis in den Baugrund geleitet werden. Üblicherweise werden sie zusammen mit den Zugkräften aus den Tragseilen in einem Fundament verankert (Bild C-107/a). Bei Spreizbindern genügt ein Abspannseil, um die Zugkräfte aus dem Spannseil und dem Tragseil gemeinsam abzuleiten (Bild C-107/b).

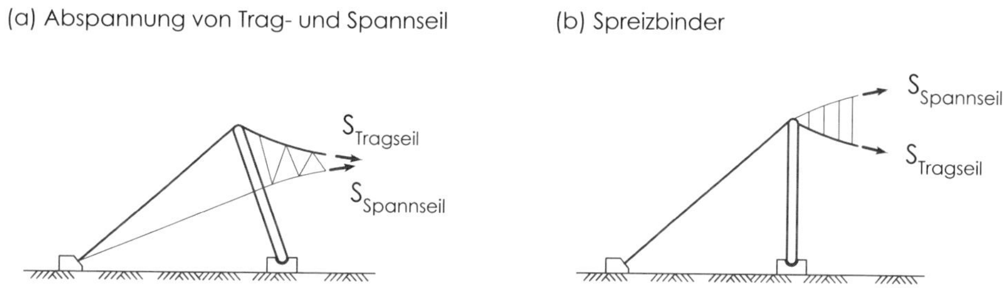

Bild C-107 Abspannung von Trag- und Spannseilen; Varianten

Die Wirkungslinien von Abspann- und Tragseil schneiden sich möglichst am Pylonkopf Bild C-108/a in einem Punkt. Bild C-108/b zeigt exemplarisch den Anschluss eines Abspannseils im Fundament.

(a) Anschluss: Abspannseil, Pylon, Tragseil (b) Anschluss: Verankerung Abspannseil

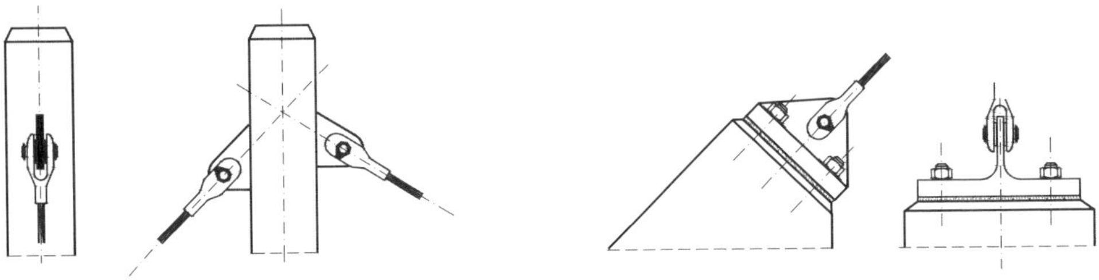

Bild C-108 Abspannseile; Anschlussdetails

Werden die Abspannseile nur in Ebene der Tragseile weitergeführt, sind die Stützen seitlich nicht gehalten (Bild C-109/a). Für die Stabilisierung der Stützen in Querrichtung der Halle sind zusätzliche Maßnahmen erforderlich. Werden zwei sich spreizende Abspannseile je Stütze angeordnet, ist die Stütze in jeder Richtung stabilisiert (Bild C-109/b). Darüber hinaus entfällt auf ein Abspannseil nur die Hälfte der Zugkraft (zuzüglich einer Umlenkkomponente), sodass es mit geringerem Querschnitt ausgeführt werden kann. Werden die Abspannseile zweier Stützen in einem gemeinsamen Fundament konzentriert, sind die Stützen wieder durch zusätzliche Maßnahmen in Querrichtung zu stabilisieren (Bild C-109/c).

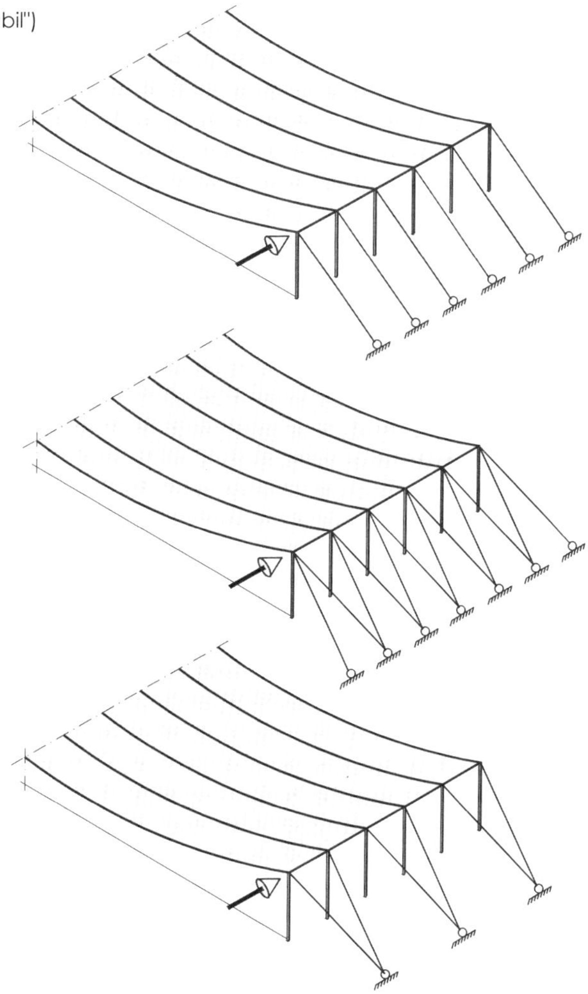

Bild C-109 Hängewerk; räumliche Stabilisierung

Die Horizontalkräfte aus den Tragseilen können auch, wenn außenliegende Abspannseile vermieden werden sollen oder nicht möglich sind, durch entsprechend ausgebildete schwere Wandscheiben aufgenommen werden (Bild C-110/a). Diese Wandscheiben sind z.B. als Tribünenkonstruktion nutzbar.

In Bild C-110/b erfolgt die Aufnahme der Horizontalkräfte durch ein Fachwerk in der Dachfläche („Dachverband"), das die gesammelten Lasten zu verstärkten Randbögen trägt. Die Randbögen belasten die Stützen in der Längsfassade auf Druck. In Querrichtung der Halle sind zusätzliche Stabilisierungsmaßnahmen nötig.

Soll die Hallenbreite weitgehend frei zugänglich sein, können die Tragseile auch an einem Randseil verankert werden (Bild C-110/c). Die gesammelten Zugkräfte werden dann über nur zwei Eckstützen und Abspannungen in den Baugrund geleitet.

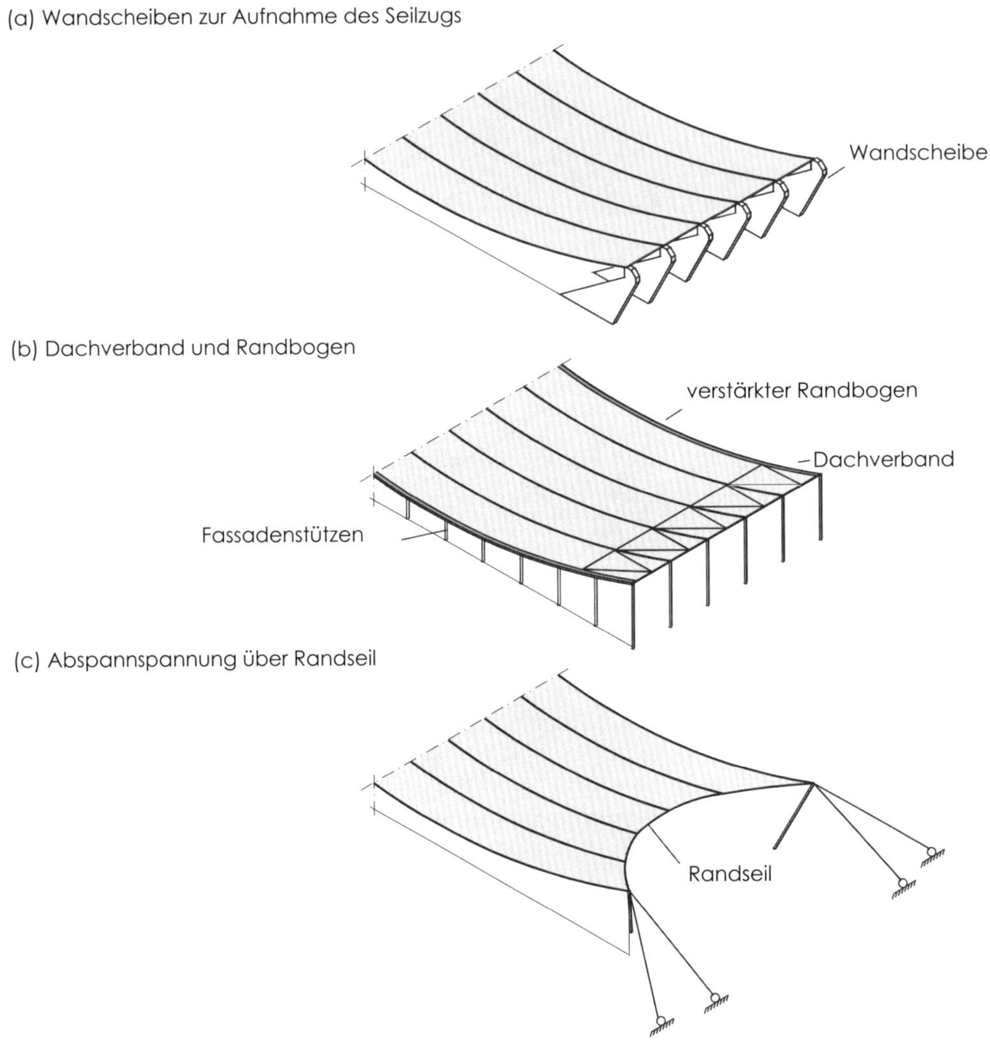

Bild C-110 Aufnahme von Seilzugkräften; Varianten

C.4 Fachwerke

Fachwerke werden durch gelenkig angeschlossene Zug- und Druckstäbe idealisiert. Die Berechnung und Bemessung werden hierdurch erheblich vereinfacht. Bereits beim Entwurf sollte man sich Klarheit über das Vorzeichen der Stabkraft verschaffen, da ein Druckstab mit einem größeren Querschnitt auszuführen ist als ein Zugstab mit betragsmäßig gleicher Stabkraft. Die Unterschiede des Tragverhaltens von Druck- und Zugstäben behandelt Abschnitt C.5.

C.4.1 Definitionen

Ideale Fachwerke bestehen aus Stäben, die an den Knoten gelenkig angeschlossen sind und an den Knoten durch Knotenlasten beansprucht werden. In Abhängigkeit von der Lage bezeichnet man die Stäbe als Ober- oder Untergurtstäbe, Pfosten und Diagonalstäbe (Bild C-111).

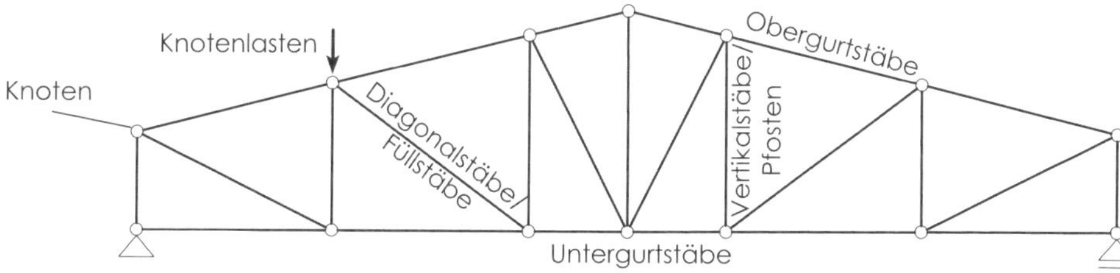

Bild C-111 Fachwerke; Bezeichnungen

Da die Stäbe an beiden Enden definitionsgemäß gelenkig angeschlossen sind (siehe auch Abschnitt C.2.3.2 „Pendelstab"), werden diese ausschließlich auf Zug oder Druck beansprucht.

Biegemomente treten in den Stäben nur dann auf, wenn äußeren Lasten (z.B. Dacheindeckung, untergehängte Decke) unmittelbar an den Stäben quer zur Stabachse angreifen oder in den Anschlüssen Exzentrizitäten in Bezug auf die Stabachse vorliegen.

Fachwerke zeichnen sich durch ein geringes Eigengewicht bei gleichzeitig hoher Tragfähigkeit aus.

Die Belastung, die als Gleichlast [kN/m] wirkt (Bild C-112/a), wird zu Knotenlasten [kN] zusammengefasst (Bild C-112/b):

$F = q \cdot e$

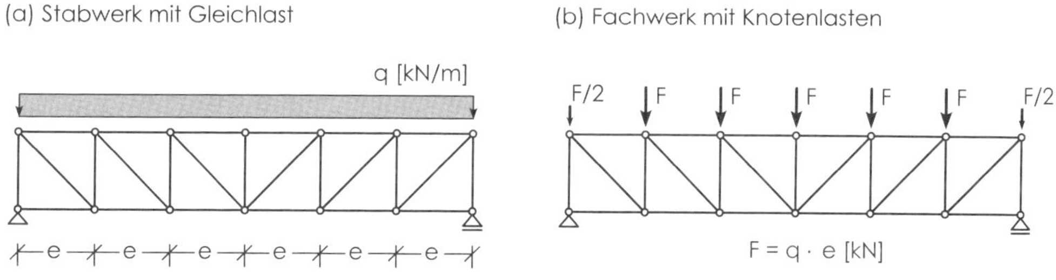

Bild C-112 Fachwerke; Lastansätze

C.4.2 Fachwerkvariationen

Beispiele für einfeldrige Fachwerkträger

Biegestäbe können nahezu beliebig in Fachwerksysteme aufgelöst werden. Eine Unterscheidung kann anhand unterschiedlicher Kriterien erfolgen, z.B. nach der Form der Gurte (gerade, schräg oder gebogen), der Richtung der Diagonalen (fallend, steigend oder mit wechselnder Richtung), Strebenfachwerke ohne Pfosten oder Pfostenfachwerke mit Diagonalen und Pfosten.

Einen Überblick über gängige Fachwerksysteme zeigen die folgenden Bilder.

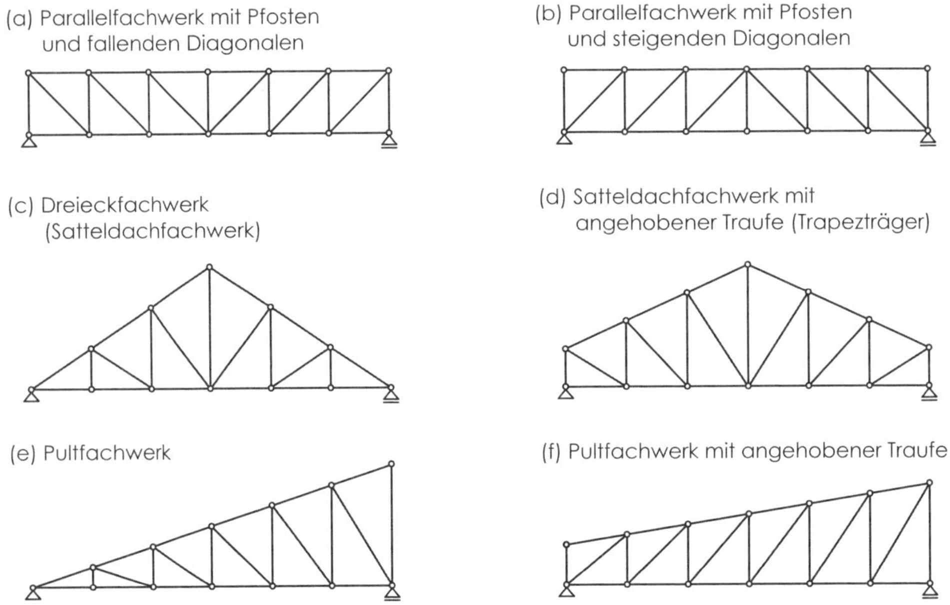

Bild C-113 Pfostenfachwerke

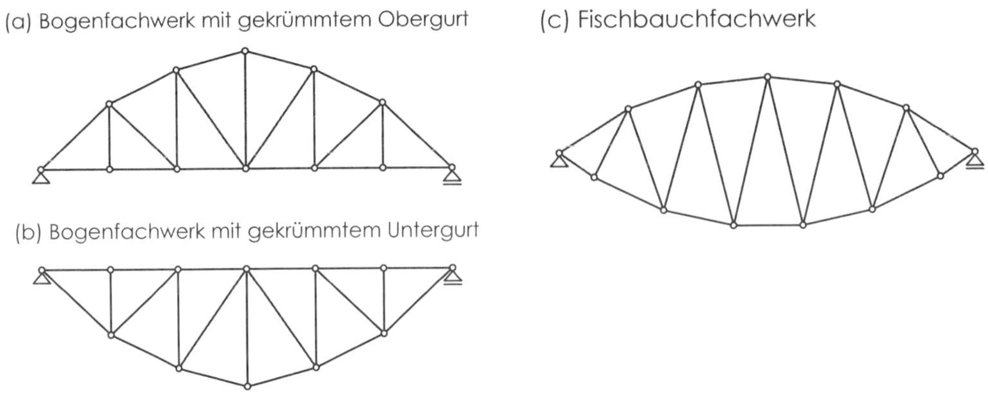

Bild C-114 Fachwerke mit gekrümmten Gurten

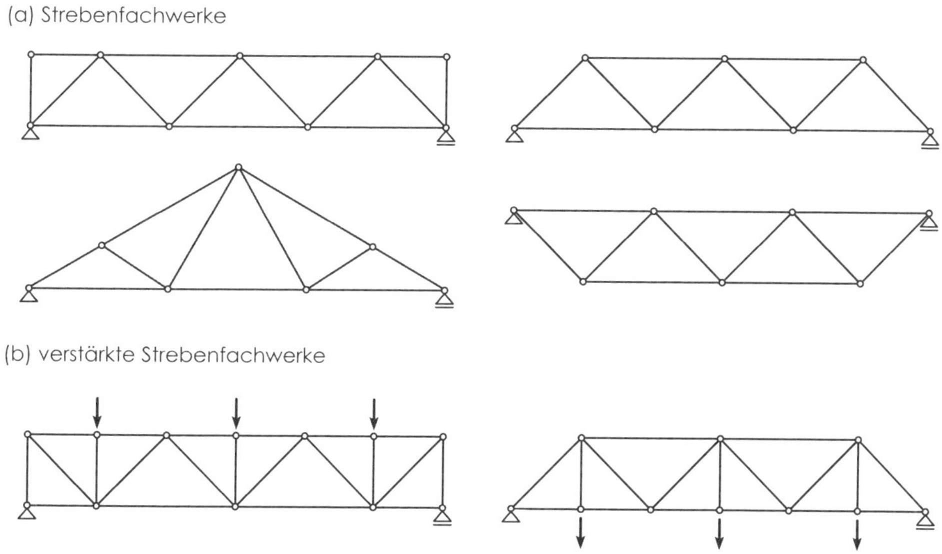

Bild C-115 Strebenfachwerke; Varianten

Kragträger

Durch die Verschiebung der Auflager wird der Einfeldträger zu einem Einfeldträger mit einseitigem Kragarm (Bild C-116/a, siehe auch Abschnitt C.1.1).

Die Fachwerkform kann optimiert an den Verlauf der Biegemomente des Biegeträgers angepasst werden (Bild C-116/c). Der Fachwerkträger ist wieder innerlich statisch bestimmt, da das erste Bildungsgesetz für Fachwerke angewendet wurde und die Lagerung in Analogie zu einem Einfeldträger angeordnet ist.

Das positive Moment im Feld wird in den Stäben durch das Kräftepaar im Ober- und Untergurt aufgenommen: im Obergurt wirkt eine Druck- und im Untergurt eine Zugkraft. Am rechten Auflager drehen sich die Vorzeichen um: der Obergurt wird zum Zugstab, der Untergurt überträgt die Druckkräfte.

Bei einem Kragträger wird die dreiwertige Einspannung ersetzt durch ein Festlager und ein Gleitlager. Das Einspannmoment wird dann am Auflager durch ein Kräftepaar A_H und B_H aufgenommen (Bild C-117/b).

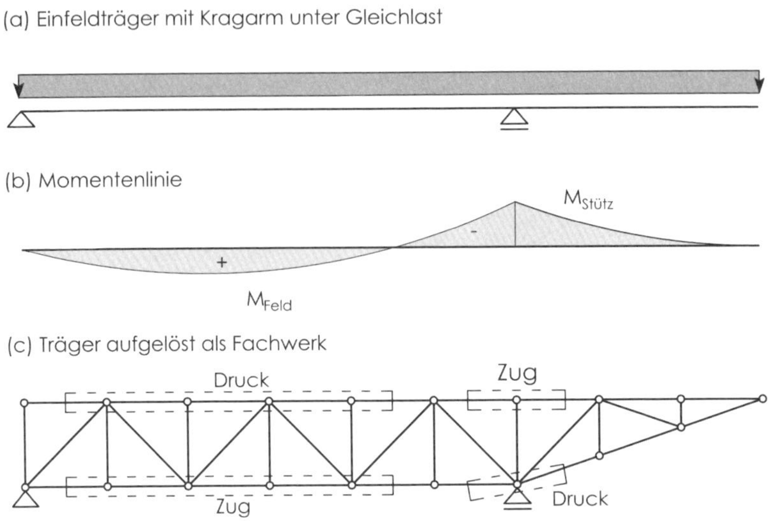

Bild C-116 Einfeldträger mit Kragarm; Lastabtrag bei Fachwerkvariante

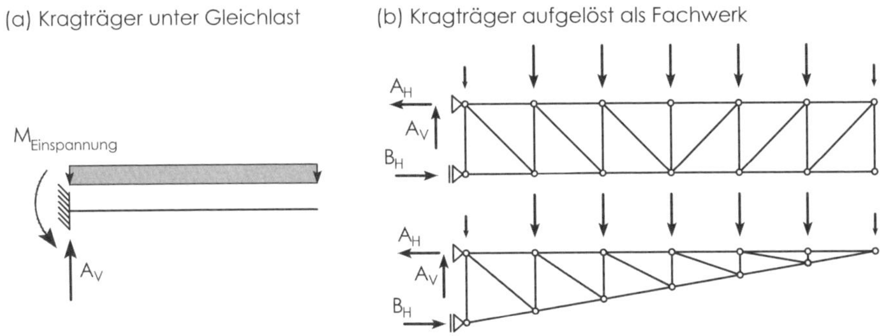

Bild C-117 Fachwerksysteme bei Kragträger

Zweifeldträger

In Analogie zu einem Zweifeldträger wird das innerlich statisch bestimmte Fachwerk nach dem Hinzufügen eines weiteren Auflagers zu einem äußerlich statisch unbestimmten System (Bild C-118).

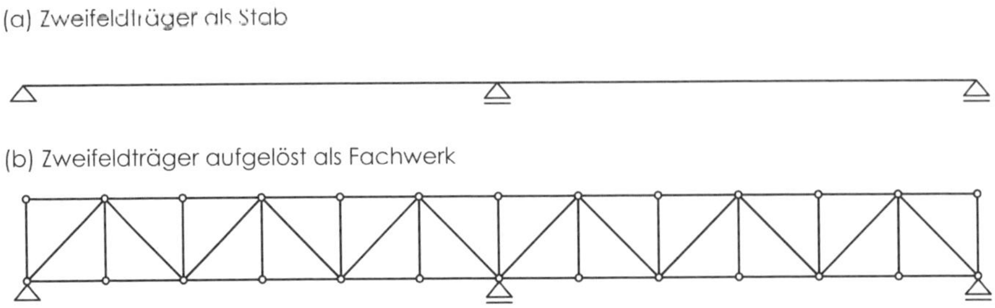

Bild C-118 Fachwerksystem bei Zweifeldträger

Rahmen

Statisch bestimmte Rahmenfachwerke lassen sich am einfachsten durch das Kombinieren von einfachen Fachwerken aus dreieckigen Gefachen mit einer Lagerung gemäß den bekannten Rahmensystemen bilden (siehe Bild A-15).

Die Fachwerkform wird der Momentenverteilung im Rahmen angepasst. Bei einem einfachen Einfachwerk gelagert in Analogie zu den bekannten Rahmensystemen verändert sich der Grad der statischen Bestimmtheit nicht.

Bogen

Ohne weitere Prüfung gilt, dass der Zweigelenkbogen als einfaches Fachwerk mit zwei Festlagern einfach statisch unbestimmt ist. Ein Dreigelenkstabzug bleibt statisch bestimmt, wenn an den Auflagern und am First die schrägen Fachwerke nur in jeweils einem Knoten gekoppelt werden.

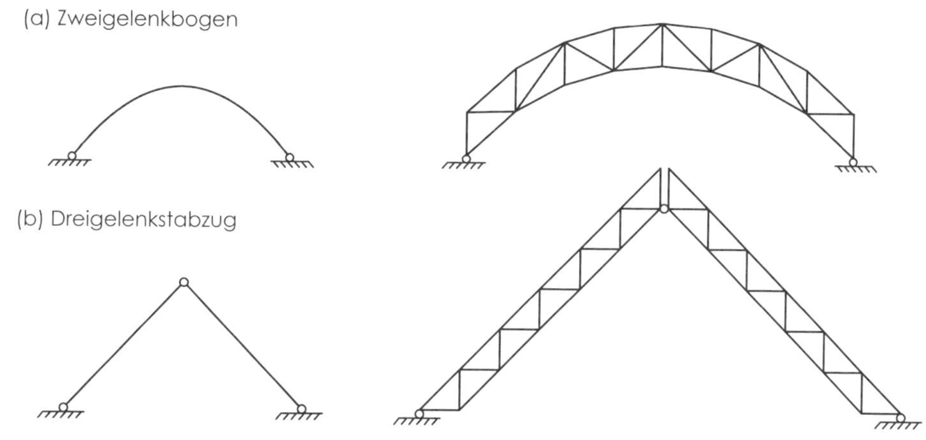

Bild C-119 Bogen und Stabzug ausgeführt als Fachwerksystem

C.4.3 Analogie Fachwerkträger – Biegeträger

Das Tragverhalten eines Fachwerkträgers kann über den bereits bekannten Biegeträger verdeutlicht werden. In einem Träger aus einem biegesteifen Material (Bild C-120/a) treten als Schnittgrößen Momente und Querkräfte auf (Bild C-120/b).

Bei einem Einfeldträger liegt das größte Biegemoment in Feldmitte und bewirkt dort die höchsten Biegespannungen im Querschnitt (siehe Abschnitt B.4.2):

$\sigma_{xx} = M/W$

Die größte Querkraft tritt am Auflager auf. Aus der Querkraft resultieren die Schubspannungen τ (siehe Abschnitt B.4.3).

Bei Doppel-T-Trägern wird das Querschnittsmaterial im Bereich der Ober- und Untergurte konzentriert. Der Steg verbindet die Flansche und verhindert eine gegenseitige Verschiebung (siehe auch Abschnitt B.4.5 Bauteilquerschnitte) (Bild C-120/a). Bezüglich der Tragwirkung werden die Biegespannungen im Wesentlichen durch die Flansche und die Schubspannungen durch den Steg abgetragen.

Beim Fachwerkträger ist das Vollmaterial des Steges des Doppel-T-Trägers in „Scheiben" bestehend aus Dreiecksgefachen aufgelöst. Ober- und Untergurt tragen das Biegemoment ab, die Diagonalen stellen die Querkraftübertragung sicher (Bild C-120/c).

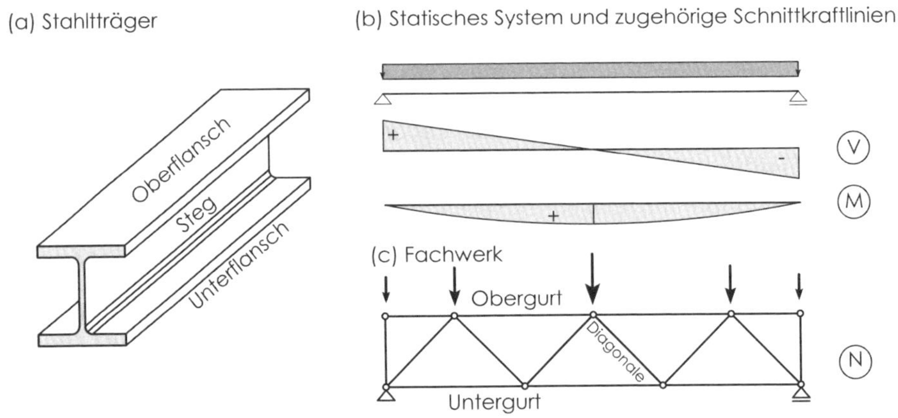

Bild C-120 Stahlträger und Fachwerkträger; Vergleich

Die Analogie ergibt sich aus dem Vergleich von Biege- und Fachwerkträger auf Querschnittsebene im Schnitt (Bild C-121). Durch das fehlende Vollmaterial des Steges kann sich beim Fachwerkträger keine lineare Spannungsverteilung über den Querschnitt einstellen. Das Moment wird durch ein inneres Kräftepaar

$Z = - D = M / (2/3\ h)$

aufgenommen (Bild C-121/a).

Dieses Kräftepaar wirkt bei einem Fachwerk in den Stabachsen von Ober- und Untergurt als Normalkraft in den Stäben. Bei der Berechnung von Stabkräften stellt man fest, dass D und Z bei einem Fachwerk nicht die gleichen Werte aufweisen. Dies liegt daran, dass ein Teil der horizontalen Kraftkomponente von den Schubdiagonalen S_i aufgenommen wird (Bild C-121/b).

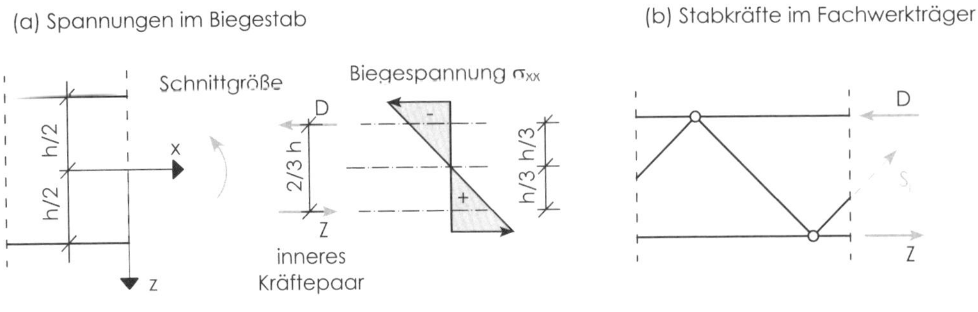

Bild C-121 Biegeträger und Fachwerkträger; Vergleich

C.4.4 Stabkräfte statisch bestimmter Fachwerksysteme

C.4.4.1 Allgemeines Vorgehen

Die Berechnung der Stabkräfte erfolgt unter der Annahme, dass nur Normalkräfte (Druck oder Zug) in Stabrichtung der Stäbe wirken. Dies ist möglich, wenn folgende Voraussetzungen gegeben sind:

- An den Knoten sind die Stäbe gelenkig angeschlossen.
- Die Kräfte greifen nur in den Knoten an.

In Analogie zu einem Biegeelement werden Schnitte geführt (siehe Bild C-122):

- Systemschnitte wie beim Träger durch Schneiden der Konstruktion: Im Unterschied zu Biegesystemen treten im Schnitt nur Normalkräfte auf. Es gilt die gleiche Vorzeichenkonvention wie bei den Schnittgrößen. Über die Lastsummen $\Sigma F_x = 0$, $\Sigma F_z = 0$ und $\Sigma M = 0$ an den Teilsystemen werden die Stabkräfte bestimmt.
- Freischneiden von Knotenpunkten: Jeder Stab wird durch die Normalkraft ersetzt. Über $\Sigma F_x = 0$ und $\Sigma F_z = 0$ werden die Stabkräfte bestimmt.

C.4.4.2 Rechenbeispiel: Strebenfachwerk

Für das unsymmetrisch belastete Strebenfachwerk in Bild C-122 sind die Auflagerkräfte A und B und die Stabkräfte gesucht. Durch den Aufbau des Fachwerks in Dreiecksmaschen und die Lagerung in Analogie zu einem Einfeldträger ist das System statisch bestimmt.

Gesamtsystem (Auflagerreaktionen) (Bild C-122)

Die Auflagerreaktionen werden wie beim Einfeldträger durch Gleichgewichtsbedingungen berechnet (siehe Abschnitt B.2.3.2). Da keine horizontalen Lasten angreifen, gilt $A_H = 0$.

Stabkräfte U1 und D1, Schnitt 1 (Bild C-123/a)

$$\Sigma M_A = 0 \quad \Leftrightarrow \quad 10\ \text{kN} \cdot 2\ \text{m} + 4\ \text{kN} \cdot 6\ \text{m} - B \cdot 8\ \text{m} = 0$$

$$\Leftrightarrow \quad B = 44\ \text{kNm} / 8\ \text{m} = 5{,}5\ \text{kN}$$

$$\Sigma F_z = 0 \quad \Leftrightarrow \quad 10\ \text{kN} + 4\ \text{kN} - A - B = 0$$

$$\Leftrightarrow \quad A = 14\ \text{kN} - 5{,}5\ \text{kN} = 8{,}5\ \text{kN}$$

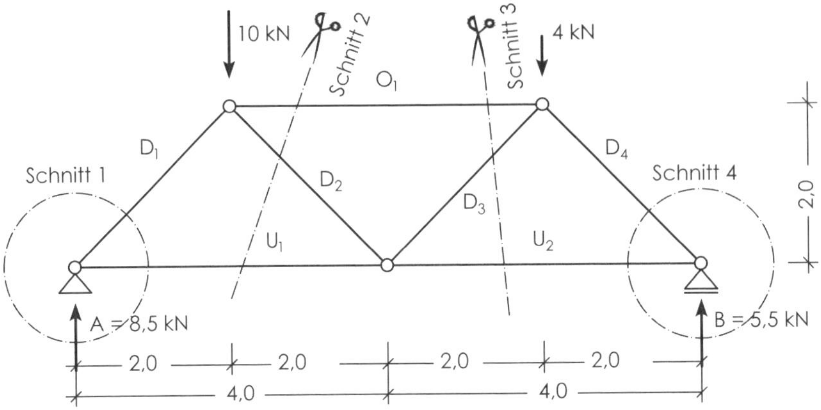

Bild C-122 Unsymmetrisch beanspruchtes Strebenfachwerk; Schnitte

Stabkräfte U1 und D1, Schnitt 1 (Bild C-123/a)

Zur Aufstellung des Kräftegleichgewichtes wird die Normalkraft in der Diagonalen D_1 in eine vertikale und eine horizontale Lastkomponente zerlegt (siehe auch Bild B-7):

$D_{1V} = D_1 \cdot \sin 45° = D_1 \cdot 0{,}707$

$D_{1H} = D_1 \cdot \cos 45° = D_1 \cdot 0{,}707$

$\Sigma F_z = 0 \quad \Leftrightarrow \quad -D_{1V} - A_V = 0$

$\Leftrightarrow \quad -D_1 \cdot 0{,}707 - 8{,}5\ kN = 0$

$\Leftrightarrow \quad D_1 = -8{,}5\ kN / 0{,}707 = -12{,}02\ kN$ (Druckstab)

$\Sigma F_x = 0 \quad \Leftrightarrow \quad D_{1H} + U_1 = 0$

$\Leftrightarrow \quad D_1 \cdot 0{,}707 + U_1 = 0$

$\Leftrightarrow \quad U_1 = 12{,}02\ kN \cdot 0{,}707 = 8{,}5\ kN$ (Zugstab)

Die bereits bekannten Stabkräfte werden entweder unter Beibehaltung der zu Beginn definierten Zugrichtung mit Vorzeichen oder unter tatsächlicher Kraftrichtung mit Umdrehung der Pfeilrichtung angetragen.

Stabkräfte O1 und D2, Schnitt 2 (Bild C-123/b)

Die Stabkraft O_1 wird über das Momentengleichgewicht bezogen auf den Drehpunkt C bestimmt.

$\Sigma M_C = 0 \quad \Leftrightarrow \quad A \cdot 4\ m - 10\ kN \cdot 2\ m + O_1 \cdot 2\ m = 0$

$\Leftrightarrow \quad 8{,}5\ kN \cdot 4\ m - 10\ kN \cdot 2\ m + O_1 \cdot 2\ m = 0$

$\Leftrightarrow \quad O_1 = -7{,}0\ kN$

$\Sigma F_x = 0 \quad \Leftrightarrow \quad O_1 + D_2 \cdot 0{,}707 + 8{,}5\ kN = 0$

$\Leftrightarrow \quad D_2 = (7{,}0\ kN - 8{,}5\ kN)/0{,}707 = -2{,}12\ kN$

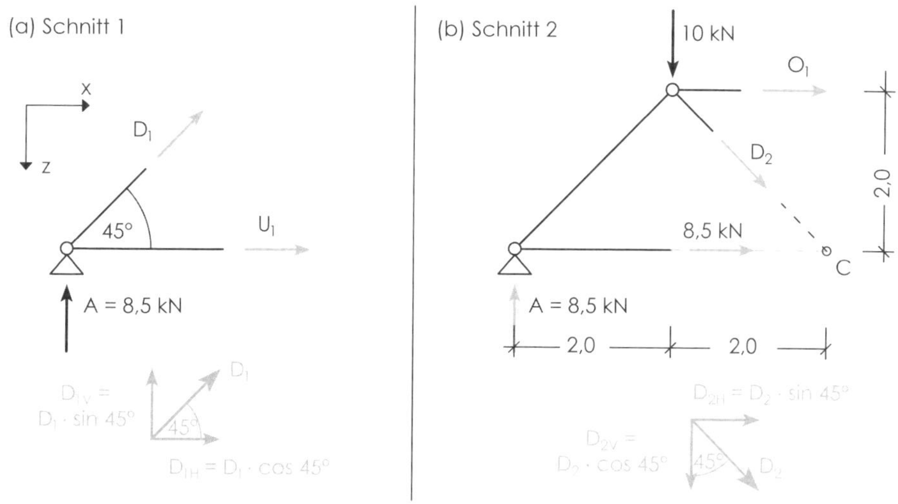

Bild C-123 Unsymmetrisch beanspruchtes Strebenfachwerk; Schnitte 1 und 2

Stabkräfte U2 und D4, Schnitt 4 (Bild C-124/a)

Die Stabkräfte der Stäbe, die am Auflager B anschließen, werden wie beim Auflager A mit einem Knotenschnitt ermittelt.

$D_{4V} = D_{4H} = D_4 \cdot 0{,}707$

$\Sigma F_z = 0 \quad \Leftrightarrow \quad -D_{4V} - B = 0$

$\Leftrightarrow \quad -D_4 \cdot 0{,}707 - 5{,}5\ \text{kN} = 0$

$\Leftrightarrow \quad D_4 = -5{,}5\ \text{kN} / 0{,}707 = -7{,}78\ \text{kN}$ (Druckstab)

$\Sigma F_y = 0 \quad \Leftrightarrow \quad -D_{4H} - U_2 = 0$

$\Leftrightarrow \quad -D_4 \cdot 0{,}707 - U_2 = 0$

$\Leftrightarrow \quad U_2 = 7{,}78\ \text{KN} \cdot 0{,}707 = 5{,}5\ \text{kN}$ (Zugstab)

Stabkraft D3, Schnitt 3 (Bild C-124/b)

$\Sigma F_x = 0 \quad \Leftrightarrow \quad -5{,}5\ \text{kN} - D_3 \cdot 0{,}707 + 7{,}07\ \text{kN} = 0$

$\Leftrightarrow \quad D_3 = 1{,}57\ \text{kN} / 0{,}707 = 2{,}22\ \text{kN}$

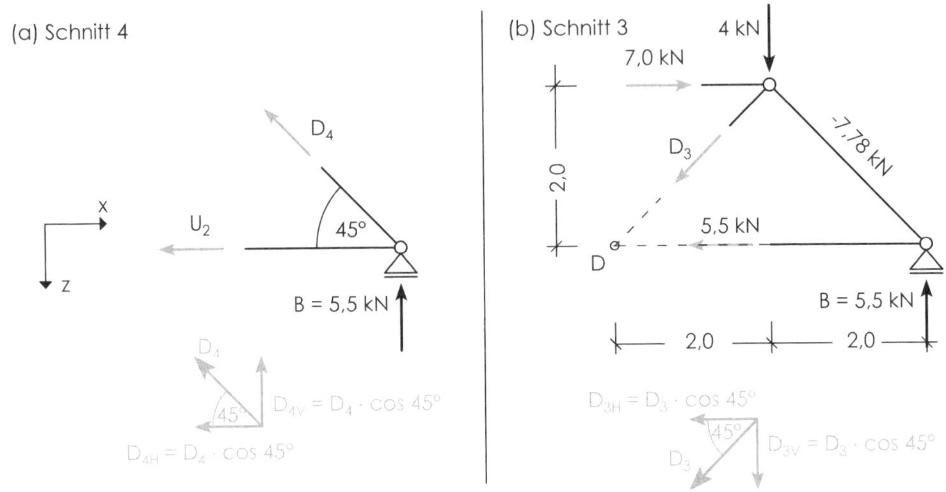

Bild C-124 Unsymmetrisch beanspruchtes Strebenfachwerk; Schnitte 3 und 4

Beim in Bild C-125 dargestellten symmetrisch beanspruchten Strebenfachwerk nehmen die Auflagerkräfte A und B den gleichen Wert an:

A = B = 10 kN

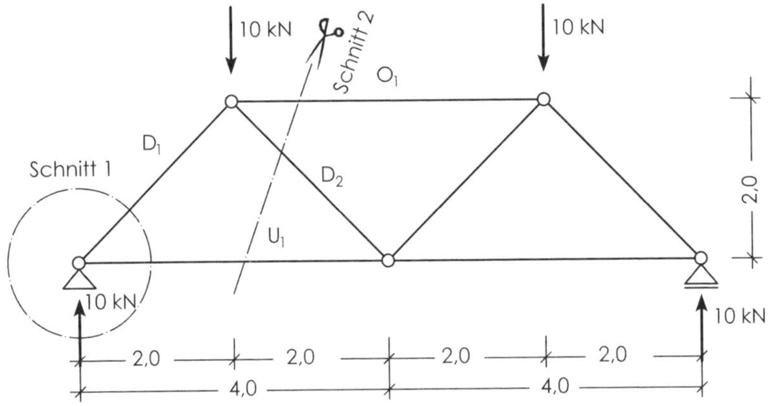

Bild C-125 Symmetrisch beanspruchtes Strebenfachwerk; Auflagerreaktionen und Schnitte

Stabkräfte D1 und U1, Schnitt 1 (Bild C-126/a)

$D_{1V} = D_{1H} = D_1 \cdot 0{,}707$

$\Sigma F_z = 0 \quad \Leftrightarrow \quad D_1 = -10\text{ kN} / 0{,}707 = -14{,}14\text{ kN}$ (Druckstab)

$\Sigma F_y = 0 \quad \Leftrightarrow \quad U_1 = 14{,}14\text{ kN} \cdot 0{,}707 = 10{,}0\text{ kN}$ (Zugstab)

Stabkräfte D2 und O1, Schnitt 2 (Bild C-126/b)

$$\Sigma M_C = 0 \quad \Leftrightarrow \quad A_V \cdot 4\ m - 10\ kN \cdot 2\ m + O_1 \cdot 2\ m = 0$$

$$\Leftrightarrow \quad 10\ kN \cdot 4\ m - 10\ kN \cdot 2\ m + O_1 \cdot 2\ m = 0$$

$$\Leftrightarrow \quad O_1 = -10{,}0\ kN$$

$$\Sigma F_x = 0 \quad \Leftrightarrow \quad O_1 + 10\ kN + D_2 \cdot 0{,}707 = 0$$

$$\Leftrightarrow \quad D_2 = (10\ kN - 10\ kN)/0{,}707 = 0 \text{ (Nullstab)}$$

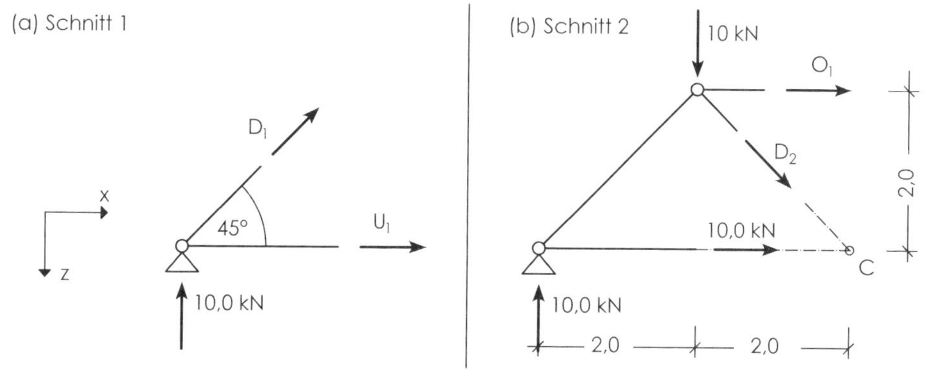

Bild C-126 Symmetrisch beanspruchtes Strebenfachwerk; Schnitte 1 und 2

Zusammenstellung der Stabkräfte

Einzelne Stäbe in einem Fachwerk können folglich unbeansprucht sein. Im gezeigten Beispiel sind die Diagonalen D_2 und D_3 Nullstäbe bei symmetrischer Beanspruchung (Bild C-127/a), bei unsymmetrischen Belastungen treten Druck- oder auch Zugkräfte auf (Bild C-127/b).

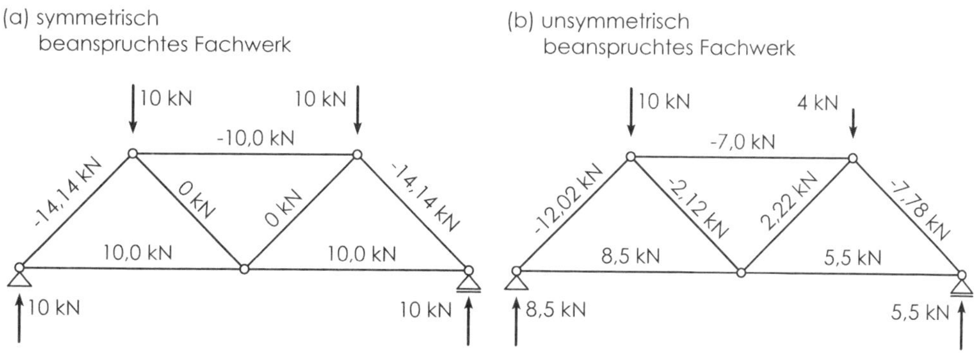

Bild C-127 Unsymmetrisch und symmetrisch beanspruchtes Fachwerk; Stabkräfte im Vergleich

C.4.4.3 Rechenbeispiel: Parallelfachwerk mit Diagonalen

Weil aus herstellungstechnischen oder auch formalen Gründen oft alle Stäbe einer Gruppe (Obergurt, Untergurt, Diagonalen oder vertikale Pfosten) gleich ausgebildet werden, ist die Kenntnis der Stäbe mit den größten Schnittkräften erforderlich. Anhand eines Parallelfachwerks mit Pfosten und Diagonalen werden die nachfolgenden Varianten beispielhaft berechnet (Bild C-128):

- Varianten 1 und 2: wechselnde Diagonalrichtungen
- Variante 3: fallende Diagonalen
- Variante 4: steigende Diagonalen

Die Gleichlast am Obergurt von 8,0 kN/m wird voraussetzungsgemäß zu Knotenlasten (Einflussbreite e = 5,0 m) zusammengefasst:

Innenknoten F = 8 kN/m · 5 m = 40 kN

Randknoten F = 40 kN / 2 = 20 kN

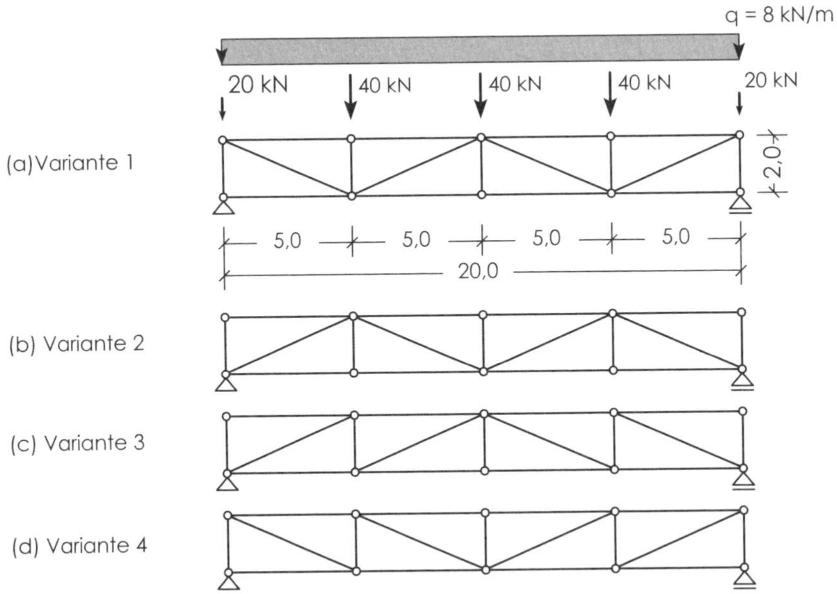

Bild C-128 Fachwerkvarianten

Die Auflagerreaktionen sind bei allen Varianten gleich:

A = B = (3 · 40 kN + 2 · 20 kN)/2 = 80 kN

oder

A = B = 8 kN/m · 20 m / 2 = 80 kN

Die Systeme und die Belastung sind symmetrisch, sodass nur eine Hälfte betrachtet werden muss. Die ausführliche Berechnung erfolgt für Variante 1:

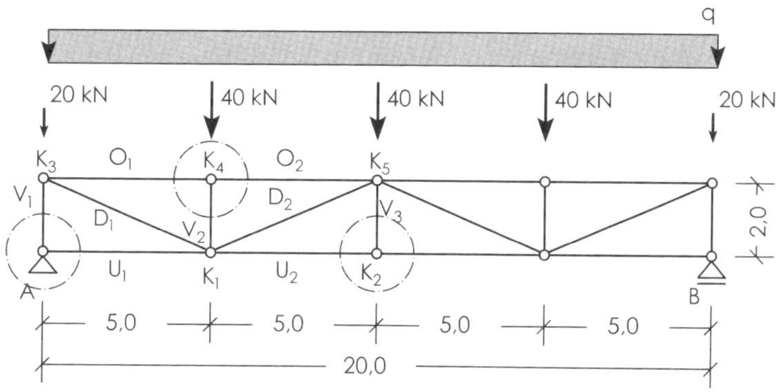

Bild C-129 System; Belastung, Abmessungen, Bezeichnungen und Schnitten

Gleichgewichtsbetrachtungen an den Knoten lassen erkennen, ob ein Stab auf Zug oder Druck beansprucht wird, oder ob er ein Nullstab ist. Dies ist sehr einfach an Knotenpunkten, an denen Stäbe senkrecht zueinander angeordnet sind und keine Diagonalstäbe angreifen (Bild C-130).

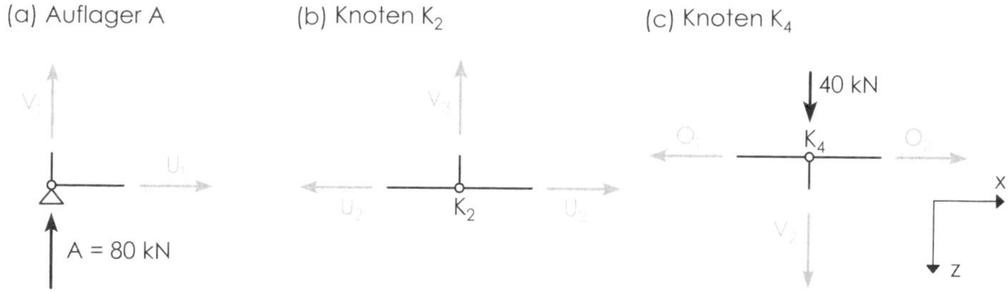

Bild C-130 Freigeschnittene Knoten; Auflager A, K_2 und K_4

Auflager A (Bild C-130/a)

Durch Aufstellen des horizontalen Gleichgewichts wird U_1 als **Nullstab** bestimmt.

$\Sigma F_y = 0 \quad \Leftrightarrow \quad U_1 = 0$ (Nullstab)

$\Sigma F_z = 0 \quad \Leftrightarrow \quad -V_1 - 80\ kN = 0$

$\quad \Leftrightarrow \quad V_1 = -80\ kN$ (Druckstab)

Knoten K2 (Bild C-130/b)

Ohne Kenntnis über die Größe von U_2 erkennt man, dass V_3 ein **Nullstab** ist.

$\Sigma F_z = 0 \quad \Leftrightarrow \quad V_3 = 0$

U_2 kann noch nicht bestimmt werden.

Knoten K4 (Bild C-130/c)

$\Sigma F_z = 0 \quad \Leftrightarrow \quad V_2 + 40\ kN = 0$

$\quad\quad\quad\quad \Leftrightarrow \quad V_2 = -\ 40\ kN$ (Druckstab)

$\Sigma F_y = 0 \quad \Leftrightarrow \quad O_1 = O_2$

Die Knotenlast und die Auflagerreaktionen werden über Druck in den Stäben V_1 und V_2 aufgenommen.

Die weiteren Stabkräfte werden durch Knoten- oder Systemschnitte bestimmt. Da am Knoten K_1 drei und am Knoten K_5 vier Stäbe mit unbekannten Stabkräften angreifen, sind Knotenschnitte nicht hilfreich. Es wird daher zunächst ein Systemschnitt geführt und die Stabkraft U_2 berechnet, Bild C-131.

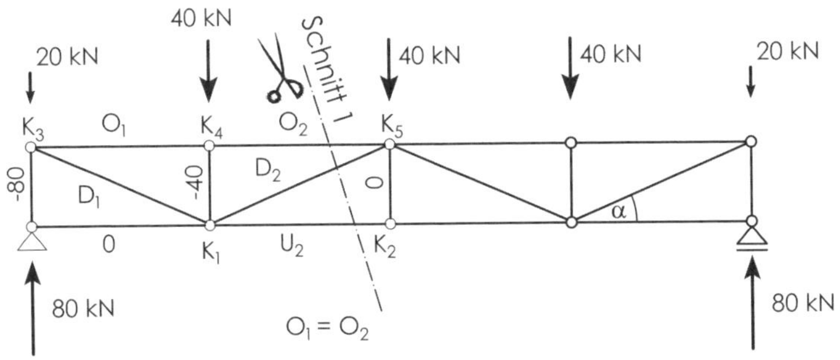

Bild C-131 Zwischenergebnisse und Kennzeichnung des Systemschnittes

Stabkräfte am Teilsystem (Bild C-132/a)

$\Sigma M_{K5} = 0 \quad \Leftrightarrow \quad U_2 \cdot 2\ m - 80\ kN \cdot 10\ m + 20\ kN \cdot 10\ m + 40\ kN \cdot 5\ m = 0$

$\quad\quad\quad\quad \Leftrightarrow \quad U_2 \cdot 2\ m - 800\ kNm + 200\ kNm + 200\ kNm = 0$

$\quad\quad\quad\quad \Leftrightarrow \quad U_2 = 400\ kNm / 2\ m = 200\ kN$ (Zugstab)

$\tan \alpha = 2\ m/5\ m = 0{,}4 \quad \Rightarrow \alpha = 21{,}8°$

Nach Zerlegung der Stabkraft des Diagonalstabs D_2 in eine horizontale und eine vertikale Komponente (Bild C-132/b) werden das horizontale und das vertikale Gleichgewicht aufgestellt.

$\Sigma F_z = 0 \quad \Leftrightarrow \quad 20\ kN + 40\ kN - 80\ kN - D_2 \sin 21{,}8° = 0$

$\quad\quad\quad\quad \Leftrightarrow \quad D_2 = -20\ kN / \sin 21{,}8° = -53{,}9\ kN$ (Druckstab)

$\Sigma F_x = 0 \quad \Leftrightarrow \quad O_2 + U_2 + D_2 \cdot \sin 21{,}8° = 0$

$\quad\quad\quad\quad \Leftrightarrow \quad O_2 + 200\ kN - 53{,}9\ kN \cdot \cos 21{,}8° = 0$

$\quad\quad\quad\quad \Leftrightarrow \quad O_2 = -200\ kN + 53{,}9\ kN \cdot \cos 21{,}8° = -150\ kN$ (Druckstab)

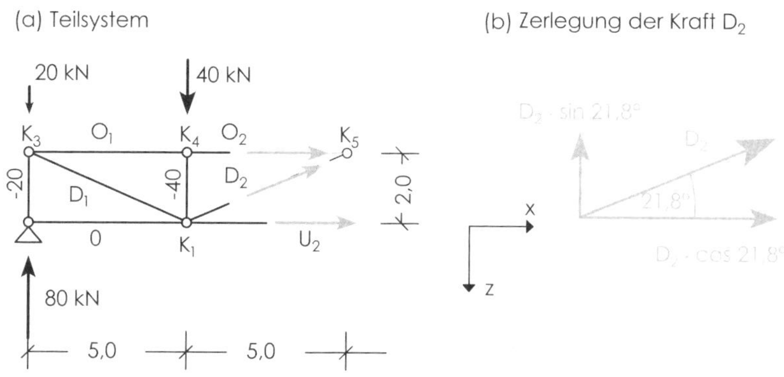

Bild C-132 Teilsystem und Kraftzerlegung

Knoten K4 (Bild C-130/c)

Nachdem die Stabkraft O_2 bekannt ist, wird wiederholt das Gleichgewicht am Knoten K_4 aufgestellt.

$\Sigma F_z = 0 \quad \Leftrightarrow \quad O_2 = O_1 = -150$ kN (Druckstab)

Knoten K3 (Bild C-133/a)

Durch den Knotenschnitt am Knoten K_3 wird die letzte fehlende Stabkraft bestimmt.

$\Sigma F_z = 0 \quad \Leftrightarrow \quad -80 \text{ kN} + 20 \text{ kN} + D_1 \cdot \sin 21{,}8° = 0$

$\Leftrightarrow \quad D_1 = 60 \text{ kN} / \sin 21{,}8° = 161{,}8$ kN (Zugstab)

Bild C-133 Knoten K_3; Knotenschnitt und Kraftzerlegung

Die Stabkräfte sind mit Kennzeichnung der Druck-, Zug- und Nullstäbe in Bild C-134 für alle Varianten zusammengestellt.

Unabhängig von der Lage der Diagonalen sind die Stabkräfte vom Betrag her gleich, es verändert sich jedoch in Abhängigkeit von dem ausgebildeten Tragsystem das Vorzeichen.

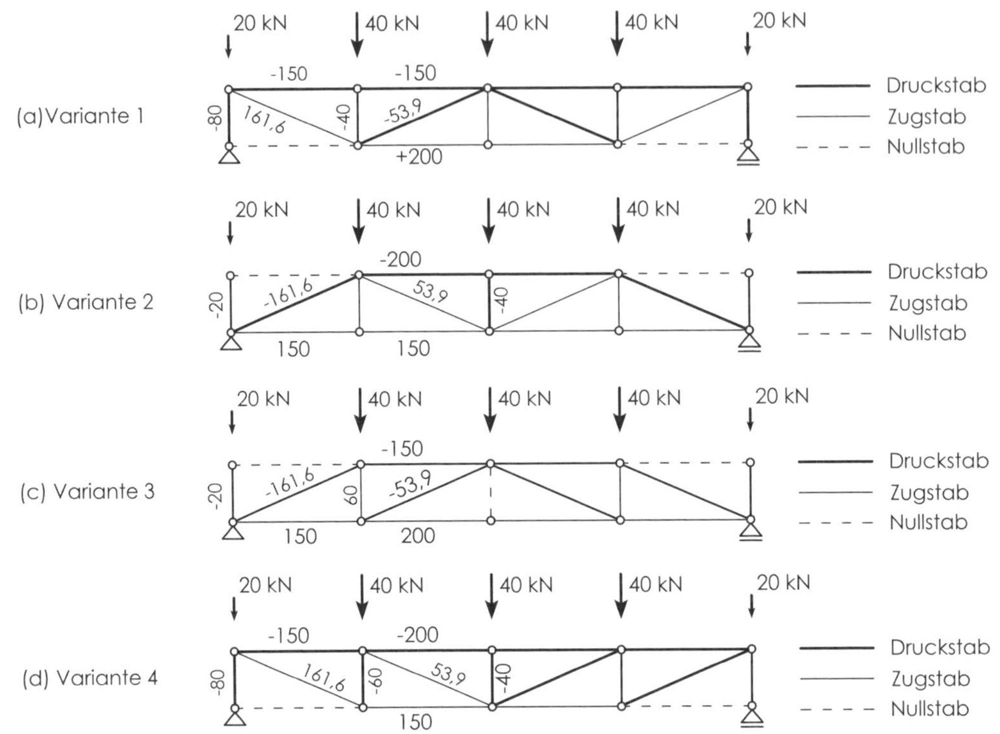

Bild C-134 Varianten 1 bis 4; Stabkräfte mit Kennzeichnung der Druck-, Zug- und Nullstäbe

C.4.5 Allgemeine Regeln für Stabkräfte

Anhand des Beispiels aus Abschnitt C.4.4.3 können die nachfolgend aufgelisteten Regeln zur Bestimmung der Stabkräfte allgemeingültig abgeleitet werden.

Ober- und Untergurt

Das maximale Moment in Feldmitte bei einem vergleichbaren Einfeldträger als Biegeträger berechnet sich zu (Abschnitt B.2.3.2):

$M_{max} = r \cdot L^2 / 8 = 8\ kN/m \cdot (20\ m)^2/8 = 400\ kNm$

Das Moment wird aufgeteilt in ein inneres Kräftepaar:

$Z = -D = M / z_i$

Übertragen auf das Fachwerk berechnen sich die maximalen Stabkräfte im Ober- und Untergurt zu:

$U_{max} = -O_{max} = 400\ kNm / 2\ m = 200\ kNm$

Die Abschätzung gilt nur für die maximale Gurtkraft. Durch die Diagonalstäbe, die am Knoten K_2 oder K_5 angreifen, verringert sich eine Gurtkraft, da ein Teil der Kraft über die Diagonalen abgeleitet wird.

Diagonalstäbe am Auflager

Die größten Stabkräfte der Füllstäbe (Vertikal- und Diagonalstäbe) ergeben sich entsprechend dem Querkraftverlauf des Biegebalkens im Bereich der Auflager.

Die Vorzeichen variieren in Abhängigkeit von der Fallrichtung. Die zum Auflager hin fallende Diagonale ist ein Druckstab (Varianten 2 und 3, Bild C-134/b und /c), die vom Randpfosten aus fallende Diagonale ist hingegen ein Zugstab (Varianten 1 und 4, Bild C-134/a und /d).

Pfosten

Die Pfosten wirken unabhängig von der Lage der Diagonalstäbe als Druckstab. Dies ergibt sich durch den Lastangriff am Obergurt. Eine Ausnahme ist der Pfosten V_2 bei Variante 2 (Bild C-134/b). Da am Knoten K_1 keine Diagonalen angreifen, ist V_2 ein Nullstab.

Bei einem Lastangriff an den Untergutknoten ändert sich das Vorzeichen der Stabkräfte und die Pfosten werden zu Zugstäben.

Tragwerksanalogien

Variante 4: An den Vorzeichen der Stabkräfte ist eine Analogie zu einem unterspannten Träger mit drei Pfosten zu erkennen.

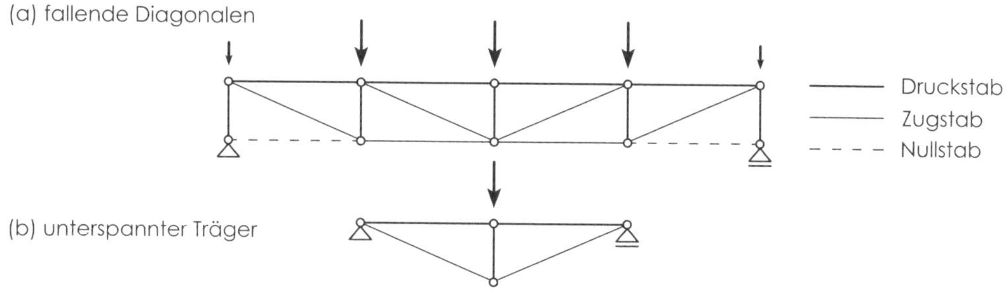

Bild C-135 Pfostenfachwerk mit fallenden Diagonalen; Tragwerksanalogie

Variante 3: Bei ausschließlich steigende Diagonalen vom Auflager zum Obergurt bilden sich zwei Druckbögen aus. Der Untergurt nimmt als Zugband den Bogenschub auf. Die Verteilung der Stabkräfte ist vergleichbar mit einem Träger mit Hochhängung (Bild C-136).

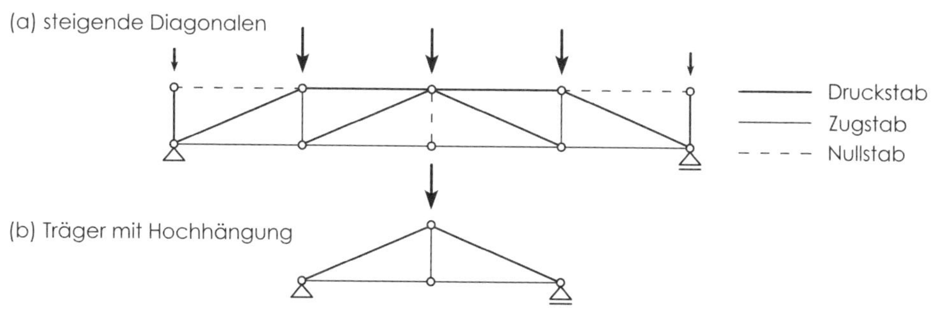

Bild C-136 Pfostenfachwerk mit steigenden Diagonalen; Tragwerksanalogie

Varianten 1 und 2: Bei wechselnden Diagonalrichtungen überlagern sich die Systeme Träger mit Hochhängung und unterspannter Träger.

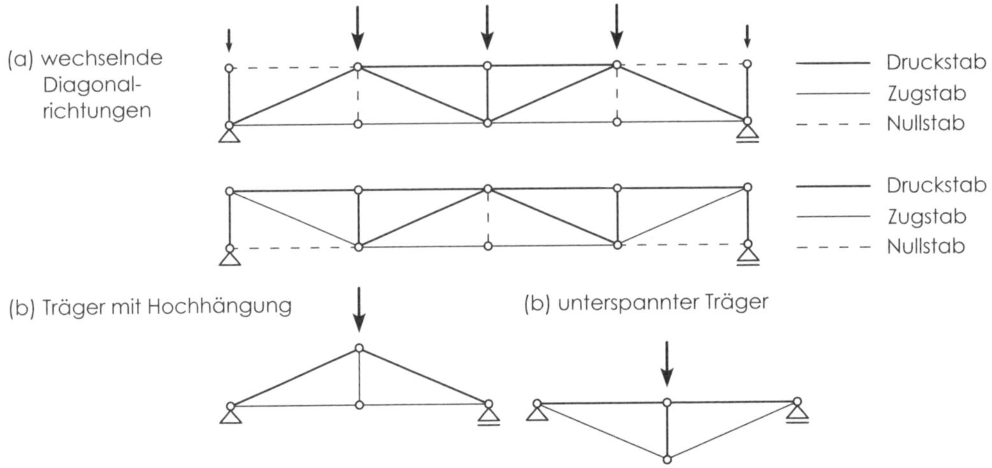

Bild C-137 Pfostenfachwerke mit wechselnden Diagonalen; Tragwerksanalogien

C.4.6 Ausführungsvarianten und Knotendetails

Fachwerkkonstruktionen werden in der Praxis überlicherweise in Holz- oder Metallbauweise realisiert. Nachfolgend werden Details zu Knotenpunkten der beiden Bauweisen kurz vorgestellt.

Holzbau

Der Holzbau ist historisch die älteste Bauweise und für Stabwerkskonstruktionen in Leichtbauweise z.B. im Dachbereich prädestiniert die Tragwerksaufgabe kostengünstig umzusetzen. Die Bauweise eignet sich auch für hohe Lastbeanspruchungen bis hin zu kleineren Brückenbauten. Für die konstruktive Durchbildung der Anschluss- und Knotenpunkte bieten sich der Versatz, Nagel- und Nagelplattenverbindungen oder Dübelverbindungen an.

Der **Versatz** ist eine zimmermannsmäßige Verbindung, d.h., die Verbindung von Einzelhölzern zu einem Gesamttragwerk erfolgt ohne stählerne Einbauteile zur Lastübertragung. Wegen der Schwächung der Hölzer, des hohen Arbeitsaufwandes und der schwierigen Herstellung werden zimmermannsmäßige Verbindungen nur noch begrenzt angewendet.

Der Anschluss über Versätze ist für Fußpunkte mit geneigtem Obergurt geeignet (Bild C-138). Über den Versatz werden Druckkräfte übertragen. Die Tragfähigkeit hängt neben der Sortierklasse des Holzes von der Geometrie des Anschlusses ab (Versatztiefe, Vorholzlänge, Neigungswinkel).

Man unterscheidet hier zwischen Stirn- und Fersenversätzen, wobei bei letzteren eine kürze Vorholzlänge benötigt wird. Zur Lagesicherung der Bauteile werden Druck- und Zuggurt zusätzlich mit einem Bolzen verbunden.

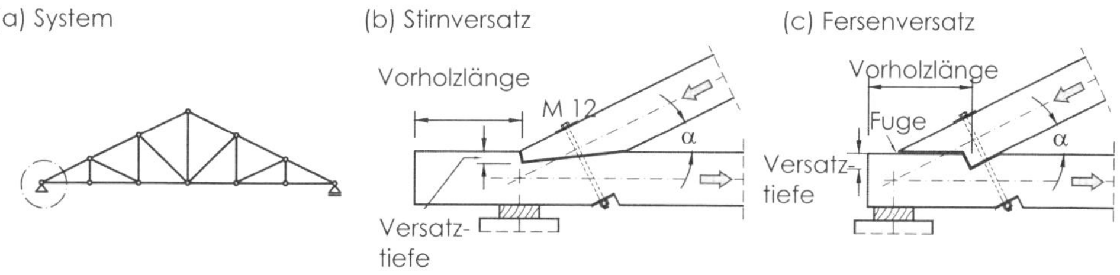

Bild C-138 Holz-Fachwerkträger; Knotendetails mit Versätzen

Nagelverbindungen werden dem modernen Ingenieurholzbau zugeordnet. Zugstöße von Gurten können beispielsweise über Nagelverbindungen realisiert werden.

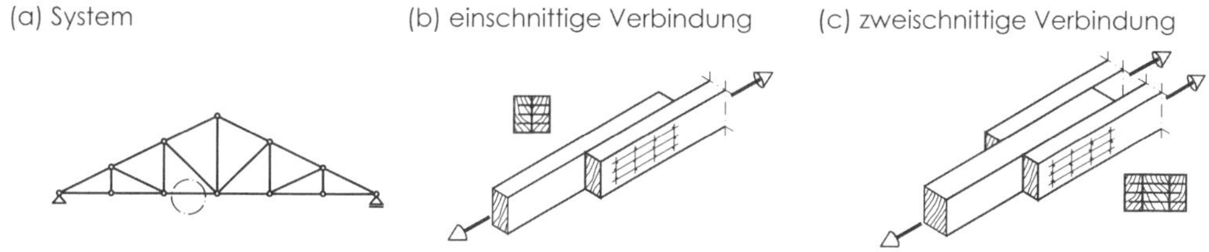

Bild C-139 Holz-Fachwerkträger; Knotendetails der Nagelverbindungen

Bei **Nagelplattenverbindungen** werden Holzteile gleicher Dicke stumpf aneinandergelegt, gegenseitig auf Kontakt verspannt und die beidseitig außen angebrachten Nagelplatten in einem Arbeitsgang eingepresst.

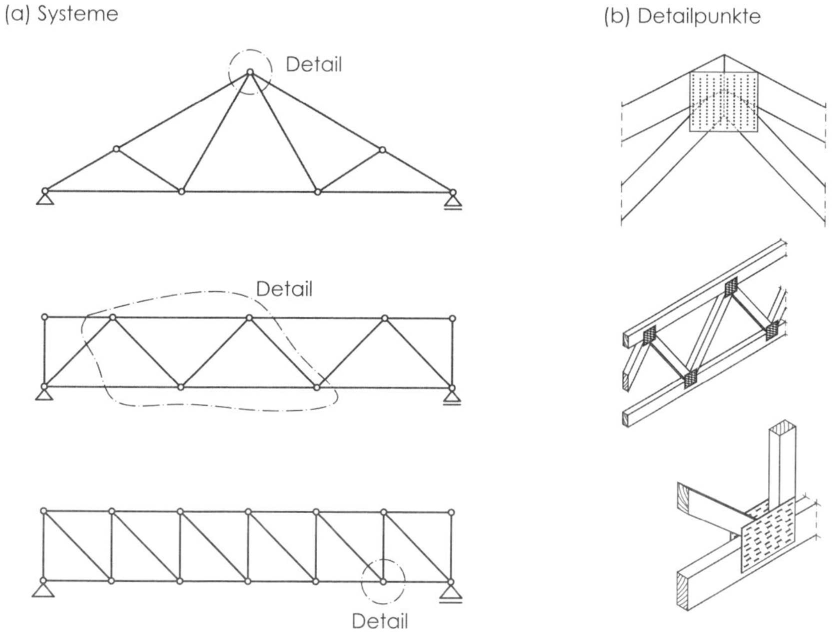

Bild C-140 Nagelplattenbinder; Knotendetails

Bei **Dübelverbindungen** erfolgt die Kraftübertragung durch die Dübel. Hierbei handelt es sich einerseits um stiftförmige Dübel (meist aus Metall; früher auch aus Hartholz), die analog zu einer Nagelverbindung in vorbereitende Bohrungen eingeschlagen und in der Scherfuge mit entsprechenen Einbauteilen (Knotenbleche) beansprucht werden (Bild C-141).

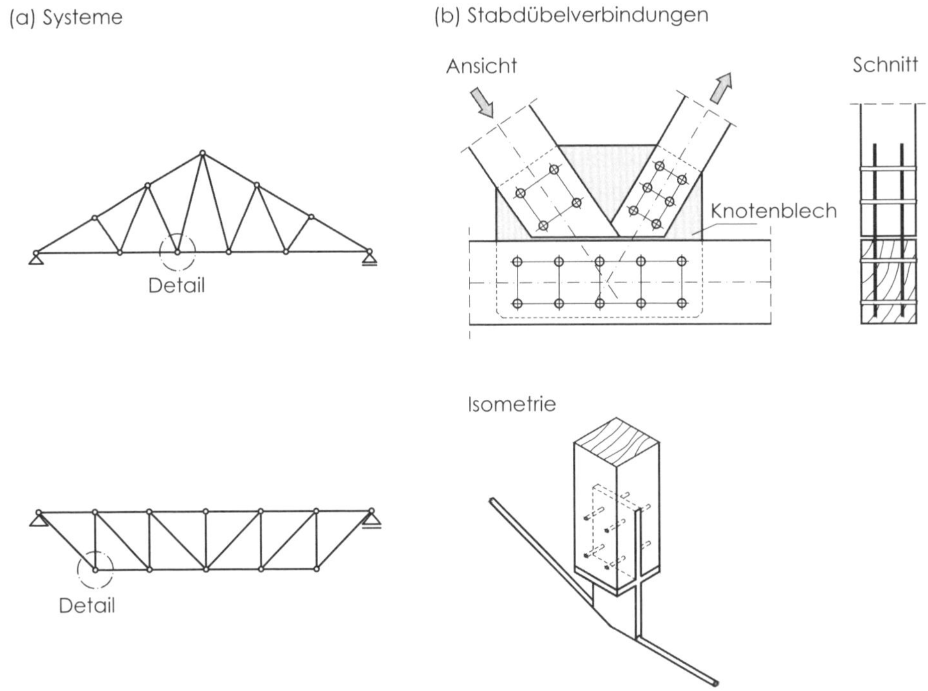

Bild C-141 Holz-Fachwerkträger; Knotendetail

Eine andere Dübelform stellen die sogannanten Einlass- oder Einpressdübel dar, die (meist aus Metall; mittlerweile seltener aus Hartholz) lokal die Lastübertragung zwischen Stabelementen sicherstellen. Eine Verschraubung zur Lagesicherung ist zusätzlich erforderlich (Bild C-142).

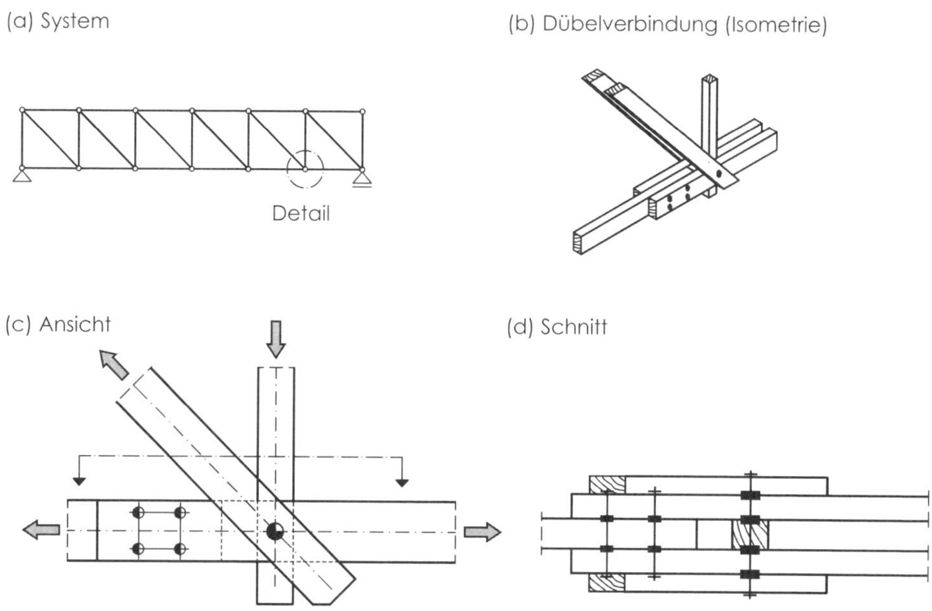

Bild C-142 Holz-Fachwerkträger; Knotendetails der Einlass- oder Einpressdübel

Metallbau

Der überwiegende Teil der Fachwerke im Metallbau wird aus Stahlerzeugnissen (Walz- oder Hohlprofile) hergestellt. Für Sonderbauten, z.B. leichte und mobile Anwendungen (Messebau, Gerüstbau, o.Ä.) werden u.a. Aluminiumerzeugnisse verwendet.

Die konstruktive Umsetzung der Knotenpunkte erfolgt einerseits mit stiftförmigen Verbindungsmitteln, wie Schrauben, Passschrauben oder Bolzen (früher auch Nieten), und andererseits mit Schweißverbindungen.

Für die Auswahl der jeweiligen Fügetechnik ist u.a. entscheidend, ob das Fachwerkbauteil komplett in der Werkstatt vorgefertigt und als Ganzes zur Baustelle transportiert wird (Bild C-143) oder vor Ort aus Einzelteilen zusammen gebaut wird (Bild C-144).

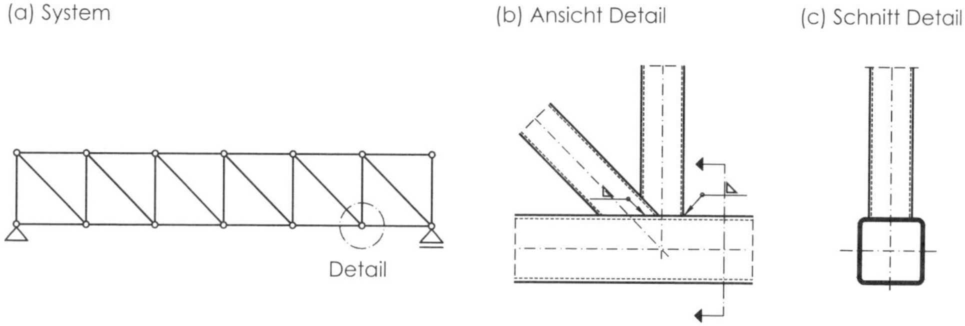

Bild C-143 Stahl-Fachwerkträger aus Hohlprofilen; Knotendetail

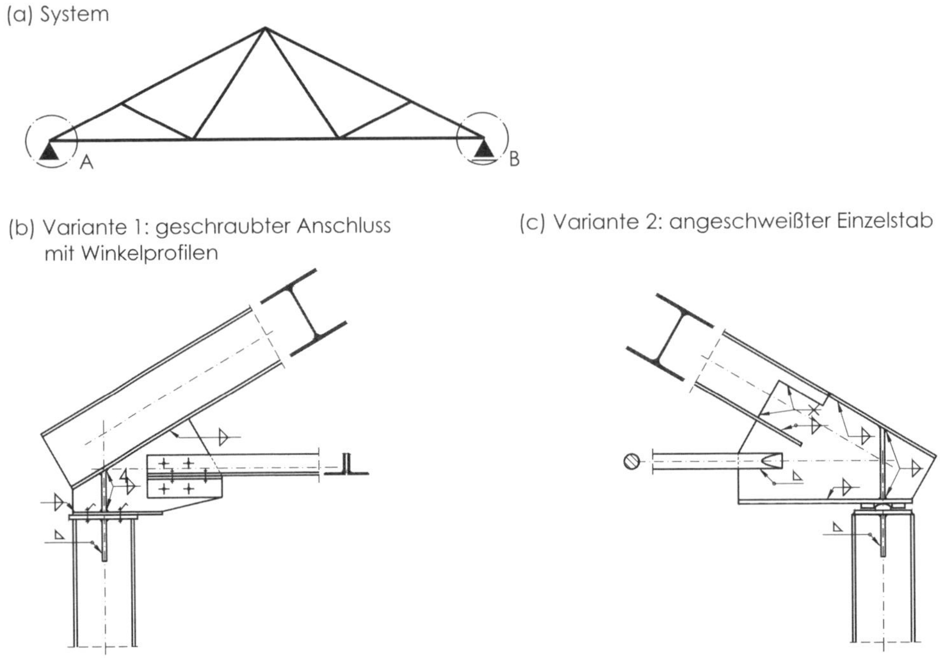

Bild C-144 Unterspannter Stahlträger; Knotendetails für den Anschluss der Unterspannung

Die Bauweise mit Hohlprofilquerschnitten erfordert oftmals eine Fügetechnik mit Schweißverbindungen. Bild C-145 zeigt exemplarisch einen derartigen Knotenpunkt. Ein wichtiger Aspekt hierbei ist die Sicherstellung der Gestaltfestigkeit des Knotens.

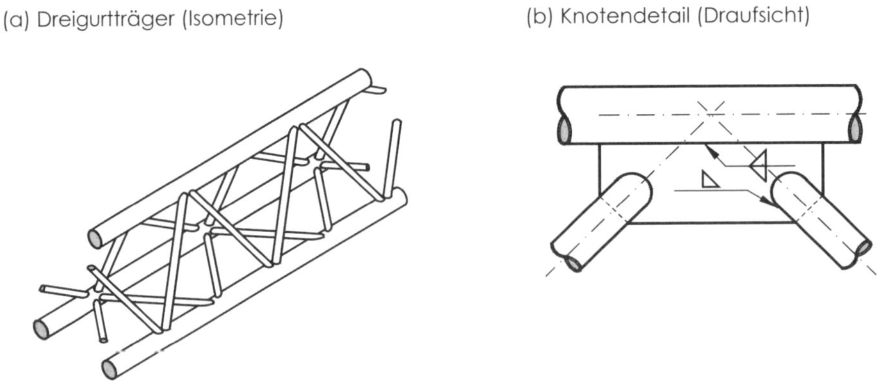

Bild C-145 Stahl-Gitterträger; Knotendetail

C.5 Zug- und Druckstäbe, Stützen

Zug- und Druckstäbe werden vorwiegend durch Normalkräfte beansprucht. Dies trifft z.B. für die Einzelstäbe innerhalb eines Stabwerks zu, wenn die Stäbe gelenkig angeschlossen sind und keine Querlasten angreifen.

Die Beanspruchung eines Stabs wird durch die Schnittgrößen bestimmt. Gemäß der Vorzeichenkonvention für Schnittgrößen handelt es sich bei positiven Schnittkräften N um einen Zugstab, bei negativen Schnittkräften N um einen Druckstab (siehe Bild B-30).

Unter der Voraussetzung von gleichgerichteten Kräften treten bei Fachwerken (Abschnitt C.4) in einzelnen Stabgruppen vorwiegend Zug- oder Drucknormalkräfte auf. Andere Beispiele für Zugstäbe sind Unterspannungen von Trägern (Abschnitt C.1.4), deren Spreizen als Druckstab wirken (Bild C-146/a). Bei einem Dreigelenkrahmen mit Zugband treten in Stiel und Riegel Druckkräfte kombiniert mit Momentenbeanspruchungen auf (Bild C-146/b), wohingegen das Zugband ausschließlich einer Zugbeanspruchung unterliegt (und daher konstruktiv mit Zugstäben oder Seilen ausgebildet wird).

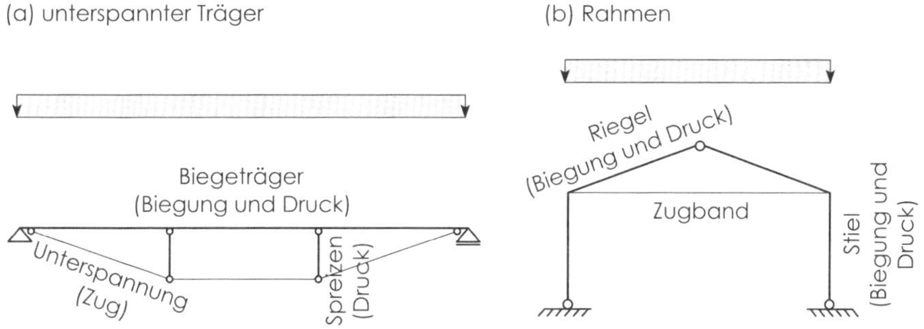

Bild C-146 Zug- und Druckstäbe; Beispiele

Bei einem Gebäude mit aussteifendem Kern (siehe auch Abschnitt C.7.4) können die vertikalen Tragelemente als Druck- oder Zugelement wirken. Das Bild C-147/a zeigt ein konventionelles Tragwerk, bei dem Stützen die vertikalen Lasten als Druckstäbe in die Fundamente leiten. Demgegenüber werden beim „Hängehaus" in Bild C-147/b Eigen- und Nutzlasten zunächst über Zugstäbe zu einer Kragkonstruktion am Kopf des aussteifenden Erschließungskerns geleitet und daraufhin von dieser in den Kern abgegeben. Der Kern leitet die Lasten in die Fundamente.

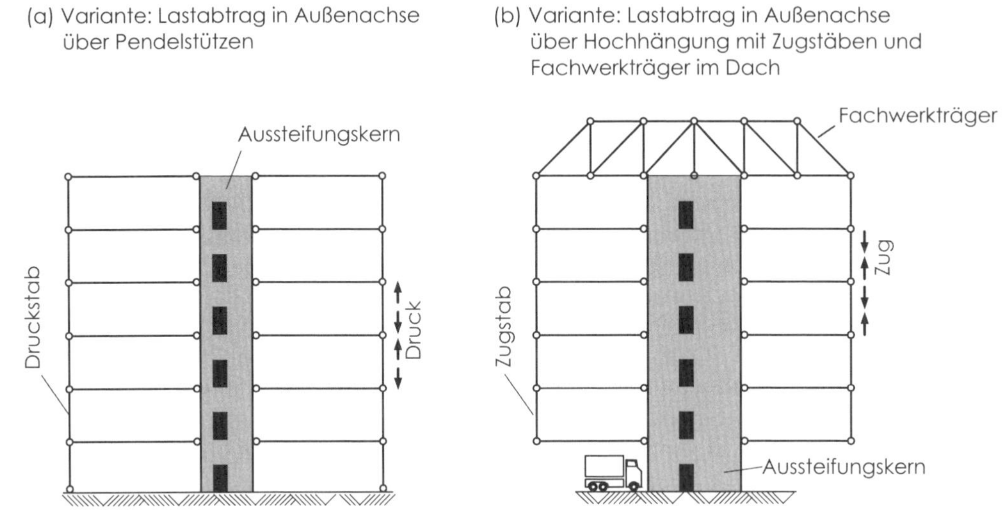

Bild C-147 Vertikaler Lastabtrag; Tragwerksvarianten

C.5.1 Zugstäbe

Eine Zugbeanspruchung verursacht im Zugstab eine Normalspannung senkrecht zur Querschnittsfläche A (siehe auch Abschnitt B.4.1, Bild B-96/a):

$\sigma_{xx} = N/A$

Die Normalkraft N kann so weit gesteigert werden, bis die Normalspannung die Zugfestigkeit f_k des Materials erreicht. Unter Ansatz der maximalen Zugfestigkeit f_k kann die aufnehmbare Normalkraft eines Zugstabs berechnet werden:

$f_k = N/A \quad \Leftrightarrow \quad N = f_k \cdot A$

Die maßgebende Tragfähigkeit eines Zugstabs mit der Schnittgröße N ist folglich alleine bestimmt durch die Querschnittsfläche A und die aufnehmbare Zugspannung des Materials. Aufgrund von Material- und Modellstreuungen wird bei der Bemessung eines Bauteils die charakteristische Festigkeit mit dem Sicherheitsbeiwert γ_M belegt, sodass die Zugtragfähigkeit

$N_d = f_k / \gamma_M \cdot A$

beträgt (siehe Abschnitt D.2 ff.).

C.5.2 Drucktragfähigkeit ohne Knickgefahr

Die Tragfähigkeit eines kurzen Druckstabs (bzw. allgemein ausgedrückt eines Druckelementes) kann wie bei einem Zugstab bestimmt werden:

$N_d = f_k / \gamma_M \cdot A$

Beispiele hierfür sind kurze, gedrungene Stützen oder kompakte Bauteile wie Lastverteilungsschwellen oder Einzelfundamente.

Beispiel Holz: Die Drucktragfähigkeit von Holz unterscheidet sich in Abhängigkeit von der Beanspruchungsrichtung. In Abhängigkeit von der Holzart (Laubholz oder Nadelholz) beträgt das Verhältnis zwischen der **Druckfestigkeit parallel zur Faser** ($f_{c,0,k}$) und derjenigen **senkrecht zur Faser** ($f_{c,90,k}$) das 5- bis 10-fache (Bild C-148/b).

Falls die Drucktragfähigkeit der Schwelle am Fuß der Rundstütze überschritten wird, kann die Last über eine Fußplatte auf eine Schwelle wiederum verteilt werden (Bild C-148/a). Vorzugsweise verwendet man für Fußplatte und Schwellen Laubhölzer („Hartholz"), da diese eine in etwa doppelt so hohe Druckfestigkeit wie Nadelhölzer aufweisen.

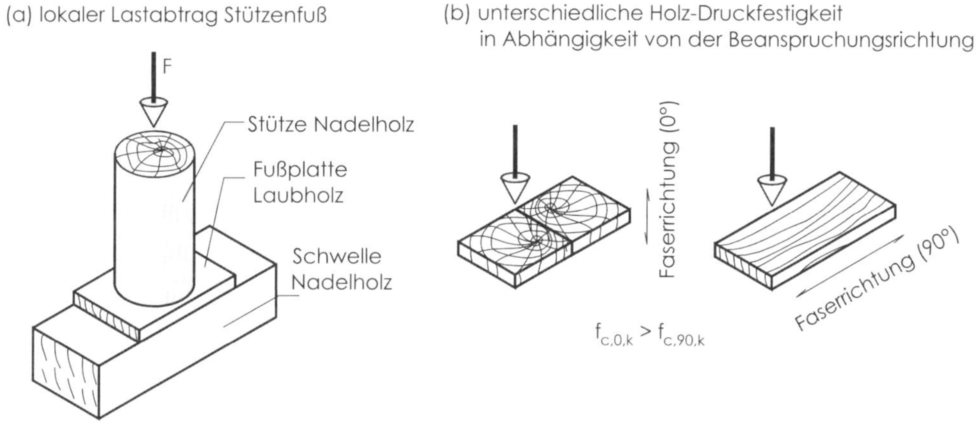

Bild C-148 Druckfestigkeit von Holz; Charakteristik in und quer zur Faserrichtung

Beispiel Fundament: Eine am Stützenfuß angeordnete Fußplatte aus Stahl verteilt die konzentriert ankommenden Lasten aus der Stütze auf das Stahlbetonfundament (Bild C-149). Da die Druckfestigkeit des Betons gegenüber derjenigen des Stahls relativ gering ist, muss die Lastaufstandsfläche der Stütze so vergrößert werden, dass die aufnehmbaren Betondruckspannungen nicht überschritten werden. Das Fundament verteilt dann seinerseits diese Lasten wiederum auf eine noch viel größere Fläche, damit diese an der Fundamentunterkante vom Baugrund aufgenommen werden können. Weder Fußplatte noch Fundament sind wegen ihrer gedrungenen Form knickgefährdet.

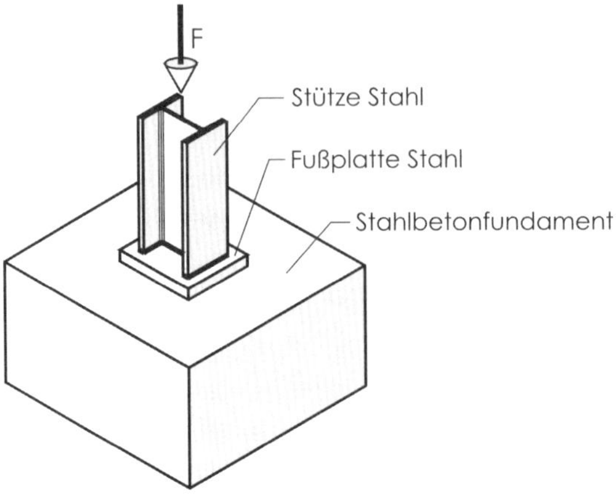

Bild C-149 Einzelfundament; lokale Druckbeanspruchung

Beispiel Auflagerpolster Träger: Ein weiterer Anwendungsfall ist die Auflagerung eines Trägers auf einer Mauerwerkswand. Häufig überschreiten die Pressungen in der Lagerfuge Träger-Wand die max. zulässigen Pressungen des Mauerwerks (Bild C-150/a). Deshalb ist eine Lastverteilungsschwelle aus Beton oder höher belastbarem Mauerwerk zwischen Stahlträger und normalem Mauerwerk anzuordnen. Die Fläche A des Auflagerpolsters muss so groß gewählt werden, dass die Drucktragfähigkeit des Mauerwerks nicht überschritten wird.

Die lokale Belastung breitet sich innerhalb von Beton unter einem Lastverteilungswinkel von 45° und von Mauerwerk unter 60° aus (Bild C-150/b). Die erforderliche Höhe der Lastverteilungsschwelle ergibt sich dann aus den Parametern Belastung, Mauerwerksbreite und -festigkeit. Die aufnehmbare lokale Belastung F_d ist durch die Drucktragfähigkeit f_d des Mauerwerks begrenzt:

$$F_d = B_{Mauerwerk} \cdot L_{erforderlich} \cdot f_d$$

mit

f_d aufnehmbare Druckspannung im Mauerwerk unter Berücksichtigung von Sicherheitsbeiwerten (siehe auch Abschnitt D.5).

Durch Umstellen der Formel lässt sich die erforderliche Geometrie der Schwelle bestimmen:

$$L_{erforderlich} = F_d / (f_d \cdot B_{Mauerwerk})$$

$$H_{erforderlich} = (L_{erforderlich} - B_{Träger})/2 \cdot \tan \alpha$$

mit

α Lastausbreitungswinkel (α = 45° in Beton, α = 60° in Mauerwerk)

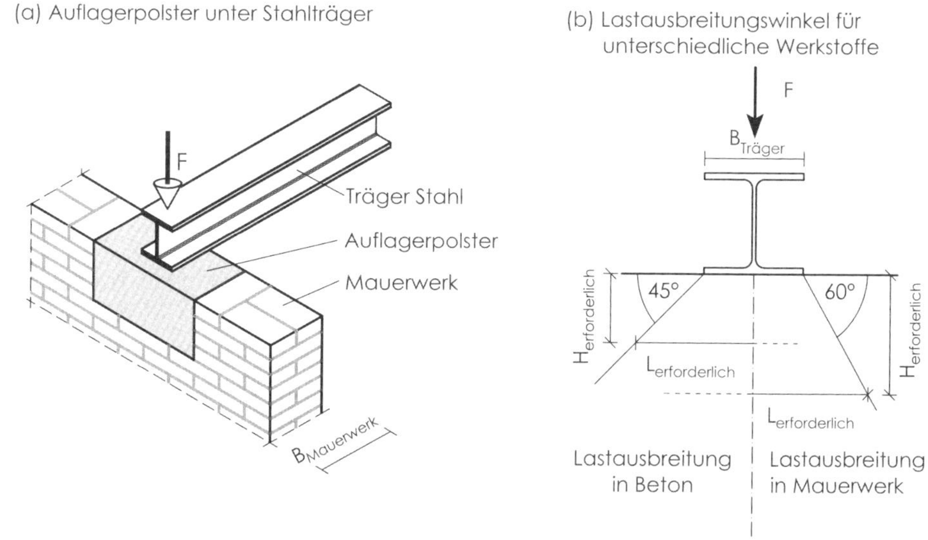

Bild C-150 Trägerauflager; Auflagerpolster wegen hoher Auflagerpressung

C.5.3 Stabilitätsgefährdete Druckstäbe, Stützen

C.5.3.1 Allgemeines

Bei längeren Druckstäben ist die Tragfähigkeit nicht alleine von der Materialfestigkeit und der Querschnittsfläche abhängig. Der Druckstab versagt, bevor die Materialfestigkeit überschritten wird, indem das Bauteil seine Stabilität verliert und seitlich ausknickt.

C.5.3.2 Knicklast und Knicklänge

Für einen perfekten Stab aus einem elastischen, isotropen Material mit zentrischem Lastangriff wird die **theoretische Knicklast** durch die *Euler*-Last beschrieben:

$$N_k = \frac{\pi^2 \cdot E \cdot I}{s_k^2}$$

mit

E Elastizitätsmodul

I Trägheitsmoment

s_k Knicklänge

Nach Überschreiten der Knicklast verliert der perfekte Stab seine Gleichgewichtslage und verformt sich in Abhängigkeit von der Lagerung sinusförmig.

Knicklänge s_k

Die Knicklast eines Druckstabs mit gleicher Lagerung an den Stabenden nimmt mit dem Quadrat der Stablänge ab. D.h., bei doppelter Stablänge beträgt die Knicklast nur noch 25 % des Ausgangswertes.

Die Knicklänge s_k ist wiederum abhängig von der Lagerung des Druckstabs. Ausgehend von der sinusförmigen Verformungsfigur des ausknickenden Stabs beschreibt s_k den Abstand der Wendepunkte (Bild C-151).

Erstmalig hat dieses Verhalten der Mathematiker L. Euler systematisch untersucht und mathematisch beschrieben. Er definiert vier unterschiedliche Eulerfälle (Bild C-151). Jedem Eulerfall ist eine Knickfigur – auch Eigenform genannt – zugordnet, aus der die Knicklänge s_k abgeleitet werden kann.

Nachfolgend werden die vier Eulerfälle allgemein vorgestellt und anhand von Praxisbeispielen erläutert.

Eulerfall 1: Der nach Eulerfall 1 (Bild C-151/a) gelagerte Stab ist unten fest eingespannt und oben frei beweglich. Ein solcher Fall taucht beispielsweise bei eingespannten Stützen von Hallenkonstruktionen auf (siehe Bild C-250). Der untere Wendepunkt der Sinuskurve liegt um die Stablänge L unterhalb der Einspannstelle, die der Knicklänge s_k entspricht:

$$s_k = 2 \cdot L$$

$$N_k = \frac{\pi^2 \cdot E \cdot I}{(2\ L)^2} = 0{,}25\ \pi^2\ EI / L^2$$

Eulerfall 2: Bei einer oben und unten gelenkig gelagerten Stütze (Pendelstütze) liegen die Wendepunkte der Sinuskurve in den Gelenken. Die Knicklänge s_k entspricht also der Stablänge L (Bild C-151/b). Diese beidseits gelenkige Lagerung ist der Normalfall. Er liegt immer dann bei Stützen vor, wenn bei einem Gebäude die einzelnen Geschossdecken über Kerne oder Verbände ausgesteift werden (vgl. Abschnitt C.7, Bild C-234 ff.). Stäbe eines Fachwerks sind ebenfalls nach Eulerfall 2 gelagert.

$$N_k = \frac{\pi^2 \cdot E \cdot I}{L^2} = \pi^2\ EI / L^2$$

Eulerfall 3: Eulerfall 3 kennzeichnet einen Stab, der unten fest eingespannt und oben gelenkig gelagert ist (Bild C-151/c). Durch die untere Einspannung wandert der Wendepunkt nach oben und die Knicklänge verkürzt sich auf $s_k = 0{,}7 \cdot L$.

Die Knicklast ist im Vergleich zu Eulerfall 2 doppelt so groß:

$$N_k = \frac{\pi^2 \cdot E \cdot I}{(0{,}7\ L)^2} = 2{,}04\ \pi^2\ EI / L^2$$

Eulerfall 4: Ein beidseits fest eingespannter Stab wird als Eulerfall 4 bezeichnet. Die Knicklänge verkürzt sich weiter auf $s_k = 0{,}5$ L, die kritische Last beträgt im Vergleich zu Eulerfall 2 das Vierfache (Bild C-151/d).

$$N_k = \frac{\pi^2 \cdot E \cdot I}{(0{,}5\ L)^2} = 4\ \pi^2\ EI / L^2$$

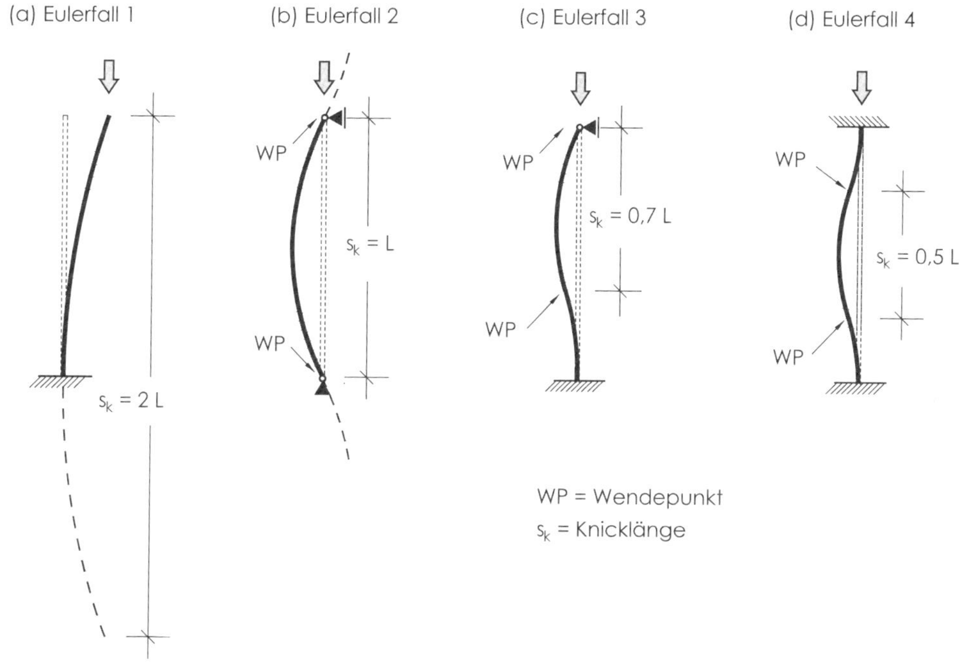

Bild C-151 Euler-Fälle; Lagerung, Knickfiguren und Knicklängen

Beispiel (Bild C-152/a): Ein Druckstab kann in verschiedenen Richtungen durch horizontale Abstützungen verschiedene Knicklängen aufweisen. Die Stützen sind in Fassadenebene (y-Richtung) durch einen horizontalen Riegel in halber Höhe gehalten. In z-Richtung sind die Stützen nur unten (Bodenplatte) und oben (Dachscheibe) gehalten.

In z-Richtung beträgt die Knicklänge $s_{ky} = L$, in y-Richtung die Hälfte davon, d.h. $s_{kz} = L/2$.

Beispiel (Bild C-152/b): Wenn Stützen über mehrere Stockwerke durchlaufen und wenn sie in den Geschossebenen durch die Deckenscheiben horizontal unverschieblich gehalten sind, darf die jeweilige Geschosshöhe als Knicklänge angenommen werden. Die Knickfigur der Stützen verläuft wellenförmig durch die Geschosse.

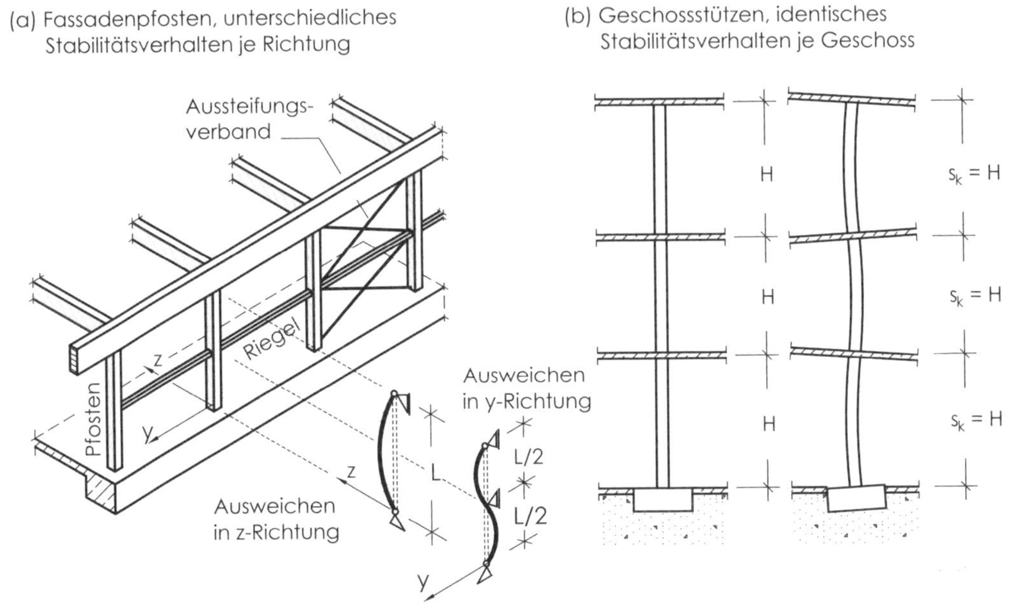

Bild C-152 Knicklängen; Praxisbeispiele

Elastizitätsmodul E

Je größer der Elastizitätsmodul und das Trägheitsmoment des Querschnitts sind, desto größer ist die theoretische Knicklast des Stabs.

Die Knicklast nimmt mit steigendem Elastizitätsmodul zu. Bei gleicher Querschnittsgeometrie und Lagerung weist ein Stahlstab eine dreimal so hohe Knicklast wie ein vergleichbarer Aluminiumstab auf:

$E_{Stahl} = 210.000\ N/mm^2 = 3 \cdot E_{Alu} = 70.000\ N/mm^2$.

Klarstellend sei an dieser Stelle darauf hingewiesen, dass die Knicklast unabhängig von der Materialfestigkeit ist.

Flächenträgheitsmoment I

Der Querschnitt eines Druckstabs weist in Abhängigkeit von der Geometrie unterschiedliche Flächenträgheitsmomente bezogen auf die Querschnittsachsen z und y auf (siehe Abschnitt B.4.2).

Beispiel (Bild C-153/a): Die Flächenträgheitsmomente des unsymmetrischen Rechteckquerschnitts (mit b/h = 12/16 cm) berechnen sich zu

$I_y = 12\ cm \cdot (16\ cm)^3/12 = 4.096\ cm^4$

$I_z = 16\ cm \cdot (12\ cm)^3/12 = 2.304\ cm^4$

Ermittelt man hiermit die kritischen Lasten, so zeigt sich, dass ein Versagen in y-Richtung (Ausweichen um die „schwache" Querschnittsachse) maßgebend wird, da der mit I_z berechnete Wert wesentlich kleiner ist als derjenige, der mit I_y ermittelt wird.

Beispiel (Bild C-153/b): Bei einem achsensymmetrischen Profil (mit b/h = 16/16 cm) gilt: $I_y = I_z$. Daher ist das Stabilitätsverhalten in beide Richtungen gleich zu bewerten und es gibt keine bevorzugte Knickrichtung.

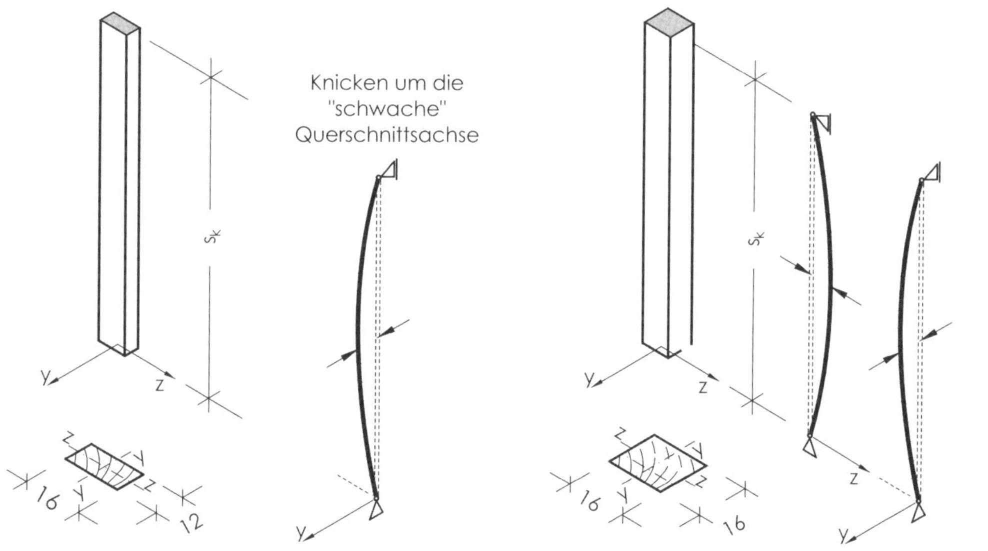

Bild C-153 Knickrichtung; Einfluss der Querschnittsgeometrie

C.5.3.3 Knickspannung, Trägheitsradius und Schlankheit

Ermittelt man die Spannung in einem Querschnitt, die zum Zeitpunkt des Ausknickens herrscht, ergibt sich mit der Beziehung für die Euler-Last die **Knickspannung** σ_k zu:

$$\sigma_k = N_k / A = \frac{\pi^2 \cdot E \cdot I}{s_k^2 \cdot A}$$

Sobald die kritische Spannung σ_k erreicht wird, knickt der Stab aus.

In Abhängigkeit von dem **Trägheitsmoment I** und der **Fläche A** ist der **Trägheitsradius i** definiert zu:

$$i = \sqrt{I / A}$$

$$\text{Trägheitsradius} = \sqrt{\text{Trägheitsmoment / Flächenmoment}}$$

Der Trägheitsradius drückt aus, wie groß der Abstand der Querschnittsfläche vom Querschnittsschwerpunkt ist. Je größer dieser Abstand ist, desto größer ist der Widerstand gegen Knicken. Umgestellt ist das Trägheitsmoment gleich dem Trägheitsradius zum Quadrat multipliziert mit der Querschnittsfläche A:

$$I = i^2 \cdot A$$

Ein Druckstab knickt immer in die Richtung aus, in der der Trägheitsradius am geringsten ist (vorausgesetzt, die übrigen Parameter sind identisch). Für Querschnitte mit gleicher Steifigkeit in beide Richtungen (z.B. quadratische Querschnitte) erhält man gleiche Trägheitsradien $i_y = i_z$. Für Kreis- und Rohrquerschnitte mit identischen Kennwerten in alle Richtungen erhält man nur einen Trägheitsradius i.

I und A werden in der Gleichung für die Knickspannung ersetzt durch den Trägheitsradius:

$$\sigma_k = \frac{\pi^2 \cdot E \cdot I}{s_k^2}$$

Die Einflussgrößen der Knicklänge s_k und des Trägheitsradius i fasst man zusammen zur **Stabschlankheit** λ (lambda):

$\lambda = s_k/i$ Schlankheit = Knicklänge/Trägheitsradius

Die Schlankheit ist ein Bezugswert, der die Knickempfindlichkeit eines Druckstabs in Abhängigkeit von Stablänge, Lagerungsart, Querschnittsgröße und Querschnittsform ausdrückt.

Beim Beispiel in Bild C-153/a weist der Druckstab in beide Knickrichtungen die gleiche Knicklänge auf. Anhand der Trägheitsmomente ist die bestimmende Knickrichtung direkt zu erkennen. Ein Versagen wird stets rechtwinklig zur Achse des kleinsten Trägheitsmoments erfolgen.

Bei unterschiedlichen Knicklängen in y- und z-Richtung ist dies nicht möglich. Als Hilfestellung kann die zuvor definierte Schlankheit eines Stabs herangezogen werden.

Beispiel Pfosten (Bild C-154): Die Stützen sind durch horizontale Zwischenriegel in den Drittelspunkten in y-Richtung gehalten. Die Länge der Stützen beträgt L = 3,60 m. Als Querschnitt wurde ein IPE 220 (nach DIN 1025-5) gewählt.

Trägheitsradien aus Bautabellen [19]:

$i_1 = 9{,}11$ cm

$i_2 = 2{,}48$ cm

Knicklängen:

$s_{kz} = L = 3{,}60$ m = 360 cm

$s_{ky} = L/3 = 1{,}20$ m = 120 cm

Das Profil ist so eingebaut, dass der größere Trägheitsradius der größeren Knicklänge zugeordnet ist.

Schlankheitsgrade:

$$\Rightarrow \lambda_z = \frac{s_{kz}}{i_1} = 360 \text{ cm} / 9{,}11 \text{ cm} = 40$$

$$\Rightarrow \lambda_y = \lambda_{max} = \frac{s_{ky}}{i_2} = 120 \text{ cm} / 2{,}48 \text{ cm} = 48$$

Die Indizes beziehen sich auf das globale Koordinatensystem. Der Knicknachweis muss für das Ausweichen der globalen y-Achse geführt werden.

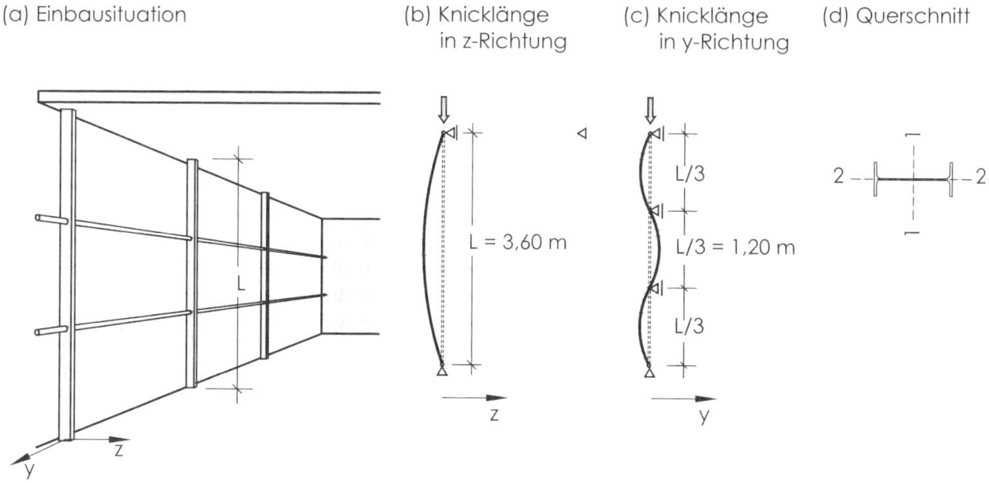

Bild C-154 Unterschiedliche Knicklängen in x- und y-Richtung; Praxisbeispiel Fassadenstütze

In Abhängigkeit von der Knicklänge und den möglichen weiteren Beanspruchungen eines Querschnitts kann eine sinnvolle Querschnittsgeometrie gewählt werden:

- Querschnitte mit gleichen Steifigkeiten bzw. Trägheitsradien werden bevorzugt für Innenstützen mit gleichen Knicklänge in y- und z-Richtung verwendet (Bild C-155/a).
- Querschnitte mit ungleichen Steifigkeitsverhältnissen und somit ungleichen Trägheitsradien werden in Abhängigkeit von den ungleichen Knicklängen in y- und z-Richtung ausgewählt (Bild C-155/b).

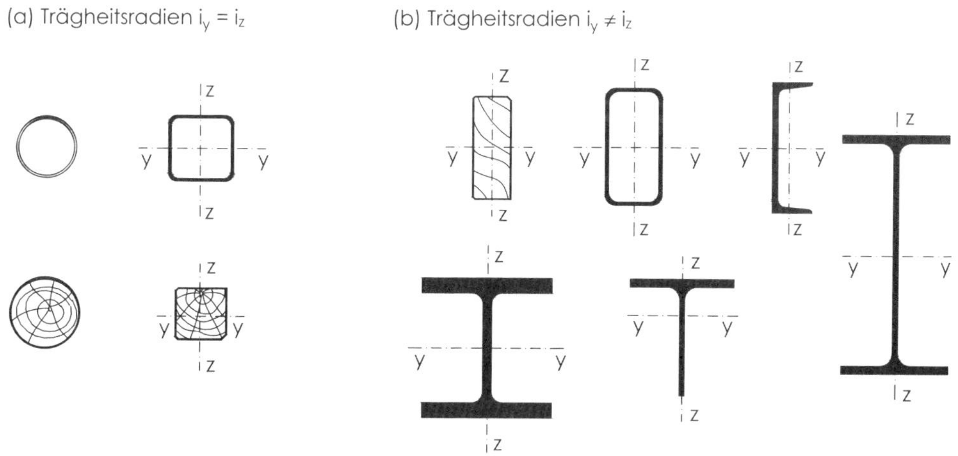

Bild C-155 Querschnittsprofile im Vergleich; Symmetrieverhältnisse

Die Knickspannung σ_k kann auch als Funktion von der Schlankheit ausgedrückt werden:

$$\sigma_k(\lambda) = \frac{\pi^2 \cdot E \cdot i^2}{s_k^2} = \frac{\pi^2 \cdot E}{\lambda^2}$$

Diese Funktion wird als ideelle Knickspannungskurve (Euler-Hyperbel) bezeichnet und gilt für einen idealisierten, perfekten Stab. Bild C-156 zeigt den Verlauf für einen E-Modul von Stahl (E = 210.000 N/mm²). An diesem Diagramm erkennt man, dass bei kleinen Schlankheiten die kritische Spannung überproportional ansteigt. In diesem Bereich wird die Tragfähigkeit nicht durch das Knicken, sondern durch die Materialfestigkeit begrenzt.

Die zuvor betrachteten Größen werden als Hilfswerte bei der Bemessung von Druckstäben verwendet.

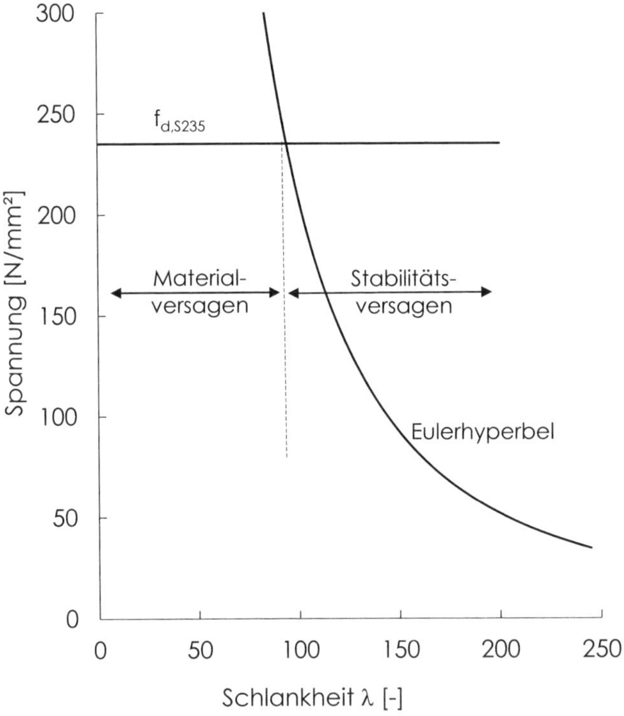

Bild C-156 Ideelle Knickspannungskurve für E = 210.000 N/mm²

C.5.3.4 Imperfektionen und Exzentrizitäten

In der Praxis liegt nie ein idealisiert perfekter Stab vor, sondern stets ein durch Imperfektionen beeinflusstes System. Diese Imperfektionen können unterschiedliche Ursachen haben und beispielsweise material- oder geometriebedingt sein.

Bei materialtechnischen Imperfektionen handelt es sich beim Werkstoff Stahl um Ungleichheiten in der Metallurgie oder aus dem Fertigungsprozess (z.B. Eigenspannungen infolge Schweißen). Der Werkstoff Holz weist materialbedingte Imperfektionen durch Astlöcher oder unregelmäßigen Wuchs auf.

Geometrische Imperfektionen stellen z.B. Ausmitten in den Anschlüssen (Bild C-157/b) oder Vorkrümmungen über die Stablänge aus der Stabfertigung (Bild C-157/c) dar. Eine auf Druck beanspruchte Stütze weist dadurch quasi immer Abweichungen zwischen der Stabachse und der Wirkungslinie der Kraft F auf. Diese Abweichung bezeichnet man als Exzentrizität e, der Stab ist hierdurch exzentrisch (ausmittig) beansprucht. Jeder baupraktische Druckstab wird daher neben der planmäßigen Normalkraft

$N = -F$

auch durch eine unplanmäßige (imperfektionsbedingte) Biegung beansprucht.

$M = -F \cdot e$

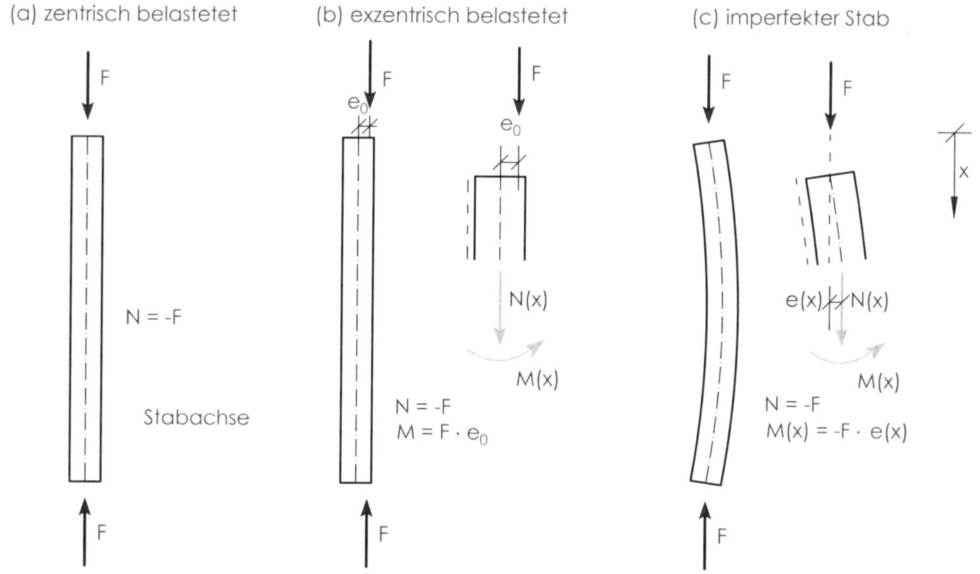

Bild C-157 Druckstab; Beanspruchung

Die maximalen Spannungen setzen sich zusammen aus der Normalspannung infolge zentrischen Drucks und dem Biegemoment infolge der Exzentrizität e. Die insgesamte Exzentrizität e ergibt sich als Summe von Lastausmitte und der Ausmitte infolge Stützenkrümmung.

$\sigma_{xx} = N / A + M / W$

$\sigma_{xx} = N / A + N \cdot e / W$

Mit steigender Druckkraft vergrößert sich daher die Momentenbeanspruchung infolge Exzentrizät und infolgedessen vergrößert sich dann wiederum die Exzentrizität. Ausgehend von der Anfangsausmitte e_0 kann die Exzentrizität über einen Vergrößerungsfaktor abgeschätzt werden, der von der kritischen Last N_{ki} abhängt [16]:

$$e_{ges} = e_0 \frac{1}{1 - N / N_{ki}}$$

Es handelt sich jetzt nicht mehr um eine **Stabilitätsproblem** wie beim zentrisch gedrückten Knickstab, sondern um ein **Spannungsproblem**. Zu jedem Vorverformungszustand und zugehöriger Belastung kann man die Spannungen mit der Exzentrizität e_{max} berechnen:

$$\sigma_{xx} = N / A + N \cdot e_{max} / W$$

mit

$$e_{max} = e_0 \frac{1}{1 - N / N_{ki}}$$

Beispiel

Das Hohlprofil (Stahlgüte S235) mit quadratischem Querschnitt 100 x 4 (Breite 100 mm und Wandungsdicke t = 4 mm) weist die folgenden Querschnittswerte auf:

Flächenträgheitsmoment $I_y = I_z = 232 \text{ cm}^4$

Querschnittsfläche $A = 15{,}2 \text{ cm}^2$

Trägheitsradius $i_y = i_z = \sqrt{232 / 15{,}2} = 3{,}91 \text{ cm}$

Für die Knicklängen s_k = 3 m und s_k = 5 m sind Schlankheit, Knicklast und Knickspannung in Tabelle C-1 angegeben.

Tabelle C-1 Schlankheit, Knicklasten und Knickspannungen

	$s_k = 3{,}5$ m	$s_k = 5$ m
Schlankheit $\lambda = s_k / i$	90	128
Knicklast $N_{ki} = \pi^2 EI / (s_k)^2$	534 kN	192 kN
Knickspannung $\sigma_k = N_k / A$	353 N/mm²	126 N/mm²
mit Elastizitätsmodul von Stahl E = 210.000 N/mm²		

Die Knickspannung des Stabs mit s_k = 5 m liegt weit unter der Streckgrenze von Stahl mit f_d = 235 N/mm², demnach liegt hier eine Knickgefahr vor. Im Gegensatz dazu beträgt die Knickspannung des Stabs mit einer Knicklänge von s_k = 3 m σ_k = 353 N/mm². Maßgebend ist hier das Materialversagen, da bevor ein Knickversagen auftritt die Fließgrenze des Materials erreicht wird.

In den folgenden Diagrammen sind die Spannungen und der Zuwachs der maximalen Exzentrizität in Feldmitte für beide Knicklängen dargestellt. Die Anfangsimperfektion wurde zu e_0 = L/550 gewählt. Beim „langen Stab" mit s_k = 5 m steigen die Spannungen schon weit vor dem Erreichen der Knicklast überproportional an (Bild C-158). Der „kurze" Stab mit s_k = 3 m versagt schon vorher durch das Erreichen der Fließgrenze (Bild C-159).

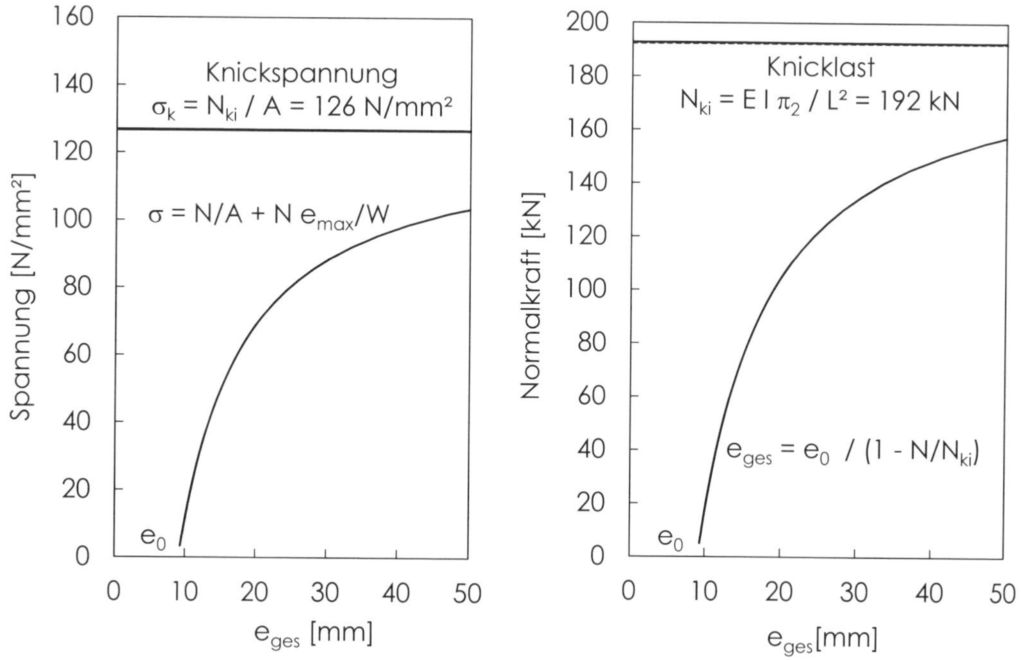

Bild C-158 Knickspannung, Knicklast und Last-Verformungskurve „langer Stab"

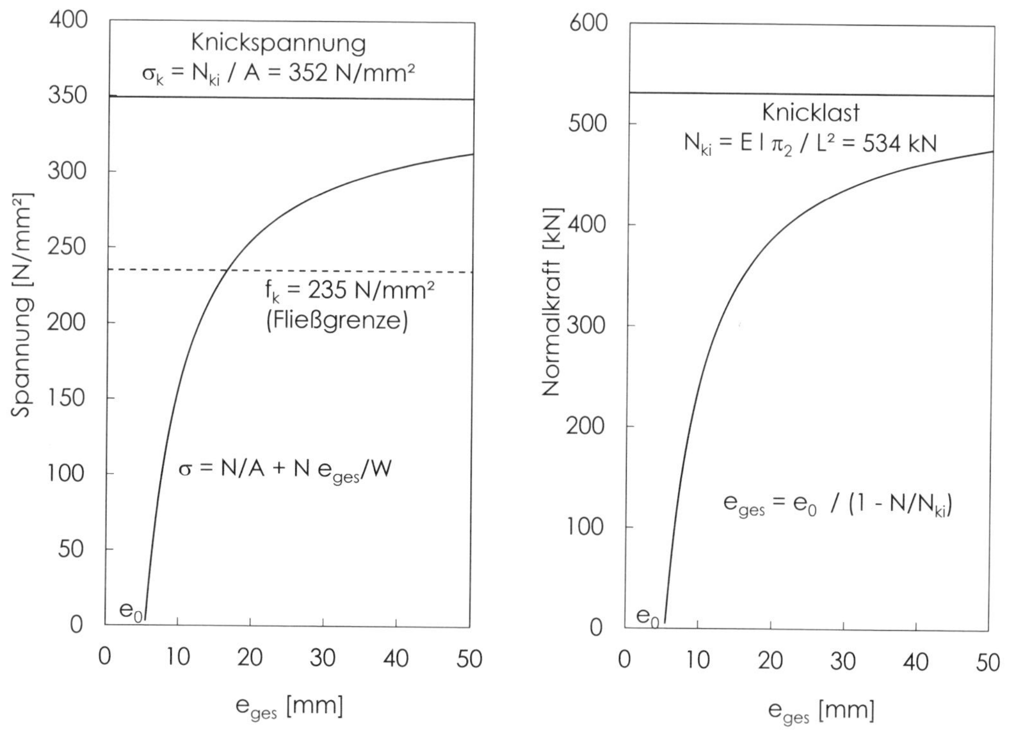

Bild C-159 Knickspannung, Knicklast und Last-Verformungskurve „kurzer Stab"

Im Unterschied zu einem Biegeträger besteht zwischen Last und Verformung bzw. Last und Spannung kein linearer, sondern ein nichtlinearer Zusammenhang. Die Schnittgrößen müssen, wie hier gezeigt, am verformten Bauteil berechnet werden. Während die Schnittgrößen bei einem Biegeträger nach **Theorie I. Ordnung** am unverformten Bauteil berechnet werden konnten, bezeichnet man die Ermittlung der Schrittgrößen am verformten Bauteil als **Theorie II. Ordnung**. Die Verformungsänderung des Bauteils bei Laststeigerung und die damit verbundene Schnittgrößenerhöhung werden hiermit erfasst.

Aus diesem Grund gilt auch nicht mehr das beim Biegeträger angewendete Superpositionsprinzip, bei dem Schnittgrößen oder Spannungen von unterschiedlichen Lastfällen getrennt berechnet und anschließend superponiert werden können (z.B. Bild B-48).

C.5.3.5 Ersatzstabverfahren

Für ausschließlich auf Druck beanspruchte Stäbe erfolgt die Bemessung über das Ersatzstabverfahren. Der Drucktragwiderstand eines Bauteils ohne Stabilitätseinfluss wird mit einen Abminderungsfaktor multipliziert.

Im Stahlbau schreibt sich die Bemessungsformel beispielsweise zu:

$$N_{Rd} = \chi \cdot f_d \cdot A$$

Der Abminderungsfaktor χ beinhaltet das Materialverhalten, die geometrischen Randbedingungen wie Länge und Querschnittseigenschaften und die geometrischen Abweichungen des Stabs. Je größer die Schlankheit des Profils, desto kleiner ist der Abminderungsfaktor χ.

Im den Abschnitten D.3 ist das Verfahren exemplarisch für verschiedene Werkstoffe erläutert.

C.5.3.6 Weiteres Stabilitätsversagen

Der Druckbereich eines Biegeträgers kann ebenfalls „ausknicken“. Da dies mit einer Verdrehung des Querschnitts verbunden ist, bezeichnet man dieses Versagen als **Biegedrillknicken** (früher als „Kippen“) (siehe auch Bild B-119). Eine Biegedrillknickgefahr liegt immer bei hohen, schlanken Profilen vor.

Stiel und Riegel eines Rahmens unterliegen einer gemischten Beanspruchung aus Biegung und Druck. Das Gleiche gilt auch für Bögen. Das Stabilitätsversagen ist hier ebenfalls zu berücksichtigen, wobei nur einfache Fälle über das Ersatzstabverfahren betrachtet werden können.

Dem seitlichen Ausweichen des Riegelobergurts bei einem Hallenrahmen wird durch den Aussteifungsverband (siehe Abschnitt C.7.5) entgegengewirkt. Der Aussteifungsverband in der Dachebene wird daher nicht nur alleine für Windlasten, sondern auch für die Kipplasten des Rahmenriegels bemessen.

C.6 Flächentragwerke

Als Flächentragwerke werden dünnwandige Tragglieder mit flächiger Ausdehnung bezeichnet. Es handelt sich also um Gebilde mit dominierender Ausdehnung in zwei Richtungen und einer demgegenüber nur geringen Abmessung in Dickenrichtung. Die Flächen können eben, einfach oder sogar doppelt gekrümmt sein.

C.6.1 Beanspruchung und Tragwirkung

Ein flächiges Tragelement kann bei entsprechender konstruktiver Durchbildung und Tragfähigkeit unterschiedliche statische Funktionen übernehmen. Bei einer Platte erfolgt die Belastung senkrecht zu ihrer Ebene. Demgegenüber wird eine Scheibe in Richtung der Scheibenmittelfläche belastet. Als Schale bezeichnet man gekrümmte Tragelemente, die sowohl in Richtung der Elementfläche als auch senkrecht zur Ebene Kräfte aufnehmen.

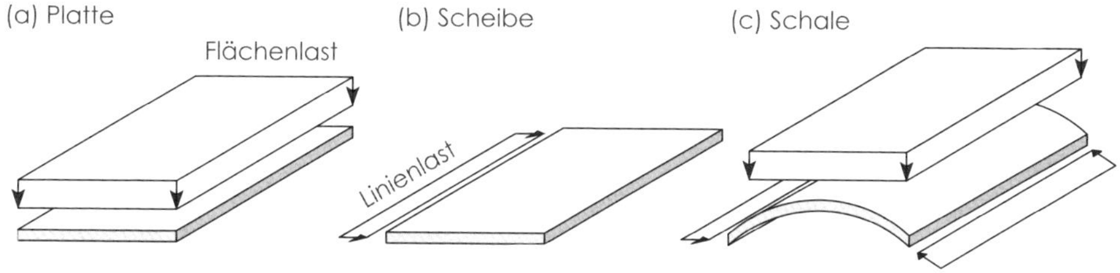

Bild C-160 Platten-, Scheiben- und Schalenbeanspruchung

Wie beim Balken (siehe Bild B-31) werden einzelne Elemente herausgeschnitten und an den Schnittufern werden die Schnittkräfte angetragen. Bild C-161/a zeigt die Beanspruchungen einer Schale, bei der Biege- und Normalspannungen überlagert wirken. Einen Sonderfall der Schalenbeanspruchung stellt die Membranbeanspruchung dar (Bild C-161/b), bei der definitionsgemäß nur Normalkräfte in Richtung der Schalenebene wirken.

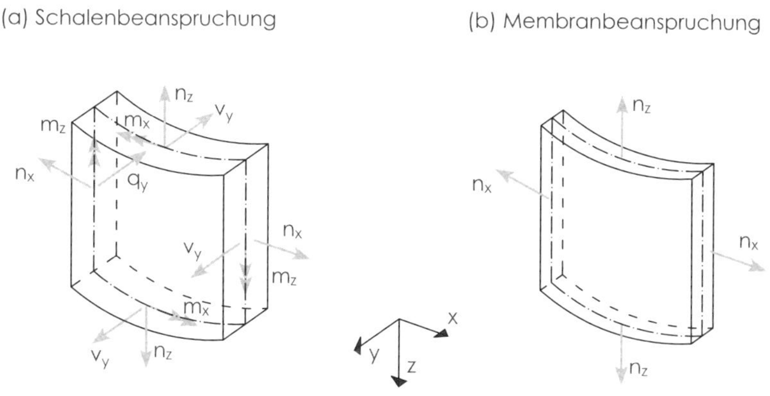

Bild C-161 Schalen- und Membranbeanspruchung im Vergleich

C.6.2 Platten

C.6.2.1 Bauweisen allgemein

Platten sind ein wesentliches Tragelement üblicher Baukonstruktionen sowohl für den Raumabschluss, als auch zur Lastabtragung. Anwendungsbeispiele sind z.B. Dachdecken als oberer Gebäudeabschluss gegen Witterungseinflüsse, Geschossdecken als unmittelbar genutzte Verkehrsflächen oder tragende und gebettete Bodenplatten zur Fundamentierung.

Übliche Platten-Tragelemente sind Stahl-Blechtafeln, Stahlbeton-Deckenplatten oder auch Glasscheiben. Im Massivbau entfällt bei einem üblichen Hochbau näherungsweise ein Anteil von 60 bis 80 % des Betonvolumens auf die Verwendung in Platten. Platten werden mit unterschiedlichsten Deckensystem realisiert, die sich in Bezug auf den Baustoff und die konstruktive Durchbildung unterscheiden können.

Der Baustoff Holz ist naturgemäß nur in eine Richtung orientiert. Ein Lastabtragungsmechanismus in zwei Richtungen liegt bei Massivholzplatten mit gekreuzt angeordneten Holzlamellen vor.

Der Baustoff Stahl weist im Hinblick auf den mehrachsigen Lastabtrag demgegenüber ein quasi ideales Tragverhalten auf. Hier sind es eher Lieferabmessungen und Transportgewichte von Stahl-Blechtafeln, die eine großformatige Anwendung als Plattentragelement limitieren oder andernfalls aufwendige Fügetechniken wie z.B. Schweißen erforderlich machen.

Die größte baupraktische Relevanz für Plattentragwerke hat daher der Stahlbetonbau. Durch die Verbundbauweise aus Bewehrung und Beton ist es möglich, nahezu beliebige Formen, Größen und Bauteildicken von Platten zu realisieren. Daher wird hierauf auch das Hauptaugenmerk bei den nachfolgenden Betrachtungen gerichtet.

Grundsätzlich handelt es sich bei einer Platte um ein Tragelement, dessen Mittelfläche eben ist und nur durch Kräfte belastet wird, die senkrecht zu dieser Ebene wirken.

Im Stahlbetonbau wird ein biegebeanspruchtes Bauteil als Platte betrachtet, wenn die Breite mehr als das 5-fache der Bauteilhöhe ($b \geq 5 \cdot h$) beträgt (siehe auch Bild A-6). Der Lastabtrag erfolgt über Biegung ein- oder mehrachsig. Die genaue Tragwirkung ist von zahlreichen Einflüssen abhängig, von denen die wichtigsten Aspekte mit dem Schwerpunkt Stahlbetonbauweise in den nachfolgenden Abschnitten erläutert werden [33].

C.6.2.2 Lagerungsarten

Einen entscheidenden Einfluss auf das Tragverhalten der Platte stellt die Art der Lagerung dar. Hierbei ist einerseits zwischen linien- oder punktförmiger Lagerung und andererseits zwischen einer gelenkigen Auflagerausbildung und einer Festeinspannung zu unterscheiden.

Beispiele für die baupraktisch üblicherweise auftretenden Lagerungsfälle sind anhand der folgenden Bilder dargestellt.

Bild C-162 zeigt eine über zwei Felder durchlaufende Deckenplatte mit einachsigem Lastabtrag aufgrund der Linienlagerung auf drei tragenden Längswänden.

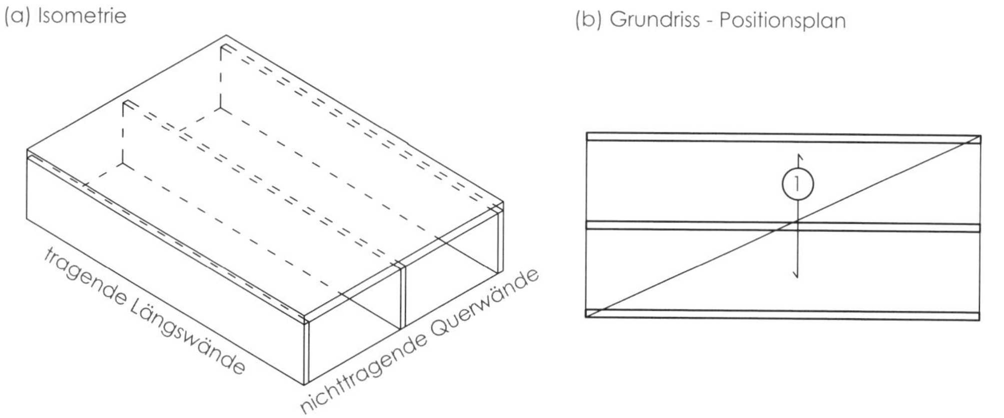

Bild C-162 Deckenplatte; einachsiger Lastabtrag

Demgegenüber zeigt Bild C-163 einen zweiachsigen Lastabtrag für eine Deckenplatte, die allseitig liniengelagert ist.

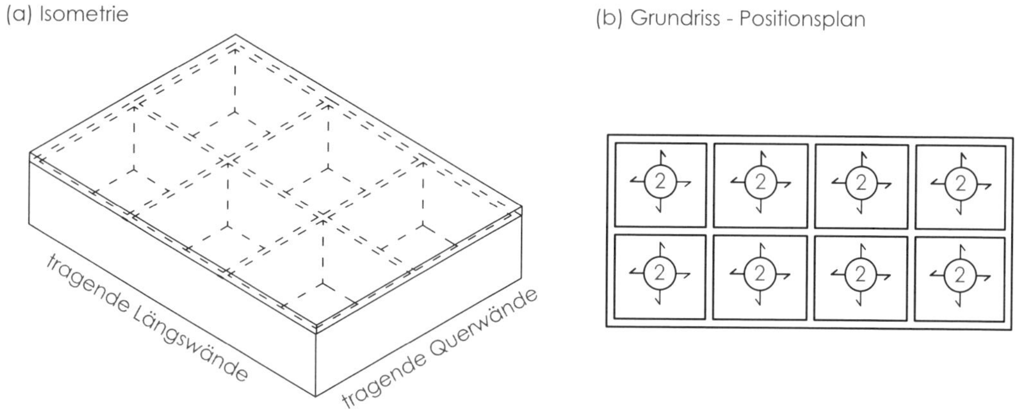

Bild C-163 Deckenplatte; zweiachsiger Lastabtrag

Eine Mischform in Bezug auf unterschiedliche Lagerungsvarianten zeigt Bild C-164. Wie aus dem Grundriss in Bild C-164/b ersichtlich, ist der Bereich Pos. 3 einachsig gespannt, wohingegen die Pos. 6 und 7 ein zweiachsiges Tragverhalten aufweisen. Die Pos. 4 und 5 tragen die Lasten auch zweisachsig ab, jedoch stehen hier nicht umlaufend Wände als Auflager zur Verfügung.

Erfolgt die Auflagerung der Platte nicht mehr linienförmig, sondern auf einzelnen Auflagerpunkten, spricht man von einer punktgestützten Platte, wie sie z.B. in Bild C-165 dargestellt ist.

(a) Isometrie

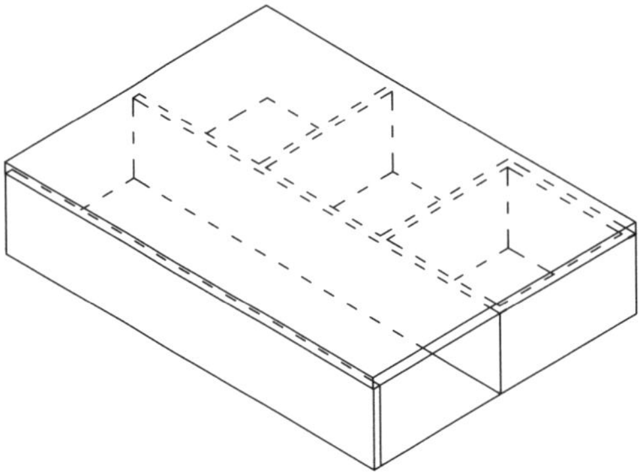

(b) Grundriss - Positionsplan

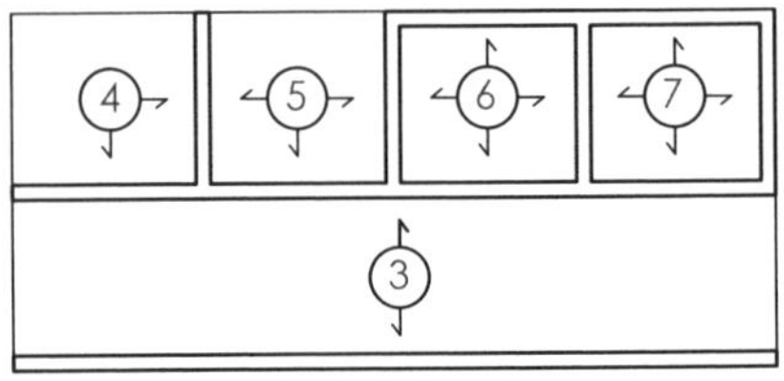

Bild C-164 Deckensystem; Lastabtrag variierend

(a) Isometrie

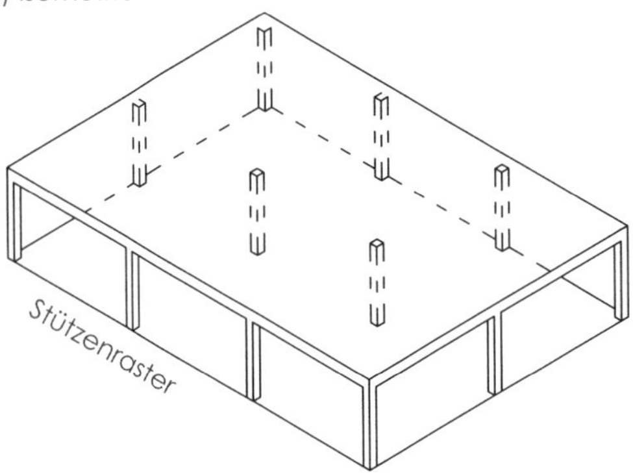

(b) Grundriss - Positionsplan

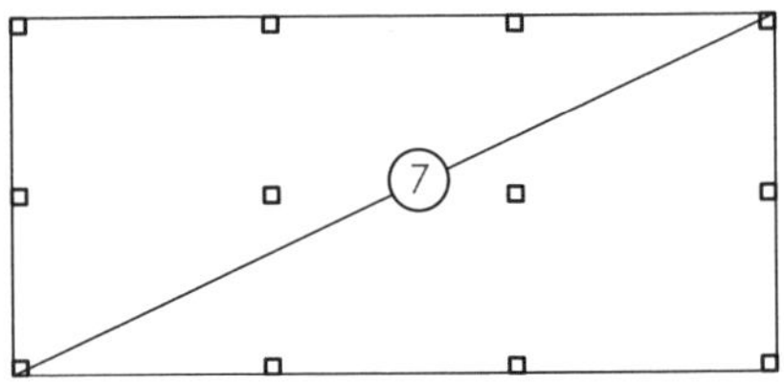

Bild C-165 Punktgestützte Platte

Vollständigkeitshalber sind an dieser Stelle noch vollflächig gelagerte Platten zu erwähnen (wie z.B. elastisch gebettete Bodenplatten). Diese lassen sich in Analogie zu Bild C-165 als quasi umgedrehte, punktgestützte Platten betrachten (siehe auch Bild C-319).

Des Weiteren gibt es einige Platten-Sonderformen wie beispielsweise kreisrunde Platten oder Dreiecksplatten, die ein z.T. erheblich abweichendes Tragverhalten aufweisen. Diesbezüglich sei an dieser Stelle auf die einschlägige Literatur verwiesen.

(a) Kreisförmige Platte

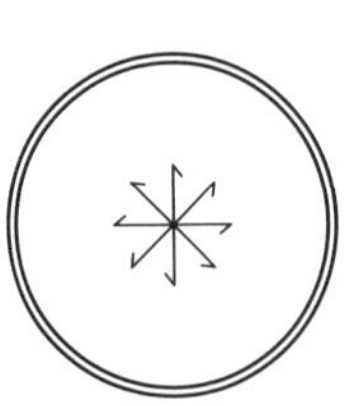

(a) Polygonförmige Platten

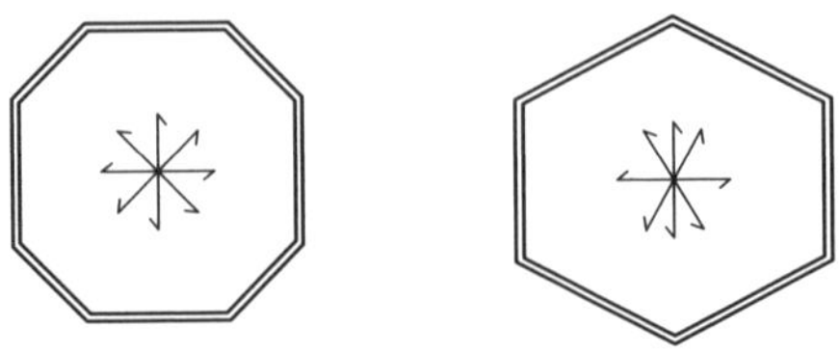

Bild C-166 Platten-Sonderformen; Beispiele

Einfluss der Lagerung

Ergänzend zur geometrischen Form der Lagerung ist noch deren **Steifigkeit** und der **Einspanngrad der Lagerung** zu betrachten, die beide großen Einfluss auf den Verlauf der Schnittgrößen haben können.

In Bezug auf die Ermittlung der Auflagersteifigkeit unterscheidet man starre und nachgiebige Lagerungen.

Aus Gründen der Vereinfachung wird häufig von einer starren Lagerung ausgegangen. Diese ist jedoch nur eine idealisierte Vorstellung, da jedes reale Lager eine gewisse Nachgiebigkeit aufweist. Realistischerweise ist daher immer von einer Feder auszugehen. Für den Fall einer unmittelbaren Auflagerung auf Wänden oder Stützen ermittelt sich die Ersatz-Federsteifigkeit beispielsweise wie folgt:

für eine linienförmige Wand: $k_{Wand} = E \cdot b_{Wand} / h_{Wand}$ [N/mm²]

für eine punktförmige Stütze $k_{Stütze} = E \cdot A / h_{Stütze}$ [N/mm]

mit

E	Elastizitätsmodul des Wandwerkstoffes
b_{Wand}	Breite der Wand
h_{Wand}	Höhe der Wand
A	Stützenquerschnitt
$h_{Stütze}$	Höhe der Stütze

Erfolgt die Auflagerung der Platte auf biegeweichen Unterzügen, ist die realitätsnahe Berücksichtigung der Nachgiebigkeit insoweit schwierig, als dass sich diese über die Trägerlänge des Unterzuges verändert. Wird zur Berechnung der Schnittgrößen, wie heute üblich, ein Finite-Elemente-Programm verwendet, so können der Unterzug bereits mit im Berechnungsmodell berücksichtigt und die Nachgiebigkeit im Modell bereits mit abgebildet werden.

Einzelne Deckenfelder wie in Bild C-163 oder Bild C-164 werden für Handrechnungen häufig herausgelöst aus der Konstruktion betrachtet. Der Einspanngrad des Plattenendes wird dann in Abhängigkeit von der Lagerungssituation festgelegt. Ein Endauflager wird als gelenkiges Lager angenommen (Bild C-167/a), eine durchlaufende Platte an einem Mittelauflager wird aufgrund der Durchlaufwirkung und der damit verbundenen horizontalen Tangente der Verformungsfigur wie eine Einspannung betrachtet (Bild C-167/b). Wenn eine Einspannung der Stahlbetonplatte in die angrenzende Stahlbetonwand konsturktiv möglich ist, liegt eine Teileinspannung am Endauflager vor (Bild C-167/c).

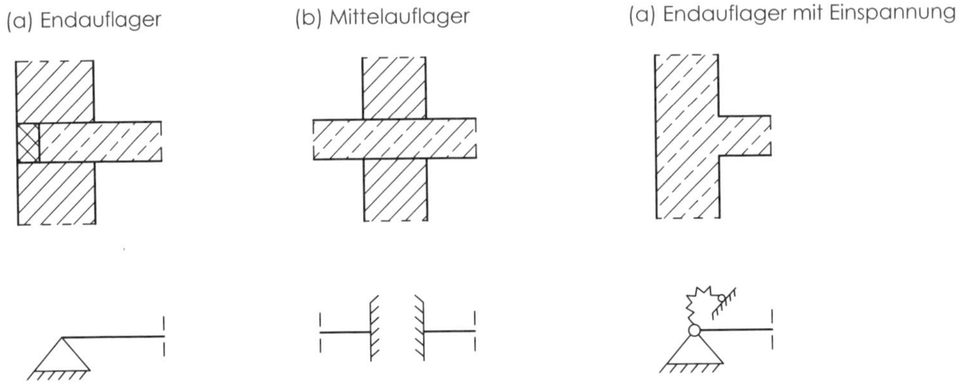

Bild C-167 Plattenauflager; Idealisierung

Lagerung durch Plattenbalken

Eine Wand kann durch einen Balken als linienförmige Lagerung für die Deckenplatte ersetzt werden. Mit Ausnahme der Stahlbeton-Fertigteilbauweise kommen im Ortbetonbau reine Rechteckbalken eher selten vor (z.B. als Fenstersturz im Mauerwerksbau; Bild C-168/a). Meist werden Balkenquerschnitte monolithisch mit der Stahlbetondecke verbunden (Bild C-168/b) und es entsteht dadurch ein Plattenbalken, bei dem sich der angrenzende Plattenquerschnitt am Lastabtrag beteiligt.

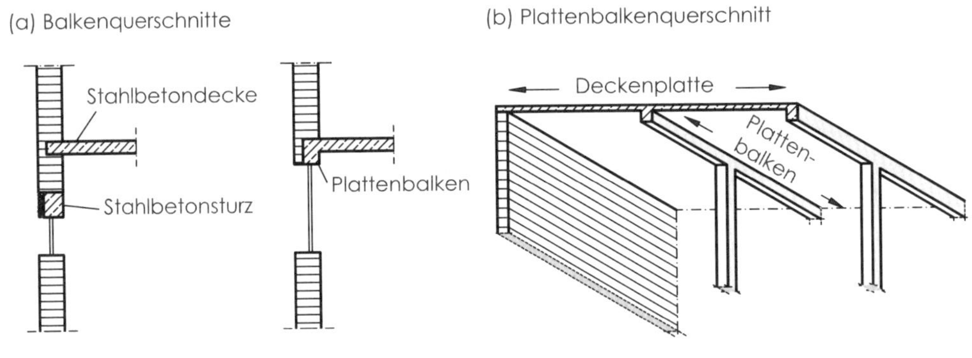

Bild C-168 Stahlbetonbau; Balken- und Plattenbalkenquerschnitte

Um den Unterschied in Bezug auf die Tragwirkung zu verdeutlichen, wird diese für die beiden Querschnittsvarianten kurz vergleichend erläutert.

Werden z.B. im Fertigteilbau Deckenelemente ohne eine schubfeste Verbindung auf Rechteckunterzügen aufgelagert (Bild C-169/a), steht zur Aufnahme der Biegemomente des Unterzugs allein die Konstruktionshöhe h des Balkenquerschnitts zur Verfügung. Die Konstruktionshöhe der Decke wirkt sich bei dieser Betrachtung nicht auf die insgesamte Konstruktionshöhe aus.

Wenn dagegen der Balken- und der Plattenquerschnitt (z.B. durch die monolithische Verbindung im Ortbeton und eine gemeinsame Bewehrung) eine Einheit bilden, entsteht daraus ein Plattenbalkenquerschnitt (Bild C-169/b). Die Betondruckspannungen des Balkens sind dann in der Lage, sich über die angrenzenden Plattenbereiche auszubreiten und zu verteilen. Dadurch steht in der Druckzone eine größere Fläche zur Verfügung und der Plattenbalkenquerschnitt kann im Ergebnis eine größere Betondruckkraft aufnehmen als der reine Rechteckquerschnitt. Seine Tragfähigkeit und Steifigkeit sind insgesamt größer als die von einem Rechteckquerschnitt.

Wie Bild C-169/b zeigt, geht die Höhe der Deckenplatte unmittelbar in die Gesamtkonstruktionshöhe des Plattenbalkens mit ein. Im Umkehrschluss können Plattenbalkenquerschnitte bei gleicher Steifigkeit mit geringerer Konstruktionshöhe ausgeführt werden als Rechteckquerschnitte.

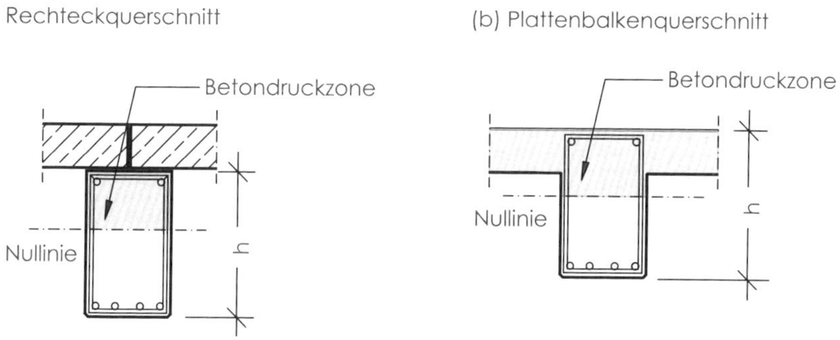

Bild C-169 Rechteck- und Plattenbalkenquerschnitt

Je nachdem, ob sich die Betondruckspannungen nach einer oder zwei Seiten ausbreiten können, spricht man von ein- bzw. zweiseitigem Plattenbalken (Bild C-170). Die mitwirkende Plattenbreite ermittelt sich zu:

$$b_{eff} = b + \Sigma b_{eff,i} < b$$

mit

$$b_{eff,i} = 0{,}2\ b_i + 0{,}1\ L_0 \leq 0{,}2\ L_0 \leq b_i$$

b_i halbe angrenzende Plattenbreite gemäß Bild C-170/c

b gesamte zur Verfügung stehende Plattenbreite gemäß Bild C-170/c

L_0 siehe Bild C-171

Am Auflager ist die mitwirkende Plattenbreite b_{eff} nicht größer als die Balkenbreite b_W, in der Mitte des Feldes ist sie am größten. Je weiter der Balken gespannt ist, umso mehr kann sich die Druckspannung in der Platte verteilen und umso größer wird dadurch die mitwirkende Plattenbreite b_{eff}.

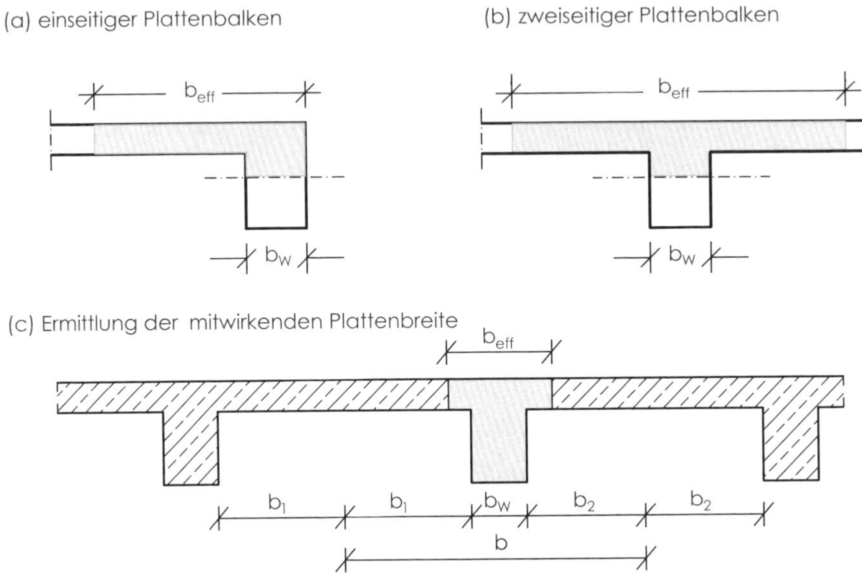

Bild C-170 Plattenbalkenquerschnitt – einseitig und zweiseitig; effektive Breite

Beim **Einfeldträger** wird für die Ermittlung der mitwirkenden Plattenbreite die Stützweite L_0 = L angesetzt (Bild C-171/a).

Bei einem **durchlaufenden Plattenbalken**, hier ein Zweifeldträger, darf für die Ermittlung der mitwirkenden Plattenbreite nur der Abstand der Momentennullpunkte $L_0 = 0{,}85 \cdot L$ angesetzt werden (Bild C-171/b).

Die Betondruckspannungen können sich natürlich nur dann in der Platte ausbreiten, wenn die Platte in der Druckzone liegt, d.h. im Bereich positiver Biegemomente.

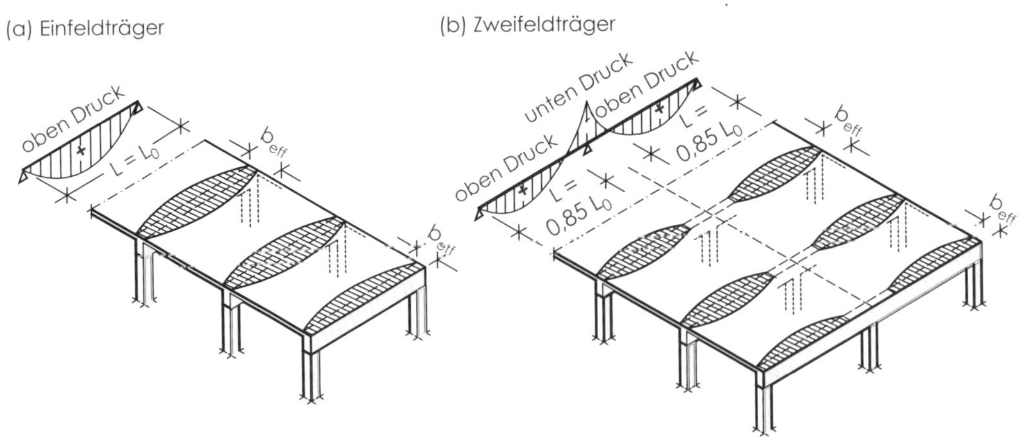

Bild C-171 Plattenbalkenquerschnitte; mitwirkende Breite

Effektive Stützweite

Die Stützweite, die in der statischen Berechnung rechnerisch anzusetzen ist, wird als effektive Stützweite L_{eff} bezeichnet. Anders als im Stahlbau werden im Stahlbetonbau (mit Blick auf den Hochbau) nur selten besondere Auflagerkörper angeordnet und die Stützweite lässt sich nicht offensichtlich erkennen. Deshalb ist die in der statischen Berechnung anzusetzende Stützweite zu definieren. Sie ergibt sich als die Summe der lichten Stützweite L_n zwischen den Auflagern zuzüglich der effektiven Auflagertiefe a_i. Hierbei ist die effektive Auflagertiefe a_i von der tatsächlichen geometrischen Lagertiefe t und der Dicke des Bauteils h abhängig. Das Bild C-172 zeigt für üblicherweise auftretende Lagerungsfälle die geometrischen Verhältnisse.

$L_{eff} = L_n + \Sigma a_i$

mit

L_n lichte Weite

a_i effektive Auflagertiefen gemäß Bild C-172

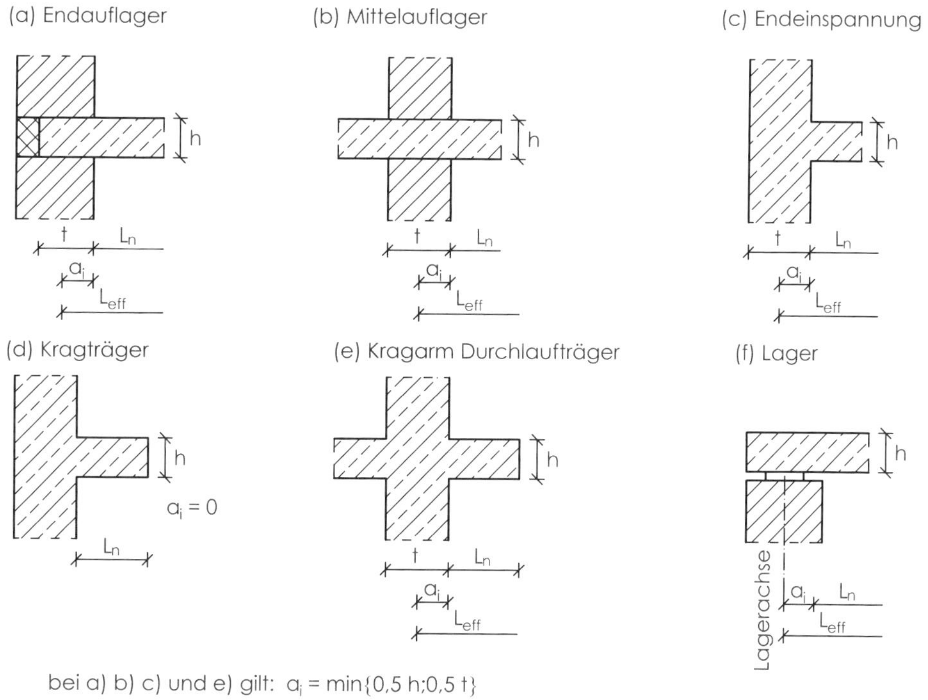

Bild C-172 Stahlbetonplatten; effektive Stützweiten in Abhängigkeit von der Auflagerung

Ermittlung der Auflagerlasten

Für die Ermittlung der Auflagerlasten sind die Lagerungsarten (zwei-, drei- oder vierseitig) und die Tragwirkung zu berücksichtigen.

Für Platten mit einachsigem Lastabtrag ergeben sich die Auflagerkräfte analog zum Tragverhalten eines Trägers.

Für zweiachsig liniengelagerte Platten unter einer Gleichflächenlast lassen sich die Auflagerlasten vereinfacht anhand von geometrisch definierten Lasteinzugsflächen aus Dreiecks- bzw. Trapezflächen ermitteln (Bild C-173). Der jeweilige Winkel im Eckbereich wird anhand der Lagerungsbedingungen gewählt, die dort aufeinandertreffen. Bei gleichartiger Lagerung erfolgt die Aufteilung von der Ecke her unter 45°, bei unterschiedlicher Lagerung ist der Winkel zum eingespannten Rand hin mit 60° zu wählen.

Wie in Bild C-167 dargestellt, nimmt man beispielsweise am Auflager einer durchlaufenden Platte eine Einspannung an. Randlager auf Mauerwerk werden immer als gelenkig idelaisiert.

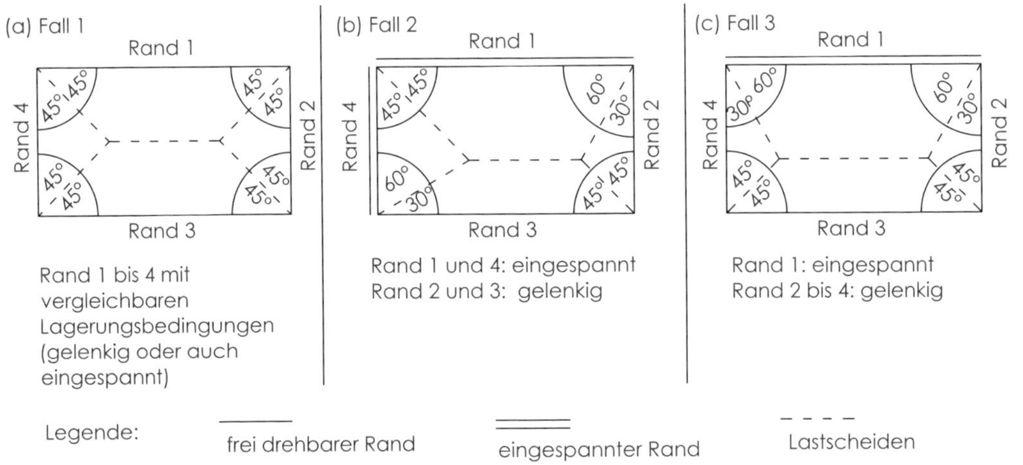

Bild C-173 Linienförmig gelagerte Platten; Lasteinzugsflächen

Die Auflagerkräfte von punktgestützten Platten können ebenfalls mit Hilfe von Lasteinzugsflächen ermittelt werden. Diese ergeben sich vereinfacht anhand der Lastscheiden (= Querkraftnullpunkt) infolge des Volllastfalls (Bild C-174).

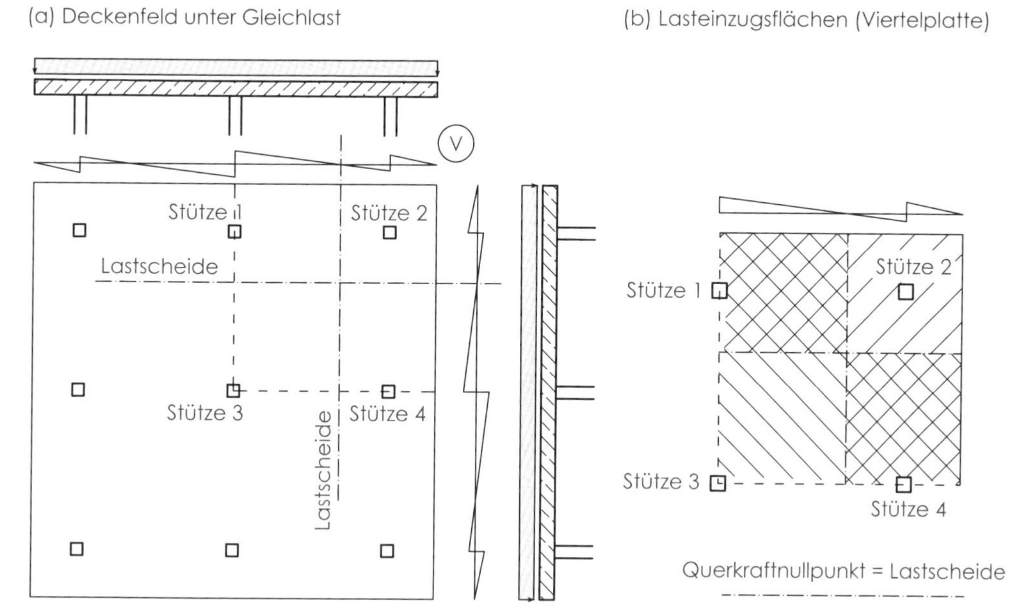

Bild C-174 Flachdecken; Lasteinzugsflächen

Unterbrochene Auflagerung

Für den Fall, dass die linienförmige Lagerung abschnittsweise unterbrochen ist, ist eine differenzierte Betrachtung erforderlich. In Abhängigkeit vom Verhältnis der Länge der Unterbrechung zur Plattenhöhe (Verhältniswert $L_{Unterbrechung}/ h_{Platte}$) unterscheidet man die in Tabelle C-2 aufgeführten Fälle.

Tabelle C-2 Berücksichtigung einer abschnittsweise unterbrochenen Auflagerung

L/h	Vorgehensweise bei der Nachweisführung
≤ 7	Die Unterbrechnung wird rechnerisch vernachlässigt werden und der freie Rand wird nur konstruktiv bewehrt.
> 7 und ≤ 15	Bemessung und Durchbildung der Bewehrung für einen deckengleichen Unterzug gemäß Vorgaben Norm
>15	genauere Berücksichtigung der Unterbrechung und Berechnung nach Plattentheorie erforderlich

Vordimensionierung mit Hilfe der Biegeschlankheit

Zur Vermeidung von Schäden an anderen Bauteilen oder zur Sicherstellung der Gebrauchstauglichkeit der Konstruktion sind die Verformungen von Stahlbetonplatten zu begrenzen. Beispielsweise können Risse in nichttragenden Trennwänden auftreten oder Schäden wie Risse oder Mauerwerksabplatzungen durch große Verdrehungen am Auflager entstehen.

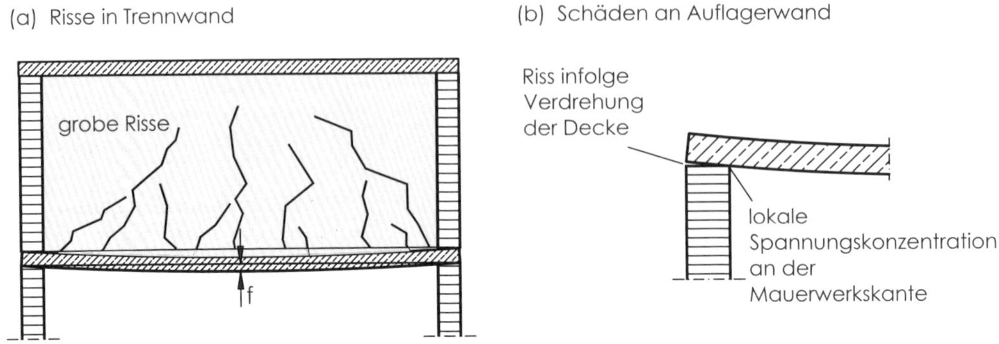

Bild C-175 Schäden an Mauerwerk infolge zu großer Deckenverformungen

Durch die Begrenzung der Biegeschlankheit, welche definiert ist als das Verhältnis der effektiven Stützweite L_{eff} zur statischen Nutzhöhe d der Platte, ist ein Durchbiegungsnachweis bei Platten ohne direkte Berechnung möglich. Es gilt:

- bei Bauteilen ohne erhöhte Anforderungen: $d_{erf} \geq \frac{L_{eff}}{K \cdot 35}$
- bei Bauteilen mit erhöhten Anforderungen: $d_{erf} \geq \frac{L_{eff}}{K \cdot 150}$

Der Beiwert K ist abhängig vom statischen System der Platte (Bild C-176). Die erforderliche Plattendicke ergibt sich dann aus der Summe von d zuzüglich von d_1 (Betondeckung + Bügeldurchmesser + halber Längsstabdurchmesser). Visualisiert ist dies in Bild E-57.

Statisches System	Beiwert K [-]
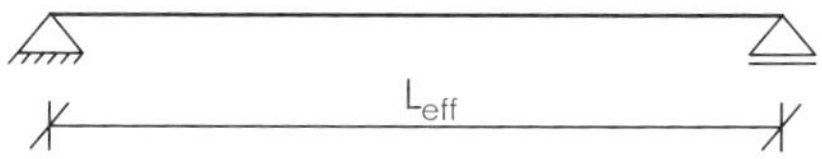	1,0
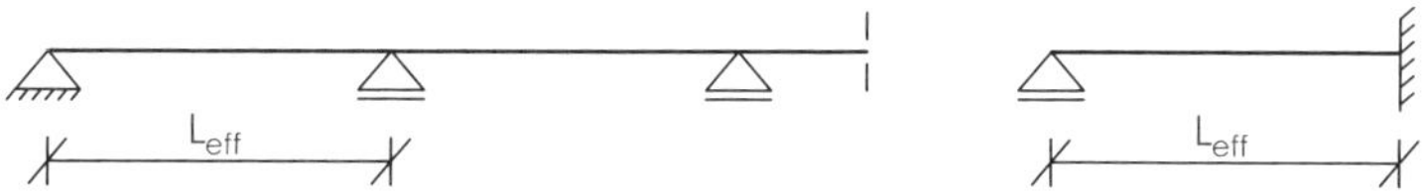	1,3
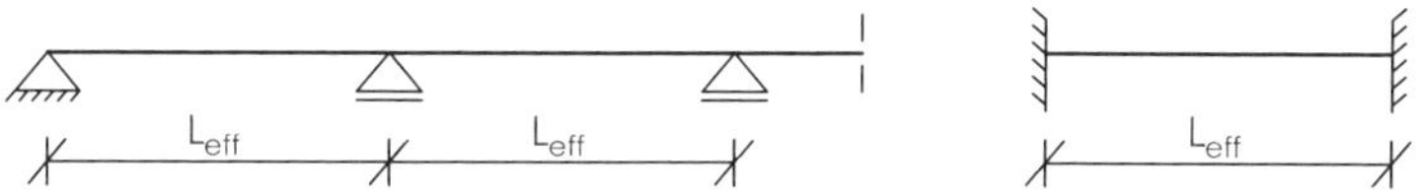	1,5
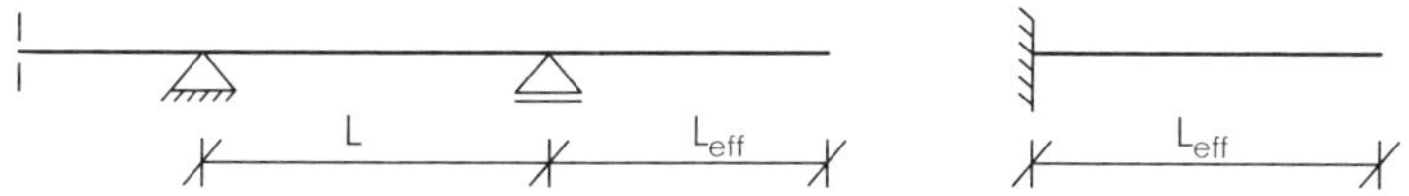	0,4
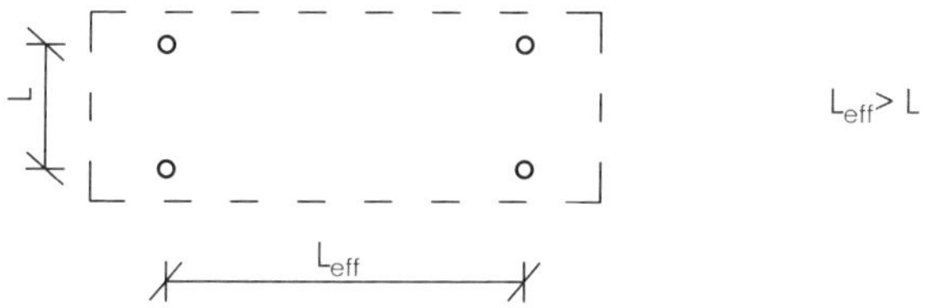	1,2

Bild C-176 Beiwert K in Abhängigkeit vom statischen System

Bei zweiachsig gespannten Systemen ist die kürzere Spannweite maßgebend, bei einer dreiseitig gestützten Platte die Stützweite parallel zum freien Rand.

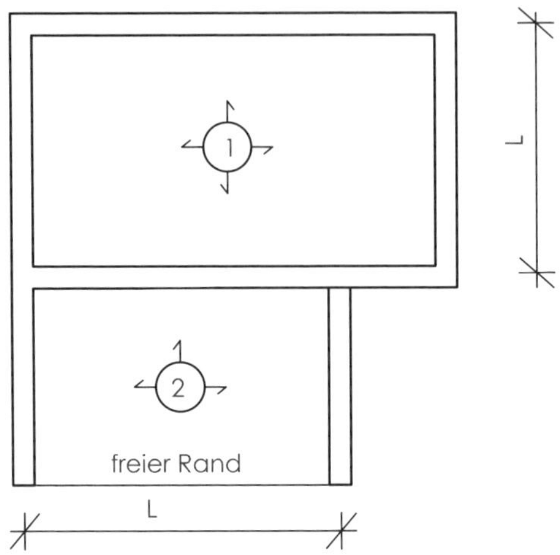

Bild C-177 Maßgende effektive Spannweiten bei mehrachsig gespannten Systemen

C.6.2.3 Einachsig gespannte, liniengelagerte Platte

Eine einachsig gespannte Platte, die durch eine Gleichflächenlast belastet wird, ist in Bezug auf das Tragverhalten vergleichbar mit einem Balken. Ein Lastabtrag quer zur Tragrichtung und die Torsionssteifigkeit der Platte sind hier nicht relevant (Bild C-178).

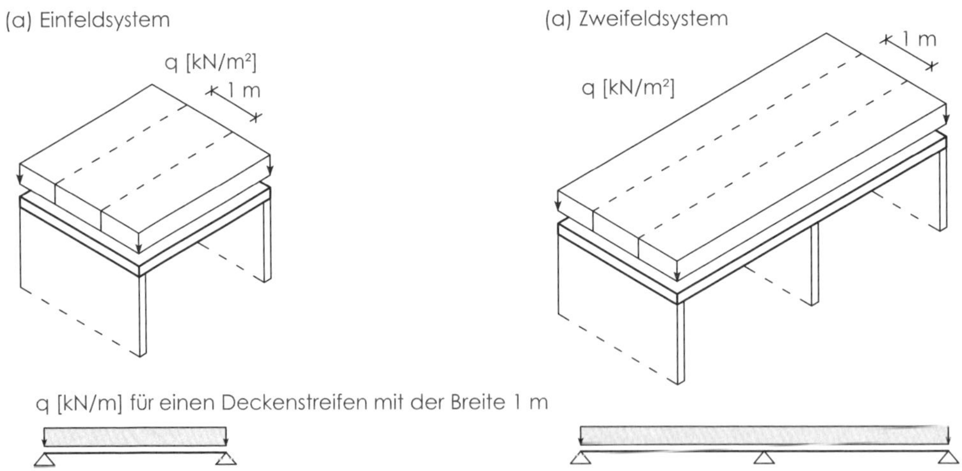

Bild C-178 Einachsig gespannte Platten mit Gleichflächenlast

Praxisübliche Beispiele für Platten mit vorwiegend einachsigem Lastabtrag sind Holzbalkendecken, Stahl-Blechtafeln im Tiefbau zur Überbrückung temporärer Gräben oder Beton-Hohldielen im Massivbau.

Grundsätzlich besteht bei Platten der entscheidende Unterschied zur Stabstatik darin, dass senkrecht zur Haupttragrichtung Querbiegemomente aufgrund der behinderten Querdehnung auftreten. Die Querdehnungsbehinderung wird beschrieben durch die Querdehnzahl μ.

Die Abweichung in der Tragwirkung vom rein einachsigen Lastabtrag unter Beteiligung der Torsionssteifigkeit der Platte wird insbesondere für die Fälle relevant, in denen:

- konzentrierte Einzellasten auftreten
- Öffnungen in der Plattenfläche den einachsigen Abtrag stören oder
- bei Mehrfeldsystemen Zwischenstützungen vorhanden sind.

Diese Einflüsse wirken sich wie nachfolgend beschrieben aus.

Mitwirkende Breite für Einzellasten

Im Fall der Belastung durch eine Einzellast (bzw. Punkt-, Linien- oder Rechtecklast) erfolgt aufgrund der Plattentragwirkung eine Lastverteilung in Querrichtung, Bild C-179. Dieser Effekt kann vereinfacht durch Ansatz einer „mittragenden Breite" b_m erfasst werden.

Die mitwirkende Breite ist in Abhängigkeit vom statischen System (Einfeldsystem, Durchlaufträger, Kragarm) unterschiedlich.

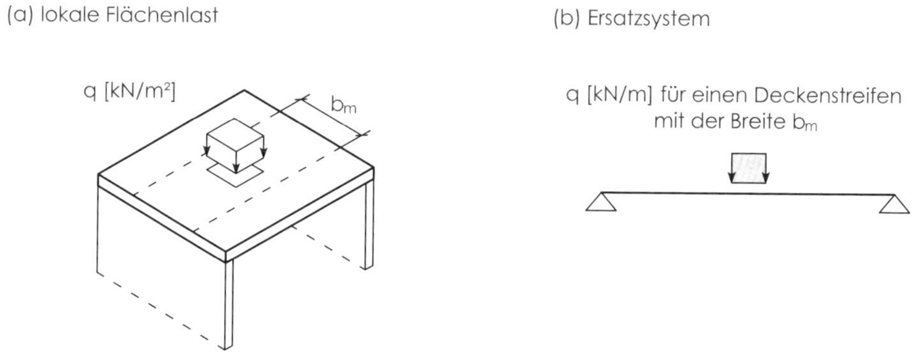

Bild C-179 Mitwirkende Breite für Einzellasten

Dazu wird die Lastaufstandsbreite bzw. -fläche zunächst rechnerisch auf die Mitte der Querschnittshöhe bezogen und damit eine Lastverbreiterung über die Querschnittshöhe berücksichtigt. Mit der so ermittelten Lasteintragungsbreite t wird dann die mitwirkende Breite b_m bestimmt und der Nachweis geführt.

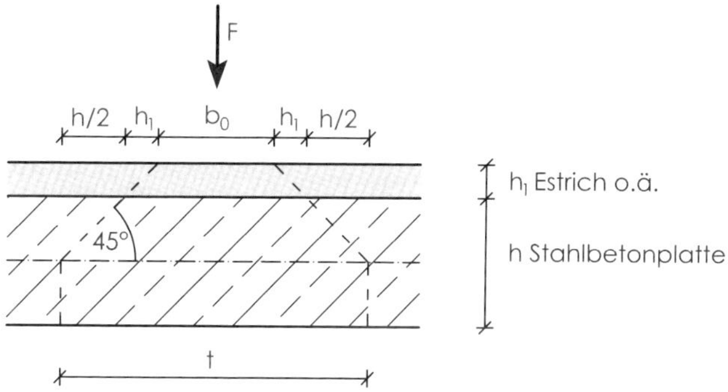

Bild C-180 Einzellast; Lasteintragungsbreite auf Höhe der Systemachse

Für Stahlbeton-Platten sind für Momenten- und Querkraftbeanspruchung jeweils unterschiedliche mitwirkende Breiten zu wählen. Angaben hierzu gibt [19].

Öffnungen in Platten

Eine Öffnung in der Plattenfläche stellt immer eine Störung im Lastabtrag der Platte dar und ist danach zu differenzieren, wie groß diese ist.

Kleine Öffnungen (Abgrenzung: $b_{Öffnung} < 2\ h$) lassen sich als lokales Problem betrachten und meist ohne einen rechnerischen Nachweis allein durch konstruktive Maßnahmen abhandeln (Bild C-181).

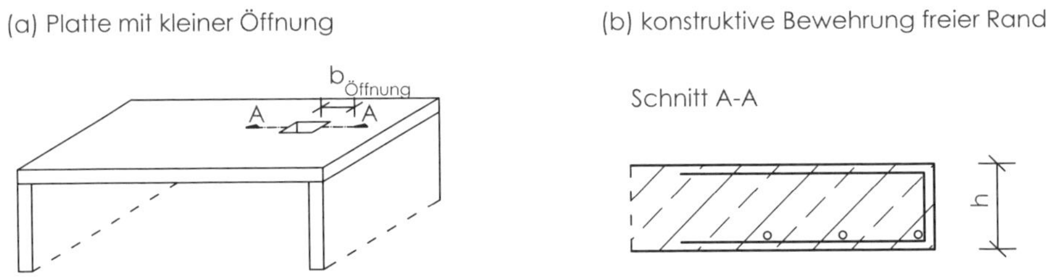

Bild C-181 Stahlbetonplatte mit kleiner Öffnung; konstruktive Bewehrung

Mittelgroße Öffnungen erfordern zumindest eine ingenieurmäßige Abschätzung, die den Kraftfluss genauer berücksichtigt und die Bewehrungsführung daran orientiert (Bild C-182).

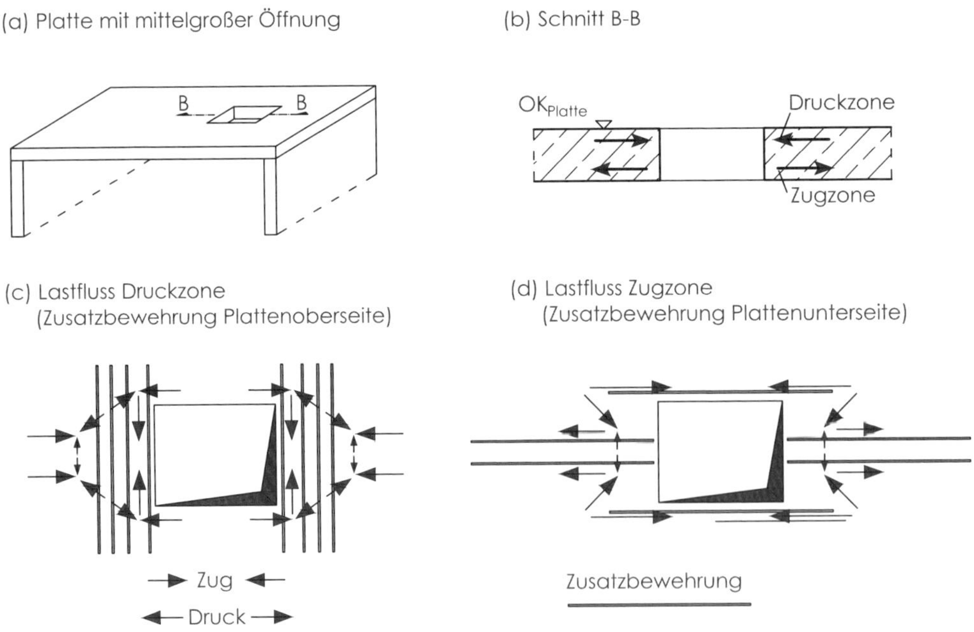

Bild C-182 Stahlbetonplatte mit mittelgroßer Öffnung; Lastfluss

Demgegenüber erfordern **große Öffnungen** stets genauere Betrachtungen zur Tragwirkung in diesem Bereich. Eine Öffnung gilt dann als groß, wenn ihre größte Abmessung größer ist als 1/5 der lichten Spannweite. Bei der Ermittlung der Schnittgrößen muss sie entsprechend berücksichtigt werden.

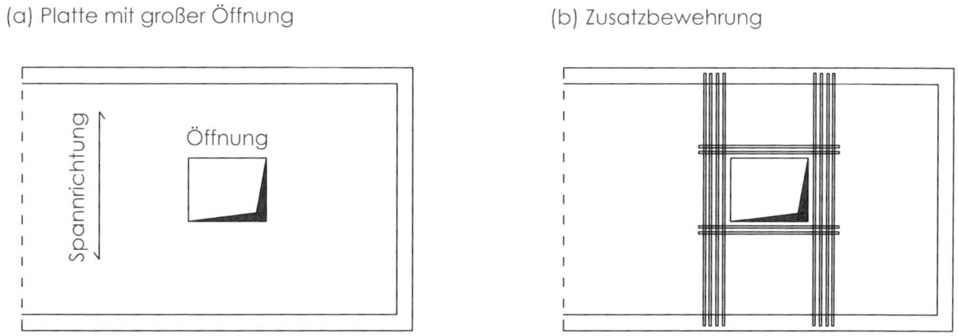

Bild C-183 Stahlbetonplatte mit großer Öffnung; konstruktive Ausbildung der Bewehrung

Ergänzend zur rein statisch erforderlichen Bewehrung sollte im Bereich von Öffnungen stets auch eine konstruktive Zulagebewehrung angeordnet werden. Das Bild C-184 zeigt für einige beispielhafte Situationen, wie diese vorzugsweise durchzubilden ist. Einspringende Ecken (Bild C-184/a) sollten grundsätzlich durch diagonal angeordnete Bewehrungseisen gesichert werden und wie im Fall (Bild C-184/b) der kreisrunden Öffnung eine möglichst umlaufende Bewehrung erhalten. Der Fall (Bild C-184/b) zeigt eine Auswechselung, bei der in Spannrichtung quasi zwei deckengleiche Tragstreifen ausgebildet werden, in die dann die beiden kürzeren Wechsel eingehangen werden.

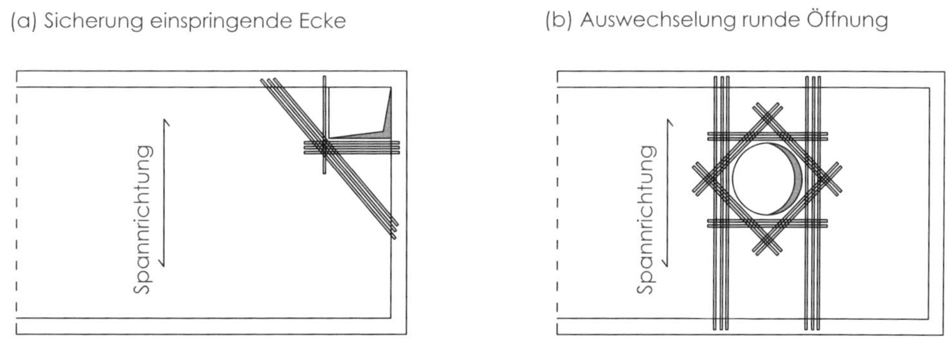

Bild C-184 Stahlbetonplatte mit Öffnung; konstruktive Ausbildung der Bewehrung

C.6.2.4 Zweiachsig gespannte, liniengelagerte Platte

C.6.2.4.1 Allgemeines

Bei zweiachsig gespannten Platten stellt sich ein zweidimensionaler Spannungszustand mit einer muldenartigen Verformungsfigur ein. Bild C-185/a zeigt qualitativ die Verformungsmulde einer vierseitig liniengelagerten Platte, wobei deutliche Unterscheide zwischen den einzelnen Plattenbereichen zu erkennen sind.

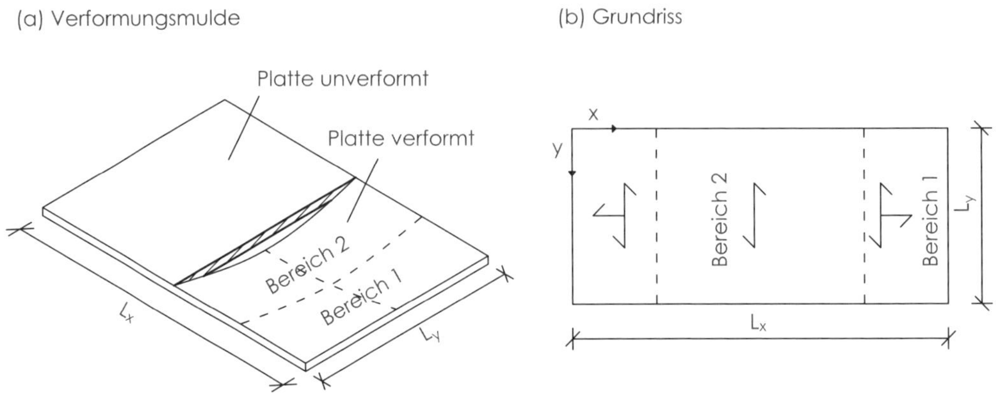

Bild C-185 Verfomungsverhalten einer zweiachsigen Platte

Während sich für Bereich 1 ein einachsiger Lastabtrag über die beiden Längsseiten und die Stirnseite einstellt, beschränkt sich derjenige für Bereich 2 im Wesentlichen auf einen einachsigen Lastabtrag über die Längsseiten. Dieser Übergang im Tragverhalten tritt ab einem Verhältnis der längeren Seite zur kürzeren Seite von etwa 2:1 ein.

Der Lastabtrag einer zweiachsig gespannten Platte weicht deutlich von demjenigen einer einachsigen ab und die Biegemomente je Richtung verringern sich. Das Bild C-186/b verdeutlicht die diesbezüglichen Spannungsverhältnisse an einem Plattensegment in Feldmitte. Hierdurch ist es möglich, zweiachsig gespannte Platten bei gleicher Belastung schlanker als bei einem einachsigen Lastabtrag auszuführen.

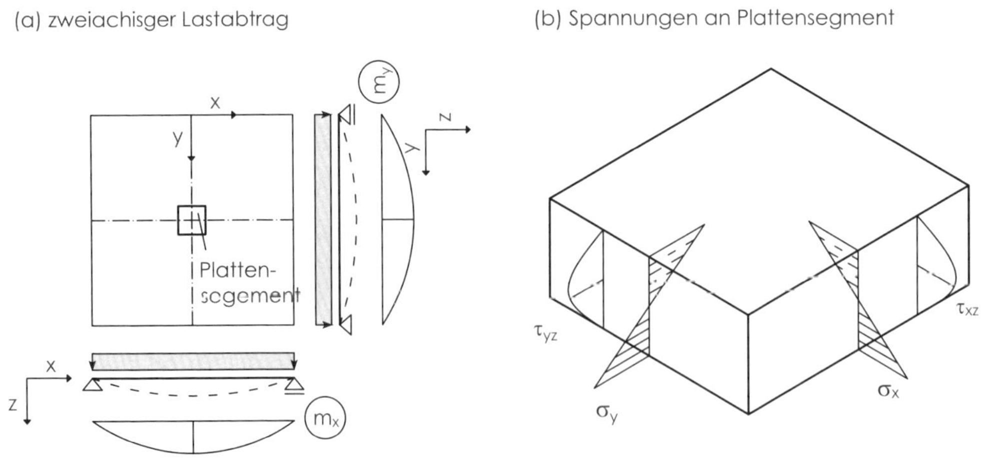

Bild C-186 Zweiachsig gespannte Platte; Tragverhalten

C.6.2.4.2 Einfluss der Biegesteifigkeit (isotrope vs. orthotrope Platte)

Ein grundlegender Aspekt für die Beurteilung des zweiachsigen Lastabtrags von Platten ist das Verhältnis der Steifigkeiten der jeweiligen Spannrichtungen zueinander. Platten mit identischen Steifigkeiten werden als isotrope und solche mit voneinander abweichenden Steifigkeiten als orthotrope Platten bezeichnet. Anschaulich kann der Unterschied anhand der beiden in Bild C-187 dargestellten Ersatzmodelle aufgezeigt werden.

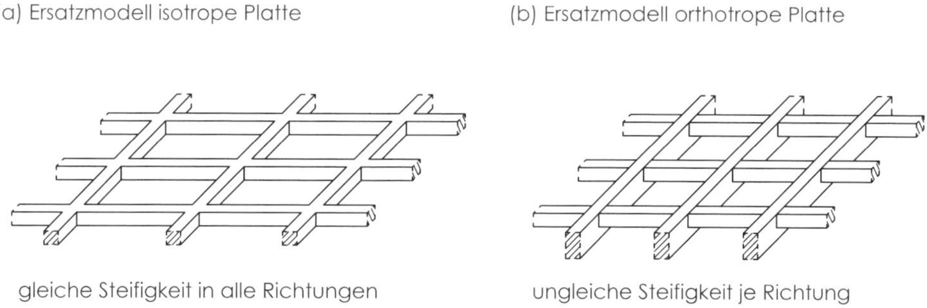

Bild C-187 Isotrope und orthotrope Platte; Ersatzmodelle

Bild C-187/a stellt das Ersatzmodell für eine isotrope Platte mit $L_x = L_y$ dar. Diese Annahme trifft für Platten aus einem homogenen Werkstoff wie z.B. Stahl idealtheoretisch zu. Für Stahlbetonplatten unterstellt man dies häufig aus Gründen der Vereinfachung, realistischerweise trifft die Annahme jedoch nur bedingt zu. Bereits die Höhenlage der Bewehrung unterscheidet sich zwangsläufig aufgrund der Verlegung in unterschiedlichen Lagen und es kommt darüber hinaus zu einer Reduzierung der Steifigkeiten je nach Beanspruchungszustand infolge der sich einstellenden Rissbildung.

Demgegenüber zeigt Bild C-187/b eine orthotrope Platte mit unterschiedlichen Steifigkeiten je Spannrichtung ($L_y > L_x$). Strenggenommen trifft dieser Unterschied für Stahlbetonplatten immer zu. Relevant wird er gemäß der Normung z.B. immer dann, wenn die Höhenlage der einzelnen Bewehrungslagen je Richtung um mehr als 5 cm voneinander abweicht.

Vollständigkeitshalber sei an dieser Stelle erwähnt, dass ein System, das extrem deutliche Unterschiede bezüglich der Steifigkeiten (Ly >> Lx) in die beiden Tragrichtungen aufweist, als Trägerrost bezeichnet wird.

Nachfolgend werden ausschließlich isotrope Platten behandelt und es wird nicht weiter auf das Tragverhalten von orthotropen Platten oder Trägerrosten eingegangen.

Das Tragverhalten von zweiachsig gespannten Platten ist rechnerisch schwieriger als bei einachsiger Tragwirkung zu erfassen. Für die Handrechnung stehen zahlreiche einschlägige Tafelwerke zur Verfügung, aus denen für etliche Lagerungs- und Belastungsfälle die Schnittgrößen und Auflagerkräfte abgelesen werden können. Die Verwendung verliert für die tägliche Ingenieurpraxis allerdings zunehmend an Bedeutung, da Plattensysteme heutzutage fast ausschließlich programmbasiert nach der Methode der Finiten Elemente untersucht und bemessen werden. Trotzdem ist die Kenntnis der Handhabung derartiger Tafelwerke für die Anschaulichkeit und das Verständnis des Tragverhaltens von Platten wichtig. Zur raschen Vordimensionierung und Plausibilitätsprüfung sind die Tafelwerke auch heute noch von großem Nutzen für die Praxis.

C.6.2.4.3 *Einfluss der Drillsteifigkeit (drillweiche vs. drillsteife Platte)*

Ein weiterer wichtiger Aspekt für die Beurteilung des zweiachsigen Lastabtrags ist die Unterscheidung zwischen drillweichen und drillsteifen Platten, der anhand von Bild C-188 erläutert wird.

Zunächst wird in Bild C-188/a die Verformungsfigur einer frei aufliegenden Platte unter einer mittigen Last qualitativ dargestellt. Hierbei fällt auf, dass sich die Ecken der Platte infolge der Belastung abheben wollen. Dieses Verhalten lässt sich intuitiv erkennen, wenn man sich die Tragwirkung einer Platte anhand der Idealisierung durch zwei sich keuzende Tragstreifen verdeutlicht, wie in Bild C-188/b dargestellt. Der Einfluss einer Sicherung der Plattenecke gegen Abheben wird in Bild C-188/c vergleichend gegenübergestellt.

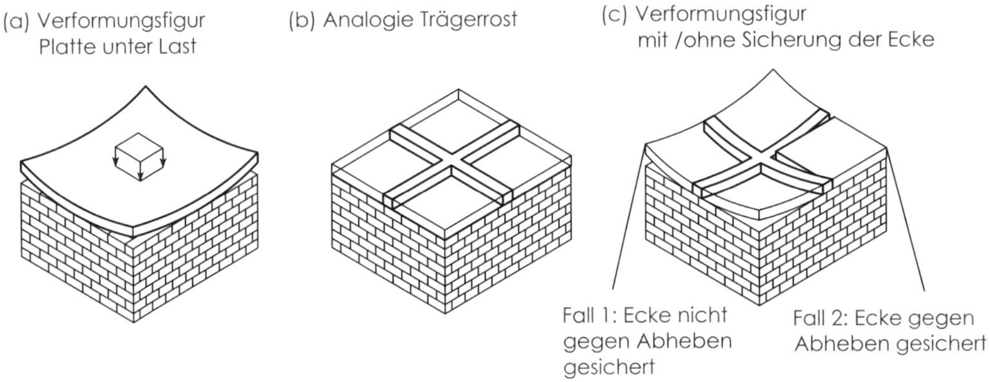

Bild C-188 Stahlbetonplatte auf Mauerwerk; Verformungsverhalten

Bei drillsteifen Plattentragwerken ergeben sich nach der Plattentheorie zusätzlich zu den Biegemomenten in m_x- und m_y-Richtung noch Drillmomente m_{xy} (Bild C-189/c). Es handelt sich dabei, analog zu den Schubspannungen um Rechenhilfsgrößen (auch häufig als Richtmomente bezeichnet) aufgrund der Richtungsabweichung der Hauptmomente von der Richtung des zugrundeliegenden x-y-Koordinatensystems in den Plattenecken. Vereinfacht ausgedrückt ist die Drillsteifigkeit von Platten als Analogie zu der Torsionssteifigkeit eines Balkens aufzufassen. Wie das Verformungsverhalten durch das Auftreten von Drillmomenten beeinflusst wird, zeigt Bild C-189/b exemplarisch im Querschnitt.

Das Bild C-190 stellt vergleichend den Lastabtrag einer drillweichen und einer drillsteifen Platte in einem Schnitt entlang der Plattendiagonalen dar. Man erkennt, dass in den Diagonalen der Eckbereiche quasi deckengleiche Tragstreifen vorliegen und der Unterschied im Tragverhalten der Platte in der vorhandenen bzw. nicht vorhandenen Rückverankerung der Eckabhebekräfte begründet ist.

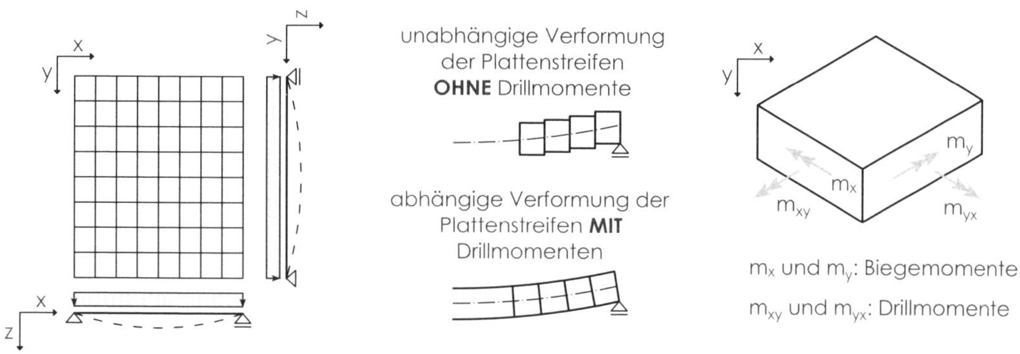

Bild C-189 Plattenmodell; Drillmomente im Querschnitt

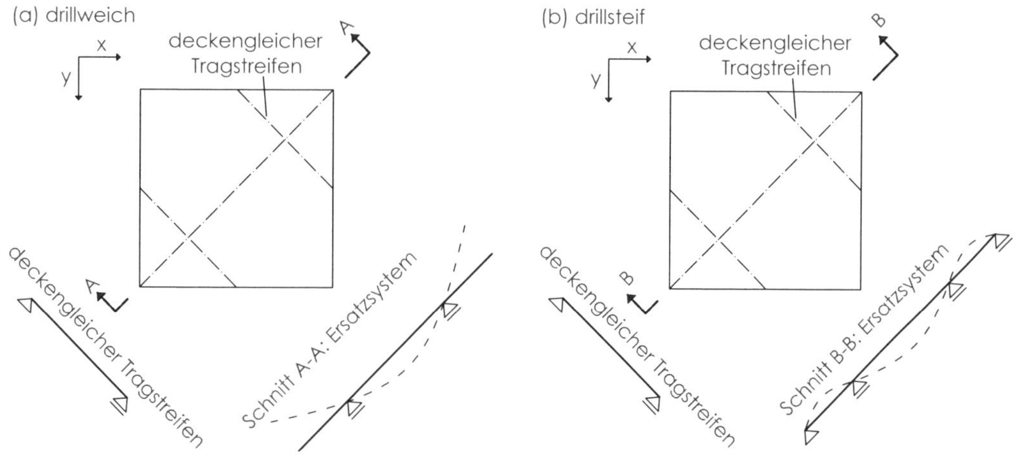

Bild C-190 Drillweiche und drillsteife Platte; Lastabtrag über die Plattendiagonale

Schnittgrößen drillweicher Platten

Eine einfache und anschauliche Herangehensweise für die Ermittlung der Schnittgrößen von Platten stellt die Idealisierung des Tragverhaltens mit Plattenstreifen dar. Ein darauf basierendes Berechnungsverfahren ist das *Streifenverfahren nach Marcus*. Die Anordnung der senkrecht zueinander verlaufenden Tragstreifen zeigt Bild C-191/a anhand eines FE-Trägerrostmodells. Aufgrund der Verträglichkeitsbedingungen für die Platte müssen die sich kreuzenden Plattenstreifen identische Durchbiegungen aufweisen.

Wegen der nicht vorhandenen Drillsteifigkeit verlaufen die Hauptmomentenlinien in x- und y-Richtung. Sie werden also nicht umgelenkt und es treten (zumindest für den theoretischen Fall) keine „Richtmomente" m_{xy} auf, die entsprechend über Bewehrung abzudecken wären. Da reale Tragwerke allerdings stets eine gewisse Drillsteifigkeit aufweisen, sollte zumindest eine konstruktive Netzbewehrung in den Plattenecken (in der oberen und unteren Lage) vorgesehen werden.

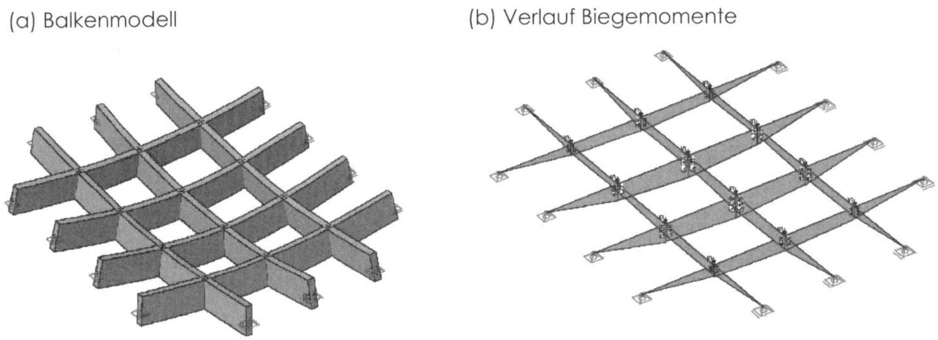

Bild C-191 Balkenmodell; Tragverhalten der drillweichen Platte

Als Praxishilfen stehen für die Berechnung von Platten nach dem *Streifenverfahren von Marcus* Tabellenwerke zur Verfügung, in denen für unterschiedliche Lagerungsarten und Stützweitenverhältnisse L_y/L_x die Aufteilung in die beiden Haupttragrichtungen tabelliert ist.

Die Momenten pro Meter berechnen sich bei gelenkiger Lagerung getrennt für die Richtungen in x- und y-Richtung zu:

$m_{Feld,x} = k_x \cdot q \cdot (L_x)^2 / 8$

$m_{Feld,y} = k_y \cdot q \cdot (L_y)^2 / 8$

mit

L_x kürzere Spannweite

L_y größere Spannweite

q Flächenlast

k_x, k_y Lastaufteilungsfaktoren gemäß Tabelle C-3 (identische Lagerungsbedingungen)

Anhand der Lastaufteilungsfaktoren (Tabelle C-3) ist auch wieder erkennbar, dass sich ab einem Stützseitenverhältnis von 2:1 ein einachsiger Lastabtrag einstellt und das Biegemoment $m_{Feld,x}$ wie bei einem Einfeldträger bestimmt werden kann.

Die Auflagerbedingung einer Platte nimmt man vereinfacht als gelenkig oder eingespannt gemäß der Darstellung in Bild C-173 an.

Tabelle C-3 Lastaufteilungsfaktoren k_x und k_y nach dem Streifenkreuzverfahren für umlaufend identische Lagerungsbedingungen

	Stützweitenverhältnis L_y/L_x ($L_x = L_{min}$)					
	1,0	1,2	1,4	1,6	1,8	2,0
k_x	0,5	0,675	0,794	0,867	0,912	0,942
k_y	0,5	0,325	0,206	0,133	0,088	0,058

Schnittgrößen drillsteifer Platten

Im Gegensatz zur drillweichen Platte wird für den Lastabtrag bei der drillsteifen Platte zusätzlich zu der Biegesteifigkeit in den Haupttragrichtungen noch die Drillsteifigkeit herangezogen. Dadurch werden die Hauptmomentenlinien umgelenkt und weichen von der eigentlichen Tragrichtung der Platte ab (gekrümmter Verlauf). Auch das Tragverhalten einer drillsteifen Platte lässt sich näherungsweise anhand eines Balkenmodells veranschaulichen (Bild C-196/a), bei dem die Balkenachsen dann in Richtung der Plattendiagonalen verlaufen.

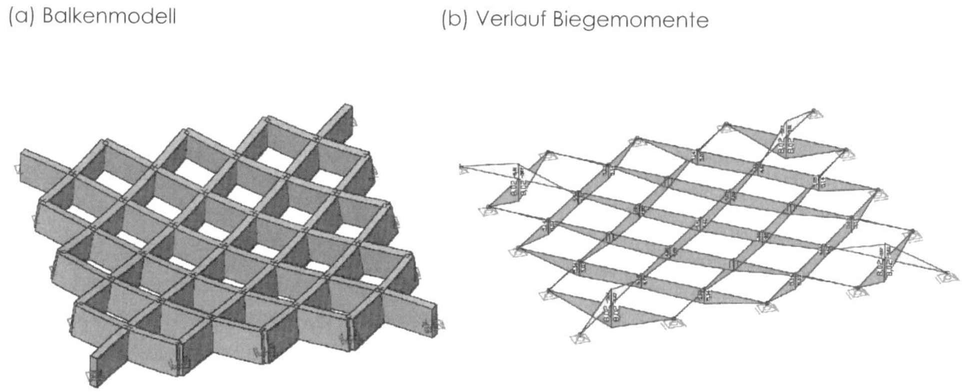

Bild C-192 Balkenmodell; Tragverhalten der drillsteifen Platte

Der signifikante Unterschied im Vergleich zur drillweichen Platte ist in diesem Modell sehr deutlich anhand der Schnittgrößen in den Eckbereichen erkennbar (Bild C-196/b). Über die Diagonale bildet sich in der Ecke ein „deckengleicher" Auflagerstreifen. Senkrecht dazu baut sich auf der Plattenoberseite ein Stützmoment auf. Am Endauflager entsteht eine abhebende Eckkraft (*Kirchhoff'sche* Eckkraft) (siehe auch Bild C-190/b).

Anhand von unterschiedlichen Auflagervarianten zeigt das Bild C-193 konstruktive Möglichkeiten zur Sicherstellung der Drillsteifigkeit von Platten.

Bild C-193 Sicherstellung der Drillsteifigkeit; Varianten

Baupraktisch kommt es bei Platten, die in den Eckbereichen nicht gegen Abheben gesichert sind, häufig zu Schäden wie beispielsweise einem Fugenspalt zwischen Decke und Mauwerk oder Rissen in Putz oder Mauerwerk (Bild C-194).

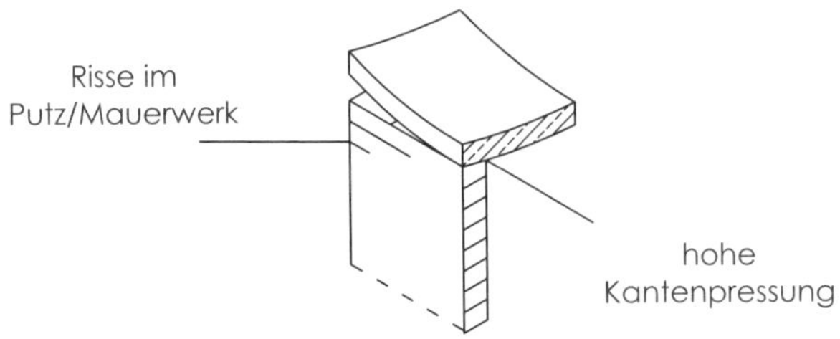

Bild C-194 Abhebende Ecke bei Platten ohne Auflast oder Rückverankerung

Die Drillsteifigkeit der Platten muss im Eckbereich durch geeignete Bewehrungsführung sichergestellt werden. Bild C-195 zeigt Prinzipschnitte, in denen die wesentlichen Bewehrungskomponenten für unterschiedliche Varianten dargestellt sind. Neben der Bewehrung der Versteifungselemente (Attika- oder Sturz bzw. alternativ eine Verankerung zur Aufnahme der abhebenden Kräfte an den Ecken) ist eine Drillbewehrung in der Plattenfläche im Eckbereich erforderlich.

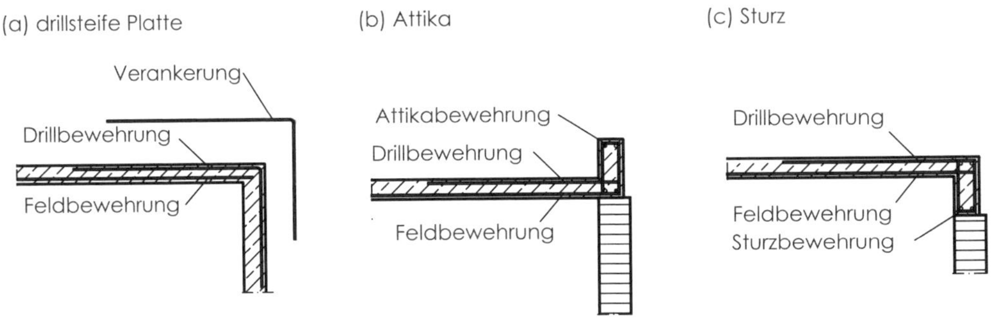

Bild C-195 Sicherstellung der Drillsteifigkeit; Varianten

Eine Variante zur Verlegung der Drillbewehrung, die streng an den auftretenden Schnittgrößen ausgerichtet ist, zeigt Bild C-196/a. In der unteren Lage wird eine Biegebewehrung über die Eckdiagonale verlegt und in der oberen Lage eine Stützbewehrung bzw. Einspannbewehrung in Richtung der Plattendiagonalen angeordnet. Eine in der Praxis üblichere Variante ist die in Bild C-196/b abgebildete Bewehrungsanordnung, welche herstellungstechnisch deutlich vorteilhafter ist.

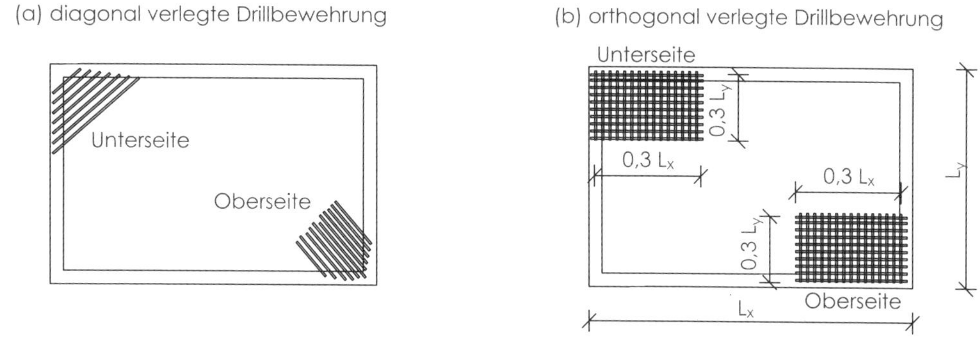

Bild C-196 Drillbewehrung; Bewehrungsführung

C.6.2.5 Punktförmig gestützte Platten

Im Gegensatz zu linienförmig gestützten Platten erfolgt bei der punktförmig gestützten Platte die Auflagerung in diskreten Auflagerpunkten z.B. durch Einzelstützen.

Man unterscheidet bei punktgestützten Platten zwischen Flachdecken und Pilzdecken. Bei der Flachdecke nach Bild C-197/a wird die Decke unmittelbar auf der Stütze aufgelagert. Bei der Pilzdecke nach Bild C-197/b wird der Übergangsbereich von der Decke auf die Stütze durch eine Stützenkopfverstärkung vergrößert. Die Ausbildung der pilzförmigen Verstärkung kann schräg, rechteckig oder ausgerundet erfolgen.

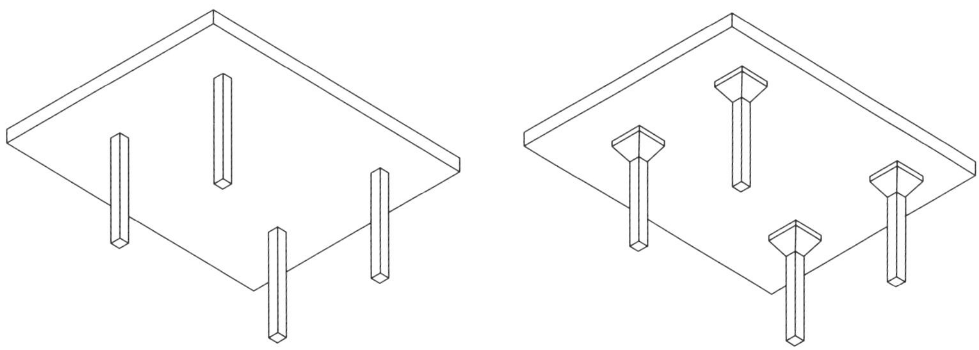

Bild C-197 Punktgestützte Platte; Flachdecke bzw. Pilzdecke

Die punktgestützte Platte bietet gegenüber ein- bzw. zweiachsig gespannten Platten den großen Vorteil einer ebenen Betonuntersicht ohne störende Unterzüge. Hierdurch ergeben sich Vereinfachungen bei der Schalung und damit eine Beschleunigung im Bauablauf. Für die Nutzung ist der Entfall von Unterzügen besonders dann vorteilhaft, wenn Installationsleitungen unter der Decke zu verziehen sind. Ein Nachteil punktgestützter Platten ist der erhöhte Materialaufwand bei Betonvolumen und Bewehrung.

Üblicherweise werden Flachdecken für Stützenraster zwischen 6 m und bis maximal 11 m (dann in Spannbetonbauweise) für Decken in Tiefgaragen, Geschäfts- und Verwaltungsbauten eingesetzt. Neben regelmäßigen Stützenrastern (quadratisch, rechteckig, dreieckig etc.) sind auch unregelmäßige Stützenstellungen und Kombinationen durch Wände und Unterzüge in der Praxis häufig anzutreffen. Je komplizierter der Grundriss bzw. die Stützenstellung ist, desto größer wird der damit verbundene Berechnungsaufwand. Für regelmäßige Systeme stehen Handrechenverfahren zur Verfügung, die insbesondere zur raschen Vordimensionierung und Vergleichsrechnung verwendet werden. Ansonsten überwiegen in der Praxisanwendung computerbasierte Berechnungen mittels der Finite-Elemente-Methode (kurz: FEM).

Aufgrund der Punktstützung liegt ein gänzlich anderes Tragverhalten als bei einer linienförmigen Auflagerung vor. Für ein regelmäßiges System veranschaulicht Bild C-198/a den Verlauf der Haupt-Biegemomente einer punktgestützten Platte unter einer Gleichflächenlast. Die positiven Momente im Feldbereich verteilen sich über einen breiten Streifen, wohingegen die negativen Stützmomente in einem sehr konzentrierten Bereich radial auf die Stütze zulaufen.

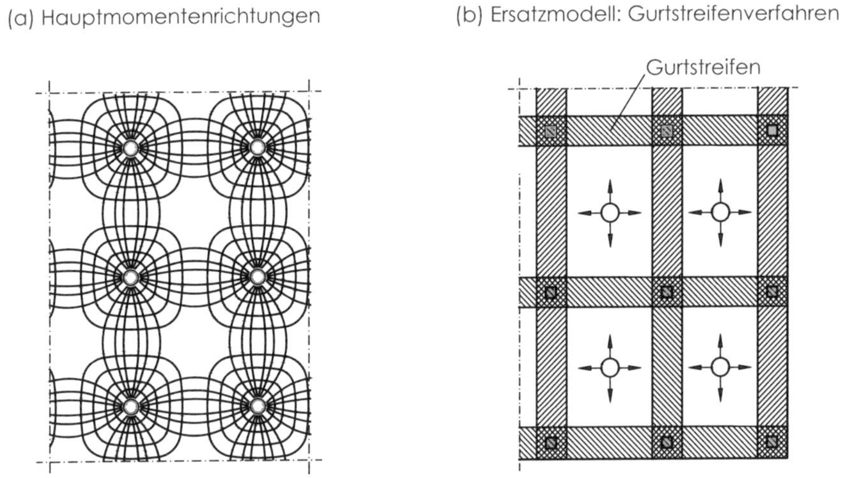

Bild C-198 Punktgestützte Platte; Hauptbiegemomentenrichtung und Ersatzmodell

Vereinfacht lässt sich das Tragverhalten der Flachdecke dadurch idealisieren, dass sich im Bereich der Stützen in beide Richtungen Tragstreifen (Gurtstreifen) mit höherer Tragfähigkeit ausbilden (Bild C-198/b). Der kreuzweise gespannte innere Deckenteil liegt auf diesen Tragstreifen elastisch und nachgiebig auf. Idealerweise wird dieses Tragverhalten bei der Bewehrungsführung berücksichtigt und der Hauptanteil in einem konzentrierten Streifen über den Stützen angeordnet.

Ein Handrechenverfahren für die Ermittlung der Biegemomente, das auf der Grundlage des vorgenannten Tragverhaltens basiert, ist das Gurtstreifenverfahren [68].

Durchstanzen

Wegen der konzentrierten Lasteintragung aus der Platte in die Stütze besteht in diesem Bereich für gewisse Konstellationen aus (1) Bauteilgeometrie (Stützengröße, Deckendicke), (2) Laststufe und (3) konstruktiver Durchbildung (Bewehrungsgrad, Betonfestigkeit etc.) bei Flachdecken die Gefahr eines lokalen Versagens. Das Gleiche gilt auch für Bodenplatten mit hohen Einzellasten, welche statisch auch als umgedrehte Geschossdecke betrachtet werden (siehe auch Bild C-319) kann.

Im Bruchzustand wird ein Teilstück der Decke in Form eines Kegelstumpfes regelrecht ausgestanzt, weswegen dieser Bruchzustand auch als Durchstanzversagen bezeichnet wird. Bild C-199 skizziert den Ablauf dieses Versagens.

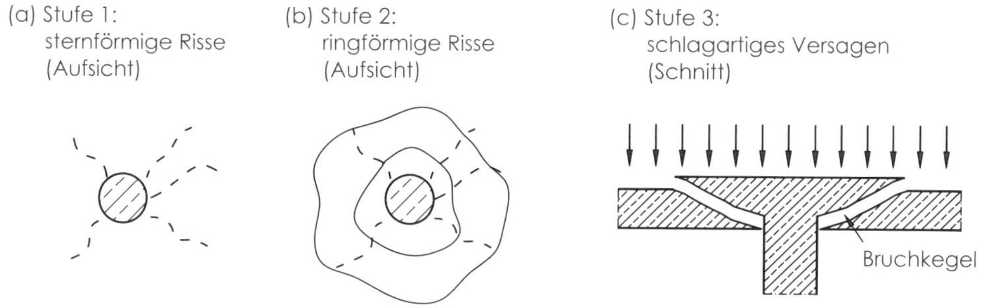

Bild C-199 Durchstanzversagen; Ablauf

Der Ablauf des Durchstanzversagens gestaltet sich derart, dass zunächst ab einem gewissen Lastniveau über der Stütze sternförmige Risse infolge der Biegebeanspruchung entstehen (Bild C-199/a). Wird die Belastung weiter erhöht, treten zusätzlich ringförmige Risse um die Stütze herum auf (Bild C-199/b). Hieraus bildet sich bei weiterer Laststeigerung ein geneigter Schubriss, der die Druckzone der Platte stark einschnürt und letztlich schlagartig zum Versagen führt (Bild C-199/c).

Ein Durchstanzversagen kann auch im Bereich von Wandecken oder -enden eintreten und ist für die jeweilige Einzelsituation rechnerisch nachzuweisen. Für den Fall einer nicht ausreichenden Durchstanztragfähigkeit sind dann entsprechende Anpassungen vorzunehmen und die Tragfähigkeit der Platte ist in dem durchstanzgefährdeten Bereich gezielt zu erhöhen. Dies kann mit den nachfolgend aufgelisteten Maßnahmen erfolgen. Sinnvollerweise werden zunächst die Möglichkeiten gemäß Maßnahmentyp 1 ausgeschöpft und erst daraufhin über zusätzlich ergänzte Tragkomponenten eine Traglaststeigerung herbeigeführt.

Maßnahmentyp 1: Anpassungen der (ohnehin) vorhandenen Tragelemente

- Vergrößerung der insgesamten Plattendicke bzw. Ausbildung einer Stützenkopfverstärkung lokal im Bereich der Stütze
- Vergrößerung des Stützenumfangs
- Erhöhung der Betondruckfestigkeit der Decke
- Erhöhung der Biege-Längsbewehrung im Bereich der Stütze

Maßnahmentyp 2: Ergänzung zusätzlicher Tragelemente

- Anordnung spezieller Bewehrungselemente wie z.B. Dübelleisten, Doppelkopfanker (z.B. Bild C-200)
- Stahl-Pilzkragen (z.B. Bild C-201)
- Stahl-Trägerkreuze

Beachte: Für derartige Elemente ist immer ein entsprechender Verwendbarkeitsnachweis (wie z.B. eine Allgemeine bauaufsichtliche Zulassung, ETA, Prüfzeugnis o.Ä.) erforderlich.

Kombinationen aus den Maßnahmentypen 1 und 2 sind ebenfalls möglich.

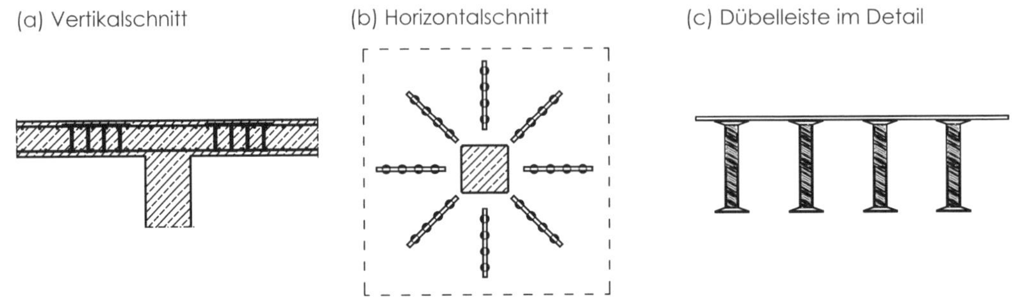

Bild C-200 Steigerung der Durchstanztragfähigkeit; Beispiel Dübelleisten

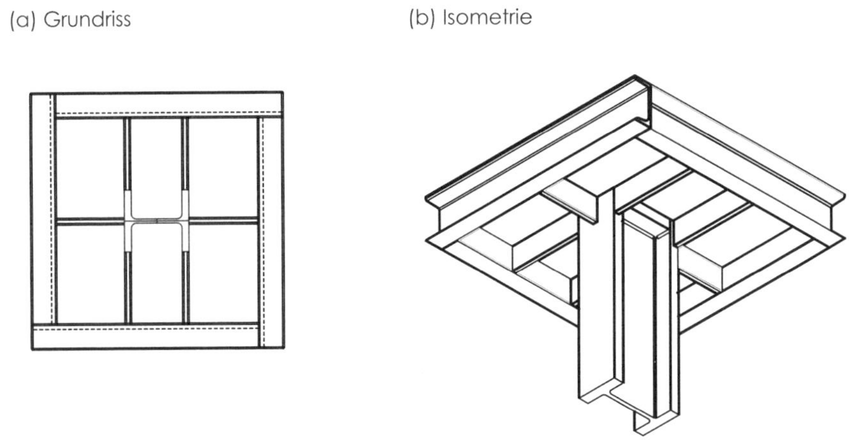

Bild C-201 Steigerung der Durchstanztragfähigkeit; Beispiel Stahl-Pilzkragen

Zusätzlich muss bei punktgestützten Flachdecken an jeder durchstanzgefährdeten Stelle immer eine konstruktive Notfallbewehrung vogesehen werden, die im Versagensfall ein schlagartiges Versagen verhindert und einem progressiven Absturz der Deckenfläche entgegenwirkt.

C.6.3 Scheiben

C.6.3.1 Tragverhalten allgemein

Scheiben sind Flächentragwerke, die in ihrer Mittelebene belastet werden. Kennzeichnendes Merkmal einer Scheibe ist die Dünnwandigkeit (t << L und t << H) bei geringer Bauteildicke im Gegensatz zu den Dimensionen in der Fläche (Wandlänge und -höhe).

Im Hinblick auf den Lastabtrag unterscheidet man Scheiben, die kontinuierlich gelagert werden („Wände"), und solche, die freitragend ausgebildet werden („wandartige Träger").

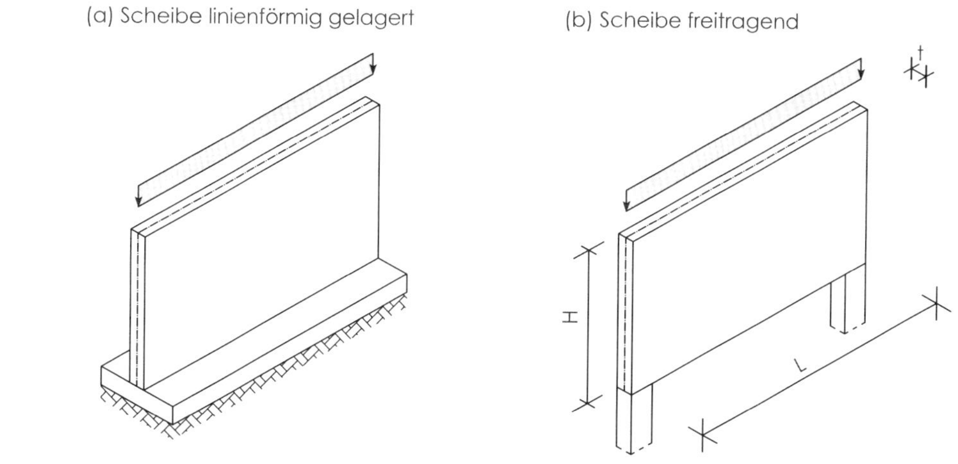

Bild C-202 Scheiben; Lagerungsvarianten

Eine freitragende Scheibe wird vornehmlich an ihren Rändern belastet (z.B. am oberen Rand durch eine aufgelegte Deckenplatte oder am unteren Rand durch eine unterseitig angehängte Deckenplatte), Bild C-203.

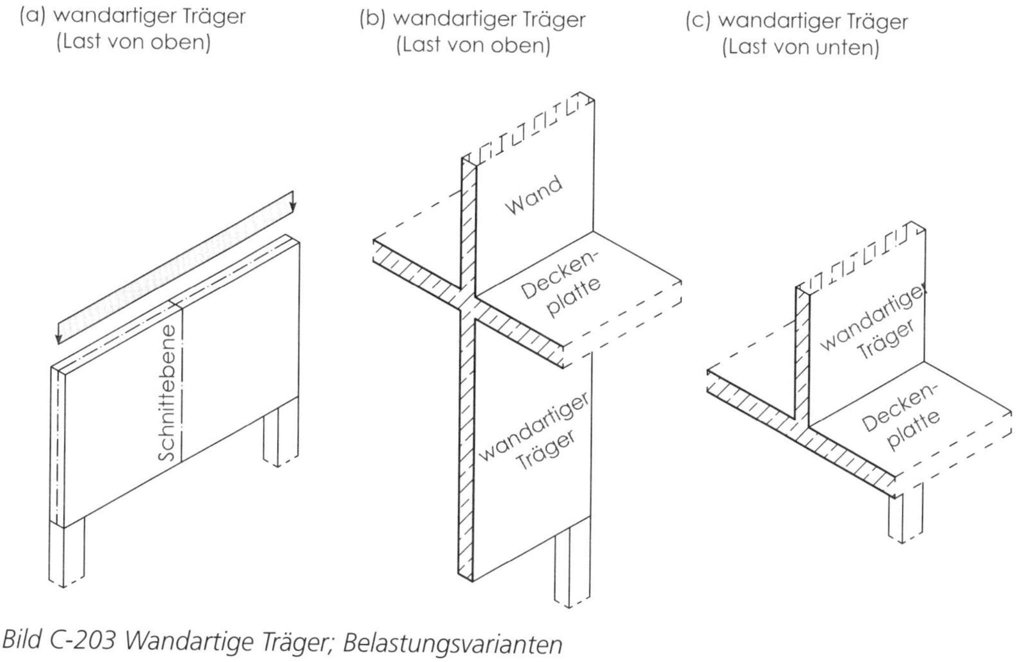

Bild C-203 Wandartige Träger; Belastungsvarianten

Spannungsverlauf: Der Unterschied im Tragverhalten zwischen einem Biegeträger und einer Wandscheibe lässt sich besonders anschaulich anhand des jeweiligen Spannungsverlaufs aufzeigen.

Während für biegebeanspruchte Träger die *Bernoulli*-Hypothese unter der Annahme eines linearen Dehnungsverlaufs im Querschnitt gilt (siehe Bild B-27), liegt bei Scheiben eine nichtlineare Dehnungsverteilung über die Wandhöhe vor.

Wie genau sich diese Änderung im Spannungsverlauf und damit in der Tragwirkung darstellt, zeigt Bild C-204 anhand der horizontalen Spannungen über die Wandhöhe für verschiedene Scheibenformate.

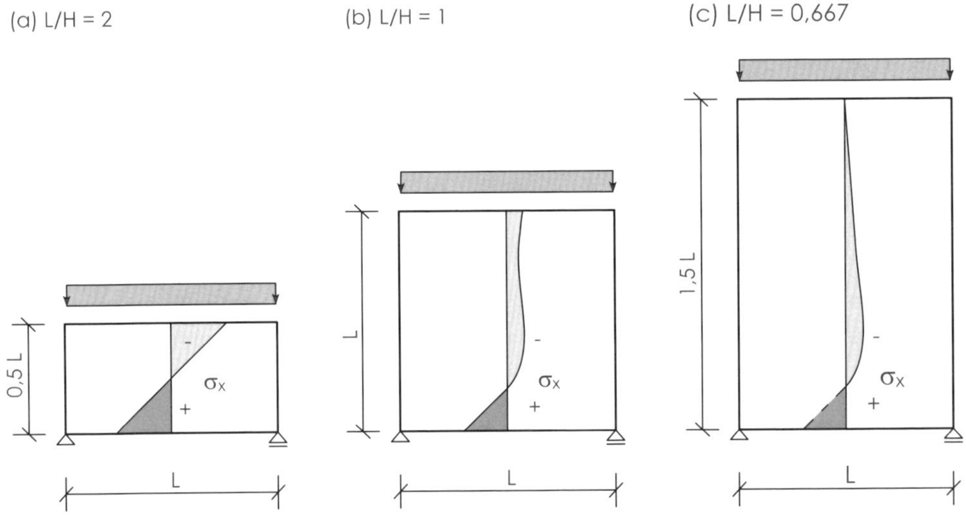

Bild C-204 Spannungsverlauf über die Wandhöhe; Variation der Scheibenformate

Biegesteifigkeit: Die hohe Biegesteifigkeit führt zu sehr geringen Verformungen des Bauteils infolge der einwirkenden Belastung und gleichzeitig starken lokalen Lastkonzentrationen, besonders an den Auflagerpunkten. Hierdurch bedingt reagieren Scheiben mit statisch unbestimmter Lagerung extrem empfindlich auf eine Veränderung der Lagerungsbedingungen. Bei nachgiebigen Auflagerpunkten oder im Fall einer Stützensenkung kann es infolgedessen zu erheblichen Änderungen im Lastfluss bis hin zu grundsätzlichen Änderungen des statischen Systems kommen.

Exemplarisch wird eine derartige Veränderung in Bild C-205 verdeutlicht. Das Ausgangssystem einer zweifeldrigen Wandscheibe ruht zunächst auf drei starren Lagerpunkten (Bild C-205/a). Für den Fall einer Gleichstreckenlast erfolgt die Bemessung in den beiden Feldern und über der Stütze. Unter der Annahme einer Nachgiebigkeit am Mittelauflager (z.B. in Form eines quer verlaufenden, biegeweichen Unterzuges) ändert sich das statische System zwangsläufig hin zu einem Einfeldträger. Das ursprünglich negative Biegemoment am Mittelauflager verschiebt sich dann hin zu einem positiven Moment.

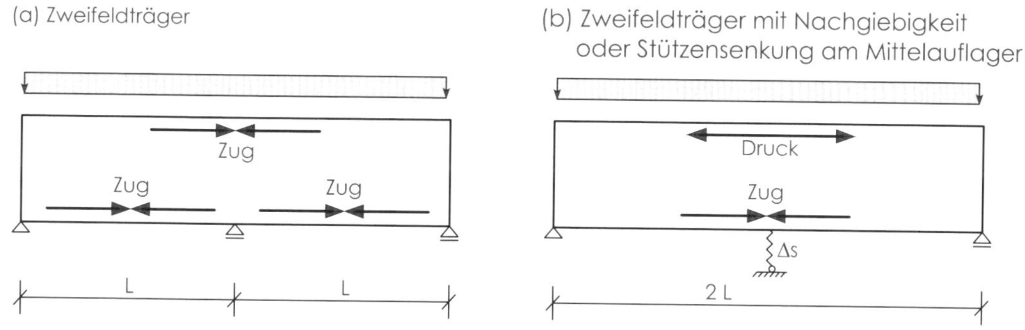

Bild C-205 Zweifeldträger; Veränderungen im Tragverhalten infolge Stützensenkung

Während übliche Biegeträger mit vergleichsweise geringer Biegesteifigkeit über ein hohes Umlagerungsvermögen verfügen (z.B. im Stahlbetonbau) und Teilbereiche des Trägers derart hohe Beanspruchungen lokal abbauen können, ist dies bei Scheiben aufgrund der hohen Steifigkeit nicht möglich.

In der Bemessungspraxis von statisch unbestimmt gelagerten Wandscheiben ist es daher stets erforderlich, die Auflagerung wirklichkeitsnah einzuschätzen und in Varianten zu untersuchen.

Stabilitätsversagen: Ein wichtiger Aspekt für die sichere Bemessung von Scheiben sind Betrachtungen zum Stabilitätsverhalten. In der Praxis wird diesem Apekt leider häufig nicht entsprechende Bedeutung beigemessen und der Nachweis wird bewusst übergangen/„vergessen". Zahlreiche Schadensfälle (mit z.T. großem Schadensausmaß) belegen aber, dass gerade diese Nachweise für die Standsicherheit relevant werden können.

Einerseits handelt es sich um Bauteile mit einer sehr hohen Biegesteifigkeit um die starke Achse (beachte: beim Flächenträgheitsmoment geht die Höhe mit der 3. Potenz ein). Andererseits ist die Biegesteifigkeit um die schwache Achse vergleichsweise gering und es kann daher in Teilbereichen zu einem seitlichen Ausknicken bzw. Beulen kommen.

C.6.3.2 Scheiben im Stahlbetonbau

Scheiben mit linienförmiger Lagerung werden im Massivbau als Wände bezeichnet. Die Bemessung derartiger Wände kann analog zum Mauerwerksbau erfolgen und wird an dieser Stelle nicht weiter behandelt.

Die Bemessung und konstruktive Durchbildung von wandartigen Trägern gestalten sich deutlich komplexer. Aufgrund der freitragenden Funktion erfahren wandartige Träger insbesondere eine Biegebeanspruchung.

Stabwerkmodelle: Das wichtigste Hilfsmittel für die Erfassung des Tragverhaltens von Scheiben im Massivbau stellen Stabwerkmodelle dar. Diese werden auf Grundlage des Spannungsverlaufs innerhalb der Scheibe festgelegt ([32],[68]).

Der Spannungsverlauf wird somit in ein zusammenhängendes Stabwerkmodell aus Zug- und Druckstreben überführt, dessen einzelne Komponenten dann mit standardisierten Nachweisverfahren bemessen werden können.

Dadurch wird der über die Wandfläche verteilte Verlauf der Spannungen in einzelne Zug- und Druckstreben zusammengefasst und für die ingenieurmäßige Betrachtung deutlicher nachvollziehbar. Bild C-206 zeigt exemplarisch Fachwerkmodelle für einen Biegeträger und einen wandartigen Träger im Vergleich.

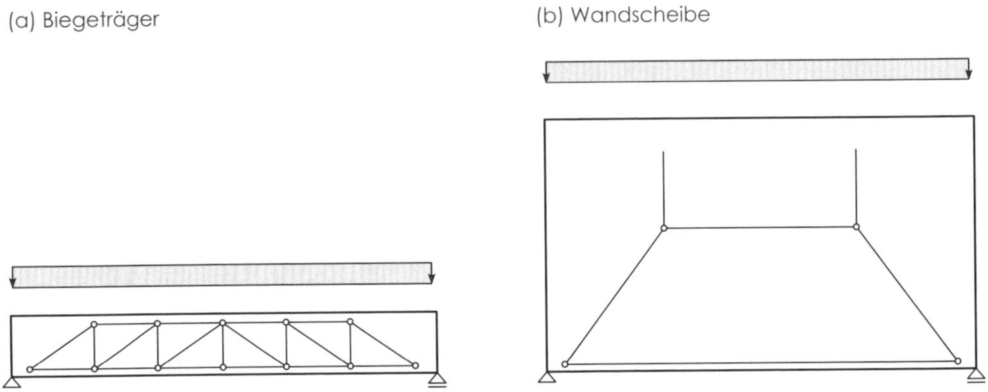

Bild C-206 Tragwirkung von Biegeträger und Wandscheibe im Vergleich; Fachwerkmodelle

Mit der Methode der Stabwerkmodelle können Wandscheiben systematisch und zielführend bemessen werden. Der große Vorteil dieser Vorgehensweise ist eine hohe Flexibilität, sodass damit sowohl Standardfälle, als auch Sonderfälle effizient betrachtet werden können. In der Literatur ist ein breites Anwendungsspektrum für zahlreiche Fälle dokumentiert. Besonders hervorzuheben sind die Arbeiten von *Leonhardt* und *Schlaich/Schäfer*.

Unstetigkeiten/Störstellen: Scheibenartige Tragelemente weisen in der Praxis oftmals Unstetigkeitsstellen auf. Diese können geometrisch bedingt sein, wie z.B. Öffnungen für Leitungen oder Lüftungskanäle, Türen und Fenster, oder aber die Art der Belastung betreffen und beispielsweise in Form einer punktuellen Lasteinleitung z.B. durch die Auflagerung eines Trägers entstehen. Auch hier können mit Hilfe von Fachwerkmodellen oder mit einem Ersatzmodell aus Bogen- und Zugband, wie in Bild C-207 gezeigt, die Beanspruchungen bestimmt werden.

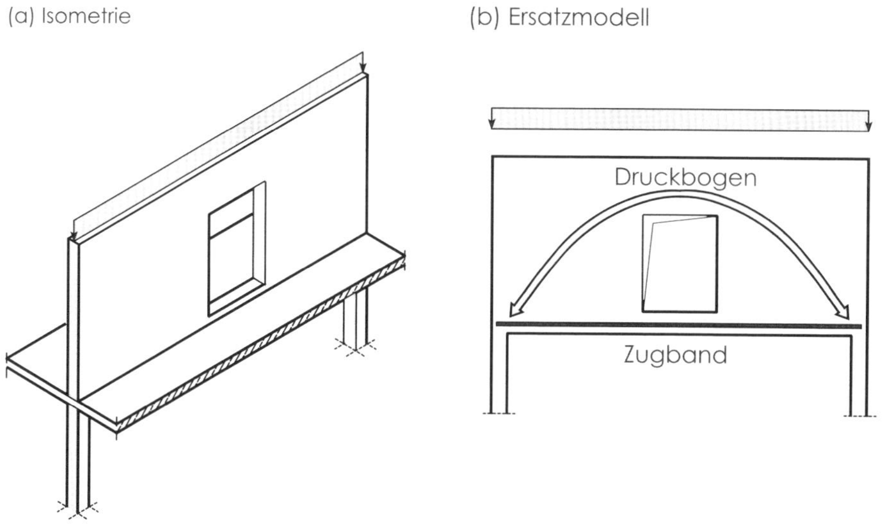

Bild C-207 Wandartiger Träger mit Öffnung; Ersatzmodell

Wichtig ist es dabei, die genaue Position der Öffnung zu berücksichtigen (Bild C-208).

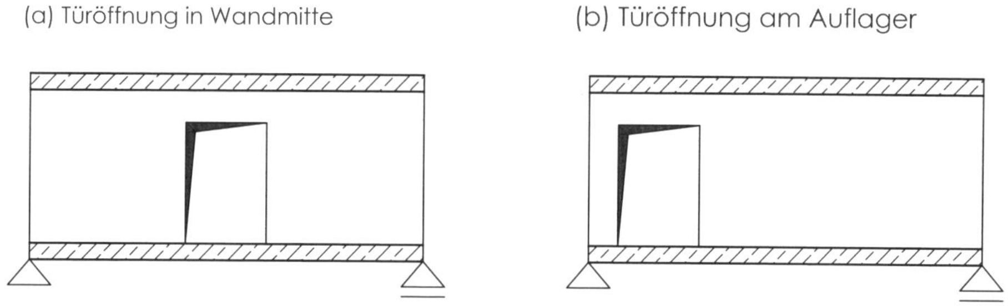

Bild C-208 Position von Öffnungen in wandartigen Trägern

Für die Bemessung von wandartigen Trägern bieten sich in der Praxis folgende Vorgehensweisen an:

Tabellenwerke/Näherungsverfahren: Standardfälle lassen sich mithilfe von Tafelwerten schnell und zielführend erfassen. Die Tabellen wurden anhand von Betrachtungen nach der Scheibentheorie hergeleitet und es kann damit die erforderliche Bewehrung von Einfeld- und Mehrfeldträgern mit und ohne Kragarm für unterschiedlichste Belastungen ausreichend genau ermittelt und deren Anordnung über die Querschnittshöhe festgelegt werden. Ergänzend dazu sind Zusatzbetrachtungen z.B. an Auflagerpunkten, Lasteinleitungsstellen Ausklinkungen etc. erforderlich. Für die Betrachtung derartiger Stellen eigenen sich vor allem Stabwerkmodelle [32].

Scheibenbemessung mittels FEM: Ein weiteres wichtiges Hilfsmittel für die Bemessung insbesondere komplexer Geometrien sind Scheibenberechnungen anhand von Finite-Elemente-Modellen. Hierbei wird die Scheibe zunächst durch ein ausreichend fein unterteiltes

Elementnetz diskretisiert und damit einer zusammenhängenden mathematischen Betrachtung zugänglich. An diesem Modell werden dann für einzelne Lastfälle bzw. Lastfallkombinationen die Spannungen in den Einzelelementen ermittelt und daraufhin zu insgesamten Spannungsverläufen zusammengefasst. Durch Integration der Zugspannungen wird die Zugkraftresultierende und daraufhin die Bewehrung ermittelt. Diese ist noch zu ergänzen um eine Mindestbewehrung und ggf. diejenige aufgrund der Stabilitätsnachweise.

Die Bemessung auf Grundlage von Finite-Elemente-Modellen stellt für die Praxis insbesondere bei komplizierten Tragstrukturen ein äußerst wertvolles Werkzeug dar. Darauf basierende Softwareprogramme sind allerdings Expertensysteme, die hohe Anforderungen an die zutreffende Modellierung und insbesondere die ingenieurmäßige Interpretation der numerischen Ergebnisse stellen. Dementsprechend bedarf es eines hohen Vorwissens und Erfahrung im Umgang mit derartigen Programmen.

Zwei einfache Beispiele sollen exemplarisch aufzeigen, welch gravierende Auswirkungen ein unbedacht gewähltes Strukturmodell auf die richtige Erfassung des Tragverhaltens haben kann.

Im Beispiel nach Bild C-209/a wird bei einem Einfeldträger an der rechten oberen Ecke ein Auflager ergänzt, um das System in der Ebene zu stabilisieren. Irrtümlicherweise wird dabei eine horizontale Halterung in der Scheibenebene eingeführt, die in der Realität so nicht vorhanden ist. Die Bemessung auf Grundlage dieses Modells liefert eine grob falsche Bewehrungswahl für die einfeldrige Wandscheibe.

Das Beispiel nach Bild C-209/b zeigt die fehlerhafte Modellierung eines Einfeldträgers, der im rechten Auflagerbereich durch die Anordnung von zwei benachbarten Lagern rechnerisch eine Einspannung erfährt und dadurch ebenfalls im Feldbereich eine deutlich zu geringe Bewehrung liefert.

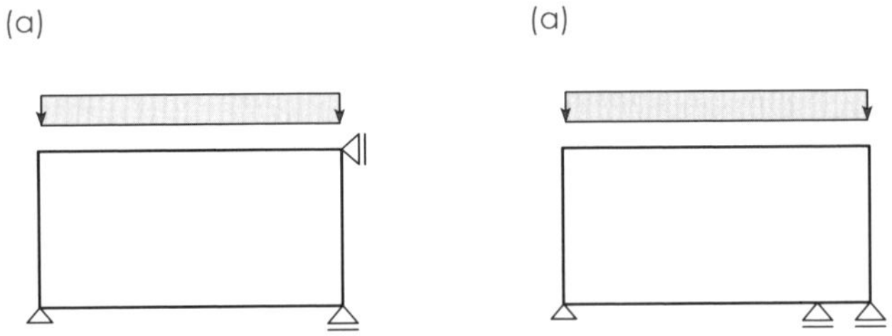

Bild C-209 Wandscheibe; Auflagervarianten

Die dahinterstehende Problematik ist darin zu sehen, dass die Modellierung oft zu stark an der Geometrie des realen Bauteils ausgerichtet und ein System mit zahlreichen Randbedingungen erzeugt wird. Daher muss es das Ziel der Ergebnisinterpretation sein, kritisch zu prüfen, ob ein plausibles Tragverhalten abgebildet und alle relevanten Randbedingungen erfasst wurden.

Stabilitätsverhalten: Im Massivbau erfolgt der Nachweis zum Stabilitätsverhalten der Druckstreben vereinfacht für eine Ersatzstütze (meist mit der Breite 1 m). Zur Ermittlung der Knicklänge wird die tatsächliche Wandhöhe mit einem Knicklängenfaktor multipliziert. Die Regelwerke zum Stahlbeton- und Mauerwerksbau haben sich in der aktuellen Normung in

Bezug auf die Ermittlung des Knicklängenfaktors einander stark angenähert und enthalten hierzu Angaben und Tabellen, mit denen sich unterscheidliche Einflüsse (z.B. Lagerung am Kopf- und Fußpunkt, seitliche Halterung durch angrenzende Querwände, Belastungsfigur) berücksichtigen lassen.

Konstruktive Durchbildung/Bewehrungsführung: Bei wandartigen Trägern im Massivbau sind zahlreiche Besonderheiten zu beachten, da die Druckkräfte überwiegend durch den Beton und Zugkräfte ausschließlich durch die Bewehrung aufzunehmen sind. Um Schäden (z.B. in Form von Rissen) zu vermeiden, ist die Bewehrung daher streng auf den tatsächlichen Lastfluss auszurichten ([63],[65]).

C.6.3.3 Scheiben im Stahlbau

Im Stahlbau hat das **Stabilitätsverhalten** von ebenen Blechfeldern große Bedeutung, da aufgrund der materialoptimierten Bauweise an zahlreichen Stellen dünne Bleche mit scheibenartiger Beanspruchung vorliegen. Ein ebenes Blech, das durch Normal- und Schubspannungen in Scheibenebene belastet wird, kann dadurch senkrecht zu dieser Ebene ausweichen. Das diesbezügliche Stabilitätsverhalten wird als Plattenbeulen bezeichnet, den betroffenen Bereich bezeichnet man als Beulfeld. Das Bild C-210 zeigt ein derartiges Beulfeld in der allgemeinen Darstellung mit den möglchen Einwirkungen entlang seiner Ränder.

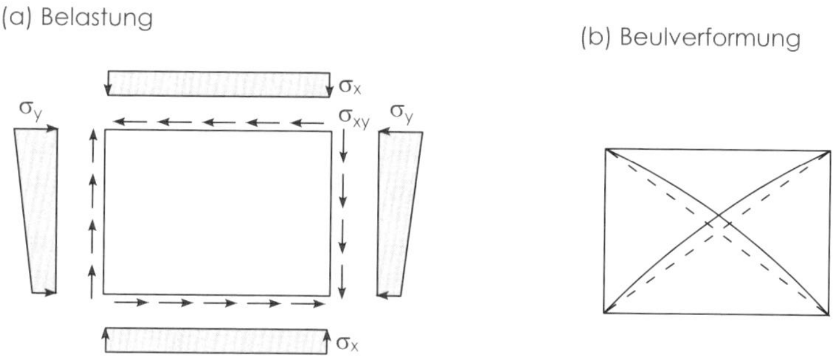

Bild C-210 Beulfeld; Einwirkungen in Scheibenebene entlang der Ränder

Bild C-211 zeigt als Beispiel den Obergurt eines Doppel-T-Trägers mit Belastung und zugehöriger Beulform. Die Druckspannung enststeht infolge Biegung des Trägers.

Die Geometrie eines Beulfeldes lässt sich durch die Anordnung von Steifen und anderen aussteifenden Bauteilen gezielt verändern. Je nach Orientierung dieser Steifen spricht man von Längs-, Quer- oder Diagonalsteifen. Bild C-212 und Bild C-213 zeigen Beispiele für Diagonalsteifen im Auflagerbereich eines Trägers oder in der Rahmenecke.

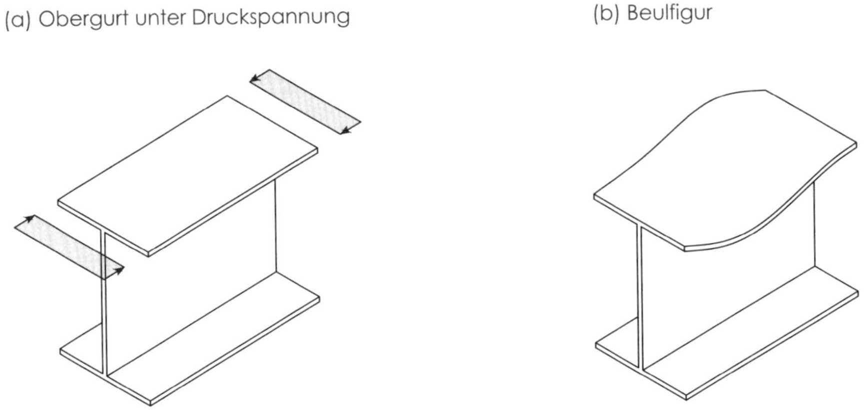

Bild C-211 Obergurt eines Walzprofils; Beulfigur

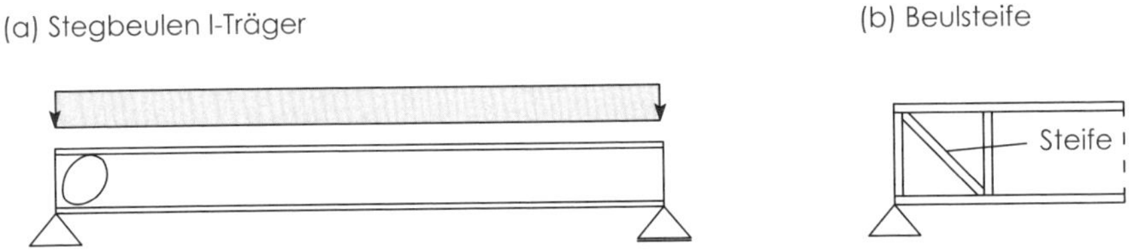

Bild C-212 Stegbereich eines I-Profils; Beulfeld und Diagonalsteife

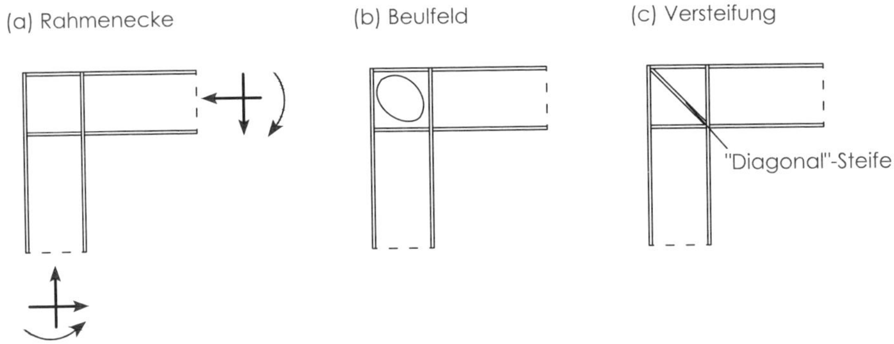

Bild C-213 Rahmenecke; Beulfeld und Diagonalsteife

Da im Stahlbau nahezu alle Bauteile aus ebenen Blechen bestehen, die in Scheibenebene eine Belastung erfahren, ist prinzipiell für jeden einzelnen Bauteilquerschnitt ein Beulnachweis zu führen. Um diesen Aufwand in der Nachweispraxis zu minimieren, enthält der EC3 Tabellen, die Grenzwerte (Breite b/Blechdicke t) angeben, für die ein Plattenbeulen nicht maßgebend wird und ein diesbezüglicher Nachweis entfallen darf.

C.6.3.4 Scheiben im Holzbau

Bei Wandscheiben im Holzbau handelt es sich vornehmlich um Aussteifungsscheiben, die auf ihrer ganzen Länge aufstehen und an ihrem oberen Rand durch Horizontalkräfte infolge Aussteifungslasten beansprucht werden. Die Ausführung erfolgt meist als Holz-Ständer-Wand (Bild C-214), bei der eine Wandkonstruktion aus Balkenquerschnitten durch die beidseitige Beplankung mit Holz-Werkstoffplatten zu einer Scheibe ergänzt wird.

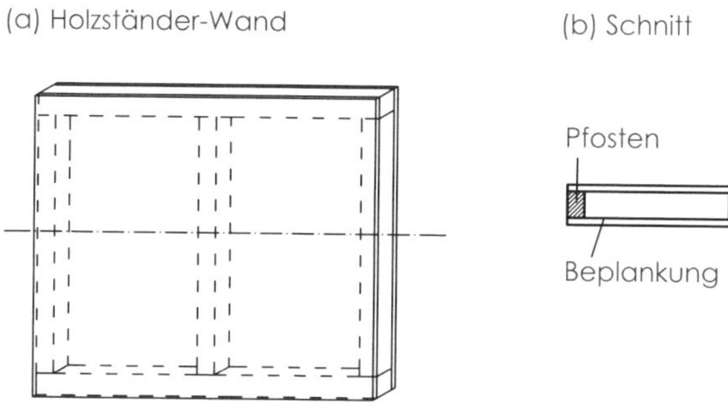

Bild C-214 Wandscheibe als Holz-Ständerwand mit beidseitiger Beplankung

Scheiben als freitragende Tragelemente werden im Holzbau eher selten ausgebildet. Eine aktuelle Entwicklung, die konstruktionsbedingt für eine derartige Verwendung geeignet ist, sind Massivholz-Elemente. Bei den verwendeten Tragelementen handelt es sich um mehrschichtige Holzplatten mit bidirektionaler Tragwirkung, die aus wechselseitig verlegten Brettquerschnitten hergestellt werden. Der Kraftschluss zwischen den Brettern wird entweder über Leim, Metallklammern oder Holzdübel sichergestellt. Für die Praxis ist zu beachten, dass der jeweilige Anwendungsfall in Bezug auf die baurechtlichen Anforderungen über eine entsprechende Zulassung abgedeckt wird.

C.6.4 Faltwerke

Faltwerke sind eine Kombination der ebenen Tragelemente Platte und Scheibe, welche an ihren Rändern schub- und biegefest verbunden werden. Das Bild C-215 verdeutlicht anhand einer gefalteten Tragstruktur die Funktion der einzelnen Tragelemente und die kombinierte Tragwirkung für ein solches Faltwerk. Im Gegensatz zum Rahmen, Bild C-215/c, wird das Faltwerk nur an den Endpunkten unterstützt, Bild C-215/d.

Die einzelnen Flächen tragen die Lasten mehrachsig ab und sind, abhängig von ihrer Form und Belastung, auf Biegung, Druck und Zug beansprucht. An den Kanten stützen sich die ebenen Bauteile gegenseitig ab und die Last wird von der geneigten Fläche über Plattenbiegung zu den steiferen Falten ($l_1 > l_2$) geleitet (Bild C-216). Parallel zu den Kanten tragen die Flächen die Belastung wieder als Scheiben ab.

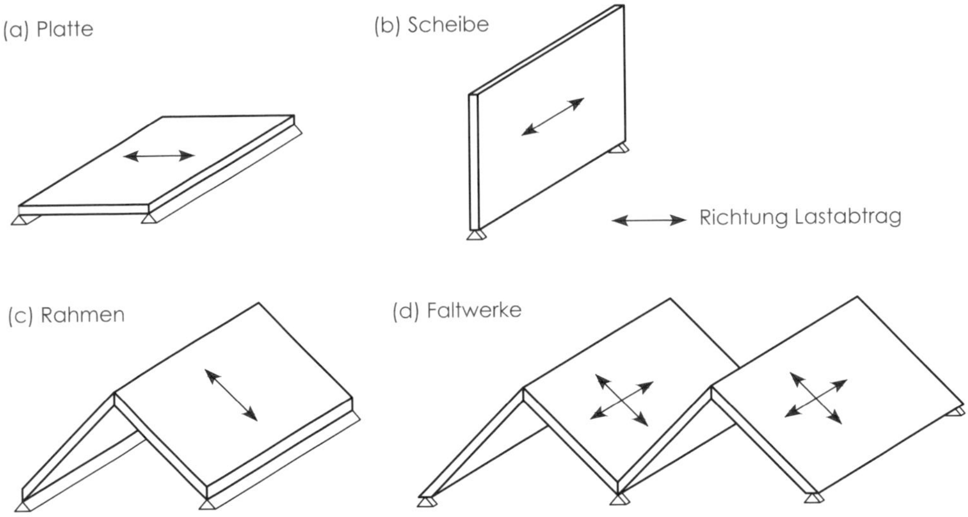

Bild C-215 Kombination von ebenen Tragelementen zu einem Faltwerk

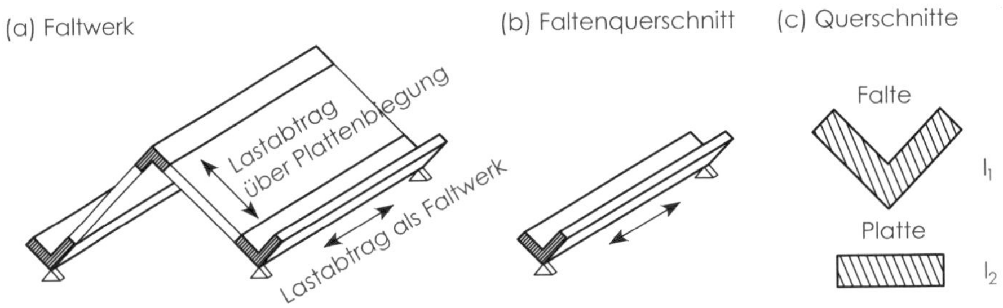

Bild C-216 Faltwerk; Lastabtrag

Grundsätzlich kann ein Faltwerk danach unterschieden werden, ob es mehr in der Fläche oder eher im Raum orientiert ist. Dieses grundlegende Unterscheidungsmerkmal wird anhand der beiden in Bild C-218 abgebildeten Faltwerke (Zickzack- und Pyramiden-Faltwerk) verdeutlicht.

Zickzack-Faltwerke (Bild C-217): Hierbei handelt es sich um in Längsrichtung ausgerichtete Faltwerke. Es wird auch als prismatisches Faltwerk bezeichnet und kann als geneigter, dünner Träger aufgefasst werden. Das in Bild C-217/b gezeigte Zugband dient der Querversteifung im Bereich der Auflager.

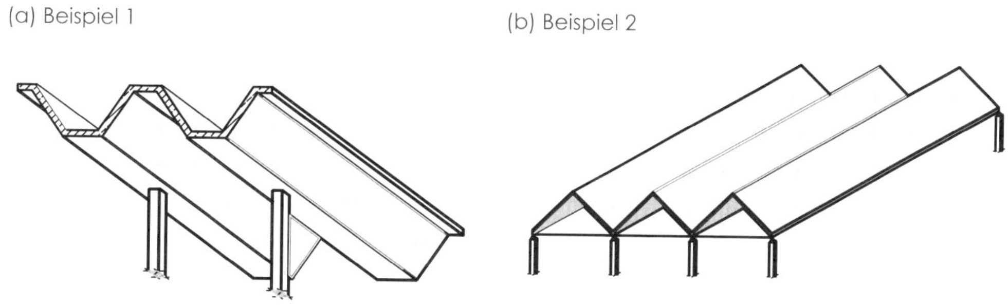

Bild C-217 Zickzack-Faltwerke; Beispiele

Pyramiden-Faltwerk (Bild C-218): Das Pyramiden-Faltwerk weist im Gegensatz zum längs ausgerichteten Zickzack-Faltwerk ein räumliches Tragverhalten auf. Dieses zentralsymmetrische Faltwerk braucht nur an den Eckpunkten unterstützt zu werden. Das beim Zickzack-Faltwerk erforderliche Zugband ist hierbei nicht erforderlich (Bild C-218), da die Zugkräfte über die Fläche des Faltwerks aufgenommen werden.

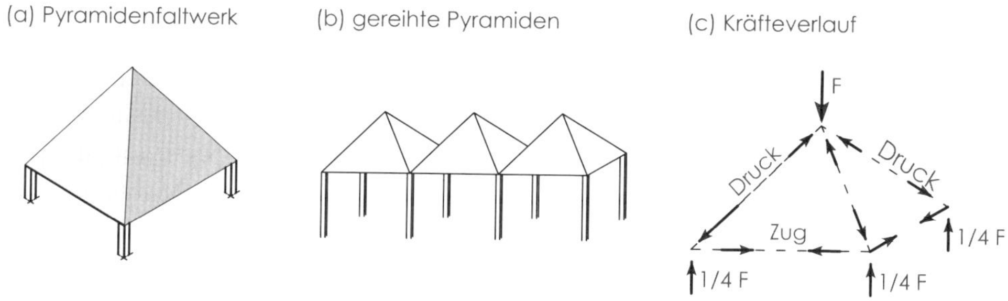

Bild C-218 Pyramiden-Faltwerk; Beispiele und Kräfteverlauf

Mit Faltwerken können große Spannweiten mit beliebigen Geometrien realisiert werden. Bild C-219 zeigt mögliche Varianten.

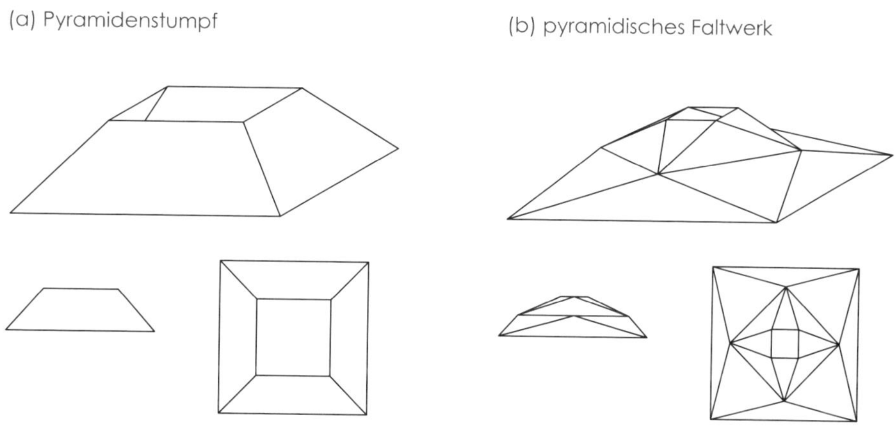

Bild C-219 Faltwerkvarianten

Als Bauelemente für Faltwerke kommen insbesondere Stahl-Blechtafeln, Stahlbeton-Platten sowie Holzwerkstoff-Tafeln in Frage. Das Spektrum möglicher Werkstoffe und Bauelemente, aus denen ein Faltwerk gebildet wird, kann dadurch erheblich erweitert werden, dass die einzelnen ebenen Flächen in Form von z.B. Fachwerkträgern zu Einzelstäben aufgelöst werden. Vor allem im Holzbau finden sich häufig derartige Konstruktionen, bei denen eine Schar von Balkenquerschnitten auf Querträgern auflagert und durch schubfest aufgebrachte Platten zu einem Faltwerk kombiniert wird.

C.6.5 Schalen

Bei einer Schale handelt es sich um ein gekrümmtes Tragelement von geringer Dicke (t/r < 1/50; mit t: Schalendicke und r: Krümmungsradius). Die Formenvielfalt ist nahezu unbegrenzt und es sind sowohl mathematisch exakt definierte, als auch freie Formen möglich. Die Krümmung kann in ein oder zwei Richtungen variieren (einachsig oder zweiachsig gekrümmt) oder aber die Form folgt beliebigen Flächenfunktionen. Ästhetisch besonders ansprechende Beispiele derartiger Schalen zeigt Bild C-220.

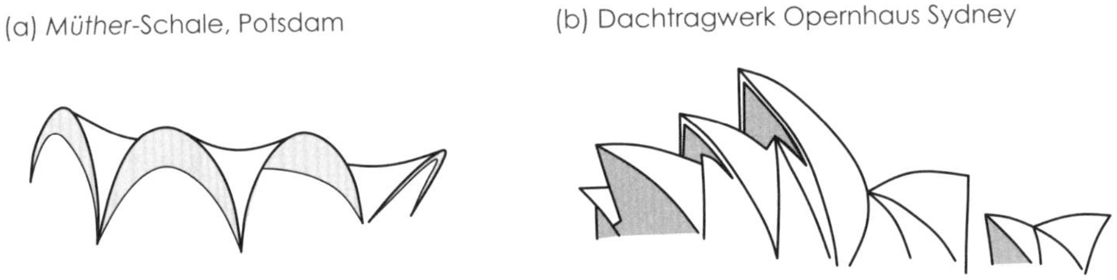

Bild C-220 Schalentragwerke; Beispiele

Baustoffe

Als Baustoff für Schalen eignet sich insbesondere Stahlbeton. Stahlbetonschalen werden entweder als Fertigteile in Segmenten vorgefertigt und bauseits zur insgesamten Schalenkonstruktion zusammengesetzt oder in Ortbetonbauweise auf einer individuell gefertigten Schalung erstellt. Aufgrund der Schwierigkeiten bei stark gekrümmten und geneigten Flächen erfolgt die Herstellung häufig mit Spritzbeton, bei dem der Beton lagenweise auf ein Bewehrungsnetz aufgetragen wird.

Bei Schalen in Holz- und Stahlbauweise handelt es sich meist um Gitter- oder Fachwerkkonstruktionen, die mehrachsig und ebenengleich verlaufen. Der Raumabschluss erfolgt dann z.B. durch polygonale Glaselemente, die auf der eigentlichen Tragkonstruktion befestigt werden.

Tragverhalten am Beispiel der Tonnenschale

Die einfachste Schalenform ist die Tonnenschale. Die Schalenform ist einfach gekrümmt und längsorientiert. Das Bild C-221 veranschaulicht den Übergang vom ebenen Bogen über das Gewölbe mit kontinuierlicher Lagerung hin zur Tonnenschale. Im Gegensatz zum Gewölbe, das entlang der Ränder liniengelagert ist, wird die Tonnenschale nur punktuell an den Endpunkten unterstützt.

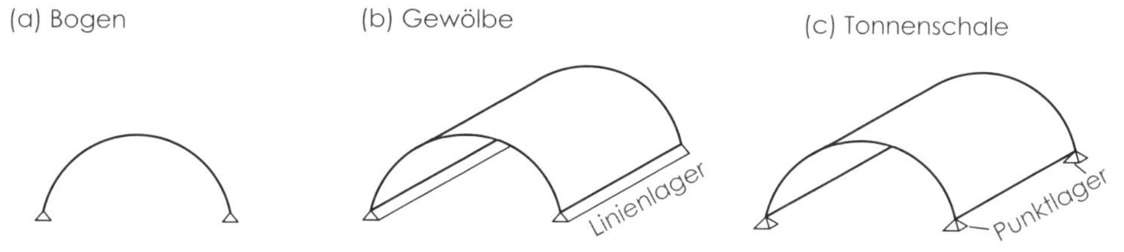

Bild C-221 Bogen, Gewölbe und Tonnenschale; Vergleich

Die Tragfähigkeit von Tonnenschalen wir beeinflusst durch die Ausbildung der Randträger und der Aussteifungsscheiben. Beide Tragelemente stellen sicher, dass sich die Form der Schale nicht ändert.

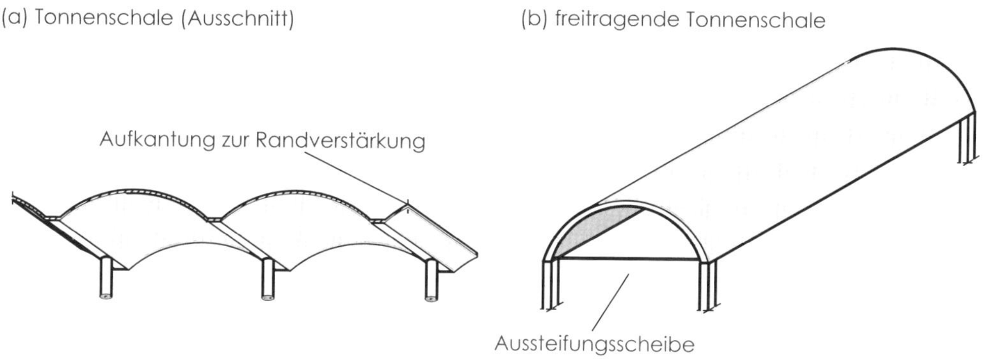

Bild C-222 Tonnenschalen; Varianten

Aus welchen Einzelkomponenten sich die insgesamte Tragwirkung zusammensetzt, vermittelt das Bild C-223 anhand der Unterteilung in die Bogentragwirkung einerseits und die Balkentragwirkung andererseits.

Im Unterschied zum Tonnengewölbe trägt die Tonnenschale die Lasten nicht nur über die Bogentragwirkung (Bild C-223/a), sondern auch wie ein Balken in Längsrichtung ab (Bild C-223/b), d.h., durch die vertikale Verformung treten Verzerrungen und somit Schubspannungen zwischen den Bogenabschnitten auf. Durch die Kombination aus Bogen- und Balkentragwirkung resultiert der in Bild C-223/c gezeigte Membranspannungszustand an einem Tonnensegment.

Durch die Aktivierung der Membrankräfte in Schalenebene verhalten sich Schalentragwerke ähnlich wie Bögen oder Seile. Ins Verhältnis gesetzt lassen sich Schalendicken realisieren, die dünner als eine natürliche Eierschale sind. Das Tragverhalten der Schale wird daher nicht über die allgemeine Biegetheorie, sondern über die Membrantheorie erfasst. Im Ergebnis wird es dadurch möglich, sehr filigrane Konstruktionen zu errichten.

Da Schalentragwerke die Lasten über Druckbeanspruchungen in der Querschnittsebene abtragen, besteht wie bei Druckstäben (siehe Abschnitt C.5.3 ff.) die Gefahr eines Stabilitätsversagens.

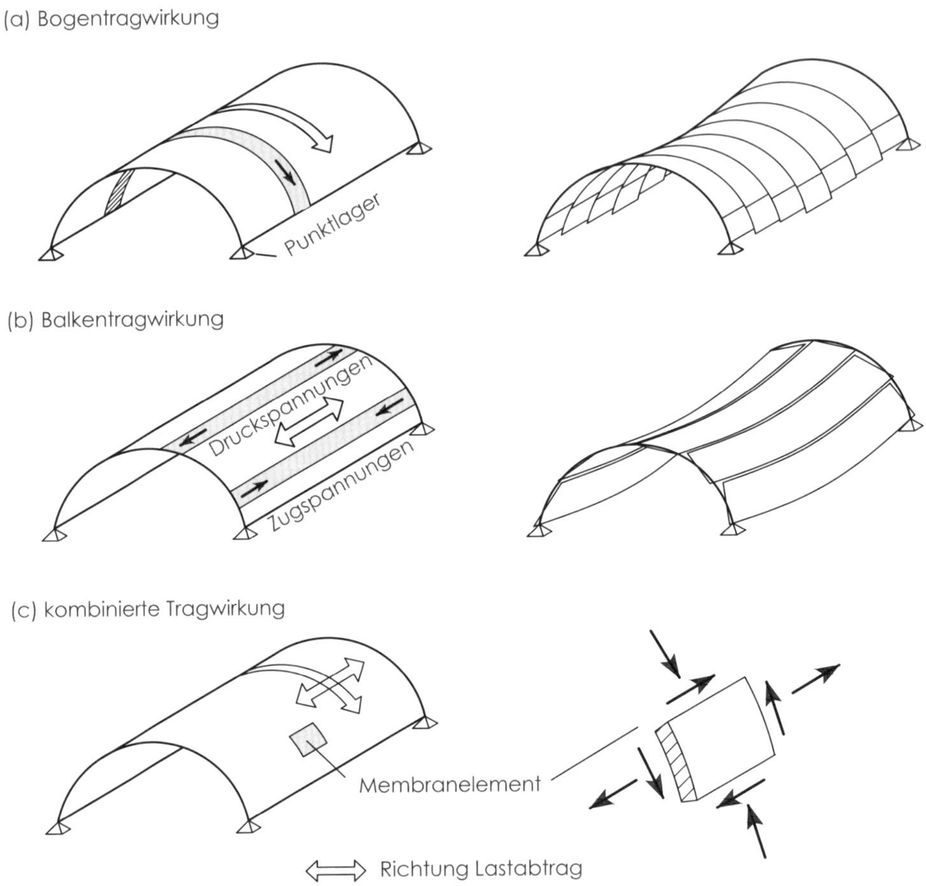

Bild C-223 Tonnenschale; Lastabtrag

Größte Vorsicht ist auch in Bezug auf Unstetigkeitsstellen, sprich Störstellen, geboten. Eine Unstetigkeit können punktuelle Belastungen sein, die schnell zu Störungen im Lastabtrag führen. Ein relevantes Praxisbeispiel sind unsymmetrische bzw. lokal stark erhöhte Lasten in Silozellen (z.B. infolge von Staubexplosionen oder Unsymmetrien im Abflussverhalten). Hierdurch kommt es weltweit des öfteren zu großen Schäden bis hin zu Totaleinstürzen.

Eine andere Unstetigkeit stellen Öffnungen in Schalen dar. Diese können den Lastfluss erheblich stören und sind sorgfältig zu planen. Beispiele sind Ausnehmungen für Medienleitungen oder Durchlässe. Um Spannungsspitzen in den Ecken zu verringern, sollten diese möglichst ausgerundet werden.

Kugelschale

Die einfachste Form einer Schale mit **doppelter Krümmung** stellt die Kugelschale dar. Die Krümmungen der beiden Richtungen sind dabei gleichsinnig orientiert. Die Projektion der Schale beschreibt im Grundriss eine Kreisfläche.

Das Tragverhalten der Kugelschale kann ebenfalls in Analogie zu einem Bogen betrachtet werden. Einerseits trägt die Schale die Lasten vorwiegend über Druck ab, senkrecht dazu wirken im oberen Bereich Druck- und im unteren Bereich Zugspannungen (Bild C-224).

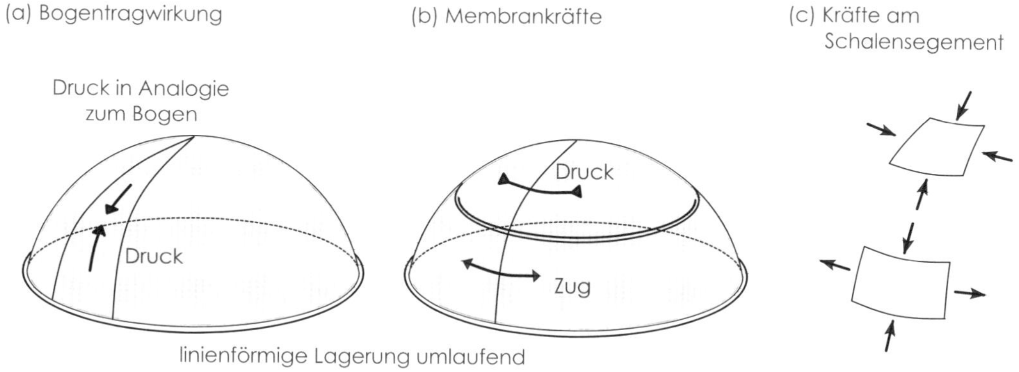

Bild C-224 Kugelschale; Tragwirkung

Am Auflager entsteht wiederum ein Auflagerschub, der über einen Druckring aufgenommen werden kann. Alternativ ist ein Zugring als „Gürtel" vorzusehen (Bild C-225). Die vertikale Auflagerung entlang des Randes muss kontinuierlich oder mit einem möglichst geringen Stützenabstand untereinander erfolgen.

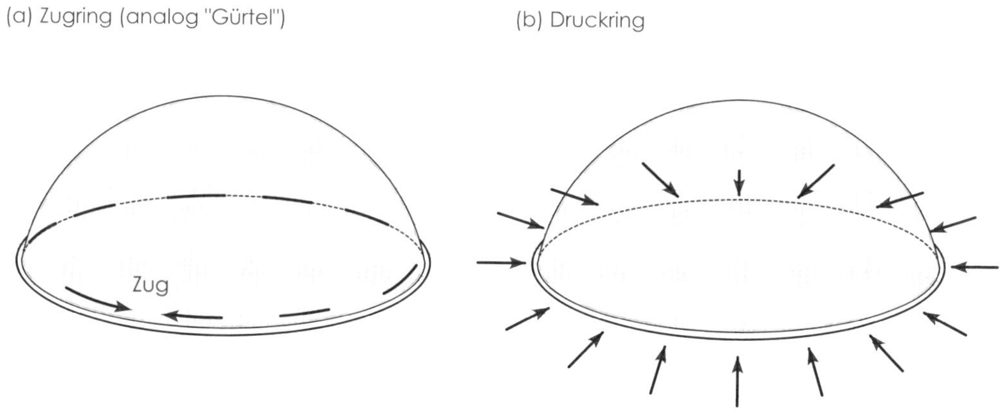

Bild C-225 Auflagerung von Kugelschalen

Rotationsschalen

Wird die Geometrie der Schale durch die Rotation einer beliebigen Kurve (der Meridiankurve) um eine Achse bzw. einen Punkt erzeugt, so spricht man von einer Rotationsschale. Auf diese Weise lassen sich z.B. Zylinder- oder Kegelschalen, Kugelschalen oder einschalige Hyperboloide erzeugen.

Die Anwendungsfälle im Ingenieur- und Industriebau sind vielfältig, wie z.B. turmartige Bauwerke, Fernseh- und Fernmeldetürme, Schornsteine, Kühltürme, Silos oder Faulbehälter.

In Behälterwänden (Silos, Tanks o.Ä.) werden Lasten einerseits vertikal über Meridianspannung in der Wandungsebene abgetragen, andererseits werden Ringspannungen durch die Behälterfüllung hervorgerufen.

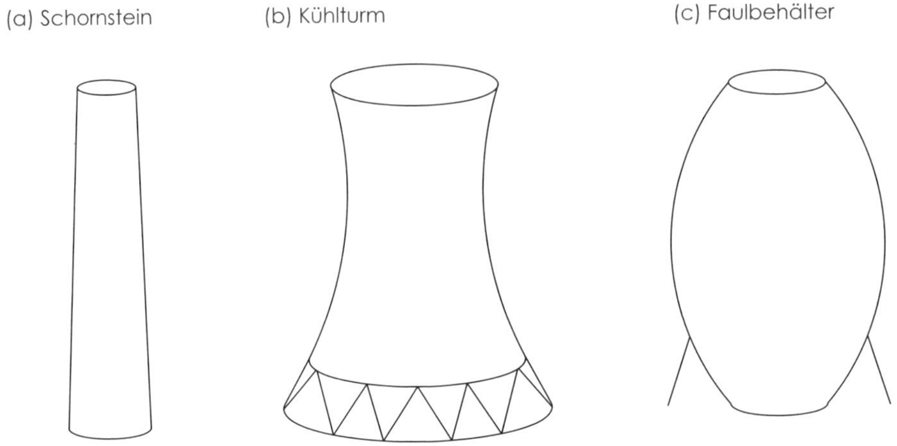

Bild C-226 Rotationssymmetrische Bauwerke; Beispiele

Hyperbolische Paraboloide

Derartige Schalen sind doppelt gekrümmt und lassen sich mathematisch durch Scharen von Geraden oder Parabeln abbilden. Die einfache Formfindung durch Geraden hat eine große Bedeutung für die wirtschaftliche Ausbildung der Schalungsflächen bei einer Herstellung in Stahlbetonbauweise oder als Stabwerkskonstruktion.

Durch die entgegengesetzten Krümmungen weisen hyperbolische Paraboloide eine sehr hohe Tragfähigkeit auf und sie eigenen sich für das Überspannen von großen Spannweiten.

Die folgenden Bilder zeigen zwei Schalenflächen und den zugehörigen Formfindungsprozess.

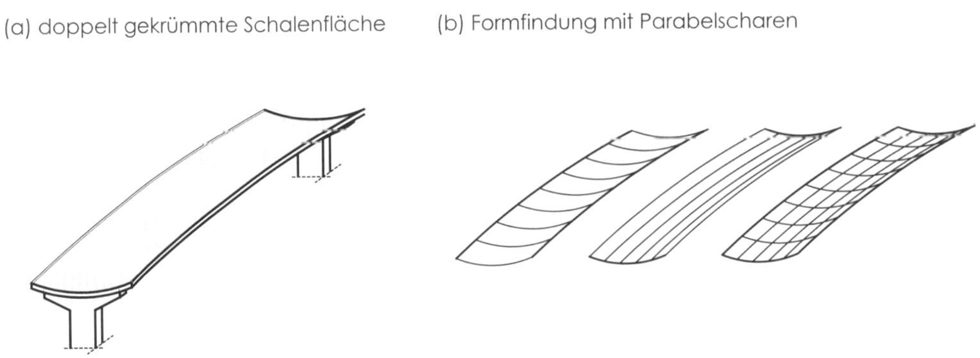

Bild C-227 Parabolische Hyperboloide; Bildung mit Parabeln

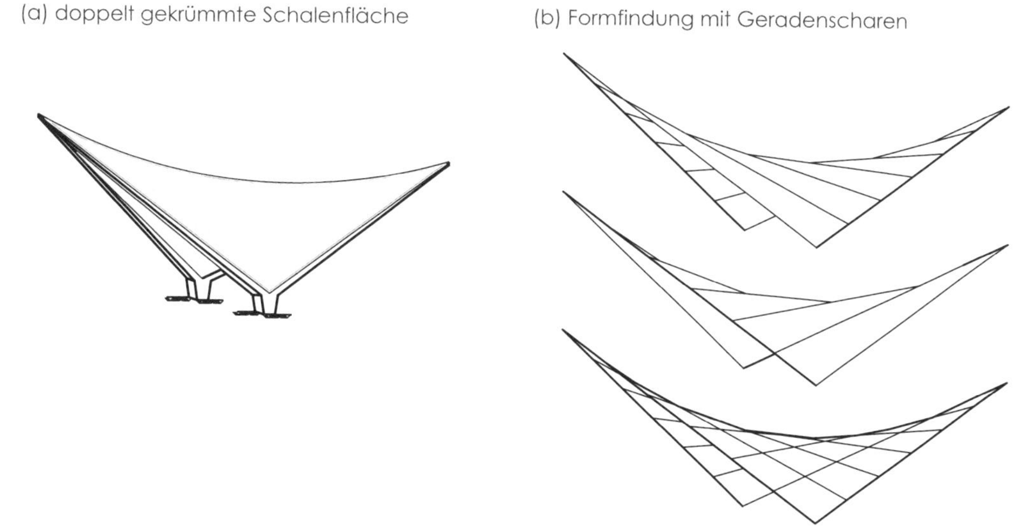

Bild C-228 Parabolischen Hyperboloide; Bildung mit Geraden

C.7 Gebäudeaussteifung

Die Gebäudeaussteifung stellt den räumlichen Lastabtrag innerhalb der Tragstruktur sicher. Die Grundelemente werden so angeordnet, dass Lasten mit beliebiger Wirkungsrichtung sicher in den Baugrund abgeleitet werden.

C.7.1 Einwirkungen

Das Tragsystem jedes Bauwerks muss neben den vertikalen Einwirkungen aus Eigengewicht, Nutzlasten und Schnee auch horizontale Lasten und Kräfte sicher und ohne unzulässig große Verformungen in den Baugrund leiten.

Planmäßig horizontale Lasten werden durch **Wind**, einseitigen **Erddruck** sowie im Industrie- und Brückenbau auch durch Brems- und Beschleunigungskräfte aus **Kranbahnen** und **Anpralllasten** von Fahrzeugen verursacht. In seismisch gefährdeten Gebieten können Horizontalkräfte auch durch **Erdbeben** entstehen.

Unplanmäßige horizontale Lasten resultieren aus einer **unbeabsichtigten Schiefstellung von Stützen und Wänden** (Bild C-229).

Gegen diese horizontalen Kraftwirkungen muss jedes Bauwerk stabilisiert und ausgesteift werden. Ist das Bauwerk durch Fugen in mehrere Abschnitte unterteilt, muss jeder Fugenabschnitt für sich standsicher sein.

Die Aussteifung kann unmittelbar von jedem einzelnen Tragelement sichergestellt werden, welches bereits für die Abtragung der vertikalen Lasten erforderlich ist (Stützen, Wände, Rahmen), oder aber durch zusätzliche, aussteifende Konstruktionselemente. Die zusätzlichen Horizontallasten können zur Vergrößerung der Bauteilquerschnitte führen.

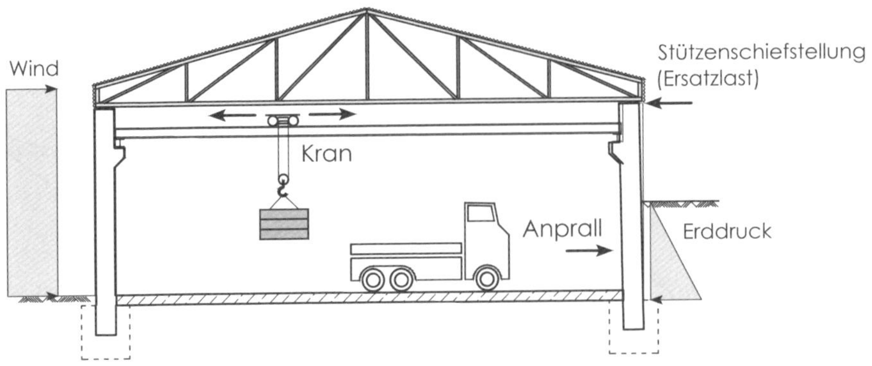

Bild C-229 Horizontale Lasten am Bauwerk

C.7.2 Aussteifungskonzepte

C.7.2.1 Ersatzmodell

Ein Baukörper (Bild C-230/a) wird gedanklich in ein Stabwerk aufgelöst (Bild C-230/b). Das Stabwerk steht stellvertretend für eine Struktur aus einem beliebigen Werkstoff. In jeder Wandebene liegt ein Pendelstützensystem (siehe auch Bild C-66). Da sämtliche Knotenpunkte gelenkig miteinander verbunden sind, sind Wand- und Dachebene (Bild C-230/c und /d) zunächst labil.

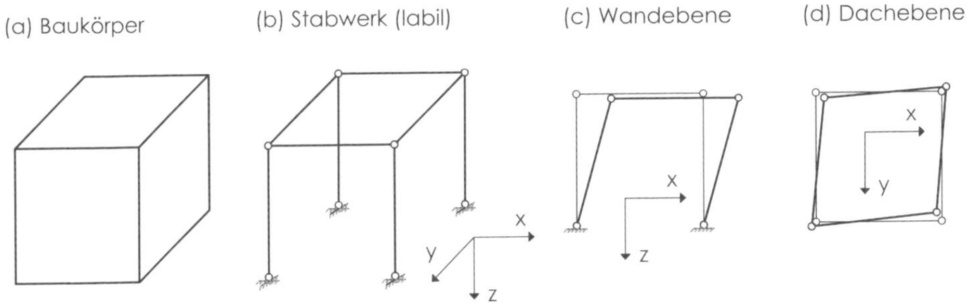

Bild C-230 Baukörper aufgelöst in ein Stabwerk

Für den Tragwerksentwurf stellt sich nunmehr die Frage, wie viele Bauteile erforderlich sind, um die Tragstruktur zu stabilisieren. Schon im Entwurfsprozess sollte festgelegt werden, wie viele Elemente an welcher Stelle anzuordnen sind, um hierdurch frühzeitig Klarheit für die Raumaufteilung, Fassadengestaltung und Dimensionierung der aussteifenden Bauteile zu erhalten.

Exemplarisch wird das Vorgehen am Beispiel des Stabwerks in Bild C-230 veranschaulicht. Aufgrund der gelenkigen Anschlüsse handelt es sich um ein ideales Raumfachwerk. Wie bei einem ebenen Stabwerk berechnet man zunächst den Grad der statischen Bestimmtheit (siehe auch Abschnitt B.3.1.3). Folgende Randbedingungen werden für das ideale Raumfachwerk angenommen:

- Die Kräfte greifen nur in den Knoten an und es treten daher nur Normalkräfte in den Stäben auf.
- Die Verschiebungen in x-, y- und z-Richtung sind an den Auflagern behindert.
- Die Stäbe können sich an den Knotenpunkten jeweils um die lokale y- und z-Achse verdrehen.
- Die Rotation um die lokalen Stabachsen (x-Achse) ist behindert.

Die **Anzahl der Unbekannten** entspricht der Anzahl der Auflagerreaktionen a zuzüglich der Normalkräfte in den Stäben (= Anzahl der Stäbe s). Im Raum sind an jedem gelenkigen Festlager drei Auflagerreaktionen A_x, A_y und A_z vorhanden.

Die **Anzahl der Bestimmungsgleichungen** entspricht daher der Anzahl der Knotenpunkte inklusive der Auflagerpunkte multipliziert mit dem Faktor 3, da je Knotenpunkt drei Gleichgewichtsbedingungen aufgestellt werden können: $\Sigma F_x = 0$, $\Sigma F_y = 0$ und $\Sigma F_z = 0$.

Hieraus leitet sich das **Abzählkriterium für ein ideales Raumfachwerk** ab:

$n = a + s - 3 \cdot k$

mit

a Anzahl der Auflagerreaktionen

s Anzahl der Stäbe

k Anzahl der Knoten (inklusive der Auflagerknoten)

Angewendet auf den Kubus in Bild C-230 ergibt sich:

$n = a + s - 3 \cdot k = 12 + 8 - 3 \cdot 8 = -4$

mit

$a = = 4 \cdot 3 = 12$ (4 Auflager mit je drei Auflagerreaktionen)

$s = 8$ (8 Stäbe)

$k = 8$ (8 Knoten)

Das Stabwerk in Bild C-230 ist demnach labil. Es fehlen vier Tragelement zur ausreichenden Stabilisierung.

Ausreichend wäre es, vier Stäbe zu ergänzen, um die in Bild C-231 gezeigten Verformungsmöglichkeiten (auch Freiheitsgrade genannt) zu behindern. Die Stäbe werden als zug- und drucksteife Diagonalen innerhalb der Vierecksmaschen angeordnet.

Für die Anordnung der vier Diagonalen bieten sich zwei grundsätzliche Varianten an. Einerseits das Prinzip der **Reihenstabilisierung** (Bild C-232/b) und andererseits das der **Scheibenstabilisierung** (Bild C-232/c). Alternativ können die zuvor ermittelten Freiheitsgrade auch durch andere Elemente wie beispielsweise Einspannungen an den Lagern blockiert werden. Dieses Prinzip wird als **Einzelstabilisierung** bezeichnet. Die Grundprinzipien werden im Folgenden erläutert und auf unterschiedliche Bauweisen übertragen.

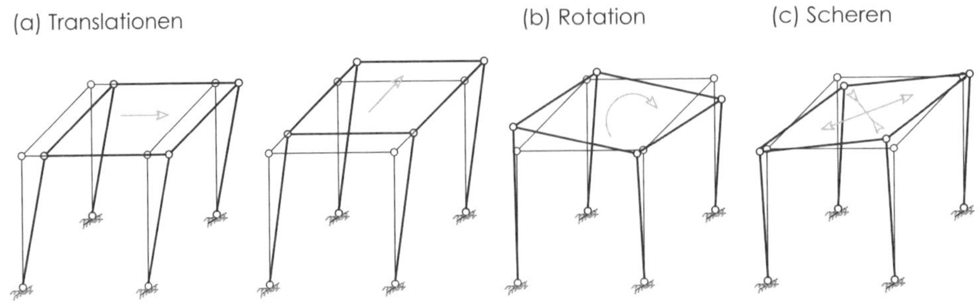

Bild C-231 Mögliche Freiheitsgrade / Verformungsmöglichkeiten

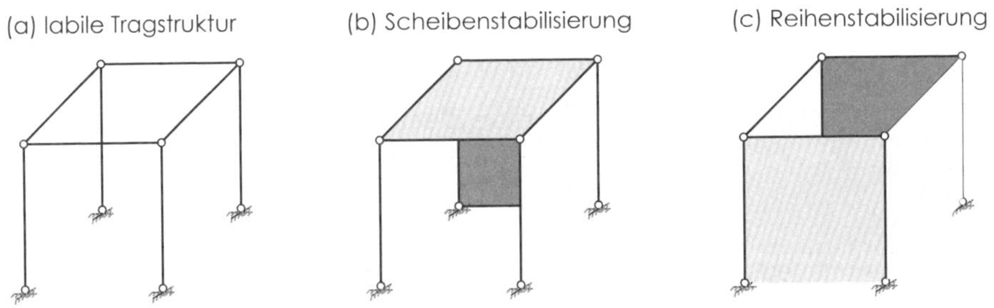

Bild C-232 Prinzipien der Scheiben- und Reihenstabilisierung

C.7.2.2 Reihenstabilisierung

Bei der Reihenstabilisierung wird in jeder Wandachse (= Reihe) ein Diagonalstab angeordnet. Die zuvor labilen Gelenkketten (Bild C-233/a), welche in der Ebene 1-fach statisch unterbestimmt sind, werden so in der Ebene stabilisiert und können herausgelöst als zweidimensionales Stabwerk berechnet werden (Bild C-233/b, siehe auch Bild D-20).

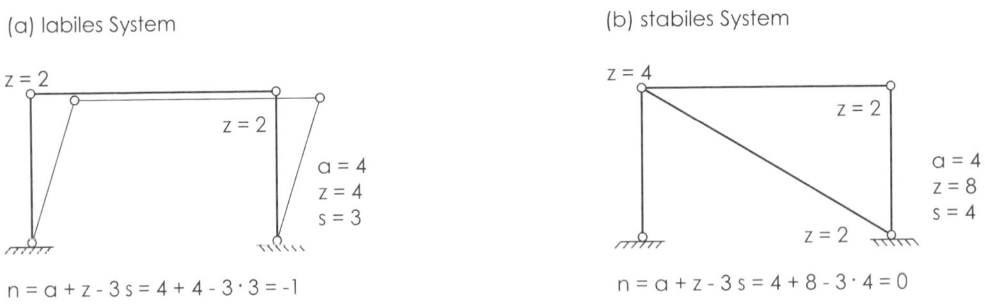

Bild C-233 Grad der statischen Bestimmtheit

Ein solches Aussteifungssystem bezeichnet man als **Verband**. Ein Verband zeichnet sich dadurch aus, dass er nur in seiner Ebene aussteifend wirkt und infolge horizontaler Beanspruchung nur geringe Verformungen auftreten.

Berechnung der Stabkräfte in einem Verband

Die Horizontallast F wird durch die diagonale Strebe über Druck weitergeleitet (Bild C-234/a). Die Diagonale D muss so dimensioniert sein, dass die auftretende Druckkraft aufgenommen werden kann. Bei geänderter Windrichtung wird die Diagonale auf Zug beansprucht. Die drucksteife Diagonale kann durch zwei gekreuzte Seile oder Zugstäbe ersetzt werden, wobei dann in Abhängigkeit von der Windrichtung jeweils ein Element schlaff wird und keine Lasten aufnimmt. Diese Art der Aussteifung bezeichnet man als **Kreuzverband** (Bild C-234/b).

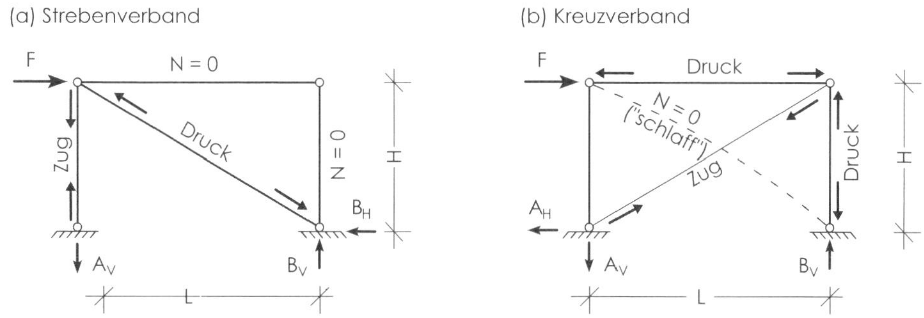

Bild C-234 Streben- und Kreuzverband; Tragwirkung

Die Last F für die Bemessung des Verbandes lässt sich durch folgende einfache Überlegungen bestimmen:

Der Kubus wird durch Winddruck w_{Druck} und Windsog w_{Sog}, der auf die Wände wirkt, beansprucht. Die Lasten senkrecht zur Windanströmrichtung heben sich auf und brauchen dabei nicht berücksichtigt zu werden (Bild C-235/a).

Die Windlasten werden über die Fassaden jeweils zur Hälfte direkt in das Fundament und den horizontalen Riegel eingeleitet (Bild C-235/b).

Damit beträgt die horizontale Streckenlast auf den Riegel (dieser ist gelenkig an die Pfosten angeschlossen):

$w = (w_{Druck} + w_{Sog}) \cdot H/2$

Der Riegel („Einfeldträgersystem") leitet die Lasten in die Verbände weiter (Bild C-235/c), die wie ein horizontales Auflager wirken. Die resultierende Last F beträgt somit je Wandebene:

$F = w \cdot L/2$

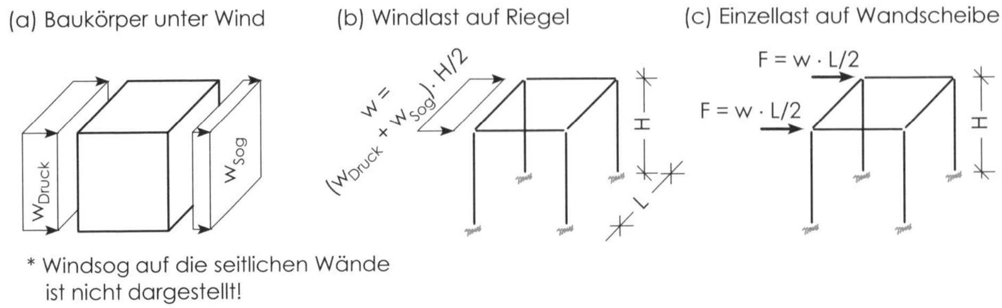

Bild C-235 Lastfluss der Windlasten (Verbände sind nicht dargestellt)

Zur Bestimmung der Kraft in den Zugdiagonalen des Kreuzverbandes wird die Wandscheibe in der x-z-Ebene betrachtet (Bild C-236). Das Seil 1 wird schlaff und die Kraft F wird über den horizontalen Riegel in Seil 2 eingeleitet. Die Zugkraft ermittelt sich durch das Gleichgewicht am Schnitt A (Bild C-236/c):

$$\Sigma F_x = 0 \quad \Leftrightarrow \quad F - Z \cdot \cos\alpha = 0$$

$$\Leftrightarrow \quad Z = F / \cos\alpha$$

Im Pfosten bewirkt der seitliche Wind eine Druckkraft D:

$$\Sigma F_z = 0 \quad \Leftrightarrow \quad D = - F / \sin\alpha$$

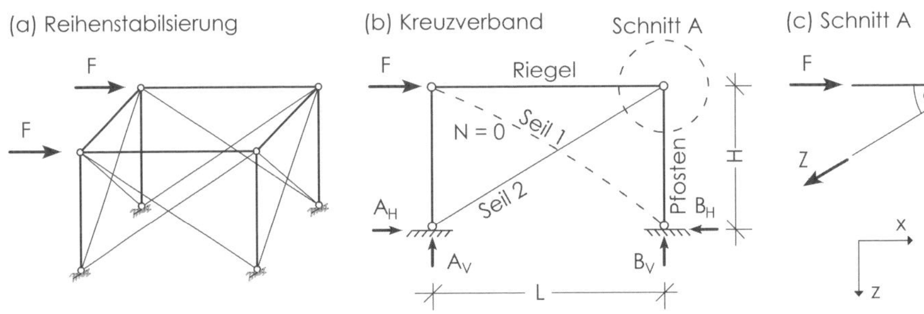

Bild C-236 Kräfte im Kreuzverband

Im Fall eines Strebenverbandes ist die Berechnung ähnlich. Die Höhe der Druckkraft in der Diagonalen entspricht betragsmäßig der Zugkraft im Kreuzverband. Aufgrund der Knickgefahr sind für Strebenverbände wesentlich größere Querschnitte erforderlich als für vergleichbare Kreuzverbände.

Kreuzverbände werden meist mit Rundstahlquerschnitten ausgeführt. Durch die Verwendung von Spannschlössern kann ein direkter Kraftschluss sichergestellt und ein Anfangsschlupf nach Lastangriff vermieden werden. Spannschlösser müssen in der Regel immer nach einiger Zeit nachgespannt werden (Bild C-237/a). Bezüglich der Ausbildung des Kreuzungspunktes der Verbindungsdiagonalen bieten sich unterschiedliche Ausführungsvarianten an. In der konstruktiv einfachsten Variante liegen die Diagonalen im Kreuzungspunkt in zwei Ebenen (Bild C-237/b). Gestalterisch anspruchsvollere Varianten zeigt Bild C-237/c und /d.

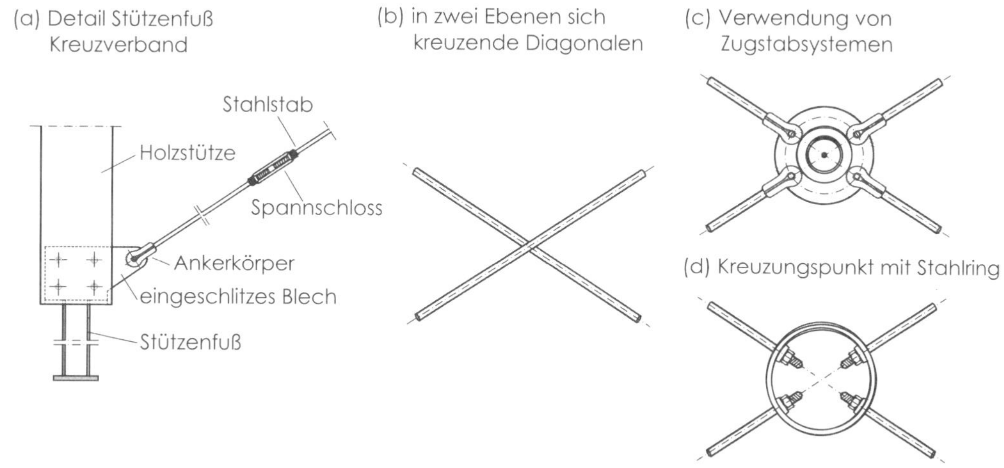

Bild C-237 Kreuzverband; Detailbeispiele

Aussteifung von mehrachsigen Baukörpern durch Reihenstabilsierung

Bei mehrachsigen Baukörpern ist es erforderlich, dass jede Bauteilachse für sich ausgesteift wird (Bild C-238).

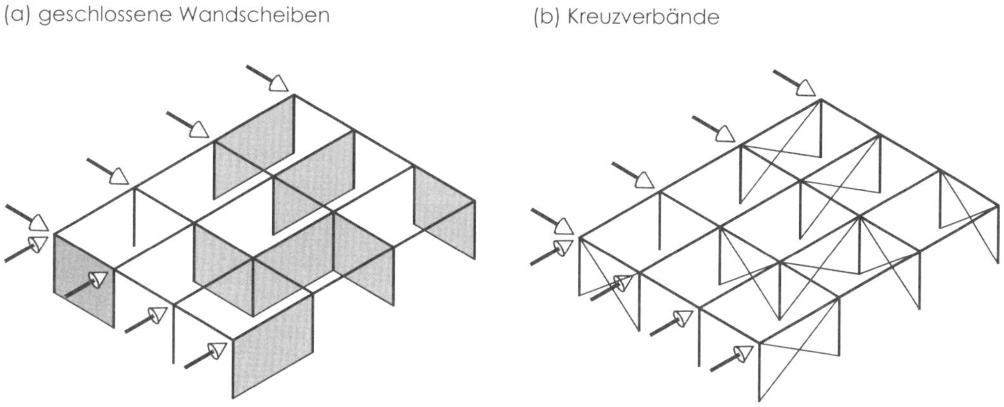

Bild C-238 Mehrachsige Baukörper; Reihenstabilisierung

Innerhalb einer Wandachse ist es ausreichend, dass ein Gefach ausgesteift wird. Alle weiteren Gefache sind aufgrund der Kopplung durch den Riegel und der gelenkigen Festhaltung am Fußpunkt stabilisiert (Bild C-239). Man bezeichnet dies auch als „Anhängen von Feldern". Kreuzverbände können wiederum aufgelöst und in unterschiedlichen Feldern platziert werden (Bild C-239/c).

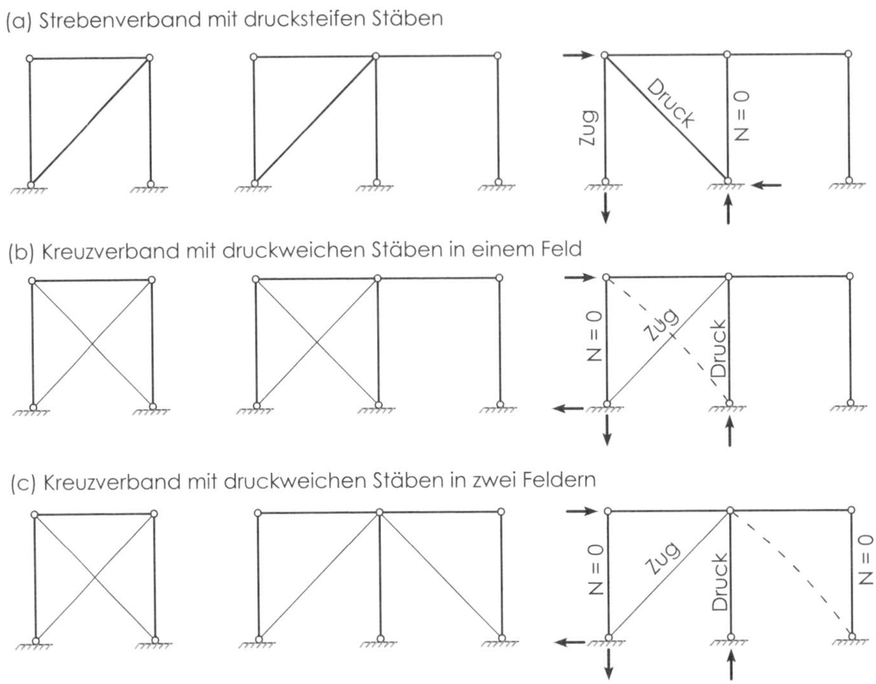

Bild C-239 Wandachsen; Aussteifungsvarianten

Das Prinzip der Reihenstabilsierung wird meist bei Skelettbauten in Holz- oder Stahlbauweise angewendet, bei denen die Deckenebenen nicht als statisch tragende Scheiben ausgebildet werden. Im Gegensatz zu einer Scheibenstabilisierung wird daher eine offene und flexible Grundrissgestaltung durch die hohe Anzahl der erforderlichen Aussteifungselemente deutlich erschwert.

C.7.2.3 Scheibenstabilisierung

Bei der Scheibenstabilisierung wird das Gebäude mit einer Deckenscheibe und mindestsens drei Wandscheiben ausgesteift (Bild C-232/b). Voraussetzung ist, dass die Decke oder die Dachkonstruktion auch als Scheibe ausgebildet wird.

Ausbildung einer Deckenscheibe

Bei einer Deckenscheibe aus Stahlbeton handelt es sich um eine Scheibe, welche gleichzeitig die Tragwirkung einer Platte übernimmt. Elementdecken werden durch die Ergänzung mit Ringankern zu Scheiben (Bild C-240/a). Auch Holzbalkendecken können beispielsweise durch die Holzverschalung oder Anordnung von Windrispen als statisch wirksame Scheiben ausgebildet werden (Bild C-240/b).

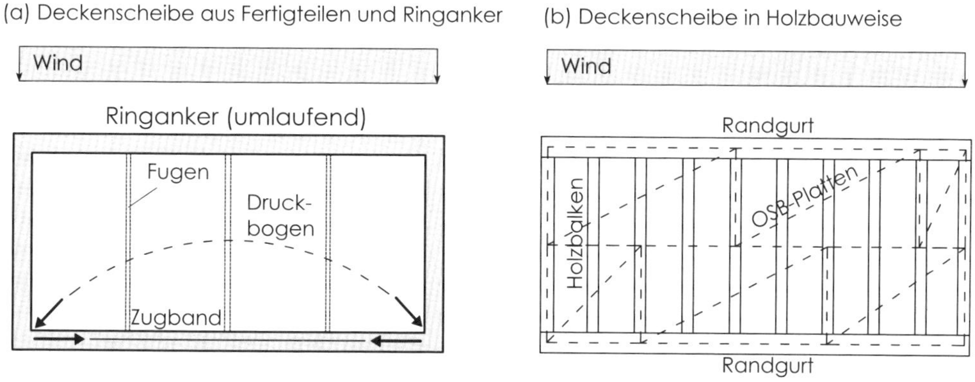

Bild C-240 Deckenscheiben; Ausbildung

Deckenscheiben können auch aufgelöst als Fachwerk ausgeführt werden. Im statischen Modell wirkt ein Stabwerk bestehend aus rechteckig angeordneten Stäben in der Ebene als Scheibe, wenn die Rechteckmaschen von zwei sich kreuzenden Maschen als Scheibe ausgebildet sind (Bild C-241). Sinnvoller ist die in Bild C-241/a gewählte Anordnung, da sich hieraus bei unsymmetrischen Belastungen geringere Beanspruchungen in den Stäben ergeben. Das statische System folgt dem Prinzip, dass an ausgesteifte Reihen durch das Ergänzen von jeweils zwei Stäben stabile Maschen gebildet werden (siehe auch B.3.1.3).

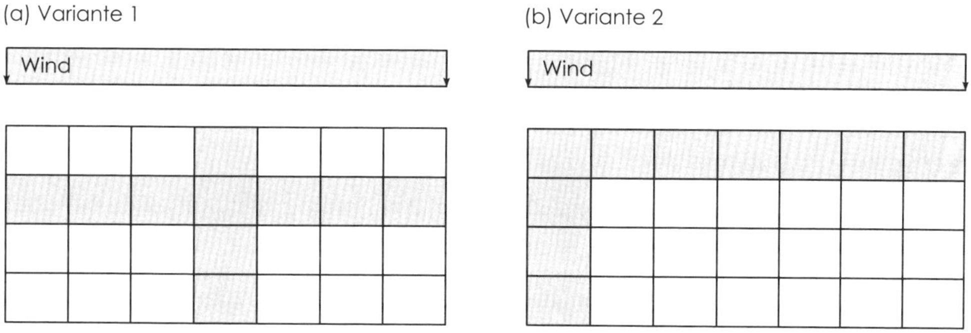

Bild C-241 Deckenscheiben; Varianten

Berechnung der „Auflagerkräfte" einer Deckenscheibe

Die Deckenscheibe ist, wie die starre Scheibe in Abschnitt B.1.6, zunächst in der Ebene frei verschiebbar. Sie benötigt drei Gleitlager, deren Wirkungslinien sich nicht in einem Punkt schneiden und deren Wirkungslinien nicht alle parallel sind (Bild C-242/a). Die Gleitlager werden durch Wandscheiben gebildet, wobei die Wirkungslinien in den Achsen der Wandscheiben verlaufen (Bild C-242/b). Wie im vorherigen Abschnitt auch, wird die Windlast als Linienlast w in der Ebene der Deckenscheibe wirkend angesetzt. Die resultierenden Auflagerkräfte bzw. Wandlasten können dann wieder mit den schon bekannten Gleichgewichtsbedingungen ($\Sigma F_x = 0$, $\Sigma F_z = 0$ und $\Sigma M = 0$) berechnet werden (Bild C-242/c).

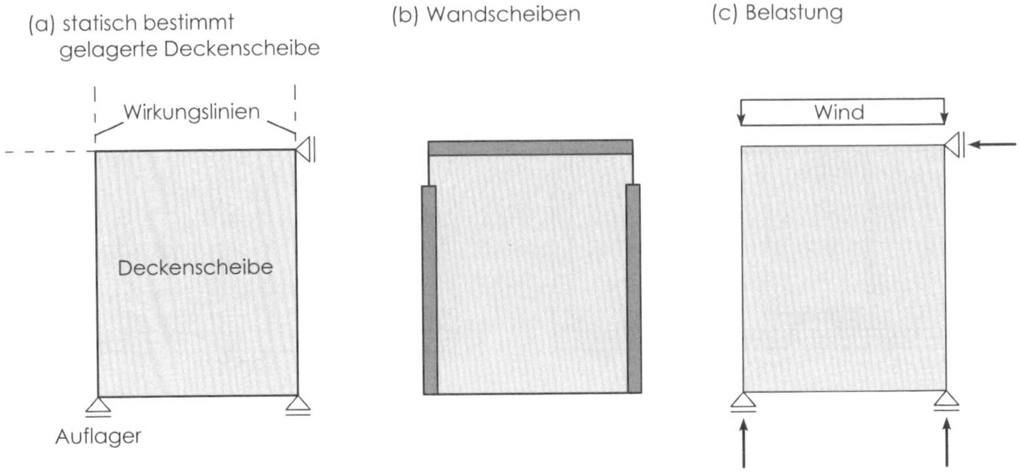

Bild C-242 Scheibenstabilisierung; statisches Ersatzsystem

Die Forderung nach drei im Grundriss angeordneten Scheiben, deren Wirkungslinien nicht parallel sind und keinen gemeinsamen Schnittpunkt haben, ist eine Mindestforderung. Sind im Grundriss mehr Wandscheiben vorhanden, können und sollten diese auch zur Gebäudeaussteifung genutzt werden. Das Aussteifungssystem ist dann jedoch nicht mehr statisch bestimmt, d.h., die Scheibenkräfte können nicht mehr durch das Aufstellen der drei Gleichgewichtsbedingungen bestimmt werden. Die Steifigkeit der Wandscheiben muss dann in die Berechnung mit einbezogen werden [20].

Bei nicht orthogonaler Anordnung der Scheiben werden die Scheibenkräfte am einfachsten dadurch ermittelt, dass im ersten Schritt jeweils um den Schnittpunkt der Wirkungslinien zweier Scheiben die Summe der Drehmomente gebildet wird.

Zur Verdeutlichung des Vorgehens werden nachfolgend zwei Grundrissvarianten betrachtet.

Grundrissvariante 1 (Bild C-243/a):

Die Reihenfolge, in der die Momentengleichgewichte aufgestellt werden, ist unerheblich, da jede Gleichung nur eine Unbekannte aufweist.

$\Sigma M_{D1} = 0 \Rightarrow$ Berechnung von Scheibenkraft S_3 (1 Unbekannte)

$\Sigma M_{D2} = 0 \Rightarrow$ Berechnung von Scheibenkraft S_2 (1 Unbekannte)

$\Sigma M_{D3} = 0 \Rightarrow$ Berechnung von Scheibenkraft S_1 (1 Unbekannte)

Grundrissvariante 2 (Bild C-243/b):

Die Scheiben 2 und 3 sind parallel zueinander angeordnet, sodass sich die Wirkungslinien dieser Wandscheiben nicht schneiden. Wenn das Momentengleichgewicht ΣM_{D3} als erstes aufgestellt wird, dann ergibt sich eine Gleichung mit zwei Unbekannten. Die Berechnungsreihenfolge wird idealerweise so gewählt, dass auch hier jede Gleichung nur eine Unbekannte enthält. In diesem Fall lässt sich die Berechnungsreihenfolge von Grundriss 1 übernehmen.

$\Sigma M_{D1} = 0 \Rightarrow$ Berechnung von Scheibenkraft S_3 (1 Unbekannte)

$\Sigma M_{D2} = 0 \Rightarrow$ Berechnung von Scheibenkraft S_2 (1 Unbekannte)

$\Sigma M_{D3} = 0 \Rightarrow$ Berechnung von Scheibenkraft S_1 (1 Unb., da S_2 bekannt)

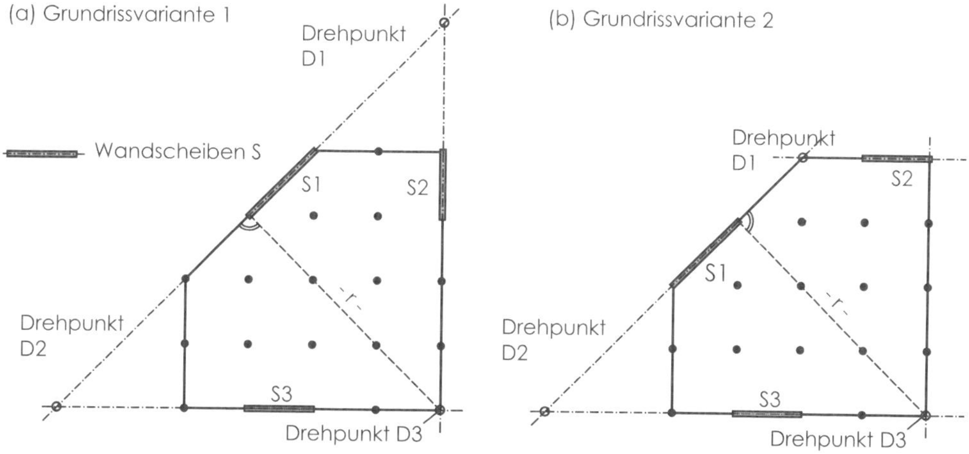

Bild C-243 Scheiben im Grundriss; nicht orthogonale Anordnung

Beispiele für ungenügend ausgesteifte Gebäude

Um den raschen Blick für Grundrisse mit ungenügender Aussteifung zu schulen, werden nachfolgend einige derartige Systeme exemplarisch dargestellt und für den direkten Vergleich einer ausreichend ausgesteiften Variante gegenübergestellt.

Gebäude 1 (Bild C-244/a): Die Wirkungslinien der Wandscheiben verlaufen parallel, sodass die Deckenscheibe seitlich verschiebbar ist. Die Anordnung der Wandscheiben wird so verändert, dass die Regel „die drei Wandscheiben verlaufen nicht parallel" eingehalten ist.

Gebäude 2 bis 4 (Bild C-244/b bis d): Die Wirkungslinien der Wandscheiben schneiden sich alle in einem Punkt. Die Ausrichtung von jeweils einer Wandscheibe wird so geändert, dass die Bedingung „die Wirkungslinien aller Wandscheiben schneiden sich nicht in einem Punkt" eingehalten ist.

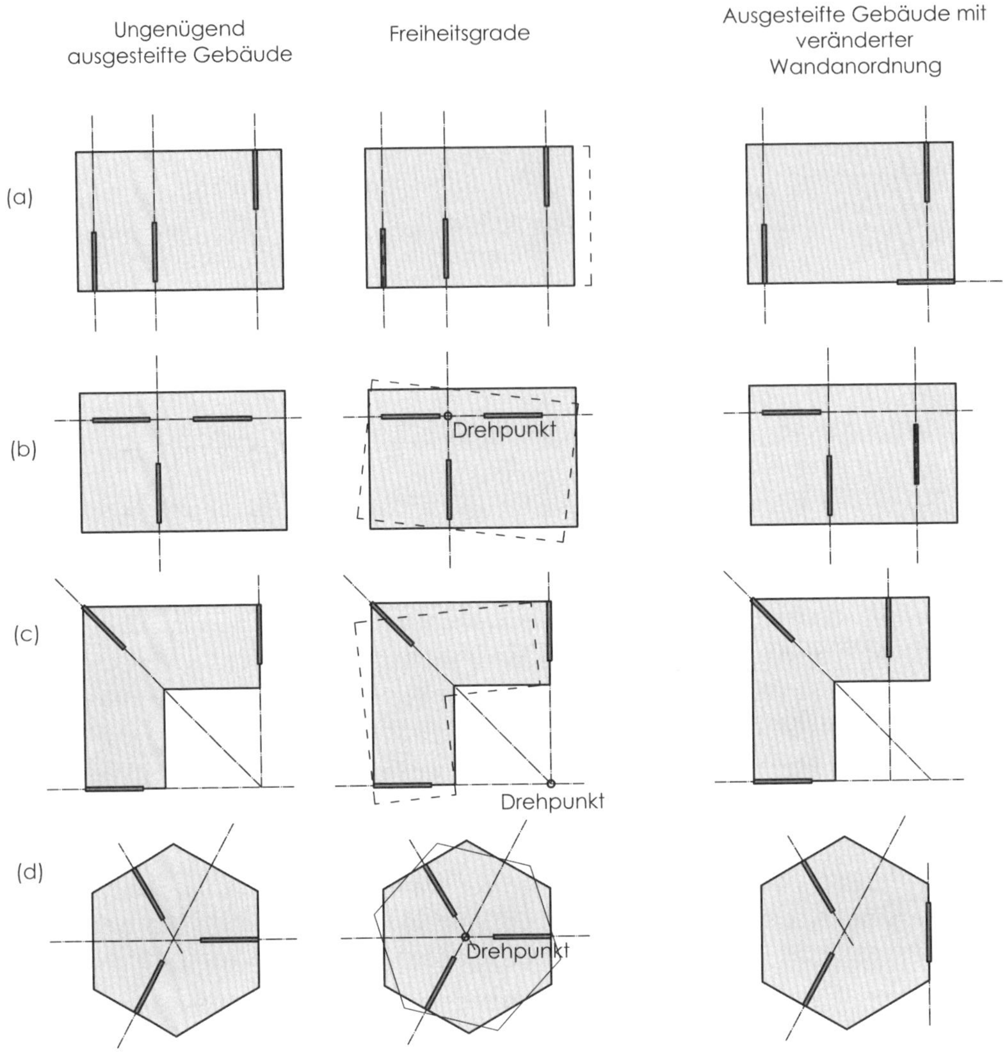

Bild C-244 Gebäudegrundrisse; Variation der Wandanordnung

Mehrachsige Baukörper

Auch bei mehrachsigen Baukörpern sind nach Ausbildung einer Deckenscheibe drei Wandscheiben nach den zuvor genannten Regeln anzuordnen. Die Position innerhalb des Grundrisses kann beliebig gewählt werden. Im Vergleich zur Reihenstabilisierung sind flexiblere Grundrissvarianten möglich (Bild C-245).

Zusätzlich zu den Wandscheiben, welche maßgeblich den Lastabtrag von horizontalen Lasten übernehmen, werden natürliche zusätzliche Bauteile wie Stützen für den vertikalen Lastabtrag benötigt.

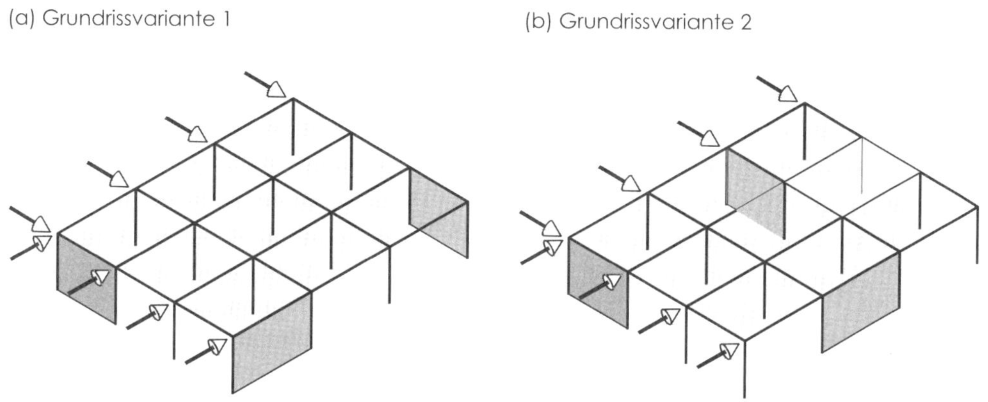

Bild C-245 Mehrachsige Baukörper; Scheibenstabilisierung

Für den Nachweis der Aussteifung werden für die Windlasten zwei unterschiedliche Lastanordnungen berücksichtigt. Bild C-246 zeigt dies exemplarisch für die Windrichtung senkrecht zur längeren Gebäudekante, aus der sich aufgrund der größten Angriffsfläche auch die größte resultierende Kraft R ergibt.

Lastanordnung 1 geht von einem gleichförmigen Lastangriff der Windlast w über die Wandfläche aus (Bild C-246/a), wohingegen Lastanordnung 2 eine dreiecksförmige Verteilung berücksichtigt (Bild C-246/2) [47]. Lastanordnung 1 stellt einen theoretischen Zustand dar, bei dem die Lastresultierende R immer im Gebäudeschwerpunkt angreift. Durch angrenzende Bebauung oder Vegetation kann die Resultierende aus der Achse verschoben sein. Diese Situation wird durch Lastanordnung 2 abgebildet, bei der die Lastresultierende R bezogen auf den geometrischen Schwerpunkt des Gebäudes ausmittig wirkt, d.h., es liegt eine Exzentrizität e vor. Torsionseffekte werden so erfasst.

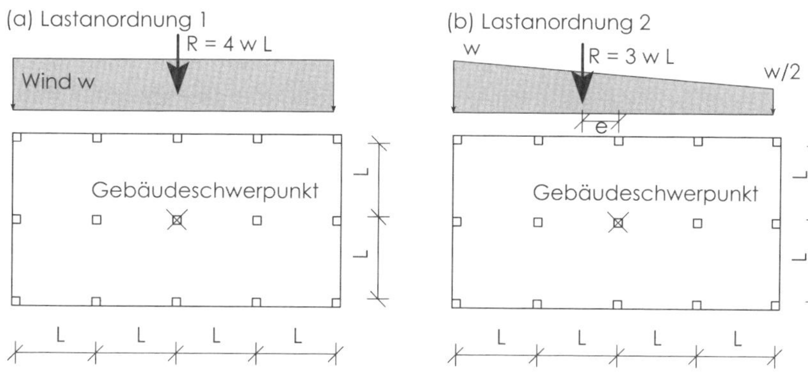

Bild C-246 Bestimmung der Kräfte bei Aussteifungssystemen; Lastanordnung

Die Anordnung der Scheiben im Grundriss hat einen Einfluss auf die Höhe der Scheibenkräfte. Für Gebäudegeometrie und Lastanordnung 1 aus Bild C-246/a werden im Folgenden die Scheibenkräfte für unterschiedliche Scheibenanordnungen bestimmt.

Am geringsten sind die Scheibenkräfte, wenn zwei der drei erforderlichen Scheiben symmetrisch zum Gebäudeschwerpunkt senkrecht zur längeren Gebäudekante angeordnet werden. Sie nehmen wie zwei Auflager eines Einfeldträgers die Windlasten senkrecht zur langen Gebäudekante auf (Bild C-247). Die Anordnung der dritten Wandscheibe kann senkrecht dazu an nahezu beliebiger Position gewählt werden. Am günstigsten ist eine Anordnung in der Außenwand.

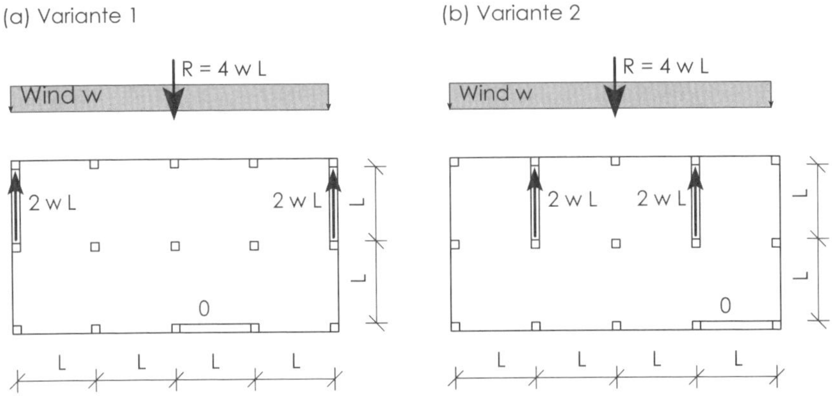

Bild C-247 Wandscheiben parallel zu den kurzen Gebäudekanten; Scheibenkräfte

Eine unsymmetrische Anordnung der parallelen Wandscheiben bezogen auf den Gebäudeschwerpunkt bewirkt höhere Beanspruchungen in den Wandscheiben. Bei Variante 3 ist die in der Gebäudeachse liegende Wandscheibe am stärksten beansprucht (Bild C-248/a), bei Variante 4 vervierfacht sich die maximal aufzunehmende Scheibenkraft aufgrund der ausmittigen Lage innerhalb des Grundrisses (Bild C-248/b) im Vergleich zu den Varianten in Bild C-247.

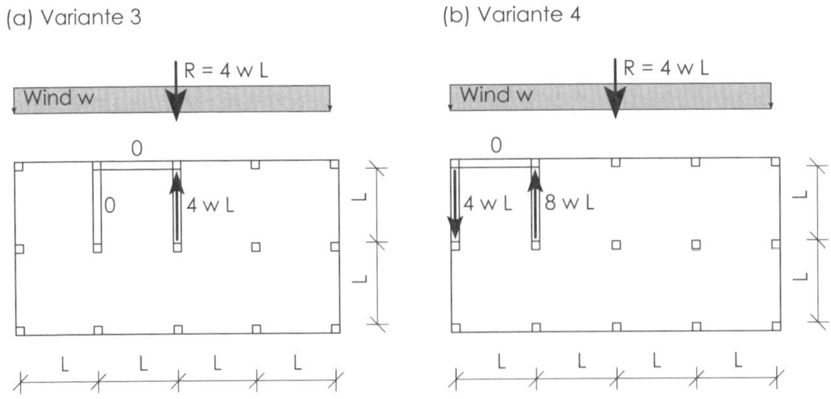

Bild C-248 Ausmittig angeordnete Wandscheiben; Scheibenkräfte

Ähnlich ungünstig ist die Anordnung von zwei Wandscheiben parallel zu den langen Gebäudekanten. Bei Variante 5 in Bild C-249/a werden alle Wandscheiben gleichmäßig beanspruchtGROUP, jedoch ist die Scheibenkraft auch hier doppelt so hoch wie die maximale Scheibenkraft bei einer vergleichbaren Anordnung parallel zu kurzen Kanten (vgl. Bild C-247/a). Am ungünstigsten ist die Variante 6, bei der die Position der Wandscheiben ausmittig bezogen auf den Gebäudeschwerpunkt gewählt wurde (Bild C-249/b).

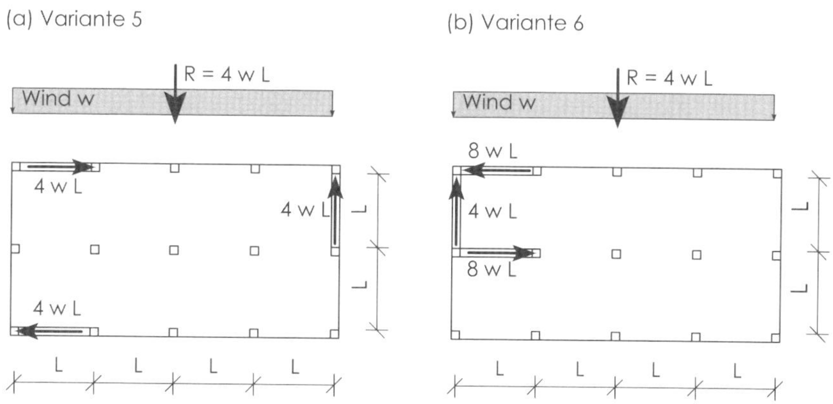

Bild C-249 Wandscheiben parallel zu den langen Gebäudekanten; Scheibenkräfte

C.7.2.4 Einzelstabilisierung

Die Einzelstabilisierung zeichnet sich dadurch aus, dass die vertikalen Tragelemente am Fußpunkt eingespannt werden. Für die Montage hat dies den Vorteil, dass jede Stütze unmittelbar für sich standsicher ist. Eine Einspannung in alle Richtungen vorausgesetzt, können eingespannte Stützen (Kragstütze) die Aussteifung in Längs- und Querrichtung eines Gebäudes übernehmen.

Das Prinzip der Einzelstabilisierung wird üblicherweise bei Hallentragwerken in Stahlbetonfertigteilbauweise angewendet. Die Dachbinder überspannen den Hallengrundriss und werden am Stützenkopf in Gabelköpfe oder auf Konsolen aufgelegt und in der Lage gesichert. Der vertikale Lastabtrag erfolgt dann über das Balken-Stützen-System (siehe auch Bild C-54).

Die Einzelstabilisierung ist jedoch aufgrund der großen seitlichen Verformungen am Stützenkopf nur bis zu einer Gebäudehöhe von circa 10 m sinnvoll.

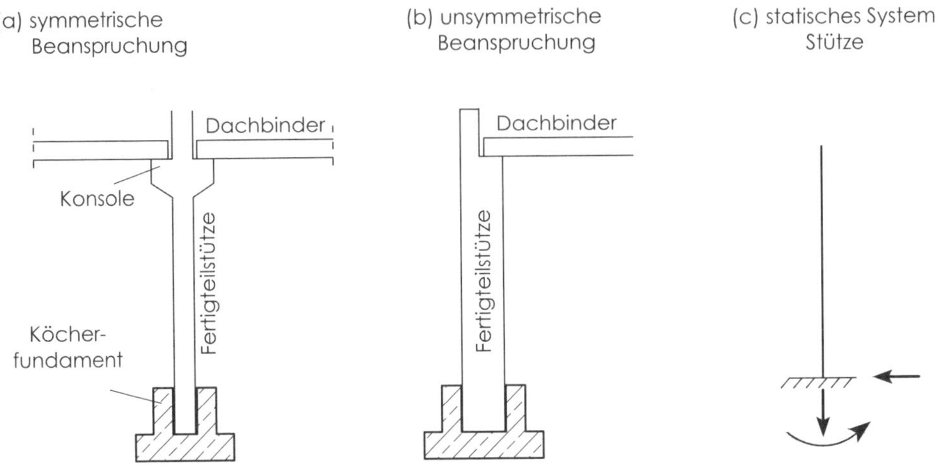

Bild C-250 Einzelstabilisierung einer Fertigteilkonstruktion; Beispiel

C.7.2.5 Vertikale Aussteifungselemente

Die zuvor betrachteten Verbände (Streben- und Kreuzverbände) oder eingespannten Stützen können alternativ auch durch Rahmen ersetzt werden.

Im Stahlbetonbau erfolgt die Aussteifung in der Regel mit Stahlbetonscheiben, im Holzbau durch Brettstapelwände oder mit Holzwerkstoffen beplankte Holztafelwände. Hier sind auch Kreuz- oder Strebenverbände üblich.

Stahlbeton

Eine Stahlbetonwand kann im Hinblick auf den vertikalen Lastabtrag als breite Stütze aufgefasst werden, die auch maßgeblich am vertikalen Lastabtrag beteiligt ist. Als Aussteifungselement eignet sie sich für mehrgeschossige Gebäude in Kombination mit Stahlbetondeckenscheiben für eine Scheibenstabilisierung (Abschnitt C.7.2.3). Für die Bemessung werden insbesondere Fachwerkersatzmodelle verwendet, anhand derer die Bewehrungsführung innerhalb des Bauteils abgeleitet wird.

Eingespannte Stützen sind bei Fertigteilhallen unter Anwendung der Einzelstabilisierung üblich (Abschnitt C.7.2.4).

Eine Aussteifung mit Rahmen wurde früher häufiger ausgeführt. Sie ist inzwischen wegen des konstruktiven Aufwands im Stahlbetonbau allerdings eher unüblich.

Stahlbau

Im Stahlbau stehen als Aussteifungselemente eingespannte Stützen, Zweigelenkrahmen, eingespannte Rahmen und Verbände zur Verfügung. Die Auswahl der Systeme wird durch folgende Kriterien beeinflusst:

- Verformungsverhalten
- überspannende Tragwirkung
- Aufwand bei der Herstellung

- Platzbedarf
- In Bild C-251 wird das Tragverhalten der oben genannten Systeme qualitativ verglichen. Die Querschnittssteifigkeiten aller Stäbe sind identisch. Die Reihenfolge ist so gewählt, dass die seitliche Verformung bei gleicher Belastung und Querschnittssteifigkeit von (a) nach (d) zunimmt.
- **Verbände** (Bild C-251/a) sind einfach herzustellen und verformen sich bei seitlicher Beanspruchung nur sehr wenig. Nachteilig ist jedoch eine Versperrung der Durchgangsmöglichkeit durch Streben oder Auskreuzungen. Für die Aussteifung von weit gespannten Hallentragwerken kommen Verbände daher für die inneren Gebäudeachsen meist nicht in Frage. Das Tragverhalten des horizontalen Riegels bei vertikaler Beanspruchung entspricht dem des Riegels bei einem Balken-Stützen-System (Bild C-251/c).

Die Herstellung von **eingespannten Rahmen** ist aufwendig, da eine Einspannung am Fußpunkt und eine biegesteife Ecke vorzusehen sind. Dieser stellt jedoch das Rahmensystem mit den geringsten seitlichen Verformungen dar. In Bezug auf den vertikalen Lastabtrag sind die maximalen Momente im horizontalen Riegel deutlich reduziert (Bild C-251/b).

Das Balken-Stützen-System mit **eingespannten Stützen** verhält sich beim vertikalen Lastabtrag ähnlich wie der Verband. Es treten hohe Momente im Riegel auf, sodass die Spannweiten limitiert sind. Die seitlichen Verformungen sind etwa doppelt so groß wie bei einem eingespannten Rahmen mit ähnlichen Steifigkeiten.

Zweigelenkrahmen sind einfach herzustellen und günstig in Bezug auf den vertikalen Lastabtrag, da sich die Momentenlinie infolge der Teileinspannung nach oben verschiebt (Bild C-251/d). Die maximalen Momente im Riegel sind im Vergleich zum Verbandsystem deutlich reduziert. In Bezug auf die horizontalen Verformungen stellt der Zweigelenkrahmen jedoch das ungünstigste System dar. Der Stiel kann als umgedrehte, eingespannte Stütze des Balken-Stützen-Systems betrachtet werden, die seitlichen Verformungen sind jedoch aufgrund der Teileinspannung in den Riegel mehr als 2-fach so groß wie bei eingespannten Stützen.

Holzbau

Für Hallen in Holzbauweise verwendet man wie im Stahlbau vorwiegend Rahmen und Verbände als Aussteifungselemente.

Ein- oder zweigeschossige Holzbauten können mit Scheiben aus Holzwerkstoffen, bestehend aus Pfosten und Rähm, ausgesteift werden. Bei Holzbauten mit mehreren Geschossen wird in der Regel die Aussteifung über einen Treppenhauskern aus Stahlbeton gewährleistet (siehe auch Abschnitt C.7.4).

Mauerwerk

Für die Aussteifung von Mauerwerksbauten gelten besondere Regeln, auf die in Abschnitt C.7.6 eingegangen wird.

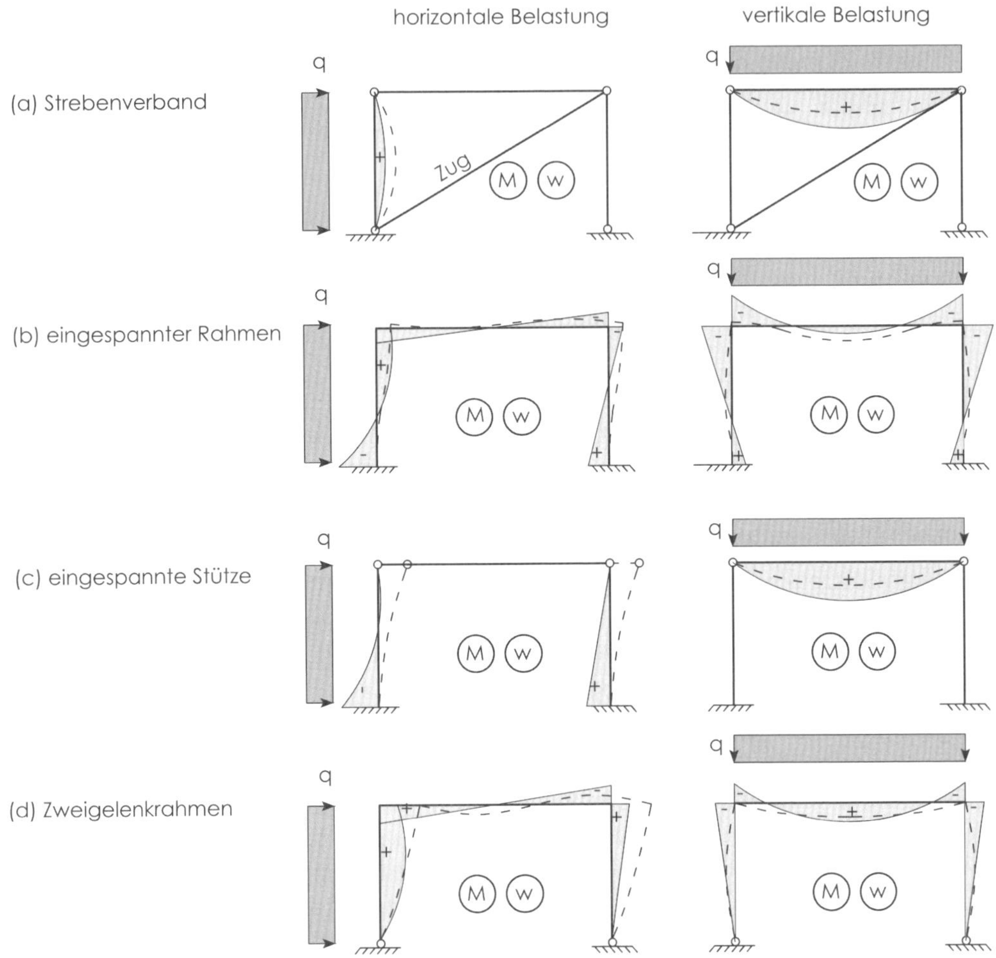

Bild C-251 Aussteifungselemente; Vergleich

C.7.3 Mehrgeschossige Baukörper

Horizontale Kräfte führen zu horizontalen Verformungen der Geschossebenen. Stellvertretend für mögliche Horizontallasten werden nachfolgend Windlasten betrachtet.

Die Windlast wirkt als horizontale Flächenlast [kN/m²] senkrecht auf die Fassadenflächen (Bild C-252/a). Die Fassade trägt diese als senkrecht stehender Biegebalken auf die darüber- und darunterliegende Geschossdecke ab, die die Belastung dann in das Aussteifungssystem weiterleiten (Bild C-252/b). Das in Bild C-252 für die Scheibenstabilisierung gezeigte Vorgehen kann auf eine Reihenstabilisierung übertragen werden.

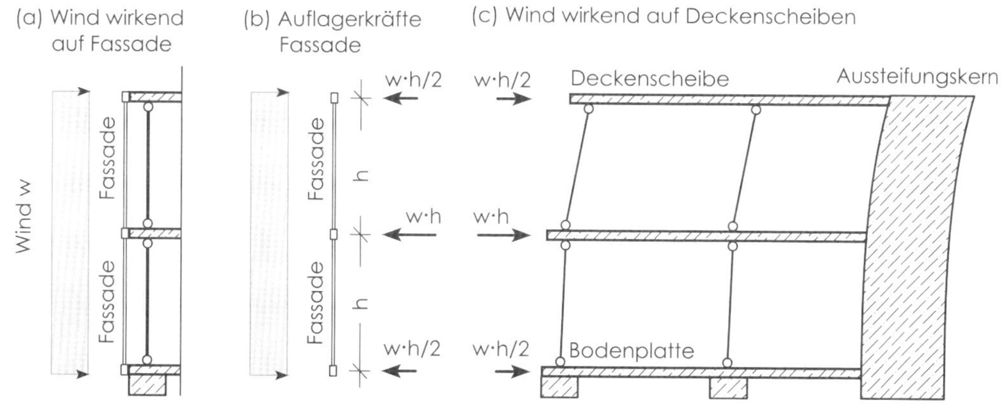

Bild C-252 Deckenscheiben; horizontale Verschiebung infolge Horizontallasten

Die horizontale Verschiebung der Geschossdecken wird durch die vertikalen Aussteifungselemente behindert. Prinzipiell kann die Position des aussteifenden Elementes im Grundriss je Geschoss frei gewählt werden. Vorzugsweise liegen die aussteifenden Elemente im Aufriss aber übereinander und reichen über die gesamte Gebäudehöhe. Bei langen Gebäuden sind die aussteifenden Elemente möglichst mittig anzuordnen (Bild C-253).

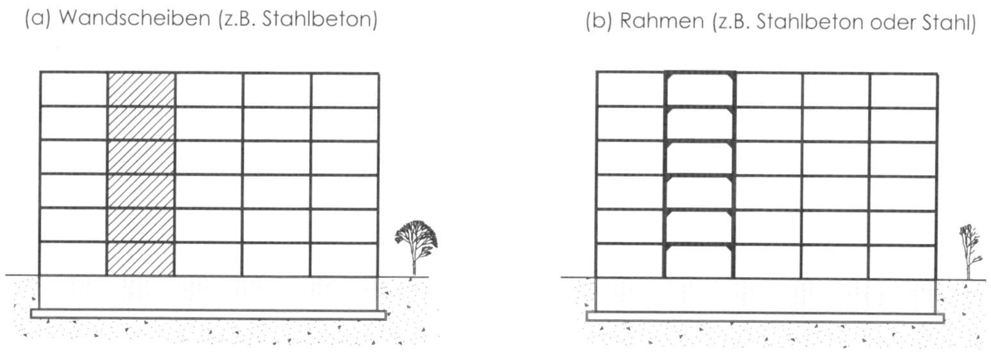

Bild C-253 Aussteifungselemente; Anordnung im Aufriss

Bei mehrgeschossigen Gebäuden bildet das Aussteifungssystem bestehend aus Verbänden, Diagonalen, Stützen und Unterzügen bzw. Decken ein vertikales Fachwerk. Durch eine solche Anordnung werden die horizontal einwirkenden Lasten durch die aussteifenden Elemente auf dem kürzesten Weg zum Fundament geleitet und verursachen die geringsten Verformungen.

Sollte es entwurfsbedingt nicht möglich sein, die aussteifenden Elemente im Grundriss geschossweise übereinander anzuordnen, so können diese auch horizontal gegeneinander versetzt werden (Bild C-255/b). Die Geschossdecken übertragen dann die Horizontalkräfte von einer Wandscheibe zur anderen. Die Verbände bzw. Rahmen müssen von Stütze zu Stütze reichen, damit die Deckenkonstruktion keine zusätzlichen Biegemomente erhält.

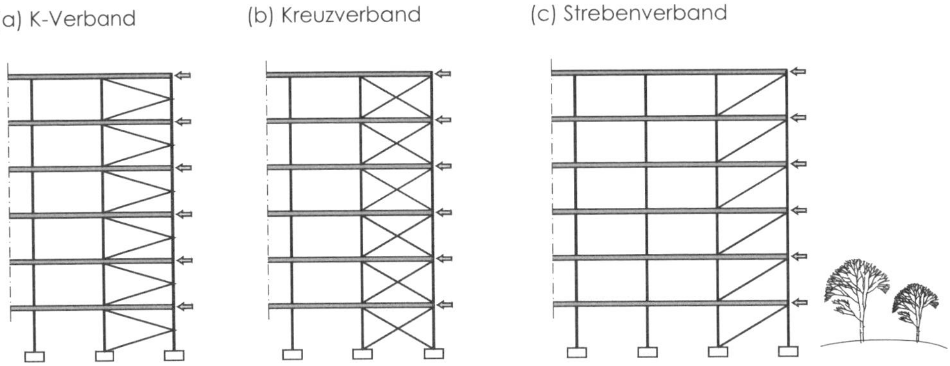

Bild C-254 Verbände; Anordnung im Aufriss

Der Unterschied im Lastfluss wird nachfolgend für beide Varianten exemplarisch erläutert. Eine Verfolgung der auf die oberste Geschossdecke angreifenden Horizontallast zeigt den Weg, den diese Last von oben bis unten zum Fundament zurücklegt.

Anordnung der Verbände übereinander: Die Horizontallast W auf der obersten Geschossdecke wird über Druck zum Knotenpunkt des obersten Kreuzverbandes geleitet und von dort über die Diagonale des Verbandes über Zug zur darunterliegenden Geschossebene geführt. Anschließend wird die horizontale Lastkomponente wieder über Druck durch die Geschossdecke zum nächsten Knotenpunkt des Kreuzverbandes transportiert. Die Last wird so wechselweise über Druck und Zug auf dem kürzesten Weg nach unten geleitet (Bild C-255/a).

Versetzte Anordnung der Verbände: Sind die Verbände horizontal versetzt, muss die Horizontallast W aus dem obersten Geschoss über Druck- bzw. Zugkräfte in den Geschossdecken bis zum nächstmöglichen Weiterleitungspunkt der Diagonalverbände geführt werden (Bild C-255/b).

Der Lastpfad von oben nach unten ist wesentlich länger und damit meist unwirtschaftlich. Auch die zu erwartenden Verformungen nehmen bei dieser Lösung üblicherweise zu.

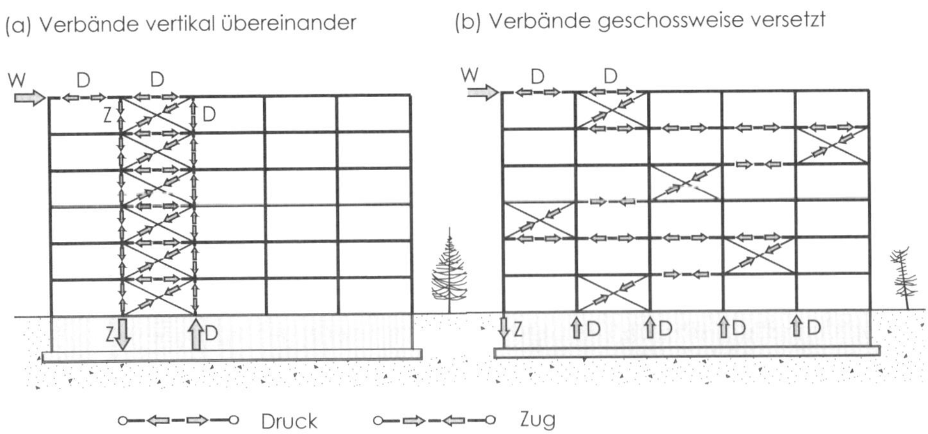

Bild C-255 Lastfluss in Abhängigkeit von der Anordnung der Aussteifungselemente

Eine zusätzliche Problematik für den Lastabtrag von Aussteifungswänden entsteht dann, wenn diese nicht direkt auf durchlaufenden vertikalen Traggliedern wie z.B. Stützen oder Wänden aufstehen (Bild C-256/a), sondern über ein biegeweiches Tragelemente wie z.B. Decke oder Unterzug abgefangen werden (Bild C-256/b). Hierbei enstehen Biegemomente in Decke oder Unterzug, welche bei der Bemessung berücksichtigt werden müssen.

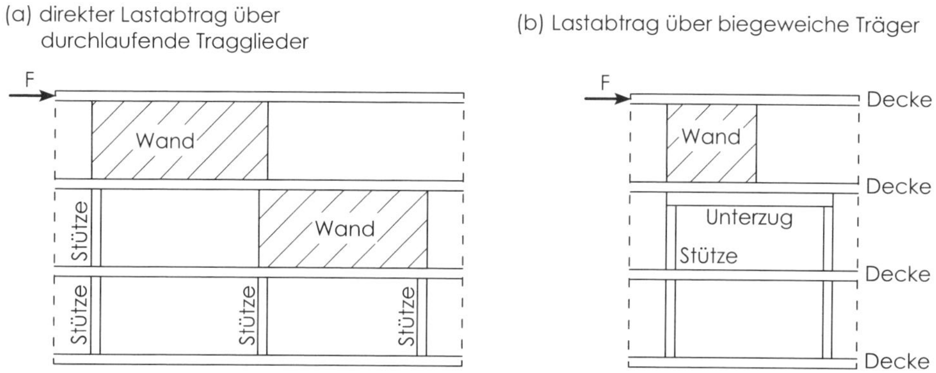

Bild C-256 Aussteifungswände; Lastabtrag

C.7.4 Aussteifende Kerne

Im Geschossbau werden häufig mehrere aussteifende Scheiben zu einem Kernquerschnitt zusammengefasst, der dann alleine das Gebäude aussteift. Treppenhaus- und Aufzugsschachtwände bieten sich hierfür an. Sämtliche anderen Elemente können dann als gelenkige Träger-Stützensysteme ausgeführt werden, die nur Vertikallasten abtragen (Bild C-257/a).

Statisch kann man sich den Aussteifungskern als lotrechten Kragträger vorstellen (Bild C-257/b). Öffnungen für Türen und Installationsdurchführungen sollten möglichst klein gehalten werden, da diese die Steifigkeit des aussteifenden Kerns beeinträchtigen. Bei einem durch große Öffnungen aufgelösten aussteifenden Kern, stellt sich ein rahmenartiges Tragverhalten ein. Die aussteifende Wirkung als Kern ist dann erheblich geschwächt.

Der Aussteifungskern wird nicht alleine auf Biegung, sondern auch auf Torsion beansprucht. Unter Torsion versteht man eine Verdrehung um die Querschnittsachse (Bild C-258/a). Die Torsionsbeanspruchung entsteht nicht nur bei einer exzentrischen Lage des Querschnittskerns bezogen auf den Gebäudeschwerpunkt, sondern auch bei einer asymmetrischen Belastung aus Wind (Bild C-258/b, siehe auch Lastanordnung 2, Bild C-246).

Die Torsionssteifigkeit eines Querschnitts hängt von der Geometrie ab. Geschlossene Profile, z.B. Kasten- oder Kreisquerschnitt (Bild C-259/a), sind weitaus torsionssteifer als offene Profile wie z.B. U- oder T-Profile (Bild C-259/b).

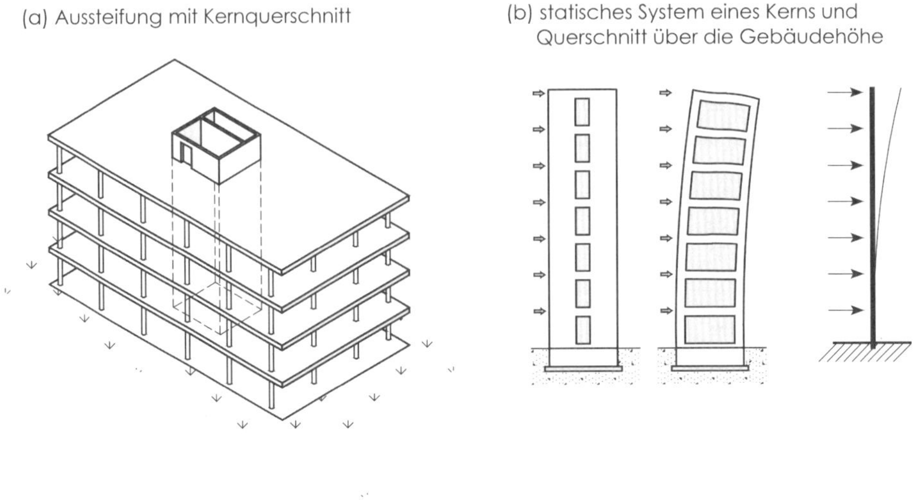

Bild C-257 Aussteifung mit Treppenhauskern

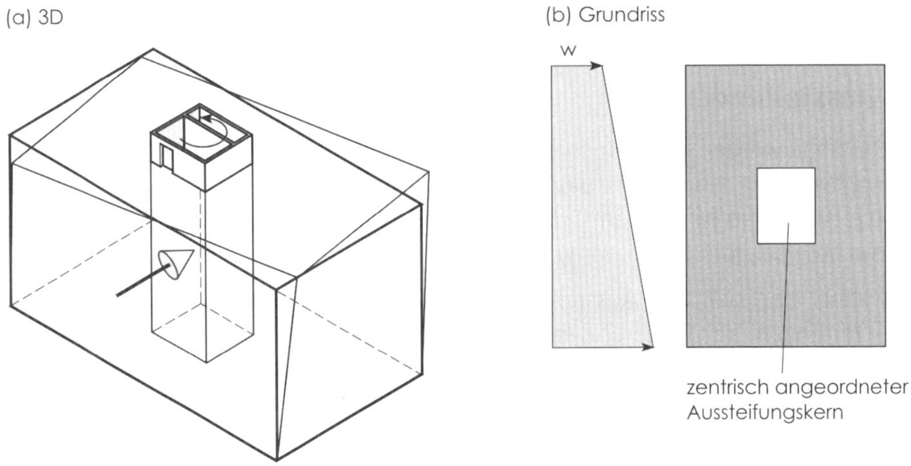

Bild C-258 Aussteifungskern; außermittiger Lastangriff

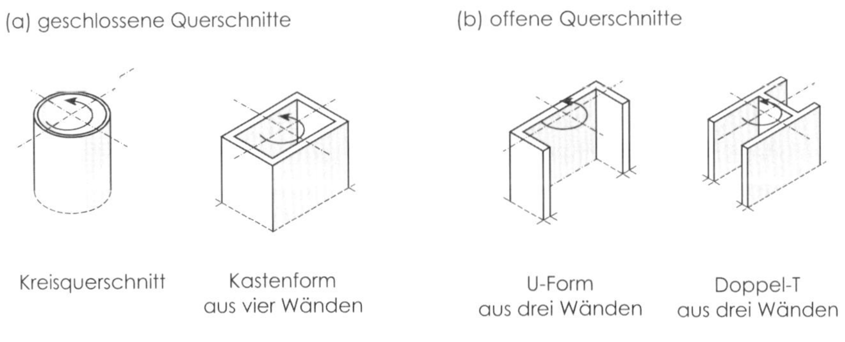

Bild C-259 Querschnitte unter Torsion

Die Lage des aussteifenden Kerns oder gegebenenfalls mehrerer aussteifender Kerne wird in Zusammenhang mit dem vertikalen Erschließungssystem konzipiert. Treppenhäuser und Aufzugsschächte eignen sich wegen ihrer ohnehin massiven Bauteile (Feuerwiderstand) gut für die Ausbildung eines aussteifenden Gebäudekerns. Grundsätzlich können Kerne innenliegend oder außenliegend angeordnet werden.

Eine mittige Anordnung des Kerns ist diejenige, die die geringsten Gebäudeverformungen mit sich bringt. Sowohl bei Wind auf die längere als auch auf die schmälere Gebäudeseite sind die Verdrehungen klein. Die Hebelarme der Geschossdecken betragen dann nur die halbe Gebäudelänge (hier im Beispiel 15 m, Bild C-260/a).

Ein an der Längsseite des Gebäudes mittig angeordneter Kern erlaubt zwar eine freie Grundrissgestaltung, führt aber bei Windangriff auf die Schmalseite zu einer Torsionsbeanspruchung des Kerns (Bild C-260/b).

Die alleinige Anordnung eines Kerns an der Schmalseite des Gebäudes ist äußerst ungünstig (Bild C-260/c). Eine derartige Anordnung bedarf zwangsläufig einer zusätzlichen aussteifenden Wand (z.B. am gegenüberliegenden Giebel), um die Gebäudeverdrehung (z.B. infolge Wind) entsprechend klein zu halten. Der Hebelarm der Geschossdecken würde ohne zusätzliche Giebelwand der Gebäudelänge von 30 m entsprechen und wäre damit doppelt so groß wie bei den Anordnungen in Bild C-260/a oder /b.

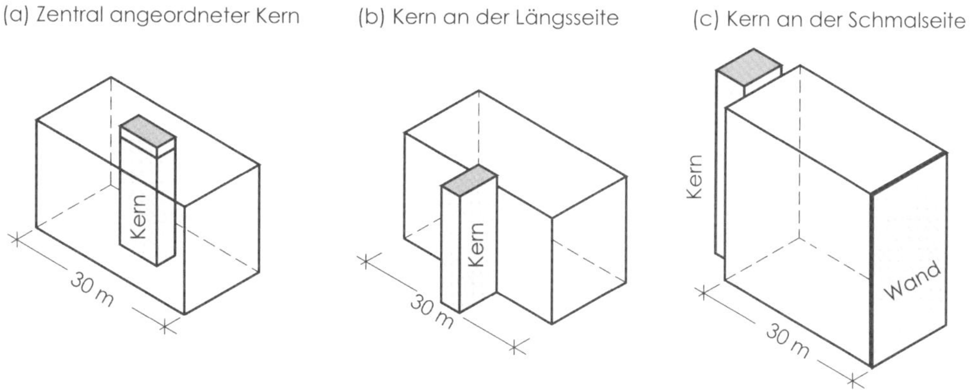

Bild C-260 Aussteifungskern; Variation der Position

Durch die zentrale Anordnung eines Kerns mit jeweils einer Giebelscheibe zwischen zwei Bauabschnitten ist die Stabilität gewährleistet und es lässt sich die Verdrehung minimieren. Die Gebäudelänge kann dadurch verdoppelt werden, der Hebelarm der Geschossdecken entspricht der Gebäudelänge eines Bauabschnitts (30 m).

Ausgedehnte Gebäude sind durch Dehnfugen in einzelne, für sich ausgesteifte Abschnitte zu unterteilen. Es sollen daher möglichst wenig Fugen den Baukörper unterteilen, d.h., die Fugenabstände so groß wie möglich gewählt werden. Der Dehnfugenabstand variiert je nach System und Bauweise zwischen 20 m und 50 m.

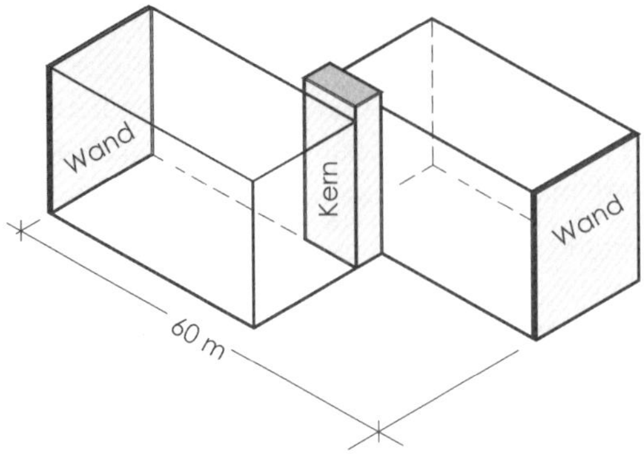

Bild C-261 Kopplung von zwei Baukörpern über einen Querschnittskern

Eine mittige Anordnung der aussteifenden Kerne je Dehnfugenabschnitt ist am idealsten und entspricht damit dem eines Einzelgebäudes (Bild C-260/a und Bild C-262/b). Die zu erwartenden Dehnwege für die Geschossdecken betragen dann nur die halbe Gebäudelänge der einzelnen Abschnitte (hier im Beispiel 15 m).

Werden zwei Kerne an den gegenüberliegenden Gebäudeenden angeordnet, so behindern diese die freie Dehnungsmöglichkeit der Geschossdecken (z.B. Zwangsspannungen aus Temperatureinfluss und Schwinden). Der Dehnweg der Geschossdecken beträgt im Beispiel 40 m (Bild C-262/a). Die aus der Behinderung der Dehnung entstehenden Spannungen in den Geschossdecken würden zu Rissen führen, die bei Anordnung einer Dehnfuge vermeidbar wären (Bild C-262/b).

Dehnfugen sind Raumfugen, die eine horizontale Verschieblichkeit der Bauteile ermöglichen, um so Zwangsbeanspruchungen (z.B. aus Temperaturänderungen) in den Tragwerkselementen klein zu halten. Die Breite der Fuge muss so dimensioniert werden, dass die Fuge auch im ungünstigsten Fall (z.B. bei Maximaltemperatur im Brandfall) nicht „überdrückt" wird und zum Schieben gegen die Nachbarbauteile führt. In der Literatur finden sich unterschiedliche Angaben zur Ermittlung der erforderlichen Fugenbreite, wobei in neueren Normen keine konkreten Formeln dafür angegeben werden. Nach der alten Stahlbetonnorm [58] ermittelt sich das Maß der erforderlichen Fugenbreite beispielsweise wie folgt:

Fugenbreite a = Dehnlänge / 600

Beispiel: Dehnlänge 30 m $\Rightarrow$ a = 30 m/ 600 = 5,0 cm

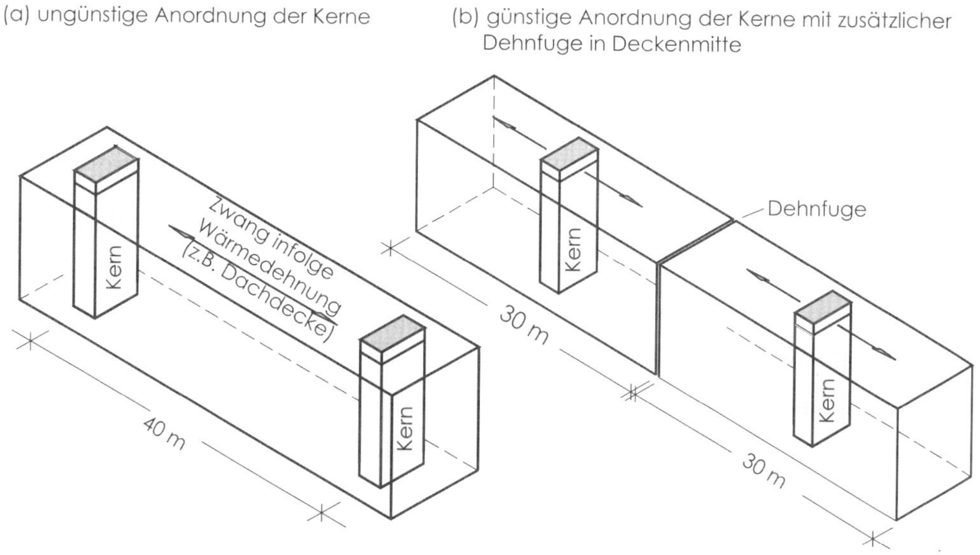

Bild C-262 Trennung durch Dehnfugen zur Minimierung der Zwangbeanspruchung

Die zentrale Anordnung von einem Kern und zwei Scheiben in den Giebelwänden ist ebenfalls günstig, da die quer zur ihrer Ebene beanspruchten Giebelscheiben die zwängungsfreie Dehnung der Geschossdecken nahezu nicht behindern (Bild C-263/b).

Sind die Wandscheiben wie in Bild C-263/a angeordnet, können sich die Geschossdecken infolge der großen Wandsteifigkeit nicht zwängungsfrei dehnen. Die durch die Dehnungsbehinderung entstehenden Spannungen in den Geschossdecken führen dann zu Rissen.

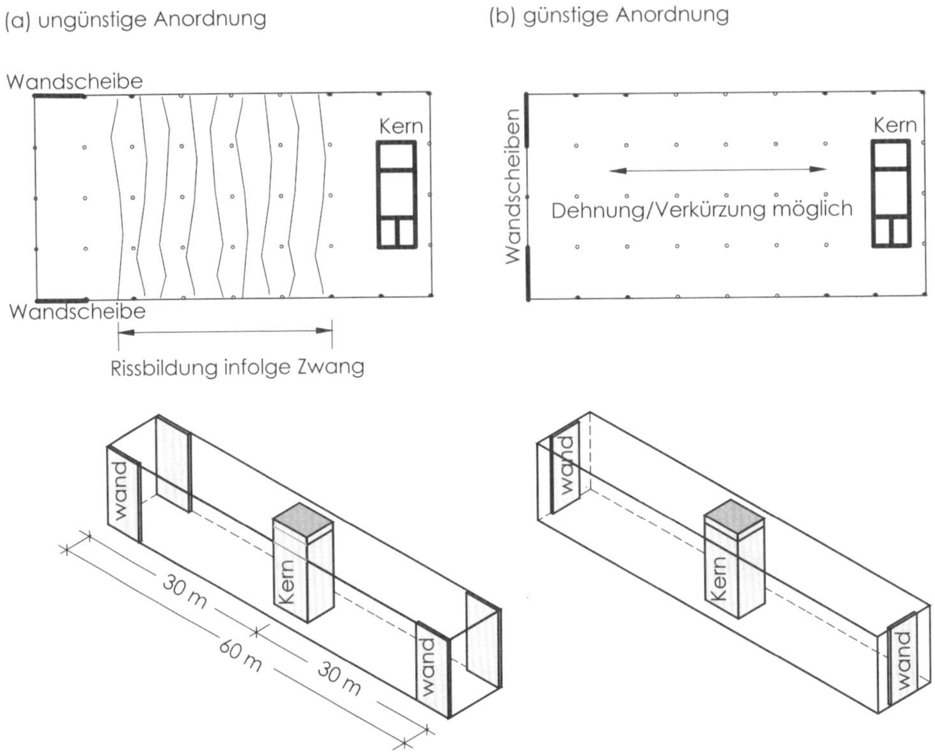

Bild C-263 Aussteifung; Kombination von Kern und Wandscheiben

C.7.5 Aussteifung von Hallentragwerken

Hallentragwerke zeichnen sich dadurch aus, dass große Spannweiten ohne Zwischenunterstützungen überbrückt werden. In der Regel ist die Dachebene nicht als steife Deckenscheibe, sondern als Stabwerk ausgebildet.

Im Vergleich zu dem bekannten „labilen" Modellkörper (Bild C-264/a) handelt es sich um eine mehrfeldrige Konstruktion. Formal kann man diese auch mit Hilfe der Reihen- und Scheibenstabilisierung aussteifen. Bei Hallentragwerken ist es jedoch üblich, eine symmetrische Anordnung der Aussteifungselemente vorzunehmen.

Maßgebende Beanspruchungen bei einem Hallentragwerk sind vertikale Lasten infolge Schnee und Eigengewicht sowie horizontale Lasten – hier angenommen als Linienlast in Dachscheibenebene jeweils in Längs- und Querrichtung (Bild C-264/b). Dargestellt sind die Träger in der Dachebene, die Stützen in den Längswänden und die Traufriegel, welche die Ebenen miteinander koppeln. Die Tragstruktur weist Freiheitsgrade in den Wandebenen, der Dachebene und in jeder Balken-Stützen-Ebene auf.

Zur Festlegung der notwendigen Aussteifungselemente wird das Tragverhalten getrennt nach Längs- und Querrichtung betrachtet.

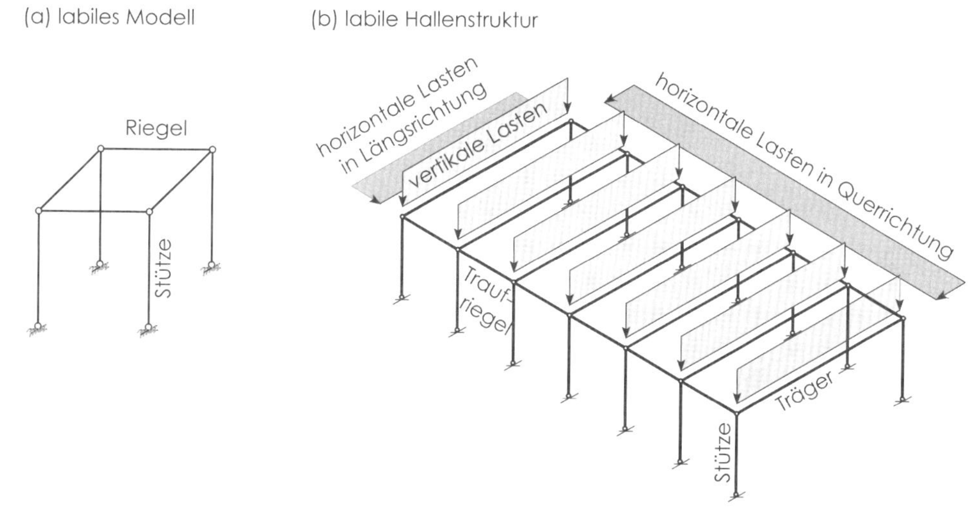

Bild C-264 Halle; labile Tragstruktur ohne Aussteifungselemente

Aussteifung in Querrichtung

Das Tragwerk wird in Querrichtung stabilisiert, indem in jeder Gebäudeachse eine Scheibe ausgebildet wird. Dieses Vorgehen folgt dem Prinzip der Reihenstabilisierung. Die horizontalen Windlasten in Querrichtung teilen sich dann auf die Queraussteifungssysteme auf (Bild C-265/a).

Mit dem Ziel, die Halle stützenfrei auszubilden, bieten sich folgende Tragsysteme an (Bild C-265/b):

- Rahmen (siehe Abschnitt C.2)
- eingespannte Stützen
- Bögen (siehe Abschnitt C.3)
- Rahmen aufgelöst als Fachwerk oder
- Seiltragwerke (siehe Abschnitt C.3.5)

Alle Systeme sind bei Beanspruchung in ihrer Ebene stabil.

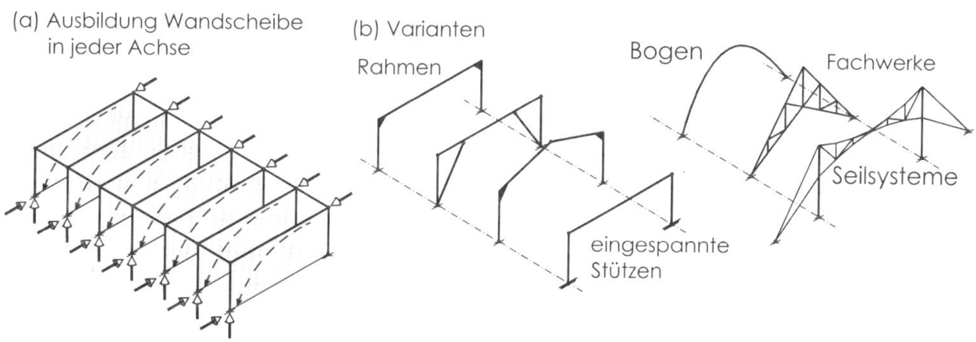

Bild C-265 Queraussteifung einer Halle; Ausbildung von Wandscheiben

Eine Alternative hierzu stellt die Scheibenstabilisierung dar. Die Dachebene wird dabei als Scheibe ausgebildet (Bild C-266/a), deren Auflagerreaktionen von den Wandscheiben in den Giebelebenen aufgenommen werden (Bild C-266/b). Der Vorteil ist dabei, dass nicht in jeder Achse eine Wandscheibe ausgebildet werden muss. Die Windbeanspruchung wird zu gleichen Teilen von den Wandscheiben in den Giebelwänden aufgenommen, sodass diese im Vergleich zu den Queraussteifungen bei der Reihenstabilisierung höher beansprucht werden.

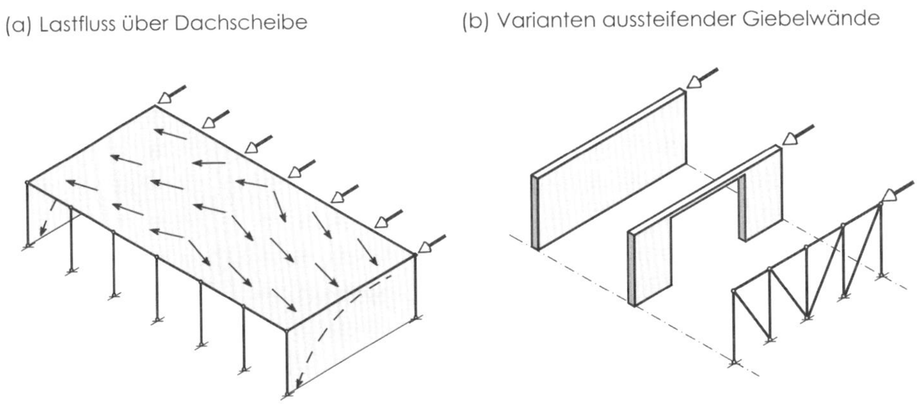

Bild C-266 Queraussteifung einer Halle mit Dachscheibe und Giebelscheiben

Der Lastfluss erfolgt bei Stahl- und Holzkonstruktionen über horizontal in der Dachebene liegende Fachwerkverbände (Bild C-267). Die horizontal in der Dachebene angreifende Windlast wird über die Traufriegel in die Dachträger eingeleitet. Der Dachverband kann dann für sich als Fachwerkträger betrachtet werden. Dieser wird gebildet aus den Einzelelementen (siehe Bild C-267/b)

- Pfetten (parallel zu den Traufriegeln verlaufende Träger),
- Querträger (Teil des Dachträgers) und
- Kreuzverbände (Aussteifungselement).

Die Auflagerkräfte A des Dachverbandes werden wiederum als Scheibenkraft auf die Wandscheibe – hier jeweils ein Kreuzverband in den Giebelwänden – angesetzt (Bild C-267/c).

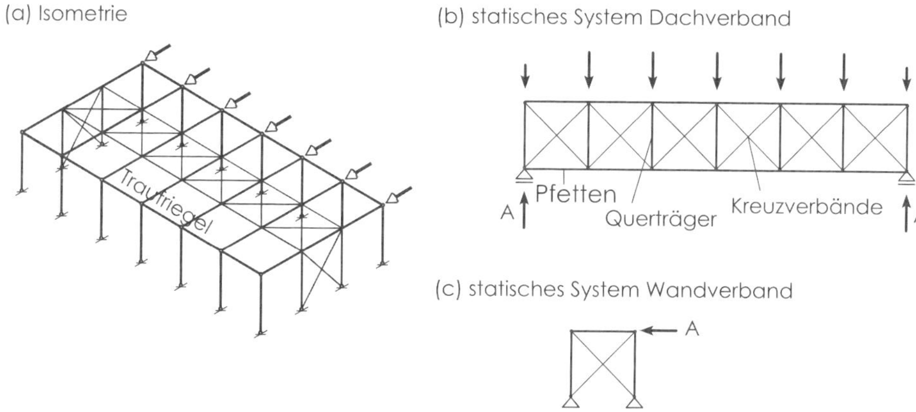

Bild C-267 Queraussteifung einer Halle mit Dachverband und Giebelverbände

Bei kleinen Hallen ist ein mittiger Dachverband ausreichend (Bild C-268/a), bei größeren Konstruktionen können zwei Dachverbände sinnvoll sein (Bild C-268/b).

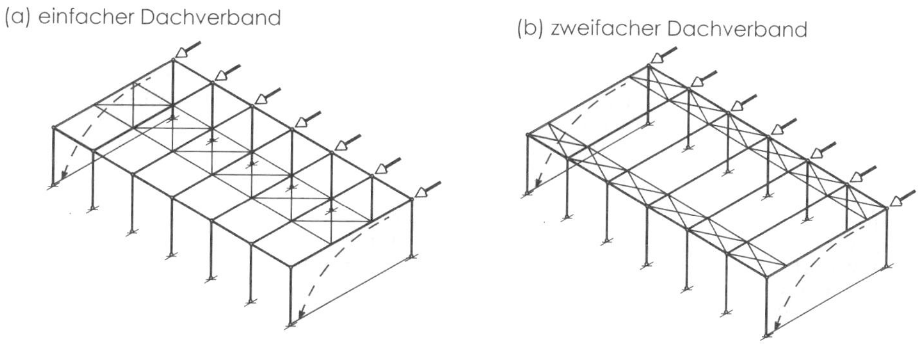

Bild C-268 Queraussteifung einer Halle mit Dachverband und Giebelverbände; Varianten

Zusammenfassung Queraussteifung:

In Querrichtung kann die Halle in jeder Achse ausgesteift werden, eine Mitwirkung der Dachscheibe ist dann nicht erforderlich. Soll nicht jede Achse für sich ausgesteift werden, ist für die Stabilität der Halle in Querrichtung eine Dachscheibe erforderlich, die durch horizontal liegende Fachwerkverbände ersetzt werden kann. An den Giebelseiten sind dann jeweils vertikale Aussteifungselemente notwendig.

Aussteifung in Längsrichtung

Die Aussteifung der Konstruktion in Längsrichtung erfolgt ebenfalls über eine Kombination aus Dachverband und Wandverbänden in den Längswänden (Bild C-269). Der Lastfluss erfolgt in Analogie zum Verbandsystem, welches zur Queraussteifung verwendet wird (Bild C-267).

Bei kürzeren Hallen genügt ein (möglichst mittiger) Dachverband, bei längeren Hallen wird in den Endfeldern jeweils ein Verband angeordnet.

Die Aussteifung der Wände kann ebenfalls mit den bekannten Tragelementen Verband, Rahmen oder eingespannte Stütze erfolgen.

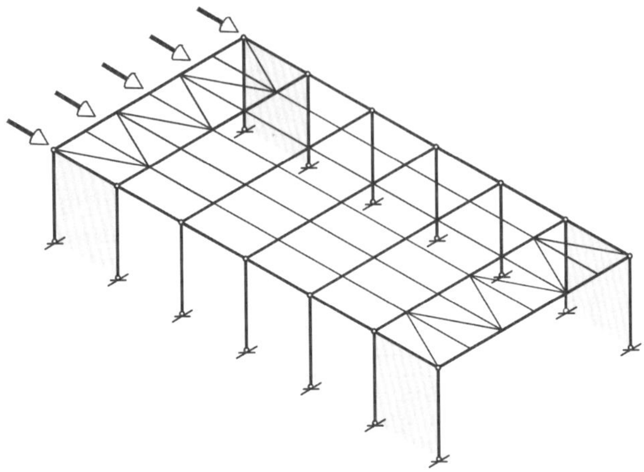

Bild C-269 Längsaussteifung einer Halle (Queraussteifung ist hier nicht dargestellt)

Zusammenfassung Längsaussteifung:

Auch in Längsrichtung muss die Halle, wenn keine aussteifende Deckenscheibe vorhanden ist, durch mindestens einen in der Dachebene liegenden Fachwerkverband ausgesteift werden, der die Horizontalkräfte in zwei vertikale Aussteifungselemente in den Längswänden einleitet.

Gesamtaussteifung der Halle

Variante 1: Bei Aussteifung einer Halle mit Dachverbänden in Längs- und Querrichtung ergibt sich folgende Minimalaussteifung:

- zwei sich kreuzende horizontale Verbände in der Dachebene und
- je zwei vertikale Verbände in den Giebel- und Längswänden.

Alle Stützen sind oben und unten gelenkig angeschlossen. Das überspannende System setzt sich aus Stütze und Träger ohne Ausbildung einer Rahmenwirkung zusammen. Ohne das Mitwirken der Dachverbände wäre dieses System labil.

Die Dachverbände sind so angeordnet, dass die Deckenebene als Scheibe entsprechend Bild C-241 ausgebildet ist. Im Vergleich zur Scheibenstabilisierung, welche formal nur drei Wandscheiben benötigt, sind bei Hallen immer jeweils zwei Wandscheiben symmetrisch in den Außenwänden üblich.

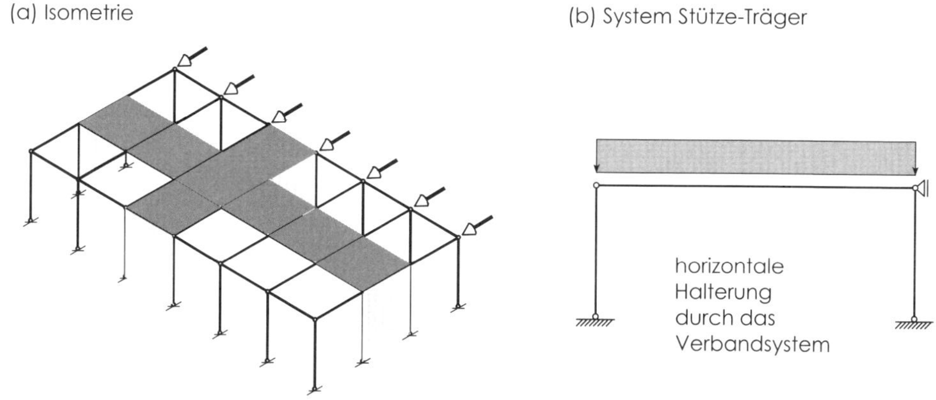

Bild C-270 Hallenaussteifung; gekreuzte Dachverbände und Wandverbände

Variante 2: Bei kleinen Konstruktionen ist auch die Aussteifung einer Halle mit eingespannten Stützen möglich (Bild C-271/a). Hier folgt man dem Prinzip der Einzelstabilisierung (siehe Abschnitt C.7.2.4), welche meistens nur bei Fertigteilhallen im Massivbau zur Anwendung kommt. Dachverbände sind hier nicht notwendig. Das System Stütze-Träger ist aufgrund der Einspannung an den Stützenfüßen stabil und bedarf keiner weiteren Aussteifungselemente (Bild C-271/b).

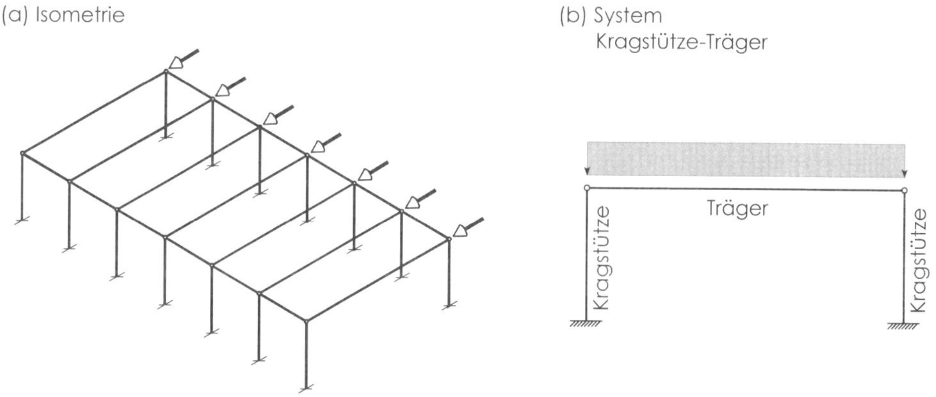

Bild C-271 Hallenaussteifung; eingespannte Stützen (Kragstützen)

Wird die Halle durch eingespannte Stützen ausgesteift, ist es wegen der großen Verformung sinnvoll, die Ableitung der Horizontalkräfte auf möglichst viele Stützen zu verteilen.

Variante 3: Hallen werden am häufigsten durch eine Kombination von Queraussteifungen in jeder Achse kombiniert mit einem Dachverband sowie Wandverbänden zur Aussteifung der Konstruktion in Längsrichtung ausgesteift. Bild C-272 zeigt dies für die unterschiedlichen Queraussteifungen von Bogen, Rahmen und Seiltragwerk.

(a) Bogensystem

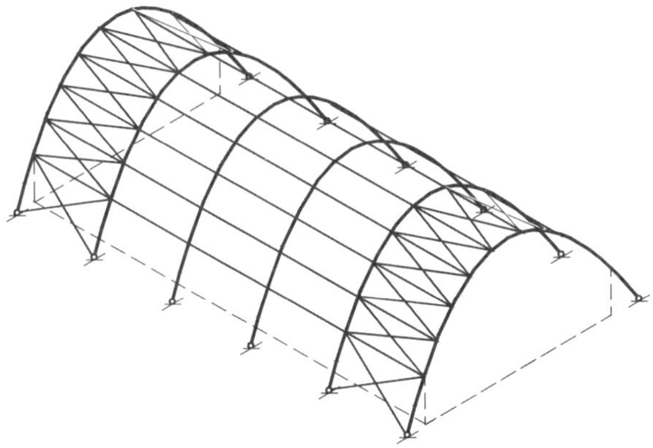

(b) Rahmensystem

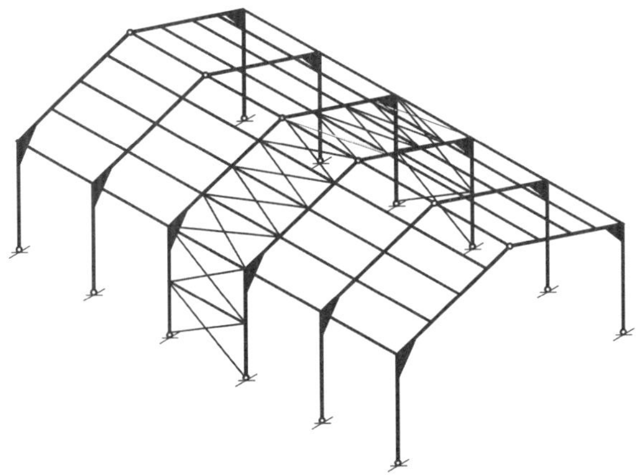

(c) Seiltragwerk

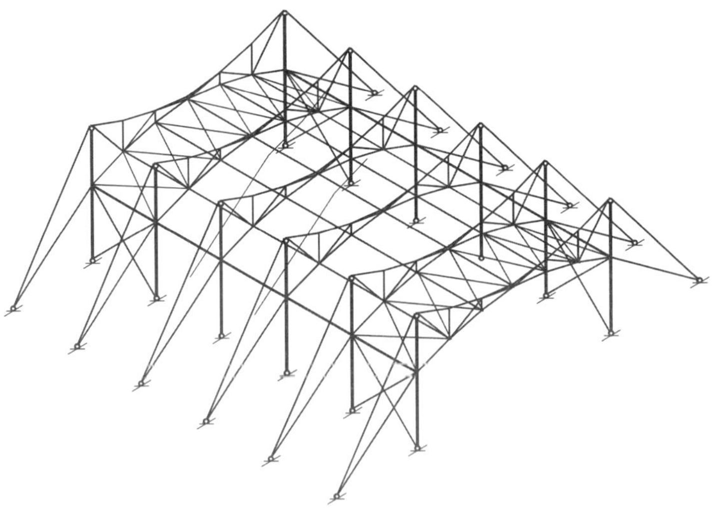

Bild C-272 Hallen; Aussteifungsvarianten

Alle bisher betrachteten Hallentragwerke entstehen aus einer einachsigen Addition (in Längsrichtung) von ebenen Träger-Stützensystemen oder Rahmen. Die Aussteifung in Querrichtung erfolgt entweder über einen Dachverband, welcher die Lasten in ausgesteifte Giebelwände weiterleitet, oder über ausgesteifte Systeme in jeder Querachse. Eine eigenständige Aussteifung in Längsrichtung ist jeweils unabhängig davon erforderlich.

Die gleichen Systeme (Rahmen, Bogen, Seilbinder) sind auch in radialer Anordnung möglich (Bild C-273). Durch die radiale Anordnung ergibt sich ein räumlich steifes System, das gegenüber symmetrischen Horizontalkräften (Lastanordnung 1, vgl. Bild C-246/a) stabil ist. Zur Aufnahme von asymmetrischen Horizontalkräften (siehe Bild C-246/b) müssen die Systeme jedoch zusätzlich ausgesteift werden, da hierdurch eine Torsionsbeanspruchung (Verdrehung) des Gesamtsystems entsteht.

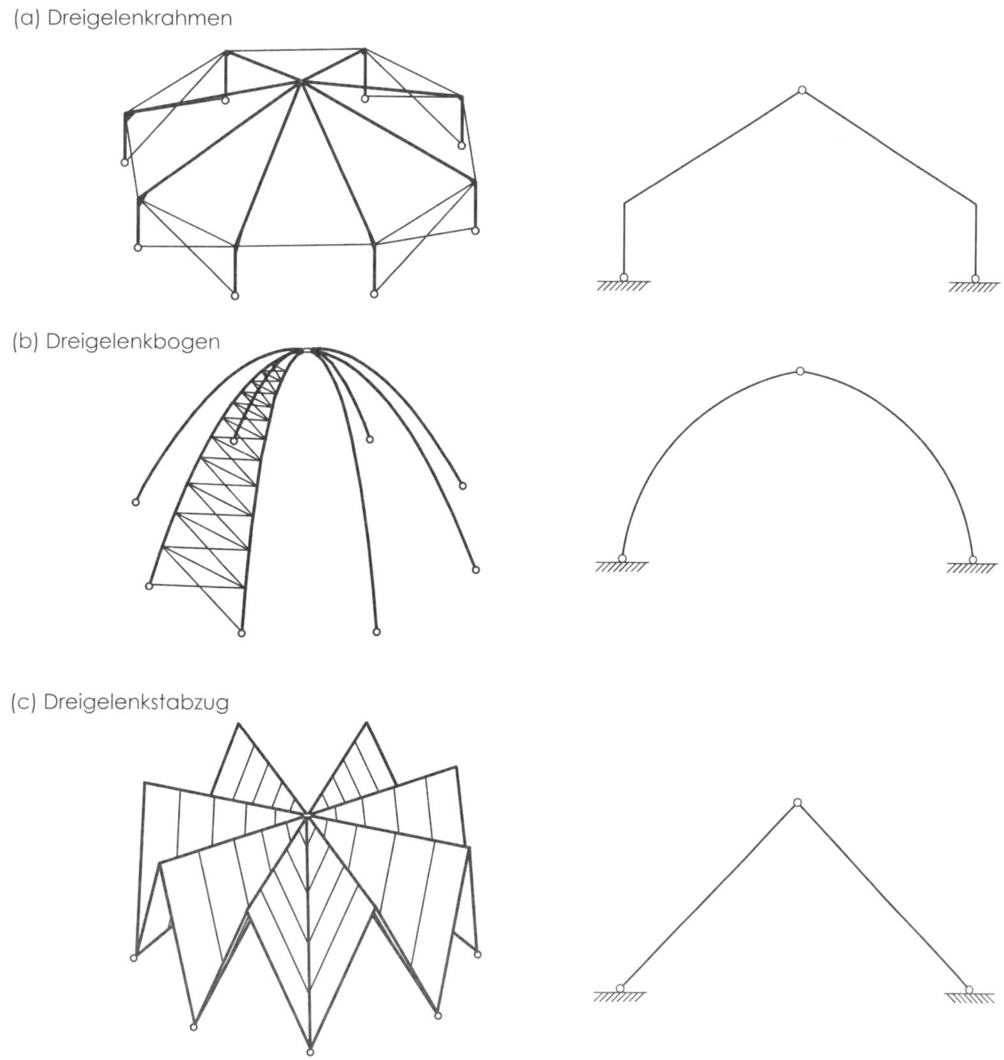

Bild C-273 Aussteifung von Radialsystemen

C.7.6 Aussteifung von Mauerwerksbauten

Tragverhalten Mauerwerk

Das Aussteifungsprinzip von Mauerwerksbauten folgt eigenen Regeln, da es sich bei dieser Bauweise um einen Verbundwerkstoff aus Mauersteinen und Mörtel handelt. Die Drucktragfähigkeit eines Mauerwerksverbandes ist zwar hoch, jedoch ist die Zugfestigkeit von Stein über Fuge zu Stein nur sehr gering.

Hierdurch bedingt ist die mögliche Höhe einer freistehenden Wand unter Eigenlast und seitlichem Windangriff äußerst begrenzt (Bild C-274/a), sodass es ohne weitere Maßnahmen rasch zu einem Kippen der Wand kommt (Bild C-274/b). Der Kippgefahr wird durch Wandvorlagen oder eingespannte Aussteifungsstützen (z.B. aus Stahlbeton) in Wandebene entgegengewirkt (Bild C-274/c und /d).

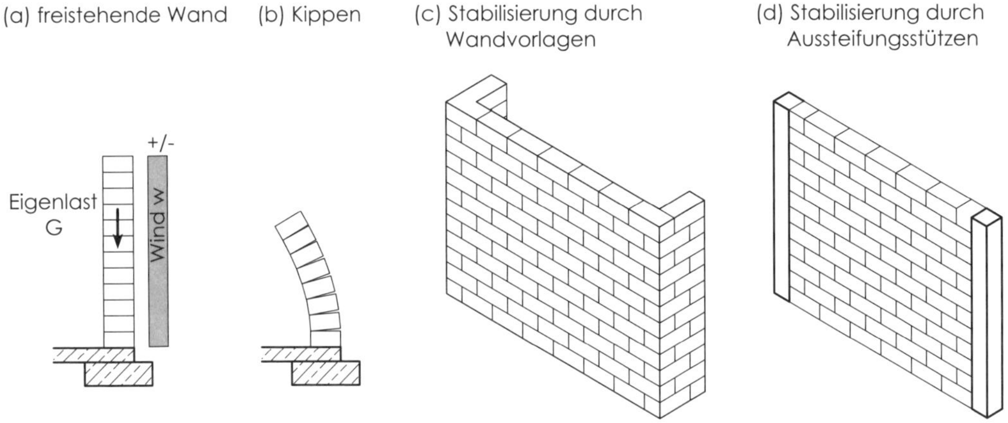

Bild C-274 Mauerwerkswand; Tragverhalten und Stabilisierung

Raumzellenprinzip

Im Vergleich zu Stahlbetonkonstruktionen, die entweder mit einem Stahlbetonkern oder auch nur drei Wandscheiben ausgesteift werden können, konstruiert man Mauerwerksbauten nach dem Raumzellenprinzip. Die Wände werden immer senkrecht zu anderen Wänden verzahnt gemauert oder kraftschlüssig mit Flachankern verbunden, sodass eine Schachtelstruktur entsteht (Bild C-275/a). Bei seitlicher Beanspruchung entstehen aufgrund der geringen Steifigkeit des Mauerwerks hohe Verformungen (Bild C-275/b).

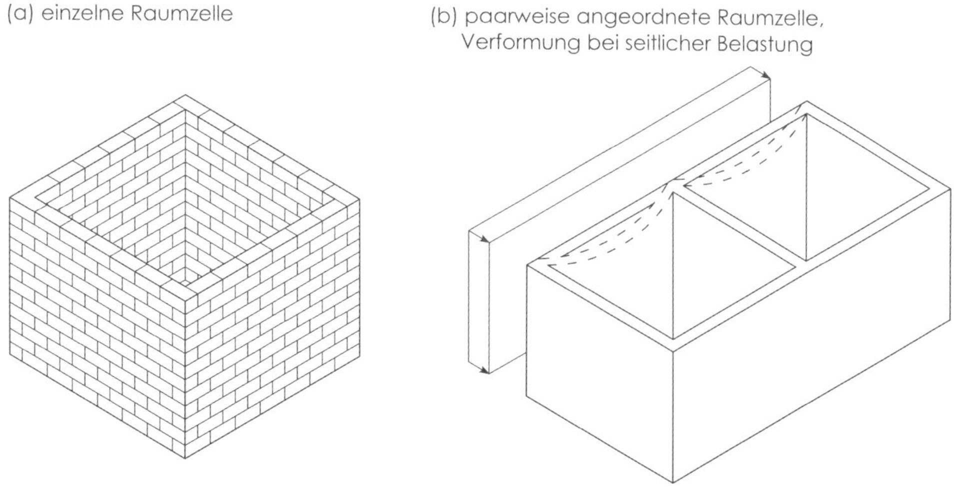

Bild C-275 Raumzellenprinzip

Eine formstabile Struktur, welche auch Beanspruchungen aus Erdbebenereignissen aufnehmen kann, erhält das Mauerwerk durch eine steife Deckenscheibe. Die hierbei entstehende Struktur ist in Kombination mit einer aufliegenden und über Reibung verzahnten Stahlbetondeckenscheibe gegen seitliche Beanspruchungen (infolge Wind oder insbesondere Erdbeben) ausgesteift (Bild C-276/a). Alternativ kann das Mauerwerk auch über einen am Wandkopf angeordneten Ringbalken gehalten werden (Bild C-276/b).

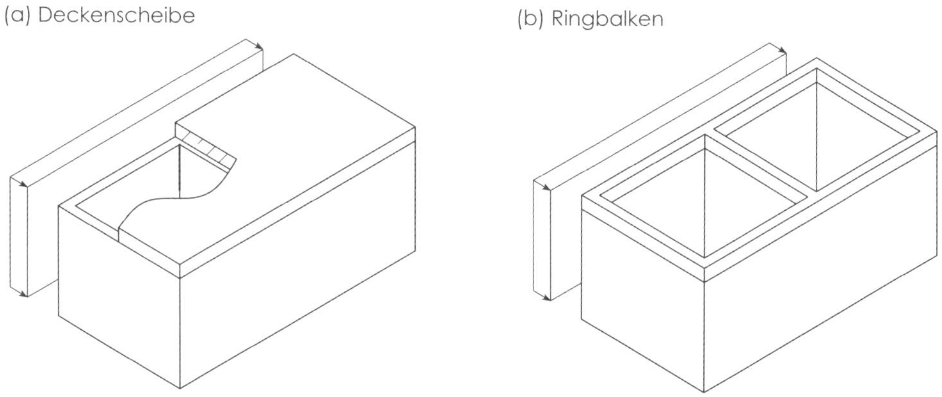

Bild C-276 Raumzelle; Stabilisierung mit Deckenscheibe oder Ringbalken

Lastfluss

Die steife Deckenscheibe überträgt die Scheibenkräfte über Reibung auf die Wandscheiben aus Mauerwerk (Bild C-277/a). Der Ringbalken wirkt im Beispiel wie ein Zweifelträger in der Ebene mit den senkrecht stehenden Wänden als Auflager (Bild C-277/b).

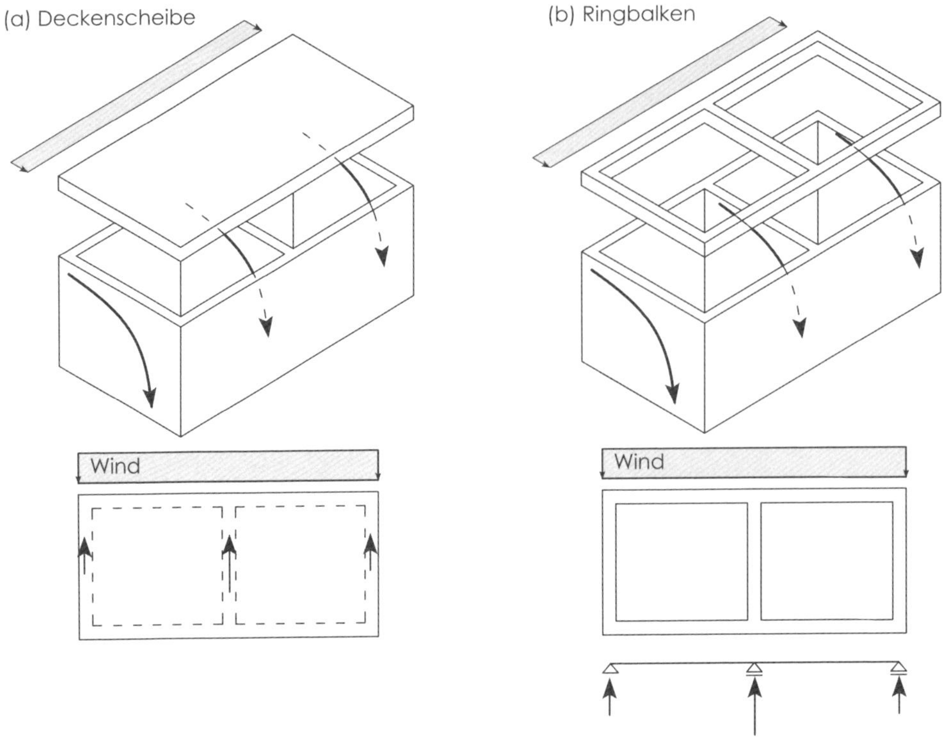

Bild C-277 Raumzellen; Lastfluss

Mauerwerkskonstruktionen mit steifer Deckenscheibe oder Ringbalken sowie einer ausreichenden Anzahl von Längs- und Querwänden gelten als räumlich stabil. Die Wandscheiben müssen dann meist nicht explizit für horizontale Lasten nachgewiesen werden. In Abhängigkeit von der Wanddicke der auszusteifenden Wand und der Geschosshöhe variiert der zulässige Abstand zwischen den aussteifenden Wänden (in der Regel zwischen 4,5 und 8 m) [78] (siehe auch Bild C-39).

Gebäude mit bis zu zwei Geschossen können auch mit als Scheibe ausgebildeten Holzbalkendecken ausgesteift werden. Der Kraftschluss zwischen Decke und Wand kann dann beispielsweise über umlaufend eingemauerte Maueranker sichergestellt werden (Bild C-278/a). Der Kraftschluss zwischen den äußeren Wänden ist (z.B. bei gestoßenen Balken) mit zug- und druckfesten Laschenverbindungen zu gewährleisten (Bild C-278/b).

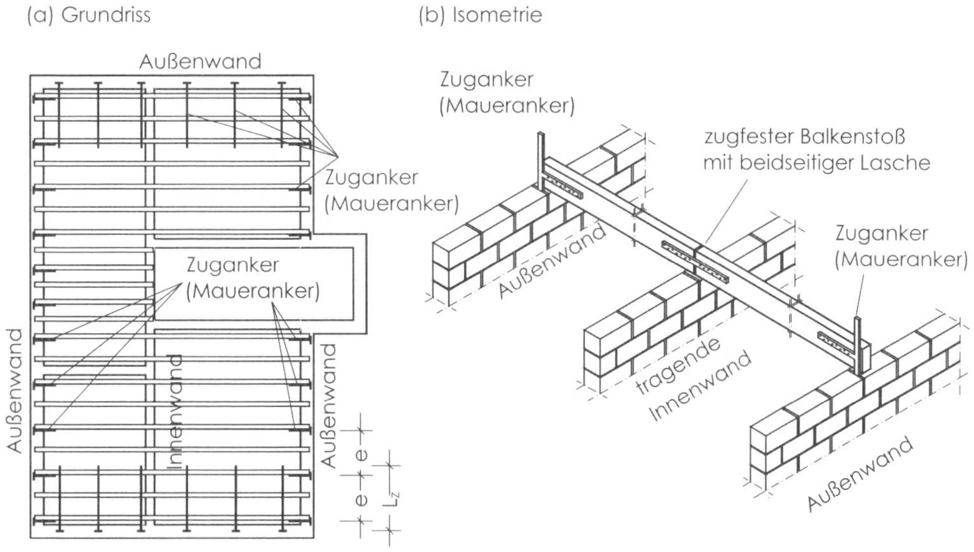

Bild C-278 Holzbalkendecke; Verankerung mit dem Mauerwerk

Bei der Mischbauweise Mauerwerk und Holzbalkendecke wird heute eher auf eine Aussteifung des Mauerwerks durch Ringbalken und Lagesicherung der Holzbalken mittels Stahlwinkeln zurückgegriffen. Die Stahlwinkel werden in zuvor einbetonierte Ankerschienen eingeschraubt (Bild C-279/a). Ringbalken können mit Hilfe von ausbetonierten U-Schalen des entsprechenden Mauerwerkssystems hergestellt werden.

Bei Flachdächern wird die Stahlbetonplatte oft durch eine Gleitschicht vom Mauerwerk getrennt, um Schäden infolge des unterschiedlichen Dehnungsverhaltens von Stahlbeton und Mauerwerk oder der Verdrehung der Deckenplatte zu vermeiden (Bild C-279/b). Das Mauerwerk wird dann wieder über einen Ringbalken ausgesteift.

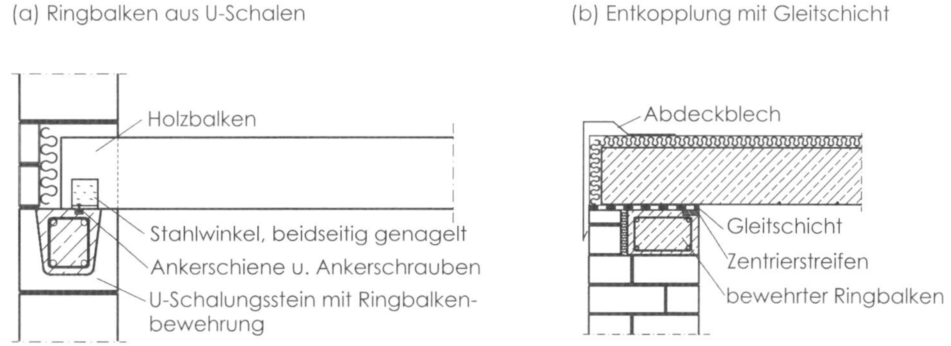

Bild C-279 Ringbalken; Ausführungsvarianten

Ringanker

Ringbalken werden häufig mit Ringankern verwechselt. Im Gegensatz zu den auf Biegung beanspruchten Ringbalken werden Ringanker auf Zug beansprucht.

Ringanker werden beispielsweise benötigt, um bei einer Elementdecke eine Scheibenwirkung auszubilden (siehe Bild C-240/a).

Als Teil der Deckenkonstruktion oder der Wand werden Ringanker bei mehrgeschossigen oder langen Gebäuden sowie Wänden mit großen Öffnungen empfohlen. Die Ringanker halten hier die tragenden und zur Aussteifung verwendeten Wände eines Gebäudes zusammen. Auch schlechte Baugrundverhältnisse können das Erfordernis eines Ringankers begründen.

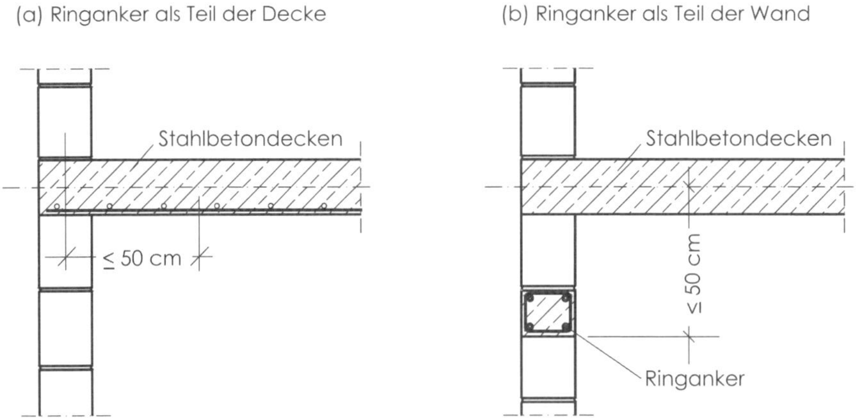

Bild C-280 Ringanker; Ausführungsvarianten

Aussteifende Wirkung einer Mauerwerkswand

Mauerwerksscheiben haben den Nachteil, dass zwischen den Mauerwerkssteinen nur geringe Zugkräfte übertragen werden. Die Tragfähigkeit ist daher maßgeblich von der Auflast abhängig, welche ein Klaffen der horizontalen Fugen verhindert.

Die horizontale Scheibenkraft F und die Auflast G (resultierende Kraft) werden vektoriell zur Resultierenden R addiert. Die Wand muss mindestens so lang sein, dass die Wirkungslinie der Resultierenden R innerhalb der Wandfläche liegt (Bild C-281/b). Die Wirkungslinie verläuft umso steiler, je größer die vertikale Komponente $G_{Auflast}$ ist. Scheiben mit hoher Auflast aus darüberliegenden Geschossen können so größere Horizontallasten aufnehmen. Je länger die Wandscheibe ist, desto größer ist die Lastverteilungsbreite am Wandfuß und damit auch die aufnehmbare Scheibenkraft.

Die rechnerisch kritischsten Wandscheiben befinden sich meistens im Dachgeschoss, da hier die erforderliche Auflast von oben fehlt.

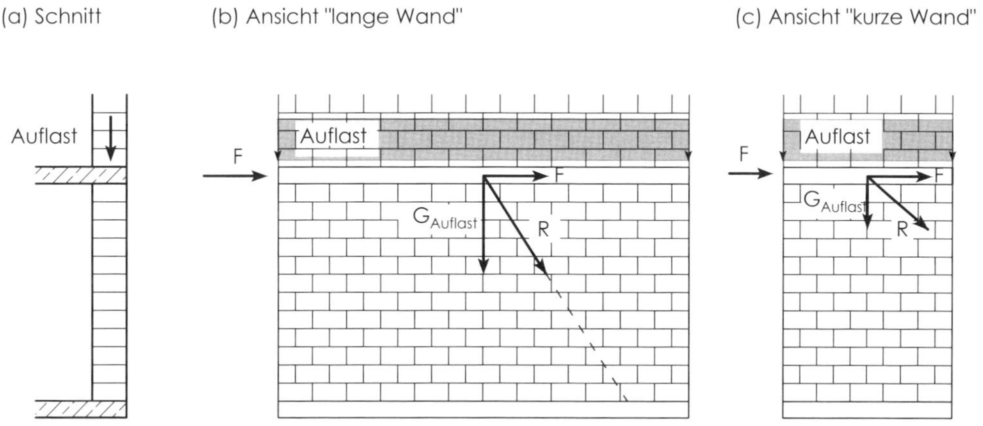

Bild C-281 Wandscheiben aus Mauerwerk; Lastfluss

Giebelwände und Drempel

Giebelwände und Drempel müssen immer zusätzlich mit einem Ringbalken eingefasst werden, da eine aussteifende Deckenscheibe fehlt. Giebelwände mit Ringbalken steifen so als Wandscheiben das dargestellte Pfettendach in Querrichtung aus (Bild C-282/a). Senkrecht zur Giebelwand ist eine Wandvorlage als Stabilisierung für Windlasten längs zum Dach empfehlenswert (Bild C-282/b). Alternativ kann man auch die Dachfläche als Scheibe mit Windrispen oder Holzwerkstoffen ausbilden (siehe Abschnitt C.7.6). In der baupraktischen Umsetzung ist daher insbesondere auf die zug- und druckfeste Anbindung der Giebelwände an die Dachscheiben zu achten.

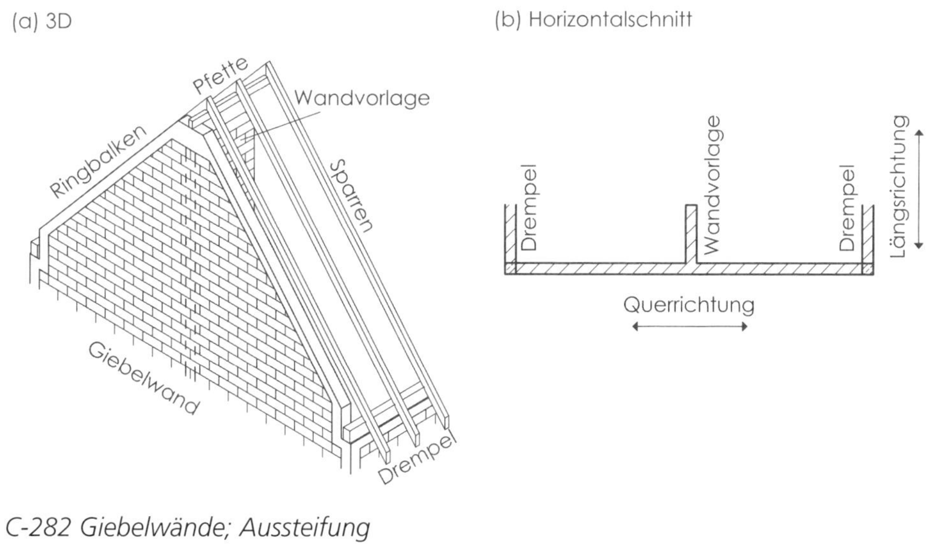

Bild C-282 Giebelwände; Aussteifung

Öffnungen in Wänden

Eine Mauerwerkswand, die durch eine große Türöffnung und einen daneben angeordneten Wanddurchbruch (z.B. für die Durchführung von Leitungen) geschwächt ist (z.B. Bild C-283), kann nicht zur Aussteifung herangezogen werden. Eine andere ungeschwächte Wand muss diese Aufgabe übernehmen.

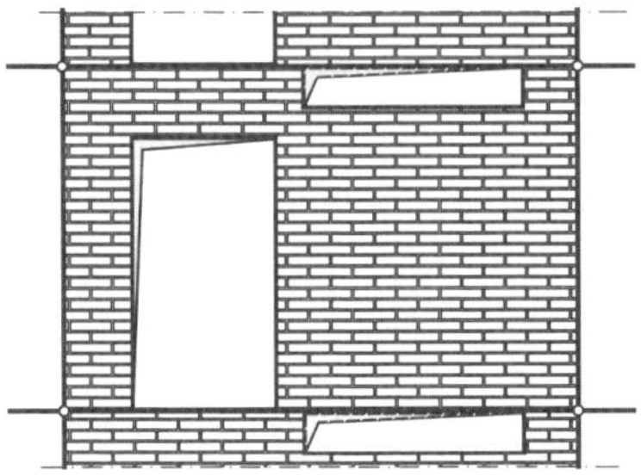

Bild C-283 Ansicht einer Mauerwerkswand mit (ungünstig angeordneten) großen Wandöffnungen

C.7.7 Aussteifung von Dachkonstruktionen in Holzbauweise

Die Konstruktionsweise von zimmermannsmäßig hergestellten Dachkonstruktionen basiert auf Erfahrung und einer handwerklichen Bautradition. Hierzu gehören die Wahl der Querschnitte sowie die Erstellung von zimmermannsmäßigen Verbindungen. Die Theorie der Stab- und Balkenstatik wurde erst im 18. Jahrhundert entwickelt und die Notwendigkeit von statischen Berechnungen durch neuartige Konstruktionsmethoden wie Eisen-, Stahl- und Stahlbetonbau mit filigranen und höher ausgenutzten Tragelementen als zwingendes Erfordernis zur Gewährleistung der Tragsicherheit erkannt. Die zuvor vorgestellten Aussteifungsprinzipien gelten jedoch auch bei diesen traditionellen Bauformen uneingeschränkt.

Pfetten- und Sparrendach im Vergleich

Grundsätzlich wird zwischen den Grundformen Sparren- und Pfettendach unterschieden (Bild C-284). Die Bauweisen unterscheiden sich in ihrem Lastabtrag. Während beim Sparrendach der geneigte Sparren Teil des Sparrenbinders ist (Bild C-284/b), wird der Sparren beim Pfettendach auf einen stabilen Dachstuhl aufgelegt (Bild C-284/a).

Der Sparren ist beim Pfettendach ein Teil der Dachhaut und leitet Lasten wie z.B. Eigengewicht, Schnee und Wind an die Pfetten wie bei dem Prinzip Haupt und Nebenträger weiter. Als Teil des Sparrenbinders ist der Sparren beim Sparrendach maßgeblich am vertikalen und auch horizontalen Lastabtrag beteiligt.

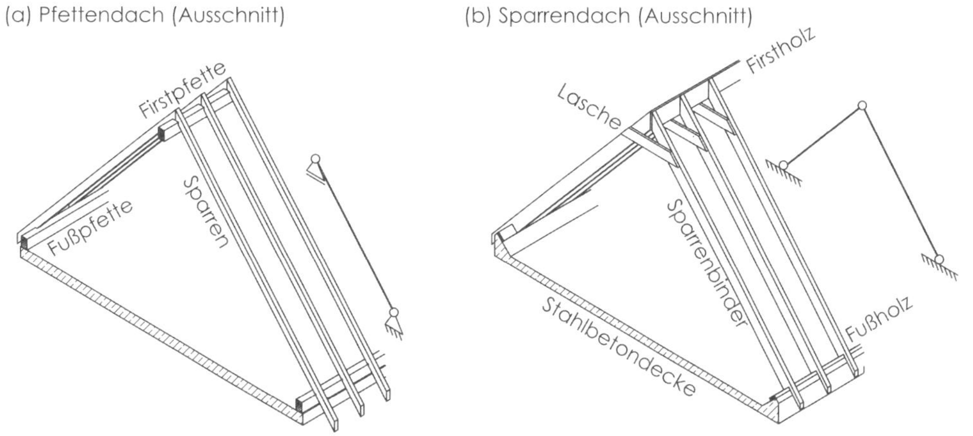

Bild C-284 Pfetten- und Sparrendach; Vergleich

Pfettendach

Das **Pfettendach** kommt ursprünglich aus dem südeuropäischen Raum und hat sich aus dem Flachdach zu einem geneigten Dach entwickelt. Als Haupttragelemente sind die parallel zum First und zur Traufe verlaufenden Kopf- und Fußpfetten zu nennen, auf denen die geneigten Sparren aufliegen (Bild C-284/a). Die Pfetten benötigen eine stabile Unterkonstruktion wie z.B. ausgesteiftes Mauerwerk oder einen entsprechend ausgesteiften Dachstuhl.

Beim Pfettendach ist der **Sparren** statisch ein **geneigter Einfeldträger** wahlweise mit oder ohne Kragarm. Falls eine Mittelpfette vorhanden ist, entspricht das statische System des Sparrens einem Zweifeldträger. Die maximale Spannweite von Sparren beträgt ca. 4,5 m. Die Abmessungen von Sparren betrugen früher ca. 8/16 cm (Abstand ca. 60 cm). Aufgrund der erhöhten Dämmstoffdicken sind heute Abmessungen von ca. 6/20 cm mit einem Abstand von ca. 80 cm üblich.

Bei der Verwendung von Vollholz ist die Spannweite der **Pfetten** auf ca. 6 m begrenzt. Bei größeren Spannweiten werden Zwischenunterstützungen wie Wände oder Pfosten benötigt. Aufgrund der begrenzten Lieferlänge von Vollholzträgern werden Pfetten daher auch häufig als statisch bestimmte Gelenkträger ausgeführt (siehe Abschnitte B.3.3 und C.1.2).

Dachstühle wurden ursprünglich nur als Hilfskonstruktionen für das Errichten einer Dachkonstruktion verwendet. Der Dachstuhl hatte in diesem Fall keine eigentliche tragende Funktion, sondern er verblieb in der Konstruktion und versteifte quasi unplanmäßig das Gesamttragwerk. Bei einem Pfettendach kann die Pfette ein Teil des Dachstuhls sein, den vertikalen Lastabtrag übernehmen und als Teil eines Kopfbandträgers auch die Aussteifung in Längsrichtung sicherstellen.

Der vertikale Lastabtrag erfolgt von den Sparren auf die Pfetten und von hier aus in das Mauerwerk oder auf den Dachstuhl.

Die **Aussteifung in Querrichtung** kann über die Ausbildung eines Sparrenbinders innerhalb des Dachstuhls oder aber auch über die Giebelwände (verstärkt durch Ringbalken, maximale Hausbreite ca. 4,5 m) erfolgen.

In **Längsrichtung** erfolgt die Aussteifung entweder über Kopfbandträger des Dachstuhls, ausgesteifte Giebelwände (Wandvorlagen, aussteifende Wände) oder Querwände (siehe Bild C-282). Die Pfetten müssen hierfür kraftschlüssig mit den Wänden verbunden werden. Zusätzlich können auch Windrispen angeordnet werden, welche auch dem Kippen der Sparren entgegenwirken.

Als Tragebene für Spitzböden findet man bei Pfettendächern auch Kehlbalken. Im Vergleich zum Kehlbalkendach sind diese jedoch nicht Teil der Tragkonstruktion, sondern dienen der Raumbildung oder zur Befestigung der Zwischendecke. Bei einem Dachstuhl können sie auch Teil eines Sparrenbinders sein.

Sparren- und Kehlbalkendächer

Sparren- und Kehlbalkendächer sind traditionelle Dachkonstruktionen, die in Nordeuropa bis in das 19. Jahrhundert fast ausschließlich für Hausdächer verwendet wurden. Sparrendächer sind heute noch üblich, Kehlbalkendächer wurden weitgehend durch Pfettendächer verdrängt.

Beim Sparrendach ist in **Querrichtung** jedes Sparrenpaar als Sparrenbinder ausgebildet, der im statischen System als Dreigelenkstabzug idealisiert wird (Bild C-285/a und b). Der Auflagerschub wird über die Deckenkonstruktion aufgenommen. Gemauerte Drempel sind bei Sparrendächern daher unüblich. Zur Begrenzung des Auflagerschubes ist bei Sparrendächern eine Mindestdachneigung von ca. 30° erforderlich. Ein Sparrenbinder ist für sich für vertikale und horizontale Beanspruchungen stabil.

Das Aussteifungskonzept von Hallentragwerken in **Längsrichtung** kann auf das Sparrendach übertragen werden. Die in Reihe angeordneten Sparrenbinder werden in Längsrichtung über einen Verband ausgesteift. Üblich sind hier aufgenagelte, sich kreuzende Windrispenbänder, die im Zusammenwirken mit den Sparren, dem Fußholz und der Firstbohle eine Scheibe bilden (Bild C-285/c). Die nachträglich aufgemauerten Giebelwände können wiederum an die ausgesteifte Dachkonstruktion angeschlossen werden.

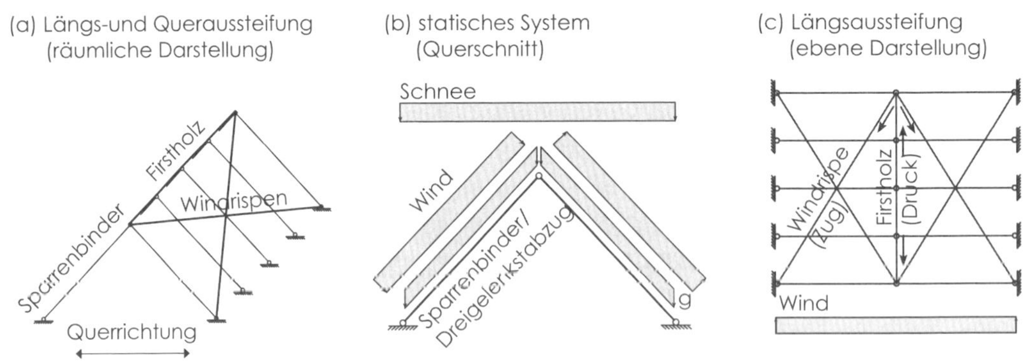

Bild C-285 Sparrendach; Lastabtrag in Längs- und Querrichtung

Bei Sparrenlängen größer als 5 m werden zusätzlich horizontal Kehlbalken angeordnet, um die Spannweite des Sparrens zu verkürzen. Der „Kehlbalkenbinder" ist durch das zusätzliche Tragelement einfach statisch unbestimmt (Bild C-286/a).

In der Kehlbalkenebene kann – vergleichbar zum Dachverband einer Halle – eine Scheibe ausgebildet werden. Diese Scheibe wirkt für den Kehlbalkenbinder wie ein horizontales Auflager (Bild C-286/b). Durch die Kopplung der Kehlbalkenscheibe mit ausgesteiften Giebelwänden werden die seitlichen Verformungen des Daches erheblich reduziert. Man bezeichnet eine solches Dach auch als „unverschiebliches" Kehlbalkendach (Bild C-286/c).

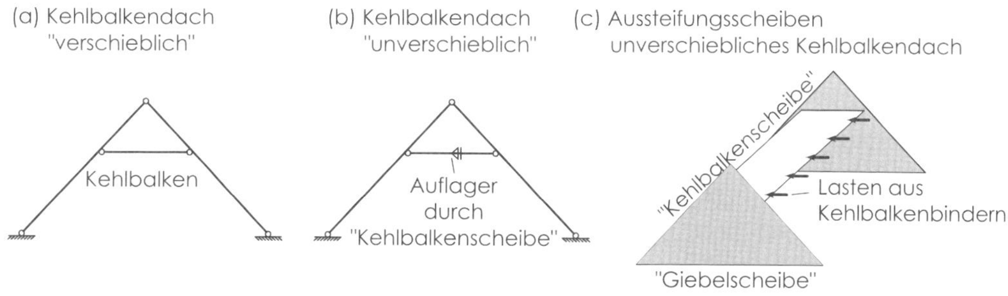

Bild C-286 Kehlbalkendach; verschieblich und unverschieblich

C.8 Gründung

C.8.1 Der Baugrund als Teil des Bauwerks

C.8.1.1 Übersicht

Der Baugrund stellt die Aufstandsebene des Bauwerks dar. Hier liegt eine Schnittstelle zwischen der eigentlichen Tragkonstruktion und den vor Ort im Untergrund vorliegenden Bodenverhältnissen vor. Während die Tragkonstruktion nahezu beliebig gestaltet werden kann, ist eine Beeinflussung der Bodenverhältnisse nur bedingt möglich. Eine der Hauptaufgaben der Gründung ist darin zu sehen, den Übergang vom Bauwerk auf den Boden so zu gestalten, dass die Auflagerreaktionen des Tragwerks zuverlässig vom Baugrund aufgenommen werden können.

Für diese Betrachtung sind Bauwerk und Baugrund nicht für sich isoliert zu bewerten, sondern stets in Gesamtheit miteinander als eine Art Verbundkonstruktion zu begreifen (Bild C-287).

Setzungen: Der Baugrund ist keine starre Unterlage, sondern er erfährt durch die Belastung Verformungen. Es genügt daher nicht, dass der Baugrund die einwirkenden Lasten aufnehmen kann, sondern es müssen auch die zugehörigen Verformungen des Baugrunds nach Größe und zeitlichem Verlauf bestimmt werden.

Der Baugrund verformt sich durch die von der Last des Bauwerks hervorgerufenen Kräfte entsprechend seiner Zusammendrückbarkeit. Lotrechte Fundamentlasten verursachen vor allem lotrechte Verschiebungen. Die Werte der Setzungen können mehrere Zentimeter betragen.

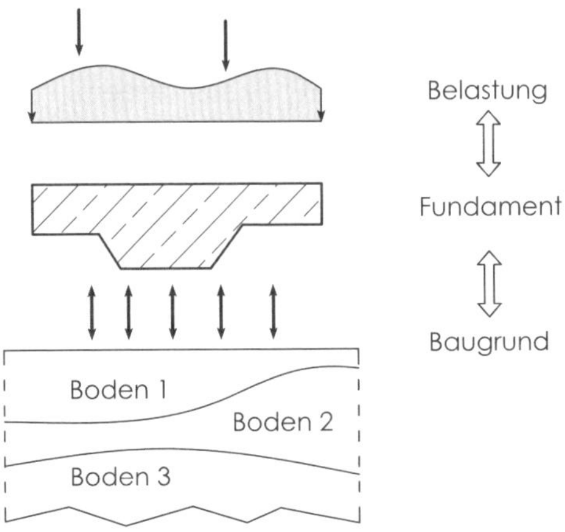

Bild C-287 Fundament und Baugrund; Verbundkonstruktion

Gleichmäßige, großflächige Setzungen gefährden im Allgemeinen nicht die Standsicherheit und Nutzung eines Bauwerks, Setzungsschäden entstehen dadurch meist nicht. Demgegenüber treten häufig dann Probleme für das Tragwerk auf, wenn es zu ungleichmäßigen Setzungen nur einzelner Teile des Bauwerks kommt. Ursachen für derartige Setzungen können sowohl in der Tragstruktur als auch im Baugrund begründet sein. In Tabelle C-4 werden wesentliche Ursachen und exemplarische Beispiele dazu aufgeführt.

Tabelle C-4 Ursachen für ungleichmäßige Setzungen

(a) Ursache im Tragwerk	
unterschiedliche Belastung	stark unterschiedlicher Lastabtrag über den Grundriss verteilt
unterschiedliche Gründungstiefen	Gründung erfolgt nicht auf einheitlicher Höhenlage
Spannungsüberlagerungen	benachbarte Fundamente beeinflussen sich gegenseitig (z.B. Mitnahmesetzung der bestehenden Nachbarbebauung)
(b) Ursache im Baugrund	
ungleichmäßige Bodenzusammensetzung	z.B. lokale Tonlinse in ansonsten tragfähiger Schicht
ungleichmäßige Schichtenausbildung	z.B. Schichten mit geringer oder uneinheitlicher Tragfähigkeit (inhomogene Auffüllungen, organische Böden, Müll)

Je nach Bodenart treten die Setzungen sofort nach der Belastung auf oder sie benötigen einen langen Zeitraum (Tage, Monate oder Jahre), um ihren Endwert zu erreichen. Auch das im Boden vorhandene Wasser beeinflusst die Baugrundeigenschaften und gefährdet unter Umständen das Bauwerk selbst.

Spannungen: Die in der Kontaktfuge zwischen Fundament und Boden auftretende Spannung wird als Sohldruck $\sigma_{E,d}$, der zulässige Wert wird als Bemessungswert des Sohlwiderstandes $\sigma_{R,d}$ bezeichnet.

Wird der Sohldruck unter dem Fundament zu hoch, tritt neben dem lotrechten Zusammendrücken ein seitliches Ausweichen des Bodens auf. Dieser Vorgang wird als Grundbruch bezeichnet und in Bild C-288 modellhaft veranschaulicht.

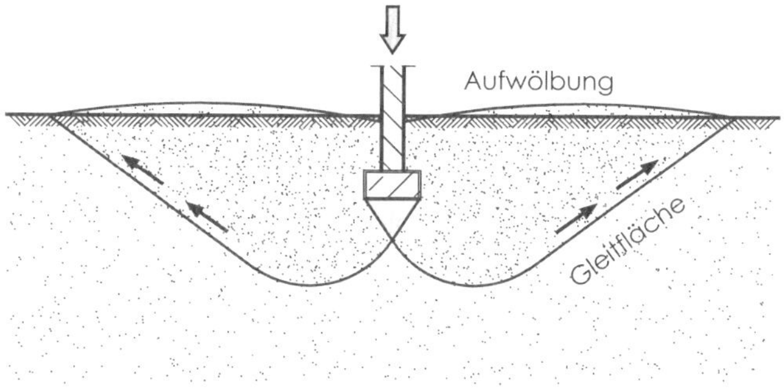

Bild C-288 Grundbruch infolge Lastüberschreitung; Versagensmodell

C.8.1.2 Angaben zum Baugrund

Um eine Gründungsvariante zu wählen, die bautechnisch dauerhaft einwandfrei und wirtschaftlich vernünftig ausgelegt ist, müssen ausreichend belastbare Angaben über den Baugrund vorliegen. Im Hinblick darauf sind folgende Fragen von zentraler Bedeutung und sollten möglichst frühzeitig beantwortet werden:

- Welche Bodenarten sind vorhanden und wie groß ist die Mächtigkeit und Abfolge dieser Schichten?
- In welcher Tiefe befindet sich der tragfähige Baugrund und wie ist das Bauwerk zu gründen?
- Ist mit einer Beeinflussung durch Wasser im Baugrund zu rechnen?
- Welche Setzungen sind zu erwarten?
- Besteht Frost- oder Ausspülgefahr des Bodens?
- Enthält der Boden betonschädliche Stoffe?

Bodengutachten: Mit Ausnahme besonders einfacher Baumaßnahmen empfiehlt es sich, einen Fachplaner für Geotechnik möglichst frühzeitig einzubinden und durch ihn eine diesbezügliche Planungsgrundlage erstellen zu lassen. Die Angaben werden in einem Bodengutachten (geotechnischen Entwurfsbericht) zusammengefasst.

Im Bodengutachten sind sämtliche für das Bauwerk relevanten Angaben bezüglich des Baugrunds anzugeben. Tabelle C-5 listet exemplarisch die wesentlichsten Aspekte auf, die ein Bodengutachten enthalten sollte.

Tabelle C-5 Bodengutachten; wesentliche Inhalte (exemplarisch)

1	**Beschreibung der aktuellen Situation und des geplantes Projekts**
	Übersichtsplan, Beschreibung aktuelle Situation, geplantes Projekt
	vorhandene Unterlagen
2	**Erkundungen des Baugrunds (geotechnischer Untersuchungsbericht)**
	Art der durchgeführten Untersuchungen
	Beschreibung zu Aufbau, Abfolge, Schichtmächtigkeit und Lagerungsdichte der Art des Bodens
	Lageplan mit Darstellung der Untersuchungspunkte, Bohr- und Sondierprofile
	Beschaffenheit der einzelnen Schichten, Angabe bodenmechanischer Kennwerte z.B. Wichte des Bodens, innerer Reibungswinkel etc.
	Auswertungen zu Grundwasserständen (anhand von Karten, öffentlichen Grundwassermessstellen, eigenen Pegelmessungen)
	Erdbebenzone
3	**Gründungs- und Ausführungsempfehlung**
	mögliche Gründungsvarianten, Gründungshorizont, Lage der tragfähigen Schichten
	maximal aufnehmbare Sohldrücke
	Steifeziffer, Bettungsmodul
	zu erwartende Baugrundsetzungen
	zu erwartende Wasserstände im Baufeld, mögliche Varianten der Gebäudeabdichtung (Drainage, Weiße Wanne)
4	**Empfehlungen zur Baugrubenerstellung, Gründung und Abdichtung**
	Baugrubenerstellung (Abböschung, Baugrubenverbau, Nachbarfundamente etc.)
	Wasserhaltung
5	**Schlussbemerkung und ergänzende Hinweise**

C.8.1.3 Geotechnische Kategorien

In EC7 erfolgt die Klassifizierung geotechnischer Fragestellungen anhand der Komplexität und des damit einhergehenden Risikos in „Geotechnische Kategorien" ([83],[84]). Wesentliche Merkmale für die Einordnung in eine der drei Kategorien sind die Art des Baugrundes, das Tragwerk mitsamt der gewählten Gründungart und die Beeinflussung im Baufeld durch Wasser. Maßgebend für die Einstufung ist das Merkmal mit der höchsten Kategorie. Die Tabelle C-6 gibt die Angaben aus DIN EN 1997 wieder ([100],[101]).

Aus der Einstufung in die jeweilige geotechnische Kategorie resultieren unmittelbar Art und Umfang der erforderlichen Baugrunduntersuchungen, die zu führenden rechnerischen Nachweise und des Weiteren die notwendigen Überwachungen im Rahmen der Ausführung

Tabelle C-6 Geotechnische Kategorien (Merkmale und Beispiele gemäß EC7)

	Geotechnische Kategorie		
Kriterium	GK 1	GK 2	GK 3
Schwierigkeitsgrad	geringer Schwierigkeitsgrad im Hinblick auf Bauwerk und Baugrund	mittlerer Schwierigkeitsgrad im Hinblick auf das Zusammenwirken von Bauwerk und Baugrund	hoher Schwierigkeitsgrad im Hinblick auf das Zusammenwirken von Bauwerk und Baugrund
Baumaßnahme	kleine und relativ einfache Bauwerke	Konventionelle Gründungen und Bauwerke bzgl. Baugrund, Belastung und Risiko	alle Bauwerke, die nicht zu den Geotechnischen Kategorien 2 und 3 gehören
Beispiele	setzungsunempfindliche, flach gegründete Bauwerke mit geringen Fundamentbelastungen	Flachgründung, Pfahlgründung, Baugruben, Aufschüttungen und Erdarbeiten, Brückenwiderlager	Senkkastengründungen mit Druckluft Schächte und Tunnel in Lockergestein oder zerklüftetem Fels Offshore-Bauwerke Chemieanlagen
Baugrund	Baugrube in waagerechtem oder schwach geneigtem Gelände	durchschnittliche Baugrundverhältnisse	ungewöhnliche oder besonders schwierige Baugrundverhältnisse
Grundwasser	unterhalb Baugruben- und Gründungssohle	Grundwasseroberfläche höher als Bauwerkssohle	gespanntes Grundwasser

C.8.1.4 Baugrunduntersuchung

Untersuchungen des Baugrunds liefern die Eingangsdaten für die Abschätzungen zur Bodentragfähigkeit und zum möglichen Setzungsverhalten. Auf dieser Grundlage kann dann die Wahl der zweckmäßigsten und wirtschaftlichsten Art und Tiefe der Gründung erfolgen [23]. Die Bodenuntersuchung sollte möglichst frühzeitig erfolgen, um in der Planung entsprechend berücksichtigt werden zu können.

Die Veranlassung zur Baugrunderkundung hat durch den Bauherrn bzw. den durch ihn beauftragten Objektplaner zu erfolgen. Unabhängig davon verbleibt das „Baugrundrisiko" immer auf Seiten des Bauherrn und kann nicht etwa auf den Auftragnehmer delegiert werden. Es ist daher unerlässlich, den Baugrund ausreichend genau zu erkunden. Zahlreiche Negativbeispiele belegen, dass dadurch nachträgliche Änderungen (verbunden mit Zeit- und Kostensteigerungen) und Schäden an Gebäuden hätten vermieden werden können.

Umfang von Baugrunduntersuchungen: Mit Bezug zum Projektfortschritt werden zwei Untersuchungsstufen unterschieden, die aufeinander aufbauen.

Im Rahmen der Voruntersuchung geht es um die grundlegende Klärung, ob ein Standort geeignet ist und welche Veränderungen durch das Vorhaben entstehen. Des Weiteren ist der erforderliche Untersuchungsumfang abzuschätzen.

Im Rahmen der nachfolgenden Hauptuntersuchung erfolgt die konkrete Klärung. Beginnend mit der detaillierten Auswertung einschlägiger Informationsquellen (geologische Karten, Pegelmessungen etc.) ist es das Ziel, anhand von Beobachtungen und Beprobungen den Baugrund zuverlässig beschreiben zu können.

Grundsätzlich unterliegt der Umfang der Beprobungen einer Abwägung im Hinblick auf die Kosten für die Beprobung einerseits und die durch die Proben gewonnenen Erkenntnisse andererseits. Eine orientierende Angabe bezüglich der Mindestanforderungen an die Baugrunderkundung enthält DIN EN 1997.

Aufschlusstiefe: Die Baugrunderkundung muss so tief reichen, dass all diejenigen Schichten erfasst werden, die einen Beitrag zum Setzungsverhalten liefern. Folgende Aufschlusstiefen z ab Bauwerksunterkante oder Aushubsohle sind bei Hoch- und Ingenieurbauten zu erkunden.

- Einzel- und Streifenfundamente (Bild C-289/a):

  $z \geq 3{,}0\ b_F$ oder $z \geq 6{,}0$ m mit: b_F kleinere Fundamentabmessung
- Plattengründungen (Bild C-289/b):

  $z \geq 1{,}5\ b_B$ mit: b_B kleinere Bauwerksabmessung

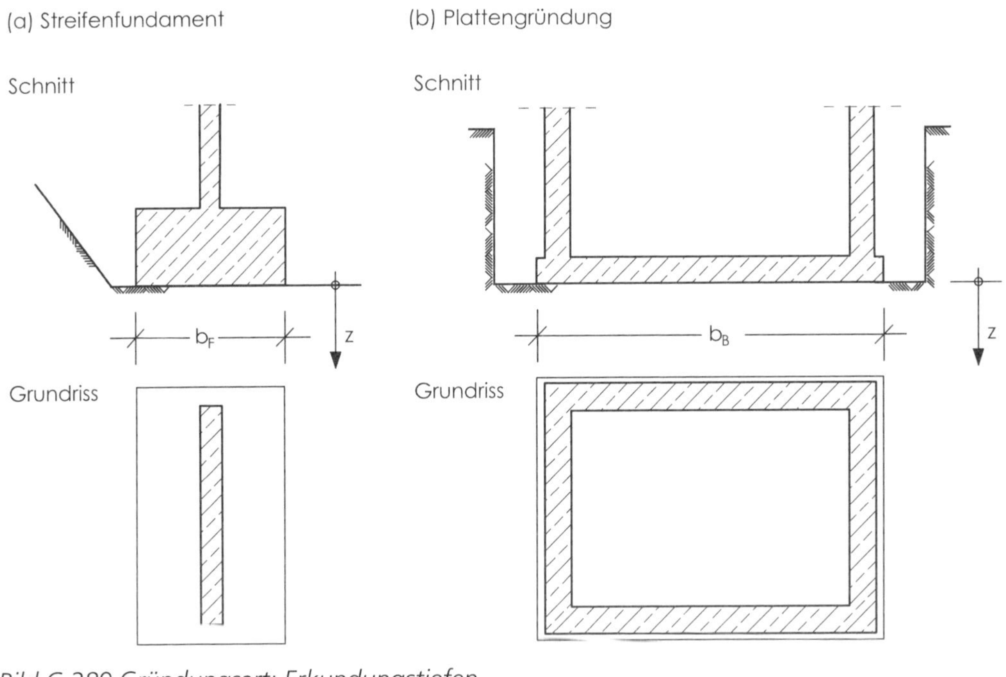

Bild C-289 Gründungsart; Erkundungstiefen

Der Abstand der Aufschlüsse untereinander soll bei Hoch- und Ingenieurbauten 20 bis 40 m, bei großflächigen Bauwerken 60 m nicht überschreiten. Bei sehr einfachen und kleinen Bauwerken kann ein einziger Aufschluss ausreichend sein.

Liegen eindeutige Angaben über den geologischen Aufbau des Bodens (Verlauf und Eigenschaften der einzelnen Schichten) vor, so kann die Anzahl der Bohrungen oder Schürfe verringert werden.

Bei Großbaustellen empfiehlt es sich, das Baufeld zunächst in einem groben Raster (Abstände ca. 100 bis 200 m) mit einzelnen Hauptbohrungen zu untersuchen und dadurch eine erste Übersicht über die Baugrund- und Grundwasserverhältnisse zu erhalten. Anschließend wird dieses Netz der Hauptbohrungen durch Zusatzbohrungen oder Sondierungen in engerem Abstand verdichtet.

Wasserverhältnisse: Die Baugrunderkundung hat stets auch die Wasserverhältnisse im Baufeld zu klären. Dabei ist zu unterscheiden zwischen Grundwasser, nur zeitweise anstauendem Schichtenwasser und Hochwasser. Zu beachten ist, dass aktuell gemessene Pegelstände gegebenenfalls nur eine „Momentaufnahme" darstellen und von etwaigen Höchstständen erheblich abweichen können. Durch ergänzende Informationsquellen sind die ermittelten Pegelstände gegebenenfalls mit Zuschlägen (Freibord) zu versehen.

Konsequenzen, die sich aus einem Wasseranstau ergeben, sind Druckbeanspruchungen auf Außenwände und Bodenplatte, Auftrieb für das Gesamtgebäude, Abdichtungsmaßnahmen etc.

Wesentliche Fragestellungen, die in Bezug auf die Wasserverhältnisse zu klären sind, betreffen:

- die zweckmäßige Höhenlage des Bauwerks und eventuell ihre Sicherung gegen Durchfeuchtung,
- die Einwirkung des Wasserdrucks auf das Bauwerk,
- die Entscheidung, ob und wie eine Wasserhaltung während der Bauzeit notwendig ist, wie diese durchzuführen ist und welche Wassermenge anfallen kann und
- den Einfluss einer eventuellen Grundwasserabsenkung auf die Nachbarbebauung und die Umwelt.

Ergänzend ist eine chemische Analyse des Wassers durchzuführen. Gegebenenfalls ist von einem chemischen Betonangriff auszugehen, der bei der Wahl der Betonrezeptur zu beachten ist.

C.8.1.5 Methoden der Erkundung

Bezüglich der Erkundungsverfahren ist zwischen direkten und indirekten Methoden zu unterscheiden. Bei den direkten Verfahren wird der Baugrund unmittelbar durch Aufschlüsse (Anschnitte, Schürfe oder Stollen) erkundet oder es werden mittels Bohrungen Bohrprofile gewonnen, die dann direkt beurteilt werden können [23].

Bei indirekten Verfahren werden demgegenüber Messwerte (z.B. mit Messsonden) ermittelt, die durch den Vergleich mit Referenzwerten Rückschlüsse auf einzelne Bodenkennwerte zulassen.

Schürfe: Schürfe können als Gruben oder Schlitze angelegt werden. Sie sind nach Beendigung der Erkundung wieder zu verfüllen. Begehbare Schürfe ermöglichen ein sicheres Erkennen der Schichtung und der Bodenarten, ihrer Zusammensetzung sowie eventueller Wasseraustritte.

Schürfe ermöglichen auch eine leichte und zuverlässige Entnahme von Bodenproben und eine unmittelbare Prüfung des Bodens an den Wandungen und auf der Sohle. Sie erfordern aber bei größeren Tiefen einen höheren Zeitaufwand und höhere Kosten als Bohrungen. Sie können unterhalb des Grundwasserspiegels und bei stärkerem Schichtenwasserzutritt nur unter Zuhilfenahme einer Wasserhaltung ausgeführt werden. Schürfe sind dann geeignet, wenn eine geringe Untersuchungstiefe ausreicht. Sie können besonders in Bodenarten, in denen sich Bohrarbeiten schwieriger ausführen lassen, auch im Übergangsbereich zu festem Fels zweckmäßig sein (Bild C-290). Bodenproben aus Schürfen werden aus der Sohle, der Abtreppung oder der Wandung gewonnen. Sie werden entweder in gestörter Form herausgelöst oder als Sonderproben mit Hilfe von Ausstechzylindern ausgestochen und ausgegraben.

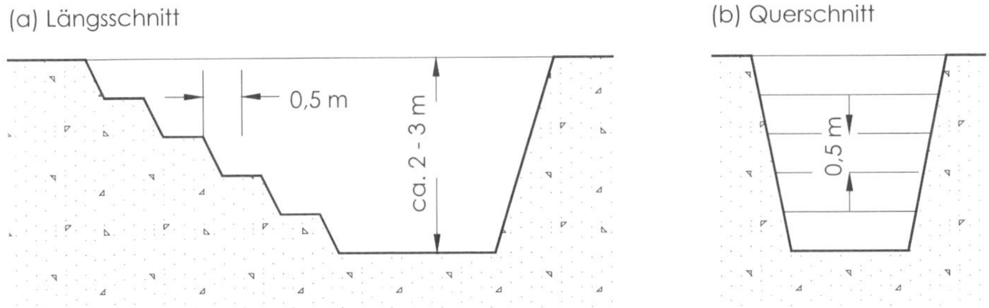

Bild C-290 Schurf; Abmessungen

Bohrungen: Zur Erkundung des Baugrunds dienen am häufigsten Bohrungen, weil sie sich schnell, sicher und auf große Tiefen ohne Behinderung durch Wasserandrang niederbringen lassen. Die Güte der Bodenproben ist von der angewandten Bohrmethode abhängig. Mit Bohrungen sind in allen Bodenarten, auch im Fels, Aufschlüsse möglich. Schichten, die mit Blöcken oder Findlingen durchsetzt sind, erschweren das Bohren. Die üblichen Bohrlochdurchmesser liegen bei 3,7 bis 15 cm.

Nach Abschluss aller Messungen und Beobachtungen sind die Bohrlöcher gleichzeitig mit dem Ziehen der Verrohrung sorgfältig zu verfüllen. Wenn Grundwasserstockwerke oder gespanntes Grundwasser vorhanden sind, ist unbedingt die Wirkung der ursprünglichen Sperrschichten wiederherzustellen. Soll der Grundwasserstand weiter beobachtet werden, sind in das Bohrloch Grundwasserbeobachtungsrohre einzusetzen. Wenn ein Verdacht auf betonschädliche Stoffe im Grundwasser besteht, ist das Wasser chemisch zu untersuchen.

Sondierungen: Ein weiteres Hilfsmittel, um die Bodenverhältnisse zu überprüfen sind Bodensonden. Übliche Varianten sind Ramm-, Bohrloch- und Drucksonden. Sonden sind besonders geeignet, um Schichtgrenzen, Oberflächen von Fels oder tragfähigen Schichten und Hohlräume zu ermitteln. Auch kann die Gleichmäßigkeit des Bodens zwischen vorhandenen Aufschlüssen (z.B. Bohrungen) hiermit schnell überprüft werden.

Bei Bodensonden handelt es sich um Stäbe, die in den Boden eingetrieben werden (Bild C-291). Je nach der Art der Eintreibvorrichtung sind Ramm- und Drucksondierungen zu unterscheiden. Bei Rammsonden wird während des Eintreibens in den Boden der Widerstand des

Bodens gegenüber diesem Vorgang protokolliert. Aus dem Eindringwiderstand können Rückschlüsse über Bodenaufbau und -qualität gezogen werden.

Bei Druck- und Schersonden wird in unterschiedlichen Tiefenlagen durch seitliches Pressen bzw. Verdrehen der Widerstand des Bodens ermittelt.

Bei Kenntnis der allgemeinen Bodenverhältnisse ist es oft günstig, zunächst Sondierungen vorzunehmen und erst dann in einem weitergehenden Schritt Bohrungen durchzuführen.

Neben Verfahren, die punktuelle Aufschlüsse liefern (wie z.B. Schürfe, Bohrungen und Sondierungen), gibt es Verfahren, die flächige Aufschlüsse liefern (wie z.B. geophysikalische Untersuchungen zur Festlegung von Schichtmächtigkeiten und Felsoberflächen).

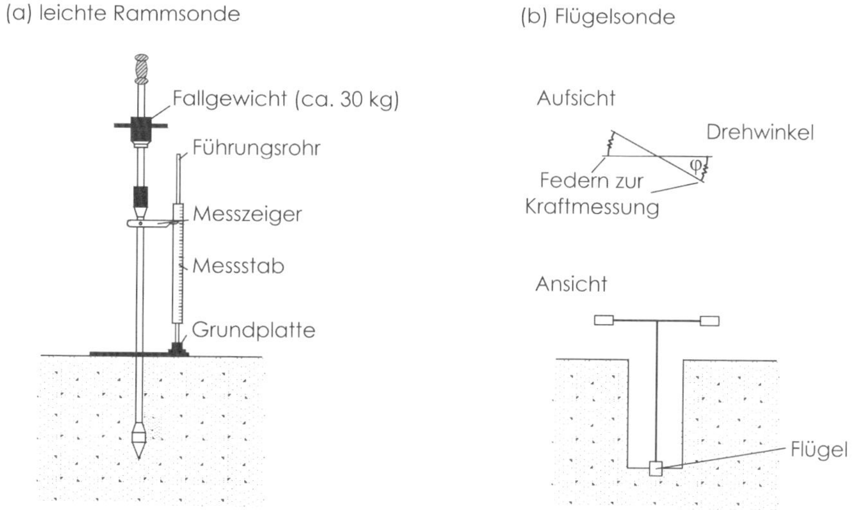

Bild C-291 Sonden zur Baugrunduntersuchung vor Ort; Beispiele

C.8.1.6 Bodenmechanische Kennwerte

Mithilfe von konkreten Bodenkennwerten lassen sich die Eigenschaften des Baugrundes objektiv beurteilen und miteinander vergleichen. Einige dieser Kennwerte werden unmittelbar vor Ort im Feldversuch, andere anhand von Laborversuchen ermittelt. Bei den Bodenkennwerten handelt es sich um mehr oder weniger stark streuende Größen und es sind daher stets mehrere Proben über einen räumlich ausgedehnten Bereich zu untersuchen.

Kennwerte zur Klassifizierung: Klassifizierungsversuche dienen dazu, einen Boden zu beschreiben und aufgrund der ermittelten Kennwerte einer speziellen Bodenart zuordnen zu können. Beispiele für solche Größen sind die Korngrößenverteilung innerhalb des Bodengemisches, die Plastizitätsgrenzen oder der Anteil an organischen Bestandteilen im Boden. Derartige Kennwerte lassen erste Rückschlüsse auf ein zu erwartendes Verhalten des Bodens als Baugrund zu. Liegen ausreichende Erkenntnisse und Erfahrungswerte aus der Umgebung des Baufeldes vor, liegt es im Ermessen des Bodengutachters, den Umfang der Klassifizierungsversuche gegebenenfalls zu begrenzen.

Kennwerte zur Tragfähigkeit: Durch Festigkeits- und Verformungsversuche werden Kennwerte gewonnen, die letztendlich als Eingangsgrößen den rechnerischen Nachweisen zugrunde gelegt werden. Beispiele dafür sind der Verformungs- und Steifemodul, die Proctordichte oder die Scherfestigkeit.

C.8.1.7 Bodenarten

Eine grundlegende Unterteilung des Baugrundes orientiert sich an dem jeweils unterschiedlichen Verformungsverhalten infolge Belastung. Man unterscheidet demnach in gewachsenen Boden (Lockergestein), Fels (Felsgestein) und geschütteten Boden, wobei die Lockergesteine ihrerseits Verwitterungsprodukte der Felsgesteine sind.

Für die Einteilung der Böden nach bodenmechanischen und bautechnischen Gesichtspunkten ist das Hauptmerkmal ihre Korngröße und Kornform. Hiernach unterscheidet man in nichtbindige (Kies, Sand) und bindige (Ton, Schluff) Böden.

Die Korngrößenverteilung ist eine relevante Kenngröße im Hinblick auf die Verdichtungsfähigkeit, Wasserdurchlässigkeit und Frostempfindlichkeit des Bodens.

Da Böden immer in Mischformen vorkommen, werden sie in gleichartige Gruppen zusammengefasst. Während bei nichtbindigen Böden die Kornform gedrungen ist und die Korngröße von 0,06 mm nicht unterschritten wird, haben bindige Böden stäbchen- oder schuppenförmige Einzelteilchen, deren Korngrößen weniger als 0,002 mm betragen kann. Bild C-292 zeigt skizzenhaft und in stark vergrößerter Form die Unterschiede in der Struktur der Böden.

(a) nichtbindiger Boden
(Struktur einzelner Körner sichtbar)

(b) bindiger Boden
(plattige Struktur,
stäbchen- oder schuppenförmig)

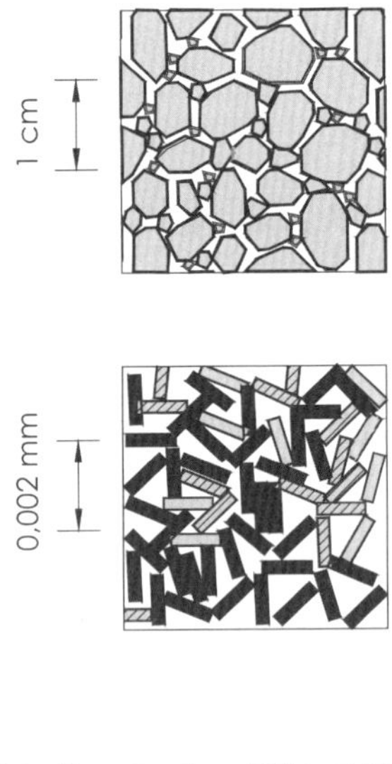

Bild C-292 Bodenstrukturen

Nichtbindige Böden: In trockenem Zustand bilden nichtbindige Böden (Bild C-292/a) ein Gemenge aus zusammenhanglosen, sich nur in kleinen Flächen berührenden Einzelteilchen (Einzelkornstruktur) ohne gegenseitige Anziehungskräfte (Kohäsion). Nichtbindige Böden lassen sich bei Belastung wenig zusammendrücken. Die Setzungen treten in kürzester Zeit auf.

Bindige Böden: Demgegenüber bilden bindige Böden auch in trockenem Zustand eine zusammenhaftende Masse mit Kohäsionskräften und zeigen ein wabenartiges Gefüge (Wabenstruktur). Bei bindigen Böden (Bild C-292/b) sind die Hohlräume zwischen den einzelnen Körnern dagegen um ein Vielfaches größer als diese selbst. Das Wasser, welches sich in den Zwischenräumen befindet, kann bei Belastung des Bodens wegen der hohen Strömungswiderstände in den engen Porengängen nicht schnell genug abfließen. Die Setzungen derartiger Böden sind nicht nur betragsmäßig viel größer, sondern ihr zeitlicher Verlauf erstreckt sich auch über einen langen Zeitraum (Monate, Jahre bis hin zu Jahrzehnten). Ein weiterer Unterschied liegt in dem großen Einfluss, den Wasser auf den Zustand und die Tragfähigkeit von bindigen Böden hat.

Durch Kohäsionskräfte können bei bindigen und steifen Böden auch lotrechte Böschungen hergestellt werden. Tritt jedoch Wasser hinzu (z.B. Regen), so können bindige Böden in einen weichen Zustand übergehen und solche Böschungen abrutschen. Demgegenüber ist der Einfluss des Wassers bei nichtbindigen Böden sehr viel geringer.

Typische bindige Böden sind Lehm und Mergel. Als Lehm bezeichnet man Ton, Schluff und Sand mit Beimengungen von Eisenverbindungen. Tonböden mit Sand und Kalk, der solche Böden teilweise verfestigt, heißen Mergel.

Klassifikation für bautechnische Zwecke: Um die Vielzahl unterschiedlichster Böden und Bodenmischungen im Hinblick auf deren Eignung für bautechnische Zwecke zu klassifizieren, erfolgt eine Einstufung anhand der Haupt- und Nebenbestandteile.

Tabelle C-7 Böden; Hauptgruppen und deren Hauptbestandteile

Kurzzeichen	Hauptbestandteile
G	Kieskorn
S	Sandkorn
U	Schluffkorn
T	Ton

Die Benennung erfolgt mit Hilfe eines Systems von zwei Buchstaben, wobei der erste Buchstabe die Hauptbestandteile (vgl. Tabelle C-7) und der zweite Kennbuchstabe entweder die Nebenbestandteile (z.B. feinkörnige Beimengungen) oder eine jeweilige bodenmechanische Eigenschaft (z.B. Plastizitätsgrad nach Casagrande) bezeichnet. Im Ergebnis lassen sich mit diesem Kennzeichnungssystem insgesamt 29 unterschiedliche Gruppen von Böden unterscheiden. Einen Ausschnitt aus der Liste der nach dieser Systematik klassifizierten Böden zeigt Tabelle C-8.

Tabelle C-8 Bodenklassifikation für bautechnische Zwecke (Auszug)

	Hauptgruppen		Bezeichnung	Beispiele
1	Grobkörnige Böden	enggestufte Kiese	**GE**	Fluss- und Strandkies, Terrassenschotter vulkanische Schlacke
2		weitgestufte Kiese	**GW**	
3		Intermittierend gestufte Kies-Sand-Gemische	**GI**	
4		Enggestufte Sande	**SE**	Dünen- und Flugsand, Fließsand, Beckensand
5			**SW**	Moränensand, Terrassensand, Granitgrus
6			**SI**	
7	Gemischtkörnige Böden			Moränenkies, Verwitterungskies
8				
9				
28	Auffüllung	Auffüllung aus natürlichen Böden	**- /-**	
29		Auffüllung aus Fremdstoffen	**A**	Müll, Schlacke, Bauschutt

C.8.2 Einzel- oder Streifenfundamente

C.8.2.1 Allgemeines

Über die Fundamente werden die Lasten des Bauwerks auf den Baugrund übertragen. Steht der tragfähige Baugrund unmittelbar unter der Geländeoberfläche an, bietet sich meist eine Flachgründung an. Die wichtigsten Arten von Flachgründungen sind in Bild C-293 dargestellt.

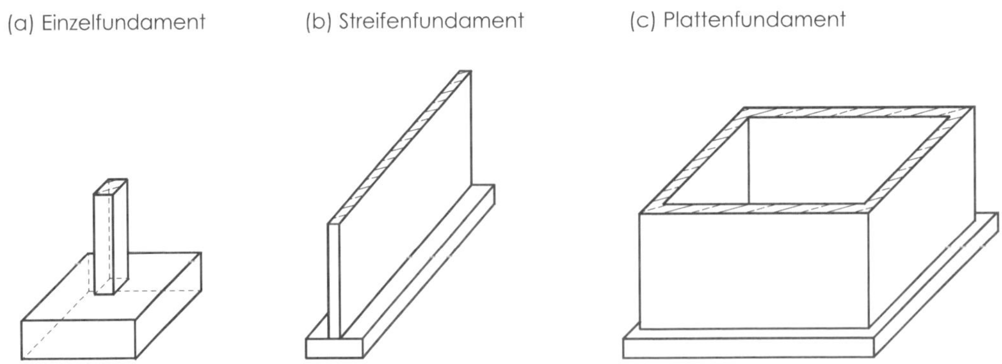

Bild C-293 Arten von Flachgründungen

Um die Trag- und Verformungsfähigkeit des Baugrundes nicht zu überschreiten, ist es die Aufgabe der Fundamentierung, die konzentrierten Lasten der Tragkonstruktion durch eine vergrößerte Übertragungsfläche auf ein verträgliches Maß zu reduzieren [24]. Je höher die Last, desto größer ist folglich die erforderliche Lastverteilfläche.

Ausführungsvarianten: Ein wichtiger Aspekt für Gründungselemente ist die Einhaltung einer Mindestüberdeckung zur Gewährleistung der Frostsicherheit. Eine Tiefe von 80 cm gewährleistet üblicherweise eine frostfreie Gründung und vermeidet Beeinträchtigungen z.B. durch Frosthebungen. Bei stark wassergesättigten Böden oder starker Frostexposition (z.B. im Hochgebirge) sollten allerdings eher 130 cm eingehalten werden.

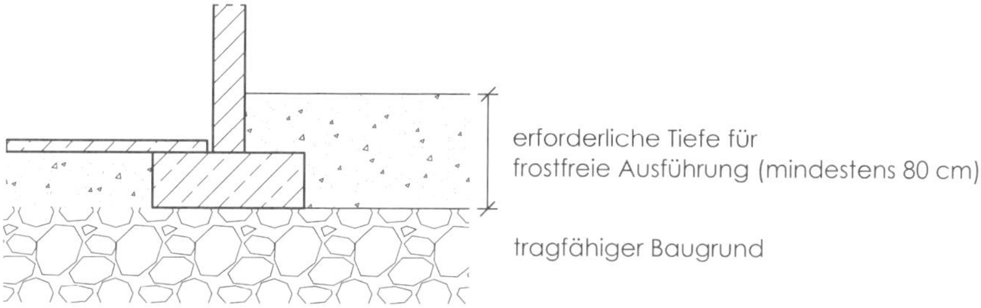

Bild C-294 Fundament; frostfreie Gründung

Steht tragfähiger Boden erst in einiger Tiefe unterhalb der Fundamentunterkante an, so kann diese Höhendifferenz meist am einfachsten durch einen Magerbetonsockel oder eine Brunnengründung (Stahlbetonringe mit Magerbetonfüllung oder verdichtetem Boden) überbrückt werden (Bild C-295). Auf diesem Sockel kommt dann eine übliche Flachgründung zur Ausführung.

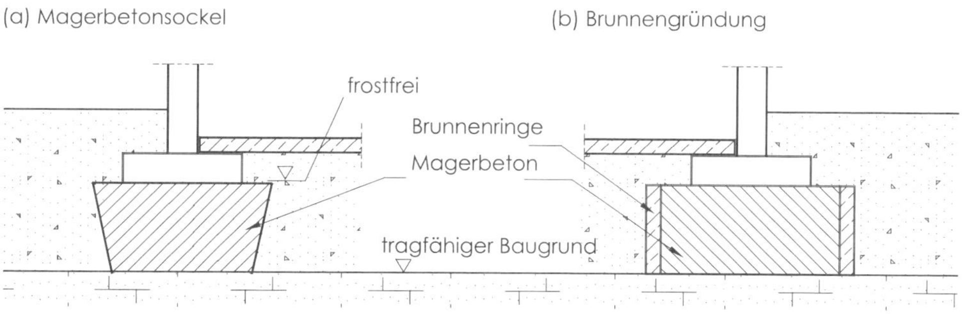

Bild C-295 Tragfähiger Baugrund in größeren Tiefen; Magerbetonsockel oder Brunnengründungen

Eventuell ist auch eine Verbesserung des wenig tragfähigen Bodens möglich. Diese Maßnahmen sind bis zu einer Höhendifferenz von etwa 3,0 m wirtschaftlich ausführbar. Lässt sich der tragfähige Baugrund mit derartigen Maßnahmen nicht mehr erreichen, kommen andere Verfahren, wie z.B. Pfahlgründungen (siehe Abschnitt C.8.4) zum Einsatz.

C.8.2.2 Lastwirkungen und Setzungen

Für Einzel- und Streifenfundamente wird vereinfachend meist eine geradlinige Sohlspannungsverteilung auf Grundlage des **Spannungstrapezverfahrens** betrachtet. Dabei werden sowohl die Verformungen des Baugrunds und des Bauwerks, als auch deren Interaktion untereinander nicht berücksichtigt. Bei kleinen Fundamenten mit geringer Einbindetiefe stellt die Spannungsverteilung nach dem Spannungstrapezverfahren eine gute Näherung dar.

Druckspannungen breiten sich im Boden mit zunehmender Tiefe auf eine größere Fläche aus und nehmen damit betragsmäßig ab [99]. Beispielsweise reduziert sich der Wert der Spannungen unter einem Streifenfundament in einer Tiefe gleich der doppelten Fundamentbreite (bei einem Ausbreitwinkel von 45°) auf rund 1/4 des Werts, der unmittelbar in der Fundamentsohle vorliegt. Das Bild C-296 zeigt qualitativ und prozentual die Abnahme der Spannungen über die Tiefe.

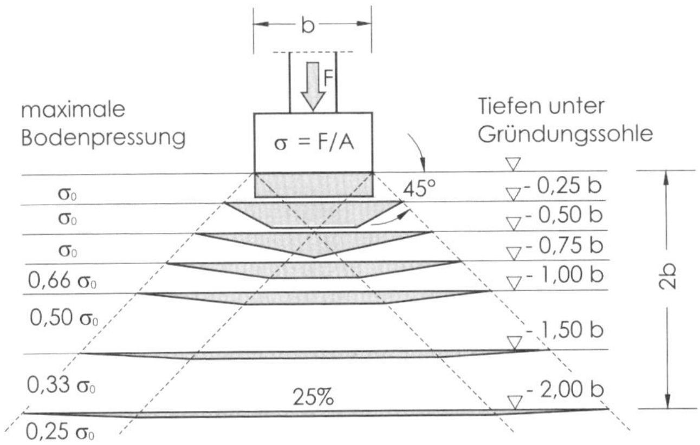

Bild C-296 Spannungsverteilung in Abhängigkeit von der Tiefe unter der Gründungssohle

Aufgrund des direkten Zusammenhangs zwischen vorhandener Spannung und zugehöriger Verformung wird demnach auch die Verformung des Baugrunds mit zunehmender Tiefe geringer. Anders ausgedrückt bedeutet dies aber auch, dass bei identischem Sohldruck ein breiteres Fundament zu größeren **Setzungen des Baugrunds** führt (Bild C-297).

Beabsichtigt man ein ähnliches Setzungsverhalten für unterschiedlich belastete Fundamente zu erreichen, so muss das stärker belastete Fundament einen kleineren Sohldruck aufweisen, d.h., die Fundamentfläche ist überproportional vergrößert auszubilden.

Dieser Fall tritt in der Praxis häufig bei Fundamenten unter Mittelstützen oder -wänden auf, die aufgrund einer größeren Lasteinzugsfläche und Durchlaufwirkung der Decken meist höher belastet sind. Daher sind auch die zugehörigen Einzelfundamente ($b_{innen} > b_{außen}$) entsprechend größer auszubilden, wie dies in Bild C-298 für ein Fundament mit verdoppelter Belastung verdeutlicht wird.

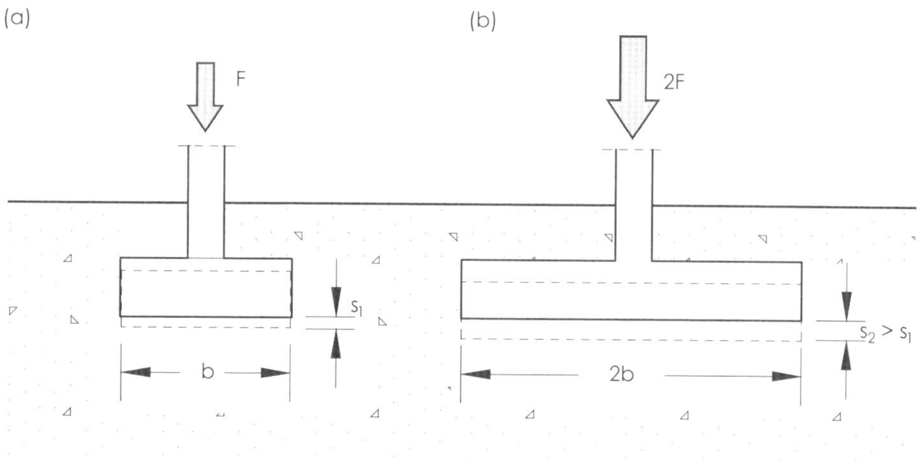

Bild C-297 Setzungen des Fundaments; Einfluss der Fundamentgröße

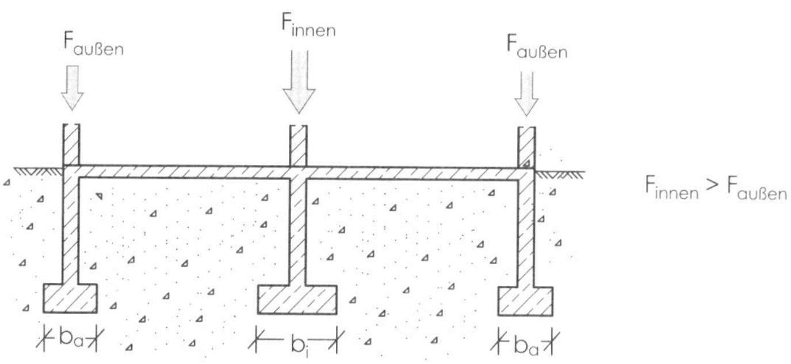

Bild C-298 Fundamentabmessungen unter Außen- und Mittelstützen oder -wänden

Während sich die Druckspannungen unter einem Streifenfundament nur quer zur Fundamentachse ausbreiten, erfolgt dies bei einem Einzelfundament (Quadrat, Rechteck, Kreis) in zwei Richtungen (Fundamentbreite und -länge). Dadurch klingen die Spannungen über die Tiefe schneller ab als unter einem Streifenfundament. Sie betragen beispielsweise in einer Tiefe gleich der doppelten Fundamentbreite ($t = 2 \cdot b$) nur noch rund 10 % des Ausgangswertes. Damit setzt sich – bei identischem Sohldruck – ein Einzelfundament weniger als ein Streifenfundament. Anders ausgedrückt bedeutet dies, dass für ein Einzelfundament zur Erzielung gleicher Setzungen ein höherer Sohldruck angesetzt werden darf.

Boden unter Auftrieb: Schließlich spielt das Grundwasser für den aufnehmbaren Sohldruck des Bodens eine Rolle. Wasser erzeugt Auftrieb. Demnach stehen auch die einzelnen Bodenkörner unter Auftrieb und werden leichter. Insbesondere für den Versagenszustand Grundbruch ist diese Gewichtsreduktion des Bodens infolge Auftrieb relevant. Der seitlich neben der Fundament- und Belastungsfläche lagernde Boden wird leichter, die Grundbruchgefahr nimmt zu, d.h., das Wasser führt zu einem niedrigeren aufnehmbaren Sohldruck.

Setzungsverhalten des Bauwerks

Eine Betrachtung im Hinblick auf Baugrundsetzungen sollte nicht allein auf das Verhalten des Baugrunds ausgerichtet sein, sondern auch das geplante Setzungsverhalten des Bauwerks („Systemantwort") berücksichtigen. Diesbezüglich ist zwischen **setzungsempfindlichen** und **setzungsunempfindlichen Bauwerken** zu differenzieren.

Als **setzungsempfindlich** gelten alle Bauwerke, deren Fundamente sich nicht unabhängig voneinander setzen können, sondern die in ihrem Setzungsverhalten durch den Überbau gegenseitig beeinflusst werden. Dazu gehören alle üblichen Hochbauten (statisch unbestimmt gelagerte Konstruktionen) und Bauwerke, bei denen ungleichmäßige Setzungen schädlich sind oder die Nutzung beeinträchtigen (siehe auch Abschnitt D.1.6.5).

Als **setzungsunempfindlich** sind nur statisch bestimmte (häufig Fertigteilkonstruktionen) Bauwerke anzusehen oder solche, bei denen ungleichmäßige Setzungen unschädlich sind oder die Nutzung nicht beeinträchtigen.

C.8.2.3 Zentrisch belastete Fundamente

C.8.2.3.1 Streifenfundamente unter Wänden

Streifenfundamente unter durchgehenden Wänden werden durch eine mehr oder weniger gleichmäßige Linienlast belastet, die mit den Bodenpressungen im Gleichgewicht steht. Das Fundament wird daher in seiner Längsrichtung nicht auf Biegung beansprucht.

Die in der Bodenfuge einwirkende Bemessungslast beträgt:

$n_d = (n + g_{Fundament}) \cdot \gamma_F$ [kN/m] mit $\gamma_F = 1{,}4$ (Sicherheitsbeiwert)

Die **erforderliche Fundamentbreite** ergibt sich gemäß Bild C-299 zu:

$$b_{F,erf} = \frac{n_d}{\sigma_{R,d}}$$

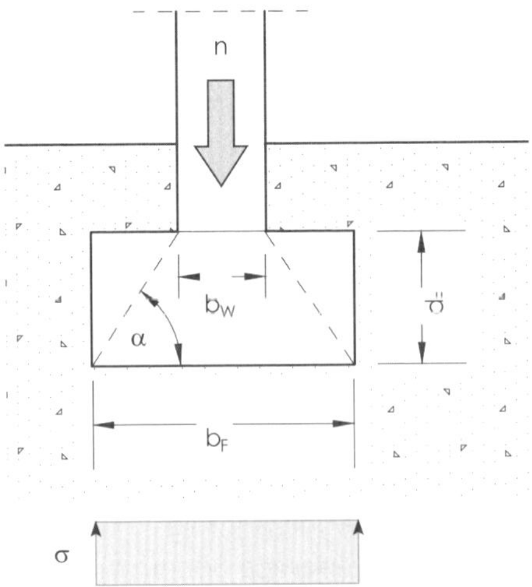

Bild C-299 Fundamentabmessungen

Unbewehrte Streifenfundamente: Ist die Breite des Steifenfundaments b_F nicht zu groß, kann ein unbewehrtes Betonfundament geplant und die Lastausbreitung im Fundamentkörper voll ausgenutzt werden. Die notwendige Dicke d_F des Fundaments ist vom zulässigen Winkel α abhängig: je höher die Betonqualität, umso kleiner darf α bzw. d_F sein. Je höher der Sohldruck, umso größer muss α bzw. d_F sein, damit kein Abscheren des unbewehrten Fundaments erfolgt.

Mit der Bedingung

$$b_{F,erf} = b_w + 2 \cdot \frac{d_F}{n}$$

ergibt sich die Fundamentdicke zu

$$d_F \geq (b_{F,erf} - b_w) \cdot \frac{n}{2}$$

Die Werte $n = \tan \alpha$ sind Tabelle C-9 zu entnehmen. Sie liegen zwischen 0,47 ($\alpha = 25°$) und 1,85 ($\alpha = 62°$) und sind abhängig von der Betonfestigkeitsklasse.

Tabelle C-9 n-Werte für die Lastausbreitung ($n = \tan \alpha$)

Sohldruck [kN/m²]	100	200	300	400	500	600	700
C 12/15	0,70	0,99	1,21	1,40	1,57	1,71	1,85
C 20/25	0,60	0,84	1,04	1,20	1,34	1,47	1,58
C 30/35	0,52	0,74	0,90	1,04	1,16	1,27	1,37
C 40/45	0,47	0,65	0,80	0,93	1,04	1,14	1,23

Für kleinere Hochbauten ist das unbewehrte Streifenfundament zur Fundamentierung von Wänden der Regelfall.

Innerhalb der (ungestörten) Wandfläche einer Mauerwerkswand werden Einzellasten unter einem Ausbreitwinkel von ca. 60° verteilt und können von einem verbreiterten Streifenfundament aufgenommen werden (Bild C-300/b). Einzellasten auf Stahlbetonwänden werden durch eine in die Wand integrierte Stahlbetonstütze nach unten geleitet und ergänzend auf einem ebenfalls integrierten Einzelfundament gegründet. Die Stützenbewehrung wird bis in das Fundament geführt (Bild C-300/c).

Gering belastete Streifenfundamente können rein rechnerisch sehr schmal werden. Aus baupraktischen Gründen sollte das Fundament jedoch auf jeder Seite mindestens 5 cm über die Wand überstehen(Bild C-300/a).

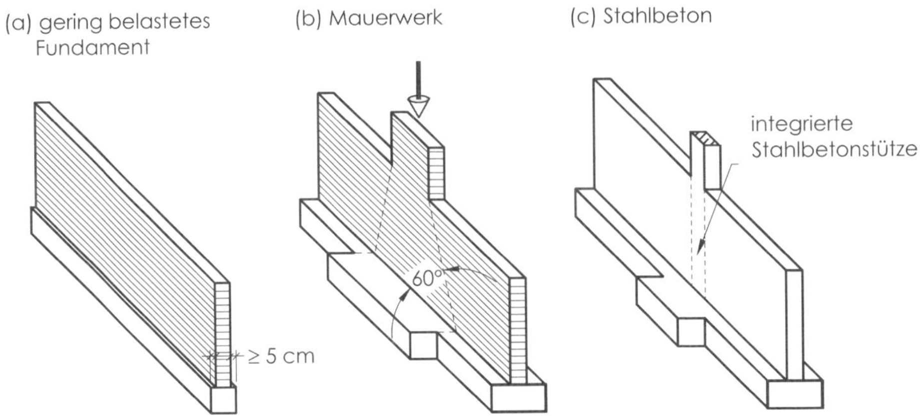

Bild C-300 Streifenfundament mit aufstehender Wandscheibe

Bewehrte Streifenfundamente: Wird bei großen Lasten (großes $b_{F,erf}$) die Fundamentdicke zu groß, wählt man ein bewehrtes Streifenfundament aus Stahlbeton. Es gilt:

$$b_{F,erf} \geq \frac{n_d}{\sigma_{R,d}}$$

Das Fundament wird in Querrichtung auf Biegung beansprucht. Bei einer Stahlbetonwand ist das Moment am Anschnitt M_R maßgebend, bei einer Mauerwerkswand ist der ausgerundete Maximalwert M_{max} maßgebend.

Für das Moment M_R bzw. M_{max} ist das Streifenfundament in Querrichtung wie eine Platte zu bemessen. In einfachen Fällen kann eine Bewehrung mit Betonstahlmatten erfolgen, bei großen Fundamentabmessungen und höheren Lasten wird eine Bewehrung aus Stabstahl erforderlich. In Fundamentlängsrichtung wird eine konstruktive Längsbewehrung von 20 % der Querbewehrung eingelegt.

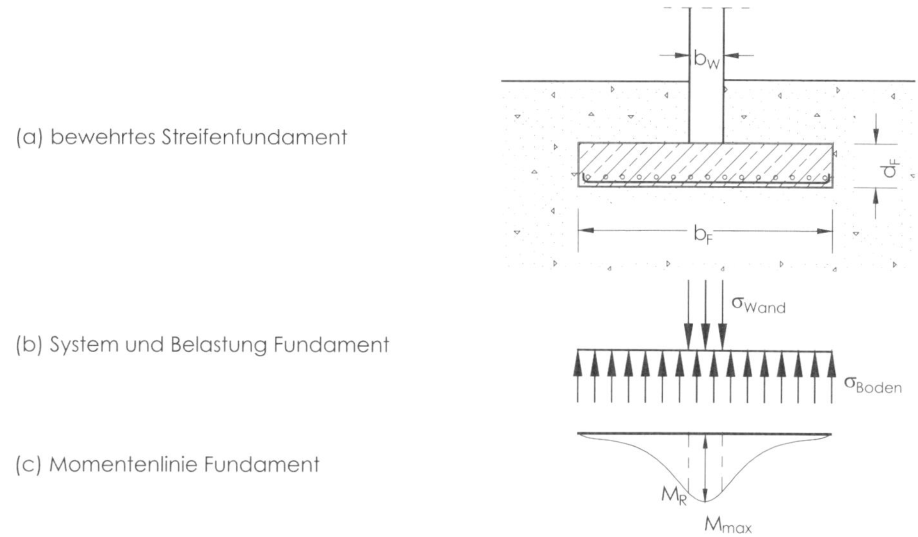

Bild C-301 Bewehrtes Einzelfundament; statisches Ersatzsystem

Ausführungsdetails

Aus baupraktischen Gründen ist unter bewehrten Fundamenten stets eine Sauberkeitsschicht aus Beton von rund 5 bis 10 cm Dicke vorzusehen, damit die Bewehrung auf einer tragfähigen Basis aufgestellt und mit ausreichender Betondeckung verlegt werden kann. Die untere Biegebewehrung wird an den Enden aufgebogen, um die Endverankerung sicherzustellen.

In der Vergangenheit wurden die Oberflächen oft mit Abschrägungen ausgeführt, um anfallendes Oberflächenwasser abzuleiten und Betonvolumen einzusparen. Eine derartige Ausbildung ist allerdings arbeitsaufwändig und es wird heute aus wirtschaftlichen Gründen meist darauf verzichtet.

Eine Abschrägung der Fundamentoberseite kann gegebenenfalls sinnvoll sein, um die Lagerung der Bodenplatte zu verbessern und damit die Rissgefahr der Bodenplatte zu vermindern.

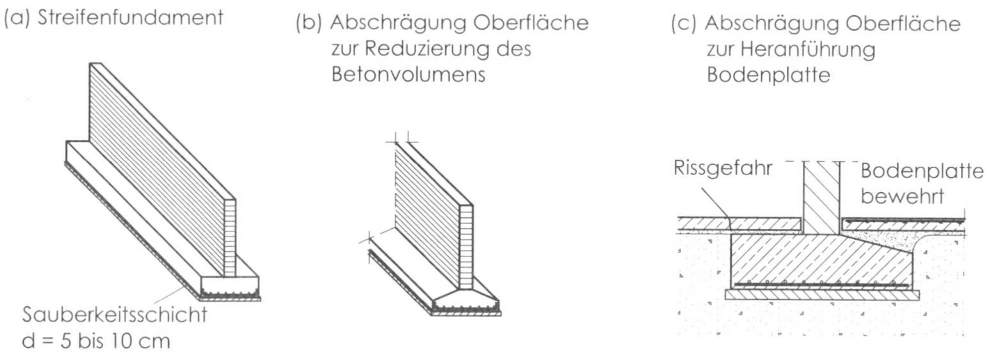

Bild C-302 Streifenfundamente; Detailausführung

Ergibt sich z.B. durch eine Teilunterkellerung, Aufzugsunterfahrten oder Schächte die Notwendigkeit, die Streifenfundamente in unterschiedlicher Höhenlage anzuordnen, so sind die Übergangsbereiche mit einem Abtreppungswinkel α 30° abzustufen (Bild C-303).

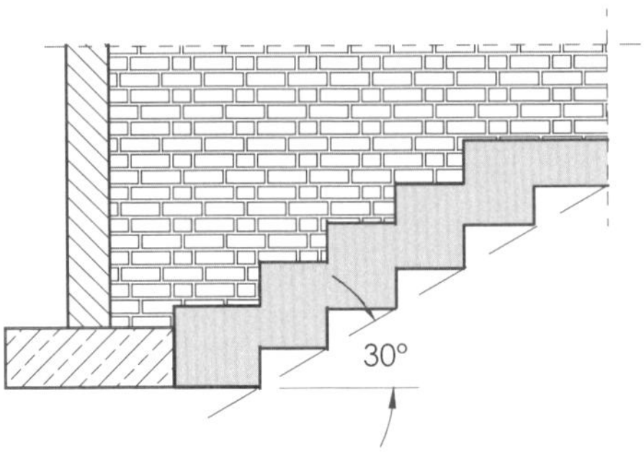

Bild C-303 Abtreppung

Bei hoch beanspruchten Streifenfundamenten mit geringer Plattendicke kann eine Schubbewehrung und/oder Durchstanzbewehrung erforderlich werden. Meist ist es dann wirtschaftlicher, die Fundamentdicke $d_{Fundament}$ so zu vergrößern, dass darauf verzichtet werden kann. Eine andere Möglichkeit der Schubbewehrung sind Dübelleisten, wie sie auch bei Flachdecken zur Anwendung kommen.

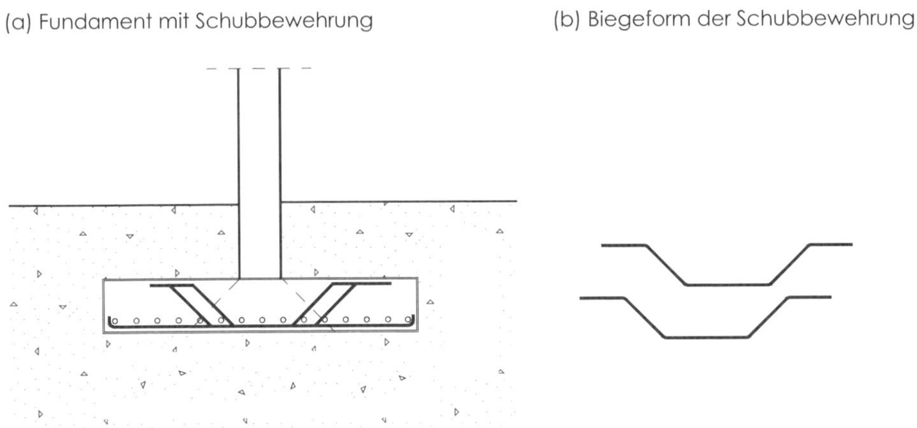

Bild C-304 Fundament mit Schubbewehrung

Wird die auf dem Streifenfundament aufstehende Wand z.B. durch Türöffnungen unterbrochen, verhält sich der Fundamentstreifen wie ein beidseits eingespannter Balken, der durch den von unten wirkenden Sohldruck belastet wird (Bild C-305). In der Mitte der Öffnung erzeugt das Feldmoment auf der Oberseite Zug, im Bereich der beiden Einspannmomente entsteht dieser auf der Unterseite. Entsprechend ist in Bereichen solcher Öffnungen immer eine obere und eine untere konstruktive Biegelängs- und Bügelbewehrung anzuordnen. Die Zusatzbewehrung ist auch bei Streifenfundamenten erforderlich, die ansonsten unbewehrt ausgebildet werden.

(a) Öffnung oberhalb des Streifenfundamentes

(b) Statisches Ersatzsystem

(c) Momentenlinie

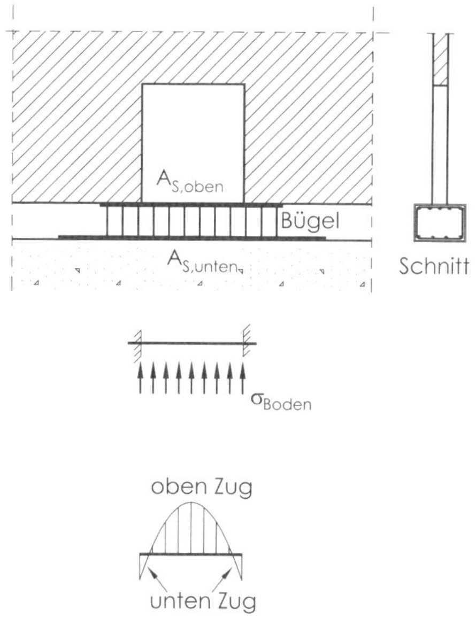

Bild C-305 Öffnung; unterbrochene Belastung

C.8.2.3.2 Streifenfundamente unter Einzelstützen

Werden Streifenfundamente durch Einzelstützen belastet, so wird das Fundament in Längsrichtung freitragend und wirkt dann wie ein Biegeträger. Anders als bei einer aufstehenden Wand fehlt die stützende Wirkung durch die Wand und das statische System entspricht demjenigen eines Durchlaufträgers. Es erfolgt eine Beanspruchung auf Biegung und Schub, die rechnerisch entsprechend nachzuweisen ist. Derartige Streifenfundamente sind stets bewehrt auszubilden. Übliche Querschnittsformen zeigt Bild C-306.

(a) Trapez (b) Rechteck (c) Plattenbalken

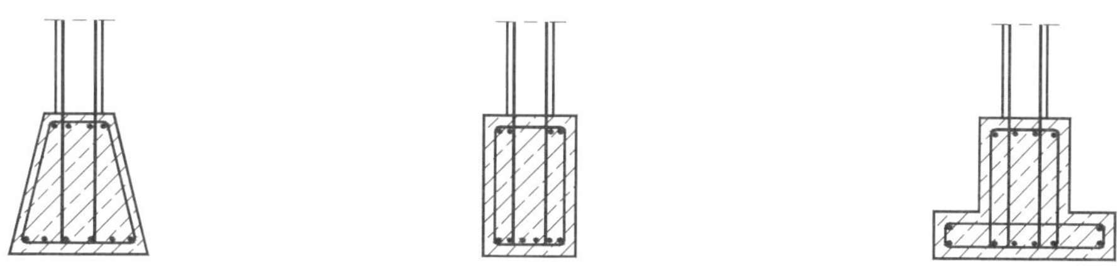

Bild C-306 Streifenfundamente; Querschnittsformen

Die Verteilung des Sohldrucks und der Biegemomente ist von der Nachgiebigkeit des Baugrunds abhängig, die durch die Bettungsziffer ausgedrückt wird.

Eine zusammenhängende Gründung von mehreren Stützen auf einem gemeinsamen Fundamentbalken ist auch dann anzuraten, wenn der Baugrund ungleichmäßig ist oder Stützensenkungen einen Einfluss auf die Tragstruktur haben.

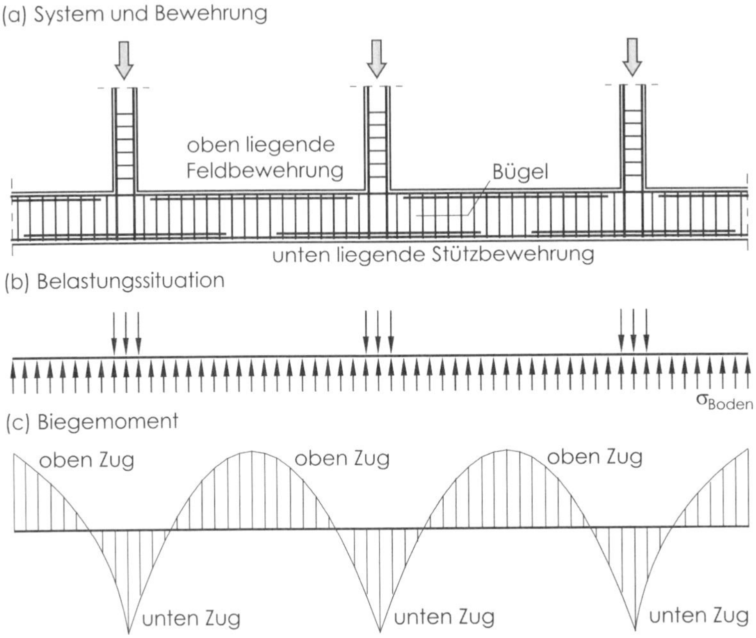

Bild C-307 Durchgehender Fundamentbalken mit Einzellasten

C.8.2.3.3 Einzelfundamente unter Einzelstützen

Einzellasten aus Stützen werden am günstigsten über Einzelfundamente aufgenommen. Wenn genügend Höhe ohne zu große Aushubkosten zur Verfügung steht, kann das Fundament unbewehrt aus Beton C 12/15 bis C 30/37 ausgeführt werden.

Bei einer mittigen und vertikalen Belastung ist die erforderliche Fläche der Fundamentsohle gleich der Bemessungslast geteilt durch den Bemessungswert des Sohlwiderstandes. Da das Eigengewicht des Fundaments relativ groß ist, darf es bei der Bemessung nicht vernachlässigt werden.

$N_{ges,d} = (N + G_{Fundament}) \cdot \gamma_F$ [kN]

mit

γ_F Teilsicherheitsbeiwert (siehe Abschnitt D.2)

$$A_{F,erf} \geq \frac{n_d}{\sigma_{R,d}}$$

$$b = \sqrt{A_{F,erf}}$$

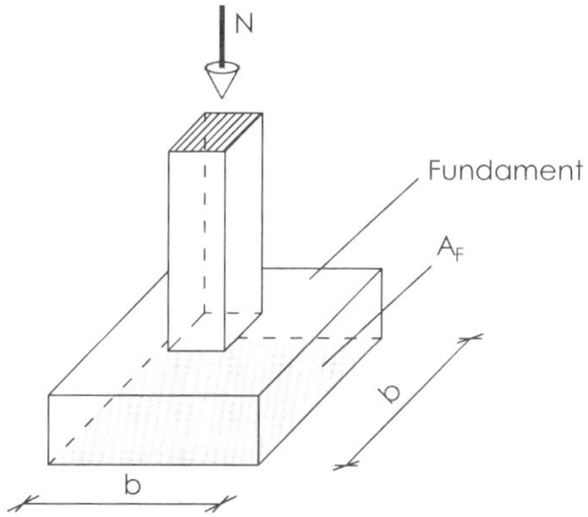

Bild C-308 Zentrisch belastetes Einzelfundament

Für die Ermittlung der Fundamentdicke gelten die gleichen Regeln wie bei unbewehrten Streifenfundamenten (siehe Abschnitt C.8.2.3.1).

Ausführungsdetails von Einzelfundamenten

Bei großen Abmessungen kann das Fundament mit 1 bis 2 Stufen abgetreppt werden (Bild C-309/a). Der Verteilungskegel muss dabei immer innerhalb des Betons liegen. Auf diese Weise kann zwar Beton gespart werden, eine derartige Ausbildung ist wirtschaftlich aber meist nicht sinnvoll.

Ist die Stützenpressung gering, kann die Stütze, falls sie aus Stahlbeton ist, ohne Anschlussbewehrung aufgesetzt werden.

Auch bei Einzelfundamenten, die in verschiedenen Höhen liegen, ob bewehrt oder unbewehrt, soll ein Winkel von 30° eingehalten sein, um einen zusätzlichen horizontalen Erddruck aus dem obenliegenden Fundament auf das tieferliegende zu vermeiden (Bild C-309/b). Als Abhilfemaßnahme ist andernfalls das obenliegende Fundament mit Magerbeton tiefer zu gründen.

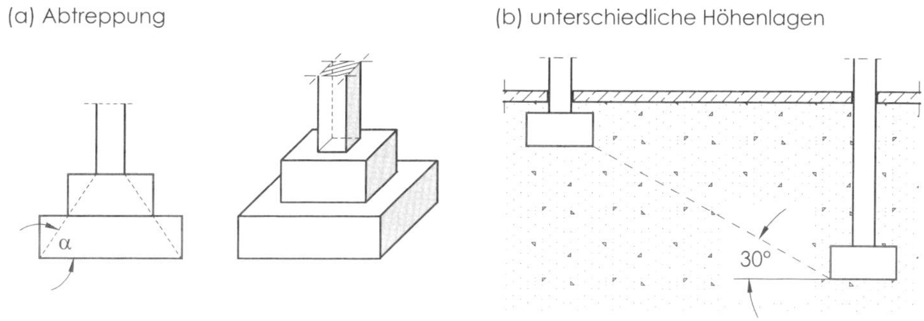

Bild C-309 Einzelfundamente; Ausführungsdetails

Flache Fundamente mit einer Plattendicke von $d_F < 1/3\ (b_F - b_{St})$ müssen für Biegung bemessen und bewehrt werden. Hierbei sind b_F die Fundamentbreite und b_{St} die Stützenbreite.

Unter der Annahme eines gleichmäßigen Sohldrucks kann die erforderliche Fundamentfläche analog wie bei einem unbewehrten Einzelfundament ermittelt werden.

Da das Fundament allseitig über den Stützenrand auskragt, ist die genaue Ermittlung der Schnittgrößen schwierig. Die Biegebemessung wird vereinfacht für zwei rechtwinklig zueinander verlaufende Richtungen durchgeführt. Bei quadratischen Fundamenten ergibt sich dabei in jeder Richtung ein gleich großes Biegemoment (Bild C-310/a, maßgebend jeweils im Schnitt A - A).

$$M_{max} = \frac{N}{8} \cdot (b_F - b_{St})$$

Die hiermit ermittelte Bewehrung ist die Gesamtbewehrung je Richtung. Sie ist als Netzbewehrung einzulegen und anteilmäßig (siehe Bild C-310/c) auf die einzelnen Bereiche zu verteilen. Die Biegebewehrung ist aus Gründen der Verankerung an den Enden mit Haken zu versehen (Bild C-310/b). Eine obere Bewehrung ist in der Regel nicht erforderlich, jedoch aus konstruktiven Gründen ratsam. Die Anschlussbewehrung für die Stütze wird üblicherweise mit abgebogenen Winkelhaken auf der unteren Bewehrungslage der Fundamentplatte aufgestellt. Um die unterseitige Betondeckung einzuhalten, sollte eine Sauberkeitsschicht von rund 5 bis 8 cm vorgesehen werden.

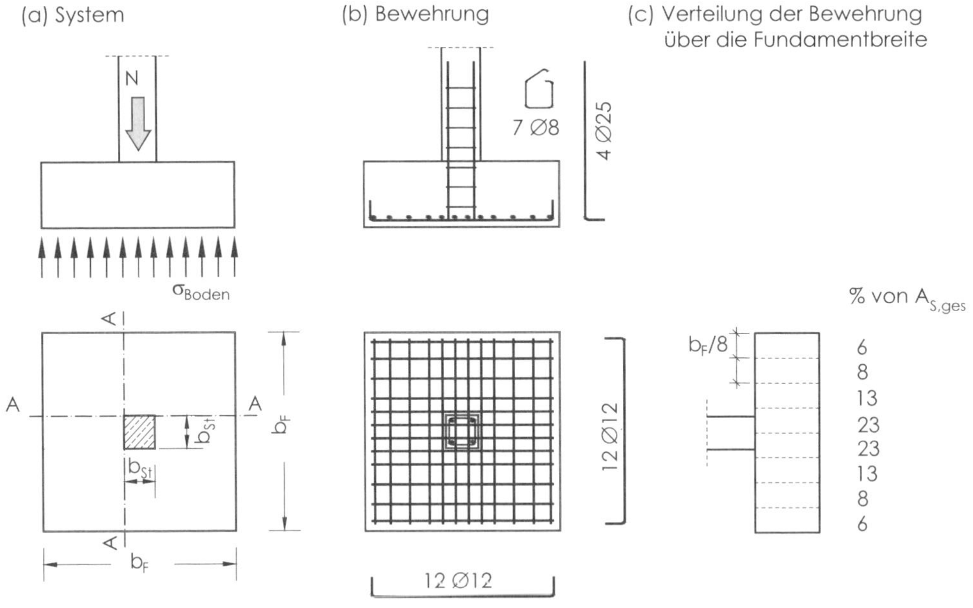

Bild C-310 Einzelfundament; Bewehrung

Biegesteife Anschlüsse von der Stütze an das Fundament in Fertigteilbauweise sind durch die folgenden Ausführungsmöglichkeiten realisierbar.

Köcherfundamente: Zur Einspannung vorgefertigter Stahlbetonstützen werden häufig Köcherfundamente verwendet. Wichtig für die Lasteintragung aus der Stütze in das Fundament ist das monolithische Zusammenwirken von Stütze und Köcherwand. Um hier die

Einspannung der Stütze sicherzustellen, müssen neben einer zweckmäßigen Bewehrungsführung gewisse geometrische Verhältnisse eingehalten werden. Bild C-311/a zeigt den Querschnitt durch ein Köcherfundament ohne die Darstellung der Bewehrung.

Die Seitenflächen des Stützenfußes und der Köcherinnenseite sind verzahnt herzustellen, damit sich die Stützenlast auf die Köcherwände ausbreiten kann. Der Fugenspalt zwischen den beiden Fertigteilen wird nach dem Einstellen der Stütze kraftschlüssig mit Vergussbeton verfüllt. Der Vergussmörtel muss mindestens die gleiche Güte wie die Stütze und der Köcher haben. Die Fugenbreite beträgt etwa 5 bis 7 cm. Die Wanddicke des Köchers d_w sollte 1/3 der lichten Köcherweite w, mindestens jedoch 10 cm betragen. Als Maß für die Einbindetiefe t der Stütze in den Köcher sollte mindestens das 1,2-fache des Stützenquerschnitts b_{St} gewählt werden.

Blockfundamente: In neuerer Zeit werden wegen ihrer Wirtschaftlichkeit häufig Blockfundamente im Fertigteilbau verwendet. Bei einer entsprechenden Verzahnung des Stützenfußes und der Fundamentaussparung wirken Blockfundamente wie ein monolithisch mit der Stütze hergestelltes Fundament. Die Einbindetiefe der Stütze in das Fundament sollte dem Stützenquerschnitt b_{St} entsprechen. Bild C-311/b zeigt den Querschnitt durch ein Blockfundament.

Ein Blockfundament ermöglicht gegenüber einem Köcherfundament neben einer einfacheren Bewehrung auch geringere Schalungskosten.

Die erforderliche Bewehrung bei den beiden Konstruktionsbeispielen ist nicht dargestellt. Sie ist insbesondere beim Köcherfundament relativ aufwändig. Die Fundamentfläche ergibt sich wie bei anderen Fundamenten aus der Gesamtlast geteilt durch den aufnehmbaren Sohldruck.

FT-Stütze mit FT-Fundament: Als besonders wirtschaftlich hat sich erwiesen, die Stütze komplett mit angeformtem Fundament im Fertigteilwerk herzustellen. Um diese Fundamente mit Hinblick auf das Transportgewicht und die Abmessungen relativ klein zu halten, werden die Fundamente bauseits meist nicht unmittelbar auf den Baugrund, sondern auf Magerbetonblöcke aufgesetzt. Bild C-311/c zeigt einen Schnitt durch ein derartiges Fertigteil mitsamt dem vor Ort herzustellenden Magerbetonblock.

In der Aufstellebene (1-1) kann dann die höhere Pressung von Beton auf Beton ausgenutzt werden. Innerhalb des Betons erfolgt die notwendige Lastverbreiterung zur Einhaltung der aufnehmbaren Bodenpressungen in der Bodenfuge (2-2).

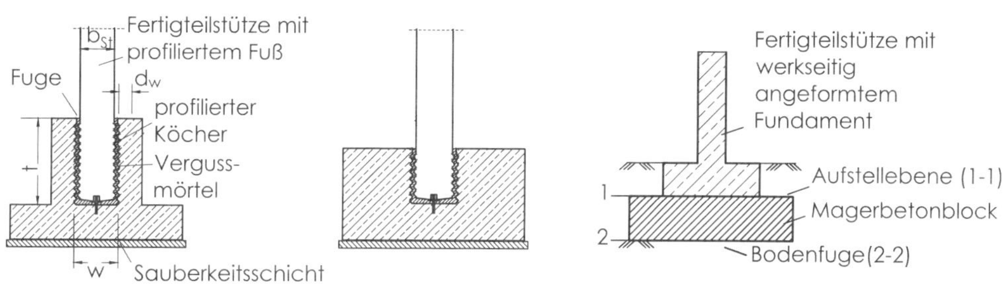

Bild C-311 Fertigteil-Stütze; Fundamentvarianten

C.8.2.4 Exzentrisch belastete Fundamente

Ein exzentrisch belastetes Fundament erfährt zusätzlich zur Normalkraft eine Momentenbeanspruchung. Das Moment kann aus einer gegenüber dem Fundamentschwerpunkt ausmittigen Stützenstellung oder einer direkten Momentenbeanspruchung resultieren.

Exzentrisch belastete Einzelfundamente sind stets als bewehrte Stahlbetonfundamente auszuführen.

Ausmittig angeordnete Stütze (N, e_x, e_y): Durch Hindernisse im Baufeld oder Bauteile unmittelbar an Grundstücksgrenzen kann es notwendig werden, Stützen nicht mittig, sondern ausmittig auf dem Fundament anzuordnen (Bild C-312).

Ein ausmittig belastetes Fundament wird bei gleicher Vertikalkraft N daher in jedem Fall größer als ein mittig belastetes Fundament.

In der Sohlfuge stellt sich dann ein ungleichmäßig verteilter Sohldruck ein, dessen Lastschwerpunkt im Bereich unter der Stütze liegt und den aufnehmbaren Sohldruck nicht überschreiten darf.

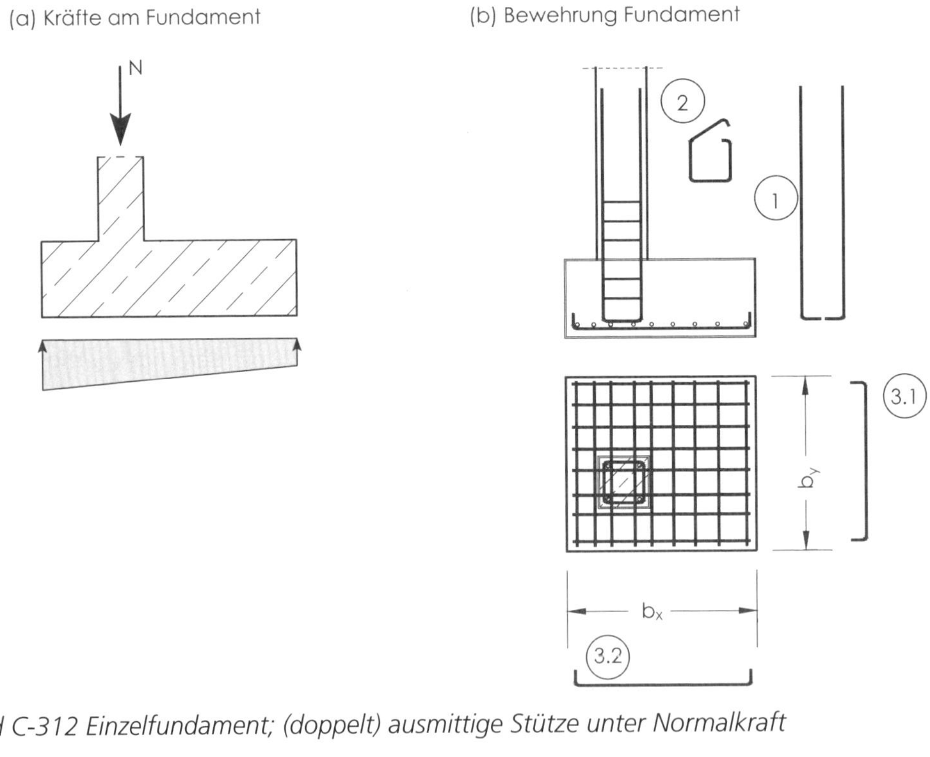

Bild C-312 Einzelfundament; (doppelt) ausmittige Stütze unter Normalkraft

Beanspruchung durch Moment (N, M_x, M_y): Wird eine Stütze in das Fundament eingespannt, so ist hierdurch neben der Vertikalkraft N auch eine Übertragung des Einspannmoments M (z.B. aus Windlast, horizontalen Einwirkungen aus Kranbahn oder Stützenschiefstellung) zu berücksichtigen.

Die Länge des Fundaments ist aufgrund der Momentenbeanspruchung gegenüber der Breite entsprechend größer zu wählen (d.h. $b_x > b_y$). Da die horizontalen Einwirkungen auf das Tragwerk meist wechselseitig auftreten und sich damit auch die Drehrichtung des Moments umkehren kann, sollte das Fundament jedoch mittig unter der Stütze angeordnet werden.

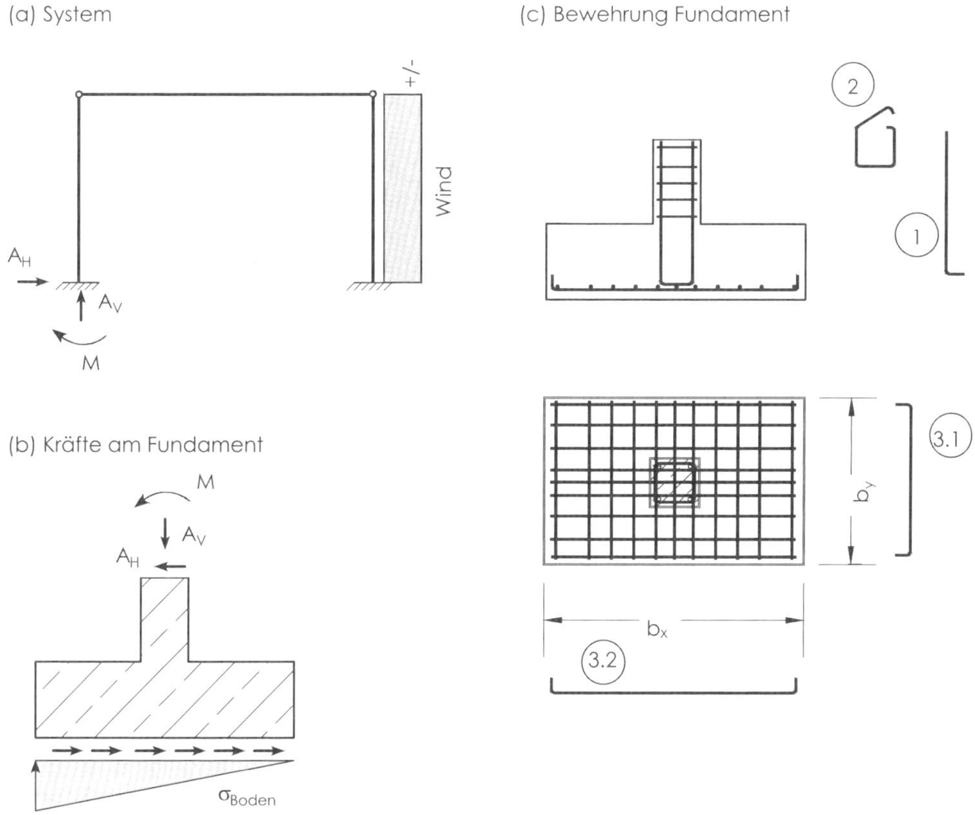

Bild C-313 Einzelfundament mit starr eingespannter Stütze und Beanspruchung durch N, M und H

Rahmentragwerk (N, M, H): Bei einem Rahmentragwerk entstehen neben vertikalen Auflagerkräften A_V auch bei alleiniger vertikaler Belastung (Eigengewicht der Dachkonstruktion und Schneelast) horizontale Auflagerkräfte A_H. Sofern die Rahmenstiele in die Fundamente eingespannt werden, treten ergänzend dazu noch Einspannmomente M auf.

Die horizontale Auflagerkraft A_H in den Fußpunkten führt, wie in Bild C-314 dargestellt, zu einer schräg nach außen verlaufenden Resultierenden R. Da die Einspannmomente von eingespannten Rahmen diese Kraft noch weiter nach außen verschieben, werden die Fundamente unter Rahmenstielen exzentrisch nach außen versetzt angeordnet.

Am günstigsten sind die Fundamente positioniert, wenn die Resultierende R in den verschiedenen Lastfällen möglichst nahe der Fundamentmitte bei $b_x/2$ durch die Fundamentsohle läuft, d.h. die Exzentrizität möglichst gering bleibt.

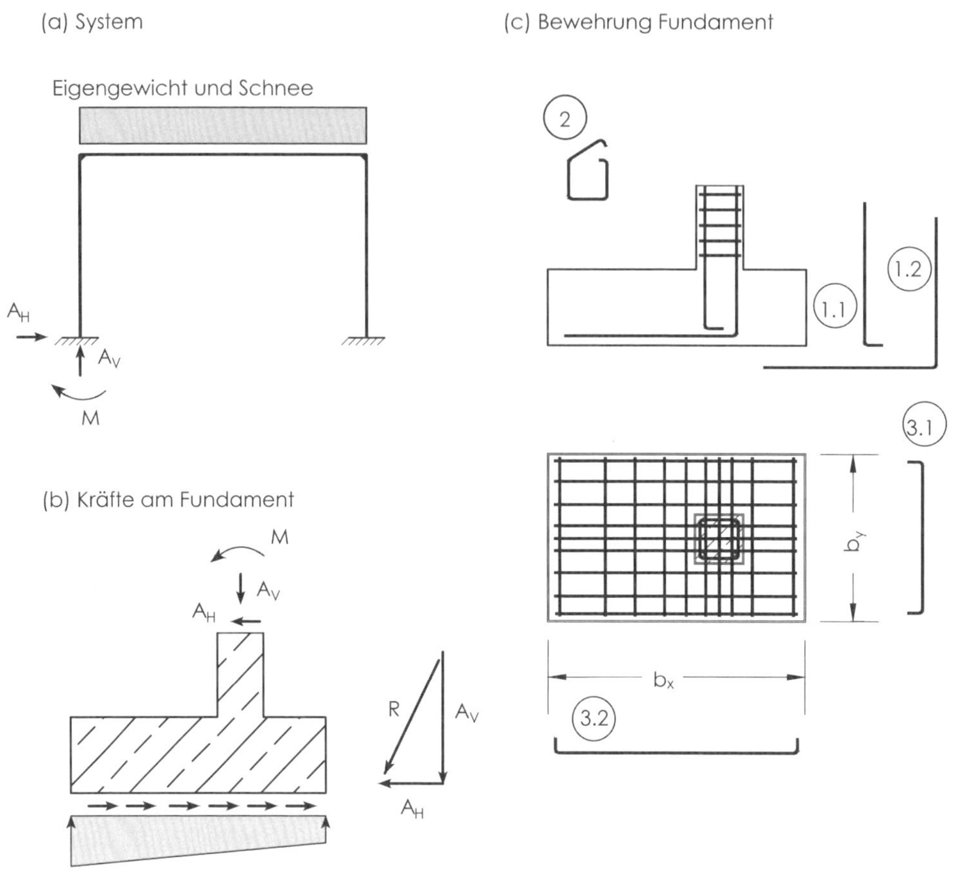

Bild C-314 Fundament mit eingespanntem Stiel einer biegesteifen Rahmenkonstruktion

Wenn das Fundament unmittelbar an der Grundstücksgrenze angeordnet wird oder andere Bauteile im Wege sind, können zwei gegenüberliegende Fundamente mit einem Zugband so gekoppelt werden, dass sich die jeweiligen Horizontalkräfte wechselseitig gegeneinander aufheben (siehe auch Bild C-71/c). Bei gelenkigen Rahmenfußpunkten ist dann die mittige Lage der Fundamente richtig, da nur Vertikalkräfte in das Fundament eingeleitet werden. Bei eingespannten Rahmen führt das Einspannmoment M darüber hinaus zu einer Exzentrizität.

Grenzfundamente: Ein Anwendungsfall, bei dem in der Praxis häufig eine ausmittige Belastung auftritt, sind Streifenfundamente an der Grundstücksgrenze (Bild C-315/a). Allein schon für die vertikale Belastung aus der Wand resultiert aufgrund der Ausmitte ein Versatzmoment und infolgedessen ein trapezförmiger Spannungsverlauf in der Sohlfuge. Dies bedingt größere Fundamentabmessungen im Vergleich zu denjenigen bei einer mittigen Wandstellung auf dem Fundament.

Der ungleichmäßige Sohldruck auf den Baugrund würde unmittelbar zu Setzungsdifferenzen über die Fundamentbreite und damit zu Verdrehungen des Fundaments führen, wenn keine Gegenmaßnahmen getroffen werden. Hierfür bieten sich die nachfolgend erläuterten Vorgehensweisen an.

Ein recht einfacher Weg kann sein, das betreffende Fundament grundlegend dadurch zu entlasten, dass z.B. die Decken parallel zur betreffenden Grenzwand gespannt und daher keine Lasten auf die Wand abgetragen werden.

Das Bild C-315/d zeigt ein Vorgehen, bei dem das Moment aus exzentrischer Last durch ein Reaktionsmoment aus horizontalen Kräften ausgeglichen wird. Die Zugkraft der in der Bodenplatte liegenden Bewehrungsstäbe und die in der Sohlfuge wirkende Reibungskraft wirken dem Moment R · e entgegen. Die Fundamenthöhe h darf hierbei allerdings nicht zu klein gewählt werden.

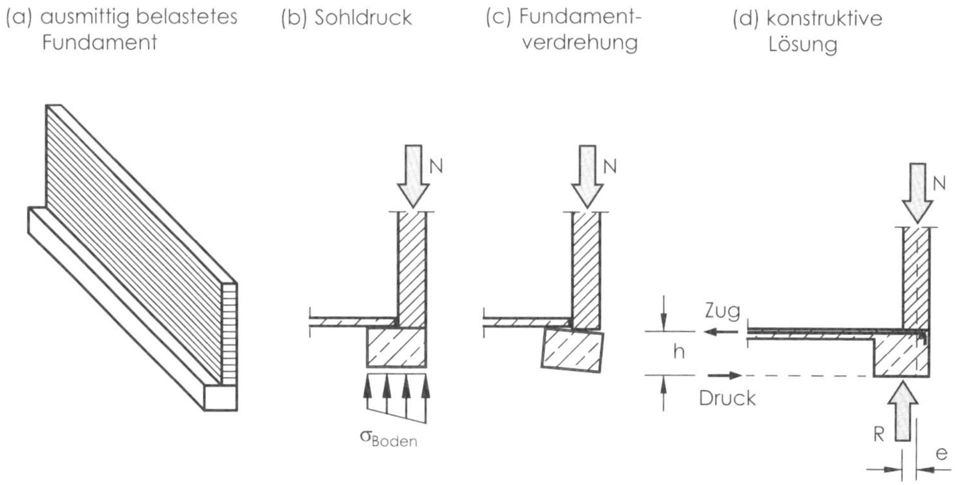

Bild C-315 Streifenfundament; ausmittig beansprucht

Ein anderer Lösungsweg ist die biegesteife Verbindung von Streifenfundament und aufgehender Wand, die dann jedoch in Stahlbeton ausgeführt werden muss. Die Anschlussbewehrung zur Aufnahme des Moments (in Form von Betonstahlmatten oder Stabstahl) ist dabei aus dem Fundament in die Wand hochzuführen (Bild C-316/a). Aufgrund der geometrischen Form wird ein derartiges Fundament in der Praxis auch als „Stiefelfundament" bezeichnet.

Ein weiterer Anwendungsfall aus der Praxis, der fälschlicherweise oft als ausmittiges Fundament ausgeführt wird, sind Doppelwände oder -stützen an Dehnungsfugen (Bild C-316/b). Hierbei sollte das Fundament gerade nicht geteilt werden und ein Verkanten durch den Lastabtrag über ein zusammenhängendes Fundament verhindert werden. Vollständigkeitshalber sei an dieser Stelle auf die ergänzende bauphysikalische Betrachtung zur Vermeidung einer Schallbrücke in diesem Detailpunkt hingewiesen.

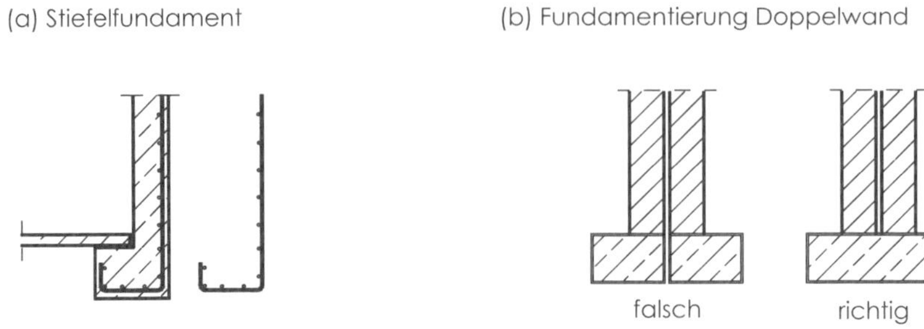

Bild C-316 Stiefelfundament und Fundamentierung einer Doppelwand

C.8.3 Plattenfundamente

C.8.3.1 Allgemeines

Sind die Lasten aus dem Bauwerk im Verhältnis zur Tragfähigkeit des Baugrundes so groß, dass die Summe der einzelnen Fundamentflächen mehr als die Hälfte der Grundfläche des Bauwerks einnehmen würde, ist es in der Regel vorteilhafter, stattdessen eine durchgehende Fundamentplatte als gemeinsame Gründung anzuordnen (Bild C-317). Aus Gründen der einfacheren Herstellung des Planums und auch der Stahlbetonarbeiten sollte dabei eine möglichst einheitliche Plattenstärke angestrebt werden.

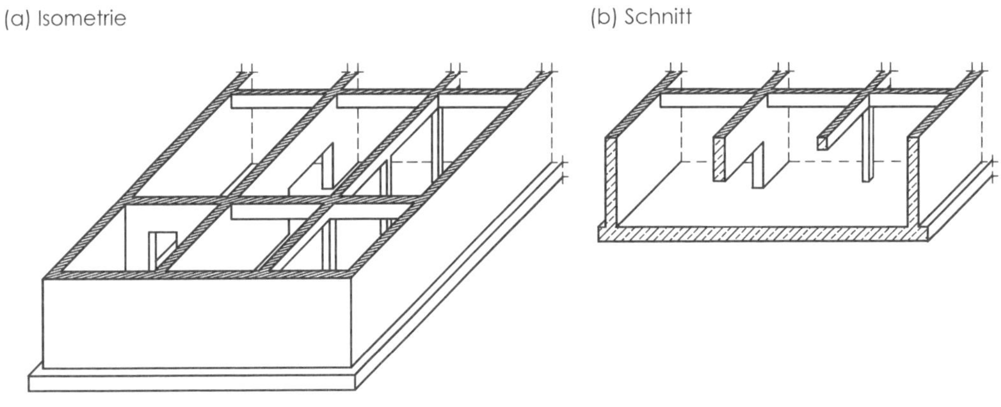

Bild C-317 Plattenfundament als durchgehendes Gründungselement

Daneben können auch statisch konstruktive Überlegungen oder die vorgesehene Nutzung des Bauwerks für die Ausführung einer gemeinsamen Fundamentplatte ausschlaggebend sein. Plattengründungen werden beispielsweise oft bei Bauwerken angeordnet, bei denen die Belastung relativ gleichmäßig auf die gesamte Gründungsfläche zu verteilen ist. In manchen Fällen wird auch gezielt die lastverteilende Wirkung von Platten zur Vermeidung größerer Setzungsunterschiede aufgrund eines stark unregelmäßigen Untergrunds ausgenutzt.

C.8.3.2 Sohlspannungsverteilung

Während für kleine Einzel- und Streifenfundamente mit geringer Einbindetiefe vereinfachend von einer geradlinigen Spannungsverteilung (nach dem Spannungstrapezverfahren) ausgegangen werden kann, ist für ausgedehnte Fundamentplatten meist eine weitergehende Betrachtung erforderlich.

Das Tragverhalten einer ausgedehnten Fundamentplatte ist analog zu dem einer umgedrehten Deckenplatte aufzufassen. Hierbei bilden die lastgebenden Wände und Stützen die Auflager der Platte, der resultierende Sohldruck in der Bodenfuge stellt die Flächenlast dar.

Systemsteifigkeit der Verbundkonstruktion: Ein wesentlicher Unterschied zum System der Deckenplatte liegt allerdings für die Verteilung der Belastung über die Fläche vor. Während bei Deckenplatten meist von einer gleichmäßigen Verteilung ausgegangen wird, ist diese bei Fundamenten einerseits von der Steifigkeit des Fundamentkörpers und andererseits von derjenigen des Baugrunds abhängig. Je nach Verhältnis dieser beiden Steifigkeiten zueinander spricht man von einer **schlaffen** oder einer **starren Flachgründung**. Kany definiert als Maß für die Systemsteifigkeit K_{System} je Fundamentrichtung das Verhältnis von Bauwerkssteifigkeit zu Baugrundsteifigkeit:

$K_{System} = K_{Bauwerk} / K_{Baugrund}$

Das Bild C-318/a gibt die Eingangsgrößen an.

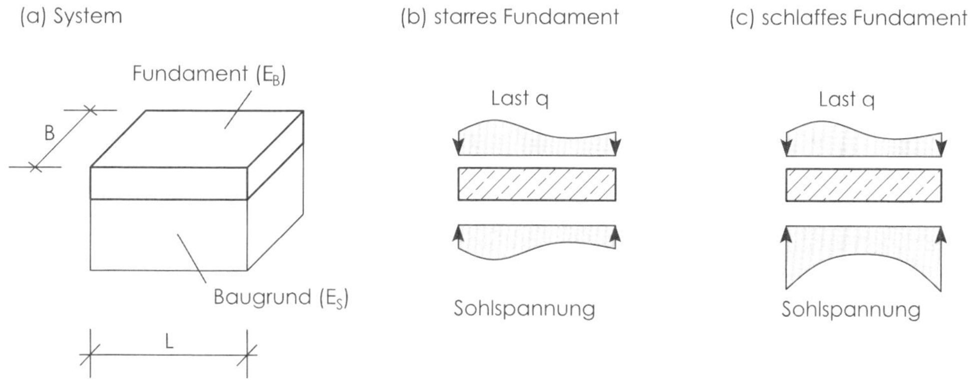

Bild C-318 Sohlspannungsverteilung in Abhängigkeit von der Systemsteifigkeit

Basierend auf diesem Verhältniswert lassen sich drei Bereiche für das Verhalten von Flachgründungen abgrenzen, die in Tabelle C-10 zusammengestellt sind und nachfolgend genauer erläutert werden.

Tabelle C-10 Abgrenzung der Fundamente in Abhängigkeit von der Systemsteifigkeit

schlaffes Fundament	biegeweiches Fundament und nachgiebiger Baugrund	starres Fundament
K < 0,001	0,001 ≤ K < 0,1	K ≥ 0,1

Tragverhalten schlaffes Fundament: Als einer der theoretischen Grenzfälle entspricht der Verlauf der Sohlspannung für ein vollständig schlaffes Fundament gerade demjenigen der einwirkenden Belastung (Bild C-318/b). Anschaulich ausgedrückt wirkt sich für diesen Fall der Fundamentkörper (zumindest theoretisch) nicht aus und die Last wird unmittelbar an der Stelle des Lasteintrags in den Baugrund weitergeleitet. Insbesondere für Einzellasten stellt sich dieses Tragverhalten in der Realität anders dar und es erfolgt immer eine Querverteilung innerhalb der Platte.

Tragverhalten starres Fundament: Für den zweiten theoretischen Grenzfall eines vollständig starren Fundaments stellt sich in der Sohlfuge ein stark nichtlinearer Verlauf der Sohlspannungen ein, der so erstmals von *Boussinesq* beschrieben und formelmäßig angegeben wurde. An den beiden Rändern liegen singuläre Stellen mit (zumindest theoretisch) unendlich hohen Spannungen vor (Bild C-318/c). In der Realität treten diese Spannungsspitzen jedoch nicht auf und werden durch plastische Verformungen im Baugrund auf den lokal maximal aufnehmbaren Wert des Bodens abgebaut.

Tragverhalten biegeweiche Platte: Im Fall eines biegeweichen Fundaments verformt sich die Fundamentplatte und entzieht sich damit in den biegeweicheren Teilbereichen dem Lastabtrag, während die steiferen Bereiche stattdessen stärker beansprucht werden (Bild C-319/a). Dadurch kommt es zu einer Spannungskonzentration unter den Wänden und Stützen.

Durch den von unten wirkenden Sohldruck treten in den Feldbereichen an der Plattenoberseite und im Bereich der Stützmomente an der Plattenunterseite Zugkräfte auf (Bild C-319/b). Anders als bei Deckenplatten ist die Feldbewehrung demzufolge also oben in der Platte anzuordnen und die Stützbewehrung unten (Bild C-319/c).

Um das insgesamte Betonvolumen einer großformatigen Bodenplatte zu reduzieren, wird diese in der Praxis häufig mit einer bereichsweise abgestuften Plattenstärke ausgeführt (Bild C-319/d). Die Plattenbereiche unter den Wänden und Stützen werden dann mit abgeschrägten Fundamentverdickungen und die Bereiche der übrigen Bodenplatte demgegenüber relativ dünn ausgeführt.

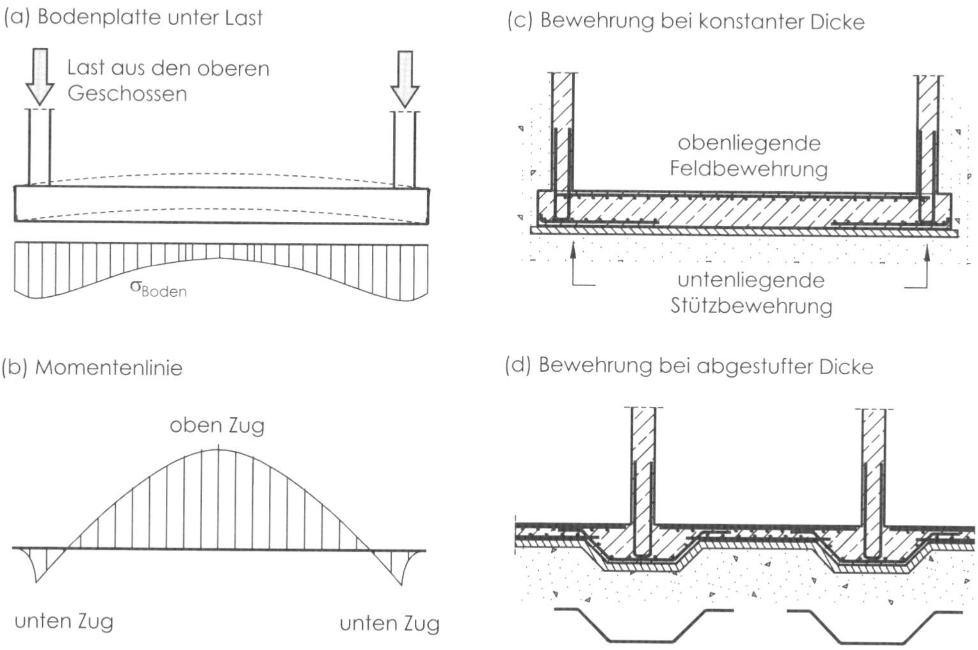

Bild C-319 Plattenfundament; Tragverhalten und konstruktive Ausbildung

Bettungsmodulverfahren: Ein Berechnungsverfahren, das die Interaktion von Bauwerk und Baugrund berücksichtigt, ist das Bettungsmodulverfahren. Es basiert auf einem Baugrundmodell, das diesen als eine Vielzahl nebeneinander angeordneter, linearelastischer Federn beschreibt. Die einzelnen Federn sind dabei voneinander unabhängig und nur über das Fundament miteinander gekoppelt. Demnach gilt für jeden Punkt in der Fläche, dass die Sohlspannungen σ_0 proportional zur Setzung s sind.

Der Proportionalitätsfaktor k_s wird hierbei als Bettungsmodul bezeichnet und ist neben dem Steifemodul des Baugrunds und der Mächtigkeit der zusammendrückbaren Schicht insbesondere von der Abmessung und Steifigkeit des Fundaments abhängig. Für die in der Praxis anzutreffenden Verhältnisse variiert der Bettungsmodul in grober Näherung üblicherweise von k_s = 15 MN/m³ bis hin zu k_s = 120 MN/m³. Der für die Berechnung zutreffende Wert ist für den jeweiligen Anwendungsfall mit dem Bodengutachter abzustimmen.

Steifemodulverfahren: Ein verfeinertes Berechnungsverfahren, das im Hinblick auf die Interaktion von Bauwerk und Baugrund die Biegelinie des Fundaments mit der Setzungsmulde des Baugrunds koppelt, stellt das Steifemodulverfahren dar. Bei dem zugrundeliegenden Baugrundmodell sind, anders als beim Bettungsmodulverfahren, benachbarte Federn nicht unanhängig voneinander und es wird eine wechselseitige Beeinflussung berücksichtigt.

Berechnung mittels Finite Elemente: Eine Erweiterung der vorgenannten Verfahren stellen numerische Berechnungsverfahren dar, die in der Lage sind, die Bauwerk-Boden-Interaktion auch mit komplexen, nichtlinearen Modellansätzen zu berücksichtigen. Die Berechnung erfolgt in der Praxis computerbasiert und ermöglicht die gleichzeitige Erfassung unregelmäßiger Geometrien, Baugrundparameter und Belastungszustände. Sinnvollerweise erfolgt eine Betrachtung in Form einer Parameterstudie, bei der einzelne Einflussgrößen in einer realistischen Spannweite variiert werden und der jeweilige Einfluss auf das System dann ingenieurmäßig diskutiert wird. Die daraus gewonnenen Erkenntnisse sollten stets anhand vereinfachter Betrachtungen (z.B. auf Grundlage einer Handrechnung) auf Plausibilität hin überprüft werden.

C.8.3.3 Sperrbetonwannen

Plattengründungen bieten sich ferner bei Bauwerken an, die ins Grundwasser einbinden. Die Bodenplatte ist dann in Kombination mit den Kellerwänden Bestandteil einer „Wannenkonstruktion" zur Abdichtung gegen drückendes Wasser. Sie kann entweder als wasserundurchlässiges Betonbauteil (Sperrbetonwanne, auch als „weiße Wanne" bezeichnet) oder als ebene Oberfläche mit außenseitig aufgebrachter Abdichtung („schwarze Wanne") ausgebildet werden.

Sperrbetonwannen sind allgemeinhin kostengünstiger als solche, die außenseitig abgedichtet werden. Insbesondere wenn nachträglich unplanmäßige Risse oder undichte Stellen auftreten, lassen sich derartige Stellen meist einfacher lokalisieren und abdichten als bei Bauteilen mit einer Bahnenisolierung. Üblicherweise werden derartige Undichtigkeiten in Sperrbetonbauteilen durch eine Rissverpressung mit Kunstharzen oder Zement nachträglich abgedichtet.

Für Sperrbetonwannen sind neben den einschlägigen Regelungen für Stahlbetonbauteile ergänzend insbesondere die Regelungen der WU-Richtlinie zu beachten.

Bauweise mit kontrollierter Rissbreite: Die wasserbeaufschlagten Stahlbetonbauteile sind üblicherweise mindestens 25 bis 30 cm dick auszuführen und so zu bewehren, dass durch Biegung und Längskräfte sowie infolge Schwinden des Betons nur Haarrisse dergestalt auftreten, dass diese noch vor der außenliegenden Bewehrungslage enden. Die WU-Eigenschaft des Betons in Form eines sehr geringen Wassereindringmaßes wird planmäßig durch die Betonzusammensetzung, -verarbeitung und -nachbehandlung erzielt.

Rissvermeidende Bauweise: Ein konzeptionell anderes Konstruktionsprinzip versucht Risse aus Schwindbehinderung dadurch grundlegend zu vermeiden, dass die Bauteile sich ohne eine Verformungsbehinderung frei verformen können. Daher sind beispielsweise Bodenplatten, wie in Bild C-320 dargestellt, gleitend aufzulegen und Versprünge, Schächte, Kanäle sowie weitere etwaige Festhaltungen grundsätzlich zu vermeiden.

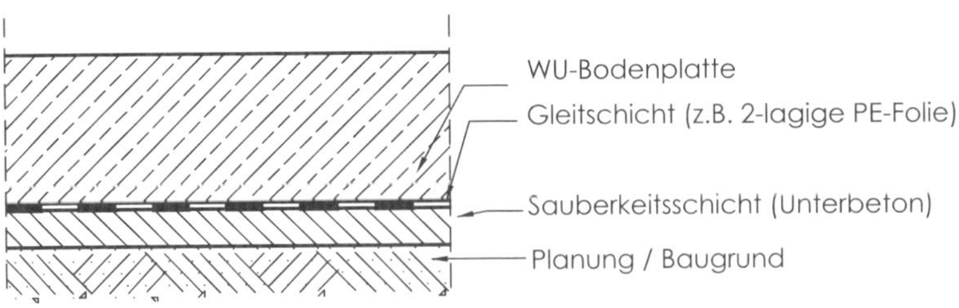

Bild C-320 Bodenplatte; gleitende Auflagerung

Aus dem gleichen Grund sind Versprünge in der Bodenplatte für Schächte und Kanäle zu vermeiden, da diese in Bezug auf eine möglichst ungehinderte Verschiebungsmöglichkeit Zwangspunkte darstellen und ursächlich für Risse sein können.

Einen orientierenden Überblick darüber, wie stark die konstruktive Umsetzung einer Gründung variiert werden kann, vermittelt das Bild C-321 anhand der Darstellung exemplarischer Ausführungsvarianten [28].

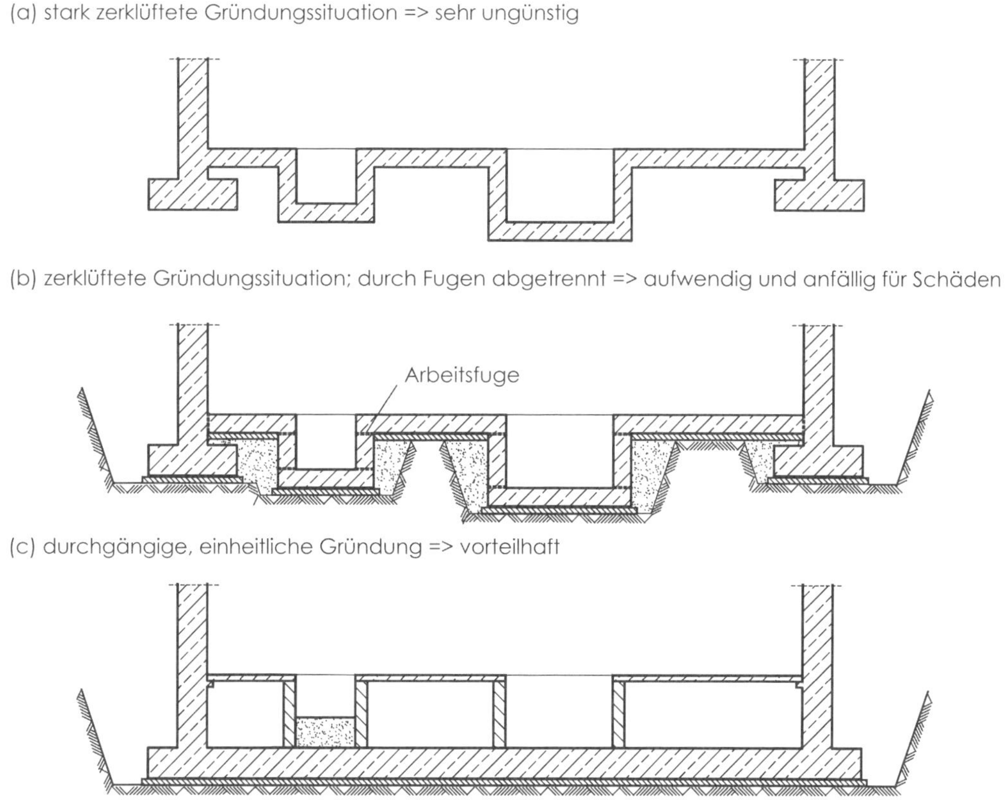

Bild C-321 Sperrbetonwanne; Konstruktionsvarianten (exemplarische Darstellung)

Die Variante Bild C-321/a zeigt eine Bodenplatte und eine Gründungssituation, die stark zerklüftet ist. Die Konstruktion weist etliche Unregelmäßigkeiten aufgrund verschiedener Höhenlagen für Schächte, Kanäle und Bodenplatten auf und neigt aufgrund dieser Stellen zu Schäden. Derartige Konstruktionen sind als sehr ungünstig einzustufen und zu vermeiden. In der Praxis sind sie aber leider häufig anzutreffen und weniger das Ergebnis einer gezielten Planung, als vielmehr das Resultat eines Reagierens auf Umplanungen und unüberlegte Änderungen.

Demgegenüber stellt die Variante nach Bild C-321/b eine Verbesserung dar, da sie mittels Fugen die rissgefährdeten Bereiche voneinander entkoppelt. In der praktischen Umsetzung gestalten sich derartige Konstruktionen mitunter aufwändig und bedürfen einer besonderen Sorgfalt in Planung und Ausführung (z.B. sind viele Betonierabschnitte notwendig, wodurch viele Arbeitsfugen entstehen).

Als quasi Idealfall stellt Bild C-321/c eine einfache und sichere Ausführungsvariante dar, die vom Ansatz her Festhaltungen mit dem Baugrund vermeidet. Die Bauwerkssohle wird auf ein einheitliches Maß auch für Kanäle und Schächte heruntergezogen. Die Bodenplatte kann fugenlos in einem Arbeitsgang hergestellt werden.

Fugen und deren Abdichtung

Konstruktionsbedingt weisen WU-Bauteile unterschiedlichste Arten von Fugen auf. Hierbei kann es sich einerseits um Fugen handeln, an denen die Bauteile starr miteinander verbunden werden (z.B. Arbeitsfugen). Andererseits kann es sich um Fugen in Bereichen handeln, an denen während der Lebensdauer des Bauwerks Verformungen aufzunehmen sind (Dehnfugen).

Neben Arbeits-, Dehnungs- und Setzungsfugen sind bei ausgedehnten Bauwerken unter Umständen auch Schwindfugen erforderlich. Durch eine Unterteilung in Betonierabschnitte kann einer Rissbildung infolge der Schwindvorgänge beim Erhärten des Betons begegnet werden. Dabei werden die einzelnen Betonierabschnitte zeitlich überlappend so festgelegt, dass die unvermeidlichen Schwindvorgänge in den bereits betonierten Abschnitten schon weitgehend abgeschlossen sind. Je nach Witterungsverhältnissen ist ein zeitlicher Abstand von 6 bis 8 Arbeitstagen zwischen den Betonierabschnitten meistens ausreichend.

Durch eine entsprechende Betonrezeptur und insbesondere die sorgfältige Nachbehandlung lassen sich die Schwindverkürzungen des Betons maßgeblich reduzieren. Letztendlich können sie dadurch aber nicht vollständig verhindert werden.

Grundsätzlich sind sämtliche wasserbeaufschlagten Fugen in WU-Konstruktionen planmäßig gegen Wasserdurchtritt abzudichten.

Es wird danach unterschieden, ob diese Abdichtung im Inneren des Bauteils (innenliegende Abdichtung) erfolgt oder auf der Außenseite (außenseitige Abdichtung) angebracht ist.

Am Markt sind unterschiedlichste Produkte und Systeme zur Fugenabdichtung für derartige Anwendungsfälle verfügbar. Die Vielfalt resultiert aus den unterschiedlichen Anwendnungsfällen (Arbeits- oder Dehnfugen), Materialien (Fugenbleche aus Metall, Fugenbänder aus Kunststoffen oder Gummi), Konstruktionsweisen (innenliegend oder außenliegend) oder unterschiedlichen Leistungsanforderungen (Wasserdruckhöhe, erforderlicher Dehnweg etc.).

Zu beachten ist, dass für den Einsatz im bauordnungsrechtlich geregelten Bereich immer ein entsprechender Verwendbarkeitsnachweis (z.B. durch eine bauaufsichtliche Zulassung, ein Prüfzeugnis o.Ä.) für das entsprechende Produkt und den jeweiligen Anwendungsfall vorliegen muss, damit es verbaut werden darf.

Nachfolgend werden an dieser Stelle zwei typische Fugensituationen und praxisübliche Abdichtungsvarianten vorgestellt. Ansonsten sei mit Blick auf die Komplexität des Themas auf die weiterführende Literatur verwiesen.

Detailpunkt eines Anschlusses Bodenplatte-Außenwand

An dieser Übergangsstelle entsteht aufgrund der Abfolge der Betonierabschnitte üblicherweise eine Arbeitsfuge auf Höhe der Oberkante Bodenplatte. Eine häufig anzutreffende Abdichtungsvariante stellen innenliegende Fugenbleche dar (Bild C-322/a), die auf die obere Bewehrungslage aufgestellt werden. Üblicherweise ist das Fugenblech werksmäßig beschichtet und benötigt daher nur eine relativ geringe Einbindung in die obere Betondeckung.

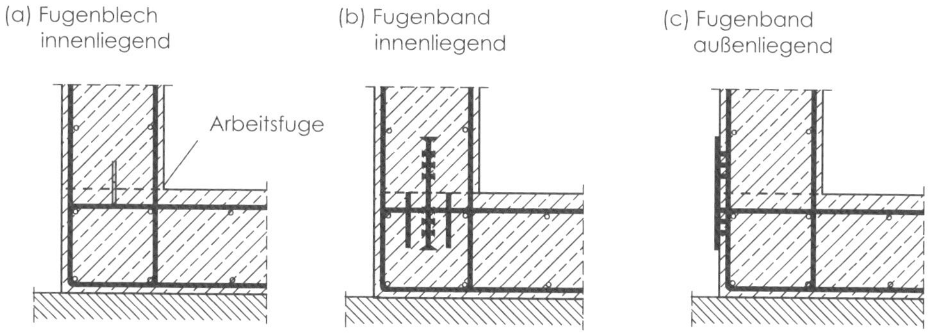

Bild C-322 Ausbildung einer Arbeitsfuge am Übergang Bodenplatte – Außenwand

Eine Variante mit höherer Leistungsfähigkeit stellt die Abdichtung mit innenliegenden Fugenbändern gemäß Bild C-322/b dar. Innenliegende Fugenbänder bieten wegen eines längeren Sickerweges, der nochmals gezielt durch fein verzweigte Rippen vergrößert wird, einen besseren Schutz gegen Umläufigkeiten durch Wasser als z.B. Bleche. Wichtig sind dabei allerdings die korrekte Positionierung innerhalb der Bewehrung und die sorgfältige Betonage. Zudem besteht bei senkrechten Fugenbändern die Gefahr, dass sie beim Betonieren der Wände umgeknickt werden.

Das Bild C-322/c zeigt die Ausführungsvariante mit einem außenliegenden Fugenband. Ein Vorteil außenliegender Fugenbänder ist deren problemloser Einbau, da Kollisionen mit der innenliegenden Bewehrung vermieden werden und die Fugenbänder für die Betonage an der Innenseite der Wandschalung mit Klammern fixiert werden können. Bei Wänden besteht zudem noch die Möglichkeit, nach der Betonage und dem Ausschalen Ausführungsfehler zu erkennen und zu beseitigen. Nachteilig ist allerdings, dass sie dadurch gegenüber etwaigen Beschädigungen exponiert sind.

Eine weitere Variante zur Abdichtung der Arbeitsfuge am Übergang Bodenplatte-Außenwand ist das nachträgliche Verpressen des Fugenbereichs mit Feinstzement oder Kunstharz. Die Injektion kann z.B. durch einen Injektionsschlauch erfolgen, der bereits bei der Erstellung der Wand mit eingebaut wurde. Vorteilhaft bei der Injektion ist, dass die kosten- und zeitintensiven Arbeiten für den Einbau von Fugenbändern entfallen (teure Schweißverbindung der Fugenbänder und die kosten- und zeitintensive Verbügelung der Fugenbänder). Den Vorteilen steht jedoch eine deutlich geringere Leistungsfähigkeit dieser Abdichtungsvariante gegenüber. Es muss davon ausgegangen werden, dass auch im Laufe der Nutzungszeit nachträglich Undichtigkeiten auftreten und lokal nachverpresst werden muss.

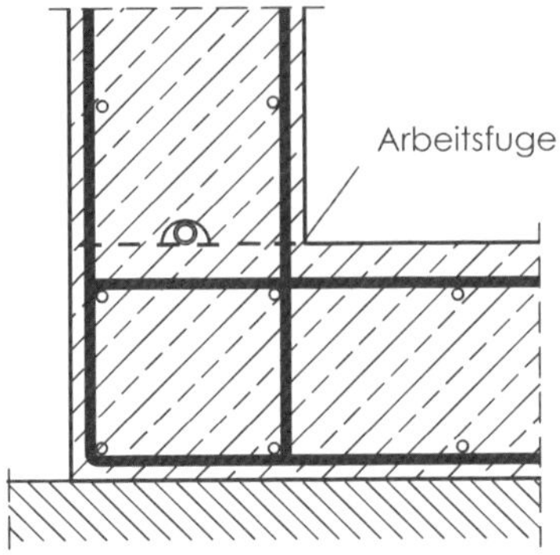

Bild C-323 Ausbildung einer Arbeitsfuge am Übergang Bodenplatte – Außenwand

Detailpunkt einer Dehnfuge für eine Bodenplatte

Das Bild C-324 zeigt zwei mögliche Varianten für die Ausführung von Dehnungsfugen in der Bodenplatte, die analog dazu auf weitere Detailpunkte übertragbar sind.

Die Ausführung mit einem außenliegenden Dehnfugenband veranschaulicht Bild C-324/a. Demgegenüber zeigt das Bild C-324/b die Variante mit einem innenliegenden Dehnfugenband. Der erhöhte Ausführungsaufwand bei der Bewehrungserstellung in diesem Bereich wird hier sichtbar. Das Fugenband muss beim Betonieren sorgfältig mit Beton unterfüllt und in seiner Lage kontrolliert werden. Spezielle Fugenbandtypen mit integrierten Stahlstäben helfen dabei, ein ungewoltes Umknicken zu verhindern.

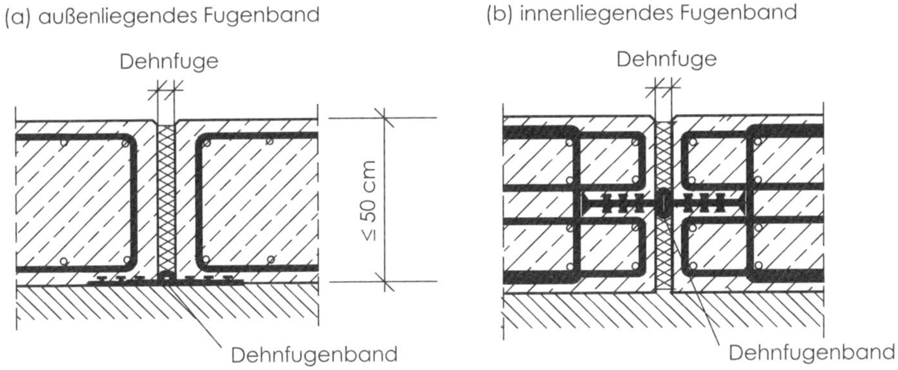

Bild C-324 Dehnfuge Bodenplatte; Ausführungsvarianten

C.8.4 Pfahlgründungen

C.8.4.1 Überblick

Steht unmittelbar an der Unterkante des Bauwerks kein ausreichend tragfähiger Baugrund an, sind die Gründungslasten in tiefer liegende Schichten abzutragen. Man spricht dann von einer Tiefgründung, wofür sich insbesondere Pfahlgründungen eignen [105]. Bei Pfählen handelt es sich um stabförmige Tragelemente, die an ihrem Kopf durch Einzellasten und gegebenenfalls zusätzliche Momente belastet werden.

Einzelpfahl: Pfähle, die für sich alleine stehen, also weder konstruktiv über das Bauwerk bzw. den Pfahlrost miteinander verbunden sind, noch über den Baugrund sich gegenseitig beeinflussen, werden als Einzelpfähle bezeichnet. Die einschlägigen Regelwerke geben einzuhaltende Randabstände untereinander an, damit ein Pfahl als Einzelpfahl betrachtet werden kann.

Pfahlgruppe: Von einer Gruppenwirkung mehrerer Pfähle ist dann auszugehen, wenn eine konstruktive Verbindung z.B. über Pfahlrost bzw. -platte vorliegt oder die Pfähle so eng zusammenstehen, dass sie sich über den Baugrund gegenseitig beeinflussen.

Pfahlkopfbalken/-platte: Bei allen Pfahlgründungen werden die Pfahlköpfe durch einen Pfahlkopfbalken (Streifenfundament) oder durch eine Pfahlkopfplatte (Fundamentplatte) verbunden (Bild C-325). Diese Konstruktionsteile dienen der Verteilung der Wand- und Stützenlasten auf die Pfähle. Im Übrigen muss man beim Bohren und erst recht beim Rammen mit gewissen Abweichungen von der planmäßigen Lage rechnen, sodass ein ausgleichendes Bauteil zwischen der aufgehenden Konstruktion und den Pfahlköpfen einzuschalten ist. Die Bodenplatte zwischen den Pfahlkopfbalken wird als freitragende Decke bewehrt oder auf die verdichtete Auffüllung gelegt.

Pfahlgründungen sind so zu bemessen, dass die Kräfte aus dem Bauwerk allein durch die Pfähle auf den Baugrund übertragen werden. Bei kurzzeitig wirkenden Kräften ist davon auszugehen, dass auch die Pfahlkopfplatte bzw. der Pfahlkopfbalken einen Anteil der vom Bauwerk übertragenen Last unmittelbar auf den Baugrund abgeben kann.

Aus baupraktischen Gründen ist (bei fast allen Pfahlarten) nach der Pfahlherstellung eine Nachbearbeitung am Pfahlkopf erforderlich. Einerseits ist der einzelne Pfahl in seiner Höhe auf das Soll-Herstellmaß gemäß Planung anzupassen. Rammpfähle werden beispielsweise so lange in den Baugrund eingetrieben, bis ein Traglast-Zielwert erreicht ist und ragen danach fast zwangsläufig mit unterschiedlichen Längen aus dem Baugrund heraus. Andererseits ist die Qualität des Pfahls im oberen Kopfbereich herstellungsbedingt meist nicht ausreichend und muss in diesem Bereich um ein gewisses Maß heruntergebrochen werden. Beispielsweise hat der Beton bei Rammpfählen hier durch das Einschlagen eine Schädigung erfahren, bei Bohrpfählen liegt hier, bedingt durch den Betoniervorgang, ein ungenügend verdichtetes Betonvolumen vor. Das Bild C-326 zeigt anhand von Details das prinzipielle Vorgehen für den Pfahlkopfbereich.

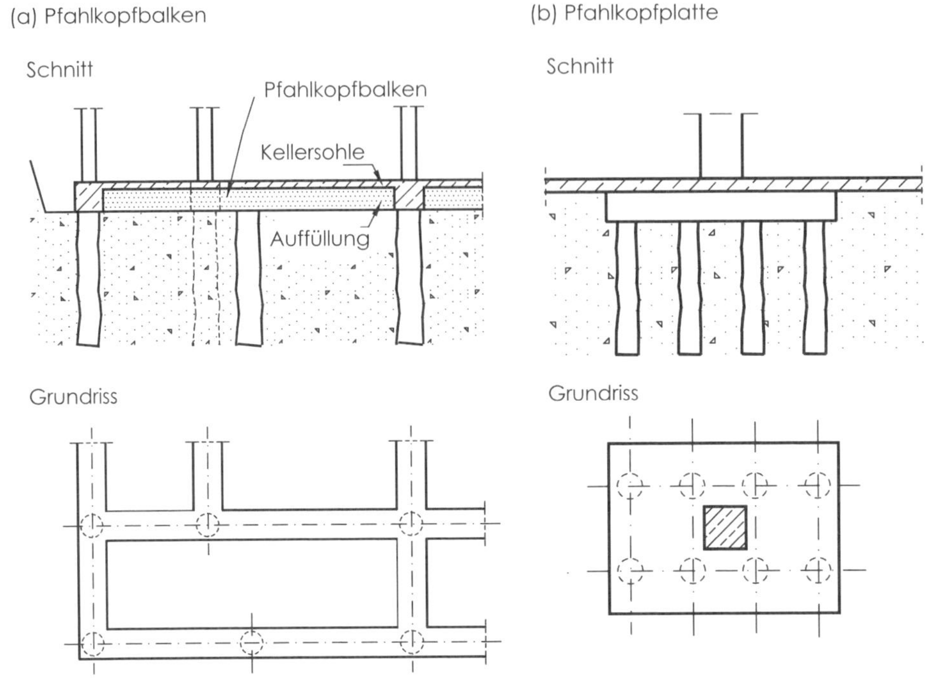

Bild C-325 Pfahlgründung mit Kopfbalken bzw. -platte

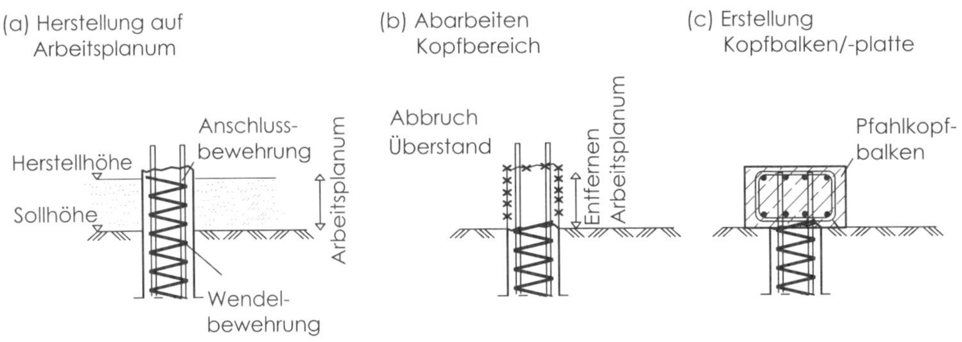

Bild C-326 Detail und Bauablauf im Pfahlkopfbereich

Die Unterscheidung von Pfählen kann nach verschiedenen Kriterien erfolgen. In der Auflistung der Tabelle C-11 sind einige der gängigsten Kriterien zusammengestellt. Eine detaillierte Erläuterung zu den Herstellverfahren und Tragmechanismen der jeweiligen Pfahlarten erfolgt in den Abschnitten C.8.4.2 bis C.8.4.4.

Tabelle C-11 Übersicht Pfahlarten

Unterscheidungskriterium	Pfahlart	
Nachweisführung	Bohrpfahl (nach DIN EN 1536)	verrohrt unverrohrt
	Verdrängungspfahl (nach DIN EN 12699)	Rammpfahl Schraubpfahl verpresster Verdrängungspfahl
	Mikropfahl (nach DIN EN 14199)	Ortbetonpfahl Verbundpfahl
Herstellungsverfahren	Fertigpfahl	Lieferung in ihrer ganzen Länge oder in Teillängen und anschließende Einbringung in den Untergrund
	Ortbetonpfahl	Herstellung vor Ort in einem im Untergrund vorbereiteten Hohlraum
Lastabtrag	Spitzendruckpfahl	Lastabtrag vorwiegend durch den Druck der Pfahlspitze auf den Baugrund
	Reibungspfahl	Lastabtrag vorwiegend durch die Mantelreibung am Pfahlumfang
Baustoff	Beton-, Stahl- oder Spannbetonpfahl	
	Stahlpfahl	
	Holzpfahl (heute eher unüblich)	

C.8.4.2 Beanspruchung von Pfählen

Die Bauwerkslasten werden zunächst in den Pfahl eingeleitet und von diesem im weiteren Lastfluss dann an die tragfähigen Schichten des Baugrundes abgegeben.

Der Lastabtrag aus dem Pfahl in den Baugrund kann, wie Bild C-327 verdeutlicht, einerseits über Reibung entlang der Pfahlmantelfläche und/oder über Spitzendruck an der Pfahlspitze erfolgen.

Bild C-327 Lastabtrag über Mantelreibung und Spitzendruck

Der Mantelwiderstand ermittelt sich aus der Pfahlmantelfläche U multipliziert mit der Pfahlmantelreibung $q_{s,k}$. Der Pfahlfußwiderstand ist das Produkt aus der Pfahlfußfläche A und dem

Pfahlspitzenwiderstand $q_{b,k}$. Grundsätzlich sind Mantelreibung und Spitzenwiderstand abhängig von der Pfahlkopfsetzung. Anschaulich wird dies an der Widerstand-Setzungs-Linie deutlich, die den Pfahlwiderstand R als Funktion der Pfahlkopfsetzung s darstellt (Bild C-328/a).

Die einschlägigen Regelwerke enthalten für unterschiedliche Pfahlarten Erfahrungswerte für Mantelreibung und Spitzenwiderstand in Abhängigkeit von der Setzung. In der Praxis ist stets zu prüfen, ob derartige Erfahrungswerte auf die vor Ort vorliegende Situation anwendbar sind, oder ob in-situ Probebelastungen durchzuführen sind. Den prinzipiellen Aufbau einer derartigen Pfahl-Probebelastung zeigt Bild C-328/b.

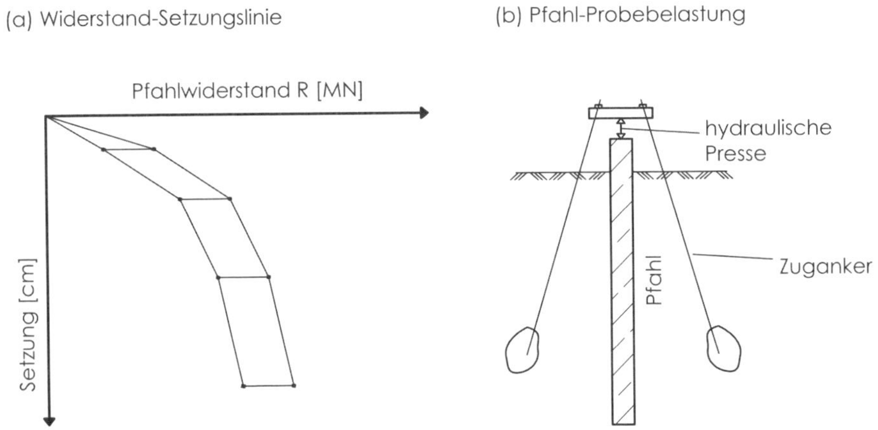

Bild C-328 Widerstand-Setzungs-Linie und Pfahl-Probebelastung

Bezogen auf den vertikalen Lastabtrag unterscheidet man zwischen einer stehenden und einer schwebenden bzw. schwimmenden Gründung:

Stehende Gründung: Bei der stehenden Gründung (Bild C-329/a) binden die Enden der Pfähle in eine tragfähige Bodenschicht ein, unter der keine weiteren nachgiebigen Schichten mehr folgen. Diese Gründungsart ist in Bezug auf das Verformungsverhalten und einen sicheren Lastabtrag am idealsten. Die von oben wirkenden Kräfte werden hauptsächlich durch den Pfahl-Spitzendruck und nur zu einem geringen Anteil durch die Mantelreibung aufgenommen.

Schwebende Gründung: Von einer schwebenden/schwimmenden Pfahlgründung (Bild C-329/b) spricht man, wenn die Pfähle keinen tragfähigen Baugrund erreichen und allein in weniger tragfähigen und zusammendrückbaren Schichten über Mantelreibung die Lasten in den Baugrund abtragen. Bei solchen Pfahlgründungen ist daher auch stets mit größeren Setzungen zu rechnen, die zudem erst über einen längeren Zeitraum verteilt auftreten. Die Pfähle sollten möglichst tief in den nachgiebigen Baugrund eingreifen. Pfahllängen, die kürzer als die Bauwerksbreite sind, genügen erfahrungsgemäß nicht.

Üblicherweise werden schwebende Pfahlgründungen aufgrund der o.g. Nachteile vermieden. Sie werden nur angewendet, wenn die nachgiebigen Schichten mit zunehmender Tiefe fester und tragfähiger werden, sodass geringere Setzungen zu erwarten sind als bei einer Flächengründung und tragfähiger Baugrund mit vertretbarem Aufwand nicht erreicht werden kann.

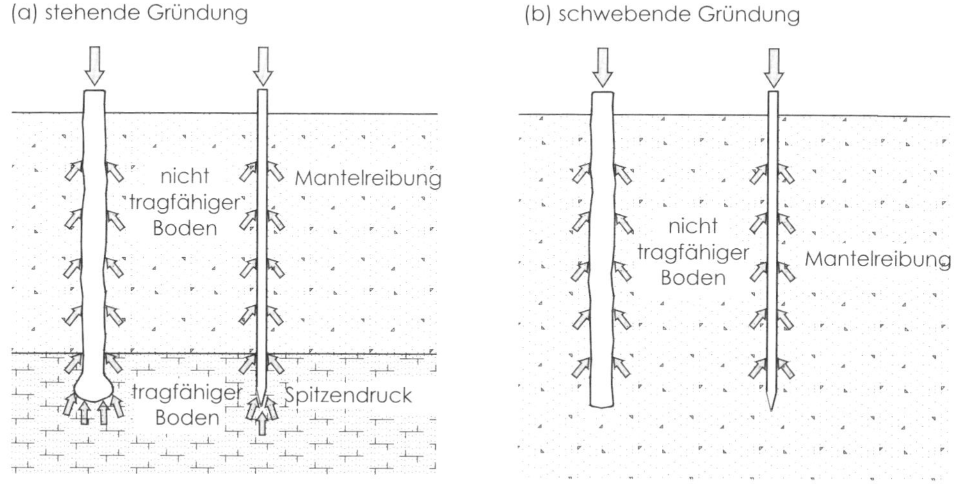

Bild C-329 Stehende und schwebende Gründung; Lastabtrag im Vergleich

Kombinierte-Pfahl-Plattengründung (KPP): Eine Weiterentwicklung im Bereich der Gründungsmethoden ist die Kombinierte-Pfahl-Plattengründung (kurz: KPP; Bild C-330) [30]. Man spricht daher auch von einer geotechnischen Verbundkonstruktion. Wie hoch der prozentuale Anteil der jeweiligen Tragkomponente tatsächlich ist, hängt stark vom jeweiligen Baugrund ab. Die Verteilung der Lasten kann auf Basis numerischer Simulationsverfahren, Erfahrungswerten und entsprechender konstruktiver Einflussparameter (Grundriss, Plattendicke, Pfahlabstände etc.) gezielt gesteuert werden. Die geplante Aufteilung auf die einzelnen Tragkomponenten wird über den Pfahl-Platten-Koeffizienten a_{KPP} beschrieben.

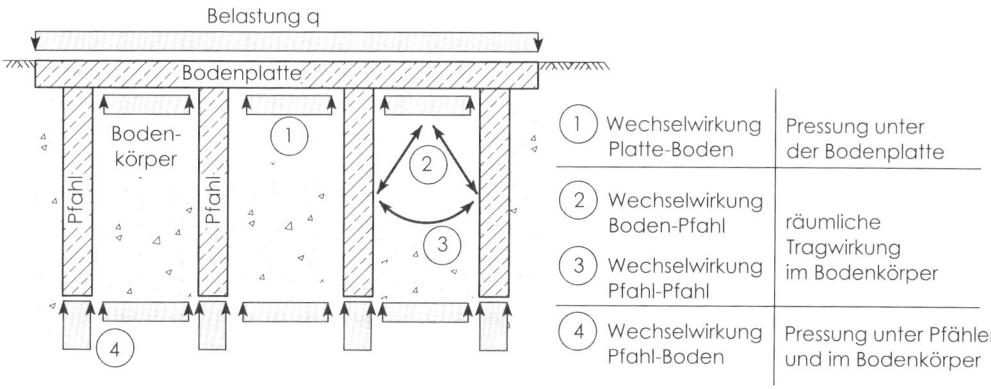

Bild C-330 KPP; Lastabtrag

Zugpfähle: Bodenkennwerte für die Tragfähigkeit von Pfählen, die auf Zug belastet werden, können in den seltensten Fällen verlässlich aus der Erfahrung abgeleitet werden. Sie sollten stattdessen stets durch Probebelastungen vor Ort ermittelt werden.

Wichtig für die Beurteilung der insgesamten Tragfähigkeit eines auf Zug belasteten Pfahls ist auch das Gewicht des Bodenkörpers, der tatsächlich zur Rückverankerung zur Verfügung steht. Das Bild C-331 verdeutlicht die Abgrenzung dieser Bodenkörper untereinander anhand einer Pfahlgruppe von insgesamt sechs Pfählen.

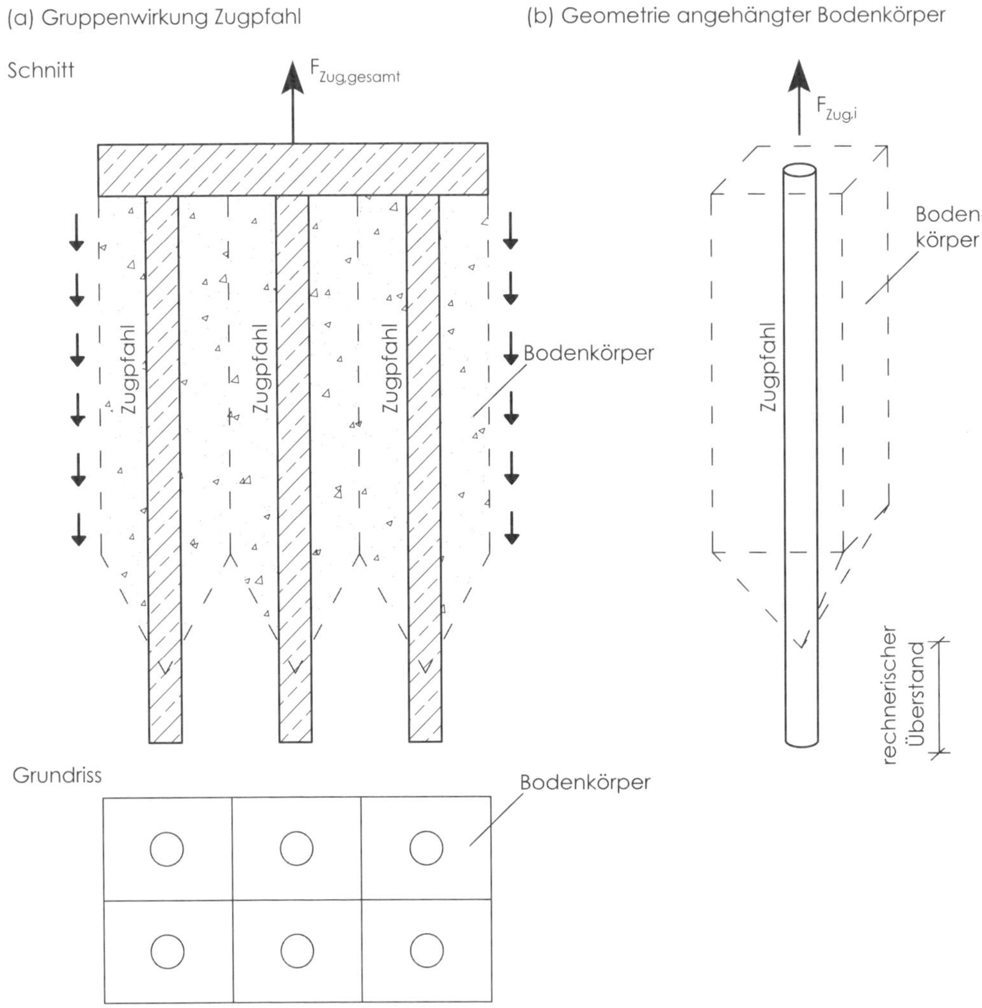

Bild C-331 Tragverhalten Zugpfahl mit schematischer Darstellung des angehängten Bodenköpers

Druckpfähle: Das Verhältnis von Pfahllänge zu Pfahldurchmesser ist in der Regel so groß, dass ein Pfahl ohne die Berücksichtigung des umgebenden Baugrunds als schlankes, stabilitätsgefährdetes Bauteil zu betrachten wäre (Bild C-332/a). Üblicherweise kann diese Betrachtung aber unterbleiben, wenn der Pfahl vollständig in den Boden einbindet und quer zur Pfahlachse maximal 3 % (ständig) bzw. 5 % (temporär) der axialen Belastung auftreten. Andernfalls und bei Pfählen in besonders weichen Böden ist die Nachgiebigkeit der Stützung rechnerisch zu berücksichtigen und der **Nachweis der Knicksicherheit** zu führen. Die Wirkung einer elastischen Bettung durch den Boden quer zur Pfahlachse wird dabei durch den Bettungsmodul k_s beschrieben (Bild C-332/b). Selbst sehr weiche, breiige Böden sind meist noch in der Lage, ein Ausknicken des Pfahls zu verhindern. Das Tragverhalten eines in den Boden einbindenden Pfahls liegt in der Realität zwischen den beiden Grenzfällen „vollständig freistehender Pfahl" (Grenzfall 1) und „elastisch gebetteter Pfahl" (Grenzfall 2). Dieses Verhalten erklärt sich dadurch, dass der Boden nur bis zu einer gewissen Maximalspannung belastet werden kann und danach versagt (anschaulich ausgedrückt „umfließt" der Boden den Pfahl).

Das Diagramm in Bild C-332/c ordnet das tatsächliche Tragverhalten des gebetteten Pfahls einerseits und des ungebetteten Pfahls andererseits ein. Im Diagramm sind folgende Kurvenverläufe dargestellt:

- Kurve 1.1: perfekter (ungebetteter) Druckstab (siehe auch Abschnitt C.5.3.2 ff.)
- Kurve 1.2: vorverformter (ungebetteter) Druckstab
- Kurve 2.1: perfekter (gebetteter) Stab
- Kurve 2.2: vorverformter (gebetteter) Stab
- Kurve 3: elastisch-plastisch gebetteter Stab

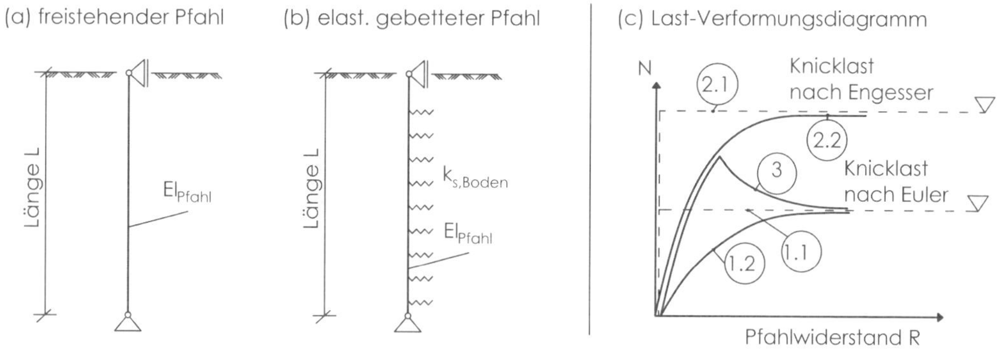

Bild C-332 Tragverhalten stabilitätsgefährdeter Pfähle; Tragmodell

Kombinierter Lastabtrag: Sind unterschiedliche Beanspruchungen durch Vertikal- und Horizontalkräfte sowie Momente von der Gründung aufzunehmen, kann dies durch eine Pfahlgruppe erfolgen, die zu einem Pfahlbock kombiniert wird.

Pfähle mit Durchmesser $d \geq 50$ cm können auch planmäßig Biegung aufnehmen. Beim Vorliegen von nicht zu großen Horizontalkräften und bei üblichen Hochbauten ohne erheblichen einseitigen Erddruck können alle Pfähle lotrecht angeordnet werden (Bild C-333/a).

Bei Pfählen mit $d < 50$ cm, die Biegung nicht aufnehmen können, müssen Pfahlböcke mit mindestens drei sich nicht in einem Punkt schneidenden Achsen ausgebildet werden. Gemäß den Grundregeln der Statik liegt dann ein stabiles System vor, wenn es aus mindestens drei Pfählen gebildet wird, deren Wirkungslinien nicht parallel zueinander sind oder sich alle in einem Punkt schneiden. Die Tragwirkung wird durch die geometrische Anordnung, Schrägstellung und Kopplung der Pfähle mittels Pfahlkopfbalken bzw. -platte erzielt (Bild C-333/b).

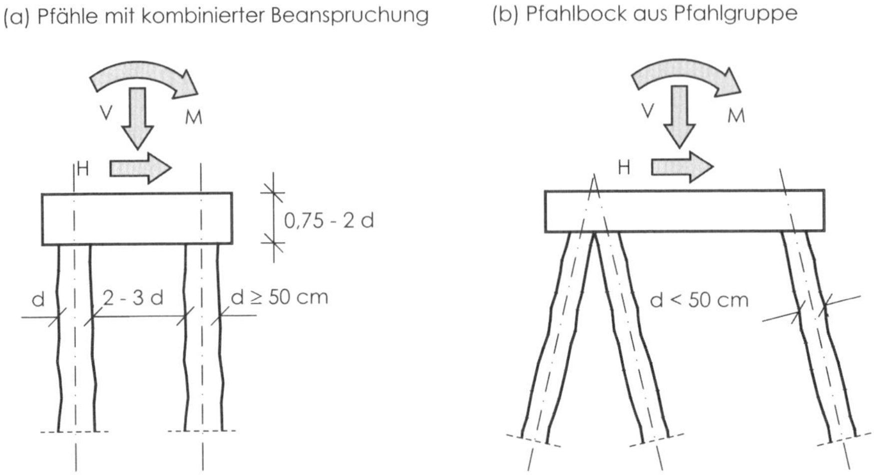

Bild C-333 Pfähle in einer Gruppe; mögliche Anordnung

Für die Pfähle, die infolge der Aufhebelung der Lasten eine Wechselbeanspruchungen erfahren, werden dann als Zugpfähle meistens die gleichen Pfähle verwendet wie zur Druckübertragung. Über den Zugwiderstand von Pfählen kann allein durch erdstatische Berechnungen wenig ausgesagt werden. Es sind meist aufwändige Zugversuche im Maßstab 1 : 1 vor Ort erforderlich.

C.8.4.3 Bohrpfähle

Ein wesentliches Merkmal in Bezug auf die Pfahlherstellung ist, dass beim Bohrpfahl der Boden aus dem Bohrloch entnommen und daraufhin der eigentliche Pfahl erstellt wird. Je nachdem, wie standfest der Boden ist, kann das Bohren ohne bzw. mit Verrohrung erfolgen. Der Bohrvorgang wird mit einem hydraulisch betriebenen Bohrgerät durchgeführt, das üblicherweise auf einem Raupenfahrzeug montiert ist und damit die jeweiligen Bohransatzstellen anfährt. Übliche Durchmesser für Bohrpfähle sind 32, 64, 90, 120 und 150 cm bei Pfahllängen bis ca. 30 m [96].

Beim **Schneckenbohrverfahren** (Bild C-334) wird die Bohrschnecke in den Boden eingedreht und dieser dadurch zugleich aus dem Bohrloch gefördert. Verfahrensbedingt wird der Boden nicht durch ein zusätzliches Mantelrohr gestützt und muss entweder für sich standfest sein oder beispielsweise durch eine Bentonit-Suspension gestützt werden. Nach Erreichen der planmäßigen Bohrtiefe wird die Bohrschnecke nach oben gezogen, während das Bohrloch gleichzeitig durch das Innenrohr der Schnecke mit Beton verfüllt wird. Im Kopfbereich wird nachträglich in den noch frischen Beton eine Anschlussbewehrung eingedrückt bzw. -gerüttelt.

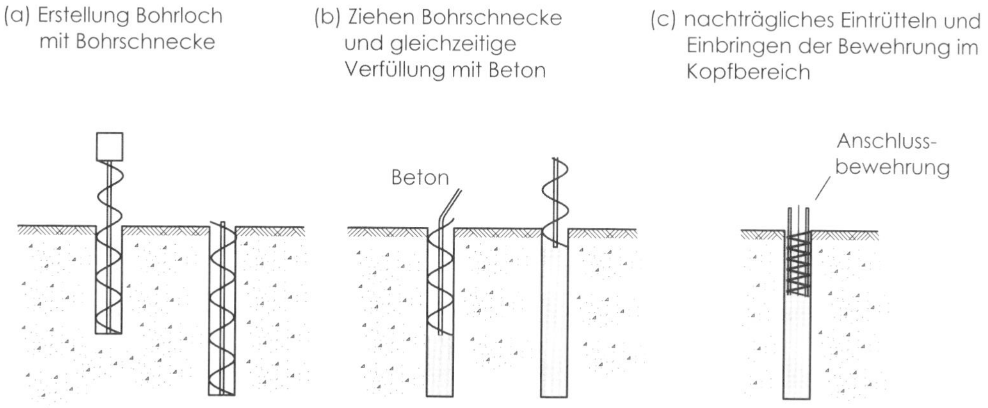

Bild C-334 Schnecken-Bohrpfahl; Ausführung

Verrohrt hergestellte Bohrpfähle: Bei der Herstellung eines Bohrpfahls unter Einsatz einer Verrohrung wird im ersten Schritt ein Stahl-Mantelrohr durch Drehen und Drücken unter gleichzeitiger Förderung des Bodens mit dem Bohrgerät (der sogenannten Kelly) eingebracht. Sollten unplanmäßige Hindernisse beim Bohren angetroffen werden, kann aufgrund der eigenständigen Verrohrung das Förderwerkzeug im Inneren gewechselt und ein Hindernis gezielt beseitigt werden. Für den Fall, dass die Bohrung bis unter den anstehenden Grundwasserspiegel reicht, muss im Mantelrohr ein erhöhter Wasserstand sichergestellt werden. Hierdurch kann ein Grundbruch am unteren Ende der Bohrung und eine dadurch bedingte Fehlausführung vermieden werden. Ist die planmäßige Bohrtiefe erreicht, wird die in Körben vorbereitete Bewehrung (sofern statisch eine Bewehrung erforderlich ist) in das Bohrloch eingestellt und diese im Contractor-Verfahren mit Beton verfüllt. Gleichzeitig wird die Verrohrung gezogen. Das Bild C-335 verdeutlicht das Verfahren.

Erschütterungen des Baugrundes werden bei diesem Pfahlherstellungsverfahren weitestgehend vermieden, sodass Bohrpfähle auch in unmittelbarer Umgebung von Gebäuden (z.B. in Innenstadtlagen) problemlos eingesetzt werden können.

Eine interessante Erweiterung im Hinblick auf Belange der Haustechnik sind Bohrpfähle, die zugleich als Erdsonden genutzt werden. Dazu werden an den Bewehrungskörben Kunststoffrohre befestigt, durch die Heiz- oder Kältemittel zirkulieren und im thermischen Ausgleich mit dem Boden stehen.

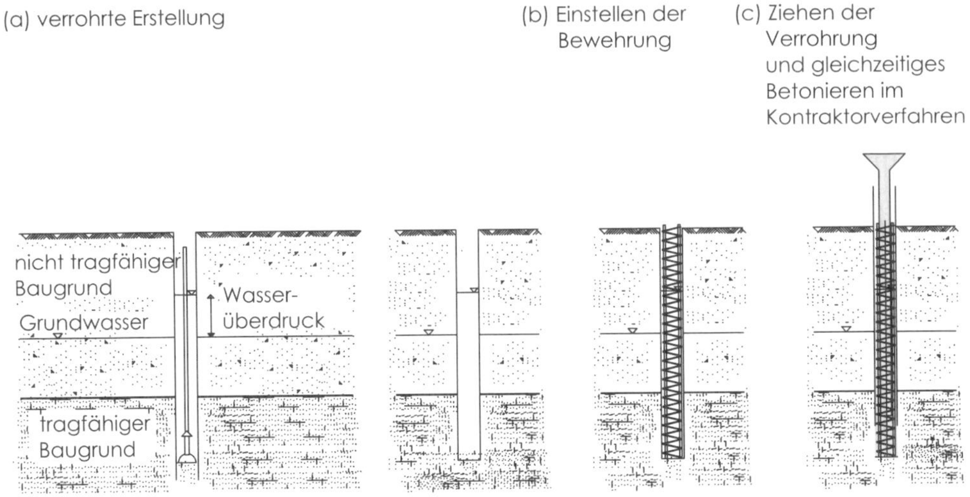

Bild C-335 Verrohrt hergestellter Bohrpfahl; Herstellung

Die nachfolgend aufgeführten zulässigen Belastungen von Bohrpfählen auf Druck (ohne und mit Fußverbreiterung; Tabelle C-12 und Tabelle C-13) können als Richtwerte für den Entwurf von Pfahlgründungen verwendet werden. Sie gelten für mindestens 5 m lange Pfähle, die mindestens 3 m, bei Pfählen mit Fußverbreiterung mindestens 2,5 m in den tragfähigen Boden einbinden. Als tragfähiger Boden wird ausreichend dicht gelagerter, nicht bindiger oder annähernd halbfester bindiger Boden vorausgesetzt. Die tragfähige Bodenschicht muss in ausreichender Mächtigkeit anstehen.

Tabelle C-12 Bemessungslasten N_d [kN] von Bohrpfählen ohne Fußverbreiterung

Pfahllänge [m]	Mindestpfahldurchmesser [cm]	Bemessungslast N_d [kN]
über 20 bis 30	50	560
über 15 bis 20	40	420
über 10 bis 15	35	350
bis 10	30	280

Tabelle C-13 Bemessungslasten N_d [kN] von Bohrpfählen mit Fußverbreiterung

Fußdurchmesser [cm]	Bemessungslast N_d [kN]
60	420
70	530
80	660
90	770
100	900

Bohrpfähle ohne Fußverbreiterung müssen einen Achsabstand von mindestens $3 \cdot d$ (d = Pfahldurchmesser) haben, Pfähle mit Fußverbreiterung einen Fußabstand, der mindestens dem Doppelten des Fußdurchmessers d_F entspricht.

Ist die Oberkante des tragfähigen Bodens geneigt, wird mit den längsten Pfählen begonnen und bergan gearbeitet. In solchen Fällen kann die Länge der Pfähle gestaffelt werden, solange beachtet wird, dass Pfähle in der Regel mindestens 3,0 m in die tragfähige Schicht einbinden sollen.

Großbohrpfähle: Bohrpfähle mit einem Durchmesser 80 cm $\leq$ d $\leq$ 250 cm werden als Großbohrpfähle bezeichnet. Der Einsatz dieser Pfähle hat in den letzten Jahren stark zugenommen, da mit modernen Maschinen das Herstellen großer Durchmesser problemlos möglich ist und sich dadurch wirtschaftliche Vorteile erzielen lassen. Beispielsweise ist ein Pfahl mit 120 cm Durchmesser mit dem gleichen Personalaufwand herzustellen, wie ein Pfahl mit dem Durchmesser 40 cm [27].

Zudem kann bei großen konzentrierten Lasten aufgrund der Ausführung als Großbohrpfahl die Last unmittelbar auf den Pfahl abgesetzt werden. Im Vergleich zu einer Gruppe kleinerer Pfähle kann dadurch auf eine Pfahlkopfplatte verzichtet werden und die damit verbundenen Kosten lassen sich einsparen. In der Regel sind Großbohrpfähle bei Lasten über 3 MN wirtschaftlicher als eine entsprechende Anzahl von kleineren Bohrpfählen (Bild C-336).

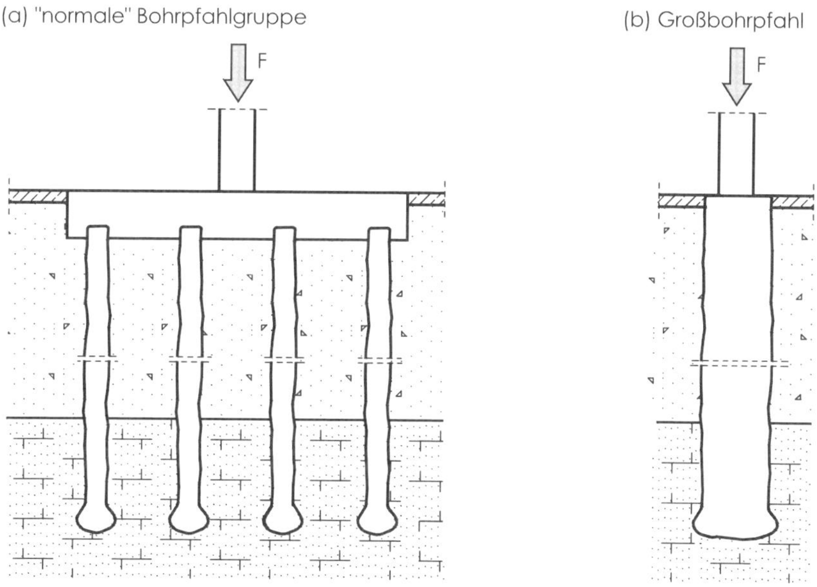

Bild C-336 „Normale" Bohrpfahlgruppe und Großbohrpfahl; Vergleich

Ein weiterer Vorteil von Großbohrpfählen ist die Möglichkeit, die Pfahlaufstandsfläche durch Einfahren in das Bohrloch zu besichtigen sowie in Zweifelsfällen von der Bohrlochsohle aus Kernbohrungen oder Sondierungen durchzuführen.

Weil Großbohrpfähle planmäßig auf Biegung beansprucht werden, stellen sie ein neues Konstruktionselement dar, welches nicht nur als Gründungspfahl, sondern in Form von Pfahlwänden auch zur Aufnahme des Erddrucks Anwendung findet.

Die Herstellung von Großbohrpfählen unterscheidet sich im Prinzip nicht von der normaler Bohrpfähle.

Mikropfähle (Ortbetonverpresspfähle): Eine wichtige Sonderform der Bohrpfähle stellen Mikropfähle dar, die üblicherweise Durchmesser von 20 bis 30 cm aufweisen. Der Beton für den Pfahl wird wegen der kleinen Durchmesser nicht mehr eingeschüttet, sondern eingepresst und erzielt dadurch einen wesentlich besseren Verbund mit dem umgebenden Boden. Je nach Verfahren kann zudem eine Nachverpressung erfolgen und dieser Verbund nochmals gesteigert werden.

Mikropfähle eignen sich daher sowohl für die Abtragung von Druck- als auch von Zugkräften.

Die am Markt verfügbaren Herstellungsverfahren sind u.a. auf die Anwendung in Bestandsgebäuden ausgerichtet und zeichnen sich durch eine entsprechend kleinteilige Gerätetechnik aus, was den Antransport in einer derartigen Umgebung wesentlich erleichtert. Beim Bauen im Bestand lassen sich mit Mikropfählen vorhandene Gründungselemente präzise und flexibel anpassbar nachträglich unterfangen.

C.8.4.4 Rammpfähle

Rammpfähle sind Pfähle aus Holz, Stahlbeton [97], Spannbeton oder Stahl. Sie werden in ihrer ganzen Länge oder in Teillängen vorgefertigt und in den Untergrund gerammt, wobei das Rammen durch Spülen oder Rütteln unterstützt werden kann.

Im Unterschied zu Bohrpfählen erfolgt beim Einbringen des Rammpfahls eine Verdrängung des Bodens, sodass dieser vollständig vor Ort im Baugrund verbleibt und insbesondere bei schadstoffhaltigen Böden vorteilhaft ist.

Der große Vorteil von Rammpfählen ist die durch die Verdrängung (horizontal zu den Seiten oder vertikal nach unten) verursachte Verdichtung des Baugrunds. Hierdurch wird die Tragfähigkeit des Baugrund gesteigert und es kann bereits bei der Herstellung anhand der für das Einbringen erforderlichen Kraft unmittelbar die tatsächliche Pfahltragfähigkeit ermittelt werden. Dadurch wird es möglich, z.B. über eine bauseits anpassbare Pfahllänge, Optimierungen in Bezug auf das Tragverhalten und die Kosten anhand der individuell vor Ort vorliegenden Situation zu erzielen.

Als eindeutiger Nachteil von Rammpfählen sind die Erschütterungen anzuführen, die beim Einbringen auftreten und an einer eventuell vorhandenen Nachbarbebauung zu Setzungs- und Rissschäden führen können. Rammpfähle sind daher in bebautem Gebiet praktisch nicht anwendbar. Den Rammungen müssen eingehende Probebohrungen vorausgehen, da größere Felsbrocken oder sehr harte Schichten geringer Mächtigkeit eine Rammpfahlanwendung ausschließen können.

Bei der Auswahl der Pfähle sind die Eigenschaften der zu durchfahrenden Schichten zu berücksichtigen. So sollen z.B. bei locker gelagerten rolligen Böden Pfähle mit größerem Verdrängungsvolumen (z.B. Kastenpfähle), bei wenig verdichtungsfähigen, rolligen und bei festen bindigen Böden solche mit kleinem Verdrängungsvolumen (z.B. Trägerpfähle) verwendet werden.

Richtwerte für die Bemessungslasten von auf Druck belasteten Rammpfählen enthält Tabelle C-14.

Tabelle C-14 Richtwerte für Bemessungslasten N_d [kN] von Rammpfählen auf Druck

Einbindetiefe in den tragfähigen Boden [m]	Bemessungslast [kN] bei einer mittleren Seitenlänge des Pfahlquerschnitts [cm] von				
	20	25	30	35	40
3	280	350	490	630	770
4	350	490	630	840	980
5	-	560	770	980	1190
6	-	-	910	1120	1400

Konstruktiv müssen Rammpfähle im Allgemeinen mindestens 3 m tief in den tragfähigen Baugrund einbinden. Sowohl bei gleichgerichteten Pfählen als auch zwischen den Spitzen geneigter Pfähle sind folgende Mindestwerte einzuhalten: $e \geq 3 \cdot d$ bzw. $e \geq 1\ m + d$ (siehe Bild C-337).

Die Pfähle sollten so angeordnet werden, dass angreifende Kräfte möglichst direkt aufgenommen und die Pfähle nahezu gleichmäßig belastet werden. Die Anordnung der Pfähle ergibt sich aus der Belastung durch das Bauwerk, der Tragfähigkeit des Baugrunds und der zulässigen Pfahltragfähigkeit (Bild C-337).

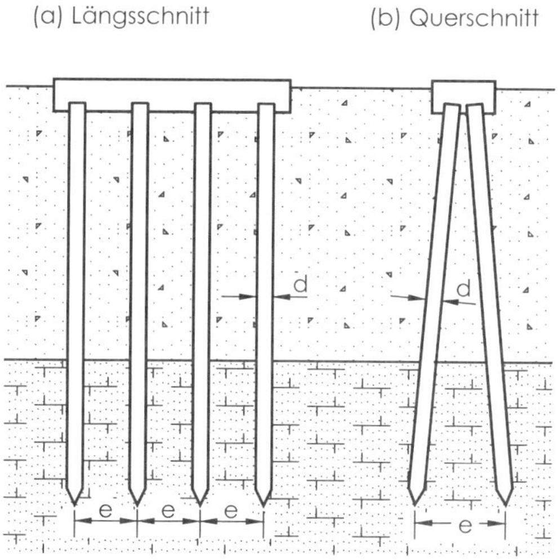

Bild C-337 Anordnung von Rammpfählen; Beispiele

Holz-Rammpfähle: Ursprünglich verwendete man Baumstämme als Rammpfähle. Diese können eine sehr hohe Standzeit erreichen, wenn sie dauerhaft unterhalb des Wasserspiegels angeordnet werden. Der Zutritt von Sauerstoff ist hierdurch behindert und die Pfähle sind dadurch gegen Fäulnis geschützt. Zahlreiche Bauwerke, die teilweise mehrere Jahrhunderte alt sind, weisen derartige Gründungen auf. Zu Problemen und Schäden kommt es vornehmlich dann, wenn der Wasserspiegel nachträglich abgesenkt wird und eine Verrottung des Holzes einsetzt.

Rammpfähle aus Holz sind heute eher unüblich und werden nur noch selten verwendet. Üblicherweise werden Pfähle aus Stahlbeton, Spannbeton oder Stahl eingesetzt.

Stahlbeton-/Spannbeton-Rammpfähle: Rammpfähle aus Beton lassen sich in nahezu jeder Querschnittsform (quadratisch, rechteckig, kreisförmig etc.) mit schlaffer oder vorgespannter Bewehrung herstellen. In der Regel werden die Pfähle als Fertigteile auf die Baustelle geliefert und können mit speziellen Kupplungselementen zu größeren Pfahllängen kombiniert werden [97].

Der bauseitige Ablauf ist in Bild C-338 dargestellt. Das Rammgerät rammt den Pfahl durch eine Abfolge gezielter Schläge (mit dem sogenannten Rammbär) in den Boden ein (a). Falls erforderlich, wird auf den zuerst eingetriebenen Pfahl ein weiteres Pfahlelement aufgesetzt und mit diesem fixiert (b). Daraufhin wird das Einrammen so lange fortgesetzt, bis die Soll-Länge bzw. -Tragkraft erreicht wird (c). Der verbleibende Pfahlüberstand wird auf eine planmäßige Höhe abgebrochen, damit eine Anbindung an das aufgehende Bauwerk erfolgen kann (d).

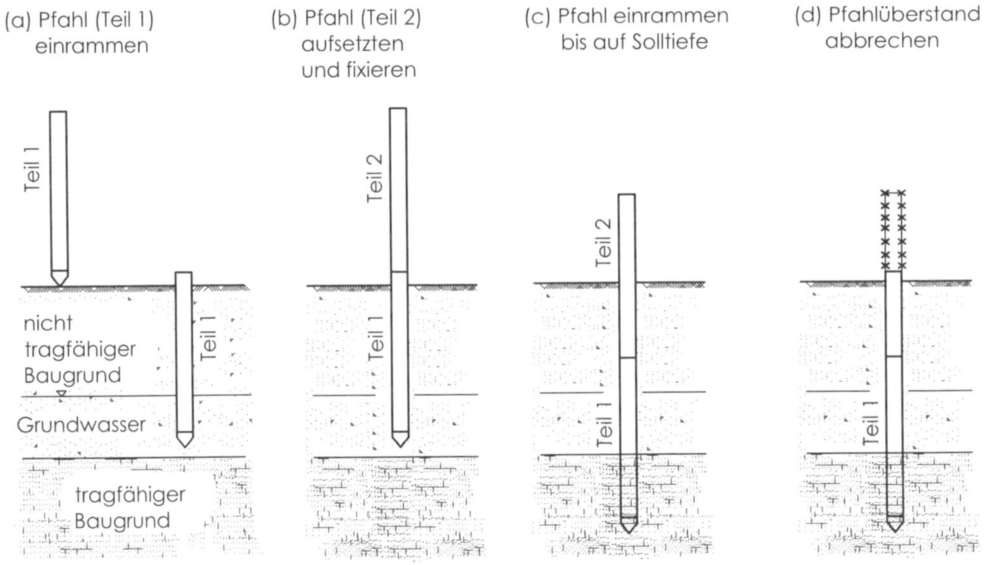

Bild C-338 Stahlbeton- bzw. Spannbeton-Rammpfahl; Herstellung

Ortbeton-Rammpfähle: Eine Sonderform der Rammpfähle stellt der Ortbeton-Rammpfahl dar, dessen Herstellverfahren im Bild C-339 schematisch abgebildet ist. Da Frischbeton schlichtweg nicht rammfähig ist, wird hilfsweise ein Stahlrohr in den Boden gerammt. Hierfür wird am unteren Ende des Rohrs ein Pfropfen aus Magerbeton eingefüllt (a), der sich infolge der Schlagenergie (durch Schläge mit dem Rammbär) gegen die Rohrlochwandung verspannt. Dadurch wird es möglich, das Rohr im Zuge weiterer Rammschläge mitzureißen und den Boden dabei zu verdrängen (b). Bei Erreichen der Solltiefe bzw. -tragkraft wird das Mantelrohr am oberen Ende festgehalten und der Betonpfropfen am Fußende aus dem Rohr gestampft (c). Nun wird der vorgefertigte Bewehrungskorb in das Rohr eingestellt und der Pfahl von unten ansteigend ausbetoniert, während das Mantelrohr langsam hochgezogen wird (d).

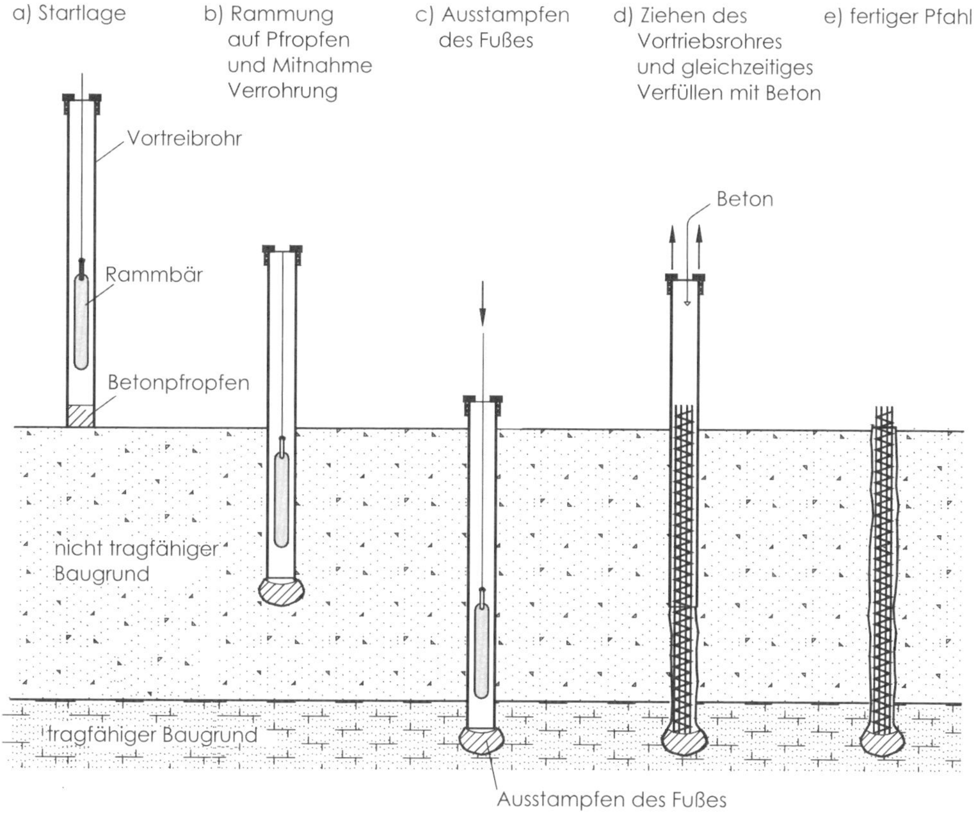

Bild C-339 Ortbetonrammpfahl; Herstellung

Stahl-Rammpfähle: Auch bei diesem Werkstoff sind aufgrund der vielfältigen Walzerzeugnisse, Bearbeitungs- und Fügeverfahren zahlreiche Querschnittsformen für Rammpfähle realisierbar. Man unterscheidet Profilpfähle sowie Kasten- und Rohrpfähle. Am unteren Ende sind unterschiedliche Geometrien der Spitzen (geschlossen oder offen) sowie Verstärkungen am Schaft übliche Praxis.

Der Ablauf des Verfahrens ist identisch zu dem von Stahlbeton-Rammpfählen und entspricht somit dem Bild C-338.

C.8.5 Baugrundverbesserung

C.8.5.1 Grundlagen

Eine weitere Möglichkeit auf das Gründungskonzept einzuwirken, ist die gezielte Beeinflussung der bodenmechanischen Kennwerte des unmittelbar anstehenden Baugrundes. Im Wesentlichen lassen sich zwei Zielrichtungen mit einer Baugrundverbesserung verfolgen. Einerseits geht es darum, die Tragfähigkeit des Bodens zu steigern und hierdurch im Übergangsbereich Fundament – Baugrund eine lokale Verbesserung zu erzielen. Andererseits wird die Wasserdurchlässigkeit einzelner Schichten verringert. In manchen Fällen müssen beide Ziele gleichzeitig erreicht werden.

Mögliche Verfahren zur Baugrundverbesserung sind ein Austausch des Bodens, eine Erhöhung der Lagerungsdichte durch mechanische Verdichtung oder Verpressung von stabilisierenden Stoffen in den Untergrund (Injektionen).

Ob eine Verbesserung des Baugrundes im Einzelfall wirtschaftlich möglich ist, hängt stark von der Art des Baugrundes, den technischen Anwendungsgrenzen der Bodenverbesserungsverfahren und der vorgesehenen Belastung ab. Eine Baugrundverbesserung kann auch vorteilhaft und wirtschaftlich sein, um eine teure Tiefgründung zu vermeiden.

C.8.5.2 Bodenaustausch

Die wirtschaftliche Grenze, bis zu der ein kompletter Bodenaustausch in Erwägung zu ziehen ist, liegt im Allgemeinen bei Schichtdicken von etwa 4 bis 5 m. Ob eine Flachgründung mit vorangegangenem Bodenaustausch oder eine Tiefgründung zu bevorzugen ist, hängt neben den örtlichen Gegebenheiten von Faktoren wie z.B. Kosten, Zeitdauer, Ausrüstung mit Gerät ab.

Beim Bodenaustausch wird der nicht tragfähige Boden gegen einen entsprechend tragfähigen (nichtbindigen) Boden ausgetauscht. Dieses Verfahren kann wirtschaftlich angewendet werden, wenn eine tragfähige Schicht von einer nichttragfähigen Schicht geringer Mächtigkeit überlagert wird und wenn geeigneter Ersatzboden preisgünstig zur Verfügung steht. Der nicht tragfähige Boden wird ausgehoben, der Ersatzboden eingebaut und verdichtet.

Der Einbau und die Verdichtung erfolgen (oberhalb des Grundwasserspiegels) üblicherweise in mehreren Lagen. Die Dicke der einzelnen Lage ist abhängig vom eingesetzten Verdichtungsgerät und der geforderten Verdichtung.

Die Breite des Bodenaustauschs muss so gewählt werden, dass eine Lastausbreitung unter den Fundamenten mit einem Winkel von 60° innerhalb dieser Schicht erfolgen kann (Bild C-340). Die Böschungsneigung der zusätzlichen Baugrube für den Bodenaustausch ist abhängig von der Bodenart, der Baugrubentiefe und der Standdauer der Baugrube. Üblicherweise ist ein Neigungswinkel zwischen 45° und 60° zu wählen.

Sofern der Bodenaustausch bis unter den Grundwasserspiegel reicht, ist eine lagenweise Verdichtung nicht möglich. Hier kann der eingebrachte Boden nach Abschluss der Verfüllung mit Tiefenverdichtung verdichtet werden. Bei kleineren Austauschmassen ist es oft wirtschaftlicher, den nicht tragfähigen Baugrund durch Magerbeton zu ersetzen.

In vielen Fällen ist es nicht erforderlich, die Schicht mit unzureichender Tragfähigkeit in ihrer ganzen Dicke auszuwechseln. Teilweise genügt es, allein einen Abtrag im oberen Bereich von etwa 1 m bis 3 m vorzunehmen. Die neu eingebrachte Schicht wirkt als druckverteilende Schicht, sodass die Druckspannungen unter der neuen Schicht wesentlich kleiner werden als der Sohldruck unter der Fundamentfläche. Dieses Verfahren wird daher auch als **Polstergründung** bezeichnet. Das Polster muss eine der Druckausbreitung entsprechende Breite haben.

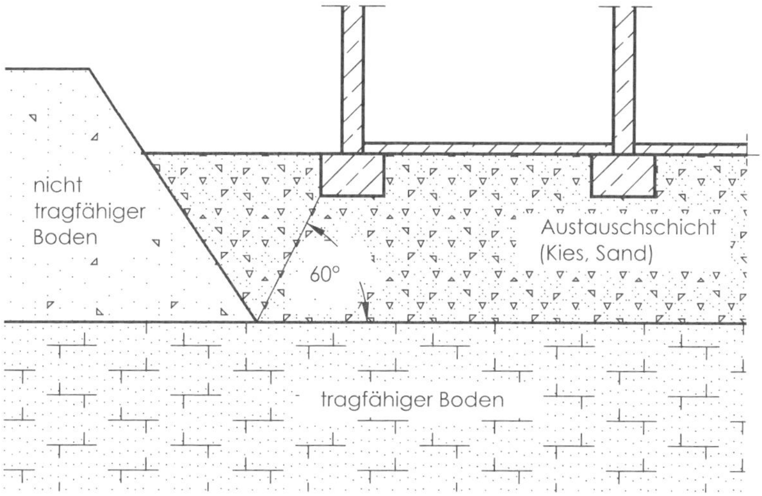

Bild C-340 Bodenaustausch

C.8.5.3 Mechanische Verdichtung

Mechanische Verdichtung nichtbindiger Böden

Nichtbindige Böden, die keine ausreichende Lagerungsdichte aufweisen, können mechanisch verdichtet werden. Es wird zwischen Oberflächen- und Tiefenverdichtung unterschieden.

Für die Oberflächenverdichtung werden als Verdichtungsgeräte Flächenrüttler, Vibrationswalzen, Vibrationsstampfer, Explosionsstampfer und Fallplatten verwendet, deren Wirksamkeit im Hinblick auf ihre Tiefenwirkung jedoch relativ gering ist. Bei einer Oberflächenverdichtung sind die Schichten daher lagenweise einzubauen und zu verdichten.

Die Tiefenverdichtung des Bodens kann durch Vibration (z.B. nach dem Rütteldruckverfahren) oder durch Verdrängen (nach dem Rüttelstopfverfahren) erfolgen. Mögliche Verfahren und ihre Unterschiede werden anhand Bild C-341 und Bild C-342 erläutert.

Beim **Rütteldruckverfahren** (Bild C-341) wird die Reibung der Bodenkörner untereinander mittels Vibrationsrüttler zeitweise aufgehoben. Der Boden um den Rüttler (ca. 0,3 bis 0,5 m) wird durch eine rotierende Unwucht in Kombination mit einer vertikalen Belastung und Zugabe einer Spülhilfe in Schwingungen versetzt und kurzzeitig verflüssigt. Dadurch ordnen sich die Körner in eine dichtere Lagerung um. Nach Erreichen der Sohle der zu verdichtenden Schicht wird die Wasserzugabe an der Spitze abgestellt.

Als Verdichtungsgerät wird ein röhrenförmiger Stahlkörper von 35 bis 40 cm Durchmesser verwendet. Die eigentliche Verdichtung des Bodens erfolgt während des Ziehvorgangs des Verdichtungsgerätes.

Beim Einrütteln bildet sich an der Geländeoberfläche ein Absenktrichter, in den ständig Boden nachgefüllt wird. Die zugegebene Materialmenge (7,5 bis 20 % des zu verdichtenden Erdkörpers) ist ein Maßstab für die erzielte Verdichtung. Die Tragfähigkeit kann durch Rütteln bis zum Doppelten der ursprünglich zulässigen Sohlnormalspannung gesteigert werden. Sie ist abhängig von der Körnung und der anfänglichen Lagerungsdichte des Bodens.

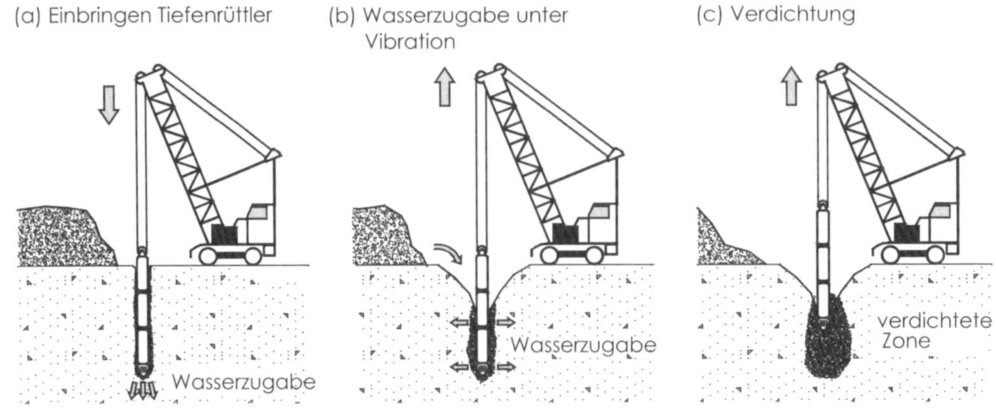

Bild C-341 Rütteldruckverfahren mittels Vibration; Herstellung

Im Gegensatz dazu wird beim **Rüttelstopfverfahren** der umgebende Boden nicht verdichtet, sondern seitlich verdrängt (Bild C-342). Der entstandene Hohlraum wird schrittweise mit Kies verfüllt und von unten beginnend in den weichen Boden eingeschlagen. Dazu wird der Rüttler aus dem Hohlraum gehoben, in diesen etwa 1 m hoch Kies eingefüllt und durch die Schlagenergie des wieder eingefahrenen Rüttlers verdichtet. Vorteilhaft ist die Verwendung eines Schleusenrüttlers, bei dem durch die Rüttlerspitze kontinuierlich Füllmaterial zugeführt und die Gefahr eines einfallenden Hohlraums minimiert wird.

Im Ergebnis entstehen sowohl beim Rütteldruckverfahren als auch beim Rüttelstopfverfahren säulenartige Verdichtungspfähle im Boden.

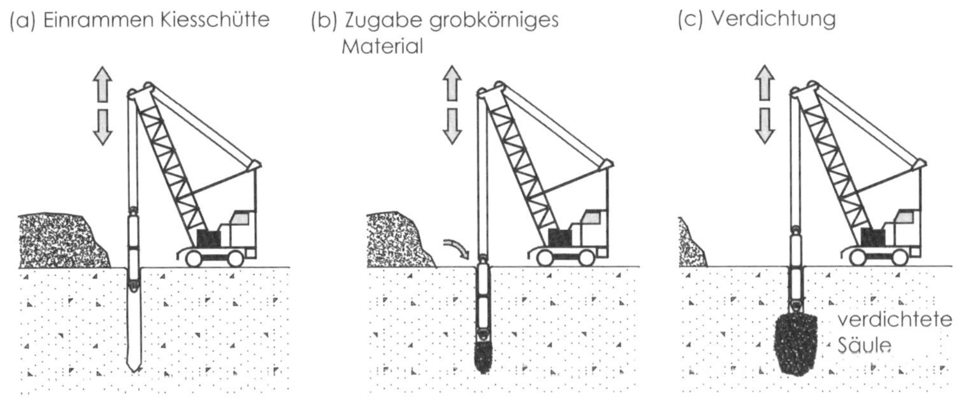

Bild C-342 Rüttelstopfverfahren mittels seitlicher Verdrängung; Herstellung

Die Anordnung der Verdichtungspfähle erfolgt bei Flächenlasten üblicherweise in Form eines gleichmäßigen Rasters, während diese bei Streifen- und Einzelfundamenten vornehmlich auf deren Verlauf ausgerichtet werden (Bild C-343). Um Verkantungen der Fundamente zu vermeiden, ordnet man die Pfähle vor allem unter den Rändern der Fundamente an.

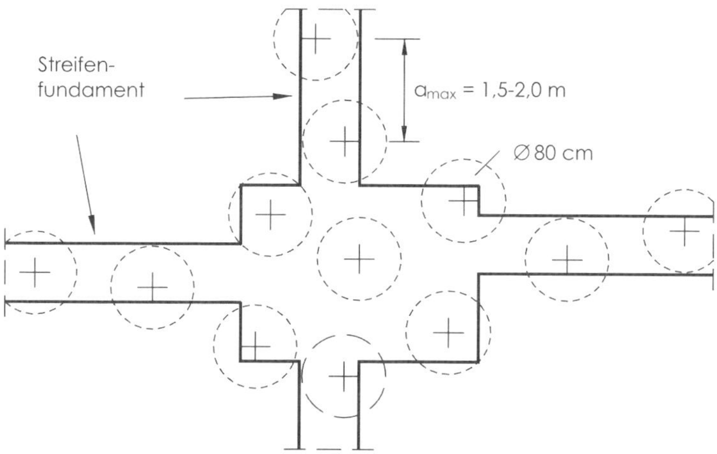

Bild C-343 Anordnung von Verdichtungspfählen unter Streifen- und Einzelfundamenten; Darstellung im Grundriss

Mechanische Verdichtung bindiger Böden

Die Verdichtungsfähigkeit bindiger Böden ist sehr stark vom Wassergehalt abhängig. Zur Oberflächenverdichtung verwendet man Glattmantelwalzen, Schaffußwalzen und Gummiradwalzen, Fallplatten und Explosionsstampfer, Flächenrüttler und Vibrationsgeräte. Sie erzielen bei Schluffen und Tonen allerdings keine gute Verdichtung.

Eine Tiefenverdichtung mittels Rütteldruckverfahren durch Umlagerung der Bodenkörner ist bei bindigen Böden nicht möglich. Zur Verbesserung solcher Böden werden auf ähnlichem Weg wie bei nichtbindigen Böden Kiessäulen im Baugrund hergestellt, die auf tragfähigen Schichten auflagern.

Das Verfahren mit Bodenverdichtungspfählen ist eine geeignete Methode zur Bodenverbesserung, wenn man es auf solche Fälle beschränkt, bei denen Bauwerke mit wenigen Geschossen, leichte Hallenbauten und auch gleichmäßig verteilte Lasten auf einem setzungsempfindlichen Boden flach gegründet werden sollen, weil eine Tiefgründung mit Pfählen zu aufwändig wäre oder auch gar nicht voll ausgenutzt werden könnte.

Stark gegliederte Baumassen mit unterschiedlichen Lasten oder vielgeschossige Bauwerke sind nicht auf Bodenverdichtungspfählen zu gründen. Es sei denn, die möglichen Setzungsunterschiede werden durch zusätzliche Injektionen oder Pfähle verringert oder das Setzungsrisiko wird bewusst berücksichtigt.

C.8.5.4 Injektionen

Unter Injektionen versteht man das Einpressen von fließfähigen Mitteln in den Baugrund. Das Einpressgut muss eine so kleine Korngröße haben, dass es in die Hohlräume im Boden eindringen und sie füllen kann, ohne abgefiltert zu werden. Dadurch wird die Festigkeit des Bodens erhöht und seine Durchlässigkeit vermindert [27]. Damit injiziert werden kann, sind Einpressrohre (Injektionslanzen) in den Boden einzubringen (Bild C-344/a). Diese können eingerammt oder in vorgebohrte Löcher eingesetzt werden. Der Spalt zwischen Rohr- und Bohrlochwandung wird mit einer Gummimanschette abgedichtet, damit das Injektionsgut nicht nach oben entweichen kann.

Um eine wirksame und gleichmäßige Injektion zu erreichen, müssen die Abstände der Injektionslanzen so eng gewählt werden, dass sich die einzelnen Einflussbereiche überschneiden (Bild C-344/b).

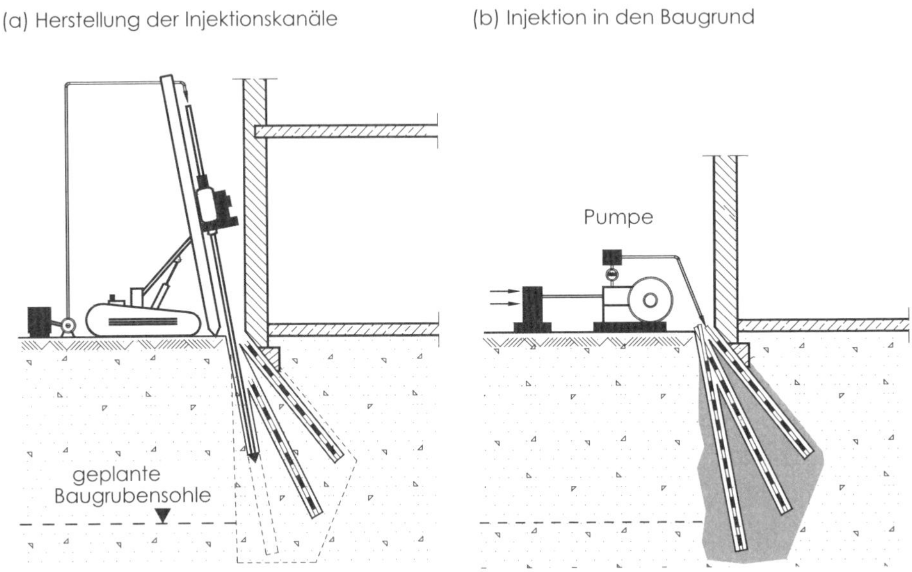

Bild C-344 Injektionen zur Sicherung von Bauwerken bei seitlicher Freischachtung und Ausbildung standfester Baugrubenwände; Anwendungsbeispiel

Das älteste und gebräuchlichste Injektionsmittel ist eine Suspension aus Wasser und Zement. Damit lassen sich Druckfestigkeiten bis 8,0 MN/m² erreichen. Bei bindigen Böden und bei betonschädlichen Bestandteilen des Untergrundes kann das Verfahren allerdings nicht angewendet werden.

Chemische Injektionsmittel verfügen über eine deutlich höhere Eindringfähigkeit als Zementsuspensionen. Je nach Art der chemischen Substanz unterscheidet man zwischen Injektionsmitteln auf Wasserglas- und solchen auf Kunststoffbasis.

Eine weitere Alternative, die insbesondere auch bei feinsten Hohlräumen und sehr dichtem Untergrund anwendbar ist, sind Injektionsmittel auf Bitumenbasis. Injiziert werden Bitumenemulsionen und heißflüssiges Bitumen. Mit Bitumeneinpressungen können auch Spalten mit stärkerer Wasserführung geschlossen werden, um dann nach Abdämmen des Wasserflusses mit Zementeinpressungen weiterzuarbeiten und so den Zement vor fließendem Wasser zu schützen.

Wegen der vielfältigen Einflüsse, die sich auf das Gelingen einer Injektion auswirken, sind immer sehr gründliche Voruntersuchungen des Baugrundes im Gelände und im Labor notwendig, um zu klären, ob überhaupt verpresst werden kann und welches Verfahren dann angewendet werden soll. Bei größeren Bauvorhaben sollten vorab stets Einpressversuche durchgeführt werden.

Die Ausführung von Injektionsarbeiten bleibt Spezialfirmen vorbehalten, da neben der Ausstattung mit entsprechenden Maschinen und Geräten vor allem geschultes und erfahrenes Personal für eine sach- und fachgerechte Ausführung erforderlich sind. Ein derartiges Unternehmen möglichst frühzeitig bereits mit in die Planungen einzubeziehen, kann zahlreiche spätere Problemstellen minimieren. Unbedingt sind die Anforderungen des Umwelt- und Wasserschutzes zu beachten.

Bild C-345/a zeigt eine mögliche Ausführungsvariante, wie durch eine Injektion das Fundament nachträglich verbreitert und vertieft werden kann. Dies kann z.B. erforderlich werden, wenn sich die Last F infolge einer Nutzungsänderung oder einer Umbaumaßnahme vergrößert und die Fundamente darauf auszulegen sind.

Eine vergleichbare Umsetzungsvariante, allerdings in wesentlich größerer Tiefe und im Fußbereich einer Pfahlgründung, zeigt Bild C-345/b. Hier kann durch Injektionen die Tragfähigkeit des Baugrundes erhöht werden.

Eine weitere Anwendung von Injektionen bei tiefen Baugruben zeigt Bild C-345/c. Mit einer Injektion hinter einer Baugrubenwand lässt sich der horizontale Erddruck auf den Verbau vermindern. Darüber hinaus kann bei einer nahe der Baugrubenwand bestehenden Bebauung das Risiko von Schäden infolge Setzungen des Bodens hinter dem Verbau verringert werden.

Eine mögliche Anwendung, die ebenfalls anhand Bild C-345/c verdeutlicht werden kann, sind mit Injektionen hergestellte Dichtschleier im Baugrund. Dadurch kann beispielsweise hinter der Baugrubenwand oder unterhalb der Baugrubensohle eine abdichtende Schicht hergestellt werden und somit der Wasserdurchtritt durch die Wand bzw. die Sohle verhindert werden.

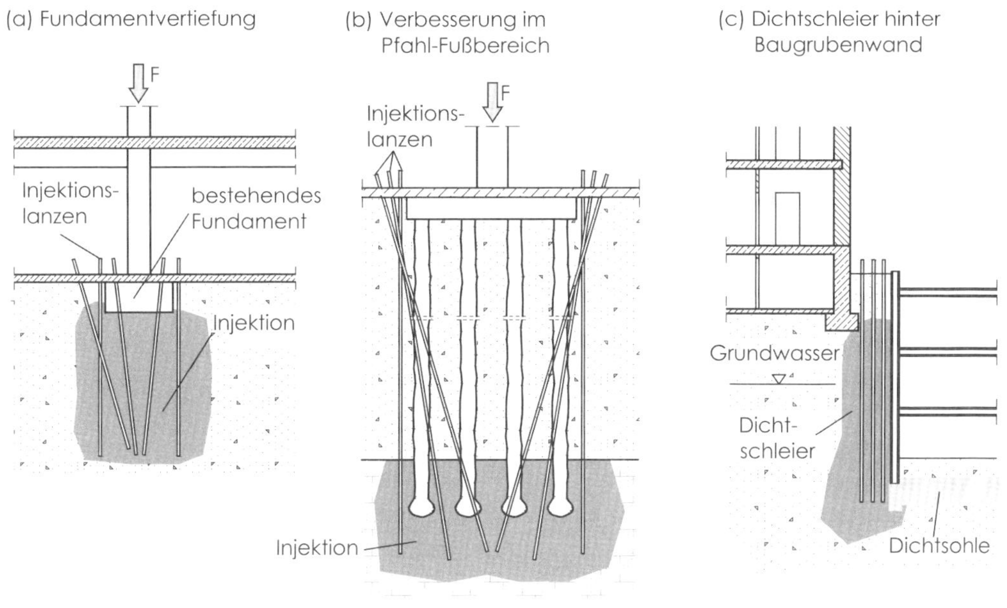

Bild C-345 Injektionen; Anwendungsfälle

D Bemessung von Bauteilen

D.1 Einwirkungen auf Tragwerke

Der Nachweis der Standsicherheit, die sogenannte Bemessung, erfolgt auf der Grundlage von bauaufsichtlich eingeführten Regelwerken. Diese werden in regelmäßigen Abständen aktualisiert und fortgeschrieben. Im Folgenden werden die wesentlichen Einwirkungen für Tragwerke im Hochbau in den Grundzügen erläutert.

Dieser Abschnitt ersetzt nicht Normen oder Tabellenwerke. Detaillierte Angaben sind den jeweiligen Bemessungsregeln ([42]ff.) oder Tabellenwerken ([19][20]) zu entnehmen und werden daher hier bewusst nicht aufgeführt.

D.1.1 Übersicht

Regelwerke

Die Lastannahmen im Bauwesen werden im Eurocode 1 – DIN EN 1991 und den zugehörigen nationalen Anhängen geregelt. Die einzelnen Teile lauten:

- DIN EN 1991-1-1: Wichten, Eigengewicht und Nutzlasten [42][43]
- DIN EN 1991-1-2: Brandeinwirkungen [44]
- DIN EN 1991-1-3: Schneelasten [45][46]
- DIN EN 1991-1-4: Windlasten [47][48]
- DIN EN 1991-1-5: Temperatureinwirkungen [49][50]
- DIN EN 1991-1-6: Einwirkungen während der Bauausführung
- DIN EN 1991-1-7: Außergewöhnliche Einwirkungen [51][52]
- Die Auslegung von Hochbauten gegen Erdbebenbeanspruchungen ist in Eurocode 8 – DIN EN 1998 ([86][87]) festgelegt.

Man unterscheidet zwischen

- ständigen und veränderlichen
- direkten und indirekten
- Einwirkungen.

Zu den **ständigen Einwirkungen** gehören die Lastbestandteile, die über den Nutzungszeitraum des Gebäudes nicht entfernt werden. Hierzu zählt insbesondere das Eigengewicht der Baukonstruktion. **Veränderliche Einwirkungen** sind demgegenüber z.B. Wind, Schnee oder Nutzlasten, welche nicht über den gesamten Nutzungszeitraum wirken und sich zeitlich verändern.

Direkte Einwirkungen werden als Kraft zur Berechnung der Schnittgrößen, Verformungen und Spannungen auf das idealisierte System angesetzt, **indirekte Einwirkungen** wirken als Temperatur oder Lagersetzungen und verursachen „indirekt" Querschnittsbeanspruchungen.

Tabelle D-1 Beispiele für ständige und veränderliche Einwirkungen

ständige Lasten	Konstruktionseigengewicht, Estrich, Belag, Putz, untergehängte Decke, teilweise Erddruck
veränderliche Lasten	Nutzlasten (Personen, Einrichtung, Lagerstoffe, Fahrzeuge), Schnee, Wind, leichte Trennwände, teilweise Erddruck, Temperaturänderung

Für Strecken- und Flächenlasten werden üblicherweise Kleinbuchstaben verwendet, wie z.B.:

- ständige Lasten g („gravity")
- Nutzlasten q
- Schneelast s
- Windlast w
- Erddruck e

Einzellasten werden mit Großbuchstaben gekennzeichnet, G für ständige Last, Q für Nutzlast, allgemein F (force).

g/G steht für ständige Lasten aus Eigengewicht (g = „gravity"), q/Q wird nicht nur für Nutzlasten im Speziellen, sondern auch für Veränderliche im Allgemeinen verwendet.

Eine Unterscheidung in ständige und veränderliche Einwirkungen ist daher erforderlich, da ständige im Wortsinn immer auf das Tragwerk einwirken, eine veränderliche Einwirkung sowohl in Bezug auf Lasthöhe und Ort des Auftretens bzw. das gleichzeitige Auftreten mit anderen veränderlichen Einwirkungen erwartungsgemäß nicht immer auftritt. Daher werden die veränderlichen Einwirkungen nur dann rechnerisch angesetzt, wenn sie ungünstig wirken.

Weitere veränderliche Einwirkungen wie Brems- und Beschleunigungskräfte (aus Fahrzeugen und Krananlagen), Anpralllasten (aus Fahrzeugen), Schwingungen (aus Fahrzeugen, Maschinen, Glocken, Wind) oder Erdbeben werden als dynamische Beanspruchungen bezeichnet.

Bei den Lastangaben im Eurocode handelt es sich um **charakteristische Größen**, die auf Grundlage statistischer Untersuchungen zur Auftretenswahrscheinlichkeit hergeleitet wurden und welche mit einer vorgegebenen Wahrscheinlichkeit in einem festgesetzten Bezugszeitraum (z.B. 50 Jahre) nicht überschritten werden [40]. Charakteristische Werte kennzeichnet man mit dem Index k (z.B. charakteristische Schneelast s_k oder charakteristische Windlast w_k).

D.1.2 Eigenlasten von Konstruktionen

Zu den Eigenlasten gehören neben den Tragelementen alle Ausbaulasten wie z.B. Dämmung, Putz, Estrich oder Dacheindeckung. Eigenlasten wirken als ständige Einwirkung immer lotrecht in Richtung der Erdanziehung.

Bei stabförmigen Elementen wie Stützen wirkt das Eigengewicht als Einzellast G in [kN], das Eigengewicht des Balkens wird als Streckenlast g in [kN/m] angesetzt (Bild D-1).

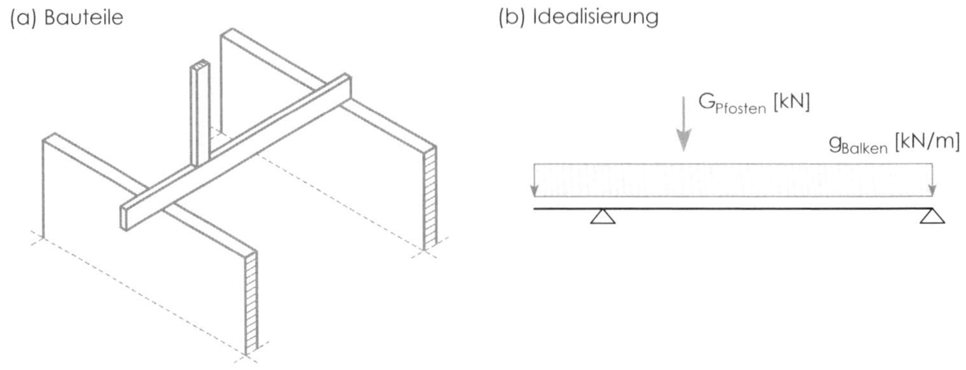

Bild D-1 Balken; Belastung durch Eigengewicht und Pfosten

Eine aufstehende Wand wird durch eine Streckenlast idealisiert. Die Dicke t der Wand ist im Vergleich zur Deckenspannweite L_{Decke} so klein ($t << L_{Decke}$), dass man die Wandlast vereinfacht zu einer Linie zusammenfassen kann (Bild D-2). Die Deckenplatte selbst wird durch ein Einfeldsystem idealisiert.

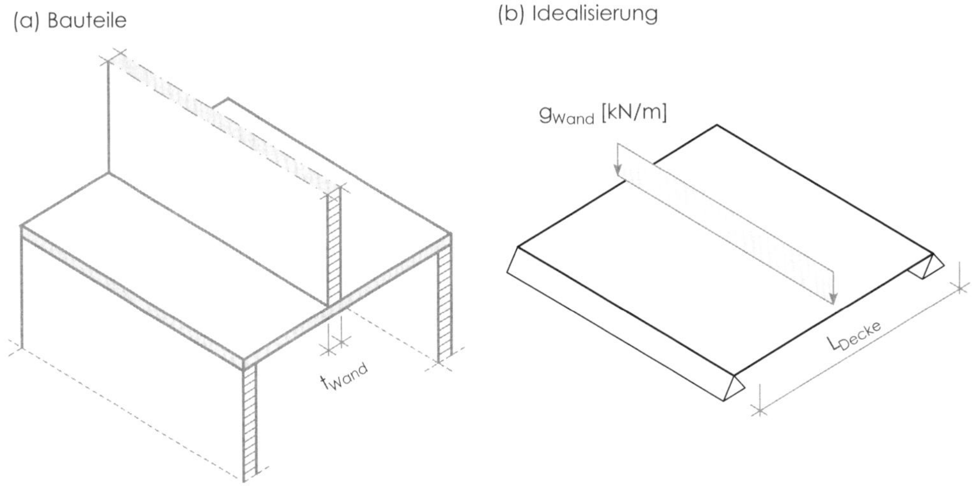

Bild D-2 Deckenplatte; Belastung durch eine Wand

Eine einachsig gespannte Stahlbetondecke ist statisch gesehen eine zweiseitig, linienförmig gelagerte Platte. Das Eigengewicht g_{Decke} wirkt als Flächenlast in [kN/m²]. Für die Berechnung kann vereinfacht ein 1 m breiter Streifen als Einfeldbalken mit einer Gleichlast betrachtet werden (Bild D-3).

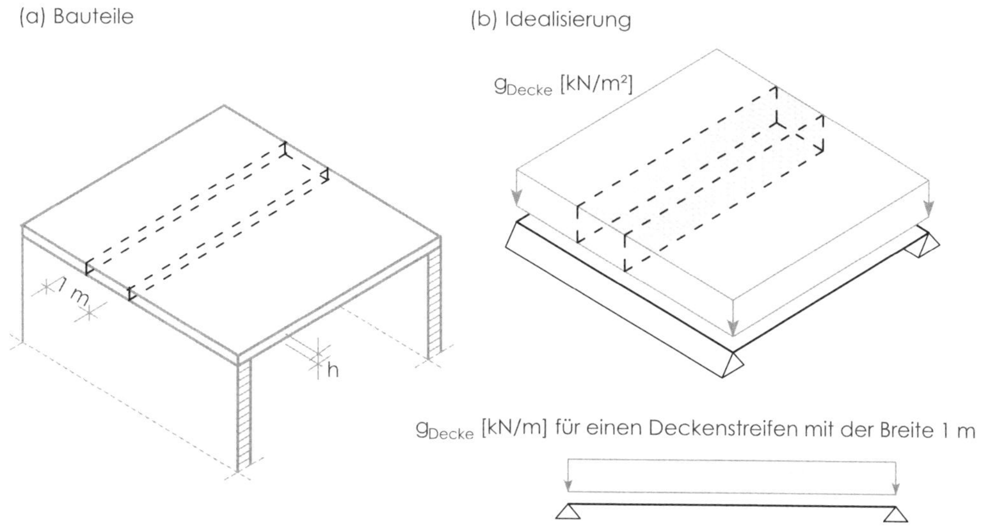

Bild D-3 Einachsig gespannte Stahlbetonplatte unter Eigenlast

Als Grundlage für die Berechnung des jeweiligen Eigengewichtes wird die Wichte γ des Baustoffes benötigt. Die Wichte γ eines Stoffes bezieht sich auf das Gewicht eines Stoffes je Kubikmeter:

$$\gamma = \frac{F}{V} \qquad [kN/m^3]$$

F Gewichtskraft [kN]

V Volumen [m³]

Materialkennwerte zur Berechnung der Eigenlasten können dem Eurocode 1 – DIN EN 1991-1-1 [42][43] oder einschlägigen Tabellenwerken entnommen werden. In Abhängigkeit von dem Material werden die Materialeigenschaften in

- [kN/m³] als Wichte (Tabelle D-2),
- [kN/m²] als Flächenlast (Tabelle D-3) oder
- als Flächenlast je cm Bauteildicke [(kN/m²)/cm] (Tabelle D-4)

angegeben.

Tabelle D-2 Wichten für ausgewählte Baustoffe [42][43] (Auswahl)

Baustoff	**Wichte γ [kN/m³]**
Nadelholz (Festigkeitsklasse C40)	5,0
Laubholz (Festigkeitsklasse D40)	7,0
Mauerwerk	5,0 bis 24,0
Beton	24,0
Stahlbeton	25,0
Aluminium	27,0
Stahl	78,5
Glas	25,0
Kies, Sand	18,0

Tabelle D-3 Flächenlasten für ausgewählte Baustoffe [42][43] (Auswahl)

Baustoff	**Flächenlast [kN/m²]**
Gipsputz, Dicke 15 mm	0,18
Kalkzementmörtel, Dicke 20 mm	0,30
Falzziegel mit Lattung	0,55
Kiesschüttung, Dicke 5 cm	1,0

Tabelle D-4 Flächenlasten je cm Bauteildicke für ausgewählte Baustoffe [42][43] (Auswahl)

Baustoff	**Flächenlast je cm Bauteildicke [kN/m²/cm]**
Gipskartonplatte	0,09
Natursteinplatten incl. Verlegemörtel	0,30
Faserdämmstoffe	0,01
Schaumkunststoffe	0,01

Beispiele gemäß Bild D-4

Flächenlast einer Stahlbetonplatte, h = 22 cm

(a) $g = h \cdot \gamma_{Stb} = 0{,}22\ m \cdot 25\ kN/m^3 = 5{,}5\ kN/m^2$

Streckenlast eines Balkens aus Nadelholz C40, b/h = 20/24 cm

(b) $g = b \cdot h \cdot \gamma_{C40} = 0{,}2\ m \cdot 0{,}24\ m \cdot 5\ kN/m^3 = 0{,}24\ kN/m$

Einzellast einer Stütze aus Laubholz D40, b/h = 16/16 cm, Länge 1 m

(c) $G = b \cdot h \cdot L \cdot \gamma_{D40}$
$= 0{,}16\ m \cdot 0{,}16\ m \cdot 1{,}0\ m \cdot 7{,}0\ kN/m^3 = 0{,}18\ kN$

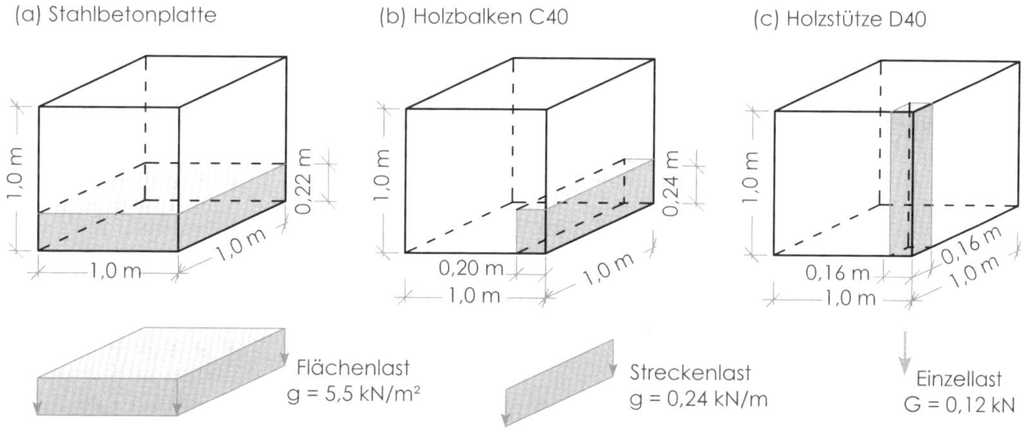

Bild D-4 Berechnung von Flächen-, Strecken- und Einzellasten; Beispiele

Homogene Bauteile

Bauteile sind meistens aus mehreren Bauteilschichten aufgebaut. Überlicherweise handelt es sich bei Decken oder Wänden um einen homogenen Aufbau. Das Flächengewicht von Bauteilen mit homogenem Aufbau erfolgt über die Summe der Flächengewichte der Einzelschichten.

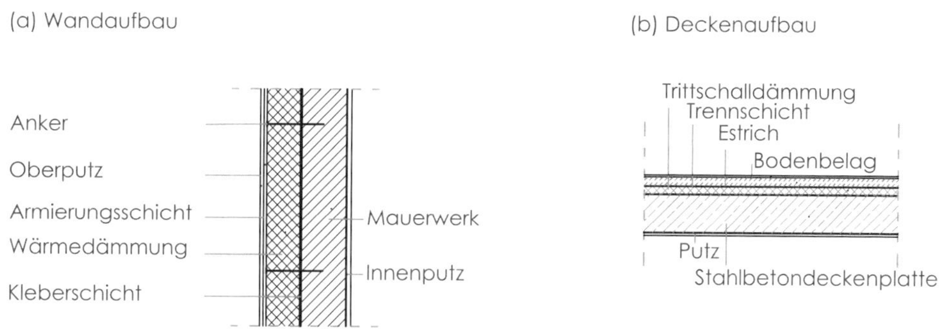

Bild D-5 Bauteilquerschnitte; homogener Aufbau

Inhomogene Bauteile

Holzständerwände oder Holzbalkendecken sind Beispiele für inhomogene Bauteile. Als Idealisierung wird eine konstante Ersatzlast als Flächengewicht ermittelt.

Das Flächengewicht der Dielenbretter wird, wie das Flächengewicht einer homogenen Schicht, bei einem homogenen Bauteilaufbau bestimmt zu:

$g_{Dielen} = h \cdot \gamma_{Diele} \quad [kN/m^2]$

Das Gewicht des Holzbalkens wird in eine Streckenlast umgerechnet und dann auf den Holzbalkenabstand a verteilt.

$g_{Balken} = b \cdot h \cdot \gamma_{Balken} / a \quad [kN/m^2]$

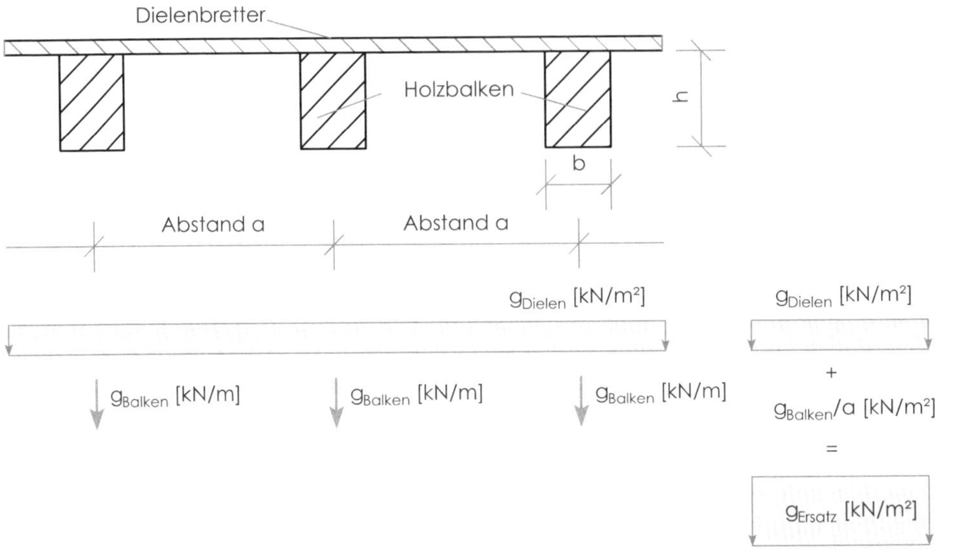

Bild D-6 Bauteilquerschnitt mit inhomogenem Aufbau; Ersatzlast

Für die statische Idealisierung wird das Flächengewicht der Holzbalkendecke als Streckenlast auf den Deckenbalken umgerechnet (Bild D-7). Die Streckenlast g für einen Holzbalken berechnet sich zu:

$$g\ [kN/m] = g_{Holzbalkendecke}\ [kN/m^2] \cdot a\ [m]$$

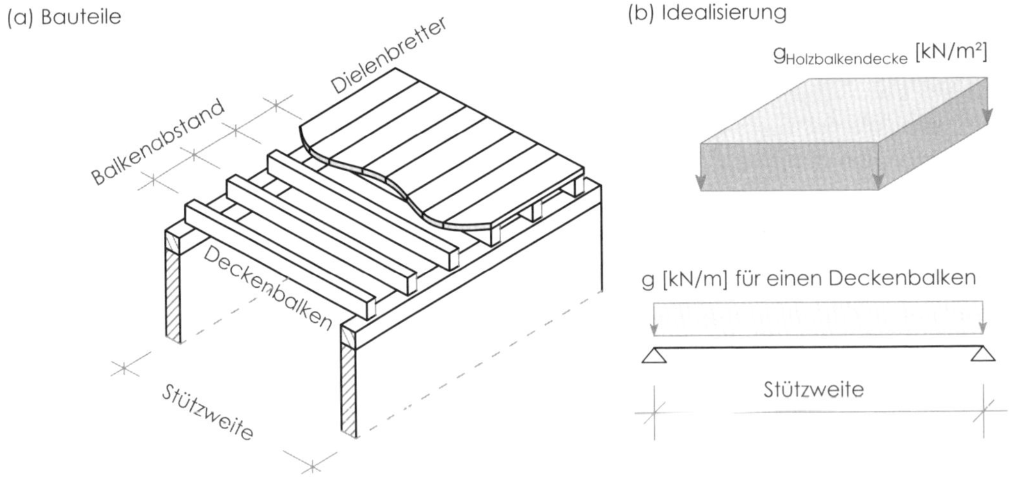

Bild D-7 Holzbalkendecke; statisches System und Idealisierung des Eigengewichtes

Bei geneigten Bauteilen ist das Flächengewicht zunächst auf die geneigte Dachfläche bezogen (Bild D-8). Die Eigenlast bezogen auf einen Sparren berechnet sich aus dem Produkt von

$$g\ [kN/m] = g_{Dachfläche}\ [kN/m^2] \cdot a\ [m]$$

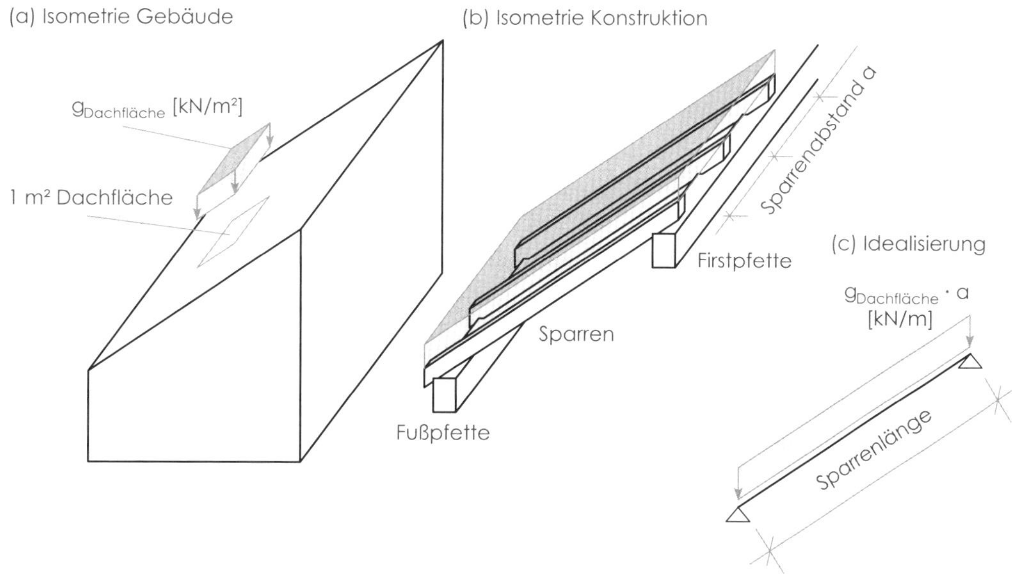

Bild D-8 Dachkonstruktion; Flächengewicht

Abschnitt E enthält Zahlenbeispiele für die Berechnung von Flächengewichten für homogene und inhomogene Bauteile.

D.1.3 Nutzlasten im Hochbau

D.1.3.1 Lotrechte Nutzlasten

Nutzlasten werden als statische Lasten angesetzt, wenn diese nicht als dynamische Lasten auftreten oder Resonanzeffekte hervorrufen. Zu den in der Norm erfassten Nutzlasten zählen Personenlasten, bewegliche Einrichtungsgegenstände wie z.B. Möbel. Die Werte decken in gewissem Umfang auch eher seltene Ereignisse wie z.B. die Ansammlung von Personen oder ein Zusammenrücken der Möbel mit ab. Die Größe der Nutzlast richtet sich nach den in [43] definierten Nutzungskategorien (Tabelle D-5).

Tabelle D-5 Nutzungskategorien nach DIN EN 1991-1-1/NA [43]

Kategorie	Nutzung
A	Spitzböden, Wohn- und Aufenthaltsräume
B	Büroflächen, Arbeitsflächen, Flure
C	Räume, Versammlungsräume und Flächen, die der Ansammlung von Personen dienen können
D	Verkaufsräume
E	Lager, Fabriken und Werkstätten, Ställe, Lagerräume und Zugänge
T	Treppen und Treppenpodeste
Z	Zugänge, Balkone und Ähnliches

Den jeweiligen Dach- und Deckenflächen eines Gebäudes sind in Abhängigkeit von der Nutzungskategorie Nutzlasten q_k als Flächenlast in [kN/m²] zugeordnet (Bild D-9) (siehe auch Tabelle D-6).

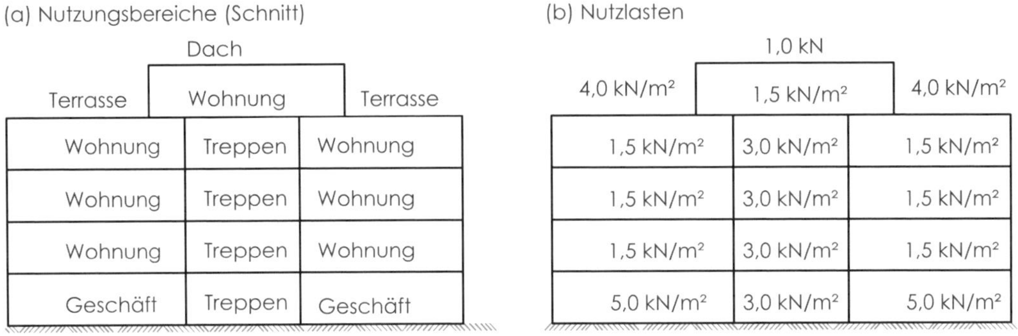

Bild D-9 Dach- und Deckenflächen; Nutzungskategorie und zugehörige Nutzlasten q

Ein einzelnes Bauteil (z.B. eine über zwei Felder durchlaufende Stahlbetonplatte) kann aufgrund der unterschiedlichen Raumnutzung abschnittsweise mit unterschiedlichen Nutzlasten belastet sein (Bild D-10).

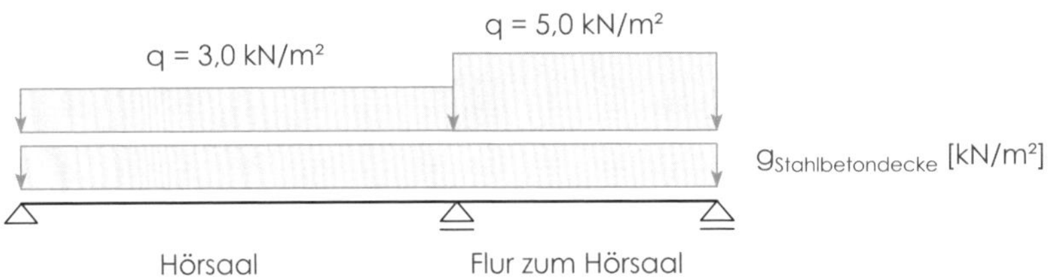

Bild D-10 Durchlaufende Stahlbetonplatte mit unterschiedlichen Nutzungsbereichen; Eigengewicht g und Nutzlast q

Um auch in lokalen Teilbereichen des Bauteils die Tragfähigkeit sicherzustellen, werden nicht nur Nachweise für Flächenlasten q_k, sondern auch für die Einzellast Q_k geführt. In Abhängigkeit von der Konstruktion, dem Lastabtrag oder dem Werkstoff kann der Ansatz einer Einzellast Q_k maßgebend sein. Hierbei müssen q_k und Q_k nicht gleichzeitg angesetzt werden.

Treppenstufe: Im Vergleich zu einem Treppenlauf aus Beton werden bei der Treppenstufe links in Bild D-11 die Beanspruchungen für die Nutzlasten als Flächenlast und für eine Einzellast von 2,0 kN in ungünstigster Laststellung berechnet. Die maßgebende Laststellung wiederum ist abhängig vom statischen System der Stufe.

Bei Werkstoffen wie Holz oder Beton kann die gezeigte Treppenstufe als Einfeldträger mit einer Einzellast idealisiert werden.

Begehbare Glasplatten: Da Glas ein spröder Werkstoff ist, müssen lokale Effekte möglichst genau berücksichtigt werden. Es ist zu untersuchen, ob sowohl für die gleichmäßig verteilte Nutzlast q_k, als auch für eine Einzellast Q_k (verteilt auf eine Fläche von 150 cm x 150 cm, entsprechend der Glasbemessungsnorm DIN 18008-5 [90]) die aufnehmbaren Spannungen im Material nicht überschritten werden. In Abhängigkeit von der Nutzung der Glaspodeste muss geprüft werden, ob kleinere Aufstandsflächen bei Einzellasten auftreten können.

Die Idealisierung einer zweiachsig gelagerten Platte ist nicht durch ein Stabwerk möglich. In der Praxis ist es daher üblich, die lokalen Spannungsspitzen mit Finite-Elemente-Programmen zu ermitteln.

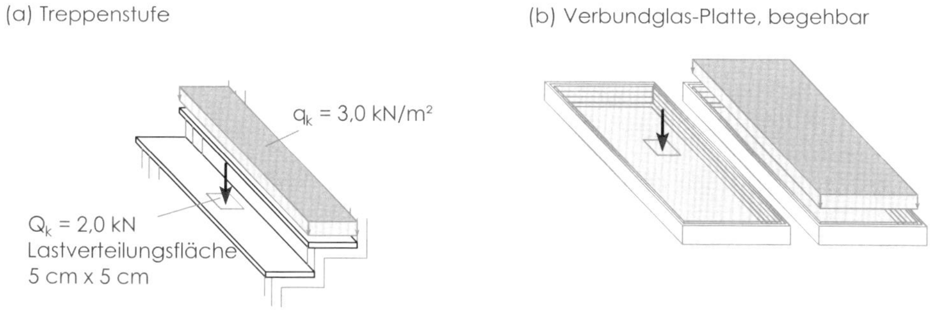

Bild D-11 Begehbare Glaselemente; Laststellungen der Nutzlasten

Holzbalkendecken: Holzbalkendecken tragen die Lasten über die einzelnen Holzbalken ab. Eine Querverteilung der Lasten erfolgt bei Holzbalkendecken nur über die aufgelegten Deckenplatten (z.B. Dielen, OSB-Platten o.Ä., Bild D-12/b) und unterscheidet sich damit grundlegend von Platten mit unmittelbarer Querverteilung (wie z.B. Stahlbetonplatten, Bild D-12/a). Daher wird bei den Nutzlasten im Lastansatz unterschieden zwischen Decken mit ausreichender Querverteilung (z.B. Stahlbetonplatten mit q_k = 1,5 kN/m²) und Decken ohne ausreichende Querverteilung (z.B. Holzbalkendecken mit q_k = 2,0 kN/m²).

Bei Stahlbetondecken wird eine Einzellast in der Größenordnung einer Nutzlast von 2 kN quasi nie maßgebend. Dies ist anders bei einer Holzbalkendecke. Der Holzbalken wird für die Laststellungen q_k umgerechnet als Linienlast und die Laststellung Q_k in Feldmitte berechnet.

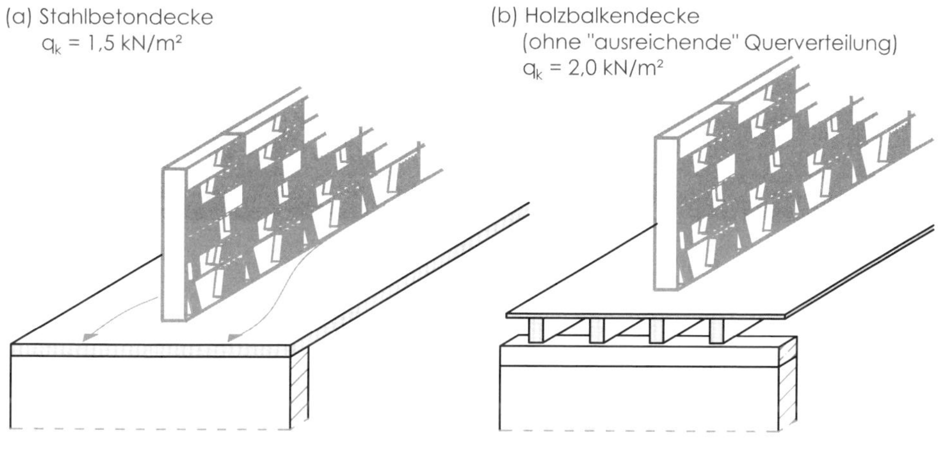

Bild D 12 Konzentrierte Lasten; Querverteilung in der Deckenkonstruktion

Unbelastete leichte Trennwände werden als Nutzlasten betrachtet. Handelt es sich um „leichte Trennwände", so ist deren tatsächliche Anzahl und Stellung für den Lastansatz nicht relevant und vereinfacht erfolgt die Berücksichtigung über einen pasuschalen Lastzuschlag Δq. Die Höhe des Zuschlags richtet sich hierbei nach dem Liniengewicht der Trennwände:

$\Delta q = 0{,}8$ kN/m² für Wände mit $g \leq 3$ kN/m

$\Delta q = 1{,}2$ kN/m² für Wände mit 3 kN/m $< g \leq 5$ kN/m

Bei Nutzlasten von $q \geq 5{,}0$ kN/m² ist ein Trennwandzuschlag nicht erforderlich.

Abweichend hiervon müssen bei Holzbalkendecken die Eigenlasten aufstehender Wände als Streckenlasten dann mit angesetzt werden, wenn die Wände parallel zu den Holzbalken verlaufen (Bild D-12/b).

Tabelle D-6 Auszug aus DIN EN 1991/NA: Nutzungskategorien und zugehörige Nutzlasten

Nutzungskategorie		Beispiel	q_k [kN/m²]	Q_k [kN]
A2	Wohn- und Aufenthaltsräume	Räume mit **ausreichender Querverteilung** der Lasten. Räume und Flure in Wohngebäuden, Bettenräume in Krankenhäusern, Hotelzimmer einschl. zugehöriger Küchen oder Bäder	1,5	-
B1	Büroflächen, Arbeitsflächen, Flure	Flure in Bürogebäuden, Büroflächen, Arztpraxen ohne schweres Gerät, Stationsräume, Aufenthaltsräume einschl. der Flure, Kleinviehställe	2,0	2,0
C6	Räume, Versammlungsräume und Flächen, die der Ansammlung von Personen dienen können	Flächen mit regelmäßiger Nutzung durch erhebliche Menschenansammlungen, Tribünen ohne feste Bestuhlung	7,5	10,0
D2	Verkaufsräume	Flächen in Einzelhandelsgeschäften und Warenhäusern	5,0	4,0
T1	Treppen und Treppenpodeste	Treppen und Treppenpodeste in Wohngebäuden, Bürogebäuden und von Arztpraxen ohne schweres Gerät	3,0	2,0
Z	Zugänge, Balkone oder Ähnliches	Dachterrassen, Laubengänge, Loggien usw., Balkone, Ausstiegspodeste	4,0	2,0

D.1.3.2 Horizontale Nutzlasten

Horizontale Nutzlasten setzt man als Streckenlast in Brüstungshöhe bei absturzsichernden Bauteilen wie z.B. Geländern, Verglasungen oder Zwischenwänden an. In Abhängigkeit von der Nutzungskategorie variiert die Last zwischen 0,5 und 2,0 kN/m [43].

Beispiele: Statisch idealisiert kann die eingespannte Brüstung durch einen Kragarm ersetzt werden (Bild D-13/a). Durch den zweiachsigen Lastabtrag ist dies bei der raumhohen Verglasung nicht möglich und es muss auf Finite-Elemente-Methoden zurückgegriffen werden (Bild D-13/b).

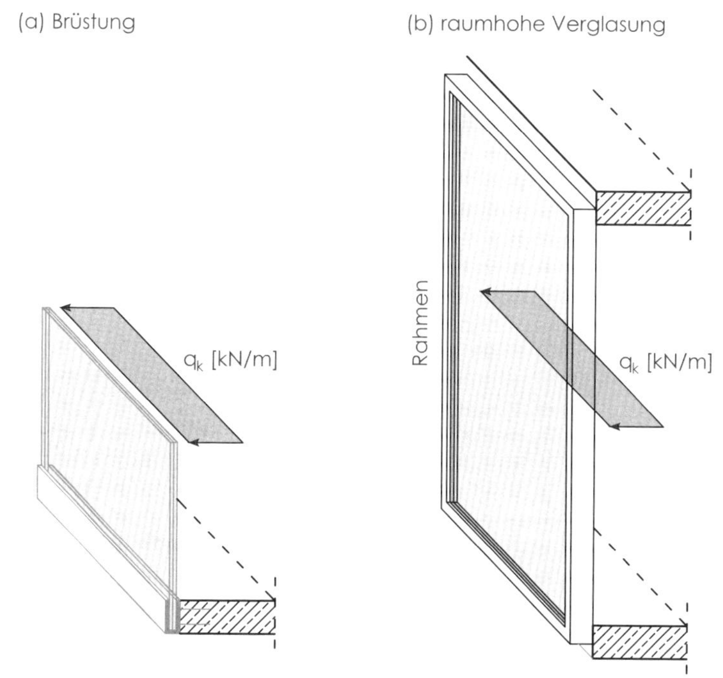

Bild D-13 Horizontale Nutzlast q_k; Beispiele

Des Weiteren enthält der Normteil zu den Nutzlasten zusätzliche Lastansätze für Horizontallasten, damit die Konstruktion für eine ausreichende Längs- und Quersteifigkeit bemessen wird. Demnach ist beispielsweise bei Tribünenbauten in Fußbodenhöhe eine Horizontallast von 1/20 der lotrechten Nutzlasten anzusetzen. Bei Einbauten innerhalb von Gebäuden, die ohne planmäßige Windlasten ausgelegt werden, nimmt man eine horizontale Last von 1/100 der Gesamtlast in der Höhe des Schwerpunkts an.

D.1.4 Schneelasten

Schnee und Eis gehören neben Wind und Temperatur zu den witterungsbedingten Einwirkungen. Da sie nicht ständig wirken, zählen sie zu den veränderlichen Einwirkungen. Die Schneebelastung hängt von der geografischen Lage und der Form des untersuchten Bauwerks ab.

Geografische Lage

Die geografische Lage für den Lastansatz wird definiert durch die:

- **Schneezone** (Zone 1, geringe Schneelast, bis Zone 3, hohe Schneelast). Die in der DIN EN 1991-1-3/NA [46] enthaltene Schneezonenkarte gibt Aufschluss über die Schneezonen innerhalb Deutschlands.
- **Geländehöhe** des Bauwerkstandortes über dem Meeresspiegel

In Abhängigkeit von der geographischen Lage wird der Grundwert der Schneelast s_k auf dem Boden mit Hilfe von Formeln bzw. Diagrammen bestimmt (Bild D-14). Den charakteristischen

Schneelasten wird statistisch eine jährliche Überschreitungswahrscheinlichkeit von 0,02 zugrunde gelegt (d.h., es wird theoretisch von einem einmaligen Überschreiten innerhalb von 50 Jahren ausgegangen).

Für Orte mit einer Höhenlage > 1500 m ü. NN und für bestimmte Gebiete der Schneezone 3 (Reit im Winkl, Walchensee, Fichtelgebirge etc.) können höhere Schneelasten maßgebend und diesbezüglich von der lokalen Bauaufsichtsbehörde festgelegt werden.

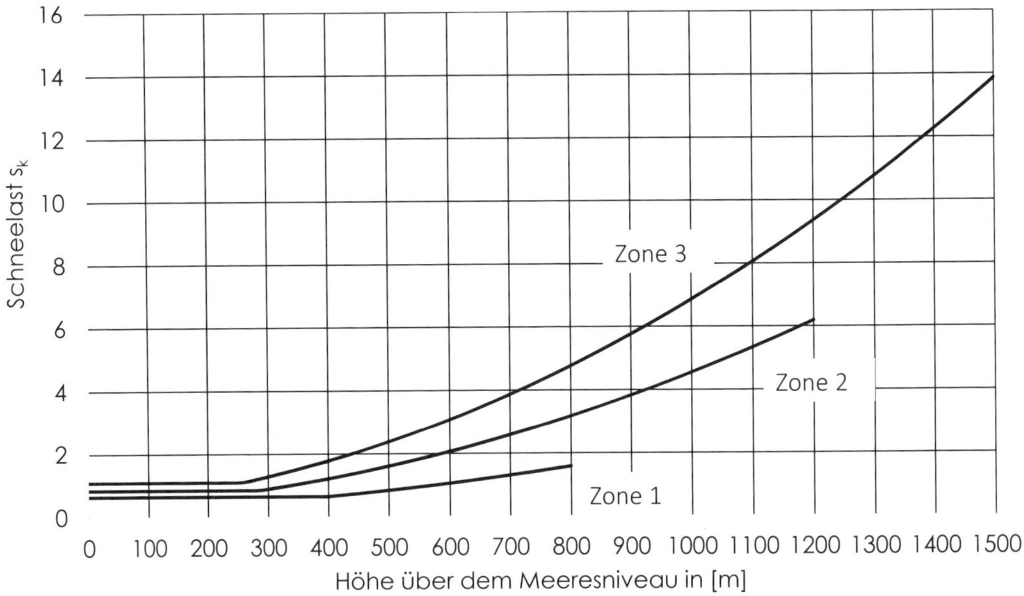

	Sockelbetrag	Grundwert der Schneelast auf dem Boden in [kN/m²]
Schneezone 1	≥ 0,65 kN/m² (bis 400 m ü. NN)	$s_k = 0{,}19 + 0{,}91 \cdot \left(\frac{A+140}{760}\right)^2$
Schneezone 2	≥ 0,85 kN/m² (bis 285 m ü. NN)	$s_k = 0{,}25 + 1{,}91 \cdot \left(\frac{A+140}{760}\right)^2$
Schneezone 3	≥ 1,10 kN/m² (bis 255 m ü. NN)	$s_k = 0{,}31 + 2{,}91 \cdot \left(\frac{A+140}{760}\right)^2$
	A: Geländehöhe über dem Meeresspiegel in [m]	

Bild D-14 Schneelasten nach DIN EN 1991-1-3/NA [46]

Dachform und Dachneigung

Die charakteristische Schneelast s_k, welche auf den Boden bezogen ist, wird durch die Formbeiwerte μ_i in Abhängigkeit von der Dachneigung und der Anordnung der Dächer zueinander modifiziert.

Die Schneelast auf dem Dach berechnet sich aus dem Produkt der Schneelast s_k und dem Formbeiwert μ_i:

$s = \mu_i \cdot s_k$

mit

μ_i Formbeiwerte (siehe Tabelle D-7)

s_k charakteristische Schneelast (siehe Bild D-14)

Die Schneelast wirkt immer senkrecht bezogen auf die Grundrissfläche.

Bei Dächern, bei denen die Schneelasten frei abrutschen können, reduziert sich die charakteristische Schneelast, bei aneinander angrenzenden Dächern sind Schneeansammlungen erfasst (Bild D-16 und Bild D-17).

Tabelle D-7 Formbeiwerte μ_i für Schneelasten nach [19]

Dachform	Formbeiwert	Neigungswinkel α der Dachfläche		
		$0° \leq \alpha \leq 30°$	$30° < \alpha < 60°$	$\alpha \geq 60°$
Flach- und Pultdächer, Satteldächer	$\mu_1 = \mu_2$	0,8	$0{,}8 \cdot (60° - \alpha)/30°$	0
Innenfelder von gereihten Dächern	μ_3	$0{,}8 + 0{,}8 \cdot \alpha / 30°$	1,6	1,6

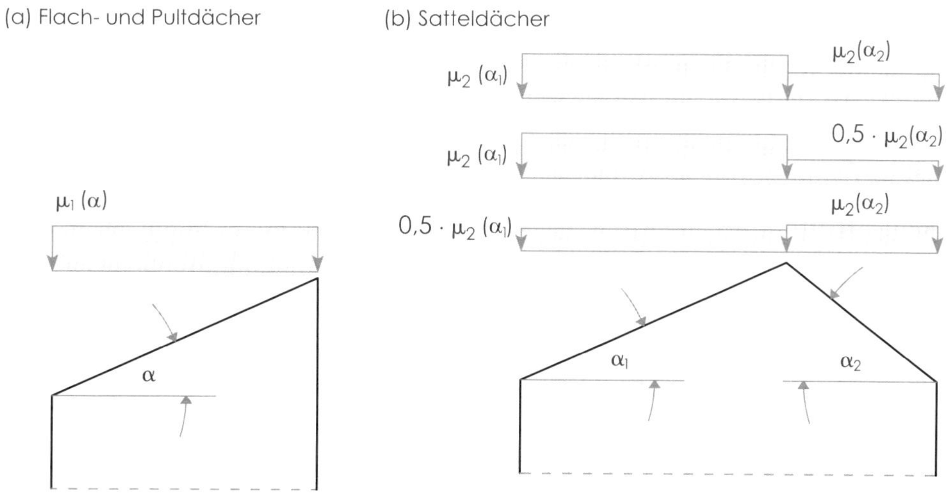

Bild D-15 Pult- und Satteldächer; Formbeiwerte

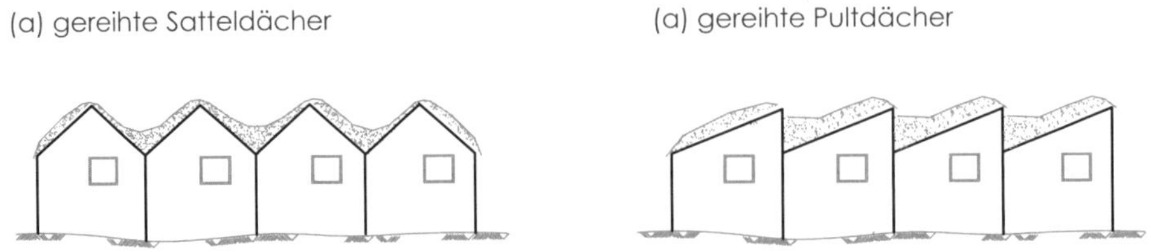

Bild D-16 Schneeanhäufungen bei aneinandergereihten Dächern; Prinzipdarstellung

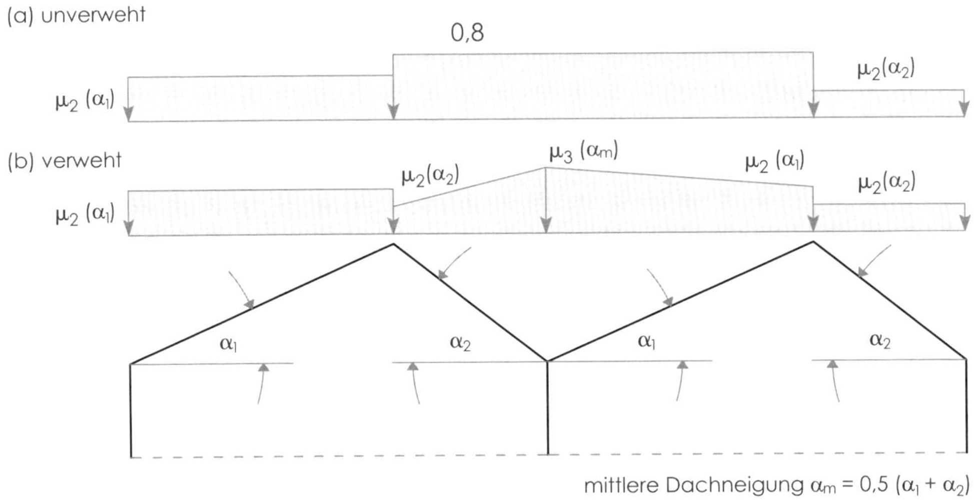

Bild D-17 Aneinandergereihte Dächer; Formbeiwerte

Neben einer Schneeanhäufung aufgrund der in Bild D-16 gezeigten geometrischen Gegebenheiten ist ergänzend noch von lokalen Anhäufungen auszugehen, wenn von höher gelegenen Dachflächen Schneemassen auf darunterliegende Bauteile abrutschen. Bild D-18 zeigt dies skizzenhaft am Beispiel einer neben einem Gebäude angeordneten Garage. Rechnerisch wird dies im Beispiel E.10 mit Zahlenwerten gezeigt.

In DIN EN 1991-1-3/NA werden darüber hinaus weitere Sonderfälle behandelt, wie z.B.

- Verwehungen an Aufbauten und Wänden
- Schneeüberhang an Traufen (siehe Bild D-19)
- Flachdächer mit großen Abmessungen (Breite/Länge größer als 50 m)
- Flachdächer mit Solaranlagen

Eine weitere Lasteinwirkung bei winterlichen Temperaturen stellen Eisablagerungen insbesondere bei filigranen Konstruktionen, die der Außenluft ausgesetzt sind, dar. Der Eismantel erhöht einerseits das Gewicht und vergrößert andererseits die Windangriffsfläche.

Die Eislast tritt wie die Schneelast regional unterschiedlich intensiv auf. Ähnlich der Schneezonenkarte ist in DIN EN 1991-1-3 eine Eiszonenkarte der Bundesrepublik (aufgeteilt in 4 Eiszonen) enthalten.

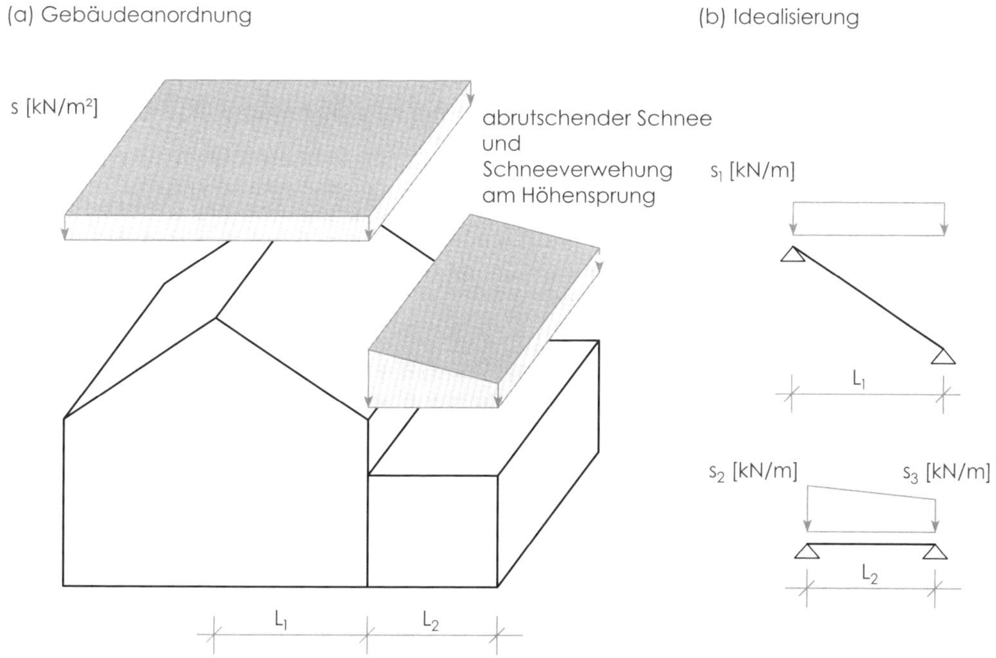

Bild D-18 Schneeanhäufungen auf niedrigem Gebäudeteil; Schneeverwehung und abrutschende Schneemassen

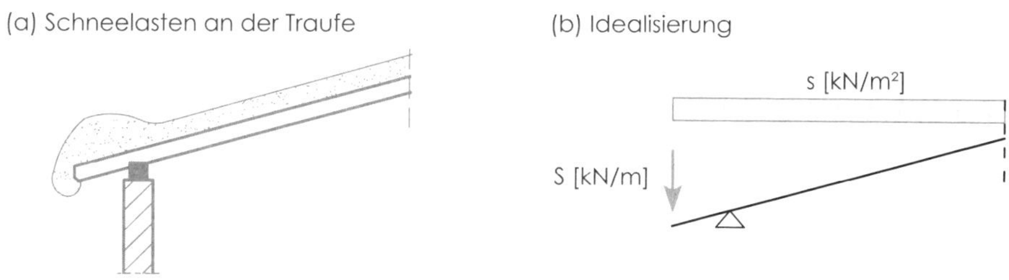

Bild D-19 Traufen; Schneeüberhang

D.1.5 Windlasten

Wind ist eine veränderliche Einwirkung. Die folgenden Angaben zur Ermittlung der Windlasten gelten für ausreichend steife, nicht schwingungsgefährdete Bauwerke. Hierzu gehören in der Regel Wohn- und Bürogebäude bis 25 m Höhe. Für andere Fälle sind in DIN EN 1991-1-4 weitergehende Regeln enthalten.

Rechnerisch wird die Windbelastung angesetzt als Flächenlast [kN/m²], die senkrecht auf die Gebäudewände oder Dachflächen wirkt. Der Begriff „Winddruck" umfasst als Oberbegriff hierbei sowohl eine auf die Fläche wirkende Druckbeanspruchung (Vorzeichen +) als auch eine Sogbeanspruchung (Vorzeichen -).

Die Größe der Windbelastung hängt ab von:

- der geografischen Lage (höhenabhängiger Böengeschwindigkeitsdruck gemäß Tabelle D-8),
- der Form des untersuchten Gebäudes (aerodynamische Beiwerte) und
- der individuellen Größe des zu bemessenden einzelnen Bauteils.

Der Winddruck [kN/m²] auf eine Gebäudefläche ergibt sich dann aus dem Produkt des aerodynamischen Beiwerts c_p und des Böengeschwindigkeitsdrucks q (siehe Tabelle D-8).

$w = c_p \cdot q$ [kN/m²]

In DIN EN 1991-1-4 bzw. in Bautabellen sind die aerodynamischen Beiwerte c_p für verschiedene Gebäudegeometrien und die jeweiligen Wand- und Dachflächen aufgeführt (z.B. für vertikale Wände, Satteldächer mit Dachneigung ≥ 5°, Flachdächer mit Dachneigung < 5°, freistehende Dächer etc.).

Tabelle D-8 Böengeschwindigkeitsdruck q in [kN/m²] für Bauwerke h ≤ 25 m

Windzone		Gebäudehöhe h [m]		
		h ≤ 10 m	h > 10 m h ≤ 18 m	h > 18 m h ≤ 25 m
1	Binnenland	0,50	0,65	0,75
2	Binnenland	0,65	0,80	0,90
	Ostseeküste	0,85	1,00	1,10
3	Binnenland	0,80	0,95	1,10
	Ostseeküste	1,05	1,20	1,30
4	Binnenland	0,95	1,15	1,30
	Ost-, Nordseeküste	1,25	1,40	1,55
	Nordseeinseln	1,40	-	-

Vertikale Wände

Der aerodynamische Beiwert c_p wird für Wände beispielsweise in Abhängigkeit von dem Verhältnis der Gebäudehöhe zur Gebäudetiefe in Windrichtung ermittelt (Bild D-20). Allgemein gilt:

- Auf der dem Wind zugewandten Seite entstehen Druckkräfte, auf der abgewandten Seite Sogkräfte.
- Auch an Wänden parallel zur Windrichtung treten Sogkräfte auf. Sie sind ungefähr gleich groß wie die Flächenlasten in Windrichtung. Im Bereich der Gebäudeecken kommt es zu erhöhten Sogbeanspruchungen, welche in diesen Bereichen auf den gestörten Strömungsfluss des Windes und Verwirbelungen zurückzuführen sind. Hier ist auf eine ausreichende Verankerung der Fassadenkonstruktion besonders zu achten.

Flachdächer

Bei Dächern mit einer Neigung kleiner als 15° treten fast ausschließlich Sogbeanspruchungen auf. An der direkt angeströmten Gebäudekante sind die Sogbeanspruchungen am höchsten, bei langen Dachflächen wechselt das Vorzeichen der Windrichtung und es tritt Windsog oder -druck auf (Bild D-20/b).

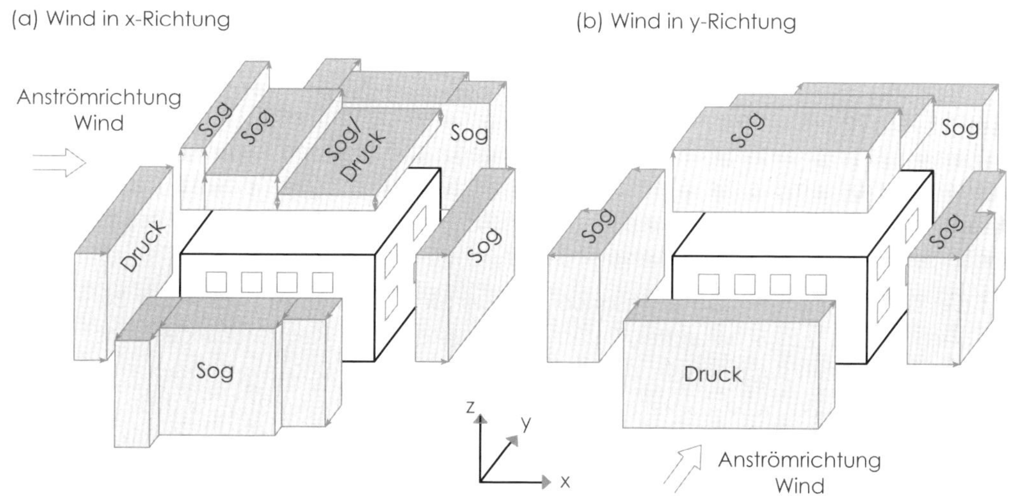

Bild D-20 Winddruckverteilung auf Wand- und Dachflächen

Geneigte Dächer

Bei geneigten Dächern (Neigung größer als 15°) verursacht der Wind, abhängig von der Windrichtung und der Dachneigung α Druck- und/oder Sogkräfte (Bild D-21/a). An der Traufe, am First und im Eckbereich treten erhöhte Kräfte auf.

Die der Anströmrichtung zugewandte Dachfläche (Luvseite) wird bei größer werdender Dachneigung ausschließlich auf Druck und die Leeseite ausschließlich auf Sog beansprucht (Bild D-21/b).

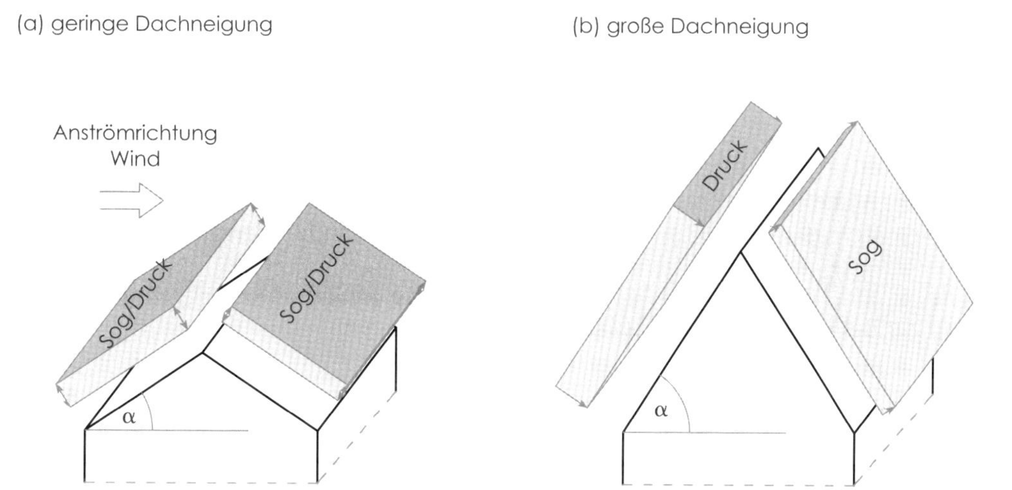

Bild D-21 Satteldächer; Winddruck und- sogverteilung

Flächenabhängige Sogbeiwerte

Die Annahme einer konstanten Flächenlast stellt eine Idealisierung und einen Mittelwert der tatsächlichen Windeinwirkung dar. In der Realität wirkt die Windlast nicht konstant, sondern unregelmäßig verteilt auf die Bauteilfläche ein.

Der Nachweis der Gesamtstabilität eines Gebäudes (Aussteifungsnachweis, siehe auch Abschnitt C.7) kann unter der Verwendung des mittleren c_{pe}-Wertes ($c_{pe,10}$ gemittelt über eine Fläche von 10 m²) durchgeführt werden. Demgegenüber müssen Fassadenplatten oder lokale Verankerungen für die Windsogspitzen mit den Windsogbeiwerten $c_{pe,1}$ bzw. für die tatsächliche Bauteilgröße (zwischen 1 und 10 m²) nachgewiesen werden. Diese können, in Abhängigkeit von der Lage, Werte von bis zu c_p = - 2,5 betragen.

Auf die Sicherung gegen Sog ist besonders bei leichten Dächern zu achten. Die Befestigung der Dachflächen (z.B. Schalbretter, Faserzementplatten oder Blechdeckungen) hat mit entsprechenden Verbindungsmitteln zu erfolgen. Bei hölzernen Dachkonstruktionen ist darauf zu achten, dass sämtliche Bauteile wie Sparren, Pfetten, Pfosten zug- und druckfest miteinander gekoppelt werden und die Dachkonstruktion insgesamt mittels Stahlankern mit der Unterkonstruktion zu verbinden ist.

D.1.6 Weitere Einwirkungen

D.1.6.1 Erddruck, Wasserdruck

Erd- und Wasserdruck verursachen horizontal auf die Wände wirkende Lasten (e bzw. w). Sie nehmen linear mit der Tiefe zu. Durch den Wasserdruck wird zusätzlich an der horizontalen Gründungsfläche ein Auftrieb a erzeugt, der den vertikalen Auflasten entgegenwirkt (Bild D-22).

Das Gebäude ist nur bei genügender Auflast aus den darüberliegenden Geschossen auftriebsicher. Probleme treten z.B. bei nicht überbauten Tiefgaragen auf. Die Auftriebssicherheit kann durch eine Vergrößerung des Eigengewichts mittels einer dicken Stahlbeton-Bodenplatte oder durch eine Verankerung nach unten erreicht werden (siehe Abschnitt C.8.4). Für die Untersuchung der Auftriebsicherheit ist der höchstmögliche Grundwasserstand zu berücksichtigen. Da der Grundwasserstand starken Schwankungen unterliegt, ist er im Rahmen der Baugrunderkundung zu ermittlen und vom Bodengutachter anzugeben.

Der Auftrieb und die maximale Ordinate des Wasserdrucks berechnen sich aus dem spezifischen Gewicht des Wassers γ_{Wasser} multipliziert mit dem Grundwasserstand:

$w = a = 10\ kN/m^3 \cdot 3\ m = 30\ kN/m^3$

Regeln zur Bestimmung des Erddrucks enthält der Eurocode für Geotechnik ([81] ff.).

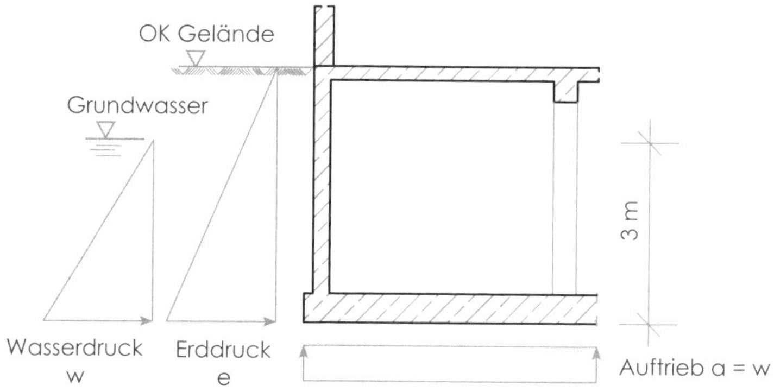

Bild D-22 Wasserdruck w, Erddruck e und Auftrieb a; exemplarische Darstellung

D.1.6.2 Anprall

Der Anprall von Fahrzeugen gegen ein Tragelement stellt eine außergewöhnliche Einwirkung dar (Bild D-23). Das lokale Versagen eines Bauteils darf nicht zum Einsturz des Gebäudes führen. Vereinfacht werden der dynamische Stoß und die dynamische Reaktion des Bauwerks gemäß EN 1991-1-7 [51] durch eine statisch äquivalente Anprallkraft abgebildet.

Beispiel Parkgarage: Zur Berücksichtigung des Anpralls von Personenkraftfahrzeugen gegen Pfeiler und Wände ist in 0,5 m Höhe über dem Fußboden eine horizontale Einzellastlast von F = 40 kN in Fahrtrichtung und 25 kN senkrecht zur Fahrtrichtung mit einer Anprallfläche von 0,5 m x 0,2 m anzunehmen.

Beispiel Verkehr innerorts: Wenn Bauteile der direkten Gefahr eines Anpralls ausgesetzt sind, muss an Gebäudeecken eine Ersatzlast F von 500 kN und in anderen Fällen eine Ersatzlast von 250 kN angesetzt werden. Die Anprallhöhe von einem LKW beträgt 1,25 m, die von einem PKW 0,5 m.

Bei beiden Beispielen können die Anpralllasten unberücksichtigt bleiben, wenn nachgewiesen wird, dass beim Ausfall einer Stütze oder Wand die verbleibenden Bauteile in der Lage sind, die Lasten über andere Stützen und Bauteile in den Baugrund zu leiten und somit die Standsicherheit des Gebäudes gewährleistet ist.

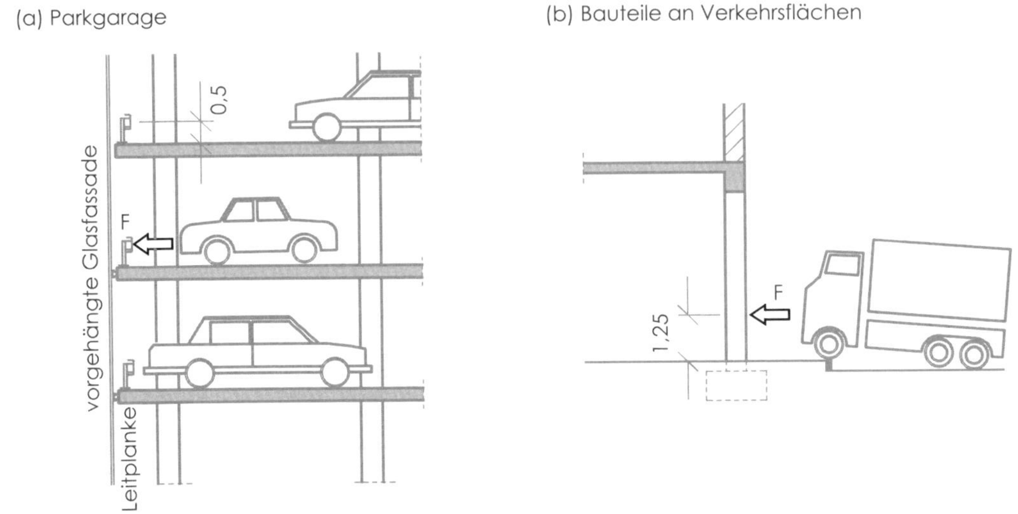

Bild D-23 Fahrzeuganprall; beispielhafte Situationen

D.1.6.3 Temperatur

Einwirkungen aus Temperatur auf ein Tragwerk oder Tragwerkselement gehören zur Gruppe der veränderlichen Einwirkungen. Wird ein Körper erwärmt, so dehnt er sich aus, wird er abgekühlt, verkürzt er sich. Beides wird als Dehnung bezeichnet. Die Dehnung von Baustoffen kann zu erheblichen Verformungen und Beanspruchungen führen.

Wird ein Gebäude bei einer Durchschnittstemperatur von 10 °C errichtet, so betragen die zu erwartenden möglichen Temperaturunterschiede im Außenbereich mindestens ca. ± 30 °C (überlicherweise ist in Mitteleuropa von einer Temperaturschwankung zwischen – 20 °C und + 40 °C auszugehen). Von der Sonne direkt beschienene Bauteile können allerdings auch wesentlich heißer werden als + 40 °C.

Gleichmäßige Erwärmung bzw. Abkühlung

Ein Bauteil mit der Ausgangslänge L dehnt sich infolge einer Temperaturänderung ΔT [°C] um das Maß ΔL (Bild D-24) aus.

Die Dehnung ist proportional zu:

- der Ausgangslänge L [m],
- der Temperaturänderung ΔT [K] und
- der Wärmedehnzahl α_T [1/K] (siehe Tabelle D-9).

Die Längenänderung infolge Temperaturänderung beträgt:

- $\Delta L = \alpha_T \cdot L \cdot \Delta T$

Wird die freie Ausdehung des Bauteils behindert, kommt es zu Zwangsbeanspruchungen. Derartige Beanspruchungen können so groß werden, dass hierdurch Risse auftreten (siehe auch Bild C-263).

Bei einer 40 m langen Stahlbeton-Geschossdecke bedeutet eine Temperaturänderung von ΔT = 30 K eine Längenänderung von:

$\Delta l = \alpha_T \cdot L \cdot \Delta T = 1{,}0 \cdot 10^{-5}\,1/K \cdot 40\,m \cdot 30\,K = 1{,}2\,cm$

Unterschiedliches Temperaturausdehnungsverhalten

Bei Temperaturänderungen im Bauteil kann es aufgrund von unterschiedlichen Wärmedehnzahlen α_T der verschiedenen Baustoffe an den Kontaktstellen zu Zwängungen und infolgedessen zu Ablösungen kommen.

Tabelle D-9 Wärmedehnzahlen verschiedener Werkstoffe

Material	Wärmedehnzahl α_T [1/K]
Stahl	$1{,}2 \cdot 10^{-5}$
Beton	$1{,}0 \cdot 10^{-5}$
Aluminium	$2{,}3 \cdot 10^{-5}$
Ziegel	$1{,}0 \cdot 10^{-5}$
Kalksandstein	$0{,}8 \cdot 10^{-5}$

Beispiel 1: Eine Stahlbetondecke, aufgelagert auf ein Ziegelmauerwerk, erfährt bei Temperaturbeanspruchung eine etwa doppelt so große Dehnung wie das Mauerwerk [57] (siehe Bild D-24).

Stahlbeton: $\alpha_T = 1{,}0 \cdot 10^{-5}\,1/K$

Ziegelmauerwerk: $\alpha_T = 0{,}5 \cdot 10^{-5}\,1/K$

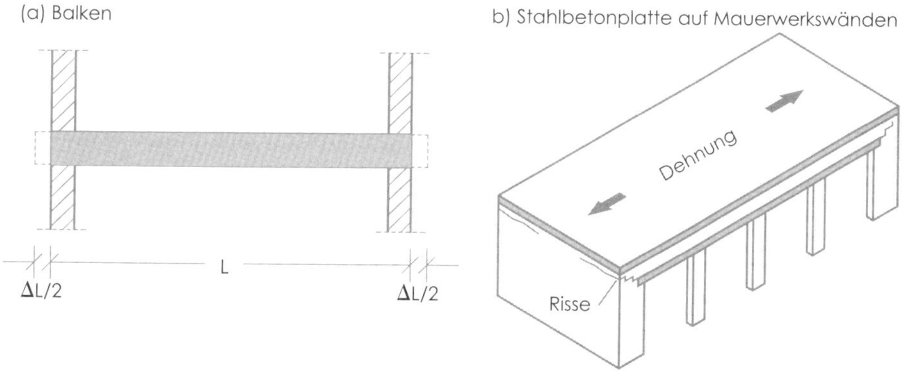

Bild D-24 Temperaturbeanspruchung; Längenänderung

Beispiel 2: Werden verschiedene Mauerwerksarten in einem Bauwerk kombiniert (z.B. Ziegelmauerwerk für die Außenwände aus Gründen des Wärmeschutzes und Kalksandsteinmauerwerk für die Innenwände aus Gründen des Schallschutzes), können wegen der verschiedenen Wärmedehnzahlen und damit verschiedenen Dehnungen der beiden Baustoffe besonders bei hohen Gebäuden Risse auftreten (Ziegel: $\alpha_T = 0{,}5 \cdot 10^{-5}\,1/K$, Kalksandstein: $\alpha_T = 0{,}8 \cdot 10^{-5}\,1/K$). Bei gleicher Temperaturänderung ist die Dehnung von Kalksandsteinmauerwerk um 60 % größer als die von Ziegelmauerwerk.

Beispiel 3: Bei Verwendung von Aluminium (z.B. Fassaden, Fensterelemente usw.) ist die im Vergleich mit anderen Baustoffen sehr hohe Wärmedehnzahl $\alpha_T = 2{,}3 \cdot 10^{-5}$ 1/K und die damit sehr große Dehnung zu beachten.

Beispiel 4: Andererseits ermöglichen die fast gleichen Wärmedehnzahlen von Stahl und Beton, dass diese beiden Baustoffkomponenten zusammen den Verbundbaustoff Stahlbeton bilden.

Ungleichmäßige Erwärmung bzw. Abkühlung

Wird ein Biegebauteil über die Querschnittshöhe ungleichmäßigen Temperaturbeanspruchungen ausgesetzt, so treten Verkrümmungen auf.

Ist die Temperatur T_{oben} kleiner als die Temperatur T_{unten}, wird die obere Faser des Querschnitts kürzer und die untere Faser länger. Daraus resultiert eine nach unten gerichtete Verbiegung. Ist die Temperatur T_{oben} größer als die Temperatur T_{unten}, wird der Querschnitt oben länger und unten kürzer, es ergibt sich eine nach oben gerichtete Verbiegung (Bild D-25).

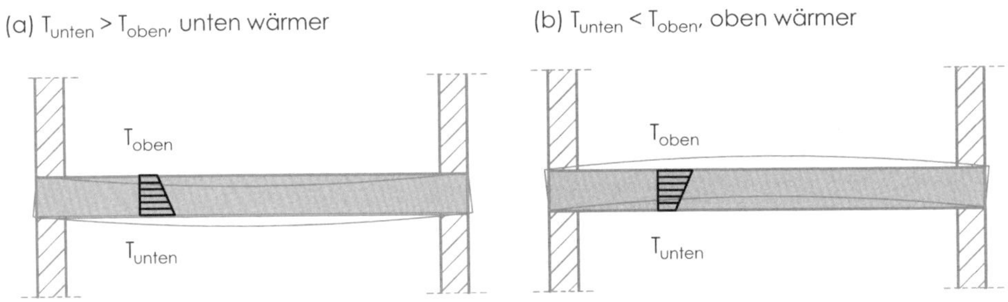

Bild D-25 Ungleichmäßige Temperaturbeanspruchung; Verformung Biegebalken

D.1.6.4 Schwinden und Kriechen

Unter Schwinden bzw. Quellen sind lastunabhängige Volumenänderungen zu verstehen, die eine Zeitabhängigkeit aufweisen. Üblicherweise handelt es sich dabei um die Abgabe von Feuchtigkeit an die umgebende Luft und sie tritt in der Form bei Holz, Beton und Mauerwerk auf.

Schwinden

Besonders das Schwinden von großflächigen bzw. großvolumigen Stahlbetonbauteilen (Geschossdecken, Bodenplatten, Wände) führt zu erheblichen Verkürzungen dieser Bauteile, die zu denjenigen aus abfließender Hydratationswärme zu addieren sind. Das Schwindmaß hängt insbesondere von der Feuchtigkeit der Umgebungsluft, der Zusammensetzung des Betons und den Bauteilabmessungen ab. Der Schwindvorgang von Beton erstreckt sich über mehrere Jahre, verläuft jedoch in den ersten Wochen am schnellsten und nimmt dann betragsmäßig ab.

Das Schwinden ist in trockener Umgebung am größten, in sehr feuchter Umgebung am geringsten. Näherungsweise können für das Schwindmaß folgende Werte angenommen werden:

Beton im Freien	0,25 mm/m Bauteillänge
Beton in geschlossenen Räumen	0,40 mm/m Bauteillänge

Beispiel: Eine 40 m lange Stahlbeton-Geschossdecke verkürzt sich infolge Schwinden um:

$\Delta L = 40\ m \cdot 0{,}4\ mm/m = 16\ mm$

Damit sich bei ausgedehnten Bauteilen die Schwindverformungen schadlos einstellen können, ist die Unterteilung in kleine Bauwerksabschnitte mittels Fugen eine Möglichkeit. Die Anordnung der notwendigen Fugen sollte möglichst frühzeitig im Entwurfsprozess berücksichtigt werden.

Kriechen

Wird ein Stahlbetonbalken belastet, so tritt dadurch eine unmittelbare Formänderung ein. Hält die Einwirkung über einen längeren Zeitraum an, treten darüber hinaus zeit- und lastabhängige Verformungen auf, die man als sogenanntes Kriechen bezeichnet.

Sehr anschaulich ist dieser Vorgang an biegebeanspruchten Bauteilen zu beobachten, wie z. B. Stahlbeton- oder Holzbalken. Werden diese über einen längeren Zeitraum mit einer ausreichend hohen Last beansprucht, treten deutlich sichtbare Verformungen auf, die über die Zeit zunehmen. Nach Entlastung bleibt ein Teil der Durchbiegung erhalten und bildet sich teils wieder zeitabhängig zurück.

Wie das Schwinden ist auch das Kriechen des Betons abhängig von der Feuchtigkeit der umgebenden Luft, der Zusammensetzung des Betons und von den äußeren Abmessungen des Bauteils.

D.1.6.5 Setzungen und Hebungen

Unter einer Setzung bzw. Hebung versteht man die höhenmäßige Änderung in der Lagerfuge eines Bauteils. Inwieweit eine solche Änderung für das Tragwerk von Relevanz ist, hängt von folgenden Faktoren ab:

- absolutes Maß der Setzung oder Hebung
- Differenzmaß der Setzung/Hebung zwischen den einzelnen Auflagerpunkten
- Art der Lagerung (statisch bestimmt oder unbestimmt, siehe auch Abschnitt B.3.1)
- Empfindlichkeit des Tragwerks für Setzungen/Hebungen (Steifigkeit der Konstruktion, Umlagerungsvermögen, zulässige Schiefstellungen, o.a.)

Beispiele für ungleiche Setzungen, die in der Praxis oft zu Rissschäden führen, sind Baugrundsetzungen infolge ungleicher Belastungen oder ungleicher Bodenarten. Exemplarisch wird anhand eines einfachen statischen Systems ein derartiger Problemfall in Bild D-26 verdeutlicht.

Der über zwei Felder durchlaufende Balken verbiegt sich, wenn das rechte Auflager sich um den Betrag Δs setzt (Bild D-26 oben). Diese Biegebeanspruchung addiert sich zur Biegebeanspruchung aus den ständigen Lasten und Verkehrslasten.

Der Gelenkträger (statisch bestimmt) kann der Setzung des Auflagers folgen, ohne dass eine Verbiegung eintritt (Bild D-26 unten). Solche Tragwerke sind bei zu erwartenden Setzungsdifferenzen (z.B. schlechter Baugrund) daher zu bevorzugen.

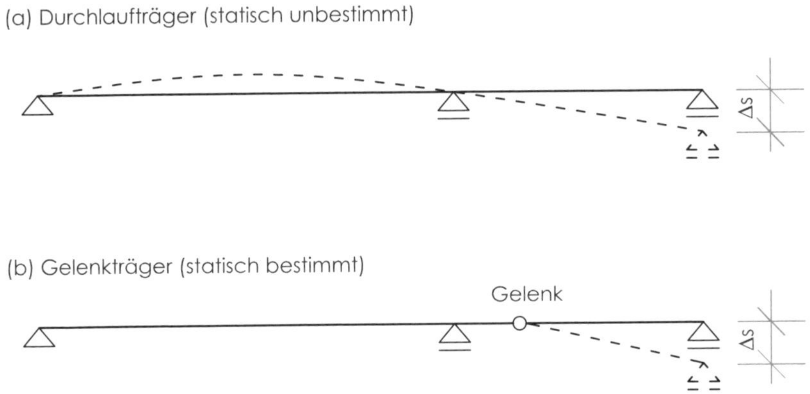

Bild D-26 Lagersetzung an unterschiedlichen Systemen; Beispiel

D.2 Bemessung auf Grundlage des Eurocode 0

D.2.1 Grenzzustände und Nachweise

Die Aufgaben des Tragwerksplaners sind neben dem Tragwerksentwurf die Auslegung der einzelnen Bauteile und deren Anschlüsse.

Der Tragwerksentwurf legt zunächst die Bauteile zum vertikalen sowie zum horizontalen Lastabtrag fest. Hierzu gehören die Wahl eines geeigneten Werkstoffes und die Festlegung der notwendigen Bauteilquerschnitte. Dieser Prozess wird als **Bemessung** bezeichnet.

Ziel ist es, dass das Bauwerk für eine vorgegebene Nutzungsdauer den möglichen Einwirkungen (siehe Abschnitt D.1) standhält. Diese Eigenschaft wird als **Zuverlässigkeit** eines Bauwerks bezeichnet. Bei der Bemessung wird davon ausgegangen, dass geeignete Baustoffe gewählt und regelmäßige Wartungsarbeiten durchgeführt werden.

Für das Bauwerk wird ein **Tragwerk** gewählt, welches wiederum aus den Bauteilen wie Zug- und Druckstäben, Biegebalken, Platten oder Scheiben zusammengesetzt ist. Die Bauteile müssen zunächst so angeordnet und miteinander verbunden werden, sodass das Tragwerk stabil ist (siehe Abschnitte B.3 und C.7) und die Lasten in den Baugrund abgeleitet werden können.

Infolge der Einwirkungen entstehen Schnittgrößen (Abschnitt B.2), Spannungen und Verformungen (Abschnitt B.4), die begrenzt werden müssen, um ein Tragwerksversagen zu vermeiden.

Durch die Wahl eines **Tragwerksmodells**, des statischen Systems, kann das Tragwerk berechnet und bemessen werden.

Beispiel Holzbalken: Der Balken einer Holzbalkendecke aufliegend auf dem Mauerwerk ist das Beispiel für ein einfach zu erfassendes Tragwerk (Bild D-27/a). Das statische Modell entspricht einem Einfeldträger mit einem Fest- und einem Gleitlager (Bild D-27/a, siehe auch Abschnitt B.2). Auf die Holzbalkendecke wirken die Einwirkungen Eigenlast und Nutzlast (Bild D-27/b, siehe Abschnitte D.1.2 und D.1.3). Hierdurch enstehen Verformungen und Spannungen im Bauteilquerschnitt, welche begrenzt werden müssen, um ein Tragwerksversagen zu vermeiden. Die Berechnung von Verformungen und Spannungen wird in Abschnitt B.4 erläutert.

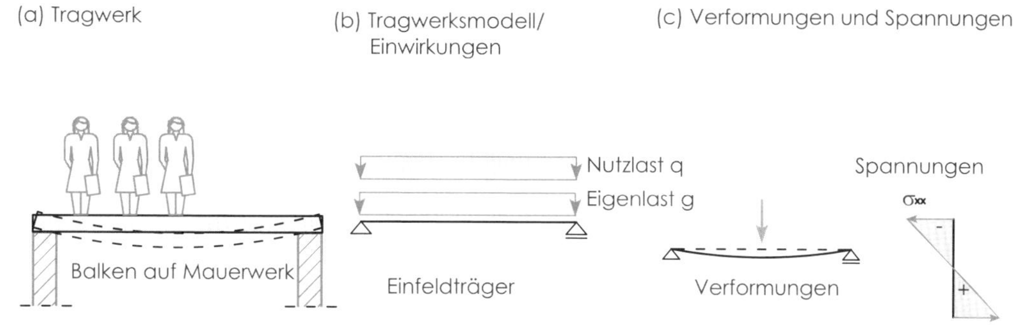

Bild D-27 Holzbalken; Tragwerksmodell

Beispiel Verband: Ein Pfosten-Riegel-System ist durch einen Kreuzverband in der Ebene stabilisiert (Bild D-28/a, siehe auch Abschnitt C.7.2 ff.). Bild D-28/b zeigt das zugehörige Tragwerksmodell und die einwirkende Windbeanspruchung. Die Zugkraft im Seil bewirkt Zugspannungen im Material (Bild D-28/c, siehe auch Abschnitt B.4.2).

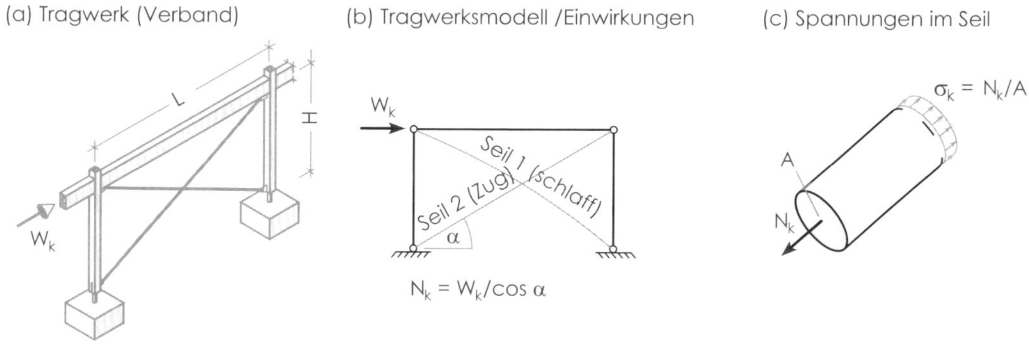

Bild D-28 Verband; Tragwerksmodell

Die Bemessung für Tragwerke im Bauwesen erfolgt auf der Grundlage des **Eurocode 0** – DIN EN 1990 – Grundlagen der Tragwerksplanung, welcher zwischen zwei Grenzzuständen unterscheidet:

- **Grenzzustand der Gebrauchstauglichkeit** (kurz: GZG oder SLS = serviceability limit state) und
- **Grenzzustand der Tragfähigkeit** (kurz: GZT oder ULS = ultimate limit state).

Die Grenzzustände sind so festgelegt, dass das Tragwerk innerhalb der geplanten Nutzungsdauer seine Eigenschaften behält und es nicht zu einem Versagen kommt. Eurocode 0 legt die Grundregeln werkstoffunabhängig fest.

Durch die **Grenzzustände der Tragfähigkeit** erfolgt die Dimensionierung des Tragwerks und der einzelnen Bauteile, sodass ein Bauteilversagen verhindert wird.

Grenzzustände der Gebrauchstauglichkeit berücksichtigen das Wohlbefinden der Nutzer oder das Erscheinungsbild des Bauwerks.

Das Bemessungskriterium im GZG kann in Abhängigkeit von der Bauweise beispielsweise eine **Verformungsbegrenzung** sein. Falls die materialbezogenen Regeln keine Anforderungen an die Durchbiegung enthalten, werden diese bei der Planung gesondert vereinbart. Weitere Gebrauchstauglichkeitskriterien sind Schwingungsbegrenzungen im Holz- oder Stahlbau sowie Rissbreitenbeschränkungen im Stahlbetonbau.

Die zu betrachtenden Grenzzustände sind wiederum durch die Entwurfs-, Berechnungs- und Bemessungsregeln der einzelnen Bauweisen festgelegt. Derzeit liegen folgende Eurocodes für folgende Bauweisen vor:

- Eurocode 2: DIN EN 1992 Stahlbeton- und Spannbetonbauwerken
- Eurocode 3: DIN EN 1993 Stahlbau
- Eurocode 4: DIN EN 1994 Verbundtragwerke aus Stahl und Beton
- Eurocode 5: DIN EN 1995 Holzbauten
- Eurocode 6: DIN EN 1996 Mauerwerksbauten
- Eurocode 7: DIN EN 1997 Geotechnik
- Eurocode 9: DIN EN 1999 Aluminium
- Ein Eurocode für Glasbauteile ist in Vorbereitung. Derzeit ist bei der Bemessung die DIN 18008 das maßgebende Regelwerk.

D.2.2 Nachweis im Grenzzustand der Tragfähigkeit

Ob ein Grenzzustand erreicht wird, hängt von den **Auswirkungen der Einwirkungen E_d** in einem Bauteil und der **Beanspruchbarkeit des Bauteils oder der Verbindung R_d** ab. Der Nachweis der Tragfähigkeit stellt sicher, dass gilt:

$E_d < R_d$

mit

E_d Bemessungswert der Auswirkung einer Einwirkung. Unter den Auswirkungen der Einwirkungen E_d versteht man beispielsweise Spannung oder Schnittgrößen in einem Bauteil infolge der Einwirkungen. Die Abkürzung E steht für den „effect", welcher durch eine Einwirkung im Bauteil hervorgerufen wird.

R_d Bauteilwiderstand (z.B. Bemessungsspannung oder Querschnittstragfähigkeit). Der Bauteilwiderstand kann bezogen sein auf eine aufnehmbare Spannung oder Schnittgröße. Die Abkürzung R steht für „resistance".

Der Index d ist die Abkürzung für „design", hiermit bezeichnet man im Englischen die Bemessung.

Das im Bauwesen zur Anwendung kommende **Teilsicherheitskonzept** berücksichtigt diese Unsicherheiten und Streuungen durch die sogenannten **Teilsicherheitsbeiwerte** einerseits auf der Einwirkungsseite und andererseits auf der Widerstandsseite. Dadurch werden die charakteristischen Werte in die Bemessungswerte E_d und R_d überführt und auf dieser Grundlage ein vorab festgelegtes Zuverlässigkeitsniveau mit der Bemessung eingehalten. Die Versagenswahrscheinlichkeit p_f der Tragkonstruktion lässt sich dadurch minimieren, jedoch nicht mit absoluter Sicherheit ausschließen (Bild D-29).

Auf der Einwirkungsseite werden die charakteristischen Einwirkungen durch Multiplikation mit γ_F vergrößert und auf der Einwirkungsseite durch die Division mit γ_M reduziert.

$\gamma_F \cdot E_k < R_k / \gamma_M$

mit

γ_F Teilsicherheitsbeiwert auf der Einwirkungsseite (F = „force")

E_k charakteristische Auswirkungen der Einwirkungen

γ_M Teilsicherheitsbeiwert auf der Materialseite (M = „material")

R_k charakteristischer Bauteilwiderstand

Die Teilsicherheitsbeiwerte auf der Einwirkungsseite sind somit nur von der Einwirkung abhängig, diejenigen auf der Widerstandsseite spiegeln die Streuung der Materialfestigkeit des Werkstoffes wider. Festgelegt sind die Teilsicherheitsbeiwerte im Eurocode in Abhängigkeit von einer definierten Versagenswahrscheinlichkeit.

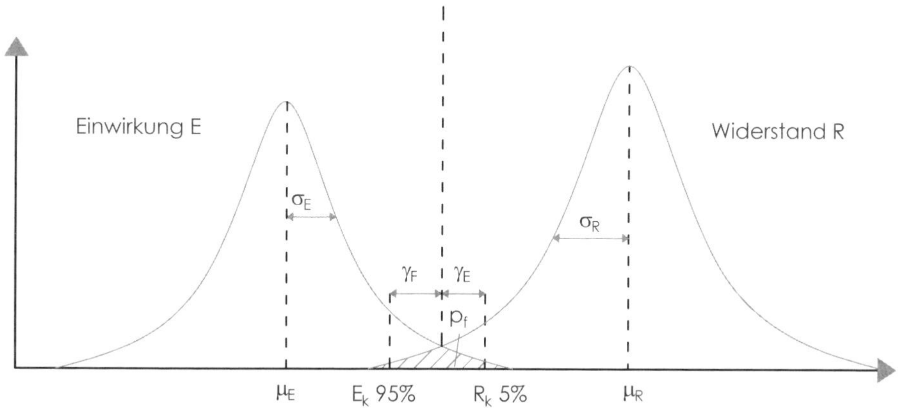

Bild D-29 Einwirkung und Widerstand; Verteilungsfunktionen

Die Teilsicherheitsbeiwerte berücksichtigen Unsicherheiten oder Fehlerquellen:

Lastannahmen: Wie in Abschnitt D.1.1 erläutert, handelt es sich beispielsweise bei den charakteristischen Wind- und Schneelasten um statistische Größen mit einer Auftretenswahrscheinlichkeit von einmal in 50 Jahren. Bei extremen Wetterlagen wie z.B. Orkanen oder ungewöhnlichen Schneeereignissen können diese Werte überschritten werden.

Windlasten können nicht immer hinreichend genau ermittelt werden, da der Eurocode 1 die gewählte Gebäudeform nicht abdeckt. Durch weitere Untersuchungen, z.B. durch eine Strömungssimulation oder einen Windkanalversuch, können die aerodynamischen Beiwerte genauer bestimmt werden.

Tragwerksmodell: Unsicherheiten treten auch durch zu vereinfachte Idealisierungen von Tragwerken zur Berechnung der Schnittgrößen, Spannungen und Verformungen auf. Die Untersuchung von Grenzfällen unter Berücksichtigung von Anschlusssteifigkeiten sind in Abhängigkeit von dem System zu empfehlen.

Material: Auch Materialfestigkeiten werden mit charakteristischen Werten (f_k) beschrieben, jedoch schließt dies nicht aus, dass einzelne Materialproben geringere Festigkeiten aufweisen oder Materialfehler vorliegen.

Konstruktion: Bei der Errichtung eines Tragwerks kann es immer zu Ausführungsfehlern kommen.

Rechenfehler werden über Teilsicherheitsbeiwerte jedoch nicht abgedeckt.

Beispiel Verband: Auf das bereits bekannte Tragsystem des Verbands werden Teilsicherheitsbeiwerte angewendet. Die Windlast W_k (charakteristische Last) wird multipliziert mit dem Teilsicherheitsbeiwert γ_F (Bild D-30/a).

$W_d = \gamma_F \cdot W_k$

Die Zugkraft und die daraus resultierenden Spannungen im Zugstab bezeichnet man jetzt als **Auswirkungen der Einwirkung E_d** (Bild D-30/b).

Der **Bauteilwiderstand R_d** eines Zugstabs ist durch die aufnehmbare Normalkraft gekennzeichnet. Der Normalkraftwiderstand N_{Rd} eines Zugstabs berechnet sich zu (Bild D-30/c):

$N_{Rd} = f_k \cdot A / \gamma_M$

mit

f_k Zugfestigkeit des Materials

γ_M Teilsicherheitsbeiwert auf der Materialseite

Diese Gleichung kann aus der bekannten Gleichung zur Berechnung der Normalspannungen infolge Normalkraft in einem Querschnitt abgeleitet werden (siehe auch Abschnitt B.4.2):

$\sigma_{xx}(z) = N / A$

Die Spannung σ_{xx} wird ersetzt durch die Materialfestigkeit f_k und die Gleichung wird nach N umgestellt. Der Bauteilwiderstand N_{Rd} bezeichnet die aufnehmbare Normalkraft unter Berücksichtigung des Sicherheitsbeiwertes des Materials.

Abschließend wird der Nachweis geführt. Dieser lautet allgemein:

$E_d < R_d$

$\gamma_F \cdot E_k < R_k / \gamma_M$

Nachweis für einen Zugstab: $\gamma_F \cdot N_k < f_k \cdot A / \gamma_M$

Alternativ kann auch die **Ausnutzung** η angegeben werden: $\eta = E_d / R_d < 1{,}0$

Die Teilsicherheitsbeiwerte γ_M auf der Widerstandsseite sind wie die zu betrachtenden Grenzzustände in den Eurocodes der Bauweisen in Abhängigkeit von der Materialstreuungen festgelegt. In Abhängigkeit von den Bauweisen sind werkstoffspezifische Bauteilwiderstände für unterschiedliche Beanspruchungen (Schnittgrößen N, M, V und deren Kombinationen oder Spannungen) definiert.

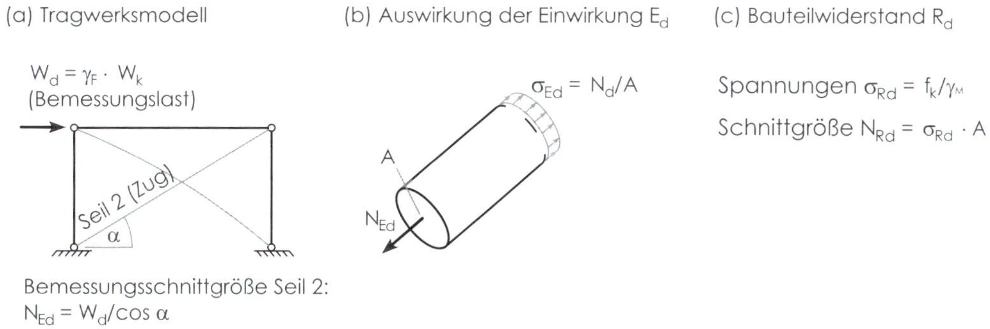

Bild D-30 Zugverband; Bemessung mit Teilsicherheitskonzept

Der **Eurocode 3 für Stahlbau** definiert die Grenzzustände bezogen auf die aufnehmbaren Schnittgrößen (Zug, Druck, Biegung einachsig und mehrachsig, Kombination aus Querkraft und Biegung). Weitere Nachweise sind für Plattenbeulen, Biegedrillknicken oder für Anschlüsse zu führen. Der oben gezeigte Normalkraftwiderstand N_{Rd} zeigt die Vorgehensweise im Eurocode 3.

Da Holz ein anisotroper Baustoff ist, verwendet der **Eurocode 5 für Holzbau** als Bauteilwiderstand Bemessungsspannungen, welche sich in Abhängigkeit von der Beanspruchungsrichtung des Holzes unterscheiden (parallel oder senkrecht zur Faser).

Auch die Tragfähigkeit des Verbundwerkstoffes **Stahlbeton** wird im **Eurocode 2** über schnittkraftbezogene Bemessungswerte beschrieben. Den Werkstoffen Bewehrungsstahl und Beton sind dann werkstoffabhängig Materialsicherheitsbeiwerte zugeordnet.

Die Bemessung von **Glasbauteilen** erfolgt über einen Spannungsvergleich von Bemessungsspannungen mit den Spannungen infolge der Einwirkungen.

D.2.3 Nachweis im Grenzzustand der Gebrauchstauglichkeit

Die Bemessungsnormen der einzelnen Bauweisen legen die erforderlichen Nachweise zur Gebrauchstauglichkeit fest. Das Nachweisformat lautet:

$E_d < C_d$

mit

E_d Bemessungswert der Auswirkung einer Einwirkung

C_d Bemessungswert des Grenzwertes für das maßgebende Gebrauchstauglichkeitskriterium

Beispiel: Glasplatten

Ein anschauliches Grenzkriterium ist die Verformung eines Bauteils bei Belastung. Im Glasbau wird die zulässige Verformung mit L/100 (allgemein) bzw. L/200 (begehbare Verglasungen) angegeben. Die Länge L bezieht sich auf die kürzere Spannweite des Bauteils.

Bild D-31/a: Es handelt sich um eine einachsig gespannte Überkopfverglasung mit einer Spannweite von L = 800 mm. Die zulässige Verformung beträgt

$C_d = L/100 = 800 \text{ mm} / 100 = 8 \text{ mm}$

Die Verformungen infolge Eigengewicht, Schnee und Wind müssen in Feldmitte kleiner sein als 8 mm.

Bild D-31/b: Die begehbare Verglasung ist umlaufend linienförmig gelagert. Die kürzere Spannweite ist L_2 für die Bestimmung der zulässigen Verformung maßgebend.

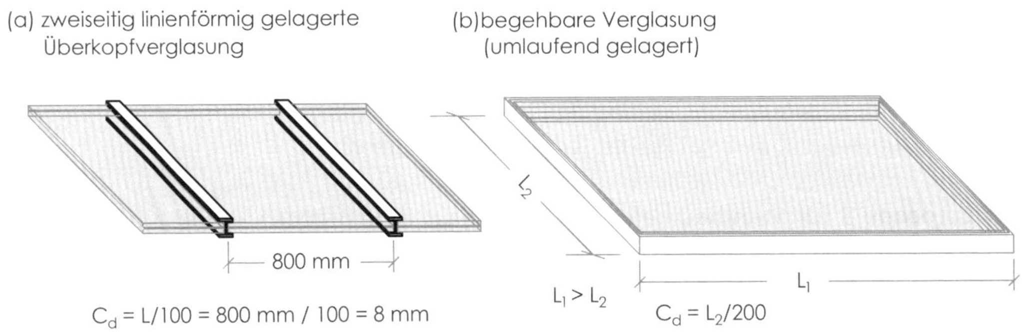

Bild D-31 Maßgebende Spannweiten zur Bestimmung von C_d

D.2.4 Einwirkungskombinationen

Für die Berechnung der Auswirkung der Einwirkung muss für jede Einwirkung die ungünstigste **Lastanordnung/Laststellung** zunächst bestimmt und dann mit anderen Einwirkungen ungünstigst kombiniert werden. Jede dieser Kombinationen bezeichnet man als **Lastfall**. Anschaulich gezeigt ist dies anhand eines Einfeldträgers mit Kragarm in Bild C-2.

Üblicherweise treten nicht alle Einwirkungen (wie z.B. Wind, Schnee und Nutzlasten) gleichzeitig mit ihren Extremwerten auf. Im Eurocode sind daher sogenannte **Bemessungssituationen** definiert, die diesen Umstand über Kombinationsbeiwerte berücksichtigen. Für die unterschiedlichen Szenarien werden die Einwirkungen miteinander überlagert und kombiniert. Unter Berücksichtigung der zuvor beschriebenen Teilsicherheitsbeiwerte γ_F und der Kombinationsbeiwerte ψ_i wird dann die Auswirkung der Einwirkungen E_d bestimmt.

Die **Grundkombination im Grenzzustand der Tragfähigkeit** für den Hochbau differenziert ständige und veränderliche Einwirkungen genauer als die Gleichung $\gamma_F \cdot E_k$. Die Grundkombination deckt ständige und vorübergehende Situationen ab, welche während des Baus oder der Nutzung auftreten. Vereinfacht lautet diese:

$$E_d = \gamma_G \cdot G_k \text{ „+“ } \gamma_{Q,1} \cdot Q_{k,1} \text{ „+“ } \sum \gamma_{Q,i} \cdot \psi_i \cdot Q_{k,i}$$

mit

γ_G Teilsicherheitsbeiwert für ständige Einwirkungen (Tabelle D-10)

G_k Summe aller ständigen Einwirkungen

γ_Q Teilsicherheitsbeiwert für veränderliche Einwirkungen (Tabelle D-10)

Q veränderliche Einwirkungen

Index 1: Leiteinwirkung

Index i: weitere veränderliche Einwirkung (Begleiteinwirkung)

ψ_i Kombinationsbeiwert (Tabelle D-11)

„+" „ist zu kombinieren"

Bei mehreren veränderlichen Einwirkungen muss untersucht werden, welche Belastung Leit- bzw. Begleitwirkung ist.

Tabelle D-10 Teilsicherheitsbeiwerte (verkürzte Darstellung)

	Ständige Einwirkung γ_G	Veränderliche Einwirkung γ_Q
günstige Auswirkung	1,0	0
ungünstige Auswirkung	1,35	1,5

Tabelle D-11 Kombinationsbeiwerte

Veränderliche Einwirkungen	Kombinationsbeiwert $\psi_{0,i}$
Nutzlasten $Q_{k,N}$	
Kategorie A: Wohn- und Aufenthaltsräume	0,7
Kategorie B: Büros	0,7
Kategorie C: Versammlungsräume	0,7
Kategorie D: Verkaufsräume	0,7
Kategorie E: Lagerräume	1,0
Verkehrslasten $Q_{k,V}$	
Kategorie F: Verkehrsflächen, Fahrzeuglast ≤ 25 kN	0,7
Kategorie G: Flächen für den Betrieb von Gabelstaplern	0,7
Kategorie H: Dächer (nicht begehbar)	0
Schneelasten $Q_{k,S}$	
Orte bis NN +1000 m	0,5
Orte über NN +1000 m	0,7
Windlasten $Q_{k,W}$	0,6
Baugrundsetzungen $Q_{k,A}$	1,0
Sonstige Einwirkungen	0,8

Beispiel 1: Ed, GZT, eine veränderliche Last (Bild D-32)

Ein Biegesystem (Träger oder Platte) wird durch Eigen- und Nutzlasten beansprucht. Da die Lasten beide als Gleichlast wirken, können diese als Bemessungslast q_{Ed} im Grenzzustand der Tragfähigkeit (GZT) unter Berücksichigung der Teilsicherheitsbeiwerte γ_G und γ_Q zusammengefasst werden (Variante B, Bild D-32/b). Für den Fall, dass Einzel- und Flächenlasten wirken, ist dies selbstverständlich nicht möglich.

$$q_{Ed} = \gamma_G \cdot g + \gamma_Q \cdot q$$
$$= 1{,}35 \cdot g + 1{,}5 \cdot q$$

mit

g Eigenlast

q Nutzlast

Da es sich um ein biegebeanspruchtes Bauteil handelt, können die Schnittgrößen zunächst getrennt für die Lastanteile einzeln berechnet werden (hier beispielhaft für das Moment M) und anschließend linear superponiert werden (Variante A, Bild D-32/a):

$$M_{Ed} = \gamma_G \cdot M_g + \gamma_Q \cdot M_q = 1{,}35 \cdot M_g + 1{,}5 \cdot M_q$$

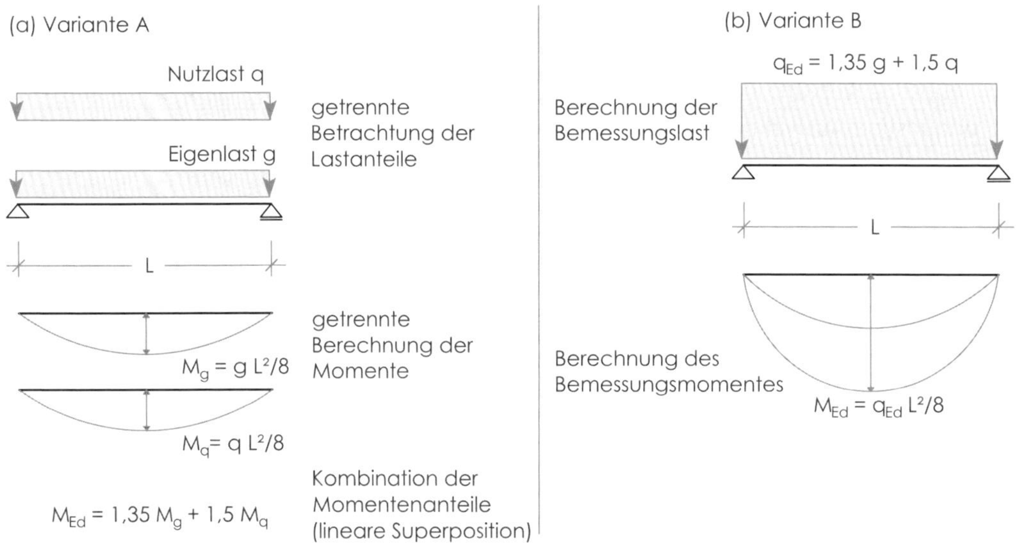

Bild D-32 Einwirkungskombination GZT; Einfeldträger unter g und q

Beispiel 2: Ed, GZT, zwei veränderliche Lasten

Die Wahrscheinlichkeit, dass Schnee und Windlasten mit ihrer vollen charakteristischen Last gleichzeitig wirken, ist gering. Veränderliche Lasten werden daher mit Kombinationsbeiwerten belegt. Die Einwirkungskombination wird mehrfach aufgestellt, jeweils mit einer anderen veränderlichen Last als Leiteinwirkung. Das größere q_{Ed} ist dann für die Bemessung maßgebend.

Schnee als Leiteinwirkung:

$$q_{Ed} = \gamma_G \cdot g + \gamma_{Q,1} \cdot s + \gamma_{Q,i} \cdot \psi_{0,i} \cdot w$$
$$= 1{,}35\,g + 1{,}5\,s + 1{,}5 \cdot 0{,}6\,w$$

Wind als Leiteinwirkung:

$$q_{Ed} = \gamma_G \cdot g + \gamma_{Q,1} \cdot w + \gamma_{Q,i} \cdot \psi_{0,i} \cdot s$$
$$= 1{,}35\,g + 1{,}5\,w + 1{,}5 \cdot 0{,}5\,s$$

mit

g, s, w Eigenlast, Schnee und Wind

Alternativ kann die maßgebende Leiteinwirkung mit:

max $[\gamma_{Q,i} \cdot (1 - \psi_{0,i}) \cdot E_{Q,ki}]$

bestimmt werden.

hier: Maximalwert aus 1,5 · (1 – 0,6) · w bzw. 1,5 · (1 – 0,5) · s

Bei Systemen wie Trägern oder Platten ist hier auch wieder eine lineare Superpostition der Lastanteile möglich (Bild D-33).

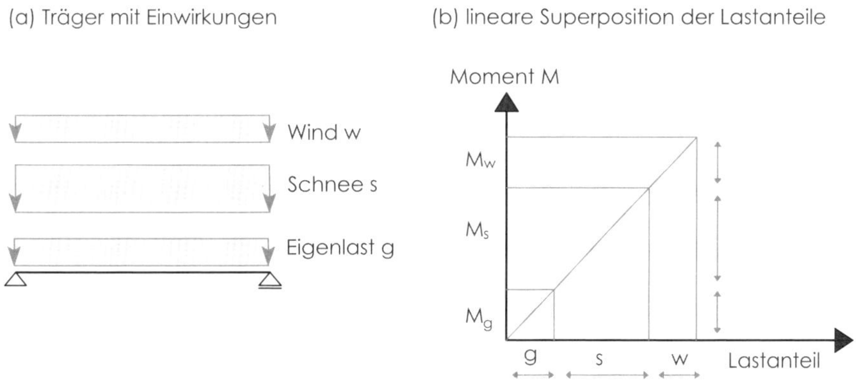

Bild D-33 Einfeldträger; lineare Superposition der Momentenanteile

Beispiel 3: Ed, GZT, günstig und ungünstig wirkende Lasten

In Abhängigkeit von dem statischen System wirken Lastanteile günstig oder ungünstig. Das System in Bild D-34 zeigt beispielhaft die Lastsituation eines Dachtragwerks in Leichtbauweise (Holz- oder Stahlbau). Neben den Einwirkungskombinationen aus Beispiel 2 werden die Einwirkungen Eigenlast und Windsog miteinander kombiniert. Da das Eigengewicht dem Windsog entgegenwirkt und damit eine „günstig" wirkende Einwirkung darstellt, wird hier $\gamma_G = 1{,}0$ angesetzt.

$$q_{Ed} = \gamma_G \cdot g + \gamma_Q \cdot w_{Sog}$$
$$= 1{,}0\ g + 1{,}5\ w_{Sog}$$

mit

g, w_{Sog} Eigenlast, Windsog

Gemäß Bild D-34 ergeben sich aus Lastsituation 1 zwei Einwirkungskombinationen und aus Lastsituation 2 eine weitere.

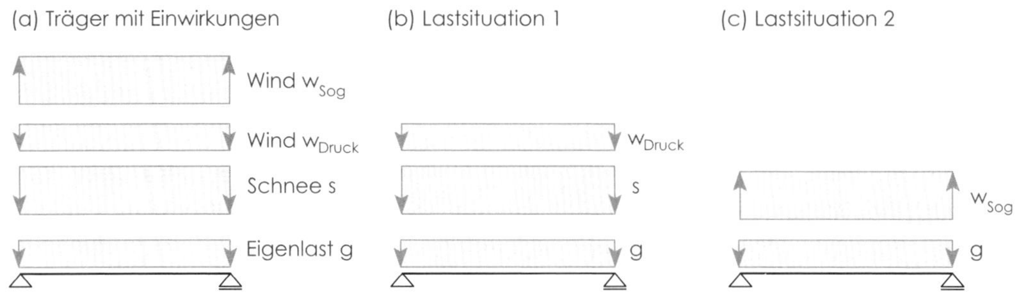

Bild D-34 Beispiel Dachtragwerk; mögliche Belastungssituationen

Beispiel 4: Ed, GZT, stabilitätsgefährdete Bauteile

Die lineare Kombination von Schnittgrößen ist nur bei einer linearen Tragwerksreaktion möglich. Ein Druckstab ist ein Beispiel für ein Tragwerk mit einem nichtlinearen Tragwerksverhalten. Aufgrund der unvermeidbaren Imperfektionen treten im Stab zusätzlich zur Normalkraft Biegemomente auf, die mit größer werdender Normalkraft überproportional ansteigen (siehe auch Abschnitt C.5.3). Die Schnittgrößen werden dann am verformten Tragwerk berechnet und die Teilsicherheitsbeiwerte auf die charakterisitschen Lasten angewendet.

$$F_{Ed} = \gamma_G \cdot F_g + \gamma_Q \cdot F_q$$
$$= 1{,}35 \cdot F_g + 1{,}5 \cdot F_q$$

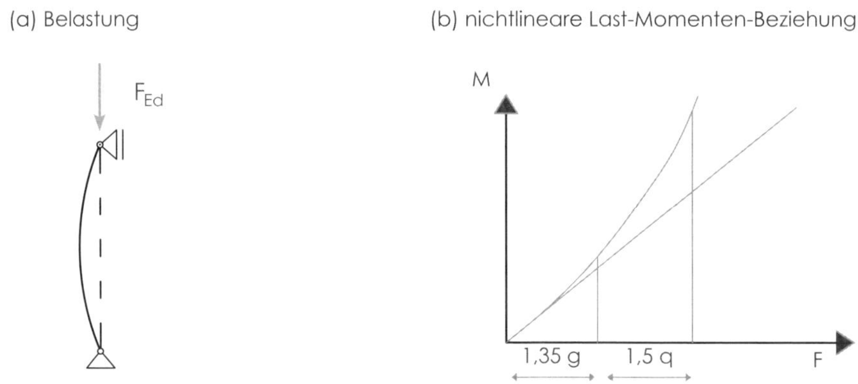

Bild D-35 Druckstab; nichtlineare Tragwerksreaktion

Vereinfachung zur Vordimensionierung

Da im üblichen Hochbau das Verhältnis von ständigen Lasten zu veränderlichen Lasten stets in einem Bereich zwischen 2 : 1 und 1 : 1 liegt, können zur Vordimensionierung die Teilsicherheitsbeiwerte γ_F für ständige und veränderliche Lasten näherungsweise zu einem einheitlichen Wert von $\gamma_F = 1{,}4$ zusammengefasst werden, was die statische Berechnung wesentlich vereinfacht und genügend genaue Ergebnisse liefert.

Der **Grenzzustand der Gebrauchstauglichkeit (GZG)** ist in den einzelnen Bemessungsnormen der Bauweisen definiert. Im Glasbau ist es beispielweise üblich, den Nachweis mit der seltenen (auch als charakteristisch bezeichneten) Einwirkungskombination zu führen. Die Gleichung entspricht der Grundkombination im GZT mit dem Unterschied, dass die Teilsicherheitsbeiwerte γ_F zu 1,0 gesetzt werden.

$E_d = G_k$ „+" $Q_{k,1}$ „+" $\sum \psi_{i,0} \cdot Q_{k,i}$

Beispiel 5: Ed, GZG

Übertragen auf die Lastsituationen von Beispiel 2 werden im GZG zwei Kombinationen betrachtet:

$q_{Ed} = g + s + \psi_{0,i} \cdot w = g + s + 0{,}6\ w$

$q_{Ed} = \gamma_G \cdot g + w + \psi_{0,i} \cdot s = g + w + 0{,}5\ s$

Eine weitere hier nicht dargestellte Bemessungssituation deckt **außergewöhnliche Situationen** ab. Diese berücksichtigt Ereignisse wie Brand, Anprall oder lokales Versagen von einzelnen Bauteilen. Welche Situationen zu betrachten sind, regeln die einzelnen Bemessungsnormen.

D.3 Bemessung von Stahlbauteilen

Der vorliegende Abschnitt erläutert die Bemessung von auf Biegung, Druck oder Zug beanspruchten Stahlbauteilen. Auf beulgefährdete Querschnitte und Anschlüsse wird an dieser Stelle nicht eingegangen. Ein Anwendungsbeispiel mit Zug-, Druck- und Biegebauteilen findet sich in Abschnitt E.18.

Bauteilnachweise für **Zug-** und **Biegebeanspruchung** können im Stahlbau mit Hilfe der nach der Elastizitätstheorie ermittelten Normalspannungen geführt werden (siehe Abschnitt B.4.2). Da nur die maximalen Werte relevant sind, ist es ausreichend, den Betrag zu bestimmen:

$\sigma_{xx,max} = | N / A | + | M_y / W_y | + | M_z / W_z |$

Die Schnittgrößen N, M_y und M_z werden ersetzt durch die Bemessungswerte, welche unter Berücksichtigung der Teilsicherheitsbeiwerte γ_F bestimmt wurden.

$\sigma_{Ed} = N_{Ed} / A + M_{y,Ed} / W_y + M_{z,Ed} / W_z$

Der Nachweis ist erbracht, wenn die Bemessungsspannung σ_{Ed} kleiner ist als der Bauteilwiderstand σ_{Rd}:

$\sigma_{Ed} \leq \sigma_{Rd}$

Die Bemessungsspannung lautet:

$\sigma_{Rd} = f_y / \gamma_M$

mit

f_y Streckgrenze (siehe Tabelle D-12)

γ_M Teilsicherheitsbeiwerte ($\gamma_{M0} = 1{,}0$ allgemein und $\gamma_{M1} = 1{,}1$ bei Stabilitätsgefahr)

Die Streckgrenze beschreibt im Stahlbau die Belastungsgrenze, bis zu der sich der Stahl elastisch verformt (siehe auch Bild B-99).

Tabelle D-12 Streckgrenzen beispielhaft für S235 und S355

Material	Streckgrenze f_y $t \leq 40$ mm [N/mm²]	Streckgrenze f_y $40 \text{ mm} < t \leq 80$ mm [N/mm²]
S235	235	215
S355	355	335

Alternativ kann die Nachweisgleichung umgestellt werden zu:

$\sigma_{Ed} / \sigma_{Rd} \leq 1$

oder

$N_{Ed} / (A \cdot \sigma_{Rd}) + M_{y,Ed} / (W_y \cdot \sigma_{Rd}) + M_{z,Ed} / (W_z \cdot \sigma_{Rd}) \leq 1$

oder

$N_{Ed} / N_{Rd} + M_{y,Ed} / M_{y,Rd} + M_{z,Ed} / M_{z,Rd} \leq 1$

mit

$N_{Rd} = A \cdot \sigma_{Rd}$ Normalkrafttragfähigkeit (ohne Stabilitätsgefahr)

$M_{y,Rd} = W_y \cdot \sigma_{Rd}$ Biegetragfähigkeit (ohne Biegedrillknickgefahr)

$M_{z,Rd} = W_z \cdot \sigma_{Rd}$

Die Beanspruchbarkeit von Stahlbauteilen kann somit über die aufnehmbaren Schnittgrößen beschrieben werden.

Stabilitätsgefährdete Druckstäbe lassen sich mit dem **Ersatzstabverfahren** wie folgt nachweisen (siehe auch Abschnitt C.5.3.5)**:**

$N_{b,Rd} = \chi \cdot A \cdot \sigma_{Rd}$ Drucktragfähigkeit (b = „buckling")

mit

χ Abminderungsfaktor für Knicken gemäß Bild D-36

A Querschnittsfläche

$\sigma_{Rd} = f_y / \gamma_{M,1}$

mit

f_y Streckgrenze (siehe Tabelle D-12)

$\gamma_{M,1} = 1,1$

Der Abminderungsfaktor χ wird in Abhängigkeit von der bezogenen Schlankheit $\bar{\lambda}$ ermittelt:

$$\bar{\lambda} = \sqrt{\frac{A \cdot f_y}{N_{ki}}}$$

mit

$N_{ki} = \pi^2 EI / (s_k)^2$ kritische Last (siehe Abschnitt C.5.3.2)

Der Abminderungsfaktor wird aus den Knicklinien bestimmt. Jede Knickspannungslinie entspricht einer festgelegten Ersatzimperfektion (Krümmung mit maximaler Auslenkung). Die unterschiedlichen Stahlbauprofile sind wiederum den einzelnen Knicklinien zugeordnet. Durch Definition der bezogenen Schlankheit $\bar{\lambda}$ lassen sich die Abminderungsfaktoren unabhängig von der Materialfestigkeit in normierter Form darstellen (Bild D-36).

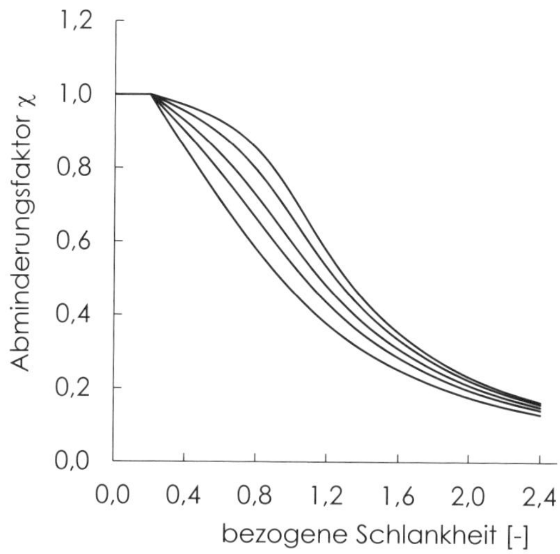

Bild D-36 Knicklinien nach Eurocode 3 – Stahlbau

D.4 Bemessung von Holzbauteilen

Holzbauteile werden aus Vollholz und Brettschichtholz hergestellt. Im Gegensatz zu Stahl oder Glas handelt es sich um einen anisotropen Werkstoff, bei dem die Festigkeit in Abhängigkeit von der Beanspruchungsrichtung variiert (siehe Eurocode 5 [75]):

- Druck (c = „compression")
- Zug (t = „traction")
- Biegung II zur Faserrichtung (0°)
- Biegung ⊥ zur Faserrichtung (90°)

Die charakteristischen Festigkeiten werden für die unterschiedlichen Festigkeitsklassen getrennt nach Vollholz aus Nadelholz (C = conifere), Laubholz (D = deciduous wood) sowie Brettschichtholz GL (glued laminated) angegeben (Tabelle D-13).

Für die Ermittlung der Bemessungsfestigkeit ist der charakteristische Wert vorab mit dem Modifikationsbeiwert anzupassen und dann in üblicher Form noch durch den Teilsicherheitsbeiwert γ_M des Materials zu dividieren. k_{mod} berücksichtigt die zeitabhängige Festigkeit von Holz (je länger die Belastungsdauer, desto geringer ist die Bruchspannung) und den Einfluss aus einwirkender Feuchtigkeit (Nutzungsklasse).

$f_d = k_{mod} \cdot f_k / \gamma_M$

mit

f_k charakteristische Festigkeit in Abhängigkeit von der Beanspruchungsrichtung (Tabelle D-13)

$\gamma_M = 1{,}3$ Teilsicherheitsbeiwert des Materials

$k_{mod} = 0{,}2 \ldots 1{,}1$ Modifikationsbeiwert in Abhängigkeit vom Holzwerkstoff und der Belastungsdauer

Tabelle D-13 Festigkeitsklassen C24 und D40 beispielhaft im Vergleich [19]

	Festigkeitswerte [N/mm²]	Nadelholz C24	Laubholz D40
Biegung	$f_{m,k}$	24	40
Zug II zur Faser	$f_{t,0,k}$	14,5	24
Zug ⊥ zur Faser	$f_{t,90,k}$	0,4	0,6
Druck II zur Faser	$f_{c,0,k}$	21	27
Zug ⊥ zur Faser	$f_{c,90,k}$	2,5	5,5

Während im Stahlbau ein schnittgrößenbezogener Nachweis bevorzugt wird, wird im Holzbau folgendes spannungsbasiertes Nachweisverfahren verwendet:

$\sigma_{Ed} / \sigma_{Rd} \leq 1{,}0$

Beispiel: Zug in Faserrichtung

Bemessungsspannung $\sigma_{Ed} = N_{Ed} / A_n$

mit

N_{Ed} Bemessungswert der Zugkraft

A_n Nettoquerschnittsfläche

$\sigma_{Rd} = k_h \cdot f_{t,0,d}$

k_h auf der sicheren Seite gilt $k_h = 1{,}0$; $k_{h,max} = 1{,}3$ in Abhängigkeit von der Querschnittshöhe

$f_{t,0,d}$ Bemessungszugspannung

Beispiel: Einachsige Biegung

Bemessungsspannung $\sigma_{Ed} = M_{Ed} / W_n$

mit

M_{Ed} Bemessungswert des Biegemoments

W_n Widerstandsmoment des Nettoquerschnitts

$\sigma_{Rd} = k_h \cdot f_{m,d}$

mit

k_h auf der sicheren Seite gilt $k_h = 1{,}0$; $k_{h,max} = 1{,}3$ in Abhängigkeit von der Querschnittshöhe

$f_{m,0,d}$ Bemessungswert der Biegefestigkeit

Beispiel: Druck in Faserrichtung ohne Knickgefahr

Der Bemessungswert der Druckfestigkeit berechnet sich (analog zur Zugbeanspruchung) wie folgt:

$\sigma_{Rd} = f_{c,0,d} = k_{mod} \cdot f_{c,0,k} / \gamma_M$

Beispiel: Druck in Faserrichtung mit Knickgefahr

Beim Nachweis für Druck in Faserrichtung mit Knickgefahr wird bei der Berechnung der Bemessungsdruckfestigkeit der Knickbeiwert k_c berücksichtigt. Dieser mindert, vergleichbar zum Abminderungsfaktor χ im Stahlbau, die Drucktragfähigkeit unter Berücksichtigung von Exzentrizitäten und Imperfektionen ab.

Im Holzbau wird jedoch keine bezogene, materalunabhängige Schlankheit definiert, sondern die Schlankheit wird über

$\lambda = s_k / i$

bestimmt (siehe Abschnitt C.5.3.3).

Im EC5 sind die Knicklinien zur Bestimmung von k_c nicht, wie im Stahlbau, materialunabhängig in Abhängigkeit von der Querschnittsgeometrie definiert, sondern es ist jedem Material eine eigene Knicklinie zugeordnet (siehe Bild D-37).

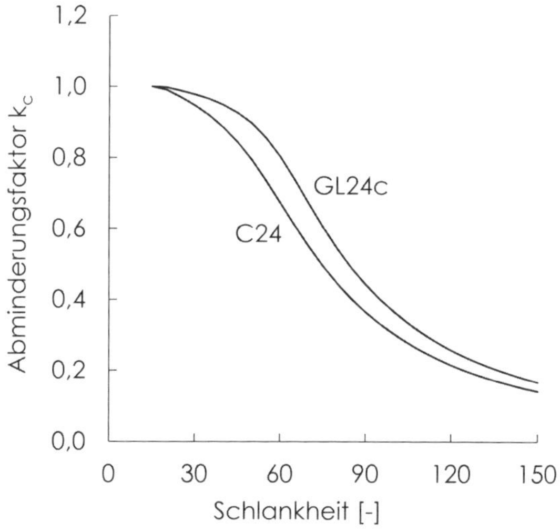

Bild D-37 Knicklinien nach Eurocode 5; z.B. für C24 und GL24c

Der Knicknachweis lautet dann:

$\sigma_{Ed} < \sigma_{Rd}$

mit

$\sigma_{Ed} = N_{Ed} / A_n$

N_{Ed} Bemessungswert der Druckkraft

A_n Nettoquerschnittsfläche

$\sigma_{Rd} = k_c \cdot f_{c,0,d}$

k_c Knickbeiwert gemäß Bild D-37

$f_{c,0,d}$ Bemessungsdruckspannung

D.5 Bemessung von Mauerwerk

Bei Mauerwerk handelt es sich um einen Verbundwerkstoff aus Mauerstein und Fugenmörtel. Die elastische Balkentheorie ist daher nicht dazu geeignet, das Tragverhalten von Mauerwerk abzubilden.

Mauerwerk wirkt innerhalb der Tragstruktur als Druckelement (Wand oder Pfeiler) oder als Scheibe. Die Normalkrafttragfähigkeit ist vergleichsweise sehr hoch, die Biegetragfähigkeit demgegenüber allerdings aufgrund der rechnerisch nicht ansetzbaren Zugfestigkeit zwischen Mörtel und Stein sehr begrenzt.

Der horizontale Lastabtrag einer Mauerwerkskonstruktion wird zunächst über Längs- und Querwände, welche durch eine Deckenscheibe oder einen Ringbalken stabilisiert werden, sichergestellt (siehe Abschnitt C.7.6). Rechnerisch kann auf diesen Nachweis verzichtet werden, wenn je Richtung mindestens zwei durchgehende Längs- oder Querwände vorhanden sind und diese wiederum ausgesteift werden. Anhaltswerte für das Erfordernis von weiteren aussteifenden Wänden gibt Bild D-38 [80].

Für Mauerwerk sind folgende Festigkeiten in Abhängigkeit von der Beanspruchung definiert:

- Druckfestigkeit f_d
- Schubfestigkeit (Scheibennachweis) f_{vd}
- Biegefestigkeit f_{xd}

Unter Einhaltung von weiteren Konstruktionsregeln ist es in vielen Fällen jedoch ausreichend, nur die Normalkrafttragfähigkeit (DIN EN 1996-3) der Wände mit vereinfachten Verfahren nachzuweisen.

Falls diese Bedingungen nicht eingehalten werden, können genauere Nachweise unter Berücksichtigung der Biege- und Schubbeanspruchungen geführt werden.

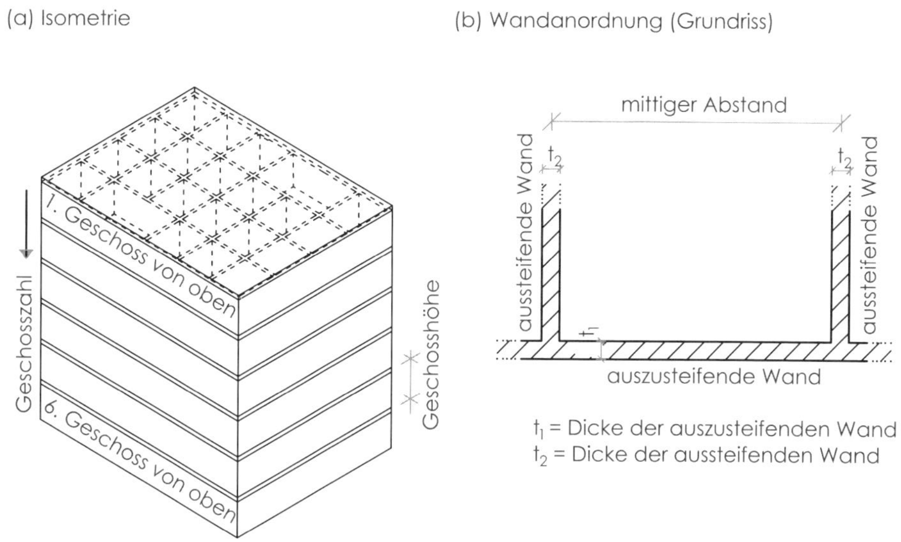

Dicke der auszusteifenden Wand t_1 [cm]		Geschosshöhe [m]	aussteifende Wand, Dicke t_2 und Abstand		
			1. und 4. Vollgeschoss von oben	5. und 6. Vollgeschoss von oben	mittiger Abstand [m]
≥ 11,5	< 17,5	≤ 3,25 m	≥ 11,5 cm	≥ 17,5 cm	≤ 4,5
≥ 17,5	< 24				≤ 6,0
≥ 24	< 30	≤ 3,5 m			≤ 8,0
≥ 30		≤ 5,0 m			

Bild D-38 Empfehlung für Dicken und Abstände aussteifender Wände nach [80]

Nachweis der Normalkrafttragfähigkeit (vereinfacht)

Das vereinfachte Nachweisformat für die aufnehmbare **Normalkraft** lautet [77] allgemein:

$N_{Rd} = \Phi \cdot A \cdot f_d$ Drucktragfähigkeit von Mauerwerk

mit

Φ Der Traglastfaktor berücksichtigt das Knickverhalten der Wand und das Versagen infolge der lokalen Lasteinleitung am Wandkopf bzw. -fuß.

A Querschnittsfläche der Wand, A muss größer sein als 400 cm², bei A < 1000 cm² wird N_{Rd} um 20 % abgemindert

f_d Zur Berücksichtigung von festigkeitsmindernden Langzeiteinflüssen gilt: $f_d = 0{,}85\ f_k / \gamma_M$. Tabelle D-14 enthält beispielhaft für häufig verwendete Stein-Mörtel-Kombinationen charakteristische Mauerwerksdruckfestigkeiten.

γ_M Der Teilsicherheitsbeiwert von Mauerwerk beträgt $\gamma_M = 1{,}5$ [77].

Tabelle D-14 Mauerwerksdruckfestigkeiten (charakteristisch) beispielhaft im Vergleich [77]

Mauerwerksart	Festigkeitsklassen und Mörtelart	Druckfestigkeit f_k [N/mm²]
Mauerziegel mit Leichtmörtel	Steinklasse 2 mit LM21	1,2
Vollziegel mit Normalmörtel	Steinklasse 10 mit M5	5,4
Kalksand-Planelemente mit Dünnbettmörtel	KS XL Steinklasse 10	6,0
Vollziegel oder Kalksandstein-Vollziegel	Steinklasse 60 mit M20	16,9

Der Bemessungswert der Drucktragfähigkeit darf, sofern die charakteristische Nutzlast $q \leq 3{,}0$ kN/m² beträgt, vereinfacht bestimmt werden [77] mit

$$N_{Ed} = 1{,}4\,(N_{Gk} + N_{Qk})$$

Die Nachweisverfahren (genaues Verfahren, vereinfachtes bzw. stark vereinfachtes) unterscheiden sich in der Ermittlung des Traglastfaktors Φ.

Ermittlung des Traglastfaktors nach dem vereinfachten Verfahren

Zunächst müssen die konstruktiven Randbedigungen zur Anwendung des vereinfachten Verfahrens eingehalten werden. Neben der ausreichenden räumlichen Aussteifung (siehe Bild D-38) sind die Randbedingungen gemäß Bild D-39 in Bezug auf die Gebäudeabmessungen und die Lagerungsbedingungen einzuhalten. Begrenzt werden:

- die Gebäudehöhe (⇒ Begrenzung der Windlast)
- die Geschosshöhe (⇒ Begrenzung der Knicklänge)
- die Deckenstützweite (⇒ Begrenzung der lokalen Pressung am Wandauflager)
- Durch Anforderungen wie eine Mindestauflagertiefe wird das Maß der Exzentrizität an den Wandauflagern begrenzt.

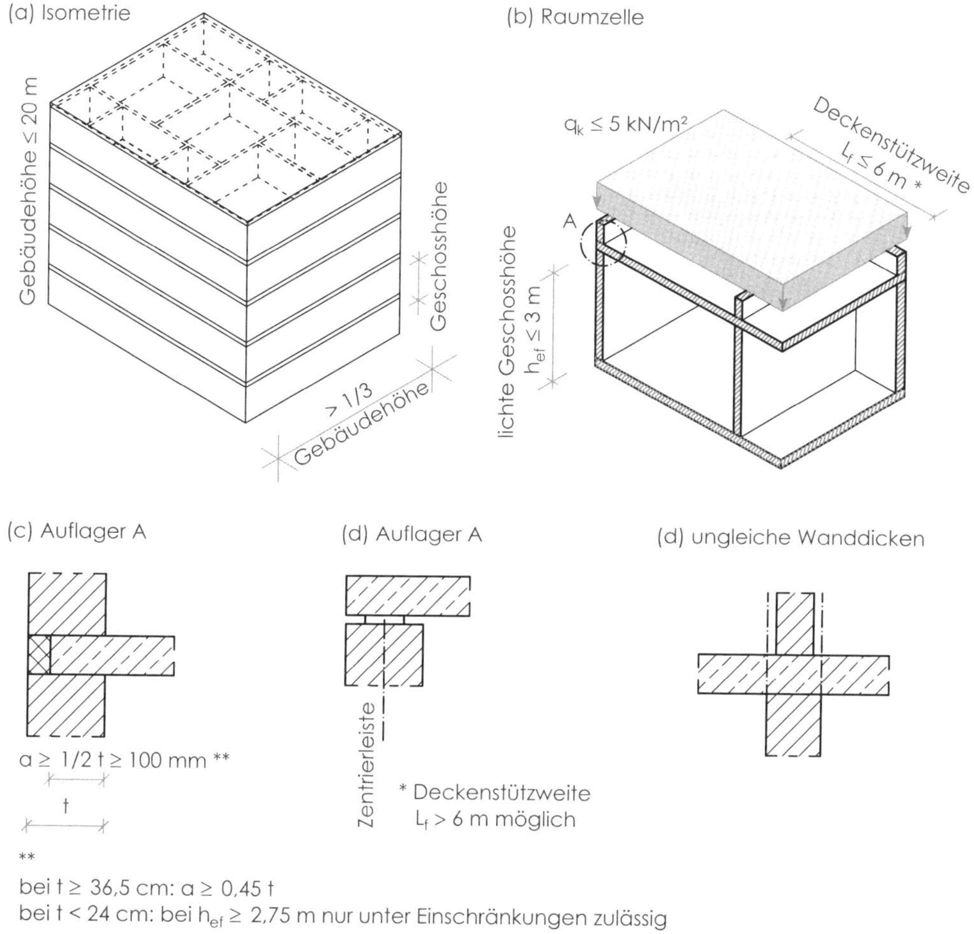

Bild D-39 Konstruktive Randbedingungen zur Anwendung des vereinfachten Verfahrens zum Nachweis der Normalkrafttragfähigkeit

Das vereinfachte Verfahren ermöglicht die Erfassung der Wandhalterung. Auf der sicheren Seite kann eine Wand immer als zweiseitig (oben und unten) gehalten angenommen werden. Das Ausknickverhalten ist dann mit einem Knickstab gemäß Eulerfall 2 (siehe auch Bild C-151) zu vergleichen.

Die Traglast ist durch angrenzende Wände, aussteifende Wandabschnitte oder andere tragende Wände erhöht. Voraussetzung ist, dass diese Wände kraftschlüssig durch Flachanker und Mauerwerksverbund mit der tragenden Wand verbunden sind. Falls die Bedingungen gemäß Bild D-40 eingehalten werden, können genauere Traglastfaktoren ermittelt werden. Es gilt:

$\Phi_{2\text{-seitig}} < \Phi_{3\text{-seitig}} < \Phi_{4\text{-seitig}}$

Neben dem Knickverhalten der Wand berücksichtig das vereinfachte Verfahren zusätzlich die Lagerungsbedingungen am Wandkopf und -fuß.

Der Berechnungsablauf kann Tabellenwerken oder Eurocode 6, hier insbesondere den nationalen Anhängen, entnommen werden.

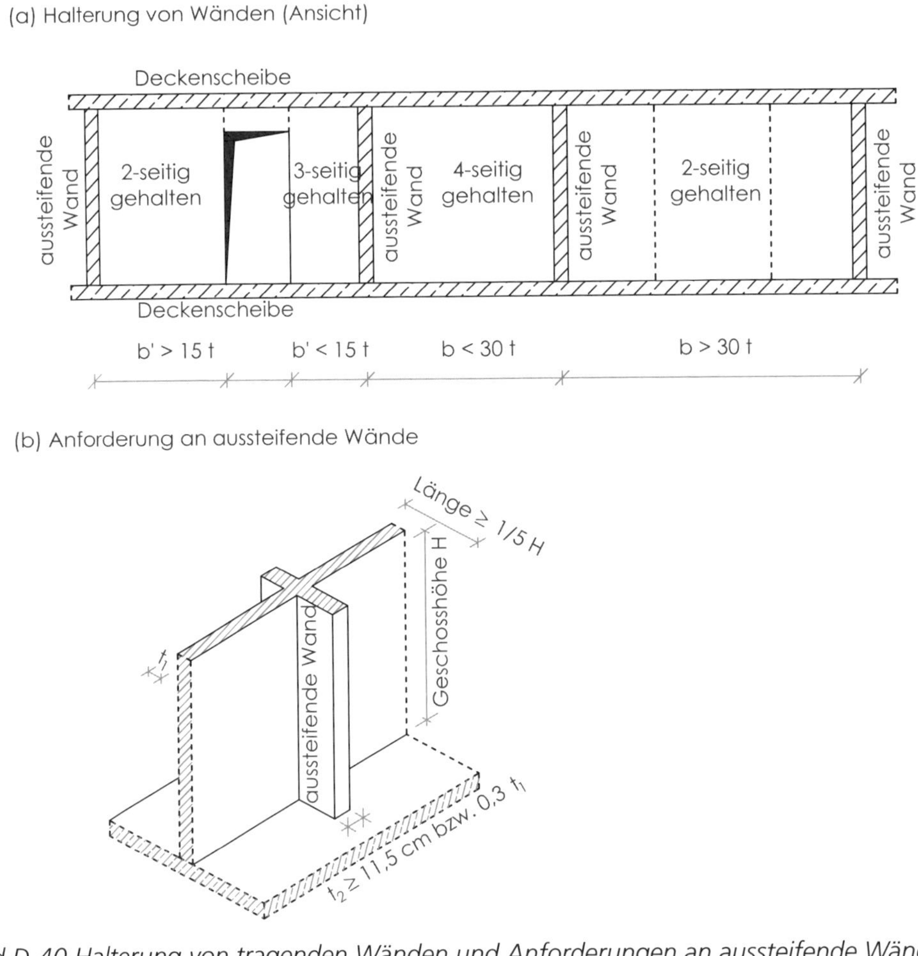

Bild D-40 Halterung von tragenden Wänden und Anforderungen an aussteifende Wände

Ermittlung des Traglastfaktors nach dem stark vereinfachten Verfahren

Das stark vereinfachte Verfahren gemäß DIN EN 1996-3/NA Anhang A schränkt die Anwendungsbedingungen im Vergleich zum vereinfachten Verfahren weiter ein (siehe Bild D-41). Die traglaststeigernde Wirkung von Querwänden wird ebenfalls nicht berücksichtigt.

Die Traglastbeiwerte können dann anhand von Tabelle D-15 in Abhängigkeit von der Wandschlankheit h_{ef}/t, der charakteristischen Druckfestigkeit des Mauerwerks, der Deckenspannweite L_f und der Auflagerbedingung a/t bestimmt werden. Im Vergleich zum vereinfachten Verfahren sind die Traglastbeiwerte wesentlich kleiner.

Tabelle D-15 Traglastbeiwerte entsprechend dem stark vereinfachten Nachweisverfahren für Druckbeanspruchungen [77][79]

Bedingungen zu Wandschlankheit oder Deckenauflagerung	chrakteristische Druckfestigkeit f_k	Deckenspann-weite L_f	Traglast-beiwert ϕ
$h_{ef}/t \leq 18$	$\geq 1{,}8$ N/mm²		0,5
$h_{ef}/t \leq 18$	$< 1{,}8$ N/mm²	$> 5{,}5$ m	0,4
bei teilaufliegenden Decken wird der Traglastbeiwert reduziert (nur bei $t \geq 36{,}5$ cm zulässig)	$\geq 1{,}8$ N/mm²	> 5 m	$\Phi \cdot a/t$
	$< 1{,}8$ N/mm²	> 4 m	
$18 < h_{ef}/t \leq 21$ und bei Wänden als End-auflager im obersten Geschoss			$0{,}33 \cdot a/t$

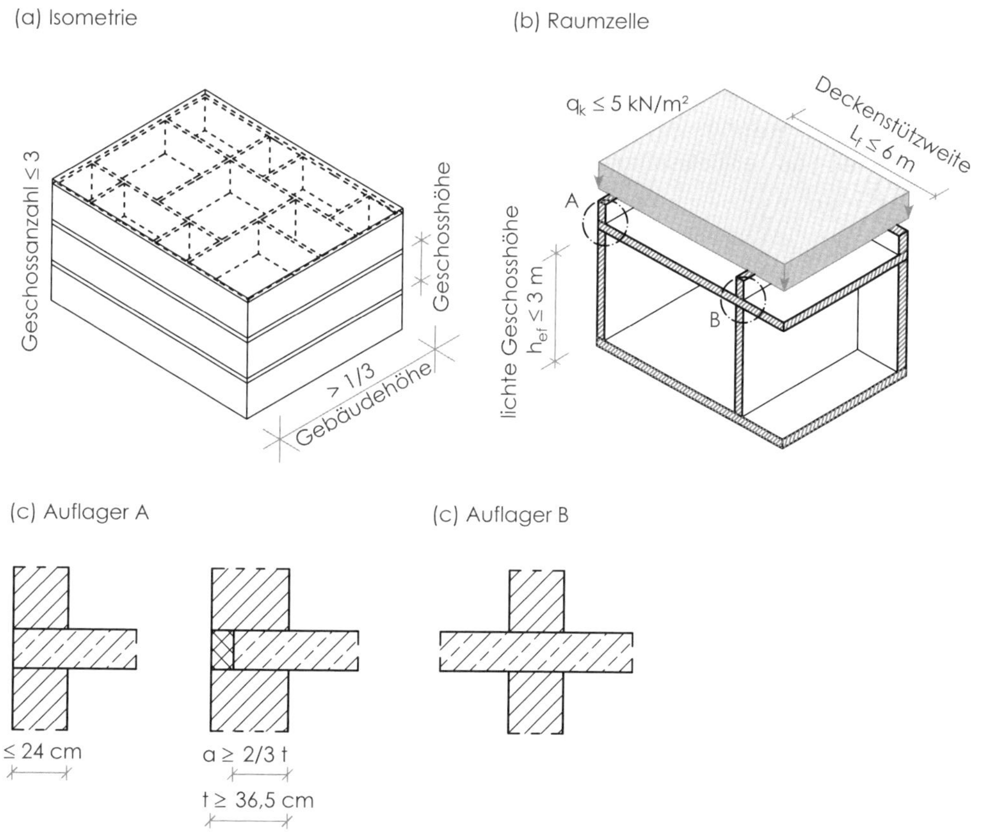

Bild D-41 Konstruktive Randbedingungen zur Anwendung des stark vereinfachten Verfahrens zum Nachweis der Normalkrafttragfähigkeit

Weitere Nachweisformate gibt es für Kellermauerwerk, welches zusätzlich seitlich durch Erd- oder Wasserdruck beansprucht wird. Kellermauerwerk wird nicht nur für eine maximale

Druckbeanspruchung ausgelegt, sondern es ist auch eine Mindestauflast nachzuweisen. Der seitliche Erddruck kann auch erst aufgenomen werden, wenn diese Zusatzauflast infolge der oberen Geschosse vorhanden ist. Eine Verfüllung des Arbeitsraums kann daher in der Regel auch erst nach Fertigstellung des Rohbaus erfolgen.

D.6 Bemessung von Glasplatten

Bei Glas handelt es sich um einen isotropen Baustoff, welcher sich rein elastisch verhält. Maßgebend ist die maximale Biezgezugspannung im Bauteil. In der Normung sind bisher nur Anwendungen für eine Plattenbeanspruchung geregelt, jedoch schließt dies nicht die Verwendung als Druck- oder Schubelement aus.

Einachsig gespannte Glasplatten können vereinfacht als Einfeldträger idealisiert und als Biegebauteil bemessen werden. Die handelsüblichen Glasqualitäten, die baupraktisch verwendet werden, unterscheiden sich durch die Biegefestigkeit begründet durch den Herstellprozess (technisch gekühlt oder thermisch vorgespannt).

Floatglas: Hierbei handelt es sich um ein technisch gekühltes Produkt ohne thermische Vorspannung. Der Bemessungswert des Tragwiderstandes f_d ist abhängig von der charakteristischen Festigkeit und der Belastungsdauer. Je länger die Einwirkung wirkt, desto geringer ist die Festigkeit.

$f_d = k_{mod} \cdot k_c \cdot f_k / \gamma_M$

mit

f_k	charakteristische Festigkeit von Floatglas (Tabelle D-16)
$\gamma_M = 1{,}8$	Teilsicherheitsbeiwert für $d \geq 3$ mm
$\gamma_M = 1{,}9$	Teilsicherheitsbeiwert für $d = 2$ mm
$k_{mod} = 0{,}4 \ldots 0{,}7$	Modifikationsbeiwert in Abhängigkeit von der Belastungsdauer
$k_c = 1{,}0 / 1{,}8$	Konstruktionsfaktor, abhängig von der Konstruktionsart

Bei einer Biegebanspruchung der Glaskante wird die Bemessungsfestigkeit um 20 % abgemindert.

TVG und ESG: Die Festigkeit von thermisch vorgespannten Gläsern ist nur gering von der Zeitabhängigkeit der Belastung beeinflusst. Daher entfällt der Modifikationsbeiwert. Da die Streuung der Biegefestigkeit geringer ist als bei technisch gekühlten Gläsern, ist der Teilsicherheitsbeiwert γ_M auch kleiner.

$f_d = f_k / \gamma_M$

mit

$\gamma_M = 1{,}5$ Teilsicherheitsbeiwert für thermisch vorgespannte Gläser

Tabelle D-16 charakteristische Biegezugfestigkeit von Glasprodukten [91][92][93]

Glasart	charakteristische Biegefestigkeit f_k [N/mm²]
Floatglas	45
TVG (teilvorgespanntes Glas)	70
ESG (Einscheibensicherheitsglas / voll vorgespanntes Glas)	120

Die Bemessungswerte dürfen bei der Verwendung von Verbundglas um 10 % erhöht werden.

D.7 Bemessung von Stahlbetonbauteilen

Der Verbundbaustoff Stahlbeton

Grundlage für die Betonbauweise ist die hohe Tragfähigkeit des Betons auf Druck. Durch die Kombination mit dem in den Beton eingebetteten Betonstahl entsteht ein Verbundbaustoff, der je nach Belastung (Druck, Zug und/oder Biegung) und Lasthöhe ein unterschiedliches Tragverhalten aufweist. Die beiden Bestandteile lassen sich in Kurzform wie folgt charakterisieren:

Beton: Bei Beton handelt es sich um einen künstlichen Stein. Die Hauptbestandteile für dessen Herstellung sind der Zement als Bindemittel und die als Zuschlag bezeichnete Gesteinsmischung (Kies, Sand oder Splitt), die unter Zugabe von Wasser gemischt werden. Durch den chemischen Prozess der Hydratation erlangt der Beton bereits nach wenigen Stunden eine nennenswerte Festigkeit, die innerhalb von 28 Tagen auf ca. 70 bis 90 % der rechnerischen Endfestigkeit zunimmt. Im Grunde handelt es sich um ein 3-Stoff-System aus den vorgenannten Bestandteilen. Durch die Beimischung weiterer Stoffe lassen sich darüber hinaus die Frisch- und Festbetoneigenschaften im Hinblick auf die Verarbeitung und den Endzustand gezielt beeinflussen. Korrekterweise spricht man aufgrund der ergänzenden Stoffe dann von einem 5-Stoff-System.

Beton weist eine hohe Druckfestigkeit auf, demgegenüber aber nur eine geringe Zugfestigkeit (näherungsweise ca. 10 % der Druckfestigkeit). Daher kommt Beton, außer als unbewehrter Beton, vor allem in Kombination mit eingelegter Bewehrung als Stahl- oder Spannbeton zum Einsatz. In dieser Form stellt er einen Hochleistungs-Verbundwerkstoff dar, bei dem die Druckkräfte über die Betonmatrix und die Zugkräfte über den Stahl abgetragen werden. Anhand der Druckfestigkeit wird Beton in Festigkeitsklassen eingeteilt, deren Bezeichnung auf der charakteristischen Zylinder- und Würfeldruckfestigkeit nach 28 Tagen basiert [55].

Betonstahl: Bei dem als Bewehrung verwendeten Betonstahl handelt es sich überwiegend um Stahl mit einer charakteristischen Streckgrenze von f_{yk} = 500 N/mm² mit Durchmessern von 6 bis 28 mm. Neben der Festigkeit ist vor allem das ausreichende Verformungsvermögen, die sogenannte Duktilität des Stahls entscheidend. Hiernach wird der in Deutschland verwendete Baustahl in die Duktilitätsklassen A (normale Duktilität) bis C (höchstduktil) eingeteilt [56].

Tragverhalten und Bemessungsansatz

Im Hinblick auf das Tragverhalten sind die nachfolgend erläuterten Fälle zu unterscheiden ([67],[38]):

Tragverhalten unter zentrischem Druck

Grundsätzlich gilt hierbei $F_{ges} = F_c + F_s$

Für ein niedriges Lastniveau verhalten sich die Baustoffe elastisch und können durch das *Hookesche* Gesetz beschrieben werden. Die Aufteilung auf die einzelnen Bestandteile kann im Verhältnis der jeweiligen Steifigkeiten (E · A) erfolgen. Mit zunehmender Belastung erreicht der Betonstahl die Fließgrenze f_{yk} und hat damit sein maximales Lastniveau erreicht. Für eine weitere Laststeigerung steht damit allein der Betonquerschnitt bis zu seiner rechnerischen Maximalspannung f_{ck} zur Verfügung.

Tragverhalten unter zentrischem Zug

Für ein niedriges Zug-Lastniveau verhalten sich beide Baustoffe anfangs wiederum elastisch und das Tragverhalten lässt sich durch das *Hookesche* Gesetz beschreiben. Auch hier kann von einer Lastverteilung in Abhängigkeit von der Steifigkeiten (E · A) ausgegangen werden. Wird jedoch die Betonzugfestigkeit überschritten, fällt der Lastabtrag über den Betontraganteil schlagartig aus (der Betonquerschnitt reißt) und die Zuglast wird fortan allein über den Betonstahl abgetragen.

Tragverhalten unter Biegung

Die von außen einwirkenden Schnittgrößen verursachen Dehnungen und Spannungen im Querschnitt. Für den rechnerischen Nachweis im Grenzzustand der Tragfähigkeit (GZT) werden folgende grundsätzliche Annahmen getroffen, die aus der technischen Mechanik bekannt sind [67]:

- Gleichgewicht der Kräfte ΣF_x und ΣM im Querschnitt
- Ebenbleiben der Querschnitte (*Bernoulli*-Hypothese): Die Dehnungen ε der einzelnen Fasern vergrößern sich proportional mit dem Abstand von der Dehnungsnulllinie.
- Vollkommener Verbund: Die Dehnungen in den jeweiligen Fasern sind für Stahl und Beton identisch, es besteht vollkommener Verbund zwischen den Werkstoffen.
- Rechnerisch wird keine Betonzugfestigkeit angesetzt: Da die Zugfestigkeit des Betons nur sehr gering (rund 10 % der Druckfestigkeit) ist und zweitens starke Streuungen aufweist, wird diese rechnerisch nicht angesetzt. Demnach wird rechnerisch von einer gerissenen Betonzugzone ausgegangen und die Zugkraft alleine vom Betonstahl aufgenommen.
- Die Werkstoffe Beton und Betonstahl werden über idealisierte Werkstoffgesetze beschrieben, die einen Zusammenhang zwischen der Dehnungs- und Spannungsverteilung herstellen.

Über die idealisierten Werkstoffgesetze berechnet man die inneren Kräfte. Den Bemessungsansatz für die Biegebemesssung eines rein auf Biegung beanspruchten Querschnitts verdeutlicht Bild D-42.

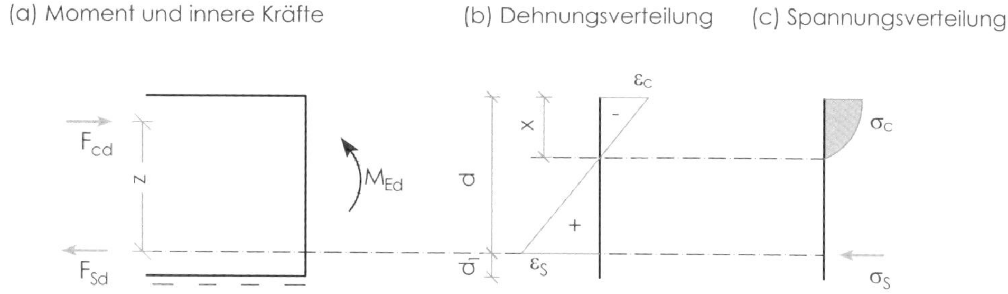

Bild D-42 Stahlbetonquerschnitt unter Biegung

Dem äußeren Biegemoment M_{Ed} stehen die beiden inneren Kräfte F_{cd} (Betondruckkraft) und F_{sd} (Stahlzugkraft) gegenüber. Die Kräfte sind betragsmäßig gleich groß, einander entgegengerichtet und um den sogenannten inneren Hebelarm zueinander versetzt. Es gilt:

$$\Sigma F_x = 0 \quad \Leftrightarrow \quad F_{cd} = F_{sd}$$

$$\Sigma M = 0 \quad \Leftrightarrow \quad M_{Ed} = F_{cd} \cdot z = F_{sd} \cdot z$$

Auf weitere Ausführungen wird hier verzichtet. In Abschnitt E.20 ff. (Beispiele) wird für einfache Beispiele das Bemessungsverfahren dargestellt.

D.8 Bemessung in der Geotechnik

In der Geotechnik unterscheidet man zwischen folgenden **Bemessungssituationen** ([81],[82]):

- EQU („equilibrium") berücksichtigt das Gleichgewicht des Baukörpers. Hierzu gehören das Kippen oder das Abheben einer Konstruktion.
- STR („structural") erfasst die Standsicherheit der Konstruktion. Die Nachweise für die Gründungsbauteile aus bewehrtem oder unbewehrtem Stahlbeton werden gemäß dem bauartbezogenen Regelwerk EC2 durchgeführt, Nachweise für Stahl-Walzprofile als Bestandteil einer Baugrubenwand mit dem EC3.
- GEO („geotechnical") ist auf den Baugrund bezogen und erfasst die Verformungen und die Festigkeit des Baugrunds.

Weitere Bemessungssituationen definieren Zustände, in denen Wassereinwirkungen eine Rolle spielen (Auftrieb o.Ä.).

Teilsicherheitsbeiwerte

Im Unterschied zu den Teilsicherheitsbeiwerten für den Hochbau (Eurocode 0) definiert der Eurocode 7 – Geotechnik abweichende Werte. Diese unterscheiden sich nach der Bemessungssituation [26].

Vereinfachter Nachweis des Sohldrucks eines Fundaments

Für den Nachweis der Tragfähigkeit von Fundamenten wird der charakteristische Wert der Belastung mit dem Teilsicherheitsbeiwert der Einwirkungen multipliziert. Der sich daraus ergebende Sohldruck $\sigma_{E,d}$ wird den Bemessungswerten des Sohlwiderstandes $\sigma_{R,d}$ gegenübergestellt.

Der Nachweis lautet:

$\sigma_{E,d} \leq \sigma_{R,d}$

Für Regelfälle und damit ausreichend für den Vorentwurf gibt DIN EN 1997-1 Bemessungswerte des Sohlwiderstandes $\sigma_{R,d}$ für verschiedene Bodenarten an.

Im Hinblick auf den Sohlwiderstand unterscheidet die Norm einerseits hinsichtlich der Bodenart (nichtbindige oder bindige Böden; bzw. in Erweiterung Fels und geschütteten Boden) und andererseits hinsichtlich der Setzungsempfindlichkeit des Bauwerks (setzungsempfindliche oder setzungsunempfindliche Bauwerke).

Nichtbindiger Baugrund

Die Werte des Sohlwiderstands nehmen mit größer werdender Einbindetiefe des Fundaments zu. Bei setzungsempfindlichen Bauwerken nehmen diese mit größer werdender Breite zunächst zu und danach wieder ab.

Erhöhungen der vorgenannten Spannungen sind bei nachgewiesener dichter Lagerung des Bodens um bis zu 50 %, sowie bei gedrungenen Rechteckfundamenten (mit a/b < 2) und bei Kreisfundamenten um bis zu 20 % möglich.

Steht der Grundwasserspiegel in Höhe der Gründungssohle an, so sind die angegebenen Werte pauschal um 40 % zu vermindern. Zu beachten ist, dass bei Einhaltung dieser Spannungen Setzungen bis 2 cm zu erwarten sind.

Für Streifenfundamente sind die Bemessungswerte des Sohlwiderstands in Tabelle D-17 für setzungsempfindliche und in Tabelle D-18 für setzungsunempfindliche Bauwerke zusammengestellt.

Tabelle D-17 Bemessungswert des Sohlwiderstandes $\sigma_{R,d}$ [kN/m²]; Streifenfundamente, nichtbindiger Baugrund, setzungsempfindliche Bauwerke

Einbindetiefe Fundament [m]	Sohlwiderstand $\sigma_{R,d}$ [kN/m²] bei einer Breite [m] von:				
	0,5	1,0	1,5	2,0	2,5
0,5	280	420	460	390	350
1,0	380	520	500	430	380
1,5	480	620	550	480	410
2,0	560	700	590	500	430
bei kleinen Bauwerken	210 (mit Breite b ≥ 0,3 m und Gründungstiefe t ≥ 0,3 m)				

Tabelle D-18 Bemessungswert des Sohlwiderstandes $\sigma_{R,d}$ [kN/m²]; Streifenfundamente, nichtbindiger Baugrund, setzungsunempfindliche Bauwerke

Einbindetiefe Fundament [m]	Sohlwiderstand $\sigma_{R,d}$ [kN/m²] bei einer Breite [m] von:			
	0,5	1,0	1,5	2,0
0,5	280	420	560	700
1,0	380	520	660	800
1,5	480	620	760	900
2,0	560	700	840	980
bei kleinen Bauwerken	210 (mit Breite b ≥ 0,3 m und Gründungstiefe t ≥ 0,3 m)			

Bindiger Baugrund

Bei bindigem Baugrund wird nicht zwischen setzungsempfindlichen und -unempfindlichen Bauwerken unterschieden. Bei Ausnutzung der nachfolgenden Werte ist im ungünstigen Fall mit Setzungen von 2 bis 4 cm zu rechnen. Der aufnehmbare Sohldruck nimmt mit größer werdender Einbindetiefe zu. Bei Fundamentbreiten über 2 m sind die angegebenen Werte um bis zu 10 % je Meter zusätzlicher Fundamentbreite zu reduzieren. Die Werte in Tabelle D-17 sind von der Konsistenz (steif, halbfest und fest) des Bodens und damit von dessen Wassergehalt abhängig. Eine Erhöhung der Werte um 20 % bei gedrungenen Einzel- und bei Kreisfundamenten ist zulässig. Bei hochstehendem Grundwasser ist keine Abminderung der Werte erforderlich.

Tabelle D-19 Sohlwiderstand $\sigma_{R,d}$ [kN/m²] für Streifenfundamente

Einbindetiefe Fundament [m]	Schluff	gemischtkörniger Boden mit Korngrößen vom Ton- bis in den Sand-, Kies- oder Steinbereich			tonig schluffiger Boden			Ton		
	steif	steif	halbfest	fest	steif	halbfest	fest	steif	halbfest	fest
0,5	180	210	310	460	170	240	390	130	200	280
1,0	250	250	390	530	200	290	450	150	250	340
1,5	310	310	460	620	220	350	500	180	290	380
2,0	350	350	520	700	250	390	560	210	320	420

E Beispiele in Zahlen

E.1 Tragwerksvarianten – Hallenbinder

Gegeben ist eine Hallenkonstruktion mit eingespannten Fertigteilstützen. Es stehen vier Varianten für die Stützenausführungen und -stellungen gemäß Bild E-1 zur Auswahl. Die Beanspruchung der Binder aus Eigen- und Schneelast beträgt insgesamt p = g + q = 10 kN/m. Gesucht sind die Auflagerkräfte und Momentenverläufe zur Bewertung der Varianten.

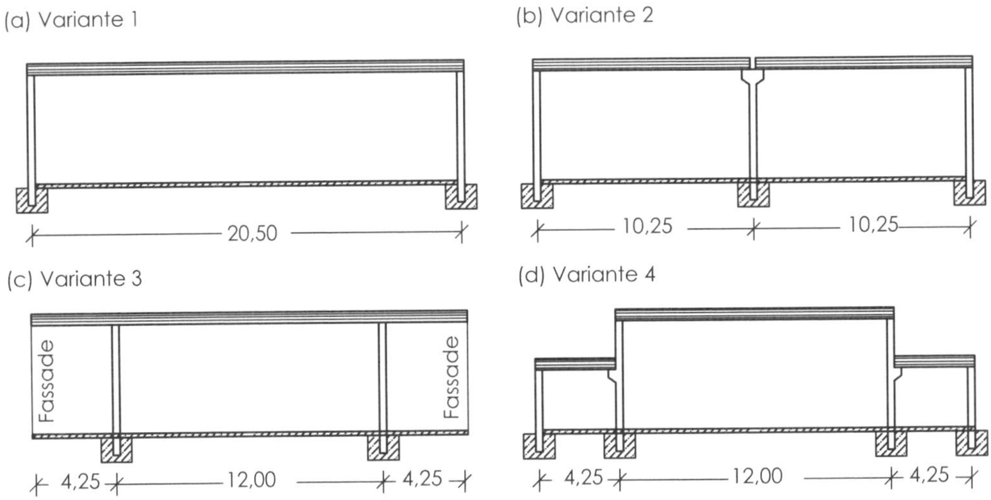

Bild E-1 Stützenstellungen; Varianten

Bild E-2 zeigt die statischen Systeme und Lastbilder für die Varianten 1 bis 4, Auflagerkräfte und Momentenlinien sind vergleichend in Bild E-3 dargestellt.

Variante 1: Einfeldträger über die gesamte Hallenbreite

Der Hallenbinder überspannt als Einfeldträger eine Spannweite von 20,5 m. Die Nutzung der Halle wird dadurch im Innenraum nicht durch Stützen eingeschränkt. Das Moment und die Auflagerkräfte können mit Hilfe der Herleitungen gemäß Abschnitt B.2.3.2, Bild B-38 bestimmt werden.

Auflagerkräfte:

Die Gesamtlast teilt sich hälftig auf die Auflager auf.

$A = B = p \cdot L / 2 = 10 \text{ kN/m} \cdot 20{,}5 \text{ m} / 2 = 102{,}5 \text{ kN}$

Maximales Moment:

$M_{max} = M_{Feld} = p \cdot L^2/8 = 10 \text{ kN/m} \cdot (20{,}5 \text{ m})^2 / 8 = 525 \text{ kNm}$

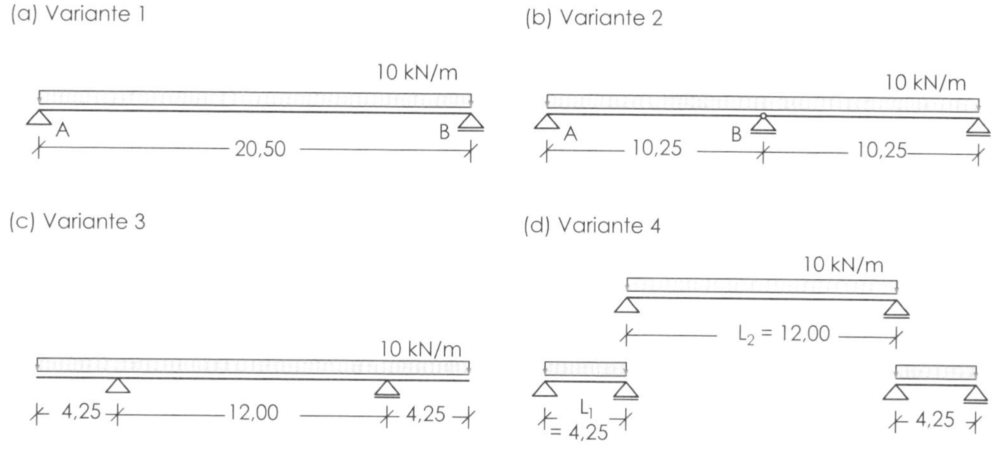

Bild E-2 Statische Systeme und Lastbilder für die Varianten

Variante 2: Zwei Einfeldträger mit Stütze in Hallenmitte

Durch die zusätzliche Stützenreihe in Hallenmitte wird die freie Hallenbreite eingeschränkt. Die Beanspruchung der Binder reduziert sich infolgedessen auf ein Viertel des Biegemoments, die Fundamentlasten in Feldmitte entsprechen den maximalen Fundamentlasten bei Variante 1:

Auflagerkräfte:

$A = 10$ kN/m $\cdot$ 10,25 m / 2 = 51,25 kN

$B = 2 \cdot 51{,}25$ kN = 102,5 kN

Maximales Moment:

$M_{max} = M_{Feld} = p \cdot L^2/8 = 10$ kN/m $\cdot$ (10,25 m)^2 / 8 = 131 kNm

Variante 3: Einfeldträger mit Kragarmen

Ausgehend von Variante 1 werden die Stützen so in den Innenraum versetzt, dass Feld- und Stützmomente betragsmäßig identisch sind. Dies gilt gemäß Abschnitt C.1.1.3 bei einer Kragarmlänge von

$L_k = 0{,}354\ L$

wobei L der Stützenabstand ist.

Das optimale Verhältnis von Kragarmlänge zur Feldlänge berechnet sich damit zu:

$L + 2 \cdot L_k = 20{,}5\ m \;\Leftrightarrow\; L + 2 \cdot 0{,}354 \cdot L = 20{,}5\ m$

$\Leftrightarrow\; L = 20{,}5\ m / (1 + 2 \cdot 0{,}354) = 12\ m$

$L_k = 0{,}354 \cdot L = 4{,}25\ m$

Feld- und Stützmomente (vgl. Bild C-14):

$| M_{Stütz} | = M_{Feld} = p \cdot L^2 / 16 = 10$ kN/m $\cdot$ (12 m)^2 / 16 = 90 kNm

Der Querschnitt des Hallenbinders wird somit über die Stützenstellung optimiert.

Auflagerkräfte:

Im Vergleich zu Variante 1 verändern sich die Auflagerkräfte nicht:

A = B = 10 kN/m · 20,5 m / 2 = 102,5 kN

Variante 4: Einfeldträger mit 12 m Stützweite und zwei kurzen Einfeldträgern

Diese Lösung kann sich beispielsweise ergeben, wenn für seitliche Nebenräume eine geringere Höhe ausreicht als im Hallenbereich. Hierbei sind dann insgesamt vier Stützen- und Fundamentreihen erforderlich.

$M_{Feld,1} = p \cdot L_1^2 / 8 = 10\ kN/m \cdot (4{,}25\ m)^2 / 8 = 23\ kNm$

$M_{Feld,2} = p \cdot L_2^2 / 8 = 10\ kN/m \cdot (12\ m)^2 / 8 = 180\ kNm$

Auflagerkräfte:

$A = p \cdot L_1 / 2 = 10\ kN/m \cdot 4{,}25\ m / 2 = 21{,}25\ kN$

$B = A + p \cdot L_2 / 2 = 21{,}25\ kN + 10\ kN/m \cdot 12\ m / 2 = 21{,}25\ kN + 60\ kN = 81{,}25\ kN$

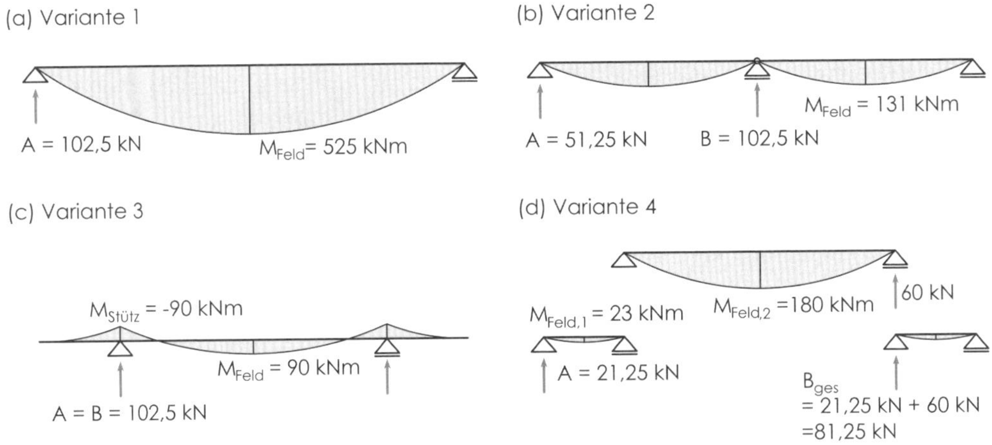

Bild E-3 Auflagerkräfte und Momentenverläufe des Hallenbinders für die Varianten 1–4

Variante 5: beliebige Stützenstellung

Bei beliebiger Stützenstellung kann der Momentenverlauf durch eine ständige, vertikale Belastung der Kragarmspitzen beeinflusst werden. Die Belastung wird über das Gewicht eines Fundaments oder ein Zugband erzeugt, welches die Lasten über einen Zugpfahl in den Baugrund abträgt (Bild E-4/a).

Die positive (nach unten gerichtete) Durchbiegung f_1 im Feld aus der Gleichlast p wird durch die negative (nach oben gerichtete) Durchbiegung f_2 aus den Einzellasten verringert. Eine geringere Durchbiegung bedeutet damit auch ein geringeres Biegemoment.

Momente und Verformungen der Lastzustände Gleichlast aus dem Dach und Einzellasten an den Kragarmspitzen können einzeln betrachtet und im Anschluss superponiert werden.

Gesucht: Für einen Stützenabstand von 15 m wird die notwendige Last F ermittelt, damit Stütz- und Feldmoment ausgeglichen sind.

Momentenverlauf infolge Gleichlast:

Es wird zunächst der Momentenverlauf infolge der Gleichlast von 10 kN/m berechnet.

Das Stützmoment beträgt (vgl. auch Bild C-13):

$M_{Stütz} = - p \cdot L^2 / 2 = - 10\ kN/m \cdot (2{,}75\ m)^2/2 = - 37{,}8\ kNm$

Die Momentenparabel infolge Gleichlast wird zwischen die Stützmomente eingehängt:

$M_0 = p \cdot L^2 / 2 = 10\ kN/m \cdot (15\ m)^2/8 = 281{,}3\ kNm$

Das Feldmoment ergibt sich zu:

$M_{Feld} = M_{Stütz} + M_0$

$M_{Feld} = - 37{,}8\ kNm + 281{,}3\ kNm = 243{,}5\ kNm$

Einzelast F zur Reduzierung des Feldmoments:

Ausgeglichene Feld- und Stützmomente liegen bei

$I\ M_{Stütz}\ I = M_{Feld} = (243{,}5\ kNm + 37{,}8\ kNm) / 2 = 141\ kNm$

vor.

Die Last F muss das Stützmoment um

$-(141\ kNm - 37{,}8\ kNm) = -103{,}2\ kNm$ verkleinern.

$M_{Stütz} = - F \cdot L_K = - F \cdot 2{,}75\ m$

mit $M_{Stütz} = -103{,}2\ kNm$

$\Leftrightarrow\ -103{,}2\ kNm = - F \cdot 2{,}75\ m$

$\Leftrightarrow\ F = 37{,}5\ kN$

Werden die Kragarmspitzen mit Einzellasten F = 37,5 kN belastet, dann sind Feld- und Stützmomente ausgeglichen.

Bild E-5 zeigt mögliche Ausführungsbeispiele für den Detailpunkt A.

Holzbau: Die nach unten wirkende Zugkraft des Zugstabs wird über einen Anker aus Gusseisen in eine Blechlasche geleitet, die in den Brettschichtholzträger eingeschlitzt ist. Die Lastübertragung in das Holz erfolgt über Stabdübel.

Stahlbau: Das Anschlussstück aus Flachstahl ist an den Untergurt des Doppel-T-Trägers angeschweißt. Die gesamte Zugkraft muss durch die Schweißnähte aufgenommen werden.

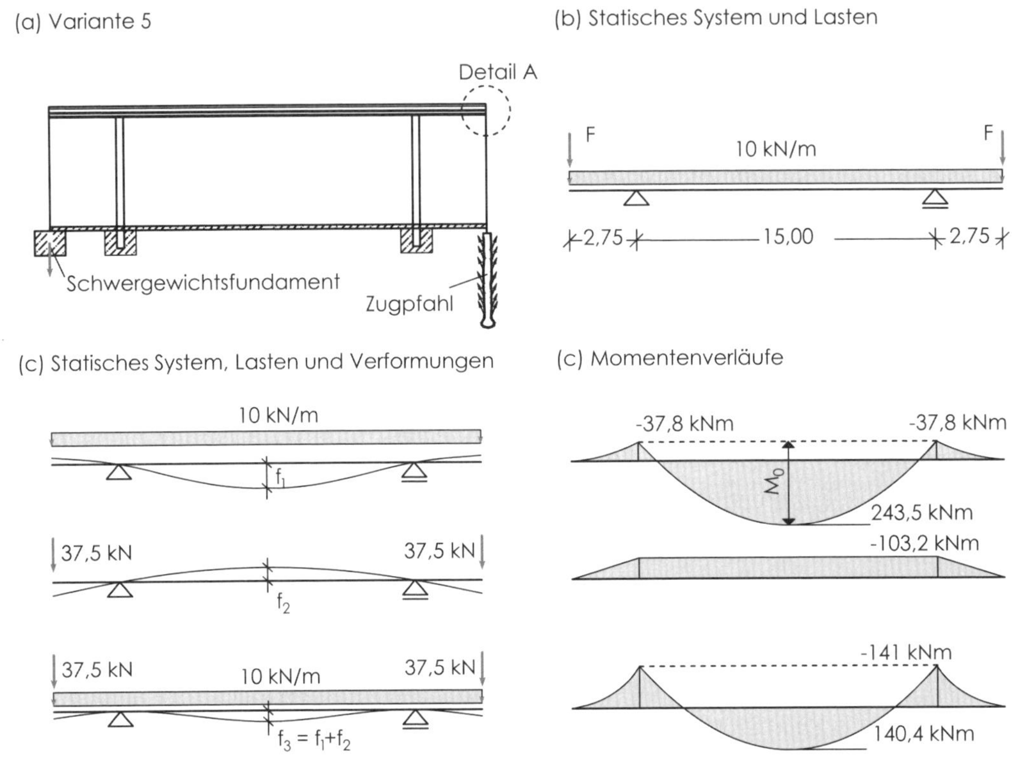

Bild E-4 Halle Variante 5

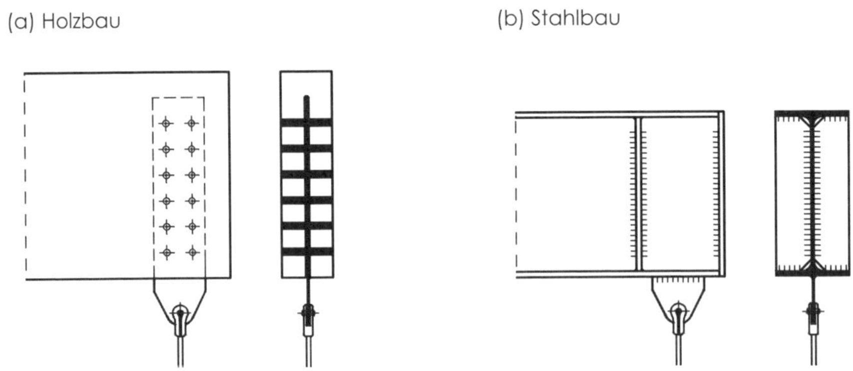

Bild E-5 Details

E.2 Trägersysteme – Zweifeldsysteme im Vergleich

Gegeben ist ein Zweifeldsystem gemäß Bild E-6. Für die Varianten Einfeldträgerkette, Gelenk- und Durchlaufträger sind die Auflagerkräfte und Momentenlinien gesucht.

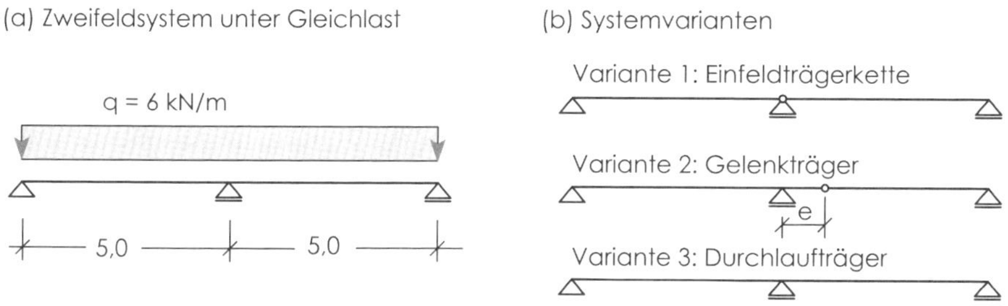

Bild E-6 Statisches System, Last und Varianten

Variante 1: Einfeldträgerkette

Bei einer Einfeldträgerkette handelt es sich um ein statisch bestimmtes System (siehe Abschnitt B.3.3, Bild B-75). Auflagerkräfte und Schnittgrößen können nach dem bekannten Verfahren bestimmt werden.

Auflagerkräfte:

$A = C = q \cdot L / 2 = 6 \text{ kN/m} \cdot 5 \text{ m} / 2 = 15 \text{ kN}$

$B = 2 \cdot 15 \text{ kN} = 30 \text{ kN}$

Maximales Moment (Abschnitt B.2.3.2, Bild B-38):

$M_{Feld} = q \cdot L^2/8 = 6 \text{ kN/m} \cdot (5 \text{ m})^2 / 8 = 18{,}75 \text{ kNm}$

Variante 2: Gelenkträger

Ein Gelenkträger ist ebenfalls statisch bestimmt (siehe Abschnitt B.3.3, Bild B-75). Die Gelenkposition wird mit $e = 0{,}172 \cdot L$ so festgelegt, dass Feld- und Stützmoment ausgegelichen sind (Bild C-25).

$e = 0{,}172 \text{ L} = 0{,}172 \cdot 5 \text{ m} = 0{,}86 \text{ m}$

Auflagerkräfte

$C = q \cdot L_{Einhängeträger} /2 = 6 \text{ kN/m} \cdot (5 \text{ m} - 0{,}86 \text{ m})/2 = 12{,}42 \text{ kN}$

Aus Symmetrie ergibt sich:

$A = C = 12{,}42 \text{ kN}$

$\downarrow \Sigma F_z = 0 \quad \Leftrightarrow \quad A + B + C = q \cdot 2 \text{ L}$

$\Leftrightarrow \quad B = q \cdot 2 \text{ L} - C - A = 6 \text{ kN/m} \cdot 2 \cdot 5 \text{ m} - 2 \cdot 12{,}42 \text{ kN} = 35{,}2 \text{ kN}$

oder alternativ mit Bild C-25

$A = C = 0{,}414 \text{ q} \cdot \text{L}$ und $B = 1{,}172 \text{ q} \cdot \text{L}$

Für die optimierte Gelenklage gilt (Bild C-25):

$| M_{Stütz} | = M_{Feld} = 0{,}0858 \cdot q \cdot L^2 = 0{,}0858 \cdot 6\ kN/m \cdot (5\ m)^2 = 12{,}87\ kNm$

Durch die Verschiebung des Gelenks vom Auflager in das Feld reduziert sich das maximale Moment um ca. 30 %.

Variante 3: Durchlaufträger

Ein zweifeldriger Durchlaufträger ist 1-fach statisch unbestimmt (siehe Abschnitt B.3.2, Bild B-72). Auflagerkräfte und Schnittgrößenverläufe lassen sich mit Hilfe von Tabellenwerten bestimmen (Bild C-30).

$A = C = 0{,}375 \cdot q \cdot L = 0{,}375 \cdot 6\ kN/m \cdot 5\ m = 11{,}25\ kN$

$B = 1{,}25 \cdot q \cdot L = 37{,}5\ kN$

$M_{Stütz} = -0{,}125 \cdot q\ L^2 = -0{,}125 \cdot 6\ kN/m \cdot (5\ m)^2 = -18{,}75\ kNm$

$M_{Feld} = 0{,}07 \cdot q\ L^2 = 10{,}5\ kNm$

Im direkten Vergleich stellt die Einfeldträgerkette statisch gesehen das ungünstigere System dar. Beim Gelenkträger lässt sich durch die gezielte Festlegung der Gelenkposition eine ausgeglichene Biegebeanspruchung im Feld sowie am Auflager erzeugen. Die Feldmomente des Durchlaufträgers sind am geringsten, wodurch sich auch die geringsten Verformungen ergeben, jedoch verlagert sich die Beanspruchung in Richtung des mittleren Auflagers.

Die Vorteile von Gelenk- und Durchlaufträger sind nicht alleine durch die Beanspruchungen im Bauteil begündet, sondern auch in der Bauweise und Realisierbarkeit:

- Bei einer Montage vor Ort ergibt sich die Notwendigkeit von Gelenken aufgrund von begrenzten Lieferlängen.
- Im Massivbau erstellt in Ortbeton sind Durchlaufsysteme üblich, da die Herstellung von Gelenken zu aufwendig ist.
- Statisch bestimmte Systeme reagieren unempfindlich auf Lagersetzungen.

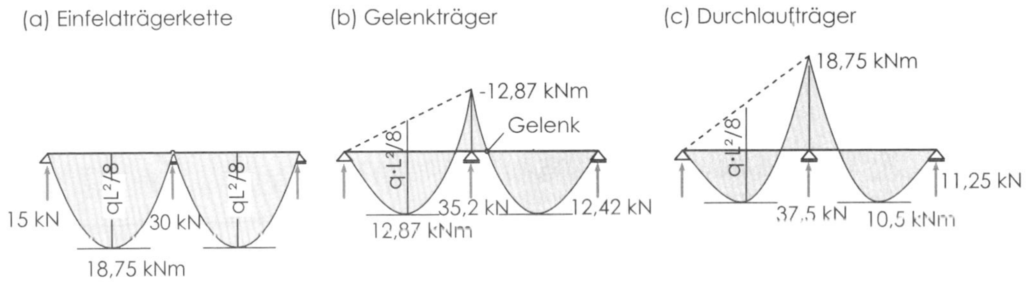

Bild E-7 Momentenlinien und Auflagerkräfte im Vergleich

E.3 Zweifeldträger – Momentengrenzlinie

Gegeben ist eine zweifeldrige Stahlbetondeckenplatte gemäß Bild E-8. Das Eigengewicht der Platte beträgt inklusive Ausbaulasten $g = 5{,}5\ kN/m^2$, die Nutzlasten betragen $q = 5\ kN/m^2$ (siehe Abschnitt D.1.3.1). Da die Platte die Lasten einachsig abträgt, wird ein Balken der Breite 1 m betrachtet. Vereinfacht werden Sicherheitsbeiwerte hier noch vernachlässigt.

Gesucht ist die Momentengrenzlinie für die Platte unter Eigen- und Nutzlast. Die Laststellungen werden wie in Bild C-28 gewählt. Um die Lage der maximalen Feld- und Stützmomente zu bestimmen, werden die Auflagerkräfte mit Hilfe der Tabellenwerte aus Bild C-30 ermittelt.

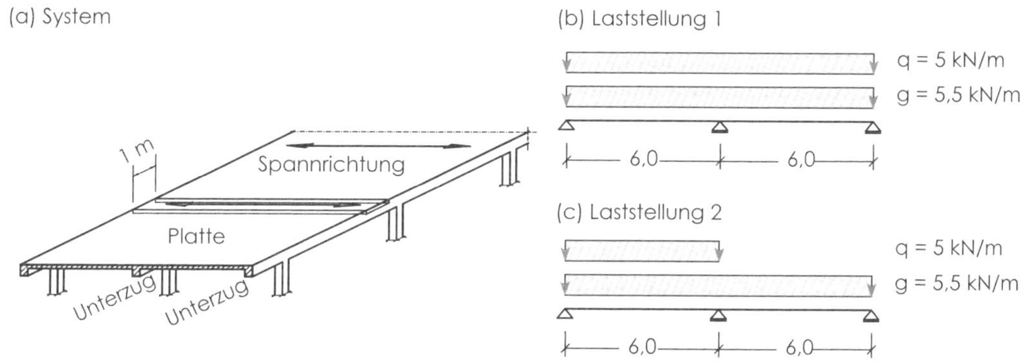

Bild E-8 System und Laststellungen

Laststellung 1: g und q auf beiden Feldern (Bild E-9)

$\min M_B = -0{,}125 \cdot (g + q) \cdot L^2$

$= -0{,}125 \cdot (5{,}5\ kN/m + 5{,}0\ kN/m) \cdot (6\ m)^2 = -47{,}3\ kNm$

$\max M_1 = 0{,}07 \cdot (g + q) \cdot L^2$

$= 0{,}07 \cdot (5{,}5\ kN/m + 5{,}0\ kN/m) \cdot (6\ m)^2 = 26{,}5\ kNm$

$A = 0{,}375 \cdot (g + q) \cdot L$

$= 0{,}375 \cdot (5{,}5\ kN/m + 5{,}0\ kN/m) \cdot 6\ m = 23{,}6\ kN$

Lage maximales Feldmoment (= Querkraftnullpunkt) ausgehend vom Auflager A (siehe Bild E-9/b):

$V(x) = 0 \quad \Leftrightarrow \quad -23{,}6\ kN + (5{,}5\ kN/m + 5{,}0\ kN/m) \cdot x = 0$

$\Leftrightarrow \quad x = 23{,}6\ kN / (5{,}5\ kN/m + 5{,}0\ kN/m) \sim 2{,}2\ m$

Lage Momentennullpunkt (siehe Bild E-9/c):

$\Sigma M = 0 \quad \Leftrightarrow \quad (5{,}5\ kN/m + 5{,}0\ kN/m) \cdot x \cdot x/2 - 23{,}6\ kN \cdot x = 0$

$\Leftrightarrow \quad x = 2 \cdot 23{,}6\ kN /(5{,}5\ KN/m + 5{,}0\ kN/m)$

$\Leftrightarrow \quad x = 4{,}5\ m$

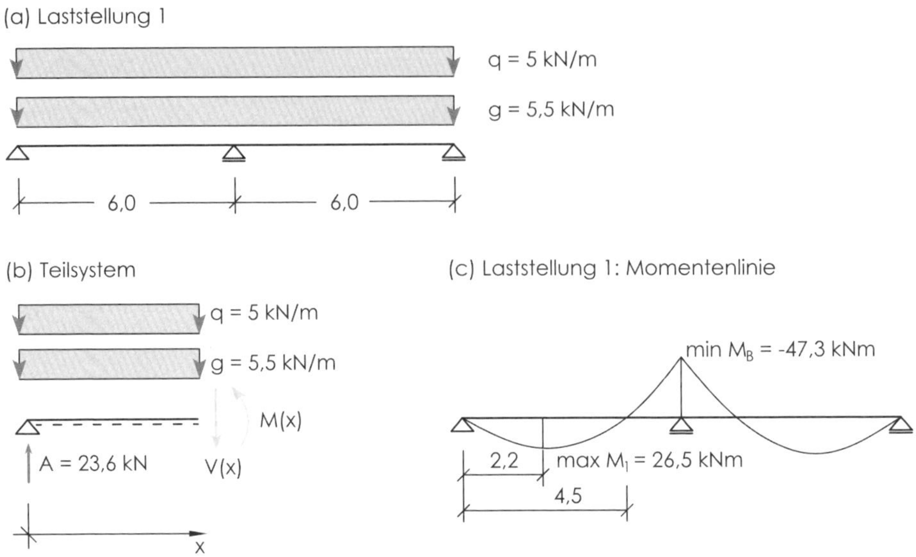

Bild E-9 Laststellung 1

Laststellung 2: q nur im linken Feld (Bild E-10)

$\min M_B = -0{,}125 \cdot g \cdot L^2 - 0{,}063 \cdot q \cdot L^2$

$= -0{,}125 \cdot 5{,}5 \text{ kN/m} \cdot (6 \text{ m})^2 - 0{,}063 \cdot 5 \text{ kN/m} \cdot (6 \text{ m})^2$

$= -36{,}1 \text{ kNm}$

$\max M_1 = 0{,}07 \cdot g \cdot L^2 + 0{,}096 \cdot q \cdot L^2$

$= 0{,}07 \cdot 5{,}5 \text{ kN/m} \cdot (6 \text{ m})^2 + 0{,}096 \cdot 5 \text{ kN/m} \cdot (6 \text{ m})^2$

$= 31{,}1 \text{ kNm}$

$A = 0{,}375 \cdot g \cdot L + 0{,}438 \cdot q \cdot L$

$= 0{,}375 \cdot 5{,}5 \text{ kN/m} \cdot 6 \text{ m} + 0{,}438 \cdot 5 \text{ kN/m} \cdot 6 \text{ m}$

$= 25{,}5 \text{ kN}$

$C = 0{,}375 \cdot g \cdot L - 0{,}063 \cdot q \cdot L$

$= 0{,}375 \cdot 5{,}5 \text{ kN/m} \cdot 6 \text{ m} - 0{,}063 \cdot 5 \text{ kN/m} \cdot 6 \text{ m}$

$= 10{,}5 \text{ kN}$

Lage maximales Feldmoment im Feld 1 (= Querkraftnullpunkt) ausgehend vom Auflager A (Bild E-10/b):

$V(x) = 0 \quad \Leftrightarrow \quad -25{,}5 \text{ kN} + (5{,}5 \text{ kN/m} + 5 \text{ kN/m}) \cdot x = 0$

$\Leftrightarrow \quad x = 25{,}5 \text{ kN} / (5{,}5 \text{ kN/m} + 5 \text{ kN/m}) = 2{,}4 \text{ m}$

$M(2{,}4 \text{ m}) = 10{,}5 \text{ kN} \cdot 2{,}4 \text{ m} - 5{,}5 \text{ kN/m} \cdot (2{,}4 \text{ m})^2/2 = 9{,}4 \text{ kNm}$

Lage Momentennullpunkt Feld 1:

$\Sigma M(x) = 0 \quad \Leftrightarrow \quad (5{,}5\ kN/m + 5\ kN/m) \cdot x \cdot x/2 - 25{,}5\ kN \cdot x = 0$

$\Leftrightarrow \quad x = 2 \cdot 25{,}5\ kN /(5{,}5\ KN/m + 5\ kN/m)$

$\Leftrightarrow \quad x = 4{,}9\ m$

Lage maximales Feldmoment im Feld 2 (= Querkraftnullpunkt) ausgehend vom Auflager C:

$V(x) = 0 \quad \Leftrightarrow \quad 10{,}5\ kN + 5{,}5\ kN/m \cdot x = 0$

$\Leftrightarrow \quad x = 10{,}5\ kN / 5{,}5\ kN/m = 1{,}9\ m$

$M(1{,}9\ m) = 10{,}5\ kN \cdot 1{,}9\ m - 5{,}5\ kN/m \cdot (1{,}9\ m)^2/2 = 10\ kNm$

Lage Momentennullpunkt Feld 2:

$\Sigma M(x) = 0 \quad \Leftrightarrow \quad -5{,}5\ kN/m \cdot x \cdot x/2 + 10{,}5\ kN \cdot x = 0$

$\Leftrightarrow \quad x = 2 \cdot 10{,}5\ kN / 5{,}5\ KN/m$

$\Leftrightarrow \quad x = 3{,}8\ m$

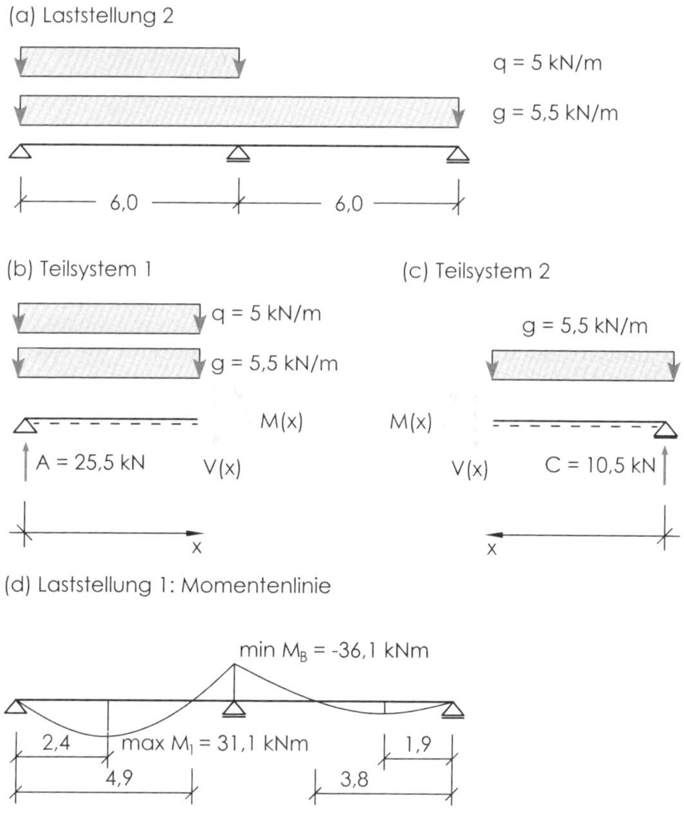

Bild E-10 Laststellung 2

Die aus den Laststellungen 1 und 2 resultierenden Momentenlinien werden überlagert und in Form der sogenannten Momentengrenzlinie zusammengeführt. Für die Bemessung des Bauteils ist dann jeweils der betragsmäßige Größtwert des Biegemoments im Feld bzw. über der Stütze maßgebend.

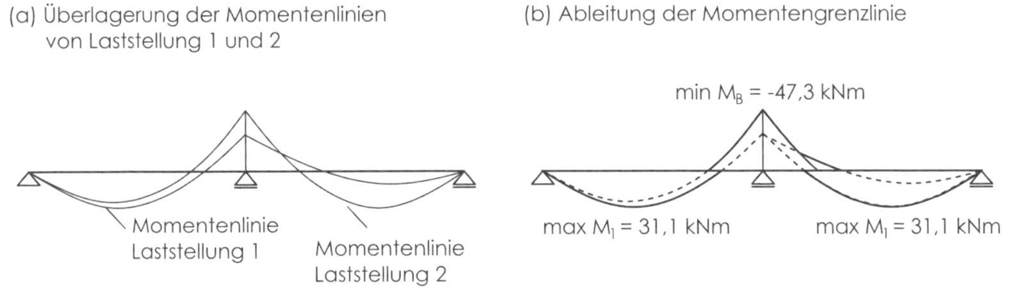

Bild E-11 Momentengrenzlinie

Auf Basis der Momentengrenzlinie erfolgen die Bemessung und Festlegung der Biegebewehrung im Stahlbetonbau.

E.4 Rahmensysteme

Die Tragwerksvarianten in Bild E-12 stehen zur Ausbildung eines Hallentragwerks mit einer zu überspannenden Breite von 15 m und einer maximalen Höhe von 6 m zur Auswahl.

Variante 1: Balken-Stützen-System mit eingespannten Stützen

Variante 2: einhüftiger Rahmen mit Eckgelenk

Variante 3: Dreigelenkrahmen mit mittigem Gelenk

Variante 4: Dreigelenkrahmen mit exzentrischem Gelenk

Variante 5: Dreigelenkrahmen mit mittigem Gelenk und geneigtem Riegel $H_1/H = 0{,}5$

Variante 6: Dreigelenkrahmen mit mittigem Gelenk und geneigtem Riegel $H_1/H = 0{,}17$

Die Variante 6 ist aufgrund des eingeschränkten Nutzungsquerschnitts sicherlich nicht von praktischer Relevanz, jedoch wird hieran der Einfluss der Rahmengeometrie auf den Biegemomentenverlauf verdeutlicht.

Für die Lastfälle LF 1 und 2 werden vergleichend die Biegebeanspruchungen der einzelnen Systeme ermittelt (Bild E-12/a).

Lastfall 1 steht stellvertretend für eine vertikale Belastung aus Eigengewicht und Schnee, Lastfall 2 deckt eine seitliche Windbeanspruchung ab. Als Beanspruchung wird jeweils 10 kN/m gewählt.

Bis auf die Variante 1 sind alle Systeme statisch bestimmt (siehe auch Bild C-53), sodass die Ermittlung der Auflagerkräfte und der Schnittgrößen alleine durch das Aufstellen der Gleichgewichtsbedinungen möglich ist. Aufgrund der symmetrischen Beanspruchung können jedoch auch die Schnittgrößen für Variante 1 einfach ermittelt werden.

Der Vergleich beschränkt sich auf die Biegebeanspruchung. Darüber hinaus könnten die Auflagerkräfte oder das Verformungsverhalten verglichen werden. Die Auflagerkräfte werden nur berechnet, falls diese für die Bestimmung des Momentenverlaufs benötigt werden. Falls möglich, wird auf die Herleitungen in Abschnitt C.2 verwiesen.

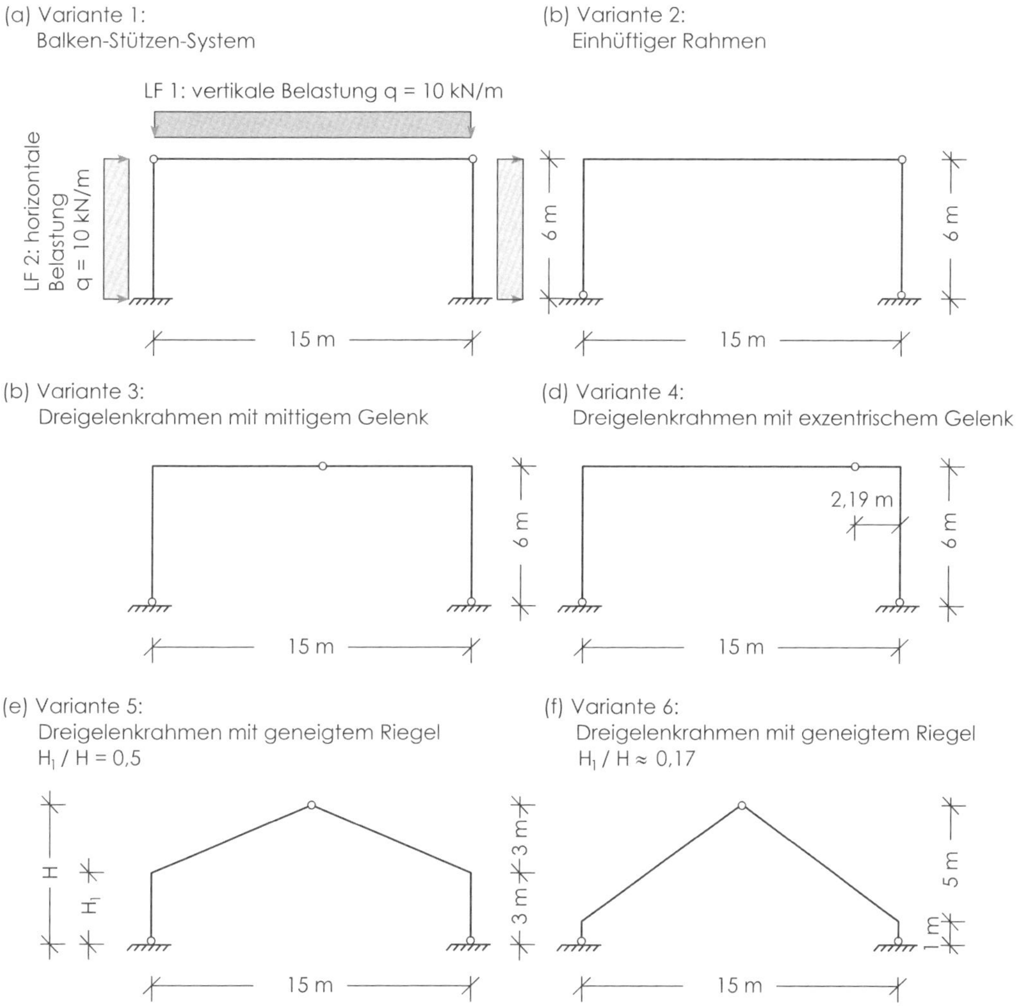

Bild E-12 Rahmen; Varianten

Variante 1: eingespannte Stützen (Bild E-13)

LF 1 vertikale Belastung:

Der Riegel verhält sich wie ein Einfeldträger auf zwei Stützen und ohne weitere Herleitungen kann der Momentenverlauf im Riegel mit

$M_{max,Riegel} = q \cdot L^2/8 = 10\ kN/m \cdot (15\ m)^2 / 8 = 281\ kNm$

bestimmt werden (siehe Bild B-130).

LF 2 horizontale Belastung:

Es handelt sich um Kragstützen unter Gleichlast. Das maximale Einspannmoment kann mit Hilfe von Bild B-130 berechnet werden:

$M_{Einspannung} = -q \cdot L^2/2 = -10\ kN/m \cdot (6\ m)^2 / 2 = -180\ kNm$

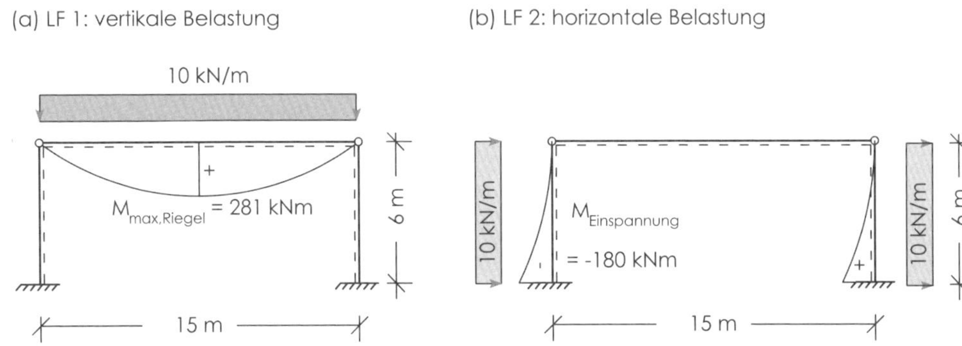

Bild E-13 Variante 1: Momentenlinien

Variante 2: einhüftiger Rahmen mit Eckgelenk (Bild E-14)

Variante 1 ist ein Dreigelenkrahmen. Dieser zeichnet sich durch zwei gelenkige Auflagerpunkte, eine biegesteife Ecke und ein Eckgelenk aus. Dieses System bezeichnet man auch als einhüftigen Rahmen.

LF 1 vertikale Belastung:

Die Schnittgrößen für dieses Tragsystem mit der entsprechenden Beanspruchung wurden in Abschnitt C.2.3.2 allgemein abgeleitet und in Bild C-68 dargestellt.

Das Riegelmoment unterscheidet sich nicht von der Variante 1:

$M_{max,Riegel} = q \cdot L^2/8 = 10\ kN/m \cdot (15\ m)^2 / 8 = 281\ kNm$

LF 2 horizontale Belastung:

Der rechte Stiel trägt die Lasten wie ein Einfeldträger ab.

$M_{max} = -q \cdot H^2/8 = -10\ kN/m \cdot (6\ m)^2 / 8 = -45\ kNm$

Zur Bestimmung des Eckmoments im Übergang von Stiel zum Riegel werden die horizontalen Auflagerkräfte benötigt. Der rechte Riegel wird hierfür als Teilsystem herausgelöst und das Momentengleichgewicht wird bezogen auf den Drehpunkt Gelenk aufgestellt. Alternativ kann der Stiel auch wie ein Einfeldträger mit einer Länge von 6 m betrachtet werden.

$B_v = q \cdot H / 2 = 10\ kN/m \cdot 6\ m / 2 = 30\ kN$

$\Sigma F_{x,Gesamtsystem} = 0$

$\Leftrightarrow \quad A_H = 2 \cdot 10\ kN/m \cdot 6\ m - 30\ kN = 90\ kN$

Mit Hilfe von A_H wird das Eckmoment berechnet:

M_{Ecke} = 90 kN · 6 m – 10 kN/m · 6 m · 3 m = 360 kNm

Im Vergleich zu Variante 1 treten doppelt so große Biegemomente bei horizontaler Beanspruchung auf.

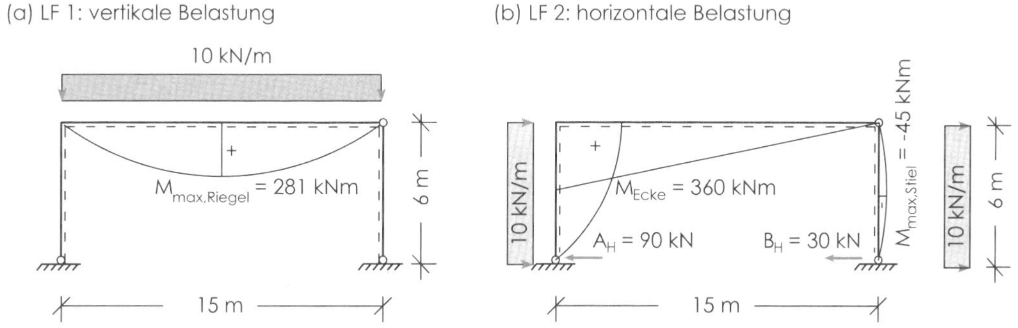

Bild E-14 Variante 2: Momentenlinien

Variante 3: Dreigelenkrahmen mit mittigem Gelenk (Bild E-15)

LF 1 vertikale Belastung:

Auch bei Variante 3 können die Ergebnisse aus Bild C-68 verwendet werden.

$M_{max,Ecke}$ = -q · L²/8 = -10 kN/m · (15 m)² / 8 = -281 kNm

LF 2 horizontale Belastung:

Für die Bestimmung der Momentenlinie werden wieder die horizontalen Auflagerkräfte benötigt. Aus Symmetrie ergibt sich:

$A_H = B_H$ = 10 kN/m · 6 m = 60 kN

Die Eckmomente berechnen sich zu:

M_{Ecke} = 60 kN · 6 m – 10 kN/m · 6 m · 3 m = 180 kNm

Im Vergleich zu Variante 2 ist das Eckmoment bei LF 2 nur halb so groß, bei vertikaler Beanspruchung unterscheidet sich die Größe des Moments nicht, sondern die Lage: das Moment wandert von der Riegelmitte zur Rahmenecke.

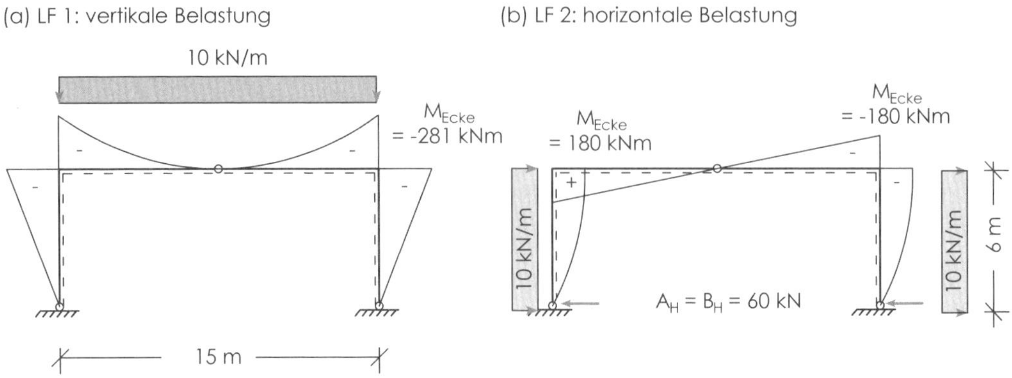

Bild E-15 Variante 3: Momentenlinien

Variante 4: Dreigelenkrahmen mit exzentrischem Gelenk

LF 1 vertikale Belastung:

In Abschnitt C.2.3.2 wurde die Gelenklage innerhalb des Riegels abgeleitet, bei der unter vertikaler Beanspruchung des Riegels Eck- und Feldmoment ausgeglichen sind.

Optimierte Gelenklage gemäß Bild C-68:

$x = 0{,}146 \cdot L = 0{,}146 \cdot 15\ m = 2{,}19\ m$

Die Momentenparabel im Riegel verschiebt sich bei der gewählten Gelenklage nach unten:

$M_{max,Riegel} = |\ M_{Ecke}\ | = q \cdot L^2 / 16 = 141\ kNm$

LF 2 horizontale Belastung:

Die betraglich größten Momente treten hier auch in den Rahmenecken auf. Für die Quantifizierung werden zunächst die Auflagerkräfte bestimmt.

$\Sigma M_{A,Gesamtsystem} = 0$

$\Leftrightarrow \quad B_V \cdot 15\ m - 10\ kN/m \cdot 6\ m \cdot 3\ m \cdot 2 = 0$

$\Leftrightarrow \quad B_V = 24\ kN$

$\Sigma M_{G,Teilsystem\ rechts} = 0$

$\Leftrightarrow \quad B_V \cdot 2{,}19\ m + 10\ kN/m \cdot 6\ m \cdot 3\ m - B_H \cdot 6\ m = 0$

$\Leftrightarrow \quad B_H = 38{,}8\ kN$

$\Sigma F_{x,Gesamtsystem} = 0$

$\Leftrightarrow \quad A_H + B_H = 10\ kN/m \cdot 6\ m \cdot 2$

$\Leftrightarrow \quad A_H = 10\ kN/m \cdot 6\ m \cdot 2 - 38{,}8\ kN = 81{,}2\ kN$

Die Eckmomente werden bestimmt zu:

$M_{Ecke,links} = 81{,}2\ kN \cdot 6\ m - 10\ kN/m \cdot 6\ m \cdot 3\ m \sim 307\ kNm$

$M_{Ecke,rechts} = -38{,}8\ kN \cdot 6\ m + 10\ kN/m \cdot 6\ m \cdot 3\ m \sim 53\ kNm$

Für die vertikale Beanspruchung sind die Eckmomente erheblich reduziert, jedoch treten an der Rahmenecke bei LF 2 im Vergleich zur vorherigen Variante wieder größere Momente auf. Bei hohen Windbeanspruchungen bringt Variante 4 daher keinen Vorteil, für hohe Eigen- und Schneelasten ist jedoch Optmierungspotential vorhanden.

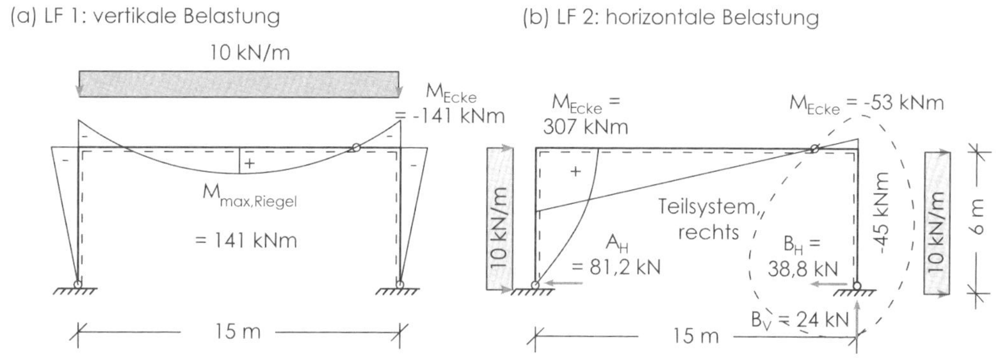

Bild E-16 Variante 4: Momentenlinien

Variante 5: Dreigelenkrahmen mit mittigem Gelenk und geneigtem Riegel $H_1/H = 0,5$

Eine Reduzierung der Biegemomente und eine gleichzeitig gleichmäßige Ausnutzung der Querschnitte bei LF1 und LF2 ist durch die Neigung des Riegels zu erreichen. Bei Variante 5 wird der Rahmeneckpunkt von einer Höhe von 6 m auf eine Höhe von 3 m abgesenkt. Durch die Dachneigung ergeben sich weitere positive Effekte wie eine geringere Schneelast und geringere Anforderungen an die Dacheindeckung.

LF 1 vertikale Belastung:

Für die Berechnung der Eckmomente müssen zunächst die horizontalen Auflagerkräfte bestimmt werden. Die Auflagerkräfte entsprechen denen von Variante 3 und werden mit Hilfe von Abschnitt C.2.3.2, Bild C-68 bestimmt:

$A_H = B_H = qL^2/(8\ H) = 10\ kN/m \cdot (15\ m)^2/\ (8 \cdot 6\ m) = 46,9\ kN$

Im Unterschied zu Variante 3 beträgt der Hebelarm der horizontalen Auflagerkraft jedoch nicht 6 m, sondern nur 3 m:

$| M_{Ecke} | = A_H \cdot 3\ m = 46,9\ kN \cdot 3\ m = 141\ kNm$ (gerundet)

LF 2 horizontale Belastung:

Die Auflagerkräfte entsprechen auch wieder denen der Variante 3. Für die Bestimmung des maximalen Eckmoments werden nur die horizontalen Auflagerkräfte benötigt:

$A_H = B_H = 60\ kN$

$| M_{Ecke} | = 60\ kN \cdot 3\ m - 10\ kN/m \cdot 3\ m \cdot 1,5\ m = 135\ kNm$

Durch die Neigung des Riegels sind die Eckmomente bei beiden Lastfällen fast ausgeglichen.

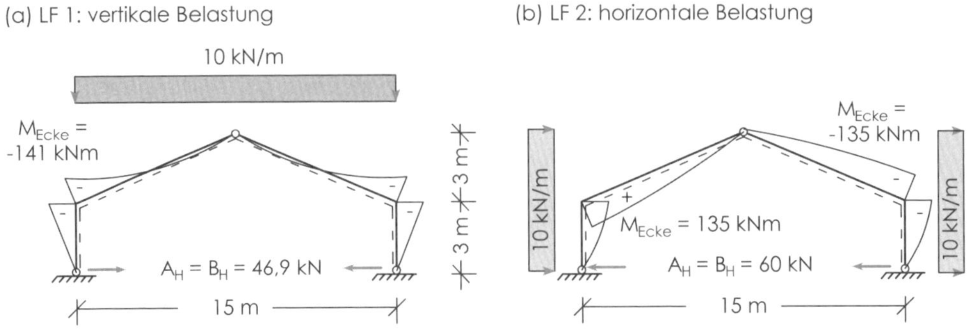

Bild E-17 Variante 5; Systeme, Momentenlinien und Zwischenergebnisse

Variante 6: Dreigelenkrahmen mit mittigem Gelenk und geneigtem Riegel $H_1/H = 0{,}17$

Eine erhebliche Verkleinerung der Eckmomente kann durch eine weitere Absenkung der Rahmenecke erzielt werden. Variante 6 zeigt dies beispielhaft für eine Höhe der Rahmenecke von $H_1 = 1$ m.

LF 1 vertikale Belastung:

$A_H = B_H = qL^2/(8\ H) = 10\ kN/m \cdot (15\ m)^2/\ (8 \cdot 6\ m) = 46{,}9\ kN$

$|\ M_{Ecke}\ | = A_H \cdot 1\ m = 46{,}9\ kN \cdot 1\ m = 46{,}9\ kNm$

LF 2 horizontale Belastung:

$A_H = B_H = 60\ kN$

$|\ M_{Ecke}\ | = 60\ kN \cdot 1\ m - 10\ kN/m \cdot 1\ m \cdot 0{,}5\ m = 55\ kNm$

Durch die Annäherung der Rahmengeometrie an die Bogenform verkleinern sich die Momente im Tragwerk (siehe auch Abschnitt C.3.2).

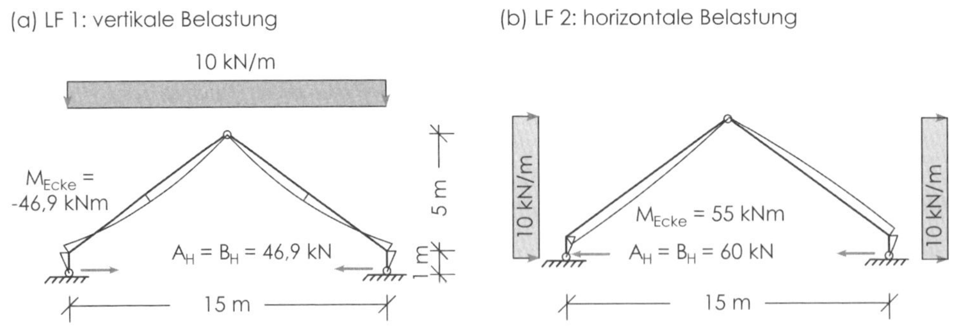

Bild E-18 Variante 6; Systeme, Momentenlinien und Zwischenergebnisse

E.5 Flächengewicht eines zweischaligen Mauerwerks

Gesucht ist das Flächengewicht für den in Bild E-19 gezeigten Wandaufbau eines zweischaligen gedämmten Mauerwerks.

Kennwerte der einzelnen Materialien werden gemäß Abschnitt A.2 entweder der DIN EN 1991-1-1 [42][43], Produktunterlagen oder -normen entnommen. Wie in Abschnitt A.2 erläutert, werden diese entweder als Wichten in [kN/m³], als Flächenlast in [kN/m²] oder als Flächenlast je cm Dicke [kN/m²/cm] angegeben. Die hervorgehobenen Werte wurden Tabellenwerken [19] entnommen, alle anderen Werte ergeben sich aus der Zeichnung.

Tabelle E-1 Ermittlung Flächengewicht Mauerwerk

Aufbau	Rechnung	Teilergebnis [kN/m²]
Gipsputz 2,0 cm	**0,18 kN/m²** / 1,5 cm · 2,0 cm	0,24
Innenwand ρ = 1,6; t = 24 cm	**16 kN/m³** · 0,24 m	3,84
Faserdämmung 10 cm	**0,01 kN/m² /cm** · 10 cm	0,10
Anker	pauschal	0,01
Verblend MW ρ = 2,0; t = 11,5 cm	**20 kN/m³** · 0,115 m	2,30
Flächengewicht des zweischaligen Mauerwerks		6,49

Bild E-19 Zweischaliges Mauerwerk; Aufbau

E.6 Flächengewicht einer Holzbalkendecke

Gesucht ist das Flächengewicht für die in Bild E-20 gezeigte Holzbalkendecke. Im Gegensatz zur Wandfläche bei Beispiel E.5 handelt es sich um einen inhomogenen Aufbau gemäß Abschnitt A.2.

Die inhomogen verteilten Werkstoffe Holzbalken und Faserdämmung werden entsprechend Abschnitt A.2, Bild D-6, in ein Flächengewicht umgerechnet.

Beispiel Holzbalken:

Liniengewicht infolge des Holzbalkens: **4,2 kN/m³** · 0,12 m · 0,2 m = 0,101 kN/m

Verteilung/Umrechnung des Liniengewichts des Holzbalkens (Abstände a = 62,5 cm) als Flächengewicht: 0,101 kN/m / 0,625 m = 0,162 kN/m²

Die abweichenden Ergebnisse bezogen auf die dritte Nachkommastelle (0,161 kN/m² in der tabellarischen Berechnung) ergeben sich aus den Rundungen beim Zwischenergebnis.

Das gleiche Vorgehen wird auch bei der Faserdämmung angewendet.

Tabelle E-2 Ermittlung Flächengewicht Holzbalkendecke

Aufbau	Rechnung	Teilergebnis [kN/m²]
Linoleum 3 mm	0,3 cm · **0,13 kN/m²/cm**	0,039
Spanplatte 1,5 cm	0,015 m · **8 kN/m³**	0,120
EPS 4 cm	4 cm · **0,004 kN/m² /cm**	0,016
Betonsteine	0,045 m · **24 kN/m³**	1,080
Schalung C24, 3,5 cm	0,035 m · **4,2 kN/m³**	0,147
Holzbalken C24 12/20 cm, a = 62,5 cm	**4,2 kN/m³** · 0,12 m · 0,2 m / 0,625 m	0,161
Faserdämmung	6 cm · **0,01 kN/m² / cm** · 0,505 m / 0,625 m	0,048
Lattung	pauschal	0,015
Gipskarton 2 1,25 cm	2,5 cm · **0,09 kN/m² / cm**	0,225
Flächengewicht der Holzbalkendecke		1,850

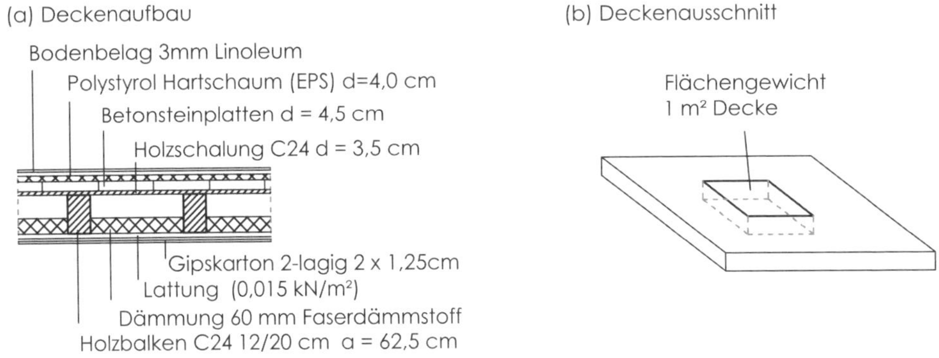

Bild E-20 Holzbalkendecke; Dachaufbau

E.7 Flächengewicht einer Dachkonstruktion

Gesucht ist das Flächengewicht für den in Bild E-21 gezeigten Dachaufbau. Es handelt sich ebenfalls um einen inhomogenen Aufbau gemäß Abschnitt A.2. Zu beachten ist die Wirkung der Flächenlast bei einem schrägen Bauteil. Das Ergebnis ist das Gewicht für 1 m² Dachfläche unabhängig von der Dachneigung (siehe auch Bild D-8). Das Flächengewicht wird geneigt mit vertikaler Pfeilrichtung angetragen. Das Beispiel „Pfettendach" in Abschnitt E.13 zeigt, wie die Auflagerreaktionen und Schnittgrößen bei geneigten Bauteilen berechnet werden.

Tabelle E-3 Ermittlung Flächengewicht Dachkonstruktion

Aufbau	Rechnung	Teilergebnis [kN/m²]
Falzziegel und Lattung	-	**0,550**
Unterspannbahn	-	**0,002**
Sparren C24 8/16 cm, a = 75 cm	**4,2 kN/m³** · 0,08 m · 0,20 m/0,625 m	0,108
Faserdämmung 20 cm	20 cm · **0,01 kN/m²/cm** · 0,545 m/0,625 m	0,174
Dampfsperre		**0,002**
Traglattung C24 30/50 mm, a = 35 cm	0,03 m · 0,05 m · **4,2 kN/m³** / 0,35 m	0,018
Gipskarton 1,25 cm	1,25 · **0,09 kN/m²/cm**	0,113
Flächengewicht des Daches bezogen auf die Dachfläche g_{DFL}		0,967

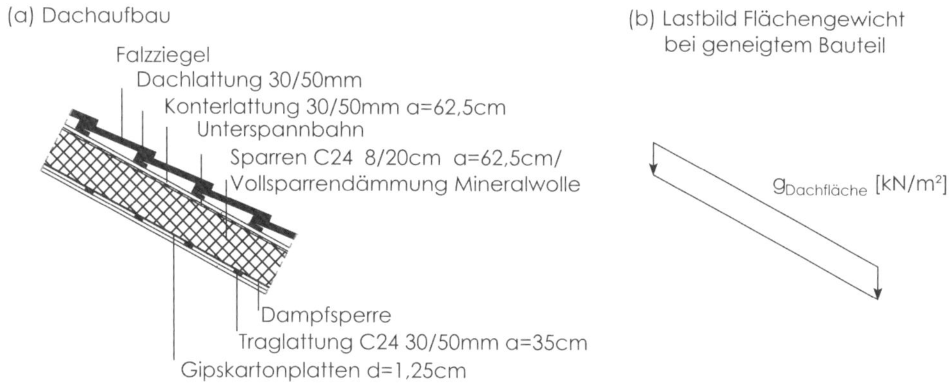

Bild E-21 Aufbau und Idealisierung

E.8 Schneelasten – aneinandergereihte Satteldächer

Gesucht ist die Schneelastverteilung für die in Bild E-22 dargestellte Gebäudegeometrie. Es handelt sich um zwei aneinandergereihte Satteldächer. Das Gebäude befindet sich in Schneelastzone 3 und wird in einer Höhenlage von 600 m über NN errichtet.

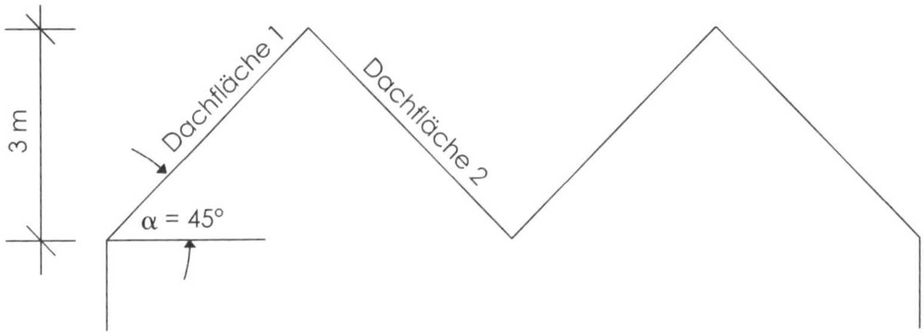

Bild E-22 Gebäudegeometrie

Die **charakteristische Schneelast s_k** ergibt sich nach Abschnitt D.1.4 (siehe auch [19][46]):

$$s_k = 0{,}31 + 2{,}91 \cdot \left(\frac{A + 140}{760}\right)^2$$

$$= 0{,}31 + 2{,}91 \cdot \left(\frac{600 + 140}{760}\right)^2 = 3{,}07 \text{ kN/m}^2$$

Die Schneelastverteilung wird für zwei unterschiedliche Lastanordnungen bestimmt:

Lastanordnung (a) unverweht: Im Bereich der einzelnen Dachflächen geht man von einer konstanten Schneelastverteilung aus. Für Dachfläche 1 ist der Formbeiwert abhängig von der Dachneigung, bei Dachfläche 2 gilt $\mu = 0{,}8$ (siehe auch Bild D-17).

Lastanordnung (b) verweht: Bei dieser Anordnung werden Schneeanhäufungen in den Tiefpunkten berücksichtigt.

Die **Formbeiwerte** sind im Nationalen Anhang des Eurocode 1 DIN EN 1991-1-3/NA [19] für Schneelasten angegeben. In aktuellen Bautabellen (z.B. [46]) wurden diese Werte aufgenommen (siehe auch Bild D-17).

$$\mu_2 (\alpha = 45°) = 0{,}8 \cdot (60° - \alpha)/30°$$

$$= 0{,}8 \cdot (60° - 45°)/30° = 0{,}4$$

Da beide Dachflächen die gleiche Neigung aufweisen, beträgt die mittlere Dachneigung der beiden Satteldächer $\alpha = 45°$:

$$\mu_3 (\alpha = 45°) = 1{,}6$$

Der Formbeiwert μ_3 darf bei aneinandergereihten Dächern begrenzt werden auf

$$\max \mu_3 = \gamma \cdot h / s_k + \mu_2$$

$$= 2 \text{ kN/m}^3 \cdot 3 \text{ m} / 3{,}07 \text{ kN/m}^2 + 0{,}4$$

$$= 2{,}35 > 1{,}6$$

mit

γ Wichte des Schnees 2 kN/m³

h Höhendifferenz zwischen Traufe und First (hier: 3 m)

⇒ Eine Begrenzung der Schneelast ist nicht erforderlich. Es gilt: $\mu_3 = 1{,}6$.

Aufgrund der Symmetrie müssen nur die Dachflächen 1 und 2 betrachtet werden.

Die **Schneelastordinaten** werden über

$s = \mu_i \cdot s_k$

getrennt für die Laststellungen Schnee unverweht und verweht bestimmt (Tabelle E-4 und Tabelle E-5).

Tabelle E-4 Laststellung Schnee unverweht

Dachfläche 1	Dachfläche 2
μ_2 (α = 45°) · s_k = 0,4 · 3,07 kN/m² = 1,23 kN/m²	0,8 · s_k = 0,8 · 3,07 kN/m² = 2,46 kN/m²

Tabelle E-5 Laststellung Schnee verweht

Dachfläche 1	Dachfläche 2, Ordinate First	Dachfläche 2, Ordinate Tiefpunkt
entspricht Laststellung Schnee unverweht	μ_2 (α = 45°) · s_k	μ_3 (α = 45°) · s_k
1,23 kN/m²	= 0,4 · 3,07 kN/m² = 1,23 kN/m²	= 1,6 · 3,07 kN/m² = 4,91 kN/m²

Bild E-23 stellt die **Schneelastverteilung** zeichnerisch für beide Laststellungen dar.

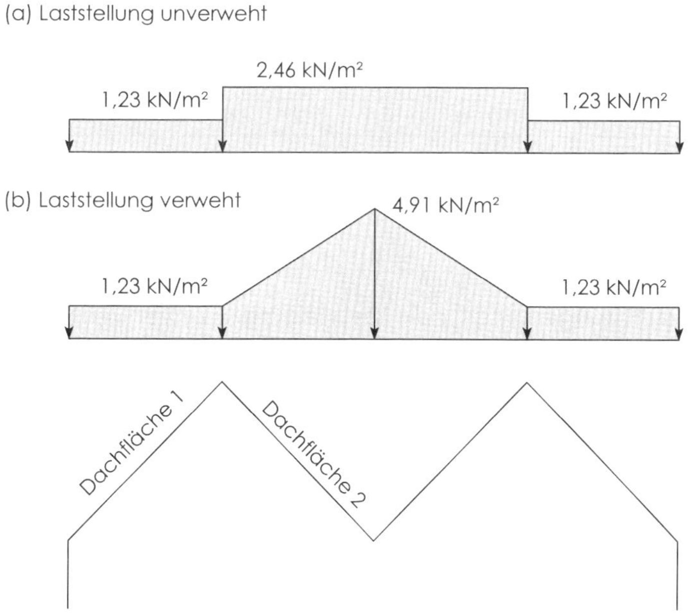

Bild E-23 Schneelastverteilung für die aneinandergereihten Sätteldächer

E.9 Schneelasten – aneinandergereihte Pultdächer

Für aneinandergereihte Pultdächer mit unterschiedlichen Dachneigungen (15°, 30° und 45°) werden die Schneelastverteilungen jeweils für die Lastanordnung unverweht und verweht ermittelt (Bild E-24).

Das Gebäude befindet sich in Schneelastzone 2, Höhe über Meeresniveau 200 m. Die **charakteristische Schneelast s_k** ergibt sich für diese Ortslage nach Abschnitt D.1.4 (siehe auch [19][46]) zu:

$$s_k = 0{,}25 + 1{,}91 \cdot \left(\frac{A+140}{760}\right)^2 = 0{,}25 + 1{,}91 \cdot \left(\frac{200+140}{760}\right)^2 = 0{,}63 \text{ kN/m}^2 \leq 0{,}85$$

Der Sockelbetrag s_k = 0,85 kN/m² ist in diesem Fall maßgebend.

Gemäß [19][46] werden die **Formbeiwerte μ_2 und μ_3** ermittelt. Über den Formbeiwert μ_3 wird die Lastanordnung Schnee verweht bestimmt (Tabelle E-6).

Tabelle E-6 Formbeiwerte μ_2 und μ_3

Dachneiung	α = 15°	α = 30°	α = 45°
μ_2	0,8	0,8 · (60° - α)/30° = 0,8	0,8 · (60° - α)/30° = 0,4
μ_3	0,8 + 0,8 · 15°/30° = 1,2	0,8 + 0,8 · α/30° = 1,6	1,6

Die **Schneelastordinaten** werden über

$s = \mu_i \cdot s_k$

berechnet (Tabelle E-7).

Tabelle E-7 Lastordinaten für die Laststellungen unverweht und verweht

Dachneiung	α = 15°	α = 30°	α = 45°
s_k (μ_2)	0,8 · 0,85 kN/m² = 0,68 kN/m²	0,8 · 0,85 kN/m² = 0,68 kN/m²	0,4 · 0,85 kN/m² = 0,34 kN/m²
s_k (μ_3)	1,2 · 0,85 kN/m² = 1,02 kN/m²	1,6 · 0,85 kN/m² = 1,36 kN/m²	1,6 · 0,85 kN/m² = 1,36 kN/m²

Die **Schneelastverteilungen** sind für die **Laststellungen unverweht** und **verweht** für die Dachgeometrien mit den Neigungen 15°, 30° und 45° in Bild E-24 dargestellt.

Laststellung unverweht: Die Dachneigung hat erst ab einer Neigung von 30° einen lastreduzierenden Einfluss auf die Schneelast. Ab einer Neigung von 60° beträgt μ_2 = 0 und die Schneelastordinate somit s_k (μ_2) = 0.

Laststellung verweht: Der Effekt von Schneeverwehungen ist bei allen Dachneigungen vorhanden. Ab einer Dachneigung von 60° ist μ_3 auf den Wert 1,6 begrenzt und somit doppelt so hoch wie der Formbeiwert bei einem Dach ohne Neigungs- oder Verwehungseinfluss.

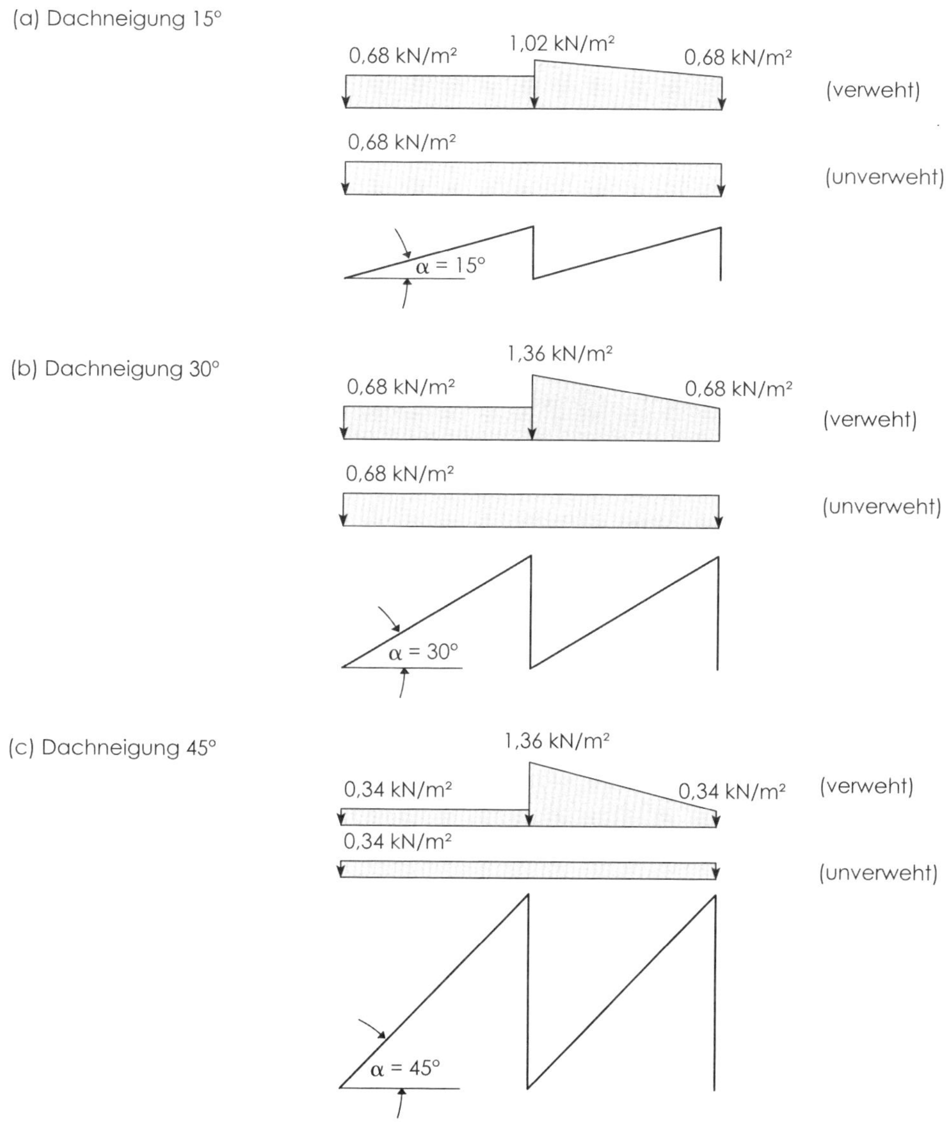

Bild E-24 Schneelastverteilung für gereihte Pultdächer mit unterschiedlichen Dachneigungen

E.10 Schneelasten – Vordach

Gesucht ist die Schneelastverteilung für ein Vordach, welches sich unterhalb eines Satteldaches befindet (Bild E-25/a). Die Schneelast wird als Flächenlast in [kN/m²] ermittelt. Die Breite des Vordachs ist daher für das Ergebnis nicht relevant. Das Gebäude befindet sich in Schneelastzone 2 in einer Höhenlage von 400 m über NN.

Die **charakteristische Schneelast s_k** ergibt sich nach Abschnitt D.1.4 (siehe auch [19][46]):

$$s_k = 0{,}25 + 1{,}91 \cdot \left(\frac{A+140}{760}\right)^2 = 0{,}25 + 1{,}91 \cdot \left(\frac{400+140}{760}\right)^2 = 1{,}21 \text{ kN/m}^2$$

Die Schneelasten auf dem Vordach setzen sich zusammen aus den beiden Anteilen aus **herabrutschendem Schnee** (Formbeiwert μ_S) und **verwehtem Schnee** (Formbeiwert μ_W). Der Verwehungsanteil ist erst ab einem Höhensprung von mehr als 0,5 m zu berücksichtigen.

Beide Lastanteile treten als keilförmige Last über eine Länge L_S auf (Bild E-25/b):

$5 \text{ m} \leq (L_S = 2 \cdot h = 2 \cdot 2 \text{ m} = 4 \text{ m}) \leq 15 \text{ m}$

mit

$h = 2$ m Höhendifferenz zwischen Vordach und Traufe des höher gelegenen Daches

Die Länge des Verwehungskeils beträgt nach Norm mindestens 5 m bzw. die Länge ist auf 15 m begrenzt. Bei der gegebenen Geometrie beträgt die Länge des Keils daher 5 m. Das Lastbild wird für eine Breite von 5 m ermittelt und für die gegebene Vordachtiefe von 2 m „abgeschnitten" (Bild E-25/b).

Formbeiwert μ_S

Der Lastkeil aus abrutschendem Schnee ergibt sich aus 50 % der Gesamtlast der Schneelast der höher gelegenen Dachfläche. Für die Berechnung der abrutschenden Schneelast wird unabhängig von der Dachneigung des höher gelegenen Daches $\mu = 0{,}8$ zugrunde gelegt.

Gesamte abrutschende Schneelast umgerechnet als Lastresultierende:

$1{,}21 \text{ kN/m}^2 \cdot \mu \cdot \text{Dachflächenbreite} \cdot 50\ \%$

$= 1{,}21 \text{ kN/m}^2 \cdot 0{,}8 \cdot 2{,}5 \text{ m} \cdot 0{,}5 = 1{,}21 \text{ kN/m}$

Verteilung der Last in einen dreiecksförmigen Lastkeil mit der maximalen Lastordinate:

$s_{k,\text{abrutschender Schnee}} = (2 \cdot 1{,}21 \text{ kN/m}) / 5 \text{ m} = 0{,}48 \text{ kN/m}^2$

Umrechnung in den Formbeiwert:

$\mu_S = s_{k,\text{abrutschender Schnee}} / s_k$

$= 0{,}48 \text{ kN/m}^2 / 1{,}21 \text{ kN/m}^2 = 0{,}4$

mit

s_k charakteristische Schneelast bezogen auf die Grundfläche

Formbeiwert μ_W

Der Formbeiwert zur Berücksichtigung der Verwehungseffekte wird in Abhängigkeit von der Geometrie ermittelt.

$\mu_W = (b_1 + b_2)/ (2 \cdot h) = (5\ m + 2\ m)/ (2 \cdot 2\ m) = 1{,}75$

Höhensprung	$h = 2\ m$
Breite des angrenzenden Gebäudes	$b_1 = 5\ m$
Breite des Vordaches	$b_2 = 2\ m$

Anzusetzende Formbeiwerte $\mu_S + \mu_W$

Die Summe der Formbeiwerte zur Berechnung der maximalen Lastordinate μ_2 am angrenzenden Gebäude liegt in folgenden Grenzen:

$0{,}8 \leq \mu_S + \mu_W \leq 2{,}4$

$\mu_2 = \mu_S + \mu_W = 0{,}4 + 1{,}75 = 2{,}15 \Rightarrow$ erfüllt!

Am Ende des Lastkeils wird die Schneelast in Abhängigkeit von der Vordachneigung bestimmt, hier: $\mu = 0{,}8$.

Da das Vordach kürzer ist als der Verwehungskeil ($L_s = 5\ m$), wird der Verwehungskeil auf die Länge von 2 m gekürzt:

$2{,}15 - (2{,}15 - 0{,}8) / 5\ m \cdot 2\ m = 1{,}61$

Ordinaten des Schneekeils (Bild E-25/a)

Abschließend werden die Ordinaten der Schneelasten auf dem Vordach mit

$s = \mu_i \cdot s_k$

bestimmt:

$2{,}15 \cdot 1{,}21\ kN/m^2 = 2{,}6\ kN/m^2$

$1{,}61 \cdot 1{,}21\ kN/m^2 = 1{,}95\ kN/m^2$

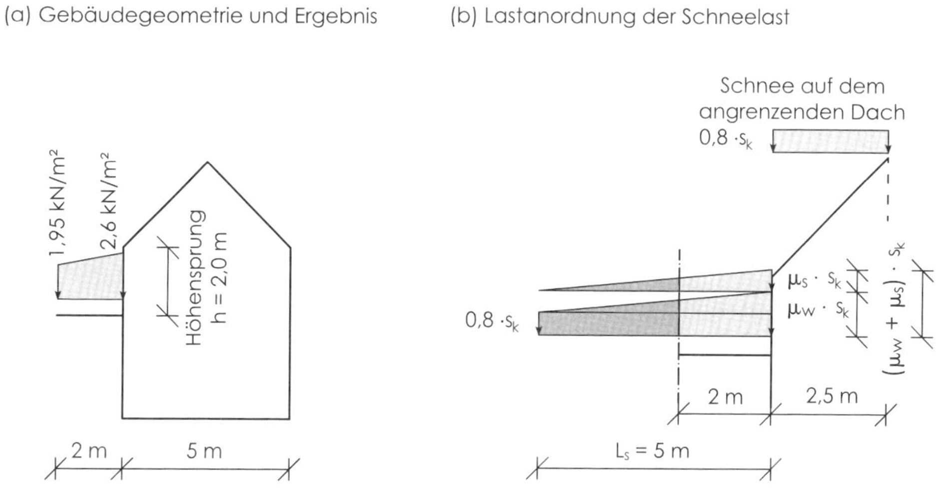

Bild E-25 Schneelastverteilung Vordach

E.11 Windlasten – Pultdächer

Gegeben sind die Abmessungen von Gebäuden mit Pultdächern gemäß Bild E-26. Die Gebäudelänge beträgt 10 m. Die Dachneigungen der Dächer variieren zwischen 5 und 45°. Der Gebäudestandort liegt in der Windzone 2, Binnenland. Ermittelt wird die Windlastverteilung für die Dachflächen.

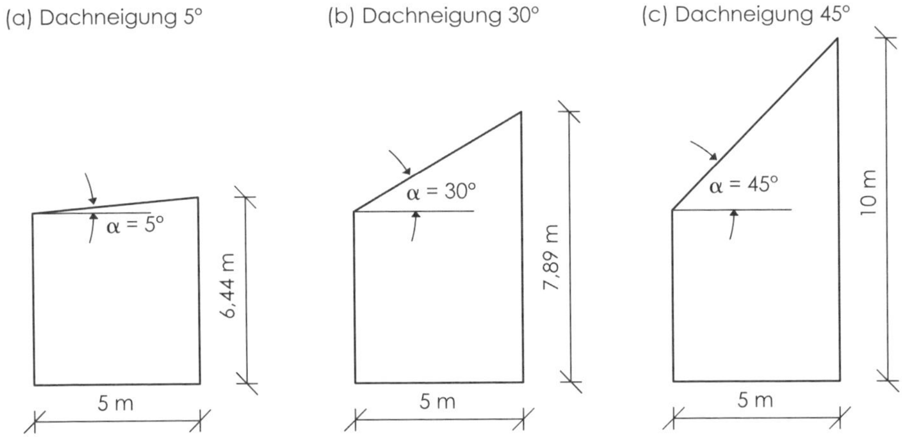

Bild E-26 Gebäudegeometrien (Schnitt)

Einteilung der Dachfläche

Bei einem Pultdach variiert die Windlastverteilung über die Dachfläche in Abhängigkeit von den in Bild E-27 gezeigten Anströmrichtungen.

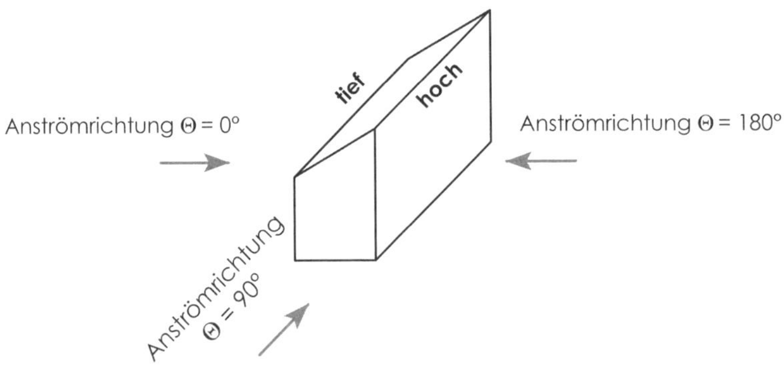

Bild E-27 Anströmrichtungen Wind bei einem Pultdach

Die Dachfläche wird in Abhängigkeit von der Gebäudegeometrie in Bereiche eingeteilt (siehe auch Bild E-28):

$e = \min\{b; 2\,h\}$

Die Länge b ist definiert als Gebäudebreite senkrecht zur Anströmrichtung, das Maß h entspricht der maximalen Gebäudehöhe. Diese Festlegungen variieren in Abhängigkeit von der Gebäudegeometrie und der betrachteten Fläche.

Anströmrichtung Θ = 90° (parallel zum First), b = 5 m:

e = min {b; 2 h} = 5 m

e/10 = 0,5 m, e/4 = 1,25 m, e/2 = 2,5 m

Anströmrichtung Θ = 0°/180° (senkrecht zum First), b = 10 m:

e = min {b; 2 h} = 10 m

e/10 = 1,0 m, e/4 = 2,5 m, e/2 = 5 m

Die Einteilung der Bereiche ist unabhängig von der Dachneigung.

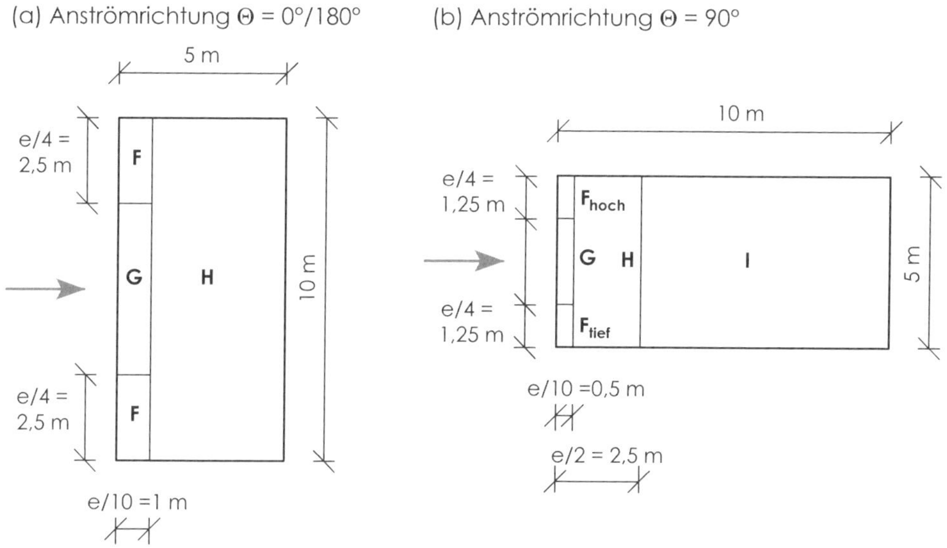

Bild E-28 Einteilung der Dachfläche gemäß [47]

Der **Böengeschwindigkeitsdruck** wird vereinfacht gemäß DIN EN 1991-1-4/NA bestimmt [48]:

Windzone 2, Binnenland Gebäudehöhe h ≤ 10 m

vereinfachter Böengeschwindigkeitsdruck: q_p = 0,65 kN/m²

Die **Druckbeiwerte c_{pe}** werden abhängig von der Dachneigung und der Dachform für die zuvor bestimmten Bereiche mit Hilfe des Eurocode 0, DIN EN 1991-1-4 [47] ermittelt. Vereinfacht sind hier nur die $c_{pe,10}$-Werte für eine Lasteinzugsfläche von 10 m² ausgewertet. Für die Bemessung von kleinen Bauteilen oder Verankerungen mit kleineren Einzugsflächen bis zu 1 m² enthält der Eurocode erhöhte Beiwerte zur Berücksichtigung von lokalen Windspitzen.

Die **charakteristische Windlast** berechnet sich zu:

$w_k = q_p \cdot c_{pe,10}$

Bei einer **Anströmrichtung direkt auf die Dachfläche (Θ = 0°)** wechselt die Windbeanspruchung zwischen Druck (positiv +) und Sog (negativ -). Bei 5° liegt die Windbeanspruchung ausschließlich im negativen Bereich, bei 45° treten ausschließlich Druckbeanspruchungen auf (Tabelle E-8 und Bild E-29).

Tabelle E-8 Druckbeiwerte $c_{pe,10}$ für unterschiedliche Dachneigungen, Θ = 0°

Bereich	Dachneigung 5°		Dachneigung 30°		Dachneigung 45°	
	$c_{pe,10}$	w [kN/m²]	$c_{pe,10}$	w [kN/m²]	$c_{pe,10}$	w [kN/m²]
F	-1,7/+0,0	-1,11/0	-0,5/+0,7	-0,33/0,46	-0,0/+0,7	-0/+0,46
G	-1,2/+0,0	-0,78/0	-0,5/+0,7	-0,33/0,46	-0,0/+0,7	-0/+0,46
H	-0,6/+0,0	-0,39/0	-0,2/+0,4	-0,13/0,26	-0,0/+0,6	-0/+0,39

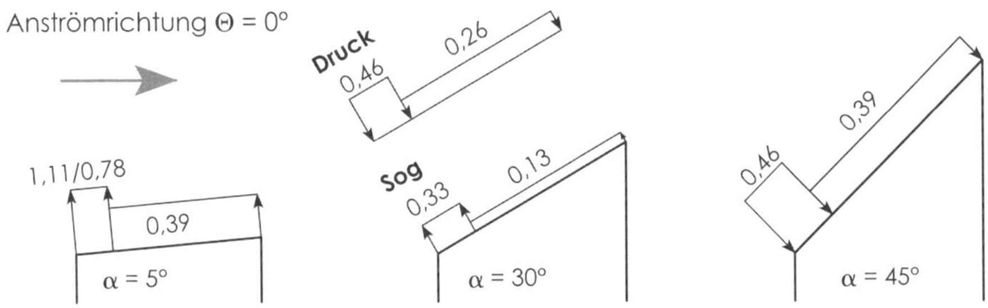

Bild E-29 Windlastverteilung für die Anströmrichtung Θ = 0°

Bei der **Anströmrichtung Θ = 180° (senkrecht zum First)** wird die Dachfläche unabhängig von der Dachneigung ausschließlich auf Sog beansprucht (Tabelle E-9 und Bild E-30).

Tabelle E-9 Druckbeiwerte $c_{pe,10}$ für unterschiedliche Dachneigungen, Θ = 180°

Bereich	Dachneigung 5°		Dachneigung 30°		Dachneigung 45°	
	$c_{pe,10}$	w [kN/m²]	$c_{pe,10}$	w [kN/m²]	$c_{pe,10}$	w [kN/m²]
F	-2,3	-1,5	-1,1	-0,72	-0,6	-0,39
G	-1,3	-0,85	-0,8	-0,52	-0,5	-0,33
H	-0,8	-0,52	-0,8	-0,52	-0,7	-0,46

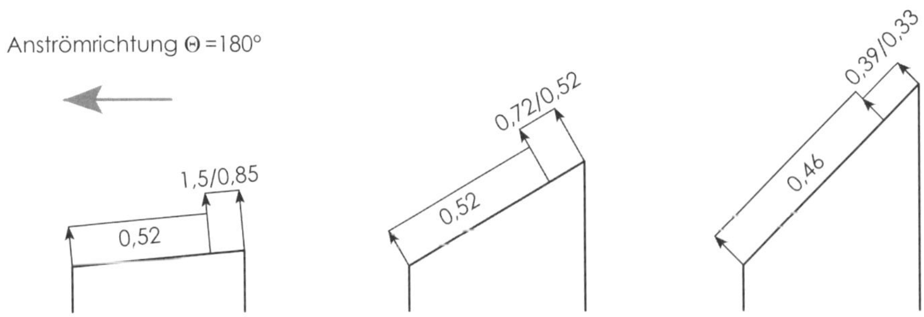

Bild E-30 Windlastverteilung für die Anströmrichtung Θ = 180°

Auch bei der **Anströmrichtung parallel zum First (Θ = 90°)** liegt ausschließlich eine Sogbeanspruchung vor. Im Bereich der Dachkante ist diese erhöht. Aufgrund der geringen Einzugsfläche wird für den Nachweis von Einzelelementen hier der $c_{pe,1}$-Wert maßgebend (Tabelle E-10 und Bild E-31).

Tabelle E-10 Druckbeiwerte $c_{pe,10}$ für unterschiedliche Dachneigungen, Θ = 90°

Bereich	Dachneigung 5°		Dachneigung 30°		Dachneigung 45°	
	$c_{pe,10}$	w [kN/m²]	$c_{pe,10}$	w [kN/m²]	$c_{pe,10}$	w [kN/m²]
F_{hoch}	-2,1	-1,37	-2,1	-1,37	-1,5	-0,98
F_{tief}	-2,1	-1,37	-1,3	-0,85	-1,3	-0,85
G	-1,8	-1,17	-1,5	-0,98	-1,4	-0,91
H	-0.6	-0,39	-1,0	-0,65	-1,0	-0,65
I	-0,5	-0,33	-0,8	-0,52	-0,9	-0,59

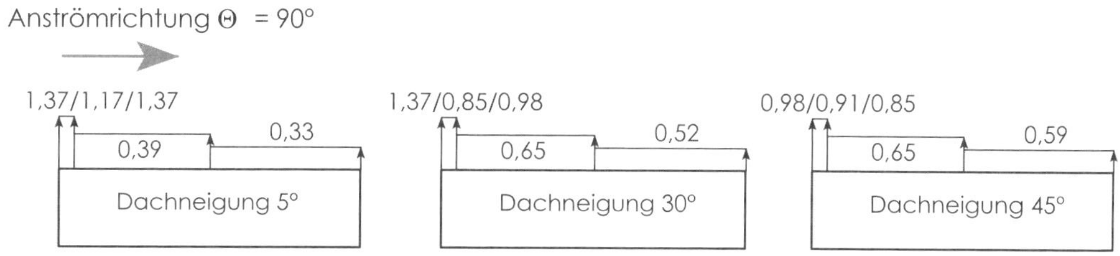

Bild E-31 Windlastverteilung für die Anströmrichtung Θ = 90°

E.12 Windlasten – Flachdach und Fassade

Gegeben ist die Geometrie eines kubischen Baukörpers gemäß Bild E-32. Der Gebäudestandort liegt in der Windzone 3, Binnenland.

Fassaden und Dachfläche sind mit Glasplatten mit den Abmessungen 1,5 m x 1,5 m verkleidet. Für die Bemessung der Glasplatten wird die Windlast für eine Lasteinzugsfläche von $A = 1{,}5\ m \cdot 1{,}5\ m = 2{,}25\ m^2$ bestimmt.

Da die Gebäudebreite gleich der Gebäudehöhe ist, wird keine Staffelung über die Höhe vorgenommen und es ist aufgrund der Symmetrie nur eine Anströmrichtung zu betrachten.

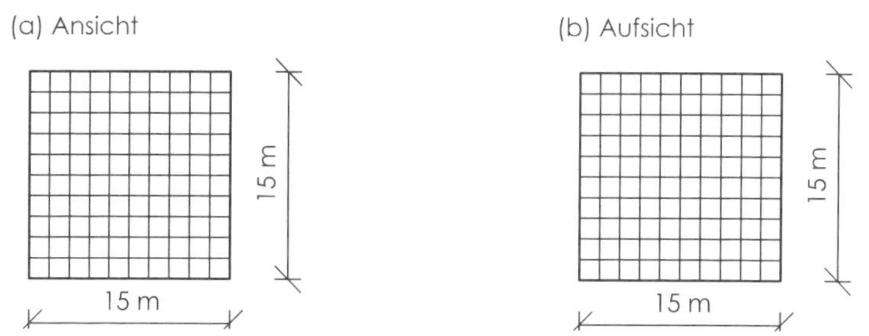

Bild E-32 Gebäudegeometrie und Fassadenraster

Zur Abgrenzung der Bereiche erfolgt zunächst die **Einteilung der Wand- bzw. Dachflächen**.

$e = \min\{b;\ 2\ h\} = \min\{15\ m;\ 30\ m\} = 15\ m$

Wand e/5 = 3 m, 4/5 e = 12 m (Bild E-33/a)

Dach e/4 = 3,75 m, e/10 = 1,5 m (Bild E-33/b)

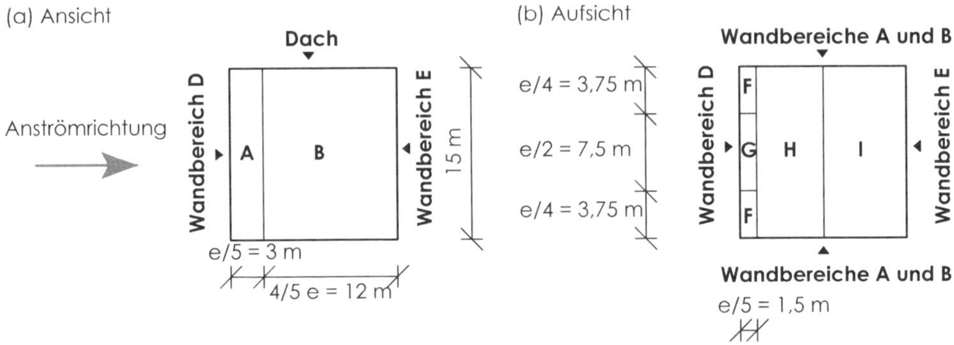

Bild E-33 Einteilung der Wände und des Daches

Der **Böengeschwindigkeitsdruck** wird vereinfacht gemäß DIN EN 1991-1-4/NA bestimmt [48]. Die Bezugshöhe berägt 15 m.

Windzone 3, Binnenland

vereinfachter Böengeschwindigkeitsdruck q_p = 0,95 kN/m²

Die **Druckbeiwerte $c_{pe,1}$ und $c_{pe,10}$ für die Wandflächen** werden in Abhängigkeit vom Verhältnis Gebäudehöhe h zu Gebäudelänge L parallel zur Anströmrichtung (hier: h/d = 1,0) und für das **Flachdach** mit einem scharfkantigen Traufbereich ermittelt.

Mit der Formel

$c_{pe,A} = c_{pe,1} - (c_{pe,1} - c_{pe,10}) \log_{10} (A)$

wird dann der Druckbeiwert für eine Einzugsfläche von A = 2,25 m² bestimmt.

Die charakteristische Windlast für die Bemessung der Fassadenplatten und deren Befestigung beträgt (siehe Tabelle E-11):

$w_k = q_p \cdot c_{pe,2,25}$

Tabelle E-11 Druckbeiwerte $c_{pe,1}/c_{pe,10}$ und charakteristische Windlasten

Bereich	A	B	D	E	F	G	H	I
$c_{pe,10}$	-1,2	-0,8	0,8	-0,5	-1,8	-1,2	-0,7	+0,2 -0,6
$c_{pe,1}$	-1,4	-1,1	1,0	-0,5	-2,5	-2,0	-1,2	
$c_{pe,2,25}$	-1,33	-0,99	0,93	-0,5	-2,25	-1,72	-1,02	
w_k	-1,26	-0,94	0,88	-0,48	-2,14	-1,63	-0,97	0,19/-0,57

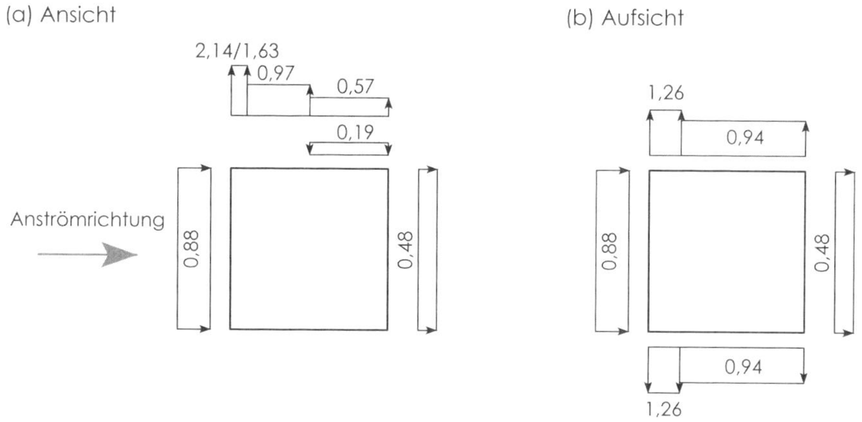

Bild E-34 Windlastverteilung für Wände und Dach

E.13 Windlasten – Vordach

Gegeben ist ein Gebäude gemäß Bild E-35 mit Satteldach und einem Vordach. Das Gebäude befindet sich in Windzone 2, Binnenland ($h \leq 10$ m, $q_p = 0{,}8$ kN/m²).

Ermittelt wird die Windlastverteilung für das Vordach gemäß DIN EN 1991-1-4/NA [48].

Einteilung der Vordachfläche

Tiefe des Vordaches $d_1 = 2$ m

Breite des Vordaches $b_1 = 4$ m

$e = \min \{d_1/4;\ b_1/2\} = \min \{0{,}5 \text{ m};\ 2 \text{ m}\} = 0{,}5$ m

Die **c_p-Werte für Vordächer** berücksichtigen die Effekte aus lokal erhöhter Windbeanspruchung. Sie beinhalten zusätzlich die Gesamtsumme aus Unterwind und abhebenden Effekten.

Vertikaler Abstand zwischen Vordach und Gelände $h_1 = 3$ m

Mittelwert zwischen Trauf- und Firsthöhe $h = 6{,}25$ m

Höhenverhältnis $h_1/h = 3 \text{ m} / 6{,}25 \text{ m} = 0{,}48$

Da für die Höhenverhältnisse $h_1/h = 0{,}4$ bzw. $h_1/h = 0{,}5$ die Druckbeiwerte identisch sind, ist keine Interpolation erforderlich. Die Beiwerte für die Abwärtslast können direkt der Tafel (z.B. [19][48]) entnommen werden:

Bereich A: $c_{p,net} = 0{,}7$

Bereich B: $c_{p,net} = 0{,}3$

Beiwerte Aufwärtslast:

Die Beiwerte für die Aufwärtslast sind abhängig vom Verhältnis h_1/d_1. Je geringer die Tiefe des Vordaches im Verhältnis zur Höhenposition ist, desto größer ist die Windbeanspruchung.

$h_1/d_1 = 3 \text{ m} / 2 \text{ m} = 1{,}5$

Zwischen den Grenzfällen $h_1/d_1 \leq 1{,}0$ und $h_1/d_1 \geq 3{,}5$ wird der c_{pe}-Wert über eine Interpolation bestimmt (Tabelle E-12).

Tabelle E-12 Druckbeiwerte $c_{p,net}$

Bereich	$h_1/d_1 \leq 1{,}0$	$h_1/d_1 \geq 3{,}5$	$h_1/d_1 = 1{,}5$ (Interpolation)
A	-1,0	-1,5	-1,1
B	-0,2	-0,5	-0,26

Die charakteristische Windlast ergibt sich wieder aus dem Produkt von Druckbeiwert und Böengeschwindigkeitsdruck (Tabelle E-13):

$$w_k = c_{p,net} \cdot q_p = c_{p,net} \cdot 0{,}8 \text{ kN/m}^2$$

Tabelle E-13 Resultierende Windlasten

Bereich	Abwärtslast	Aufwärtslast
A	0,56 kN/m²	-0,88 kN/m²
B	0,24 kN/m²	-0,21 kN/m²

Bild E-35/d zeigt als Ergebnis die Windlastverteilungen für die Laststellungen Aufwärts- und Abwärtslast.

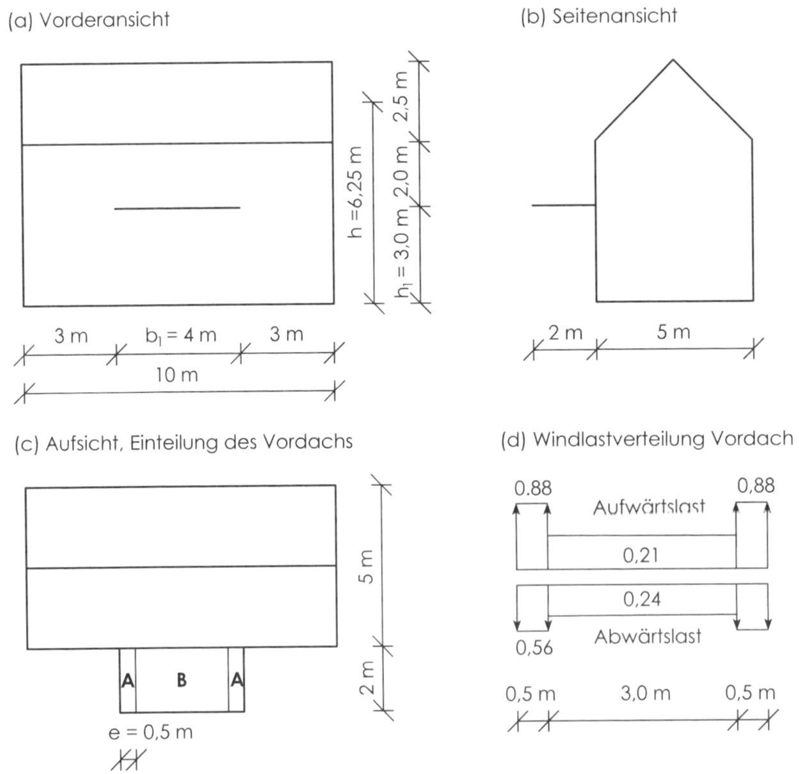

Bild E-35 Gebäudegeometrie; Flächeneinteilung des Vordaches und Windlasten

E.14 Windlasten – Halle

Gegeben ist die Geometrie einer Stahlhalle gemäß Bild E-36. Für die Bemessung des Rahmentragwerks werden die Windlasten auf Wände und Dach für den Lastangriff senkrecht zum First ermittelt. Das Gebäude befindet sich in Windzone 4, Binnenland.

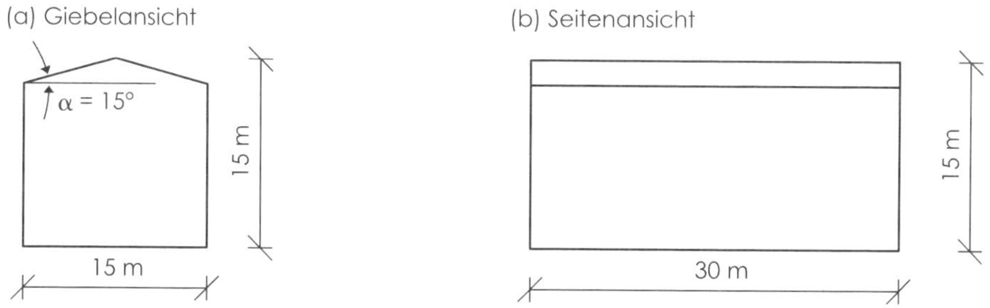

Bild E-36 Gebäudeansichten

Einteilung der Dachflächen

Da nur der mittlere Teil der Halle betrachtet wird, ist hier eine Zonierung für die Wandflächen nicht notwendig. Es wird daher nur die Zonierung für die Dachfläche durchgeführt (Bild E-37):

e = min {b; 2 h} = min {30 m; 30 m} = 30 m

e/10 = 3,0 m

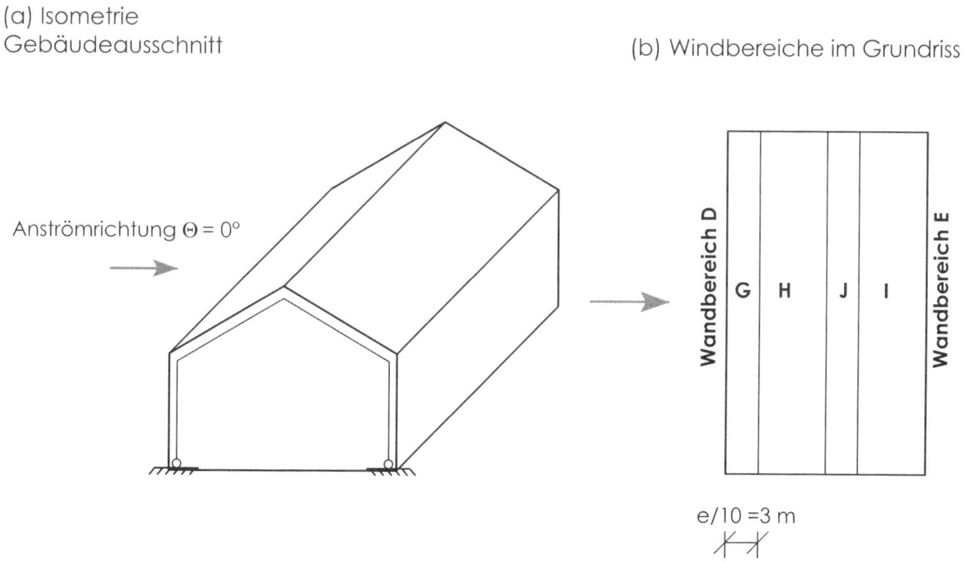

Bild E-37 Betrachtete Anströmrichtung und Windbereiche

Der **Böengeschwindigkeitsdruck** wird vereinfacht gemäß DIN EN 1991-1-4/NA bestimmt [48]. Die Bezugshöhe beträgt 15 m.

Für 10 < h ≤ 15 m gilt: $q_p = 1{,}15$ kN/m²

Die Druckbeiwerte $C_{pe,10}$ können für das Verhältnis h/d = 1,0 und die Dachneigung 15° direkt dem EC1 entnommen werden. Eine Interpolation ist nicht notwendig.

Die **charakteristischen Windlasten** berechnen sich dann zu

$w_k = c_{pe,10} \cdot q_p$

Die Druckbeiwerte und Windlasten für Wände und Dach sind in Tabelle E-14 zusammengestellt.

Tabelle E-14 Druckbeiwerte $c_{pe,10}$ und Windlasten

	Wand h/d = 1,0		Dach Satteldach Neigung 15°			
Bereich	D	E	G	H	J	I
$c_{pe,10}$	0,8	-0,5	-0,8/0,2	-0,3/0,2	-1,0/0,0	-0,4/0,0
w_k	0,92	-0,58	-0,92/0,23	-0,35/0,23	-1,15/0	-0,46/0

Abschließend erfolgt die zeichnerische Darstellung der Windlasten. Für die Dachflächen müssen folgende Regeln beachtet werden:

- Es treten entweder Druck- oder Soglasten auf einer Dachfläche auf.
- Die ungünstigten Werte der linken Dachfläche (Drucklasten bzw. Soglasten) müssen mit den ungünstigsten Werten der rechten Dachfläche (Drucklasten bzw. Soglasten) kombiniert werden.

Das Ergebnis zeigt Bild E-38. Die Windlasten für die Wand- und Dachflächen sind hier gemeinsam dargestellt. Für die Bemessung des Rahmentragwerks wird hieraus die ungünstigste Laststellung ermittelt.

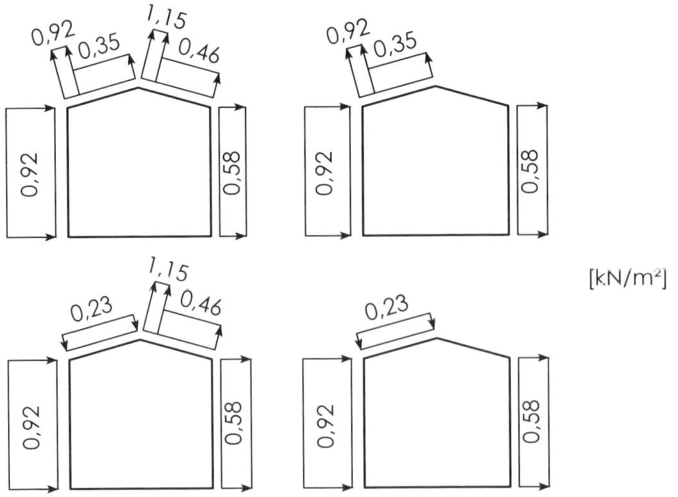

Bild E-38 Windlastverteilung auf den Gebäudequerschnitt für die Anströmrichtung senkrecht zum First

E.15 Windlasten – Quader

Gegeben ist die Geometrie eines Baukörpers gemäß Bild B-32. Für die Bemessung der Aussteifungselemente werden die auf die Wände wirkenden Windlasten ermittelt. Das Gebäude befindet sich in Windzone 3, Binnenland.

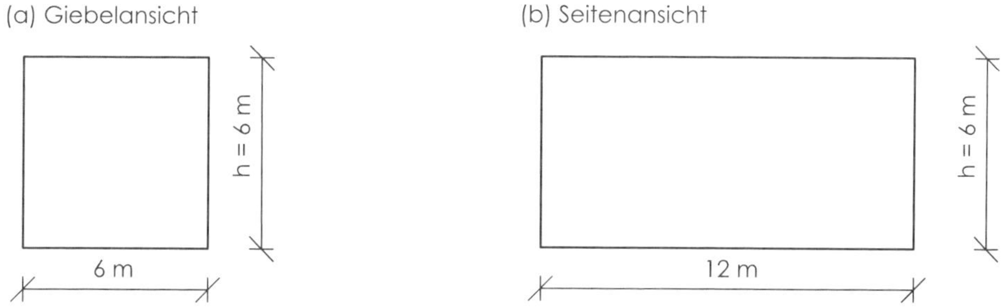

Bild E-39 Gebäudegeometrie

Böengeschwindigkeitsdruck

Der Böengeschwindigkeitsdruck wird vereinfacht gemäß DIN EN 1991-1-4/NA bestimmt [48]. Die Bezugshöhe beträgt 6 m.

Für $h \leq 10$ m gilt: $q_p = 0{,}8$ kN/m²

Bereiche

Da die Windlasten auf den parallel zur Anströmrichtung liegenden Wänden sich gegenseitig aufheben (Bereiche A/B/C), müssen nur die Bereiche D und E betrachtet werden. Eine bereichsweise Einteilung der Wandflächen ist daher nicht notwendig (Bild E-40).

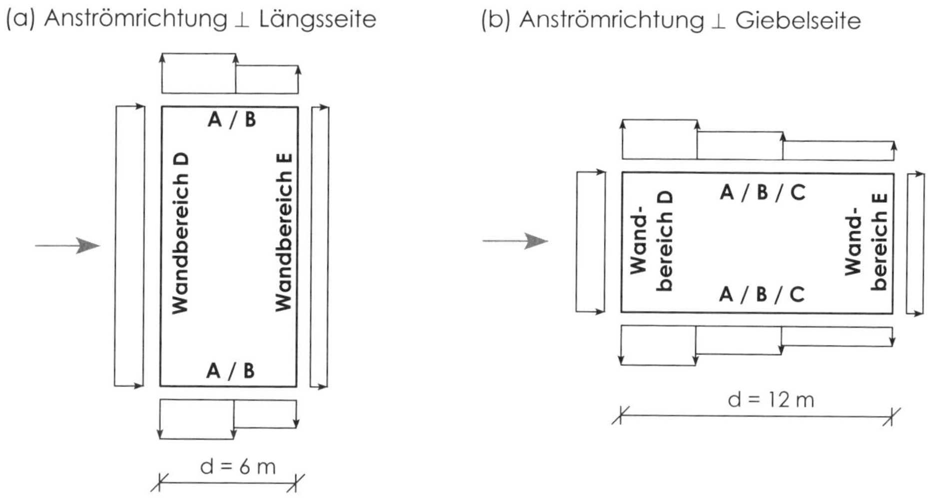

Bild E-40 Windbereiche im Grundriss

Die **c_{pe}-Beiwerte für Wände** werden in Abhängigkeit des Seitenverhältnisses von der Gebäudehöhe h zur parallel zur Windrichtung liegenden Gebäudelänge d bestimmt.

- Anströmrichtung ⊥ zur Längsseite: h/d = 6 m / 6 m = 1,0
- Anströmrichtung ⊥ zur Giebelseite: h/d = 6 m / 12 m = 0,5

Für h/d = 1,0 können die Werte direkt der Norm entnommen werden, für h/d = 0,5 ist eine Interpolation erforderlich. Die **charakteristischen Windlasten** berechnen sich dann zu

$w_k = c_{pe,10} \cdot q_p.$

Tabelle E-15 fasst die Ergebnisse zusammen.

Tabelle E-15 Druckbeiwerte $c_{pe,10}$ und Windlasten

	Wand h/d ≤ 0,25 (aus EC1)		Wand h/d = 0,5 (interpoliert)		Wand h/d = 1,0 (aus EC1)	
Bereich	D	E	D	E	D	E
$c_{pe,10}$	-0,7	-0,3	0,73	-0,37	0,8	-0,5
			Anströmrichtung ⊥ zur Giebelseite		Anströmrichtung ⊥ zur Längsseite	
w_k [kN/m²]	-	-	0,58	-0,3	0,64	-0,4

Die Windlasten werden in Aufgabe E.19 für die Bemessung von Aussteifungsverbänden verwendet.

E.16 Lasten am schrägen Bauteil – Pfettendach

Es handelt sich um ein Pultdach mit einer Dachneigung von 30° (Bild E-41).

Das **Eigengewicht g** eines Dachaufbaus wird, wie in Abschnitt D.1.2 gezeigt, für 1 m² Bauteil als Flächengewicht in [kN/m²] berechnet. Es ergibt sich hiermit das in Bild E-41 gezeigt Lastbild. Das Gewicht bezieht sich auf die Fläche bzw. Länge des geneigten Bauteils. Gemäß Beispiel E.7 beträgt das Flächengewicht einer Dachkonstruktion in Holzbauweise ca. 1 kN/m².

Die **Schneelasten s** werden in Abhängigkeit von der Neigung der Dachfläche ermittelt (siehe Abschnitt D.1.4), wobei sich der Wert auf die Grundrissfläche bezieht. Die Schneelast wird aus Beispiel E.9 mit s_k = 0,68 kN/m² übernommen (siehe auch Bild E-24/b).

Die **Windlasten w** wirken immer senkrecht auf die Bauteilfläche. Für die Dachneigung von 30° werden die Windlasten aus Aufgabe E.11 angesetzt. Für den Lastfall Winddruck ist die Anströmrichtung Θ = 0° maßgebend (siehe Bild E-29/b), für die höchste Sogbeanspruchung die Anströmrichtung Θ = 90° (siehe Bild E-31/b). Es wird davon ausgegangen, dass alle Sparren gleichartig ausgeführt werden, sodass nur die ungünstigsten Lastsituationen betrachtet werden müssen.

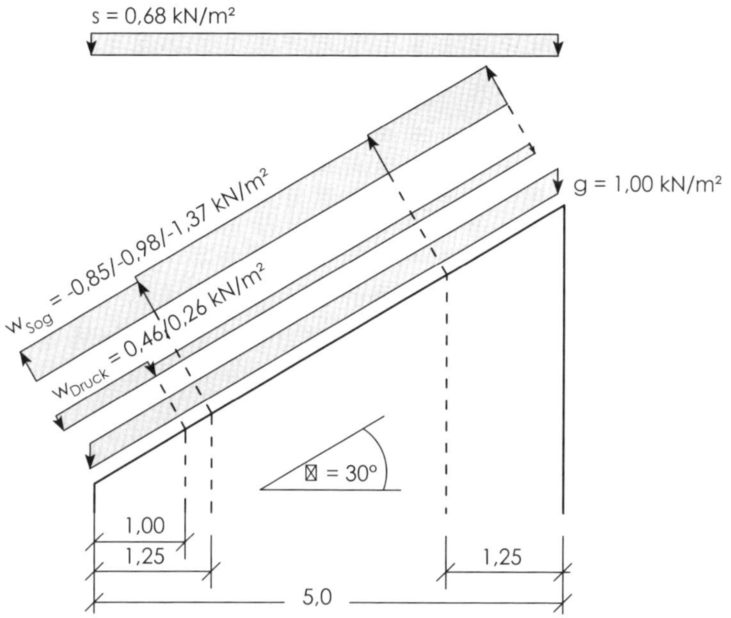

Bild E-41 Gebäudegeometrie des Pultdaches mit Belastung

Im gegebenen Fall handelt es sich um eine Mauerwerkskonstruktion mit einem Pfettendach. Fuß- und Firstpfette liegen linienförmig auf dem Mauerwerk auf, die Sparren sind in Abständen von 80 cm auf den Pfetten angeordnet (Bild E-42).

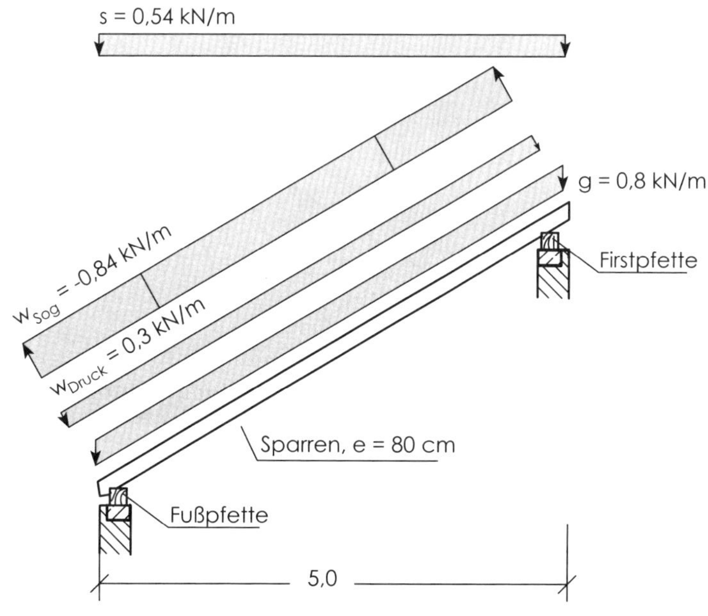

Bild E-42 Lasten auf Sparren in [kN/m]

Die zuvor bestimmten Lasten werden im nächsten Schritt auf die Sparren umgerechnet, indem die Flächenlast mit dem Sparrenabstand (= Einzugsbreite) multipliziert wird (siehe auch Bild D-8). Zur Vereinfachung werden die Windlasten in eine konstante Linienlast umgerechnet.

Für eine Superposition der Lasten ist es hilfreich diese umzurechen: sie können entweder senkrecht auf die Grundriss- und die Aufrissfläche des Daches oder aber senkrecht auf die Dachfläche bezogen werden.

Eigenlasten

Das Flächengewicht des Daches liegt bezogen auf die tatsächliche Dachfläche vor: g_{DFL}. Zunächst wird die Resultierende G aus dem Flächengewicht g bezogen auf die **Dachfläche DFL** berechnet (siehe Bild E-43/a und b):

$G = g_{DFL} \cdot DFL$

Im Anschluss daran wird die Resultierende G wieder auf die **Grundrissfläche GFL** verteilt (Bild E-43/c):

$g_{GFL} = G / GFL$

Mit

$\cos \alpha = GFL / DFL$ (siehe Bild E-43/a)

gilt

$g_{GFL} = g_{DFL} / \cos \alpha$

Diese Formel ist allgemeingültig für alle schräg liegenden Bauteile (z.B. Treppenläufe).

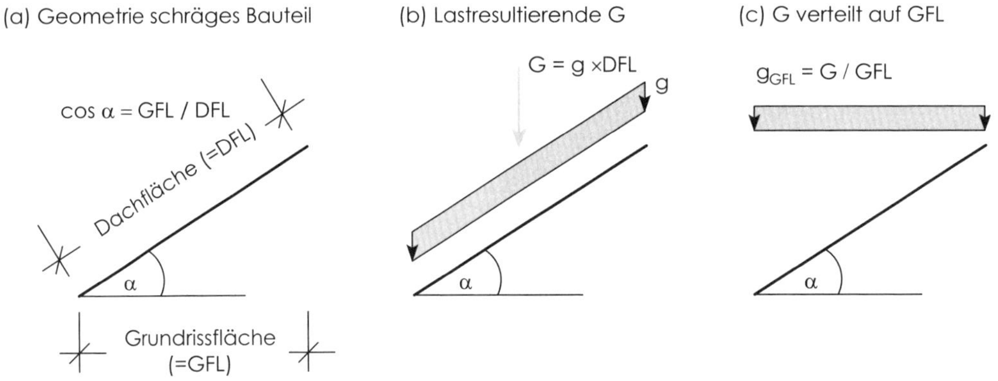

Bild E-43 Schräges Bauteil; Umrechnung des Flächengewichts g bezogen auf die Grundrissprojektion

Das Eigengewicht kann auch in zwei beliebig gerichtete Komponenten zerlegt werden (siehe auch Abschnitt B.1.3, Bild B-7). Für die Bemessung eines Sparrens ist die Zerlegung in eine senkrecht und eine parallel zur Dachfläche wirkende Komponente sinnvoll (Bild E-44).

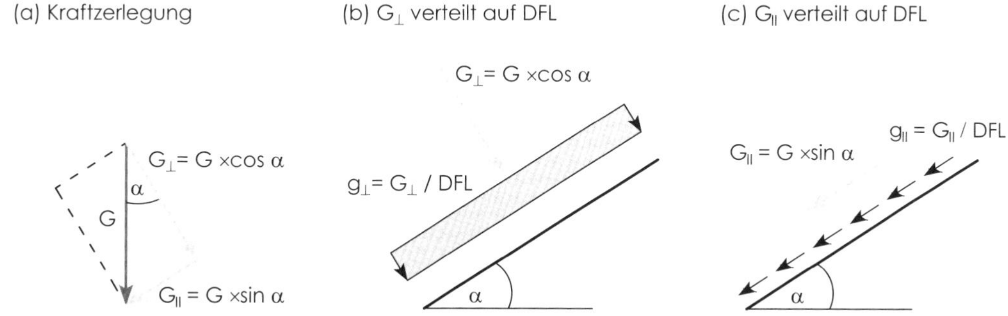

Bild E-44 Schräges Bauteil; Umrechnung des Flächengewichts bezogen auf die Dachfläche

Windlast

Für die Windlast wird eine ähnliche Betrachtung durchgeführt (Bild E-45). Es wird zunächst die Resultierende W berechnet, im Kraftdreieck werden die Lasten in einen horizontalen und einen vertikalen Anteil zerlegt. Abschließend erfolgt die Verteilung der Lasten auf die Aufriss- und die Grundrissfläche. Als Ergebnis erhält man hierdurch:

$w_{GFL} = w_{AFL} = w$

Die Windlasten bezogen auf Aufriss- und Grundrissfläche sind somit immer identisch zur Windlast senkrecht zur Dachfläche.

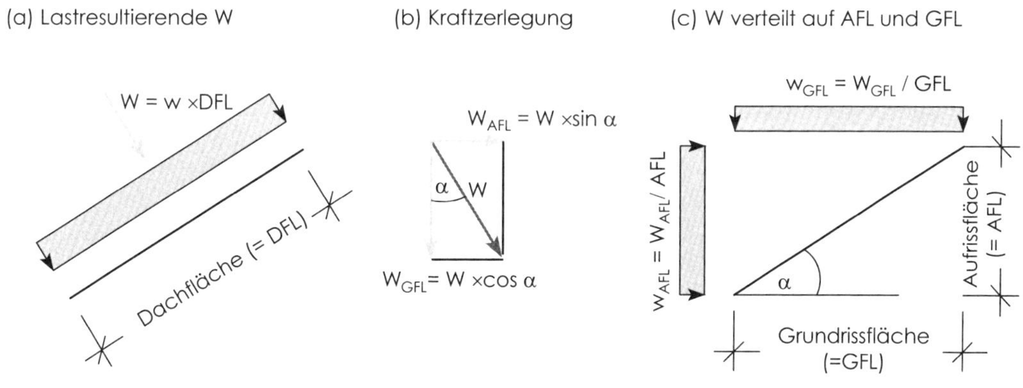

Bild E-45 Schräges Bauteil; Umrechnung der Windlasten w in Lastanteile bezogen auf Aufriss- und Grundrissfläche

Schneelasten

Schneelasten liegen als Projektion bezogen auf die Grundrissfläche vor. Auch hier ist eine Zerlegung in Anteile senkrecht und parallel zur Dachfläche häufig sinnvoll (siehe Bild E-46).

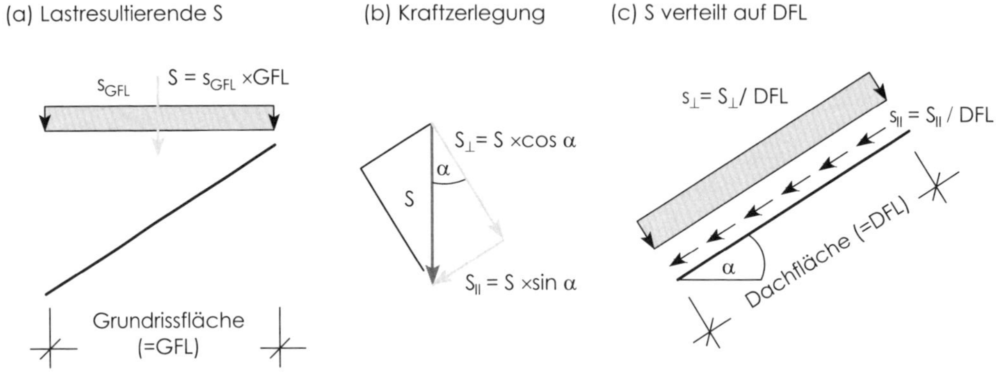

Bild E-46 Schräges Bauteil; Umrechnung der Schneelasten s in Anteile senkrecht und parallel zur Dachfläche

Mit Bild E-47 können die Lastkomponenten für Wind, Schnee und Eigenlasten bezogen auf Aufriss- und Grundrissfläche oder aber senkrecht und parallel zur Dachfläche direkt ermittelt werden.

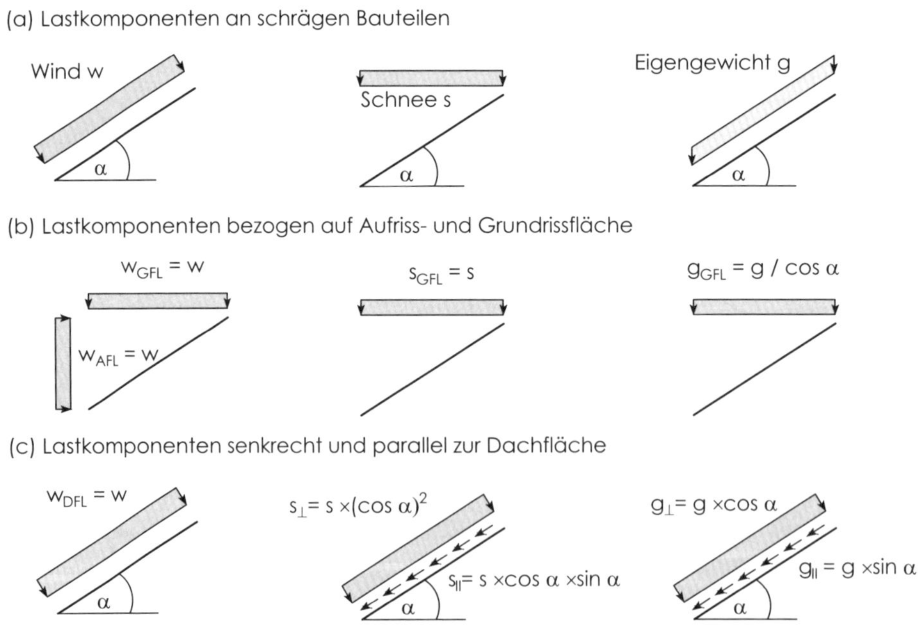

Bild E-47 Lastkomponenten bezogen auf Aufriss- und Grundrissfläche für w, s und g

Nach Ermittlung der Lasten nach Norm liegen die Einwirkungen in der in Bild E-48/a gezeigten Form vor. Bild E-48/b stellt die Umrechnung der Lasten bezogen auf die Grundrissfläche dar. Dies ist vorteilhaft bei einer folgenden Berechnung der Auflagerkräfte und der gedanklichen Weiterleitung der Lasten in das Mauerwerk. Bild E-48/c zeigt im Ergebnis die Umrechnung der Lasten senkrecht zum Bauteil (auf die Darstellung der parallelen Anteile wurde hier verzichtet). Bei einer Superposition der Lastanteile ist diese Darstellung vorzuziehen.

Im Ergebnis sind die Auflagerreaktionen und Schnittgrößen bei allen Lastbildern identisch.

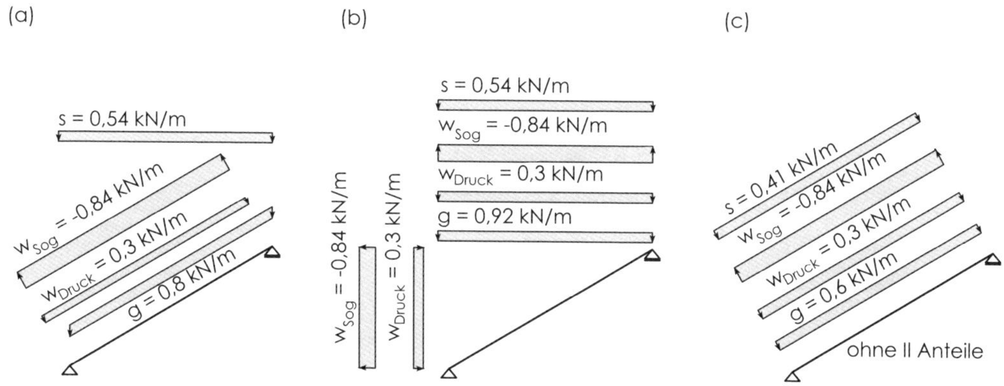

Bild E-48 Gleichwertige Lastbilder für den Sparren

E.17 Bemessung – Verglasung

Das Vordach aus denvorherigen Aufgaben zur Lastermittlung (E.10 und E.13) wird mit Glasscheiben (1 m x 2 m) eingedeckt (Bild E-49/a). Die Glasscheiben sind an den Längskanten linienförmig aufgelagert und durch eine Pressleiste geklemmt (Bild E-49/b). Die Einwirkungen aus Wind- und Schneelasten sind aus den Aufgaben E.10 und E.13 bekannt (Bild E-49/c und /d). Für die Bemessung ist die in Bild E-49/a gekennzeichnete Randscheibe maßgebend.

Gesucht sind die erforderliche Glasdicke und Glasart, damit die Nachweise für die Verglasung im Grenzzustand der Tragfähigkeit (GZT) und der Gebrauchstauglichkeit (GZG) erfüllt sind.

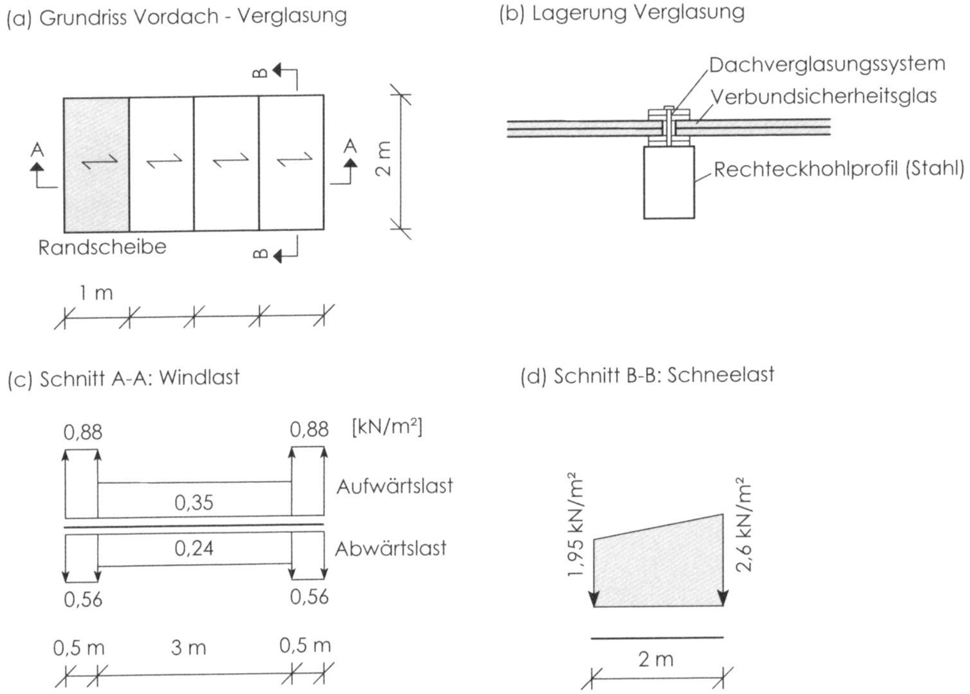

Bild E-49 Allgemeine Situation und Lastzusammenstellung

Statisches Ersatzsystem und Belastung

Die zweiseitig linienförmig gelagerte Glasplatte kann statisch wie ein Einfeldträger, hier mit der Spannweite von 1000 mm, idealisiert werden. Die Einspannwirkung durch das Verglasungssystem wird üblicherweise vernachlässigt und die Glasauflager werden mit einem Fest- und einem Gleitlager angenommen.

Der Schnee- und Windlasten werden vereinfacht gemittelt (siehe Bild B-43):

Schnee $s = (1{,}95\ kN/m^2 + 2{,}6\ kN/m^2) / 2 = 2{,}3\ kN/m^2$

Winddruck $w_{Druck} = (0{,}56\ kN/m^2 + 0{,}24\ kN/m^2) / 2 = 0{,}4\ kN/m^2$

Windsog $w_{Sog} = -(0{,}88\ kN/m^2 + 0{,}21\ kN/m^2) / 2 = 0{,}55\ kN/m^2$

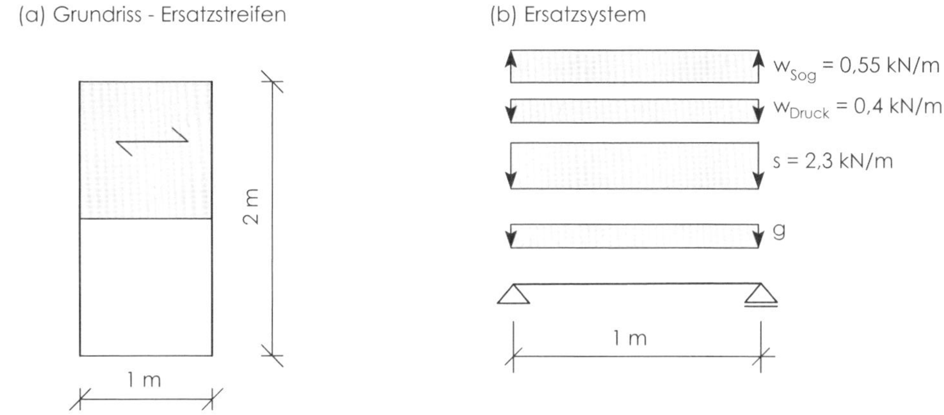

Bild E-50 Ersatzsystem und Belastung für einen Einfeldträger mit der Breite von 1 m

Für eine Überkopfverglasung ist die Verwendung von Verbundsicherheitsglas aus einer grobbrechenden Glasart vorgeschrieben. Als grobbrechend gelten die Glasarten Floatglas (FG) und teilvorgespanntes Glas (TVG), die überkopf als Zweifachverbundglas bestehend aus zwei gleich dicken Glasscheiben verbaut werden. Da der Verbund infolge der Haftwirkung der PVB-Folie rechnerisch nicht angesetzt werden darf, teilen sich die Lasten hälftig auf die Einzelscheiben auf (siehe auch Abschnitt B.4.2, Bild B-108).

Nachfolgend wird die Nachweisführung für die Ausführung mit TVG (Variante 1) und mit FG (Variante 2) vorgestellt.

Dimensionierung auf Grundlage der Verformungsbegrenzung (GZG)

Nach DIN 18008-2 [89] ist eine Verformungsbegrenzung für die Verglasung von L/100 einzuhalten. Hierbei handelt es sich um einen Nachweis im Grenzzustand der Gebrauchstauglichkeit, bei dem daher keine Teilsicherheitsbeiwerte γ_F angesetzt werden.

Ohne weitere Rechnung erkennt man sofort, dass die Lastsituation aus Schnee und Winddruck für den Nachweis im GZG maßgebend ist. Das Eigengewicht und Kombinationsbeiwerte werden zunächst vernachlässigt und die erforderliche Glasdicke wird für die Gesamtlast aus Winddruck und Schneelast ermittelt:

$q / 2 = (2{,}3\ kN/m^2 + 0{,}4\ kN/m^2) / 2 = 1{,}35\ kN/m^2$

Die Gesamtverformung darf

$L / 100 = 1000\ mm / 100 = 10\ mm$

nicht überschreiten.

Mit der bekannten Formel zur Berechnung der maximalen Verformung eines Einfeldträgers unter Gleichlast (siehe Abschnitt B.4.7.1):

$EI\ w(L/2) = 0{,}013\ q\ L^4$

mit

Elastizitätsmodul	$E_{Glas} = 70.000$ N/mm²
Durchbiegung in Feldmitte	w (L/2) = L/100 = 10 mm
Lastanteil	q = 1,35 kN/m² (für einen Streifen von 1 m gilt 1,35 kN/m)
Trägheitsmoment	Es wird ein 1 m breiter Streifen betrachtet:
	$I = b \cdot h^3/12 = 1000 \text{ mm} \cdot h^3/12$
Spannweite	L = 1000 mm

kann die erforderliche Glasdicke einer Einzelscheibe bestimmt werden:

$\Leftrightarrow I \geq 0{,}013 \cdot 1{,}35 \text{ kN/m} \cdot (1000 \text{ mm})^4 \cdot / (70.000 \text{ N/mm}^2 \cdot 10 \text{ mm}) = 25.071 \text{ mm}^4$

$\Leftrightarrow h^3 \geq 25.071 \text{ mm}^4 / 1000 \text{ mm} \cdot 12 = 301 \text{ mm}^3$

$\Leftrightarrow h \geq 6{,}7 \text{ mm} \sim 7 \text{ mm}$

Da Flachglasscheiben nicht in Dicken von 7 mm produziert werden, wird eine EInzelscheibendicke von 8 mm gewählt. Das Eigengewicht ermittelt sich hierfür zu:

$g_{Glas\ 2\ x\ 8\ mm} = 2 \cdot 0{,}008 \text{ m} \cdot 25 \text{ kN/m}^2 = 0{,}4 \text{ kN/m}^2$

Nachweis im Grenzzustand der Tragfähigkeit (GZT)

Variante 1 (2 x 8 mm TVG): Es wird zunächst der Nachweis für den Werkstoff TVG, Glasaufbau 2 x 8 mm, geführt (siehe Abschnitt D.6).

Während die Festigkeit von Floatglas von der Einwirkungsdauer der Belastung abhängt, wird die Festigkeit von TVG maßgeblich von der thermischen Vorspannung bestimmt und ist weitgehend unabhängig von der Einwirkungsdauer der Belastung.

Bemessungswert des Tragwiderstandes:

$f_{Rd} = 70 \text{ N/mm}^2 / 1{,}5 \cdot 1{,}1 = 51{,}3 \text{ N/mm}^2$

Maßgebend ist das gleichzeitige Wirken von Eigenlast, Schneelast und Winddruck mit der Schneelast als Leitwirkung (siehe Abschnitt D.2.4).

Bemessungslast:

$$
\begin{aligned}
q_{Ed} &= 1{,}35 \cdot g + 1{,}5 \cdot s + 1{,}5 \cdot 0{,}6 \cdot w_{Druck} \\
&= 1{,}35 \cdot 0{,}4 \text{ kN/m}^2 + 1{,}5 \cdot 2{,}3 \text{ kN/m}^2 + 1{,}5 \cdot 0{,}6 \cdot 0{,}4 \text{ kN/m}^2 \\
&= 4{,}35 \text{ kN/m}^2
\end{aligned}
$$

Bemessungsmoment (bezogen auf eine Scheibe):

Die Bemessungslast q_{Ed} teilt sich zu gleichen Teilen auf die Einzelscheiben auf:

$$
\begin{aligned}
M_{Ed} &= q \cdot L^2/8 \\
&= (4{,}35 \text{ kN/m}^2 \cdot 1 \text{ m} / 2) \cdot (1 \text{ m})^2/8 \\
&= 0{,}27 \text{ kNm}
\end{aligned}
$$

Auswirkung der Einwirkung (Spannung) (siehe Abschnitt B.4.2):

σ_{Ed} = M / W

= 0,27 kNm / 10.667 mm³

= 25,3 N/mm²

mit

W = b · h²/6 Widerstandsmoment

W = 1000 mm · (8 mm)²/6 = 10.667 mm³

Nachweis im GZT für 2 x 8 mm TVG:

$\sigma_{Ed} < f_{Rd}$

25,3 N/mm² < 51,3 N/mm²

Ausnutzungsgrad: η = 25,3 N/mm² / 51,3 N/mm² ~ 0,5

Für ein Verbundglas aus 2 x 8 mm TVG kann der Nachweis im Grenzzustand der Tragfähigkeit geführt werden. Maßgebend für die Dimensionierung ist hier die Verformungsbegrenzung.

Variante 2 (2 x 8 mm FG): Alternativ wird der Werkstoff Floatglas gewählt. Die Eigenlast gilt als ständige Einwirkung. Unter der alleinigen Beanspruchung des Eigengewichts als ständige Last wird die Einwirkungsdauer „ständig" nie maßgebend. Das gleichzeitige Wirken von Eigenlast und Schneelast ist der mittleren Einwirkungsdauer und das gleichzeitige Wirken von Eigenlast, Schneelast und Windlast der kurzen Einwirkungsdauer zugeordnet.

$q_{Ed,mittel}$ = 1,35 g + 1,5 s

Die Einwirkungskombination „Einwirkungsdauer kurz" entspricht derjenigen beim vorherigen Nachweis für den Werkstoff TVG:

$q_{Ed,kurz}$ = 1,35 g + 1,5 s + 1,5 · 0,6 · w_{Druck}

In Abhängigkeit von der Belastungshöhe kann auch der Windsog für die Bemessung maßgebend werden. Das Eigengewicht wirkt dann günstig und ist dem Windsog entgegengerichtet:

$q_{Ed,kurz}$ =1,0 g + 1,5 w_{Sog}

Da die Schneelast wesentlich größer ist als der Windsog, ist diese Lastkombination hier nicht maßgebend.

$q_{Ed,mittel}$ = 1,35 g + 1,5 s

= 1,35 · 0,4 kN/m² + 1,5 · 2,3 kN/m²

= 3,99 kN/m²

$q_{Ed,kurz}$ = 1,35 g + 1,5 s + 1,5 · 0,6 · w_{Druck}

= 1,35 · 0,4 kN/m² + 1,5 · 2,3 kN/m² + 1,5 · 0,6 · 0,4 kN/m²

= 4,35 kN/m²

Die charakteristische Festigkeit von Floatglas wird mit dem Modifiaktionsbeiwert k_{mod}, abhängig von der Belastungsdauer ($k_{mod,mittel}$ = 0,4 und $k_{mod,kurz}$ = 0,7), multipliziert. Über $|q_{Ed}$ / $k_{mod}|$ kann vorab überprüft werden, welche Lastsituation maßgebend ist:

$|q_{Ed,mittel} / k_{mod}| = 3{,}99\ kN/m^2 / 0{,}4 = 9{,}98$

$|q_{Ed,kurz} / k_{mod}| = 4{,}35\ kN/m^2 / 0{,}7 = 6{,}2$

Maßgebend ist somit die Einwirkungsdauer „mittel".

Bemessungsmoment (bezogen auf eine Scheibe):

$M_{Ed} = q_{Ed} \cdot L^2/8$

$= (3{,}99\ kN/m^2 \cdot 1\ m/2) \cdot (1\ m)^2/8 = 0{,}25\ kNm$

Auswirkung der Einwirkung (Spannung):

$\sigma_{Ed} = M / W$

$= 0{,}25\ kNm / 10.667\ mm^3$

$= 23{,}4\ N/mm^2$

Bemessungswert des Tragwiderstandes:

$f_{Rd,mittel}$

$= k_{mod} \cdot k_c \cdot f_k / \gamma_M \cdot 0{,}8 \cdot 1{,}1$

$= 0{,}4 \cdot 1{,}8 \cdot 45\ N/mm^2 / 1{,}8 \cdot 0{,}8 \cdot 1{,}1 = 15{,}8\ N/mm^2$

Da es sich um eine linienförmige Verglasung handelt, wird der Konstruktionsbeiwert k_c = 1,8 angesetzt und die Bemessungsfestigkeit wird für Verbundglas um 10 % erhöht.

Nachweis im GZT für 2 x 8 mm FG:

$23{,}4\ N/mm^2 > 15{,}8\ N/mm^2$

Der Nachweis kann nicht erbracht werden.

Es wird daher der Aufbau 2 x 10 FG überprüft.

Bemessungslast:

$q_{Ed,mittel} = 1{,}35\ g + 1{,}5\ s$

$= 1{,}35 \cdot 0{,}5\ kN/m^2 + 1{,}5 \cdot 2{,}3\ kN/m^2$

$= 4{,}13\ kN/m^2$

Bemessungsmoment (bezogen auf eine Scheibe):

$M = q \cdot L^2/8$

$= (4{,}13\ kN/m^2) / 2 \cdot (1\ m) \cdot (1\ m)^2/8$

$= 0{,}26\ kNm$

Auswirkung der Einwirkung (Spannung):

σ_{Ed} $= M / W$

$= 0{,}26$ kNm / 16.667 mm^3

$= 15{,}6$ N/mm^2

mit

$W = b \cdot h^2/6$ Widerstandsmoment

$W = 1000$ mm $\cdot$ (10 mm)^2 / 6 = 16.667 mm^3

Nachweis im GZT für 2 x 10 mm Floatglas:

15,6 N/mm^2 < 15,8 N/mm^2

Das Vordach kann entweder aus Verbundsicherheitsglas aus 2 x 8 mm TVG oder 2 x 10 Floatglas ausgeführt werden.

E.18 Bemessung – Stahlbau

Die Tragkonstruktion eines Vordachs wird als Stahlkonstruktion mit einer Überkopfverglasung ausgeführt. Die Bauteile werden über den Lastfluss von Haupt- und Nebenträgern einzeln betrachtet. Alle Anschlüsse werden gelenkig angenommen.

Einwirkungen und Lastfluss (Bild E-51)

Pos. 1 Verglasung: Die äußeren Lasten aus Wind und Schnee wirken senkrecht auf die Verglasung. Die Nachweise wurden in Beispiel E.17 für die Einwirkungen aus den Beispielen E.10 und E.13 geführt. Als Glasaufbau wird hier ein Verbundsicherheitsglas aus 2 x 8 mm TVG gewählt. Die Auflagerreaktionen der Verglasung werden in Form von Streckenlasten auf Pos. 2.1 bzw. Pos. 2.2 weitergeleitet.

Pos. 2.1 Querträger: Der Träger wirkt als Einfeldträger und lagert auf der einen Seite auf Pos. 3 und auf der anderen Seite auf einem am Gebäude befestigten Träger (hier nicht betrachtet), der die Lasten in die Gebäudewand einleitet.

Pos. 3 Längsträger: Dieser wirkt ebenfalls als Einfeldträger mit den Auflagerpunkten an den Stabsystemen Pos. 2.2/Pos. 4. Auf den Längsträger wirken die Auflagerkräfte aus Pos. 2.1 als Einzellasten.

Das **Stabsystem aus Pos. 2.2/Pos. 4** leitet die Lasten aus der Verglasung und dem Längsträger Pos. 3 in die Hauswand ab. Pos. 4 wird als schlanker Zugstab ausgeführt werden.

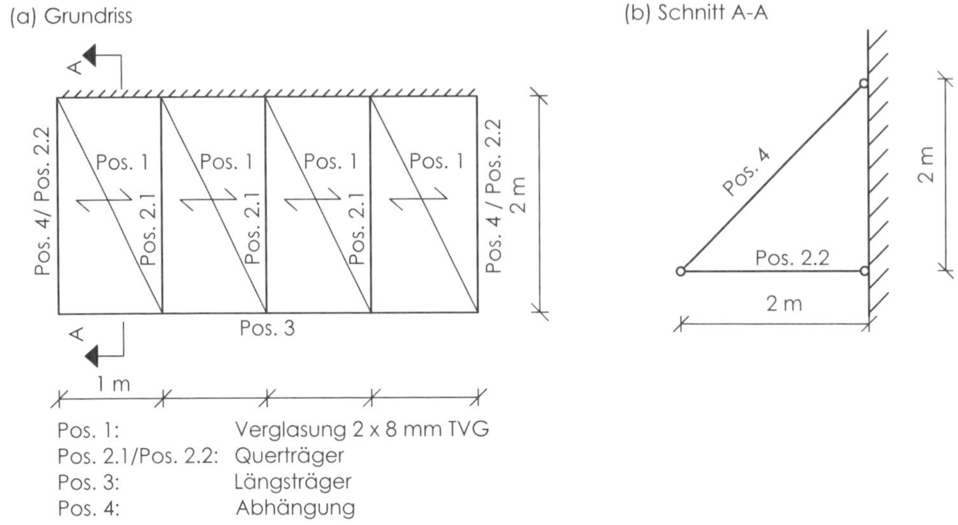

Bild E-51 Positionsplan Vordach

Pos. 2.1 Querträger: Dimensionierung auf Grundlage der Verformungsbegrenzung (GZG)

Die Verformung von Pos. 2.1 wird begrenzt auf L/250. Die Forderungen der DIN 18008-2, welche eine Verformungsbegrenzung für die Unterkonstruktion von linienförmig gelagerten Scheiben von L/200 vorsieht, ist damit erfüllt.

L/250 = 2000 mm / 250 = 8 mm

Mit der bekannten Formel zur Berechnung der maximalen Verformung eines Einfeldträgers unter Gleichlast (siehe Abschnitt B.4.7.1):

$EI\, w(L/2) = 0{,}013\, q\, L^4$

mit

Elastizitätsmodul	E_{Stahl} = 210.000 N/mm²
Durchbiegung in Feldmitte	w (L/2) = L / 250 = 8 mm
Lastanteil	q = g + s + 0,6 · w
	= 0,4 kN/m + 2,3 kN/m + 0,6 · 0,24 kN/m
	= 2,84 kN/m
Spannweite	L = 2000 mm

kann das erforderliche Trägheitsmoment des Stahlträgers bestimmt werden:

$I_{erf} \geq 0{,}013 \cdot 2{,}84$ kN/m · (2.000 mm)^4 / 210.000 N/mm² / 8 mm = 35,2 cm^4

gew. rechteckiges Hohlprofil 60 x 40 x 5 (warmgefertigt nach DIN EN 10210-2) mit I_y = 38,1 cm^4 und $W_{y,el}$ = 12,7 cm³, g = 0,0685 kN/m ~ 0,07 kN/m

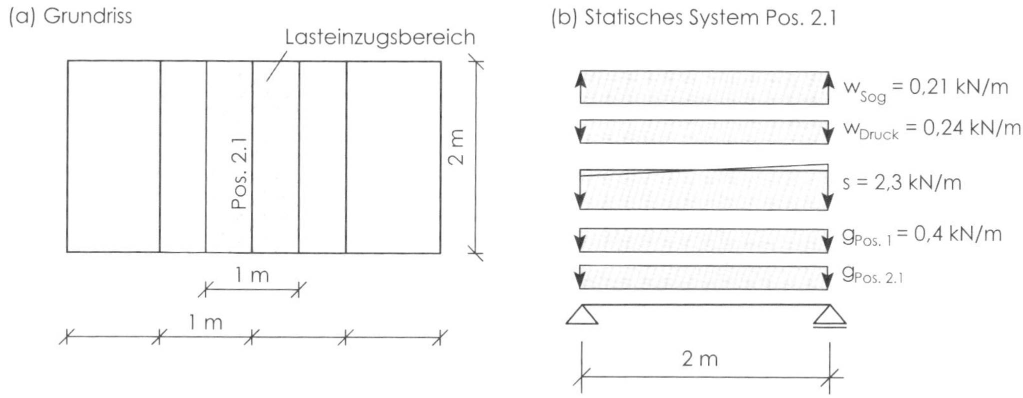

Bild E-52 Position 2.1; statisches System und Lastbild

Pos. 2.1 Querträger: Nachweis im GZT

Ergänzend zur Überprüfung der Gebrauchstauglichkeit ist noch der Nachweis der Tragfähigkeit zu erbringen.

Bemessungslast:

$$q_{Ed,GZT} = 1{,}35 \cdot g + 1{,}5\, s + 1{,}5 \cdot 0{,}6 \cdot w$$
$$= 1{,}35 \cdot (0{,}4 + 0{,}07)\ \text{kN/m} + 1{,}5 \cdot 2{,}3\ \text{kN/m} + 1{,}5 \cdot 0{,}6 \cdot 0{,}24\ \text{kN/m}$$
$$= 4{,}3\ \text{kN/m}$$

Bemessungsmoment:

$$M_{Ed} = q_{Ed} \cdot L^2 / 8 = 4{,}3\ \text{kN/m} \cdot (2\ \text{m})^2 / 8$$
$$= 2{,}15\ \text{kNm}$$

Bauteilwiderstand:

$$M_{Rd} = f_y \cdot W_{y,el}$$
$$= 235\ \text{N/mm}^2 \cdot 12{,}7\ \text{cm}^3$$
$$= 2{,}98\ \text{kNm}$$

Nachweis

$$M_{Ed} / M_{Rd} = 2{,}15\ \text{kNm} / 2{,}98\ \text{kNm} = 0{,}72 < 1$$

Pos. 3 Längsträger: Dimensionierung auf Grundlage der Verformungsbegrenzung (GZG)

Der Längsträger Pos. 3 dient als Auflager für die Querträger Pos. 2.1 (Bild E-53).

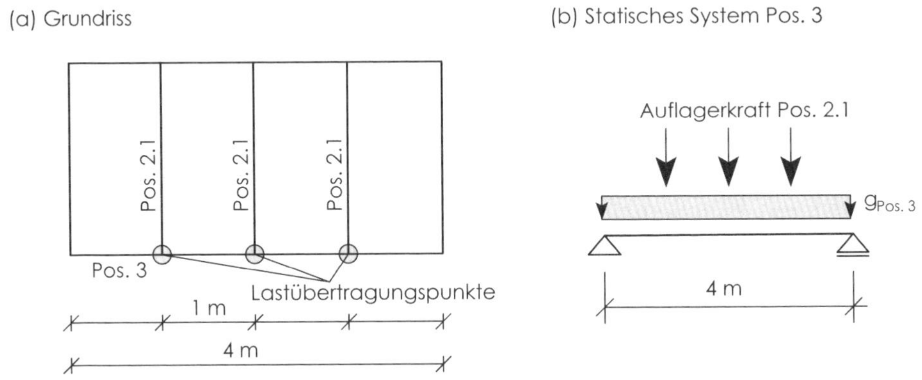

Bild E-53 Position 3; statisches System und Lastbild

Lasten aus Pos. 2.1:

$q_{Ed,GZG,\ Pos.2.1}$ $= g + s + 0{,}6 \cdot w$

$= (0{,}4 + 0{,}07)$ kN/m $+ 2{,}3$ kN/m $+ 0{,}6 \cdot 0{,}24$ kN/m

$= 2{,}91$ kN/m

Auflagerkraft Pos. 2.1 $Q_{Ed} = q_{Ed,GZG} \cdot 2$ m / 2 = 2,91 kN

Die Verformung eines Einfeldträgers, der durch drei Einzellasten belastet wird, berechnet sich gemäß [19] zu:

$w(L/2) = \text{Faktor} \cdot Q_{Ed} \cdot L^3 / 76{,}8 / EI$

mit

Faktor Berechnung der Durchbiegung eines Einfeldträgers mit drei Einzellasten (n = 3):

$(1 - 0{,}8 / n^3) \cdot n = (1 - 0{,}8 / 3^2) \cdot 3 = 2{,}73$

Spannweite Pos. 3 L = 4.000 mm

Elastizitätsmodul $E_{Stahl} = 210.000$ N/mm²

Zulässige Durchbiegung $w_{max}(L/2) = L / 250 = 16$ mm

Durch Umstellen kann das erforderliche Trägheitsmoment I_{erf} des Stahlträgers bestimmt werden:

$I_{erf} \geq 2{,}73 \cdot 2{,}91$ kN $\cdot$ (4.000 mm)³ / 76,8 / 210.000 N/mm² / 16 mm = 1.971 cm⁴

gew. rechteckiges Hohlprofil 200 x 100 x 8 mit $I_y = 2234$ cm⁴ und $w_{y,el} = 223$ cm³, g = 0,351 kN/m

Pos. 3 Längsträger: Nachweis im GZT

Last aus Pos. 2.1:

$Q_{Ed,GZT} = q_{Ed,GZT} \cdot 2$ m / 2 = 4,3 kN/m · 2 m / 2 = 4,3 kN

Auflagerkräfte Pos. 3

$A = 4{,}3\ kN \cdot 1{,}5 = 6{,}45\ kN$

$M_{Ed,max} = 6{,}45\ kN \cdot 2\ m - 4{,}3\ kN \cdot 1\ m = 8{,}6\ kNm$

Eigenlast Pos. 3:

$q_{ED,GZT} = 1{,}35 \cdot 0{,}351\ kN/m = 0{,}474\ kN/m$

$M_{Ed,max} = 0{,}474\ kN/m \cdot (4\ m)^2 / 8 = 0{,}95\ kNm$

Summe $M_{Ed,max} = 8{,}6\ kNm + 0{,}95\ kNm = 9{,}55\ kNm$

$M_{Rd} = f_y \cdot w_{y,el} = 235\ N/mm^2 \cdot 223\ cm^3 = 52{,}4\ kNm$

Nachweis

$M_{Ed,max} / M_{Rd} = 9{,}55\ kNm / 52{,}4\ kNm = 0{,}18 < 1{,}0$

Pos. 4 Zugstab/Abhängung:

Die Position 4 wird als Zugstab ausgeführt. Hierfür wird zunächst überprüft, ob die Gesamtlasten aus Eigengewicht größer sind als die Windsoglasten und der Zugstab nicht schlaff wird.

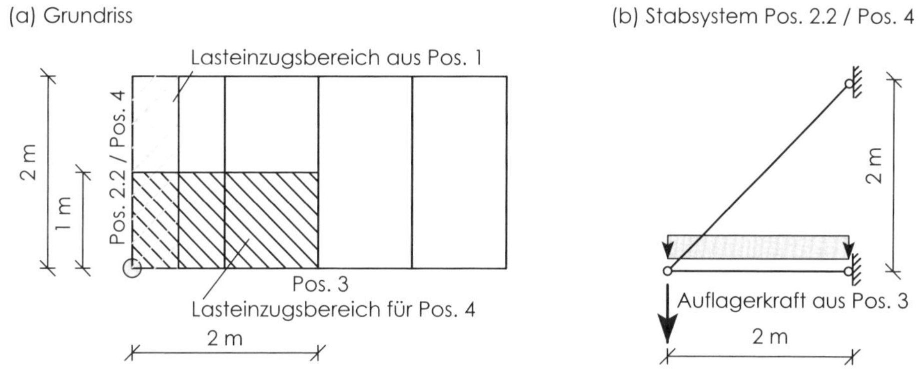

Bild E-54 Pos. 4; Lasteinzugsbereich und Stabsystem

Summe der abhebenden Lasten im Einzugsbereich für Pos. 4 (Bild E-54/a):

$0{,}5\ m \cdot 1\ m \cdot (-1{,}12\ kN/m^2) + 1{,}5\ m \cdot 1\ m \cdot (-0{,}21\ kN/m^2) = -0{,}88\ kN$

Die Windsoglasten wurden Bild E-49/c entnommen.

Summe der Eigenlasten im Einzugsbereich für Pos. 4:

Pos. 1.0	$2\ m \cdot 1\ m \cdot 0{,}4\ kN/m^2$ (entlastend $\gamma_{G,günstig} = 1{,}0$)	= 0,8 kN
Pos. 2.1	$1{,}5 \cdot 2\ m \cdot 0{,}0685\ kN/m$	= 0,21 kN
Pos. 2.2	$1\ m \cdot 0{,}0685\ kN/m$ (Annahme: Gewicht von Pos. 2.2)	= 0,07 kN
Pos. 3	$2\ m \cdot 0{,}351\ kN/m$	= 0,7 kN
Summe		= 1,78 kN

Unter Berücksichtigung von Teilsicherheitsbeiwerten $\gamma_{G,günstig} = 1{,}0$ und $\gamma_{Q,ungünstig} = 1{,}5$ gilt:

$1{,}5 \cdot 0{,}88\ kN < 1{,}0 \cdot 1{,}78\ kN$

$\Rightarrow$ Der Stab Pos. 4 ist ausschließlich auf Zug beansprucht.

Das Eigengewicht der Vordachkonstruktion ist also stets größer als eine unterseitig angreifende, abhebende Windbelastung. Der Zugstab fällt daher nicht aus.

In einem weiteren Berechnungsschritt erfolgt der Nachweis für die Tragfähigkeit des Zugstabs unter maximaler Belastung:

Aus Schnee: $2\ m \cdot 1\ m \cdot 2{,}3\ kN/m^2 = 4{,}6\ kN$

Aus Winddruck: $0{,}5\ m \cdot 1\ m \cdot (0{,}56\ kN/m^2) + 1{,}5\ m \cdot 1\ m \cdot (0{,}24\ kN/m^2) = 0{,}64\ kN$

Aus Eigengewicht: 1,78 kN (Rechung siehe oben)

$F_{Ed,GZT} = 1{,}35 \cdot 1{,}78\ kN + 1{,}5\ (4{,}6\ kN + 0{,}6 \cdot 0{,}64\ kN) = 9{,}88\ kN$

Last in Pos. 4

$N_{Ed,Pos.\ 4} = 9{,}88\ kN / \sin 45° = 9{,}88\ kN / 0{,}707 = 13{,}97\ kN$

$N_{Rd} = f_y \cdot A = 235\ N/mm^2 \cdot A_{erf}$

$N_{Ed,\ Pos.\ 4} < N_{Rd}$

$A_{erf} = 13{,}97\ kN / 235\ N/mm^2 \sim 60\ mm^2$

$A = \pi\ (d/2)^2 \quad \Leftrightarrow \quad d_{erf} = 2\ \sqrt{A/\pi} = 8{,}74\ mm$

$\Rightarrow$ gew. d = 10 mm

$\Rightarrow$ $A_{vorh} = 78{,}53\ mm^2$

$\Rightarrow$ $N_{Rd} = 235\ N/mm^2 \cdot 78{,}53\ mm^2 = 18{,}5\ kN$

$\Rightarrow$ Ausnutzung 13,89 kN / 18,5 kN = 0,75

Damit ist der Nachweis der Tragfähigkeit für den Zugstab erbracht.

Pos. 2.2 Querträger:

Der Querträger Pos. 2.2 wird als Druckstab und als Biegeträger beansprucht. Auf einen detaillierten Nachweis wird in diesem Rahmen jedoch verzichtet.

E.19 Bemessung – Austeifungsverbände

Für den gegebenen Skelettbau mit einer quaderförmigen Gebäudegeometrie wird der Windverband bemessen. Das Gebäuderaster mit Lage der Aussteifungsverbände im Grundriss ist in Bild E-55 dargestellt.

Die Decken sind jeweils als Scheiben ausgebildet und in jeder Außenwand ist ein Aussteifungsverband angeordnet.

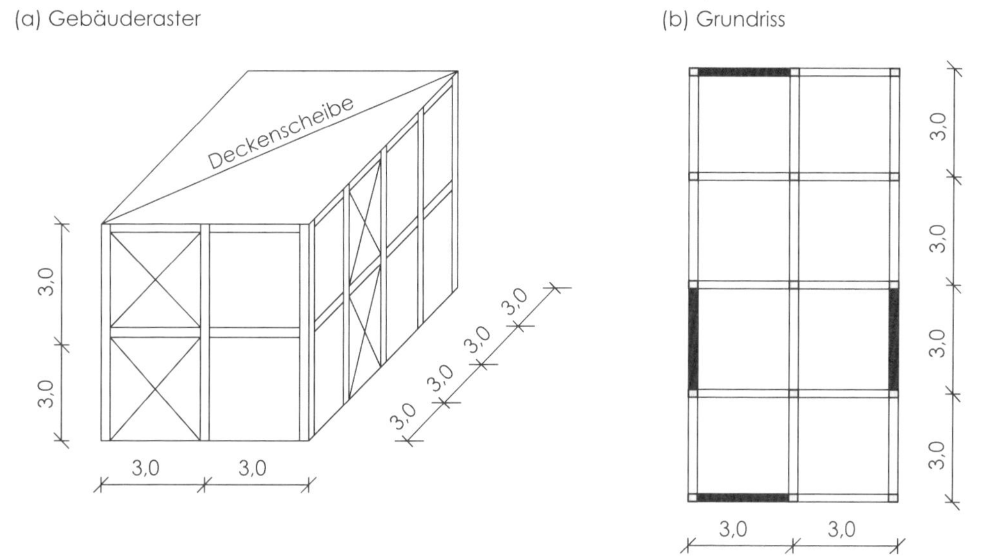

Bild E-55 Gebäudeform und -konstruktion

Die Windlasten auf die Wände wurden bereits in Aufgabe E.15 bestimmt. Maßgebend ist die Anströmrichtung senkrecht zu den Längsseiten. Aufgrund der symmetrischen Anordnung der Wandscheiben teilt sich die Windlast jeweils hälftig auf die Aussteifungssysteme auf:

$w = (0{,}64\ kN/m^2 + 0{,}4\ kN/m^2) \cdot 12\ m / 2 = 6{,}24\ kN/m$

Aufgrund der Durchlaufwirkung der Gebäudestützen über die gesamte Höhe von 6 m werden die Windlasten entsprechend einer Zweifeldträgerwirkung auf den Verband übertragen (Bild B-56):

$F = 1{,}25 \cdot w \cdot 3\ m = 1{,}25 \cdot 6{,}24\ kN/m \cdot 3\ m = 23{,}4\ kN$

Variante Kreuzverband aus Stahlstäben

Am Knoten A wird die Last in den Verband umgelenkt.

$N_{Zugverband} = 23{,}4\ kN / \sin 45° = 23{,}4\ kN / 0{,}707 = 33{,}1\ kN$

$N_{Ed} = 1{,}5 \cdot 33{,}1\ kN = 49{,}7\ kN$

$N_{Ed} < N_{Rd}$

$A_{erf} = 49{,}7\ kN / 235\ N/mm^2 = 211\ mm^2$

$A = \pi\,(d/2)^2 \quad \Leftrightarrow \quad d_{erf} = 2 \cdot \sqrt{211\ mm^2 / \pi} = 16{,}4\ mm$

$\Rightarrow$ gew. Durchmesser d = 18 mm

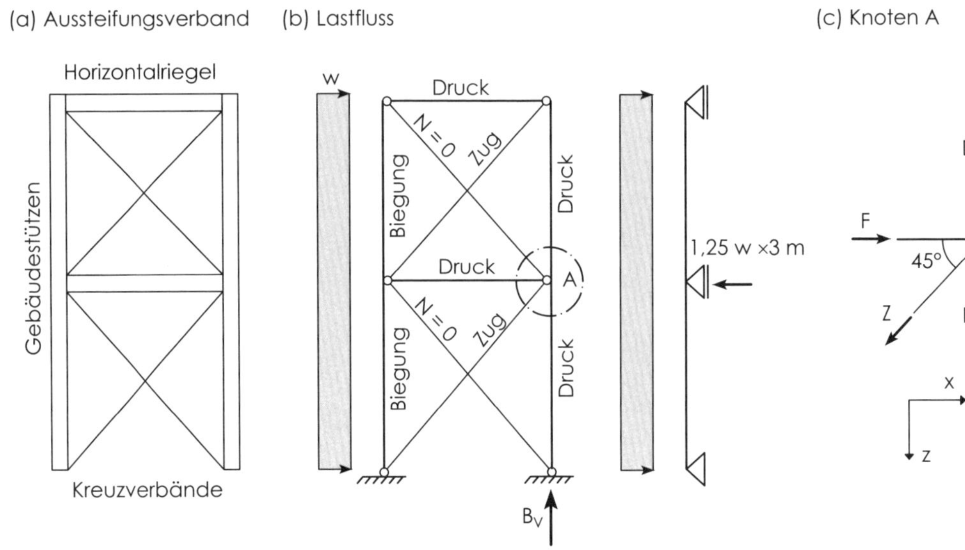

Bild E-56 Verbandsystem in der Ebene

Variante Strebenverband aus Holz, Festigkeitsklasse C24

Alternativ werden keine Kreuzverbände aus Stahlstäben, sondern Holzstreben diagonal eingebaut. In Abhängigkeit von der Windrichtung werden diese auch auf Druck beansprucht.

Bei einer alleinigen Zugbeanspruchung berechnet sich der erforderliche Querschnitt zu:

Bemessungswiderstand für Zug parallel zur Faser:

$\sigma_{Rd} = f_d = k_{mod} \cdot f_k / \gamma_M = 0{,}9 \cdot 14{,}5 \text{ N/mm}^2 / 1{,}3 = 10 \text{ N/mm}^2$

mit

$k_{mod} = 0{,}9$	Klasse der Einwirkungsdauer kurz
$f_{t,0,k} = 14{,}5 \text{ N/mm}^2$	charakteristische Zugfestigkeit für C24 bei Beanspruchung parallel zur Faser
$\gamma_M = 1{,}3$	Teilsicherheitsbeiwert von Holz

Der erforderliche Querschnitt ergibt sich aus der Bemessungslast N_{Ed} und dem Bemessungswiderstand des Materials:

$A_{erf} = N_{Ed} / \sigma_{Rd} = 49{,}7 \text{ kN} / 10 \text{ N/mm}^2 = 49{,}7 \text{ cm}^2$

$b = h = \sqrt{A_{erf}} = 7 \text{ cm}$

$\Rightarrow$ Vollholz C24 8/8 cm

Da der Vollholzquerschnitt in Abhängigkeit von der Windrichtung auch auf Druck beansprucht wird, ist jedoch der Drucknachweis maßgebend. Die Knicklänge enstpricht der Länge des Stabs, hier:

$s_k = 3 \text{ m} \cdot 1{,}414 = 4{,}24 \text{ m}$

Die Mindestschlankheit $\lambda = s_k/i$ eines Holzstabs muss größer sein als 150.

$\Leftrightarrow \quad i \geq 4{,}24 \text{ m} / 150 = 0{,}028 \text{ m}$

$$\Leftrightarrow \quad i = \sqrt{I/A} = \sqrt{\frac{b\ h^3}{12}\frac{1}{b\ h}} = \sqrt{\frac{h^2}{12}} = h/\sqrt{12}$$

$\Leftrightarrow \quad h \geq \sqrt{12} \cdot 4{,}24 \text{ m} / 150 = 0{,}1 \text{ m}$

$A = 0{,}1 \text{ m} \cdot 0{,}1 \text{ m} = 0{,}01 \text{ m}^2$

Knickbeiwert gemäß EC5

$k_c = 0{,}142$

Bemessungsspannung:

$\sigma_{Rd} = f_d = k_{mod} \cdot f_k / \gamma_M$

mit

$f_d = 0{,}9 \cdot 21 \text{ N/mm}^2 / 1{,}3 = 14{,}5 \text{ N/mm}^2$

$k_{mod} = 0{,}9$	Klasse der Einwirkungsdauer kurz
$f_{c,0,k} = 21 \text{ N/mm}^2$	charakteristische Druckfestigkeit für C24 bei Beanspruchung parallel zur Faser
$\gamma_M = 1{,}3$	Teilsicherheitsbeiwert von Holz

Knicknachweis:

$N_{Ed} / A \leq k_c \cdot \sigma_{Rd}$

$49{,}7 \text{ kN} / 0{,}01 \text{ m}^2 = 4{,}97 \text{ N/mm}^2$

$k_c \cdot \sigma_{Rd} = 0{,}142 \cdot 14{,}5 \text{ N/mm}^2 = 2{,}06 \text{ N/mm}^2$

Nachweis:

$4{,}97 \text{ N/mm}^2 > 2{,}06 \text{ N/mm}^2$

Der Nachweis ist nicht erbracht.

Neue Querschnittsschätzung: 16/16 cm C24

$A = 0{,}16 \text{ m} \cdot 0{,}16 \text{ m} = 0{,}026 \text{ m}^2$

$i = 0{,}16 / \sqrt{12} = 0{,}046 \text{ m}$

$\lambda = s_k / i = 4{,}24 \text{ m} / 0{,}046 \text{ m} = 92$

für $\lambda = 95 \Rightarrow k_c = 0{,}332$

$N_{Ed} / A \leq k_c \cdot \sigma_{Rd}$

$49{,}7 \text{ kN} / 0{,}026 \text{ m}^2 = 1{,}9 \text{ N/mm}^2$

$k_c \cdot \sigma_{Rd} = 0{,}2 \cdot 14{,}5 \text{ N/mm}^2 = 2{,}9 \text{ N/mm}^2$

Nachweis:

$1{,}9 \text{ N/mm}^2 < 2{,}9 \text{ N/mm}^2$

Der Nachweis ist erbracht.

E.20 Bemesung – Stahlbeton

E.20.1 Übersicht

Für einen Einfeldträger mit einer Spannweite von 6,5 m, der durch sein Eigengewicht und eine Nutzlast belastet wird, werden folgende Nachweise und Systemvarianten betrachtet:

- Ermittlung der Biegelängsbewehrung für einen Rechteckquerschnitt in drei unterschiedliche Nachweisvarianten (Beispiel E.20.2)
- Ermittlung der Biegelängsbewehrung für einen Plattenbalkenquerschnitt (Beispiel E.20.3)
- Schubnachweis (Beispiel E.20.4)
- alternative Variante als wandartiger Träger (Beispiel E.20.5)

Für alle Beispiele gilt:

Belastung: $g/q_k = 50/30$ kN/m

Materialkennwerte: Beton C30/37, Betonstahl B500A

Expositionsklasse: XC1

E.20.2 Querschnittsbemessung Biegung (Rechteckquerschnitt)

Der in Bild E-57 dargestellte Rechteckquerschnitt b/h = 40/60 cm wird durch ein Biegemoment M_y beansprucht.

Bemessungsmoment: $M_{y,d} = 594{,}14$ kNm (Ermittlung Moment vgl. Beispiel E.20.4)

Expositionsklasse XC1 $\Rightarrow$ $c_{nom} = 20$ mm

$\Rightarrow$ gew. $c_{v,L} = 35$ mm

d_1 = Betondeckung + $\varnothing_{Bü}$ + 1/2 $\varnothing_L$

mit

$\varnothing_{Bü}$ Durchmesser Bügelbewehrung

$\varnothing_L$ Durchmesser Längsbewehrung

$d_1 \sim 25$ mm +10 mm +25 mm/2 ~ 50 mm

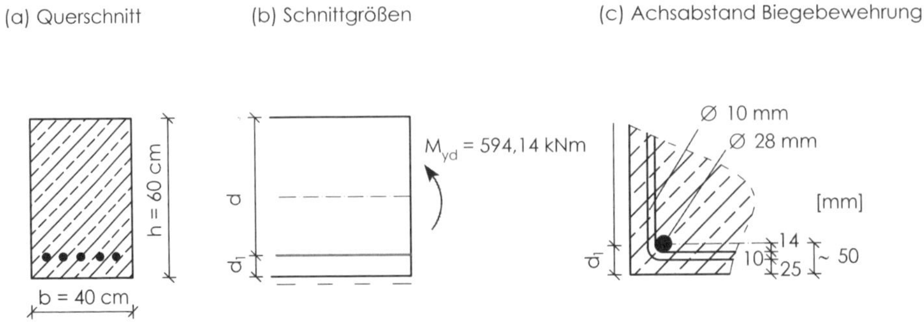

Bild E-57 System, Belastung und Querschnitte

Variante 1: Nachweis mit dimensionslosen Beiwerten

$f_{cd} = \alpha_{cc} \cdot f_{ck} / \gamma_c$

$= 0{,}85 \cdot 30\ N/mm^2 / 1{,}5 = 17\ N/mm^2$

mit

$f_{ck} = 30\ N/mm^2$ charakteristische Festigkeit des Betons C30/37

α_{cc} Abminderungsfaktor zur Berücksichtigung von Langzeiteinwirkungen

γ_c Teilsicherheitsbeiwert von Beton

Moment bezogen auf die Biegezugbewehrung (dimensionslos):

$\mu_{Eds} = M_{Eds} /(b \cdot d^2 \cdot f_{cd})$

$= 0{,}594\ MNm / (0{,}4\ m \cdot 0{,}55^2\ m^2 \cdot 17\ N/mm^2) = 0{,}289 \sim 0{,}29$

Mechanischer Bewehrungsgrad ω abgelesen aus Bemessungstafel (dimensionsloses Verfahren):

$\omega = 0{,}355$

Druckzonenhöhe x:

$x/d = 0{,}438 \Rightarrow x = 0{,}438 \cdot d = 0{,}438 \cdot 55\ cm = 24{,}1\ cm$

Innerer Hebelarm z:

$z/d = 0{,}818 \Rightarrow z = 0{,}818 \cdot d = 0{,}818 \cdot 55\ cm = 45\ cm$

$\sigma_{Sd} = 435\ N/mm^2$

Damit ermittelt sich die erforderliche Biegelängsbewehrung zu

erf. $A_{S1} = 1 / \sigma_{Sd} (\omega \cdot b \cdot d \cdot f_{cd} + N_{Ed})$

$= 1 / 435\ N/mm^2 (0{,}355 \cdot 0{,}4\ m \cdot 0{,}55\ m \cdot 17\ N/mm^2) = 30{,}52\ cm^2$

bzw. Zugkraft im Bewehrungsstahl

$F_{S1} = 30{,}52\ cm^2 \cdot 435\ N/mm^2 = 1327{,}6\ kN$

Gewählte Bewehrung:

5 ∅ 28 (vorh. $A_{S1} = 5 \cdot 6{,}16\ cm^2 = 30{,}8\ cm^2$) > erf. A_{S1}

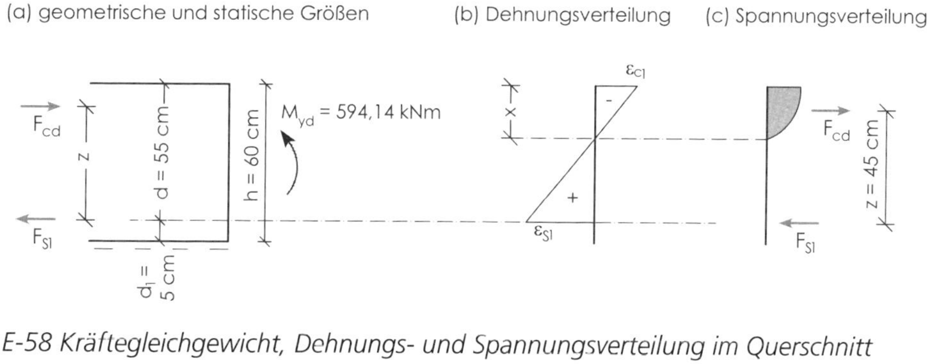

Bild E-58 Kräftegleichgewicht, Dehnungs- und Spannungsverteilung im Querschnitt

Variante 2: Nachweis mit kd-Verfahren (dimensionsgebunden)

$$k_d = \frac{d\,[cm]}{\sqrt{M_{Eds}[kNm]\,/\,b\,[m]}}$$

$$= \frac{55cm}{\sqrt{594{,}14kNm\,/0{,}4m}}$$

$$= 1{,}43$$

Abgelesen aus Bemessungstafel (dimensionsgebundenes Verfahren):

$k_s = 2{,}79$

$\xi = x/d = 0{,}422$

$\zeta = z/d = 0{,}824$

Damit ermittelt sich die erforderliche Biegelängsbewehrung zu

erf. $A_{S1} = k_s \cdot M_{Eds}\,[kNm]\,/\,d\,[cm] + N_{Ed}\,[kN]\,/\,43{,}5$

$= 2{,}79 \cdot 594{,}14\ kNm\,/\,55\ cm = 30{,}14\ cm^2$

Variante 3: Faustformel zur Vordimensionierung

Der innere Hebelarm wird vereinfacht abgeschätzt mit

$z \sim 0{,}85 \cdot d$

$= 0{,}85 \cdot 55\ cm = 46{,}8\ cm$

$F_S = M_{y,d}\,/\,z = 594{,}14\ kNm\,/\,0{,}468\ m = 1270\ kN$

Die erforderliche Längsbewehrung beträgt dann

erf. $A_{S1} = F_S\,/\sigma_{Sd}$

$= 1270\ kN\,/\,(435\ N/mm^2) = 29{,}2\ cm^2$

Vergleich der Ergebnisse

Tabelle E-16 Erforderliche Biegezugbewehrung

Nachweisverfahren	Variante 1: dimensionslose Beiwerte	Variante 2: k_d-Verfahren	Variante 3: Faustformel
erf. A_S	30,5 cm²	30,1 cm²	29,2 cm²

E.20.3 Querschnittsbemessung Biegung (Plattenbalkenquerschnitt)

Im Vergleich zum Rechteckquerschnitt steht beim Plattenbalken ein vergrößerter Querschnitt in der Betondruckzone zur Verfügung. Im Rahmen der Bemessung ist dann allerdings zu überprüfen, ob die Druckzone innerhalb des Plattenbalkens liegt oder sich bis in den Stegbereich ausbreitet.

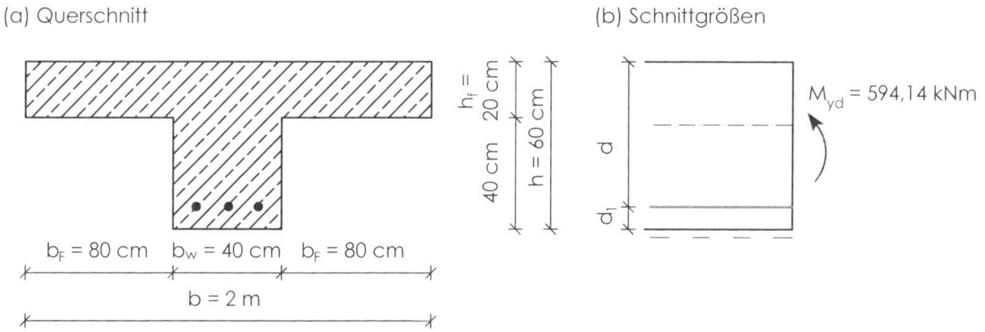

Bild E-59 Plattenbalkenquerschnitt und Biegebeanspruchung

Variante 1: Nachweis mit dimensionslosen Beiwerten

Annahmen:

$x \leq h_f$ und b_{eff} = vorh b

$\mu_{Eds} = M_{Eds} / (b \cdot d^2 \cdot f_{cd})$

$= 0{,}594\ \text{MNm} / (2\ \text{m} \cdot 0{,}55^2\ \text{m}^2 \cdot 17\ \text{N/mm}^2) = 0{,}0578$

Bewehrungsgrad ω abgelesen aus Bemessungstafel (dimensionsloses Verfahren):

$\omega = 0{,}057$

$x/d = 0{,}08 \quad \Rightarrow x = 0{,}438 \cdot d = 0{,}08 \cdot 55\ \text{cm} = 4{,}4\ \text{cm}$

Kontrolle: 4,4 cm < (h_f = 20 cm) ⇒ Druckzone liegt in der Platte

$z/d = 0{,}969$

$\Rightarrow z = 0{,}969 \cdot d = 0{,}969 \cdot 55\ \text{cm} = 53{,}3\ \text{cm}$

erf. $A_{S1} = 1 / \sigma_{Sd} (\omega \cdot b \cdot d \cdot f_{cd} + N_{Ed})$

$= 1 / 435\ \text{N/mm}^2 (0{,}057 \cdot 2\ \text{m} \cdot 0{,}55\ \text{m} \cdot 17\ \text{N/mm}^2) = 24{,}5\ \text{cm}^2$

Fazit: Beim Plattenbalken breitet sich die Druckzone in der Platte aus und es steht damit effektiv ein breiterer Querschnitt zur Verfügung. Im vorliegenden Beispiel zeigt sich ein erheblicher Unterschied: während beim Rechteckquerschnitt die Druckzone sehr hoch ausgenutzt ist (mit x = 23,9 cm), sodass schon fast Druckbewehrung erforderlich wird, ist die Ausnutzung beim Plattenbalken vergleichsweise gering (mit x = 4,4 cm). Hierdurch vergrößert sich der innere Hebelarm für die Bemessung von z = 45 cm (für den Rechteckquerschnitt) auf z = 53 cm (für den Plattenbalken). Die erforderliche Biegebewehrung reduziert sich um rund 20 % von erf A_S = 30,5 cm² (beim Rechteckquerschnitt) auf erf. A_S = 24,5 cm² (beim Plattenbalken).

E.20.4 Einfeldträger, Querschnittsbemessung (hier: Schub)

Bemessungslast

$q_{Ed} = \gamma_G \cdot g_k + \gamma_Q \cdot q_k = 1{,}35 \cdot 50\ kN/m + 1{,}5 \cdot 30\ kN/m = 112{,}5\ kN/m$

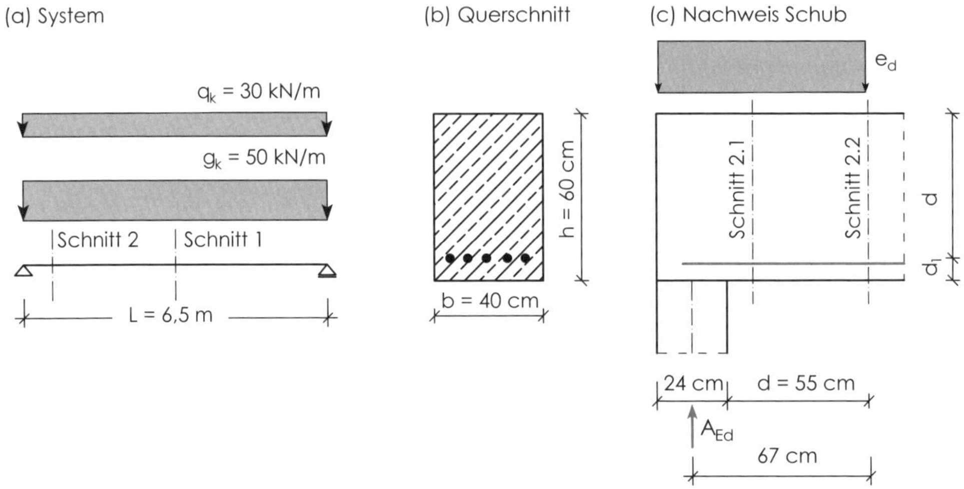

Bild E-60 Statisches System und Belastung, Querschnitt sowie Auflagersituation

Nachweis der Biegeschlankheit

für „normale" Anforderungen $d \geq L / 35 = 6{,}5\ m / 35 = 0{,}19\ m$

für „erhöhte" Anforderungen $d \geq L^2 / 150 = (6{,}5\ m)^2 / 150 = 0{,}28\ m$

Der vorhandene Querschnitt mit d = 0,55 m erfüllt die erhöhten Anforderungen.

Nachweis Biegung

Bemessungsschnittgröße in Feldmitte

$M_{Ed} = q_{Ed}\ L^2 / 8 = 112{,}5\ kNm \cdot (6{,}5\ m)^2 / 8 = 594{,}14\ kNm$

(Nachweis und Bemessung vgl. Beispiel E.20.2)

Nachweis Schub

Bemessungsschnittgröße am Auflager

$V_{Ed} = q_{Ed}\ L / 2 = 112{,}5\ kNm \cdot 6{,}5\ m / 2 = 365{,}6\ kN$

Bei gleichmäßig verteilter Belastung und direkter Auflagerung darf die Bemessung der Querkraftbewehrung mit einem reduzierten Bemessungswert (red V_d) im Abstand d vom Auflagerrand erfolgen (siehe Bild E-60).

red $V_{Ed} = A_d - q_{Ed} \cdot L_{red} = 365{,}6\ kN - 112{,}5\ kN/m \cdot 0{,}67\ m = 290{,}2\ kN$

Schritt 1: Zunächst erfolgt die Überprüfung, ob rechnerisch eine Querkraftbewehrung erforderlich ist.

Der Querkraftwiderstand $V_{Rd,c}$ **ohne** Querkraftbewehrung ermittelt sich zu:

$V_{Rd,c} = 0{,}1 \cdot k\,(100 \cdot \rho_L \cdot f_{ck})^{1/3} \cdot b \cdot d$

$= 0{,}1 \cdot 1{,}6 \cdot (100 \cdot 0{,}014 \cdot 30)^{1/3} \cdot 0{,}4\ m \cdot 0{,}55\ m$

$= 0{,}122\ MN$

mit

k Maßstabsfaktor: $k = 1 + \sqrt{200/d} \leq$ mit d in [mm];

hier $k = 1 + \sqrt{200/550} = 1{,}6$

ρ_L Längsbewehrungsgrad: $\rho_L = A_{sL} / (b_w \cdot d) \leq 0{,}02$

hier $\rho_L = 30{,}8\ cm^2 / (40\ cm \cdot 55\ cm) = 0{,}014$

Da hier die Querkrafttragfähigkeit ohne Querkraftbewehrung geringer ist als die einwirkende Querkraft, folgt:

$V_{Rd,c} < V_{Ed}$

$\Rightarrow$ Es folgt daraus, dass rechnerisch keine Querkraftbewehrung erforderlich ist.

Schritt 2: Prüfung, ob die Querkraftragfähigkeit des Querschnitts grundsätzlich ausreichend ist (Nachweis der maximalen Betondruckstrebe)

$V_{Rd,max} = b_w \cdot z \cdot 0{,}75 \cdot f_{cd} / (\cot\theta + \tan\theta)$

Mit der vereinfachten Annahme zum Druckstrebenwinkel θ und dem inneren Hebelarm

$\cot\theta = 1{,}2$ und $z = 0{,}9\ d$

ergibt sich

$V_{Rd,max} = 0{,}4\ m \cdot 0{,}9 \cdot 0{,}55\ m \cdot 0{,}75 \cdot 17\ N/mm^2 / (1{,}2 + 1/1{,}2) = 1240\ kN$

Nachweis

$V_{Ed} < V_{Rd,max}$

$\Rightarrow$ Der Querschnitt ist ausreichend tragfähig.

Schritt 3: Ermittlung der erforderlichen Querkraftbewehrung

erf $a_{sw} = V_{Ed} / (f_{ywd} \cdot z \cdot \cot\theta)$

mit

$V_{Ed} = \text{red}\ V_{Ed} = 290\ kN$

$z = 0{,}9 \cdot d = 0{,}9 \cdot 55\ cm = 49{,}5\ cm$

$\cot\theta = 1{,}2$

$f_{ywd} = 435\ N/mm^2$

erf $a_{sw} = 0{,}290\ MN / (435\ N/mm^2 \cdot 0{,}495\ m \cdot 1{,}2) = 11{,}2\ cm^2/m$

gew. Bügel zweischnittig $\varnothing$ 10/12,5 cm (= 12,57 cm²/m)

Hinweis: Im Rahmen der vollständigen Bemessung wäre noch eine Mindestbewehrung zu ermitteln und aus Gründen der Wirtschaftlichkeit eine Staffelung der Bügel gemäß Schubkraftdeckungslinie vorzunehmen.

E.20.5 Wandartiger Träger mit unterseitig angehängter Decke

Im direkten Vergleich zu den vorgenannten Stabquerschnitten erfolgt in diesem Beispiel noch der Nachweis für eine Scheibe mit identischer Stützweite. Ein derartiges Bauteil wird im Stahlbetonbau als wandartiger Träger bezeichnet, dessen Bemessung z.B. unter Anwendung der Bemessungsempfehlung gemäß Heft 631, Kapitel 4 des Deutschen Ausschusses für Stahlbeton (kurz DAfStb) erfolgen kann.

Stützweite, Baustoffe und Belastung werden analog zu Beispiel 2 angenommen.

mit

Wandhöhe	h = 3 m
rechnerische Stützweite	L = 6,5 m
Wanddicke	t = 25 cm
Auflagerbreite	c = 24 cm

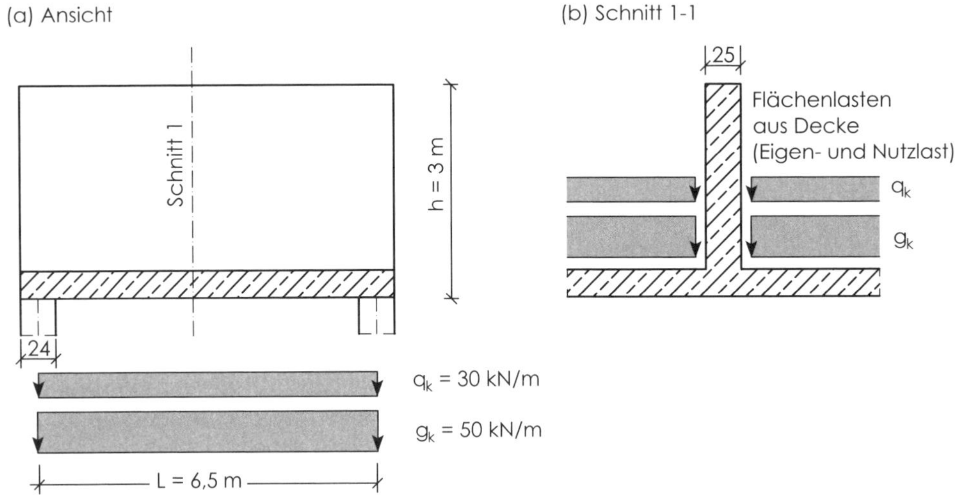

Bild E-61 Wandartiger Träger; System, Belastung und Schnitt

Aufgrund der über die Wandhöhe nichtlinearen Spannungsverteilung (Bild E-62/a) vergrößert sich der innere Hebelarm ab einem gewissen Verhältnis von Wandhöhe zu Stützweite nicht weiter. Die entsprechenden Werte können z.B. aus den Tafeln in Heft 631 abgelesen werden.

h/L = 3 m / 6,5 m = 0,46

t/L = 0,25 m /6,5 m = 0,04

Der rechnerisch ansetzbare innere Hebelarm beträgt demnach

$z_F = 0{,}3 \cdot h\,(3 - h/L)$ für $0{,}5 < h/L < 1$

bzw. für den hier vorliegenden Fall:

$z_F = 0{,}3 \cdot 3\text{ m}\,(3 - 0{,}46) = 2{,}29\text{ m}$

$F_{Sd} = M_d / z_F = 594{,}14\text{ kNm} / 2{,}29\text{ m} = 259{,}4\text{ kn}$

erf. $A_s = F_{Sd} / f_{yd} = 259{,}4\text{ kNm} / 435\text{ N/mm}^2 = 5{,}96\text{ cm}^2$

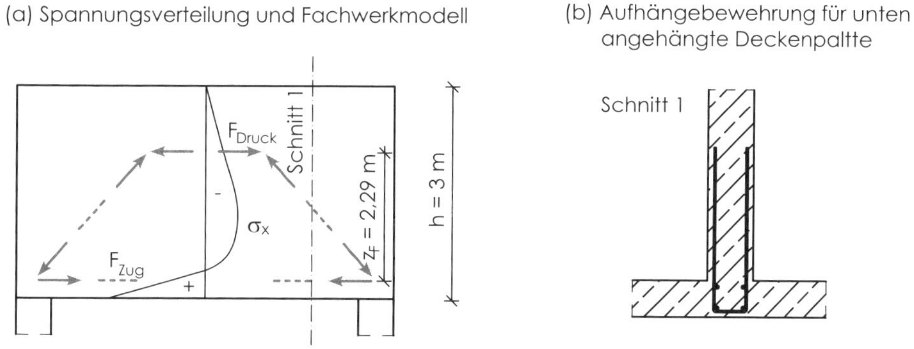

Bild E-62 Spannungsverteilung, Fachwerkmodell und Aufhängebewehrung

Vergleich mit den Beispielen Rechteckquerschnitt und Plattenbalken

Tabelle E-17 Innerer Hebelarm und erforderliche Biegezugbewehrung

Beispiel	Rechteck	Plattenbalken	wandartiger Träger
innerer Hebelarm	100 % (= 45 cm)	118 % (= 53 cm)	509 % (= 229 cm)
erf. A_S	100 % (= 30,5 cm²)	80 % (= 24,5 cm²)	20 % (= 5,96 cm²)

Im Rahmen der Bemessung sind dann ergänzend zu den vorstehenden Nachweisen noch weitere Detailnachweise zu führen (z.B. Aufhängebewehrung, Knotenpunkte etc.) und um konstruktiv zu wählende Bewehrungskomponenten zu ergänzen.

Nachweis der Aufhängebewehrung

Die Deckenplatte wird unterseitig an den wandartigen Träger aufgehängt. Hierfür ist eine entsprechende Aufhängebewehrung in der Wand anzuordnen.

erf. $a_s = q_{Ed} / f_{yd} = 112{,}5\text{ kN/m} / 435\text{ N/mm}^2 = 2{,}59\text{ cm}^2\text{/m}$

Die Hochhängebewehrung wird als vertikaler Steckbügel am unteren Wandrand ausgebildet: gew. Bewehrung 2-schnittige Bügel ∅ 8/20 = 5,03 cm²/m

Die Aufhängebewehrung ist im Träger ausreichend hoch bis in die Druckzone zu führen (Bild E-63/b).

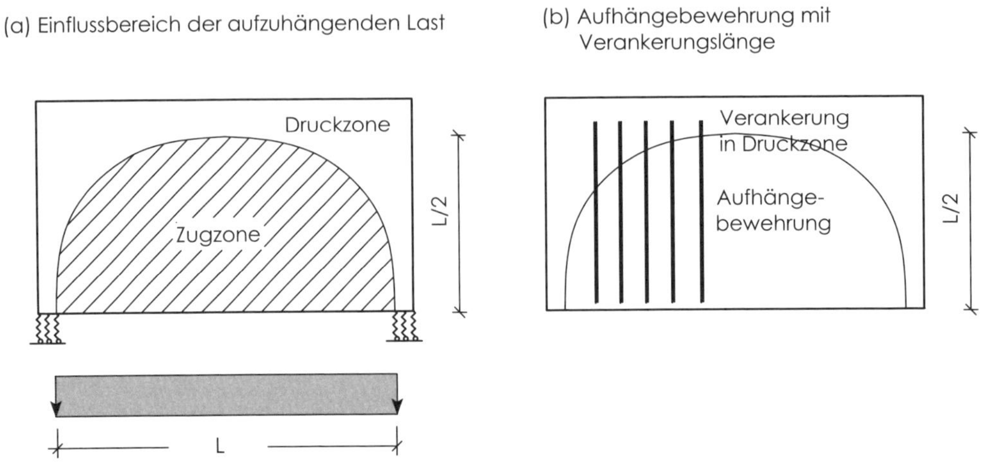

Bild E-63 Aufhängung der Belastung

Diese Bügel umschließen die untere Biegzugbewehrung der Wand. Die untere Deckenbewehrung ist ihrerseits auf die untere Biegezugbewehrung der Wand aufzulegen. Bild E-64 zeigt die konstruktive Ausbildung im Detail.

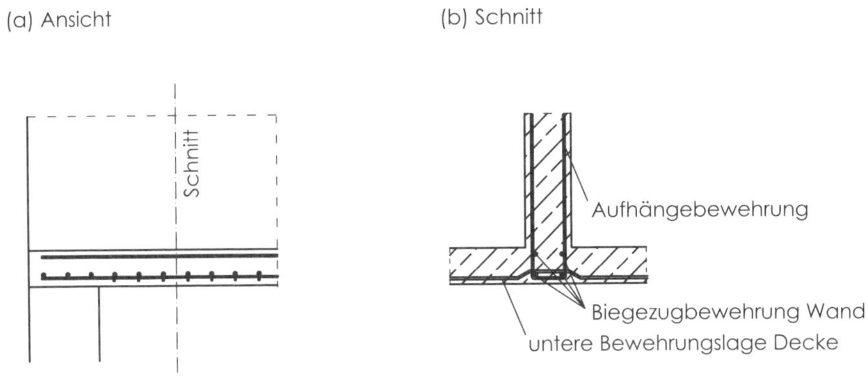

Bild E-64 Wandartiger Träger; Bewehrungsführung

E.21 Bemessung – Stahlbetontreppenlauf

Der in Bild E-65 dargestellte Stahlbetontreppenlauf befindet sich in einem Fluchttreppenhaus eines Hotels. Der Lauf ist am Fuß- und Kopfpunkt gelenkig gelagert und kann als schräger Balken idealisiert werden. Für die Bemessung sind das Gewicht als Linienlast und die Nutzlast gemäß Nutzungskategorie T2 gesucht.

Beton C20/25, Betonstahl B500A

Expositionsklasse XC1 $\Rightarrow$ vereinfacht $d_1 = 4$ cm

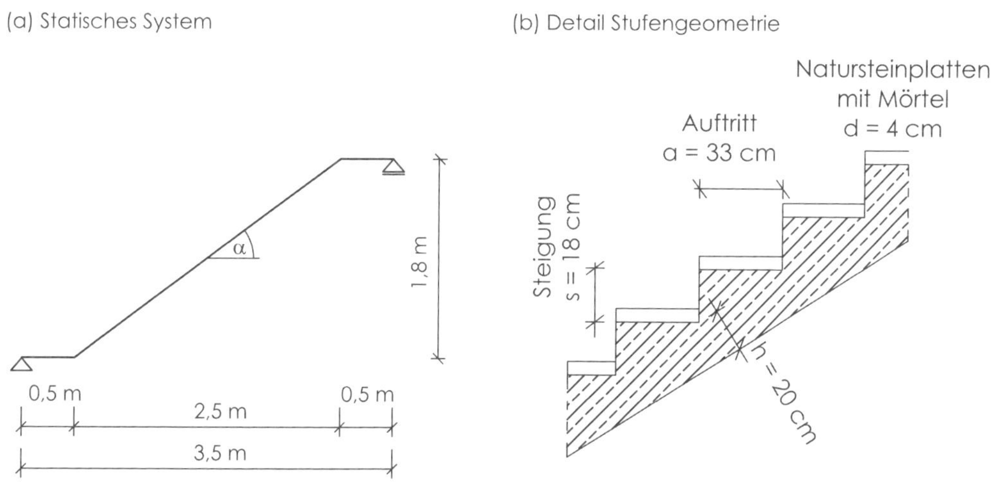

Bild E-65 Stahlbetontreppenlauf, Geometrie und Belastung

Aus Gründen der Anschaulichkeit wird nachfolgend eine Laufbreite von 1 m nachgewiesen. Die tatsächliche Breite der Treppe ergibt sich aus den Anforderungen an die Fluchtwegbreite.

Nachweis der Biegeschlankheit

$d \quad \geq L / (K \cdot 35)$

$\quad \geq 4{,}08 \text{ m} / 35 = 0{,}12 \text{ m}$

mit

L Länge des Treppenlaufs (Abwicklung)

d statische Nutzhöhe

K K = 1,0 für Einfeldträger (siehe Bild C-176)

Gewählte Laufhöhe

h = 0,2 m

Laufneigung

$\tan \alpha = 18 \text{ cm} / 33 \text{ cm} \quad \Leftrightarrow \quad \alpha = 28{,}61°$

Eigengewicht

Eigengewicht Podeste

$g_{1.1} = 0{,}2 \text{ m} \cdot 25 \text{ kN/m}^3 = 5 \text{ kN/m}^2$

Eigengewicht schräge Platte mit Stufen

Das Gewicht der Stahlbetonstufen wird als Einzellast berechnet und dann auf die Auftrittslänge von 33 cm verteilt.

$g_{1.2} \quad = 0{,}2 \text{ m} \cdot 25 \text{ kN/m}^3 / \cos 28{,}6° + 1/2 \cdot 0{,}33 \text{ m} \cdot 0{,}18 \text{ m} \cdot 25 \text{ kN/m}^3 / 0{,}33 \text{ m}$

$\quad = g_{Platte}$ bezogen auf Grundfläche + G_{Stufe} verteilt auf Auftrittslänge

$= 5{,}7\ kN/m^2 + 2{,}25\ kN/m^2$

$= 7{,}95\ kN/m^2$

$\Delta g = g_{1.2} - g_{1.1} = 7{,}95\ kN/m^2 - 5\ kN/m^2 = 2{,}95\ kN/m^2$

Das Flächengewicht für die Natursteinplatten, incl. Mörtel, wird aus Tabellenwerken entnommen. Das Gewicht bezogen auf den Grundriss beträgt dann:

$g_{1.3} = 0{,}3\ kN/m^2/cm \cdot 4\ cm = 1{,}2\ kN/m$

Nutzlast

Bei einem Treppenlauf aus Stahlbeton muss kein Nachweis der örtlichen Mindesttragfähigkeit geführt werden.

Für die Nutzungskategorie T2 gilt: $q_k = 5\ kN/m^2$

Bemessungslasten

Grundlast

$e_{d,1} = 1{,}35 \cdot (5\ kN/m^2 + 1{,}2\ kN/m^2) + 1{,}5 \cdot 5\ kN/m^2 = 15{,}87\ kN/m^2$

Zusatzlast aus schräger Platte und Stufen

$e_{d,2} = 1{,}35 \cdot 2{,}95\ kN/m^2 = 3{,}98\ kN/m^2$

Bemessungsmomente (siehe auch Bild E-66/b)

infolge $e_{d,1}$:

$m_{d,1} = e_{d,1} \cdot L^2 / 8 = 15{,}87\ kN/m^2 \cdot (3{,}5\ m)^2 / 8 = 24{,}3\ kNm/m$

infolge $e_{d,2}$:

Auflagerkräfte

$a = b = 3{,}98\ kN/m^2 \cdot 2{,}5\ m / 2 = 4{,}98\ kN/m$

$m_{d,2} = 4{,}98\ kN/m \cdot 0{,}5\ m + 3{,}98\ kN/m^2 \cdot (2{,}5\ m)^2/8$

$= 5{,}6\ kNm/m$

$m_{d,ges} = m_{d,1} + m_{d,2} = 24{,}3\ kNm/m + 5{,}6\ kNm/m = 29{,}9\ kNm/m$

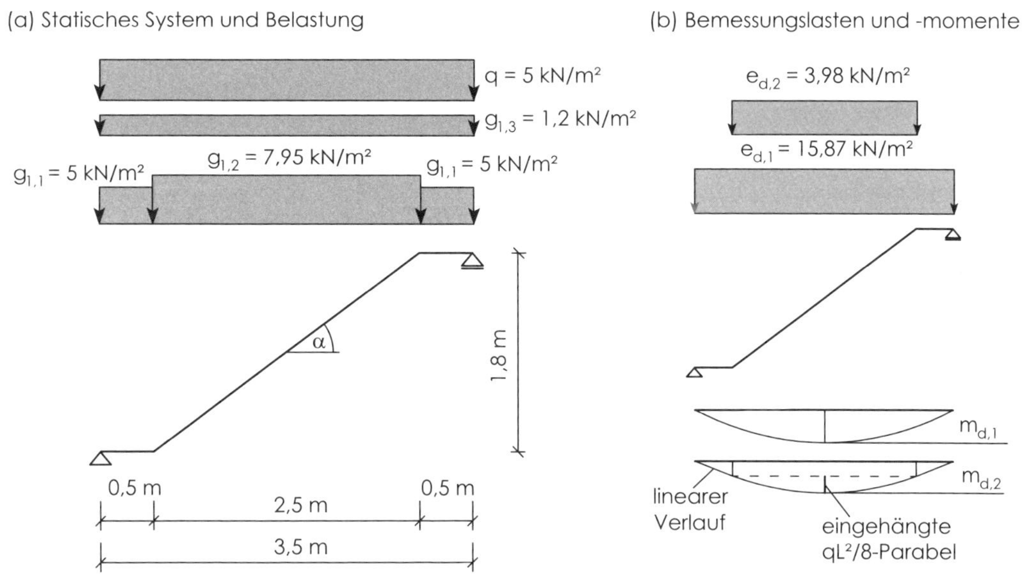

Bild E-66 Lastbilder, Bemessungslasten und -momente

Biegebemessung mit dimensionslosen Beiwerten

$\mu_{Eds} = m_{Eds} /(d^2 \cdot f_{cd})$

$= 29{,}9$ kNm/m / ($0{,}16^2$ m² · 11,3 N/mm²)

$= 0{,}103$

mit

f_{cd} Bemessungsdruckfestigkeit Beton

$f_{cd} = \alpha_{cc} \cdot f_{ck} / \gamma_c$

$= 0{,}85 \cdot 20$ N/mm² / 1,5 = 11,3 N/mm²

f_{ck} = 20 N/mm² charakteristische Festigkeit eines Betons C20/25

α_{cc} Abminderungsfaktor zur Berücksichtigung von Langzeiteinwirkungen

γ_c Teilsicherheitsbeiwert von Beton

abgelesen aus Bemessungstafel (dimensionsloses Verfahren):

$\omega = 0{,}13$

erf. $A_{S1} = 1 / \sigma_{Sd} (\omega \cdot b \cdot d \cdot f_{cd})$

= 1 / 435 N/mm² (0,13 · 1 m · 0,16 m · 11,3 N/mm²)

= 5,4 cm²

gewählt 8 ∅ 10, dies entspricht 6,28 cm²

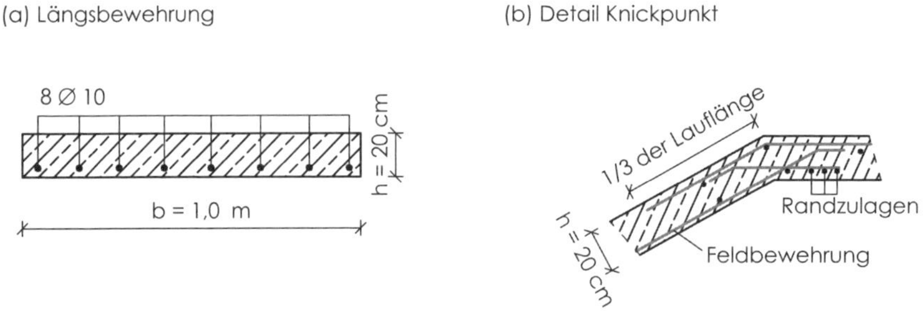

Bild E-67 Bewehrungsführung; exemplarische Darstellung für Feldmitte und oberen Knickpunkt

E.22 Bemessung – Stahlbetonstütze

Eine Kragstütze wird am Kopf gemäß Bild E-69 belastet:

$N_d = 700$ kN

$H_d = 30$ kN

$M_{y,d} = 120$ kNm

$M_{z,d} = 0$

Beton C30/37 $\Rightarrow f_{cd} = 17$ N/mm²

gew. $d_1 \sim 5$ cm

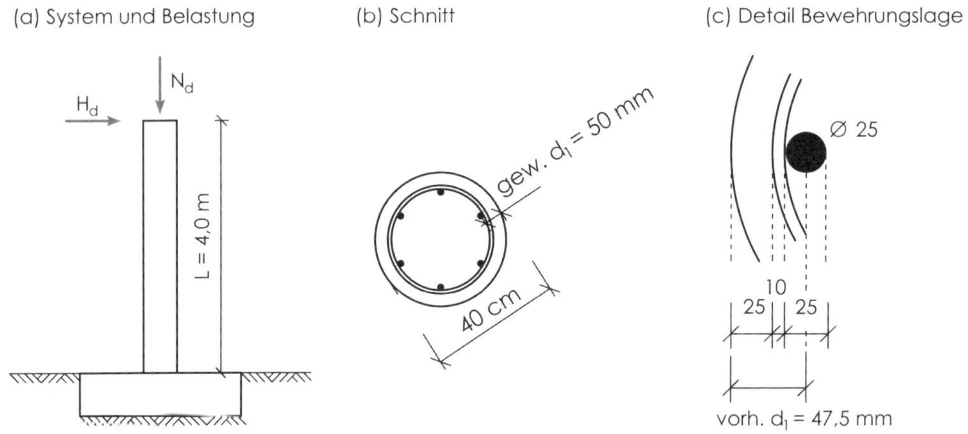

Bild E-68 System und Stützenquerschnitt

Stützenlänge $L_{col} = 4$ m

Knicklänge $\beta = 2$ (Kragstütze, starre Einspannung in Fundament)

$L_0 = \beta \cdot L_{col} = 2 \cdot 4 \text{ m} = 8 \text{ m}$

Schlankheit der Stütze

$i_y = i_z = \sqrt{I / A}$

$= r/2$

$= 0{,}2\ m / 2 = 0{,}1\ m$

mit

$I = \pi \cdot r^4 / 4$ Trägheitsmoment von einem Kreisquerschnitt (z.B. [19])

$A = \pi \cdot r^2$ Fläche eines Kreisquerschnitts

Schlankheit

$\lambda = s_k/i = 8\ m / 0{,}1\ m = 80$

Überprüfung, ob Einfluss infolge Theorie II. Ordnung zu berücksichtigen ist.

$n = N_{Ed} / (A \cdot f_{cd})$

$= 700\ kN / (\pi \cdot 0{,}2^2\ m^2 \cdot 17\ N/mm^2) = 0{,}328$

$\lim \lambda = 16 / \sqrt{n} = 28 < (\text{vorh } \lambda = 80)$

⇒ Bemessung als schlankes Druckglied nach Theorie II. Ordnung ist erforderlich!

Bemessung mit Interaktionsdiagramm nach dem Modellstützenverfahren

Die Lastausmitte infolge Imperfektionen ist mit zu berücksichtigen.

wegen $L_{col} \geq 4$ m gilt:

Imperfektion

$$e_i = 1/200 \cdot \beta \cdot \sqrt{L_{col}[m]}$$

$$e_i = 1/200 \cdot 2 \cdot \sqrt{4\ m} = 0{,}02\ m$$

Einspannmoment am Fußpunkt inkl. Lastausmitte infolge Imperfektion

$M_{yd,inkl.ei} = M_{yd} + N_d \cdot e_i$

$= 120\ kNm + 700\ kN \cdot 0{,}02\ m = 134\ kNm$

Eingangswerte des normierten Interaktionsdiagramms (vgl. [19]):

Bezogene Längskraft

$\nu_{Ed} = N_{Ed} / (A_c \cdot f_{cd})$

$= 0{,}700\ MN / (\pi \cdot 0{,}2^2\ m^2 \cdot 17\ N/mm^2) = 0{,}328 \sim 0{,}33$

Bezogenes Biegemoment

$\mu_{Eds} = M_{Ed} / (A_c \cdot h \cdot f_{cd})$

$= 0{,}134\ MNm / (\pi \cdot 0{,}2^2\ m^2 \cdot 0{,}4\ m \cdot 17\ N/mm^2) = 0{,}157 \sim 0{,}16$

abgelesen aus Interaktionsdiagramm

$\omega_{tot} \sim 0{,}65$

$\Rightarrow$

$$\text{erf. } A_{S,tot} = \omega_{tot} \cdot A_c / (f_{yd} / f_{cd})$$
$$= 0{,}65 \cdot \pi \cdot 0{,}2^2 \text{ m}^2 / (435 \text{ N/mm}^2 / 17 \text{ N/mm}^2)$$
$$= 32 \text{ cm}^2$$

gew. 8 ∅ 25

$\Rightarrow$ vorh A_s = 39,3 cm² und Bü ∅ 10/15

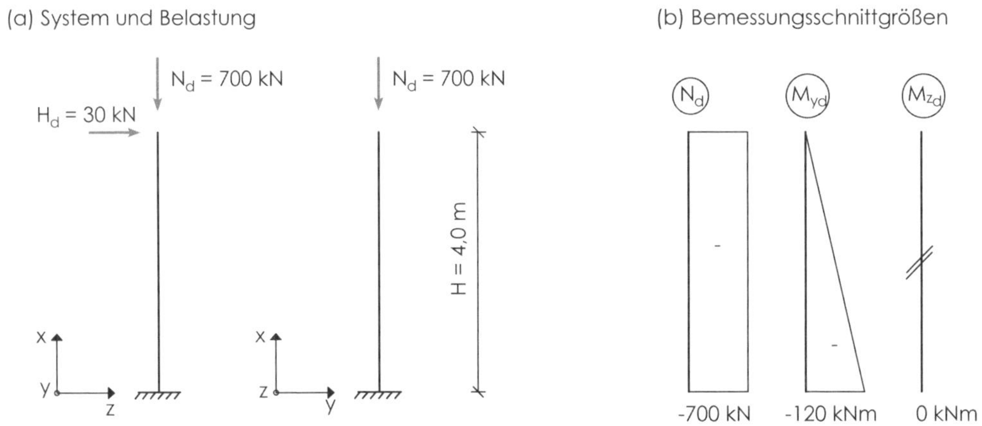

Bild E-69 Statisches System und Bemessungsschnittgrößen

E.23 Bemessung – Mauerwerkswand und Fundament

Bei dem Beispiel handelt es sich um eine Innenwand in einem dreistöckigen Gebäude mit Keller erstellt mit Mauerwerkswänden, Stahlbetondecken und einem Stahlbetonflachdach gemäß Bild E-70. Die Kellerinnenwand ist für die gegebene Belastung auszulegen. Der Nachweis erfolgt mit Hilfe des stark vereinfachten Verfahrens.

Da die Nutzlast kleiner/gleich 3 kN/m² ist, kann die vereinfachte Einwirkungskombination für Mauerwerk angewendet werden (siehe Abschnitt D.5). Die Spannweite der angrenzenden Decken beträgt jeweils 5 m, sodass sich eine Lasteinzugsbreite von 5 m ergibt.

Die Bemessungslast der Kellerwand beträgt pro laufenden Meter

$n_{Ed} = 1{,}4 \cdot 148 \text{ kN/m} \sim 207 \text{ kN/m}$

Die Normalkraftragfähigkeit bezogen auf einen laufenden Meter Wand beträgt (siehe Abschnitt D.5):

$n_{Rd} = \Phi \cdot t \cdot f_d = \Phi \cdot t \cdot 0{,}85 \cdot f_k / 1{,}5$

Der Traglastbeiwert Φ wird anhand des stark vereinfachten Nachweisverfahrens ermittelt. Hierfür wird die Bedingung zur Wandschlankheit

$h_{ef}/t = 2{,}75\ m/0{,}175\ m = 15{,}7 \leq 18$

eingehalten.

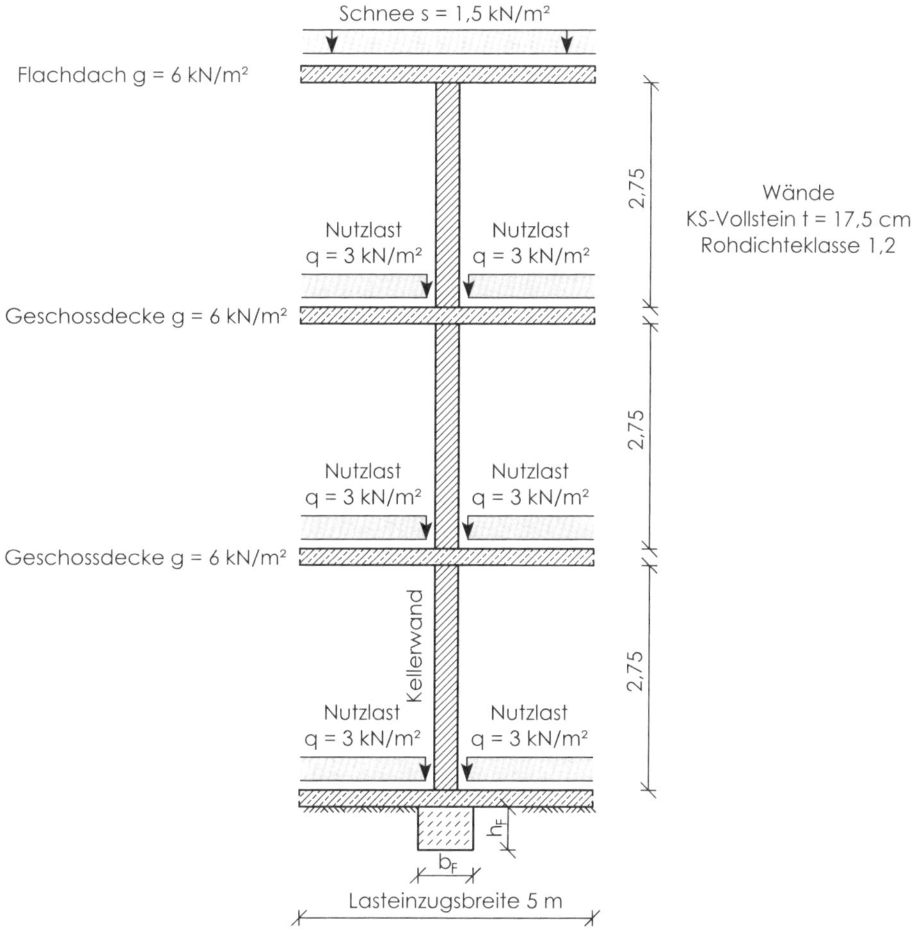

Bild E-70 Gebäudeschnitt

Da Kalksandstein eine charakteristische Festigkeit größer als 1,8 N/mm² aufweist und keine Abminderung aufgrund einer Teilauflagerung vorliegt, beträgt der Traglastbeiwert gemäß Tabelle D-15:

$\Phi = 0{,}5$

Die erforderliche charakteristische Steinfestigkeit berechnet sich zu:

$f_k \geq 207\ kN/m \cdot 1{,}5\ (0{,}5 \cdot 0{,}175\ m \cdot 0{,}85) \geq 4{,}2\ N/mm^2$

=>

gewählt: SFK 12 mit Mauermörtel M 2,5, $f_k = 5{,}4\ N/mm^2$

Fundament

Abschließend wird die Fundamentabmessung für das unbewehrte Streifenfundament ermittelt.

Die Fundamentbreite wird zu $b_F = 1{,}2$ m gewählt. Die demnach resultierende Bodenpressung beläuft sich auf

$\sigma_{Ed} = (207\ kN/m) / 1{,}2\ m = 173\ kN/m^2$

und ist für die im vorliegenden Fall anstehende Baugrundsituation verträglich.

Da zentrisch belastete Streifen- und Einzelfundamente gemäß Eurocode 2, Abs 12.9.3 als unbewehrte Bauteile ausgeführt werden dürfen, wenn gilt

$$0{,}85 \cdot h_F / a = \sqrt{3 \cdot \sigma_d / f_{ctd,pl}}$$

mit

h_F Fundamentdicke

a seitlicher Fundamentüberstand ab Wandanschnitt

σ_d Bemessungswert des Sohldrucks

$f_{ctd,pl}$ Bemessungswert der Betonzugfestigkeit

$\Rightarrow$

$$\text{erf. } h_F \geq a / 0{,}85 \sqrt{3 \cdot \sigma_d / f_{ctd,pl}}$$

mit

$a = (1{,}2\ m - 0{,}175\ m)/2 = 0{,}513\ m$

$\sigma_{Ed} = 173\ kN/m^2$

$f_{ctd,pl} = 0{,}88\ MN/m^2 = 880\ kN/m^2$ (C20/25), Eurocode 2

$\Rightarrow$

$$\text{erf. } h_F \geq 0{,}513 / 0{,}85 \sqrt{3 \cdot 173/880}$$

$$\geq 0{,}46\ m$$

Da gemäß EC2, Kap. 12.9.3 das Verhältnis h_F/a den Wert 1,0 nicht unterschreiten darf, wird die Fundamenthöhe gewählt zu

$h_F = 0{,}6$ m

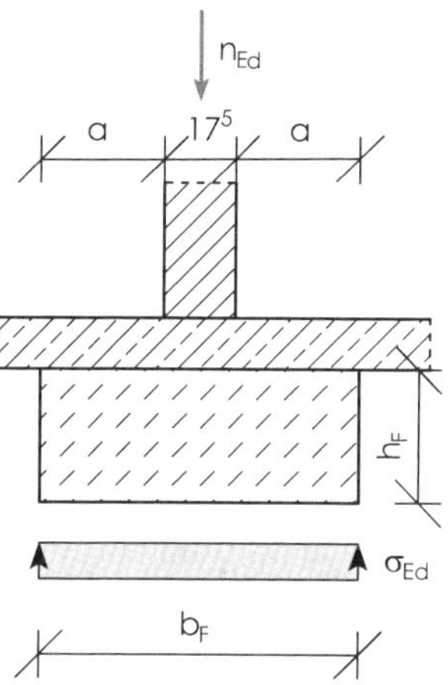

Bild E-71 Fundament; Abmessungen

F Literatur

Allgemeine Fachliteratur (Bücher, Aufsätze etc.)

[1] Leicher: Tragwerkslehre in Beispielen und Zeichnungen. 4. Auflage, Bundesanzeiger Verlag 2014

[2] Werner: Tragwerkslehre – Bautstatik für Architekten Teil 1, Werner Ingenieurtexte 7 1970

[3] Werner: Tragwerkslehre – Bautstatik für Architekten Teil 2, Werner Ingenieurtexte 8 1970

[4] Krauss, Führer, Neukäter: Grundlagen der Tragwerkslehre (Band 1 und 2). Lehrstuhl für Baukonstruktion RWTH Aachen 1996

[5] Mittag: Baukonstruktionslehre. 13. Auflage, Bertelsmann Verlag 1963

[6] Ahnert, Krause: Typische Baukonstruktionen von 1860-1960 (Band 1 bis 3). 7. Auflage, Beuth Verlag 2009

[7] Fingerloos: Historische technische Regelwerke für den Beton-, Stahlbeton- und Spannbetonbau. Ernst & Sohn 2009

[8] Gross, Hauger, Schnell: Technische Mechanik 1. 4. Auflage, Springer Verlag 1992

[9] Krätzig, Harte, Meskouris: Tragwerke 1. 5. Auflage, Springer Verlag 2010

[10] Dierks, Wormuth: Baukonstruktion. 7. Auflage, Werner Verlag 2012

[11] Eingel: Tragsysteme/Structure Systems. 4. Auflage, Deutsche Verlags-Anstalt 1977

[12] Pech, Kolbitsch, Zach: Baukonstruktion Band 2 – Tragwerke. Springer Verlag 2007

[13] Hestermann, Rongen: Frick/Knöll Baukonstruktionslehre 1. 36. Auflage. Springer Verlag 2015

[14] Hestermann, Rongen: Frick/Knöll Baukonstruktionslehre 2. 34. Auflage. Springer Verlag 2013

[15] Petersen: Stahlbau. 3. Auflage, Vieweg Verlag 1997

[16] Petersen: Statik und Stabilität der Baukonstruktion. 2. Auflage, Vieweg Verlag 1982

[17] Lohse: Stahlbau (Band 1 und 2). 20. Auflage, Teubner Verlag 2005

[18] Rombach: Anwendung der Finite-Element-Methode im Betonbau. Ernst & Sohn 2000

[19] Schneider – Bautabellen für Ingenieure: mit Berechnungshinweisen und Beispielen, 24. Auflage, Bundesanzeiger Verlag 2020

[20] Vismann (Hrsg.): Wendehorst – Bautechnische Zahlentafeln. 36. Auflage, Springer Vieweg Beuth: Räumliche Aussteifungen S. 233-256 (Neuenhofer, A.)

[21] Feldmann, Kasper, Langosch: Glas für tragende Bauteile. Werner Verlag 2012

[22] Kasper, Pieplow, Feldmann: Beispiele zur Bemessung von Glasbauteilen nach DIN 18008. Ernst & Sohn 2016

[23] Dörken, Dehne, Kliesch: Grundbau in Beispielen Teil 1 – Gesteine, Böden, Bodenuntersuchungen, Grundbau im Erd- und Straßenbau, Erddruck, Wasser im Boden. 6. Auflage, Bundesanzeiger Verlag 2016

[24] Dörken, Dehne, Kliesch: Grundbau in Beispielen Teil 2 – Kippen, Gleiten, Grundbruch, Setzungen, Flächengründungen, Stützkonstruktionen, Rissanalyse an Gebäuden. 6. Auflage, Bundesanzeiger Verlag, 2016

[25] Dörken, Dehne, Kliesch: Grundbau in Beispielen Teil 3 – Baugruben und Gräben, Spundwände und Verankerungen, Böschungs- und Geländebruch. 4. Auflage, Bundesanzeiger Verlag 2016

[26] Ziegler, M.: Geotechnische Nachweise nach EC7 und DIN 1054 – Einführung mit Beispielen. 3. Auflage, Ernst & Sohn 2012

[27] Witt: Grundbautaschenbuch Teil 1 bis 3. 8. Auflage, Verlag Ernst & Sohn 2018

[28] Lohmeyer, Ebeling,: Weiße Wannen – einfach und sicher. 10. Auflage, Bau+Technik Verlag 2013

[29] Fuchssteiner: Treppen, wiederholte Veröffentlichung im Betonkalender. Ernst & Sohn

[30] Hanisch, Katzenbach, König: Kombinierte Pfahl-Plattengründungen. Ernst & Sohn 2002

[31] Leonhardt: Vorlesungen über Massivbau, Teile 1 bis 6. Springer Verlag

[32] Schlaich, Schäfer: Konstruieren im Stahlbetonbau, wiederholte Veröffentlichungen im Betonkalender. Ernst & Sohn

[33] Stiglat, Wippel: Massive Platten in Betonkalender 1992. Ernst & Sohn 1992

[34] Werner: Fehler und ihre Vermeidung bei Tragkonstruktionen im Hochbau, Verlag Ernst und Sohn, 2002

[35] Bachmann, Steinle, Hahn: Bauen mit Betonfertigteilen im Hochbau. 2. Auflage, Ernst & Sohn 2010

[36] Stauder, Wolbring, Schnell: Bewehrungs- und Konstruktionsregeln des Stahlbetonbaus im Wandel der Zeit. In: Bautechnik 89, Heft 1, S. 3-14, Ernst & Sohn 2012

[37] Fingerloos, Hegger, Zilch: Eurocode 2 für Deutschland, DIN EN 1992-1-1, Bemessung und Konstruktion von Stahlbeton- und Spannbetontragwerken – Teil 1-1: Allgemeine Bemessungsregeln und Regeln für den Hochbau mit nationalem Anhang, Kommentierte Fassung. 2. Auflage, 2016

[38] Zilch, Zehetmaier: Bemessung im konstruktiven Betonbau, 2. Auflage, Springer Verlag 2010

[39] Novák, Kuhlmann, Euler: Einwirkung, Widerstand, Tragwerk – Werkstoffübergreifendes Entwerfen und Konstruieren. Ernst & Sohn 2012

Normen, Bemessungsregeln

Hinweis Bezeichnung Eurocodes: Im Rahmen dieser Literaturübersicht werden die hier verwendeten Eurocode-Regelwerke in kompakter Form zusammengestellt. Aus didaktischen Gründen und zur besseren Lesbarkeit wird im vorstehenden Buchtext überwiegend die jeweilige Kurzbezeichnung (z.B. EC2 stellvertretend für DIN EN 1992-1-1 mitsamt dem zugehörigen nationalen Anhang DIN EN 1992-1-1/NA) verwendet. Lediglich dann, wenn eine präzisere Referenzierung erforderlich ist (z.B. spezielles Ausgabedatum eines Regelwerkes: Windlasten o.Ä.), wird die entsprechend ausführlichere Schreibweise verwendet.

[40] DIN EN 1990:2010-12 Eurocode 0: Grundlagen der Tragwerksplanung

[41] DIN EN 1990/NA:2010-12 Nationaler Anhang – National festgelegte Parameter – Eurocode – Grundlagen der Tragwerksplanung

[42] DIN EN 1991-1-1:2010-12 Eurocode 1: Einwirkungen auf Tragwerke – Teil 1-1. Allgemeine Einwirkungen auf Tragwerke – Wichten, Eigengewicht und Nutzlasten im Hochbau

[43] DIN EN 1991-1-1/NA:2010-12 Nationaler Anhang – National festgelegte Parameter – Eurocode 1: Einwirkungen auf Tragwerke – Teil 1-1: Allgemeine Einwirkungen auf Tragwerke – Wichten, Eigengewicht und Nutzlasten im Hochbau

[44] DIN EN 1991-1-2:2010-12 Eurocode 1: Einwirkungen auf Tragwerke – Teil 1-2: Allgemeine Einwirkungen auf Tragwerke – Brandeinwirkungen auf Tragwerke

[45] DIN EN 1991-1-3:2010-12 Eurocode 1: Einwirkungen auf Tragwerke – Teil 1-3: Allgemeine Einwirkungen auf Tragwerke – Schneelasten

[46] DIN EN 1991-1-3/NA:2019-04 Nationaler Anhang – National festgelegte Parameter – Eurocode 1: Einwirkungen auf Tragwerke – Teil 1-3: Allgemeine Einwirkungen auf Tragwerke – Schneelasten

[47] DIN EN 1991-1-4:2010-12 Eurocode 1: Einwirkungen auf Tragwerke – Teil 1-4: Allgemeine Einwirkungen auf Tragwerke – Windlasten

[48] DIN EN 1991-1-4/NA:2010-12 Nationaler Anhang – National festgelegte Parameter – Eurocode 1: Einwirkungen auf Tragwerke – Teil 1-4: Allgemeine Einwirkungen auf Tragwerke – Windlasten

[49] DIN EN 1991-1-5:2010-12 Eurocode 1: Einwirkungen auf Tragwerke – Teil 1-5. Allgemeine Einwirkungen auf Tragwerke – Temperatureinwirkungen

[50] DIN EN 1991-1-5/NA:2010-12 Nationaler Anhang – National festgelegte Parameter – Eurocode 1: Einwirkungen auf Tragwerke – Teil 1-5: Allgemeine Einwirkungen auf Tragwerke – Temperatureinwirkungen

[51] DIN EN 1991-1-7:2010-12 Eurocode 1: Einwirkungen auf Tragwerke – Teil 1-7: Allgemeine Einwirkungen auf Tragwerke – Außergewöhnliche Einwirkungen

[52] DIN EN 1991-1-7/NA:2010-12 Nationaler Anhang – National festgelegte Parameter – Eurocode 1: Einwirkungen auf Tragwerke – Teil 1-7: Allgemeine Einwirkungen auf Tragwerke – Außergewöhnliche Einwirkungen

[53] 1991-1-2:2010-12 Eurocode 1: Einwirkungen auf Tragwerke – Teil 1-2: Allgemeine Einwirkungen auf Tragwerke – Brandeinwirkung auf Tragwerke

[54] 1991-1-2:2010-12/NA Nationaler Anhang – National festgelegte Parameter – Eurocode 1: Einwirkungen auf Tragwerke – Teil 1-2: Allgemeine Einwirkungen auf Tragwerke – Brandeinwirkung auf Tragwerke

[55] DIN EN 206:2017-01 Beton – Festlegungen, Eigenschaften, Herstellung und Konformität

[56] DIN 488-2:2009-08 Betonstahl – Betonstabstahl

[57] DIN EN 1992-1-1:2011-01 Eurocode 2: Bemessung und Konstruktion von Stahlbeton- und Spannbetontragwerken – Teil 1-1: Allgemeine Bemessungsregeln und Regeln für den Hochbau

[58] DIN 1045:1959-11 Bestimmungen für Ausführung von Bauwerken aus Stahlbeton, 4. Ausgabe, Verlag Ernst und Sohn

[59] DIN 1045:1988-07 Beton und Stahlbeton – Bemessung und Ausführung

[60] DIN 1045-1:201-07 Tragwerke aus Beton, Stahlbeton und Spannbeton – Teil 1: Bemessung und Konstruktion

[61] DIN EN 4102-4:2016-05 Brandverhalten von Baustoffen und Bauteilen – Teil 4: Zusammenstellung und Anwendung klassifizierter Baustoffe, Bauteile und Sonderbauteile

[62] DIN EN 13670:2011-03 Ausführung von Tragwerken aus Beton

[63] Deutscher Ausschuss für Stahlbeton, Heft 399: Das Bewehren von Stahlbetonbauteilen. 1. Auflage, Beuth-Verlag 1993

[64] Deutscher Ausschuss für Stahlbeton, Heft 525: Erläuterungen zu DIN 1045-1. 2. überarbeitete Auflage, Beuth-Verlag 2010

[65] Deutscher Ausschuss für Stahlbeton, Heft 599: Bewehren nach Eurocode 2. Beuth-Verlag 2013

[66] Deutscher Ausschuss für Stahlbeton, Heft 600: Erläuterungen zu DIN EN 1992-1-1 und DIN EN 1992-1-1/NA. 1. Auflage, Beuth-Verlag 2012

[67] Deutscher Ausschuss für Stahlbeton, Heft 630: Bemessung nach DIN EN 1992-1 in den Grenzzuständen der Tragfähigkeit und der Gebrauchstauglichkeit. Beuth-Verlag 2018

[68] Deutscher Ausschuss für Stahlbeton, Heft 631: Hilfsmittel zur Schnittgrößenermittlung und zu besonderen Detailnachweisen bei Stahlbetontragwerken. Beuth-Verlag 2019

[69] Deutscher Ausschuss für Stahlbeton: DAfStb-Richtlinie „Qualität der Bewehrung – Ergänzende Festlegungen zur Weiterverarbeitung von Betonstahl und zum Einbau der Bewehrung". Beuth-Verlag, Fassung 01-2010

[70] Deutscher Ausschuss für Stahlbeton: DAfStb-Richtlinie „Wasserundurchlässige Bauwerke aus Beton". Beuth-Verlag, Fassung 12-2017

[71] Deutscher Beton- und Bautechnikverein e.V.: DBV-Merkblatt „Betondeckung und Bewehrung nach Eurocode2". Fassung 01-2011

[72] DIN EN 1993-1-1:2010-12 Eurocode 3: Bemessung und Konstruktion von Stahlbauten – Teil 1-1: Allgemeine Regeln für den Hochbau

[73] DIN EN 1993-5:2010-12 Eurocode 3: Bemessung und Konstruktion von Stahlbauten – Teil 5: Pfähle und Spundwände

[74] DIN EN 1090-2:2011-10 Ausführung von Stahltragwerken und Aluminiumtragwerken – Teil 2: Technische Regeln für die Ausführung von Stahltragwerken

[75] DIN EN 1995-1-1:2010-12 Eurocode 5: Bemessung und Konstruktion von Holzbauten – Teil 1-1: Allgemeines – Allgemeine Regeln und Regeln für den Hochbau

[76] DIN EN 1996-1-1:2013-02 Eurocode 6: Bemessung und Konstruktion von Mauerwerksbauten – Teil 1-1: Allgemeine Regeln für bewehrtes und unbewehrtes Mauerwerk

[77] DIN EN 1996-1-1/NA:2019-12 Eurocode 6: Bemessung und Konstruktion von Mauerwerksbauten – Teil 1-1: Allgemeine Regeln für bewehrtes und unbewehrtes Mauerwerk

[78] DIN EN 1996-3:2010-12 Eurocode 6: Bemessung und Konstruktion von Mauerwerksbauten – Teil 3: Vereinfachte Berechnungsmethoden für unbewehrte Mauerwerksbauten

[79] DIN EN 1996-3/NA:2019-12 Nationaler Anhang – National festgelegte Parameter – Eurocode 6: Bemessung und Konstruktion von Mauerwerksbauten – Teil 3: Vereinfachte Berechnungsmethoden für unbewehrte Mauerwerksbauten

[80] DIN 1053:1974-11 Mauerwerk – Berechnung und Ausführung

[81] DIN EN 1997-1:2014-03 Eurocode 7: Entwurf, Berechnung und Bemessung in der Geotechnik – Teil 1: Allgemeine Regeln

[82] DIN EN 1997-1/NA:2010-12, Nationaler Anhang – National festgelegte Paramerter – Eurocode 7: Entwurf, Berechnung und Bemessung in der Geotechnik – Teil 1: Allgemeine Regeln

[83] DIN EN 1997-2:2010-10 Eurocode 7: Entwurf, Berechnung und Bemessung in der Geotechnik – Teil 2: Erkundung und Untersuchung des Baugrunds

[84] DIN EN 1997-1/NA:2010-12, Nationaler Anhang – National festgelegte Paramerter – Eurocode 7: Entwurf, Berechnung und Bemessung in der Geotechnik – Teil 2: Erkundung und Untersuchung des Baugrunds

[85] DIN 4149:2005-04 Bauten in deutschen Erdbebengebieten – Lastannahmen, Bemessung und Ausführung üblicher Hochbauten

[86] DIN EN 1998-1:2010-12, Eurocode 8: Auslegung von Bauwerken gegen Erdbeben – Teil 1: Grundlagen, Erdbebeneinwirkungen und Regeln für Hochbauten

[87] DIN EN 1998-1/NA:2011-10, Nationaler Anhang – National festgelegte Parameter – Eurocode 8: Auslegung von Bauwerken gegen Erdbeben – Teil 1: Grundlagen, Erdbebeneinwirkungen und Regeln für Hochbauten

[88] DIN 18008-1:2020-05 Glas im Bauwesen – Bemessungs- und Konstruktionsregeln – Teil 1: Begriffe und allgemeine Grundlagen

[89] DIN 18008-2:2020-05 Glas im Bauwesen – Bemessungs- und Konstruktionsregeln – Teil 2: Linienförmig gelagerte Verglasungen

[90] DIN 18008-5:2013-07 Glas im Bauwesen – Bemessungs- und Konstruktionsregeln – Teil 5: Zusatzanforderungen an begehbare Verglasungen

[91] DIN EN 572-1:2016-06 Glas im Bauwesen – Basiserzeugnisse aus Kalk-Natronsilicatglas – Teil 1: Definition und allgemeine physikalische und mechanische Eigenschaften

[92] DIN EN 1863-1:2012-02 Glas im Bauwesen – Teilvorgespanntes Kalknatronglas – Teil 1: Definition und Beschreibung

[93] DIN EN 12150-1:2020-07 Glas im Bauwesen – Thermisch vorgespanntes Kalknatron-Einscheiben-Sicherheitsglas – Teil 1: Definition und Beschreibung

[94] DIN 1054: 2010-12 Baugrund – Sicherheitsnachweise im Erd- und Grundbau – Ergänzende Regelungen zu DIN EN 1997-1

[95] DIN 1055-2:2011-11 Einwirkungen auf Tragwerke – Teil 2: Bodenkenngrößen

[96] DIN EN 1536:2015-10 Ausführung von Arbeiten im Spezialtiefbau – Bohrpfähle

[97] DIN EN 12794:2007-08 Betonfertigteile – Gründungspfähle

[98] DIN 4017:2006-03 Baugrund – Berechnung des Grundbruchwiderstands von Flachgründungen

[99] DIN 4019:2015-05 Baugrund – Setzungsberechnungen

[100] DIN 4020:2010-12 Geotechnische Untersuchungen für bautechnische Zwecke – Ergänzende Regelungen zu DIN EN 1997-2

[101] DIN 4023:2006-02 Geotechnische Erkundung und Untersuchung – Zeichnerische Darstellung der Ergebnisse von Bohrungen und sonstigen direkten Aufschlüssen

[102] DIN 4123:2013-04 Ausschachtungen, Gründungen und Unterfangungen im Bereich bestehender Gebäude

[103] DIN 4124:2012-01 Baugruben und Gräben – Böschungen, Verbau, Arbeitsraumbreiten

[104] EAB: Empfehlungen des Arbeitskreises „Baugruben". 5. Auflage, Deutsche Gesellschaft für Geotechnik e.V. (DGGT) 2006

[105] EA-Pfähle: Empfehlungen des Arbeitskreises „Pfähle". 2. Auflage, Deutsche Gesellschaft für Geotechnik e.V. (DGGT) 2012

[106] RÜV: Richtlinie für die Überwachung der Vehrkehrssicherheit von baulichen Anlagen des Bundes. 2008

[107] VDI-Richtlinie 6200:2010-02 Standsicherheit von Bauwerken – Regelmäßige Überprüfung. VDI Verein Deutscher Ingenieure e.V.

[108] Deutscher Ausschuss für Stahlbeton: DAfStb-Richtlinie „Schutz und Instandsetzung von Betonbauteilen" (Teil 1 bis 3 incl. zugehöriger Berichtigungen). Beuth-Verlag, Fassung 10-2001

Stichwortverzeichnis

N

O

P

Q

R

S

T

U

V

W

Z